高 等 学 校 教 材

过程工程原理

（化工原理）

谭天恩　李　伟　等编著

化学工业出版社

教 材 出 版 中 心

·北京·

本书论述过程工程中的常见单元操作，包括流体流动、流体输送、非均相物系的分离、传热、吸收、蒸馏、干燥及其他分离过程，共八章。书中注重基本原理、工程观点与实际应用，探求从新角度处理某些重要概念，适当介绍一些新近发展的过程。

本书可作为高等学校环境工程、生物工程、材料工程、制药工程、能源工程、轻化工和食品工程等专业的过程工程原理（化工原理）课程教材，亦可供从事相关领域的工程技术人员参考。

图书在版编目（CIP）数据

过程工程原理（化工原理）/谭天恩，李伟等编著. —北京：化学工业出版社，2004.7（2023.3 重印）

高等学校教材

ISBN 978-7-5025-5760-7

Ⅰ. 过…　Ⅱ. ①谭…②李…　Ⅲ. 过程工程原理（化工原理）

Ⅳ. TQ021

中国版本图书馆 CIP 数据核字（2004）第 062734 号

责任编辑：何　丽　徐雅妮　　　　　文字编辑：张双进
责任校对：吴桂萍　　　　　　　　　装帧设计：潘　峰

出版发行：化学工业出版社（北京市东城区青年湖南街 13 号　邮政编码 100011）
印　　装：北京科印技术咨询服务有限公司数码印刷分部
787mm×1092mm　1/16　印张 23¼　字数 573 千字　　2023 年 3 月北京第 1 版第 9 次印刷

购书咨询：010-64518888　　　　　　售后服务：010-64518899
网　　址：http://www.cip.com.cn
凡购买本书，如有缺损质量问题，本社销售中心负责调换。

定　　价：59.00 元　　　　　　　　　　　　　　　版权所有　违者必究

前　　言

　　化学工业一直与保障人类生活需要、发展生产力密不可分，在国民经济中占有重要地位。产业革命后，化工产品日益增多，生产工艺和设备也随之层出不穷。这些生产过程可以分成两大类。一类是在各种反应器内进行的化学反应过程，从本质上改变物质，是化工生产的核心；另一类以物理过程为主，同样为生产过程所必需。如为反应提供所需的压力、温度和物料组成等，为此原料必需经过系列的前处理，以达到其纯度、状态等要求；对于反应产物也需要经过后处理，以使产品（或中间产物）符合规格，未反应的原料及副产物能充分利用；同时，对各过程排出的"三废"应进行处理，以消除或减轻其对环境的危害，并尽可能地将污染物资源化。这类过程通常占有工厂投资和运行费用的主要部分，而对整个生产的经济效益具有决定意义。

　　20 世纪初，从事化工生产和教学的工程师、教授们通过分析，从这些多种多样的物理过程找出其间的共性，归纳成为数不多（常见的为十多种）的"单元操作"；所形成的这一学科，促成了化学工程学的诞生；作为一门课程，我国称之为"化工原理"，已开设了近 70 年，对培养我国的化工类技术人才起了重要作用。到 20 世纪中叶，学者们进一步将这些单元操作归纳为三种传递过程：

　　（1）动量传递过程（流体流动），包括流体输送、沉降、过滤等；

　　（2）热量传递过程（传热），包括加热、冷却、蒸发等；

　　（3）质量传递过程（传质），包括吸收、蒸馏、萃取、干燥等。

　　以上形成了"传递过程"这门化学工程的学科分支，加强了理论基础。但作为高等学校的专业课程，化工原理更注重于实际应用，而成为一门主干课。

　　化学工程学科的不断发展及其与其他学科的交叉，其应用对象已远远超出了化学工程原来涉及的化学产品，几乎覆盖了所有物理和化学的物质加工过程，如环保、生物、材料、石化、能源、轻化工、医药和食品等工业过程。因此许多学者认为将狭义的"化学工程"提升为覆盖面更宽阔的"过程工程"似更为确切合理。为此，本书尝试由"化工原理"更名为"过程工程原理"。

　　本书立足学以致用，力求打好基础，即注重过程工程的基本概念、基本原理和典型设备的工艺计算；例题和习题的设计尽量来自相关专业的实际应用，以便用工程观点分析解决实际问题。此外，也适当介绍一些新近发展的技术，以扩大知识面，激发学习兴趣。

　　本书编写人员：第一章至第四章由李伟执笔，第五章（部分）、第八章由吴祖成执笔，第六、七章由周明华和施耀执笔；第八章中的膜分离由陈欢林编写；谭天恩参加了各章的编写，并为全书统稿。在本书的编写过程中，聂勇、张英、康颖、李明波参加了资料整理工作。

　　限于编者学术水平和时间，书中不妥之处在所难免，敬请读者批评指正。

编者

2004 年 5 月于浙江大学求是园

目　　录

第1章 流体流动

生产过程中所处理的物料以流体（气体和液体）占多数，因此，流体输送是最常见的单元操作。本章内容包括：流体的静力学，流体在管道中流动的基本规律，流体输送所需功率，流量测量等。流体流动规律在过程工程学科中是极为重要的，它不仅是研究流体输送、非均相物系分离、搅拌以及固体流态化等单元操作所依据的基本规律，而且与热量传递、质量传递和化学反应等过程都有极为密切的联系。

过程工程中所研究的流体运动规律，不是流体分子的微观运动，而是流体在生产装置内的宏观运动。因此，可以取大量流体分子组成的微团作为流体运动质点，并以其为研究对象；其尺度虽远小于设备尺寸，但比流体分子运动的自由程大得多，这样就可以假定流体是由无数质点组成的，彼此间没有间隙，是完全充满所占有空间的连续介质。这一设想称为流体的连续性假定，它对除高真空度稀薄气体以外的气体和液体均适合。以下即按这一概念认识流体在静止及运动时的基本规律。

1.1 流体静力学及其应用

流体在重力与压力作用下达到平衡，便呈现静止状态；若平衡不能维持，便产生流动。静止流体的规律实际上是流体在重力作用下内部压力变化的规律。在此，首先介绍与此有关的几个物理量。

1.1.1 流体的密度

单位体积流体的质量称为流体的密度，单位为 $kg \cdot m^{-3}$。压力与温度一定，流体的密度亦为一定。密度随压力改变很小的流体称为不可压缩流体，若有显著改变则称之为可压缩流体。流体通常可分为气体和液体。液体的密度基本上不随压力而改变，通常认为是不可压缩的，但随温度稍有变化。气体是可压缩的，然而在输送过程中若压力改变不大，密度变化也不大时，仍可按不可压缩流体处理。液体的密度用查找手册或计算的方法获取，必要时可由实验测定。真实气体的压力、温度、体积之间的关系是复杂的，但在与常温常压相近时一般可按理想气体考虑。其密度的表达式为

$$\rho = \frac{m}{V} = \frac{nM}{V} = \frac{pM}{RT} \tag{1-1}$$

式中　m——质量，kg；

V——体积，m^3；

n——气体的物质的量，kmol；

p——压力，kPa；

R——气体常数，$8.314 \ kJ \cdot kmol^{-1} \cdot K^{-1}$；

M——摩尔质量，$kg \cdot kmol^{-1}$；

T——温度，K。

相对密度是指物质密度与 4 ℃时纯水密度之比。

1.1.2 流体的压力

流体作用于整个面（例如器壁）上的力称为总压力，它垂直于作用面。流体垂直作用于

1

单位面积上的力，称为压力强度，简称为压强，但习惯上多称为压力。其法定单位为 N·m^{-2}，称为 Pa（帕）。此外还有许多习惯使用的单位，它们及其间的换算可参阅附录 1。

常用压力表所显示的读数是表内压力比大气压高出的值，而非表内压力的实际值。若表内、表外压力相等，则压力表的读数为零。压力的实际数值称为绝对压力（绝压），从压力表上读得的压力值称为表压力（表压），两者的关系为

$$绝压 ＝气压计读数＋表压$$

真空表上的读数是所测实际压力比大气压要低的值，称为真空度。真空度与绝压之间的关系为

$$绝压 ＝ 气压计读数 － 真空度$$

显然，真空度越高，说明绝压越低。真空度也是表压的绝对值，例如真空度为 90 kPa，按表压算就是－90 kPa。因此，工业上亦将真空度称为负压。

当压力数值用绝压或真空度表示时，应分别注明，以免混淆。例如 200 kPa（绝压），700 mmHg（真空）。若未注明，便视为表压。记录真空度或表压时，还要注明气压计读数，若没有注明，便认为是 1 标准大气压，即 101.3 kPa。

1.1.3 流体静力学基本方程

静止流体内部任一点的压力称为该点的流体静压力（简称静压），其特点如下。

① 从各方向作用于某一点上的静压相等；

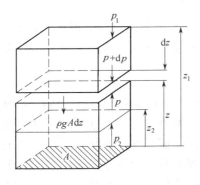

图 1-1 静止流体的力平衡

② 若指定一通过该点的作用平面，则静压的方向垂直于此面；

③ 在重力场中，同一水平面上各点的静压相等，但随位置高低而变。

对静止流体作力的平衡，可得到静力学方程式。如图 1-1 所示，考虑一垂直流体柱，其底面积为 A。在底面以上高度为 z 的水平面上所作用的压力为 p，此处流体的密度为 ρ。在此水平面上厚度为 dz 的薄层流体所受的力如下。

① 向上作用于薄层下底的总压力 pA；

② 向下作用于薄层上底的总压力 $(p＋dp)A$；

③ 向下作用的重力 $\rho gAdz$。

以向上作用的力为正，向下作用的力为负。静止时三力之和为零，故

$$pA－(p＋dp)A－\rho gAdz＝0 \tag{1-2}$$

简化得
$$dp＋\rho gdz＝0 \tag{1-3}$$

对连续、均一且不可压缩流体，ρ 为常数，积分上式得

$$p＋\rho gz＝常数 \tag{1-4}$$

若积分上、下限分别取高度等于 z_1 和 z_2 的两个平面，又作用于这两平面上的压力分别为 p_1 与 p_2，则得

$$p_2＝p_1＋\rho g(z_1－z_2) \tag{1-5}$$

或
$$\frac{p_2}{\rho g}＝\frac{p_1}{\rho g}＋(z_1－z_2) \tag{1-6}$$

式（1-4）～式（1-6）是流体静力平衡的基本方程，适用于重力场中静止的、连续的、均一的不可压缩流体。上述各式表明：静止流体内部某一水平面上的压力与其位置及流体的密度有

关，所在位置愈低、密度越大，则压力愈大。从式（1-5）还可看出，p_1若有变化，p_2亦随之增减，即液面上所受的压力能以同样大小传递到液体内部的任一点（巴斯噶定理）。

若容器上部通大气，则以表压表示的p_1为零，容器底部静压$p=p_2$，又以z_p代表z_1-z_2，从式（1-6）可知

$$\frac{p}{\rho g}=z_p \tag{1-6a}$$

式（1-6a）是液柱高z_p与其产生的静压p之间的对应关系。$p/\rho g$通称为静压头，z_p相应地称为位头或位压头。

推导上述方程时曾假设ρ为常数。在工业设备高度的范围内，无论对气体或液体，此假设都能成立。

值得注意的是，积分范围内的流体只有一种而且是连续的，运用上述方程时要注意这一条件。

例 1-1 如图 1-2 所示，废水缓冲罐中有密度为 1 060 kg·m^{-3}的废水，水面最高时离罐底 10.4 m，水面上方与大气相通。罐侧壁下部有一直径 600 mm 的人孔，用盖压紧。圆孔的中心距罐底 800 mm。试求作用在人孔盖上的总压力。

解 先求作用于孔盖内侧的静压。作用于孔盖的平均静压等于作用于盖中心点的静压（试用积分结果证明）。以罐底为基准水平面，压力以表压计，则

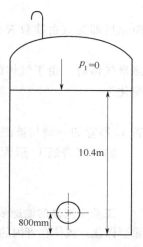

图 1-2　例 1-1 附图

$$z_1=10.4\text{ m}, \quad z_2=800\text{ mm（或 }0.8\text{ m）}$$

$$p_1=0, \quad \rho=1\,060\text{ kg·m}^{-3}$$

$$p_2=p_1+\rho g(z_1-z_2)=0+1\,060\times9.81\times(10.4-0.8)=99\,800\text{ Pa（或 }99.8\text{ kPa）}$$

p_2为作用于孔盖内侧的表压，作用于孔盖外侧的表压为零，故孔盖所受的平均压力为 99.8 kPa。

作用于孔盖上的力

$$F=pA=99.8\times(\pi/4)\times0.6^2=28.2\text{ kN}$$

1.1.4　流体静力学基本方程式的应用

压力是许多工业生产中重要的测量、控制参数。U 形管压差计是多种测压仪表中最简单、常用的一种。如图 1-3 所示，在一根 U 形的玻璃管内装液体，称为指示液。指示液要与所测流体不互溶，其密度大于所测流体的密度。

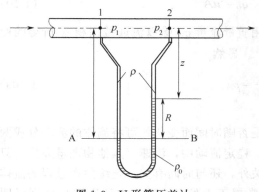

图 1-3　U 形管压差计

将 U 形管与所测的两点连通，若两测压点的压力不等（图中 $p_1>p_2$），则指示液在 U 形管的两侧臂上便显示出高差 R。

设指示液的密度为 ρ_0，被测流体的密度为 ρ。如图 1-3 所示，两侧臂在水平面 A、B 处的静压相等，即 $p_A=p_B$，因为这两点都在相连通的同一静止流体内，并且在同一水平面上。1、

2 两点的静压力则不等，因为这两点虽在同一水平面上，却不是在相连通的一种静流体内。通过式（1-5），便能求出 p_1-p_2 的值。考虑 U 形管左侧的流体柱，可得

$$p_A=p_1+\rho g(z+R)$$

同样，考虑其右侧可得

$$p_B=p_2+\rho gz+\rho_0 gR$$

因 $p_A=p_B$，故

$$p_1+\rho g(z+R)=p_2+\rho gz+\rho_0 gR$$

简化后即为（由读数 R 计算）压力差 p_1-p_2 的公式

$$p_1-p_2=(\rho_0-\rho)gR \tag{1-7}$$

测量气体时，由于气体的密度比指示液的密度小得多，式（1-7）中的 ρ 可以忽略，于是可简化为

$$p_1-p_2=\rho_0 gR \tag{1-8}$$

若 U 形管的一端与被测流体连接，另一端与大气相通，则读数 R 即反映被测流体的表压。

亦可将普通 U 形管压差计倾斜放置，以放大读数，此即倾斜式 U 形管压差计。

1.2 流体流动的基本方程

工业中流体的输送多在密闭的管路中进行，因此研究流体在管内的流动是过程工程中的一个重要课题。流体在管内的流动方向是轴向，可按一维流动来分析。由此而建立的基本方程，也可以应用于包括有密闭的容器与设备的管路系统，流动流体的截面规定为与流动的方向相垂直。

1.2.1 流量与流速

流速 流体在流动方向上单位时间内通过的距离称为流速，用 u 表示，单位为 $m \cdot s^{-1}$。

流量 流体在单位时间内通过流通截面（与流速方向垂直）的体积量，称为体积流量，用 q_V 表示，单位为 $m^3 \cdot s^{-1}$ 或 m^3/h；流体在单位时间内通过流通截面的质量，称为质量流量，用 q_m 表示，单位为 $kg \cdot s^{-1}$ 或 kg/h 两者的关系为

$$q_m=\rho q_V \tag{1-9}$$

式中，ρ 为流体密度，$kg \cdot m^{-3}$。

平均流速 流体质点在同一截面上各点的线速度并不相等，在管壁处为零，离管壁越远则速度越大，至管中心达到最大值。工程上用体积流量 q_V 除以流通截面积 A 所得之商作为平均速度，用 u 表示，单位为 $m \cdot s^{-1}$。

$$u=\frac{q_V}{A} \qquad 或 \qquad q_V=uA \tag{1-10}$$

在不会引起混淆的情况下，简称其为流速。用质量流量 q_m 除以流通截面积 A 所得的商称为质量流速，用 G 表示，单位为 $kg \cdot s^{-1} \cdot m^{-2}$。显然

$$G=\frac{q_m}{A}=\rho \frac{q_V}{A}=\rho u \tag{1-10a}$$

1.2.2 稳定流动与不稳定流动

按流体流动时的流速、压力、密度等物理量是否随时间而变化，可将流体的流动分成两类：稳定（稳态）流动和不稳定（非稳态）流动。稳定流动中，流速（其他物理量亦然）只与位置有关。而不稳定流动中，流速除与位置有关外，还与时间有关。连续生产过程的流体流动，常视为稳定流动，在开工或停工阶段，则常属于不稳定流动。本章所述除特别说明

外，都为稳定流动过程。

1.2.3　稳定流动时流体的质量衡算——连续性方程

　　本节分析流体流动所用的方法，是考虑流体在一个系统的进、出口各参数的差异，通过物料衡算和能量衡算，得到表示流体流动中流速变化与能量变化的基本方程。分析时只注意管路系统外部所显现的变化，至于系统内部发生了什么情况，并不考虑。进行物料衡算或能量衡算时，首先要确定衡算的范围。这种范围称为控制体，它是指所研究的固定空间区域，有明确的界面。如图 1-4 所示的流动系统中，流体充满管路，连续通过截面 1-1 和截面 2-2 构成的控制体。根据稳定过程中的质量守恒定律，流体进入截面 1-1 的质量流量，等于从截面 2-2 流出的质量流量。

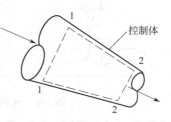

图 1-4　管路或容器内的流动

$$\rho_1 u_1 A_1 = \rho_2 u_2 A_2 \tag{1-11}$$

　　式中，u 为流速；A 为流动截面积；ρ 为密度。此关系亦可扩展到管路的任一截面而写为

$$\rho u A = 常数 \tag{1-12}$$

　　若流体不可压缩，$\rho =$ 常数，上式简化为

$$u A = 常数 \tag{1-13}$$

　　以上是将流体视为由无数质点彼此紧靠着而构成的连续体。因此，这些公式用于管内流动时，流体必须充满全管，不能有间断之处。这也是式（1-11）～式（1-13）被称为连续性方程的原因。

　　例 1-2　如图 1-5 所示，管路由一段内径 60 mm 的管 1、一段内径 100 mm 的管 2 及两段内径 50 mm 的分支管 3a 及 3b 连接而成。水以 $5.10 \times 10^{-3} \, \text{m}^3 \cdot \text{s}^{-1}$ 的体积流量自左侧入口送入，若在两段分支管内的体积流量相等，试求各段管内的流速。

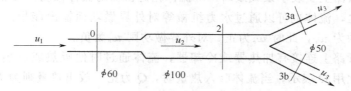

图 1-5　例 1-2 附图

　　解　通过内径 60 mm 管的流速为

$$u_1 = \frac{q_V}{A_1} = \frac{5.10 \times 10^{-3}}{\pi (0.06)^2 / 4} = 1.804 \ \text{m} \cdot \text{s}^{-1}$$

利用连续性方程式（1-13），可得

$$u_2 = \frac{u_1 A_1}{A_2} = u_1 \frac{d_1^2}{d_2^2} = 1.804 \times \left(\frac{60}{100}\right)^2 = 0.649 \ \text{m} \cdot \text{s}^{-1}$$

水离开内径 100 mm 的管后分成体积流量相等的两股，故

$$u_1 A_1 = 2 u_3 A_3$$

$$u_3 = (u_1 / 2)(A_1 / A_3) = (u_1 / 2)(d_1 / d_3)^2 = (1.804 / 2)(60/50)^2 = 1.299 \ \text{m} \cdot \text{s}^{-1}$$

1.2.4　流体流动时的总能量衡算和机械能衡算

1.2.4.1　总能量衡算

　　如图 1-6 所示是一流动系统或流动系统的一部分。现选作控制体，控制面由壁面和流通截面 1-1、2-2 所组成。在稳定条件下，每单位时间若有 1 kg 质量的流体通过截面 1-1 进入

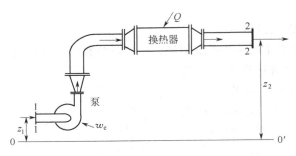

图 1-6 流动系统

控制体，亦必有 1 kg 流体从截面 2-2 送出。流体本身具有一定的能量，它便带着这些能量输入或输出控制体。能量有各种形式，其中包括下列几项（均以 1 kg 的流体为基准）。

（1）内能　内能是贮存于物质内部的能量，由原子与分子的运动及彼此的相互作用而来，从宏观的角度看，它决定于流体的状态，即与流体的温度有关；而压力的影响一般可忽略。1 kg 流体的内能以 U 表示。

（2）位能　这是流体因处于地球重力场内而具有的能量。规定一个计算位能起点的基准水平面，如图 1-6 上的 0-0′，若流体与基准水平面的垂直距离为 z（在此水平面以上 z 值为正，以下为负），位能等于将流体提升距离 z 所做的功，1 kg 流体的位能为 gz。

（3）动能　这是流体因运动而具有的能量，等于将流体从静止状态加速到流速 u 所做的功，1 kg 流体的动能为 $u^2/2$。

（4）压力能　将流体压进控制体时需要对抗压力做功。所做的功便成为流体的压力能进入控制体。1 kg 流体的体积为 $1/\rho$，故压力能为 p/ρ。

1 kg 流体所具有的总能量 E 即为上述四项之和

$$E=U+gz+\frac{u^2}{2}+\frac{p}{\rho}$$

这些都是伴随流体进、出控制体而输入或输出的能量。除此之外，能量也可以通过其他途径进、出控制体。其他能量的形式如下。

（5）功　若管路上安装了泵或鼓风机等流体输送机械对流体做功，便有能量从外界输入到控制体内。反之，流体也可以通过水力机械等对外界做功而输出能量。1 kg 流体在控制体中所接受的外功为 w_e，此时 w_e 为正，对外界做功则 w_e 为负。

（6）热　若管路上连接有加热器或冷却器，流体通过时便吸热或放热。1 kg 流体通过控制体的热量变化用 Q 表示，当流体吸入热量时，Q 为正，放出热量则为负。

若将伴随流体经过截面 1-1 输入的能量用下标 1 标明，经过截面 2-2 输出的能量用下标 2 标明，则对图 1-6 所示以 1 kg 流体为基准作稳定流动的总能量衡算式（式中各项的单位均为 J·kg⁻¹）

$$U_1+gz_1+\frac{u_1^2}{2}+\frac{p_1}{\rho_1}+w_e+Q=U_2+gz_2+\frac{u_2^2}{2}+\frac{p_2}{\rho_2} \tag{1-14}$$

对于不可压缩的流体，$\rho_1=\rho_2$，现以 ρ 表示，可得

$$w_e+Q=U_2-U_1+g(z_2-z_1)+\frac{u_2^2-u_1^2}{2}+\frac{p_2-p_1}{\rho} \tag{1-14a}$$

式（1-14）中所包括的能量可分为两类，一类是机械能，即位能、动能、压力能，功也归入此类。此类能量在流体流动过程中可以相互转变，亦可转变为热或流体的内能。另一类包括内能和热，它们都不能直接转变为可用于流体输送的机械能。

1.2.4.2　机械能衡算

式（1-14）中，若流动系统中无热交换器，$Q=0$；流体温度不变，则 $U_1=U_2$。

流体在管内流动时要克服流动的阻力，故其机械能有所损耗。损耗了的机械能转化为

热。此热不能自动地变回机械能，只是将流体的温度略微升高，即略微增加流体的内能。这微量的热也可以视为散失到流动系统以外去，而按等温流动考虑。于是可将克服流动阻力而损耗掉的机械能作为散失到控制体以外的能量而列入输出项中，即于衡算式的输出项目中增加 w_f ——每单位质量流体通过控制体的过程中所损失的能量，其单位与 w_e 相同，为 J·kg^{-1}。式（1-14）成为

$$gz_1 + \frac{u_1^2}{2} + \frac{p_1}{\rho} + w_e = gz_2 + \frac{u_2^2}{2} + \frac{p_2}{\rho} + w_f \tag{1-15}$$

若将式（1-15）的各项都除以重力加速度 g，并令 $w_e/g = h_e$ 及 $w_f/g = h_f$，则上式可写成

$$z_1 + \frac{u_1^2}{2g} + \frac{p_1}{\rho g} + h_e = z_2 + \frac{u_2^2}{2g} + \frac{p_2}{\rho g} + h_f \tag{1-16}$$

式中，z 为位压头；$p/\rho g$ 为静压头；$u^2/2g$ 为速度头或动压头。位头、静压头、速度头三项之和称为总压头。相应地 h_e 是流体接受外功所增加的压头，h_f 是流体流经控制体的压头损失。

假定流动中没有阻力的流体称为理想流体。引用理想流体的概念可以简化流体流动的问题，如实际流体在压头损失可忽略时就可视为理想流体（在 1.3.4 中将进一步论述）。对于理想流体的流动而又无外功加入时，式（1-16）可简化为

$$z_1 + \frac{u_1^2}{2g} + \frac{p_1}{\rho g} = z_2 + \frac{u_2^2}{2g} + \frac{p_2}{\rho g} \tag{1-17}$$

式（1-17）是柏努利（Bernoulli）方程的初始形式。柏努利方程将理想流体的几种机械能的互变，形象地表示为压头间的互变，而任一截面上的总压头 h 为常数

$$h = z + \frac{u^2}{2g} + \frac{p}{\rho g} = 常数 \tag{1-18}$$

若有外加压头 h_e 并有压头损失 h_f，则下游截面与上游截面的总压头之差 Δh 为

$$\Delta h = h_e - h_f \tag{1-19}$$

理想流体流动中，三种形式的机械能可以互相转变，其间量的关系可以写成

$$E_m = gz + \frac{u^2}{2} + \frac{p}{\rho} = 常数 \tag{1-20}$$

式（1-20）表明，在流体流动中若没有外功加入又可忽略能量损耗，则任一截面上的机械能总量 E_m 为常数；若有外功加入并有能量损失，则下游截面与上游截面的机械能总量之差为

$$\Delta E_m = w_e - w_f \tag{1-21}$$

按能量式（1-15）计算或按压头式（1-16）计算，结果相同，但应注意单位的不同，前者各项是 J·kg^{-1}，后者是 m。

各机械能项（或压头项）均指某一流道截面上之值。外功与机械能损耗（或外加压头与压头损失）则指整个流动系统内之值。

对于没有外功加入的静止流体，$w_e = 0$，$u = 0$；流体不流动，无机械能损失，从而 $w_f = 0$。于是式（1-17）简化为

$$z_1 + \frac{p_1}{\rho g} = z_2 + \frac{p_2}{\rho g} \tag{1-22}$$

式（1-22）即流体静力平衡的基本方程式（1-6），可见流体的静力平衡是流体运动的一种特殊形式。

机械能衡算式与连续性方程是解决流体输送问题不可缺少的关系式，下面通过几个例题

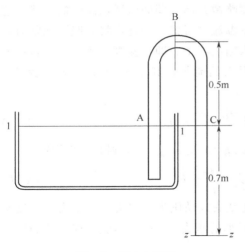

图 1-7 例 1-3 附图

来说明其应用。

例 1-3 如图 1-7 所示，贮槽中的水经虹吸管流出。流动阻力可以忽略。求：管内水的流速及管内截面 A、B、C 三处的静压。管径不变，大气压为 101.3 kPa。

解 （1）管内水的流速

因无外功加入，流动阻力可以忽略不计，按式 (1-17) 计算。

$$z_1 + \frac{u_1^2}{2g} + \frac{p_1}{\rho g} = z_2 + \frac{u_2^2}{2g} + \frac{p_2}{\rho g}$$

取贮槽内液面为截面 1，管出口为截面 2，又以截面 2 为计算位能的基准面，则 $u_1 = 0$（液面下降的速度甚小可视为零）

$$p_1 = p_2 = 101.3 \text{ kPa （绝压）}$$

$$z_1 = 0.7 \text{ m}, \quad z_2 = 0$$

将已知数据代入上式得

$$u_2^2/2g = 0.7$$

$$u_2 = \sqrt{0.7 \times 2g} = 3.71 \text{ m} \cdot \text{s}^{-1}$$

由于管径不变，故水在管内各截面上流速均为 3.71 m·s⁻¹，速度头均为 0.7 m。

（2）管内截面 A、B、C 处的压力

现各截面上的总压头 h 相等。按截面 1 计算 h 值

$$h = z_1 + \frac{u_1^2}{2g} + \frac{p_1}{\rho g} = 0.7 + 0 + \frac{101.3 \times 10^3}{1\,000 \times 9.81} = 11.03 \text{ m}$$

利用此总压头数值可以分别求得各截面上的静压头与压力。

截面 A $\dfrac{p_A}{\rho g} = h - z_A - \dfrac{u_A^2}{2g} = 11.03 - 0.7 - 0.7 = 9.63 \text{ mH}_2\text{O}$

$$p_A = 9.63 \times 1\,000 \times 9.81 = 9.45 \times 10^4 \text{ Pa （或 94.5 kPa）（绝压）}$$

截面 B $\dfrac{p_B}{\rho g} = h - z_B - \dfrac{u_B^2}{2g} = 11.03 - 1.2 - 0.7 = 9.13 \text{ mH}_2\text{O}$

$$p_B = 89.5 \text{ kPa （绝压）}$$

截面 C $\dfrac{p_C}{\rho g} = h - z_C - \dfrac{u_C^2}{2g} = 11.03 - 0.7 - 0.7 = 9.63 \text{ mH}_2\text{O}$

$$p_C = 94.5 \text{ kPa （绝压）}$$

可见，以上三个截面的绝压均小于大气压 101.3 kPa（即为负压）。本题也可采用表压计算，试比较哪一种更简便。

例 1-4 烟气排风管道某处的直径自 300 mm 渐缩到 200 mm，为了粗略估计其中烟气的流量，在锥形接头两端各引出一个测压口与 U 形管压差计相连，用水作指示液测得读数 $R = 40$ mm。设烟气流过锥形接头的阻力可以忽略，若烟气的密度为 1.05 kg·m⁻³，求该股烟气的体积流量。

解 按题意作出解题示意图，如图 1-8 所示。

管内烟气温度不变，压力变化也很小，管道水平，$z_1 = z_2$，可用不可压缩流体的机械能衡算式 (1-17)，并简化为

$$\frac{u_1^2}{2}+\frac{p_1}{\rho}=\frac{u_2^2}{2}+\frac{p_2}{\rho}$$

p_1 与 p_2 之差可据 U 形管压差计读数利用式 (1-7a) 计算

$$p_1-p_2=\rho_A g R=1\,000\times9.81\times0.04=392\ \text{Pa}$$

得 $$\frac{u_2^2-u_1^2}{2}=\frac{p_1-p_2}{\rho}=\frac{392}{1.05}=373$$

$$u_2^2-u_1^2=746 \qquad\qquad (a)$$

利用连续性方程可得 u_2 与 u_1 的另一关系为

$$u_2=u_1\left(\frac{A_1}{A_2}\right)=u_1\left(\frac{d_1}{d_2}\right)^2=\left(\frac{0.3}{0.2}\right)^2 u_1$$

$$u_2=2.25\ u_1 \qquad\qquad (b)$$

将式（b）代入式（a）解得：$u_1=13.6\ \text{m}\cdot\text{s}^{-1}$
烟气体积流量

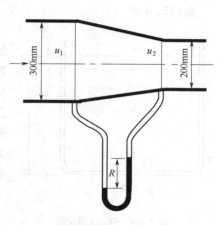

图 1-8　例 1-4 附图

$$q_V=(\pi/4)\times0.3^2\times13.6=0.96\ \text{m}^3\cdot\text{s}^{-1}$$

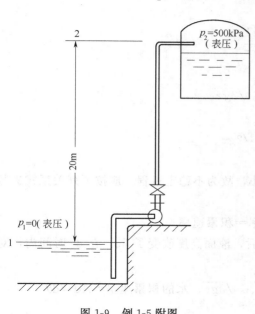

图 1-9　例 1-5 附图

例 1-5　如图 1-9 所示，用泵将水从水池输送到高处的密闭容器，输水量为 15 m³·h⁻¹。输水管内径为 50 mm，出口位于水池液面以上 20 m，与压力为 500 kPa 的容器连接。水在管路内机械能损失为 40 J·kg⁻¹。试计算输送所需的有效功率。若泵的效率为 0.6，求泵的输入功率。

解　本例中 w_e 及 w_f 皆不为零，故需应用式 (1-15)。取池内水面为截面 1，并作为基准面；输水管出口为截面 2，则

$$z_1=0，z_2=20；p_1=0，p_2=500\times10^3\,\text{Pa}$$

$$u_1=0，u_2=\frac{15/3\,600}{(\pi/4)(0.05)^2}=2.12\ \text{m}\cdot\text{s}^{-1}$$

$$w_f=40\ \text{J}\cdot\text{kg}^{-1}$$

按式 (1-15) 有

$$gz_1+\frac{u_1^2}{2}+\frac{p_1}{\rho}+w_e=gz_2+\frac{u_2^2}{2}+\frac{p_2}{\rho}+w_f$$

代入各已知值

$$0+0+0+w_e=20\times9.81+2.12^2/2+5.00\times10^5/1\,000+40$$

$$w_e=196.2+2.25+500+40=738.5\ \text{J}\cdot\text{kg}^{-1}$$

此结果表明每千克水要取得 739 J 的机械能才能从水池升到容器，换言之，泵要对每千克水做 739 J 的有效功，从泵轴加入的功（轴功）比有效功要大，因为泵内亦有各种能量损失，即泵的输入功（轴功）并非全部都是有效的。

泵对每千克水所做有效功乘以水的质量流量（kg·s⁻¹）为单位时间的有效功，即有效功率或输出功率。

水的质量流量　　　　$q_m=15\times1\,000/3\,600=4.17\ \text{kg}\cdot\text{s}^{-1}$

有效功率　　$N_e=q_m w_e=4.17\times738.5=3\,079\ \text{J}\cdot\text{s}^{-1}$ 或 3.08 kW

泵的轴功率为有效功率除以效率之商，故

泵的轴功率 $\qquad N=3.08/0.6=5.13 \text{ kW}$

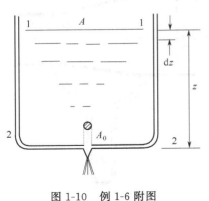

图 1-10　例 1-6 附图

例 1-6　如图 1-10 所示的水桶，截面面积为 A，桶底有一小孔，面积为 A_0。（1）若自小孔 A_0 排水时，不断有水补充入桶内，使水面高度维持恒定为 z，求水的体积流量。（2）若排水时不补充水，求水面高度自 z_1 降至 z_2 所需的时间。实际液体由孔流出时其流动截面有所缩小（参看附图），且有阻力损失。计算时可先忽略阻力损失，求未收缩时的理论流量，再根据经验取实际流量为理论值的 0.62 倍。

解　（1）求液面恒定时的体积流量

取水截面为 1，孔所在的桶底平面为截面 2，并取桶底为基准水平面。

$$z_1=z,\ z_2=0;\ p_1=p_2=0;\ h_e=0,\ h_f=0;\ u_1=0,\ u_2\ \text{为所求}$$

在忽略阻力损失时，可应用式（1-17）得

$$z=u_2^2/2g,$$

故

$$u_2=\sqrt{2gz}$$

理论体积流量

$$q_V=u_2A_0=A_0\sqrt{2gz}$$

实际体积流量（计入了截面收缩和机械能损失）

$$q_V=0.62\,A_0\sqrt{2gz}$$

（2）求液面高度由 z_1 降至 z_2 所需的时间

由于桶内液面不断下降，排水速率也不断减小，故为不稳定过程，应按下列关系式进行物料衡算

$$\text{输入速率}-\text{输出速率}=\text{积累速率}$$

设在某一瞬间，液面高度为 z，经历 $d\theta$ 时间后，液面高度改变了 dz，在 $d\theta$ 时间内，对于桶内液面以下的空间有

$$\text{水的输入速率}=0;\ \text{水的输出速率}=0.62\,A_0\sqrt{2gz};\ \text{水的积累速率}=Adz/d\theta$$

故微分物料衡算式为

$$0-0.62A_0\sqrt{2gz}=Adz/d\theta$$

积分

$$\int_0^\theta d\theta=\int_{z_1}^{z_2}-\frac{Adz}{0.62A_0\sqrt{2gz}}$$

$$\theta=\frac{2A}{0.62A_0\sqrt{2g}}(\sqrt{z_1}-\sqrt{z_2})=0.728(A/A_0)(\sqrt{z_1}-\sqrt{z_2})$$

小结：将前面几个例题的求解方法加以综合，总结要点如下。

① 选定上、下游的截面 1 与 2，明确衡算中所考虑的范围内两截面之间的流体必须是连续不断的。选定截面时，应注意使所求的物理量能在截面之一反映出来（若求泵的功率则泵应在两截面之间），截面上的其他各量应为已知或易于求得的。

② 将基准水平面定在所选出的较低截面上，其 z 值为零。另一截面的 z 值为该截面中

心点至基准水平面的垂直距离。

③ 注意使用一致的单位，将有关数值按统一的法定单位先行列出。两截面上的压力可都采用表压或都用绝压，通常以用表压较为方便。

以上的几个例题，都未涉及机械能损失（或压头损失）的计算，对此或是可以忽略或是给定一个值，以使能量衡算得以进行。其原因是至今只限于对流动作宏观分析，未考虑到控制体内的变化细节。分析引起机械能损失的内在因素，建立计算流动阻力的关系式，必须先对流体流动时其内部质点的运动状况加以考察。此即下一节的内容。

1.3 流体流动现象

1.3.1 牛顿黏性定律及流体的黏度

流体黏度 当流体沿固体壁面流过时，截面上各点的流速并不相等。如在圆形直管内，流速在管壁处为零，逐渐离开壁面时流速增大，至管轴心达到最大值。根据圆管的轴对称性，流动的流体在流速很小时（1.3.2 中将进一步论述）可视为无数极薄的圆筒所组成，称为流体层，每一层上各质点的流速相等。而各层以不同的速度向前运动。对任何相邻的两层来说，靠近轴心的速度略大，靠外围的速度稍小，前者对后者起带动作用，后者对前者起拖曳作用。流体层之间的这种相互作用形成了流体的内摩擦，流体流动时为克服这种内摩擦要消耗机械能。

影响流体流动时内摩擦大小的因素较多，其中属于物理性质方面的是流体的黏性。为了对黏性建立定量的概念，可设想有两块面积很大又相距很近的平板，其间充满流体，令下板保持不动，上板以较慢的速度 v_0 向右等速运动（见 1.3.2），为此需以一定的力 F 向右推动上板，用于克服流体的内摩擦力或黏性力。两板间的流体会分成无数薄层而运动，如图 1-11（a）所示。附在上板底面的一层流体的速度等于板移动的速度 v_0，以下各层速度逐渐降低，附在下板表面的一薄层速度为零。

气体的黏性可以用分子运动论作如下解释。如图 1-11（a）所示的两板间，取相邻的两薄层气体 A-A、B-B，如图 1-11（b）所示。其中分子除了向右以定向速度 v_A、v_B 运动，还有杂乱的热运动，使得分子在两气层之间相互交换。气层 A-A 的分子到了气层 B-B 后，由于 $v_B > v_A$ 而被加速，动量增大；同时气层 B-B 受到这些分子的反作用力，即与 v_B 方向相反的阻滞力 f_B。另一方面，气层 B-B 的分子到了气层 A-A 后，因 $v_A < v_B$ 而被减速，动量减小；使气层 A-A 受到与 v_A 方向相同的推进力 f_A。f_A 与 f_B 大小相等，方向相反，这一对力就是黏性力或内摩擦力。综上所述，在两气层间分子交换的同时，还由于定向速度不相等而产生动量传递，其结果体现为一对剪切力，即内摩擦力。可以推论，内摩擦力 f 与气层面积 A 及气层间的速度梯度 $\mathrm{d}v/\mathrm{d}y$（y 为某点离下板的距离）成正比，即

$$f = \pm \mu A \frac{\mathrm{d}v}{\mathrm{d}y} \tag{1-23}$$

正负号的选取视 f 与 v 的方向是相同还是相反。也可以用剪应力，即内摩擦应力 τ 的形式来表达上式

$$\tau = \frac{f}{A} = \pm \mu \frac{\mathrm{d}v}{\mathrm{d}y} \tag{1-23a}$$

大量实验证实这一推论的正确性。以上两式称为牛顿黏性定律，比例系数 μ 称为黏度，是衡量流体黏性大小的一个物理量。黏度的单位可通过式（1-23a）定出。

$$[\mu] = \left[\frac{\tau}{v/y}\right] = \frac{\mathrm{N} \cdot \mathrm{m}^{-2}}{\mathrm{m} \cdot \mathrm{s}^{-1}/\mathrm{m}} = \mathrm{N} \cdot \mathrm{m}^{-2} \cdot \mathrm{s} = \mathrm{Pa} \cdot \mathrm{s}$$

有些稠厚液体或悬浮液，其剪应力与速度梯度的关系不符合牛顿黏性定律，称为非牛顿流体；而全部气体与大部分液体符合牛顿黏性定律，称为牛顿流体。本章限于讨论牛顿流体。

气体黏度随温度、压力的变化，可从分子运动论推论。温度升高时，分子运动的平均速度增大，如图 1-11 （b）所示两气层间分子交换的速度加快，内摩擦力和黏度也随之增大。当压力增大时，单位体积的分子数增多，但分子运动的平均自由程相应减小，两个因素的作用相反；从定量推导中，可知在相当宽的压力范围内两因素的影响正好相互抵消，分子交换速率不变，即黏度不因压力改变而变化。实验数据与上述推论相符。

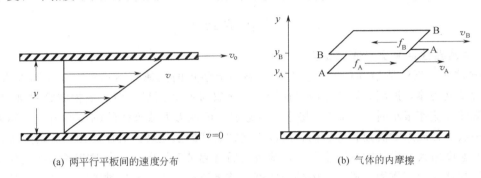

(a) 两平行平板间的速度分布   (b) 气体的内摩擦

图 1-11 两平板间流体随上板的运动

对于液体，由于分子间平均距离比气体要小得多，黏性力主要由分子间的吸引力所产生，温度升高时，液体体积膨胀，分子间距离增大，吸引力迅速减小，黏度也随之下降。由于液体不可压缩，在较宽的压力范围内分子间距离及黏度不受其影响。一些常见流体的黏度，可从附录中查得，其中水和空气的黏度与温度的关系较为详细（附录10、附录6）。顺便提及：当如图 1-11 （a）所示的两平板处温度不相同时，如图 1-11 （b）所示相邻两流体层间由于分子交换将导致热量传递；同理两平板处流体浓度不同时，将导致质量传递。

例 1-7 油在直径为 100 mm 的管内流动，在管截面上的速度分布可用下式表示

$$v = 20y - 200y^2$$

式中，y 为截面上任一点距管壁的距离，m；v 为通过该点的流速，$m \cdot s^{-1}$。

（a）求管轴心处的流速，又求管半径中点处的流速；

（b）求管壁处的剪应力，又求长 100 m 的管内壁面作用于油的全部阻力（剪力）。油的黏度为 50 cP。

解 （a）求流速

管轴心 $y = 50 \, mm = 0.05 \, m$

$$v = 20 \times 0.05 - 200 \times 0.05^2 = 1 - 0.5 = 0.5 \, m \cdot s^{-1}$$

半径中点处 $v = 20 \times 0.025 - 200 \times 0.025^2 = 0.5 - 0.125 = 0.375 \, m \cdot s^{-1}$

（b）求管壁处的剪应力及管壁阻力

由牛顿黏性定律可算出任一位置上的剪应力，计算时所需的速度梯度可对给出的速度分布式求导而得。

$$\frac{dv}{dy} = 20 - 400y$$

管壁处，$y = 0$，故

$$\left(\frac{dv}{dy} \right)_{y=0} = 20 \, s^{-1}$$

油的黏度 $\mu=50\times10^{-3}=0.05$ Pa·s（或 N·s·m^{-2}），故壁面上的剪应力为

$$\tau_w=\mu\left(\frac{\mathrm{d}v}{\mathrm{d}y}\right)_{y=0}=0.05\times20=1\ \mathrm{N\cdot m^{-2}}$$

100 m 管壁面上的总阻力为

$$F=\tau_w A=1\times\pi\times0.1\times100=31.4\ \mathrm{N}$$

1.3.2 流体的流动型态及雷诺数

前面所提到的流体内可视为分层流动的型态，仅在流速较小时才出现，流速增大到一定程度，就会发生另一种与之完全不同的流动型态。这是 1883 年由雷诺（Reynolds）首先提出来的。他设计的实验可直观地考察流体流动时的内部情况以及有关因素的影响。

1.3.2.1 雷诺实验

雷诺实验装置（如图 1-12 所示）中，有一入口为喇叭状的玻璃圆管浸没在透明的水槽内，管出口有阀，可用以调节水的流速。水槽上方置一小瓶，其中的有色液体通过导管及细嘴引出注入管轴处。从有色液体的流动状况可观察到管内水流的运动状况。

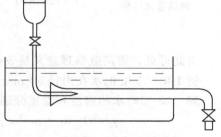

流速小时，管中心的有色液体成一平稳的细线沿管轴通过全管，表明水的质点系作平行运动，与旁侧的流体并无宏观的混合，如图 1-13（a）所示。这种流动型态称为层流或滞流。流速增加至某一程度后，有色液体便成为波浪形细线，作不规则地波动；速度再增，细线的波动加剧，并形成漩涡向四周散开，其

图 1-12 雷诺实验装置

后可使全管内水的颜色均匀一致，如图 1-13（b）所示。后一种流动型态称为湍流或紊流。在实验中可以观察到湍流流体中不断有漩涡生成、移动、扩大、分裂和消失。

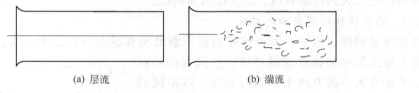

(a) 层流 (b) 湍流

图 1-13 两种流动型态

1.3.2.2 雷诺数

若在直径不同的管内用不同的流体进行实验，可以发现，除了流速 u 外，还有管径 d、流体的黏度 μ 和密度 ρ 对流动状况也有影响，流动型态由这几个因素共同决定。

雷诺通过进一步的分析研究，将上述影响因素组合成数群 $du\rho/\mu$，根据其值的大小，可以判断流动属于层流还是属于湍流。上述数群称为雷诺数，以符号 Re 代表。其单位为

$$Re=\frac{du\rho}{\mu}=\frac{(\mathrm{m})(\mathrm{m\cdot s^{-1}})(\mathrm{kg\cdot m^{-3}})}{\mathrm{N\cdot s\cdot m^{-2}}}=\mathrm{m^0 kg^0 s^0}$$

上式表明雷诺数是由几个物理量组合而成的无量纲数群，称为特征数，特征数都有一定物理意义。

从雷诺数的值可以判断流体流动的型态。工程上一般认为，流体在圆形直管内的流动时，当 $Re<2\,000$ 时属于层流，称为下临界雷诺数；$Re>4\,000$ 时则一般为湍流，称为上临界雷诺数，但其值易受外界条件影响而较不确定。Re 在 $2\,000\sim4\,000$ 之间时，流动处于一

种过渡状态，可能是层流也可能是湍流，或是二者交替出现，这要视外界条件有无干扰而定，一般称此雷诺数范围为过渡区。对于上述圆形以外其他截面形状通道内的流体流动，也会出现层流、湍流这两种不同的流态（及其间的过渡流态），只是雷诺数的表达及其临界值有所不同，将在以下进一步讨论。

图 1-14　雷诺数的
物理意义考察

特征数的物理意义通常是表征两个同类物理量之比。关于雷诺数的物理意义，参看图 1-14 示出的边长为 d 的正立方形流体。从物理学的等加速运动方程可知，在距离 d 内以等加速度 a 使速度由 0 加速到 u，有 $u^2 = 2ad$，或 $a = u^2/2d$，故加速力（或称惯性力）＝ $ma = (\rho d^3)(u^2/2d) = \rho d^2 u^2/2$。

此外，若正方体上下层具有速度梯度 u/d，则

$$黏性力 = \mu A u/d = \mu d^2 u/d = \mu d u$$

上述加速力（惯性力）与黏性力之比为

$$\frac{\rho d^2 u^2/2}{\mu u d} = \frac{d u \rho}{2\mu}$$

由此可见，雷诺数物理意义是表征惯性力与黏性力之比。

例 1-8　25 ℃的水在内径 50 mm 的管内流动，流速为 2 m·s^{-1}，试判断其流动型态。

解　25 ℃时水的密度和黏度分别为

$$\rho = 996 \text{ kg·m}^{-3}, \quad \mu = 0.894 \text{ cP} = 0.000\ 894 \text{ N·s·m}^{-2}$$

$$d = 0.05 \text{ m}, \quad u = 2 \text{ m·s}^{-1}$$

$$Re = \frac{d u \rho}{\mu} = \frac{0.05 \times 2 \times 996}{0.000\ 894} = 110\ 000$$

可知其雷诺数大大超过临界值，流动型态为湍流。

1.3.2.3　湍流的脉动现象和时均化

在湍流运动的流体中，由于流体质点不断地相互混杂（通过雷诺实验能直接观察到），使得各个质点的运动速度或通过任一空间点的质点速度，不论在大小或方向上都随时变化。以不同的专门仪器所作的测定证实了上述概念，如图 1-15 所示为对某一点测得主流方向上（如管内的轴向）的速度大小随时间变化的情况。由图可见，瞬时速度的变化虽不规则，但又都围绕某一平均值（图中 AB 线所示）而上下波动，这种现象称为速度的脉动。流体内其他许多物理量，如压力、传热时的温度、传质时的浓度，也同样有脉动现象。

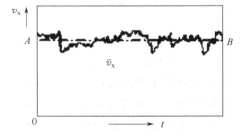

图 1-15　湍流主流方向上速度的脉动

某一点的瞬时速度 v 对时间的平均值，称为时均速度 $\bar{v}$，其定义式为

$$\bar{v} = \frac{1}{T} \int_0^T v \mathrm{d}t$$

式中，只要所取的时间 T 不是太短（对管流约为几秒钟），$\bar{v}$ 就不随 T 而变。这就是通过无规律的瞬时速度而体现出来的规律性。其他的脉动量也可通过同样的方法时均化。

有了上述时均化的概念，就可以将瞬时速度 v 表达为时均速度 $\bar{v}$ 与脉动速度 v' 之和。即

$$v = \bar{v} + v' \tag{1-24}$$

通过时均化就可以简化湍流的分析。但也应注意这种时均化仅仅是想像的，是一种处理方法，不要忘记湍流中实际存在着脉动，凡是涉及脉动实质的问题，必须考虑流体质点相互混杂的影响。例如垂直于流动方向的脉动会大大加强动量、热量、质量的传递，适用于层流的牛顿黏性定律不能用于湍流等。

1.3.3 管内流动的分析

1.3.3.1 层流的速度分布

对层流可以应用牛顿黏性定律作分析。如图 1-16 所示，流体在水平等径管内作稳定层流运动，在长度为 l 的管段内划出半径为 r 的圆柱形流体段，作用于其上各个力在轴线上的投影如下所述。

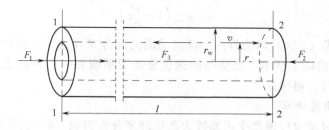

图 1-16 圆管内层流分析图

（1）压力　作用于两端截面积 πr^2 上的压力

$$F_1 = \pi r^2 p_1$$

$$F_2 = -\pi r^2 p_2 \ (\text{现取流速方向为正，故 } F_2 \text{ 为负})$$

式中　p_1，p_2——截面 1-1、2-2 上的平均压力，即截面中心的压力。

作用于侧表面上的总压力在管轴上的投影为零。

（2）重力　垂直于管轴，故投影亦为零。

（3）黏性阻力　作用于侧表面积 $2\pi r l$ 上，投影在轴线上时其值不变，按牛顿黏性定律

$$F_3 = \mu (2\pi r l) \frac{\mathrm{d}v}{\mathrm{d}r}$$

式中取正号的原因是：黏性力 F_3 与正向相反，应为负值；现 v 随 r 的增大而减小，$\mathrm{d}v/\mathrm{d}r$ 为负。

由于稳定流动时为等速运动，这些力的合力为零

$$\pi r p_1 - \pi r p_2 + \mu (2\pi r l) \frac{\mathrm{d}v}{\mathrm{d}r} = 0$$

$$\frac{\mathrm{d}v}{\mathrm{d}r} = -\frac{p_1 - p_2}{2\mu l} r \tag{1-25}$$

式中，$p_1 - p_2$ 为两截面间的压力降，因而产生一朝向流动方向的推力 $F_1 - F_2 = \pi r^2 (p_1 - p_2)$，以克服黏性阻力 F_3；或者说 $p_1 - p_2$ 是由于黏性阻力而引起的压力损失，通常用 Δp_f 表示。式（1-25）中 $\Delta p_f = p_1 - p_2$，而 μ、l 都是常量，可积分如下

$$\mathrm{d}v = -\frac{\Delta p_f}{2\mu l} r \, \mathrm{d}r$$

$$v = -\frac{\Delta p_f}{4\mu l} r^2 + C$$

15

为求积分常数 C，可利用边界条件：紧贴在管壁上的运动速度为零，即 $r=R$（圆管半径），$v=0$，

$$C=\frac{\Delta p_{\mathrm{f}}}{4\mu l}R^2$$

将 C 代回积分式中，得到

$$v=\frac{\Delta p_{\mathrm{f}}}{4\mu l}(R^2-r^2) \tag{1-26}$$

在管轴上，v 达到最大值 $v_{\max}$。将 $r=0$ 代入上式，得

$$v_{\max}=\frac{\Delta p_{\mathrm{f}}}{4\mu l}R^2 \tag{1-27}$$

将式（1-27）代入式（1-26），可得

$$v=v_{\max}\left(1-\frac{r^2}{R^2}\right) \tag{1-28}$$

式（1-26）或式（1-28）即为管内层流流动的速度分布表达式，由此可知 v 随 r 按抛物线分布，如图 1-17 曲线 1 所示，在空间的速度分布图形则为一旋转抛物面。以上理论分析的结果与实验数据符合得很好。

1.3.3.2 湍流的速度分布

可以借用层流时动量传递产生内摩擦力的机理来分析湍流时的流动阻力及速度（指时均速度，下同）分布。由于在径向上存在质点的脉动，如图 1-16 所示的相邻两流体层（半径为 r 及 $r+\mathrm{d}r$）间发生质点的交换，因而流体层间主流方向（轴向）的速度差（$\mathrm{d}v$），会产生动量传递，导致管内湍流的阻力。又由于流体质点是众多分子的集合，可以推论如下。

① 湍流时两流体层间的质量交换和动量传递比层流时显著增大，流动阻力也同样增大。

② 湍流时速度分布因动量传递大而较层流时均匀，如图 1-17 曲线 2 所示，分布曲线较层流时"丰满"（注意：曲线 2 靠近壁处的距离已放大，即实际上要更丰满些）。

③ 径向的脉动速度随主流速度的增大而增大，故雷诺数越大，速度分布曲线越丰满；且湍流时的流动阻力随速度而增加比层流要快。

而在近管壁处，紧贴在管壁上的流速仍由于流体的黏度而为零，且局部雷诺数小于临界值的薄层内仍为层流，这一薄层称为层流底层。如图 1-17 所示近壁处距离放大是为了显示此处存在层流底层，其内速度分布可视为直线；底层实际厚度要比图中所示薄得多，但其对于壁面与流体间的动量传递却很重要，这可从其内速度梯度很大而看出。

由于湍流运动的复杂性，尚未能从理论上导出管内的速度分布式，只能借助于实验数据用经验公式近似地表达，以下为其中之一（指数形式）

$$v=v_{\max}\left(1-\frac{r}{R}\right)^{1/n} \tag{1-29}$$

n 值在 6～10 之间，雷诺数愈大，n 值也愈大。当 $Re=10^5$ 左右时，$n=7$。

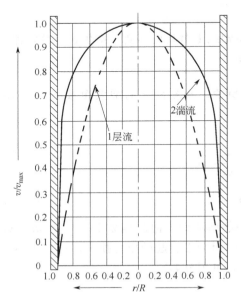

图 1-17　圆管内速度分布曲线
（曲线 2 近壁处的距离是经过放大的）

1.3.3.3 平均速度

平均速度按式（1-10）定义。若知管截面上的速度分布，就可用积分法求出平均速度。

如图 1-18 所示表示从管内流动流体中划出来的微分环形空间，其半径为 r，厚度为 dr。若通过此环隙的流体以速度 v 向前运动，则体积流量 dq_V 可用下式表示

$$dq_V = v2\pi r dr$$

层流时，通过此环隙的微分体积流量可将式（1-27）代入而得

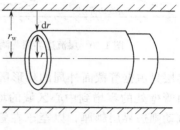

图 1-18　平均流速推导

$$dq_V = 2\pi r\left(1 - \frac{r^2}{R^2}\right)v_{max}dr \qquad (1-30)$$

通过整个截面的体积流量为

$$q_V = 2\pi v_{max}\int_0^R \left(1 - \frac{r^2}{R^2}\right)r dr = \frac{1}{2}\pi R^2 v_{max}$$

平均速度

$$u = \frac{q_V}{\pi R^2} = \frac{(1/2)\pi R^2 v_{max}}{\pi R^2} = \frac{1}{2}v_{max} \qquad (1-31)$$

即层流时平均速度等于管中心处最大速度的 $1/2$。

试推算管内湍流时（$n=7$）平均速度与最大速度间的关系。

1.3.4 边界层概念

实际流体与固体壁面作相对运动时，流体内部有剪应力作用。但由于速度梯度集中在壁面附近（参看图 1-17），与之成正比的剪应力也集中在壁面附近。远离壁面处的速度变化很小，以致流体层间的剪应力也小到可以忽略，这部分流体便可以当作理想流体处理。实际流体沿壁面流动时，可在流体中划分出两个区域，一为壁面附近速度变化大的区域，称为边界层，流动阻力主要集中在此一区域；另一为离壁面较远、速度基本上不变的区域，其中的流动阻力可以忽略。这就是 20 世纪初普朗特（Prandtl）提出的边界层学说的出发点。一般是将速度达到主体流速的 99%之处规定为两个区域的分界面，即从速度为零至速度等于主体速度的 99%的区域属于边界层范围。

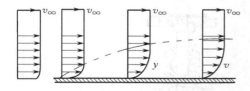

图 1-19　平板上边界层的形成

现以水沿平板流动为例，说明边界层形成的过程。如图 1-19 所示，湍流运动的水原先以一致的时均速度 v_∞ 趋近平板，达到平板前沿后，开始受到板面的影响，贴在板面上的水速降到零，形成速度梯度。相应的剪应力促使邻近壁面的水层流速减缓，开始形成边界层。随着水的向前移动，剪应力的继续作用使边界层的厚度随距前沿的距离而增加。在图中虚线上的流体速度等于 $0.99\,v_\infty$，虚线与板之间的区域属于边界层。

原先水虽为湍流，但由于与壁面很靠近的流体速度很小，故边界内紧靠壁面处的流层为层流。在板的前沿附近，边界层很薄，整个边界层内部全为层流，称为层流边界层。距前沿渐远，边界层加厚，边界层内的流动将由层流转变为湍流，此后的边界层称为湍流边界层。湍流发生之处，因剪应力骤然增大，而使边界层加快增厚。如图 1-20 所示，湍流边界层之内，在紧靠壁面处

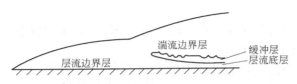

图 1-20 层流边界层与湍流边界层

仍有一层流底层；在层流底层与湍流边界层之间，有一缓冲层（过渡层）。边界层的进一步探求已超出本书范围。

若流体以均匀一致的流速经圆滑的管口流入管道，如图 1-21 所示，则在入口处开始形成边界层，并逐渐加厚。开始阶段边界层只占据管截面外周的环形区域，管中心区域的流体速度仍为均匀。边界层内流体的速度由管壁处的零增到中心区域的均匀值。越往前流动则边界层越厚，以至于在管中心汇合，占据了全部管截面积。此后边界层厚度即等于管半径，不再变化，此种流动称为充分发展的流动。达到充分发展流动所需管长称为"进口段长度"。层流时此段长度与管径之比约等于

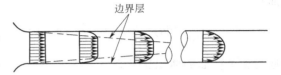

图 1-21 管内边界层的形成与发展

$0.05\,Re$，此 Re 仍是按管内的平均速度计算的。湍流时进口段长度大约等于 $(40\sim50)d$。

边界层的一个重要特点是在某些情况下会脱离壁面，称为边界层分离。流体沿壁面流过时壁面对流体的阻力（参见例 1-7）称为表面阻力或摩擦阻力。若流体经过的流道有弯曲、突然扩大或缩小、或绕过物体流动，可造成边界层分离、产生涡流区，而引起额外的机械能损耗。这种阻力称为形体阻力。边界层分离增大能量消耗，在流体输送中应设法避免或减少，但它对混合及传热、传质又有促进作用，故有时也要加以利用。

1.4 管路内流动的阻力损失

管路输送系统主要由两种部件组成：一是等径直管，二是弯头、变径接头、三通、阀门等各种管件和阀件（参见图 1-22）。流体流经等径直管时的机械能损失称为沿程阻力损失，

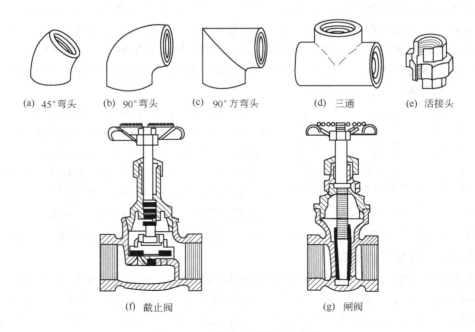

(a) 45°弯头　　(b) 90°弯头　　(c) 90°方弯头　　(d) 三通　　(e) 活接头

(f) 截止阀　　　　　　　　(g) 闸阀

图 1-22 几种典型的管件和阀件

简称沿程损失或摩擦损失。流体流经各种管件和阀件时，由于流速大小或方向突然改变会引起界层分离而产生大量漩涡，导致额外的机械能损失，这种形体阻力损失由局部原因产生，而称为局部阻力损失，简称局部损失。总阻力损失是两者之和。对于长的管路，局部损失所占的比例很小；相反，对于短管路，局部损失常比沿程损失为大。由于这二类损失的机理和算法不尽相同，以下分别进行讨论。

不论是哪一类流体阻力损失都是在流动中产生的，故可将流经某一管段或管件的机械能损失用流体动能表示

$$w_{\mathrm{f}} = \zeta u^2/2 \tag{1-32}$$

这就是阻力损失的一般表达式，式中 ζ 称为阻力系数。也可以用静压损失（常称为压力损失） Δp_{f} 或压头损失 h_{f} 的形式来表达阻力损失

$$\Delta p_{\mathrm{f}} = \zeta \rho u^2/2 \tag{1-32a}$$

$$h_{\mathrm{f}} = \zeta u^2/2g \tag{1-32b}$$

只要求得不同情况下的阻力系数，就可应用上式算出其阻力损失。

1.4.1 层流时的沿程损失

在 1.3.3 管内层流的分析中已得出沿程静压损失 Δp_{f} 与有关参数的关系式（1-27），现改写成

$$\Delta p_{\mathrm{f}} = 4\mu l v_{\max}/R^2 \tag{1-27a}$$

将 $R = d/2$ 及 $v_{\max} = 2u$ [式(1-31)]代入，可得

$$\Delta p_{\mathrm{f}} = 32\mu l u/d^2 \tag{1-33}$$

将上式与式（1-32a）进行对比，得到

$$\zeta = 64 \times \frac{\mu l}{d^2 u \rho} = 64\left(\frac{\mu}{d u \rho}\right)\left(\frac{l}{d}\right) = \frac{64}{Re}\left(\frac{l}{d}\right) \tag{1-34}$$

因此，圆形直管内层流的阻力系数可表达为两个无量纲数群（l/d）及 Re 的函数之积。沿程损失 Δp_{f}（或 w_{f}、h_{f}）与管长 l 成正比是很易理解的；而雷诺数的函数以符号 λ 表示，称为摩擦因数或摩擦系数（英美文献中常用范宁因子 f 表示，其值为 λ 的 $1/4$，即 $f = \lambda/4$），对此处讨论的情况

$$\lambda = 64/Re \tag{1-35}$$

代入式（1-34）中有

$$\zeta = \lambda(l/d) \tag{1-36}$$

再代入阻力损失的一般式（1-32）中，可得到用摩擦因数表示的沿程损失表达式

$$w_{\mathrm{f}} = \lambda \frac{l}{d} \frac{u^2}{2} \tag{1-37}$$

$$\Delta p_{\mathrm{f}} = \lambda \frac{l}{d} \frac{\rho u^2}{2} \tag{1-37a}$$

$$h_{\mathrm{f}} = \lambda \frac{l}{d} \frac{u^2}{2g} \tag{1-37b}$$

以上讨论的都是圆形截面的直管，对于非圆形直管（例如有些气体输送管用矩形截面较方便，有时流体会在套管之间的环隙流动等），可以应用当量直径的概念作处理，其定义是

$$d_{\mathrm{e}} = 4A/\Pi \tag{1-38}$$

式中　d_{e}——非圆形直管管道的当量直径，m；

　　　A——流体流过的截面积，m²；

Π——截面上流体与管道接触的周边，简称润湿周边，m。

得到非圆形管的 d_e 后就可以算出 Re；而且层流时也可以用式（1-35）的形式计算 λ，只是式中的常数不再是 64，而随截面形状变化，需由实验确定。如对套管间的环隙，常数为96；对正方形管，常数为 57。

例 1-9 判断例 1-7 油在管内的流动型态，并求其流过 100 m 直管的沿程损失。已知油的密度为 960 kg·m^{-3}。

解 要判断流动型态需算出 Re，需求出平均速度 u。先假定为层流，则 u 为轴心处 $v_{\max}$ 的一半，例 1-7 中已得出 $v_{\max}=0.5$ m·s^{-1}，故 $u=0.25$ m·s^{-1}。于是

$$Re=\frac{du\rho}{\mu}=\frac{0.1\times0.25\times960}{0.05}=480$$

可知流动型态为层流（事实上，只有层流才有抛物线形式的速度分布）。试再将例 1-7 的速度分布式用 v-r 关系表示。

例 1-7 中已算出管壁对油的总摩擦阻力为 31.4 N，克服此阻力所产生的压降 Δp 按力平衡式（参看图 1-16，现 $r=R$）有

$$\pi R^2\Delta p=31.4$$

故
$$\Delta p=31.4/\pi(0.05)^2=4\ 000\ \text{Pa}$$

$$w_f=\Delta p/\rho=4\ 000/960=4.17\ \text{J}\cdot\text{kg}^{-1}$$

$$h_f=w_f/g=4.17/9.81=0.425\ \text{m}$$

也可以按上述原理导出的式（1-37）求 w_f，为此先以式（1-35）求 λ。

$$\lambda=\frac{64}{Re}=\frac{64}{480}=0.133$$

故
$$w_f=\lambda\frac{l}{d}\frac{u^2}{2}=0.133\left(\frac{100}{0.1}\right)\left(\frac{0.25^2}{2}\right)=4.17\ \text{J}\cdot\text{kg}^{-1}$$

1.4.2 湍流时的沿程损失

湍流时，沿程损失的计算仍以式（1-37）为基础，只是摩擦因数 λ 不能如层流可以从理论上导出，而需依靠实验方法建立经验关联式。在进行实验时，通常是每次改变一个变量而将其他变量固定，若涉及的变量很多，工作量必然很大，而且将实验结果关联成便于应用的表达式也较困难。为解决以上问题，工程上常采用下面的量纲分析法减少变量。

量纲分析法就是将一个物理过程的所有变量通过下述量纲规律组合成若干个无量纲数群，其数目少于过程中的单个变量。这样就便于通过实验找出定量关系而得到经验式。量纲分析法在过程工程实验研究中应用很广泛。下面通过对直管湍流摩擦损失的量纲分析介绍其内容及步骤。

首先，根据湍流摩擦损失的实验结果和分析找到主要影响因素有：管径 d、管长 l、平均流速 u、流体密度 ρ、黏度 μ 及管壁绝对粗糙度（管壁凹凸部分的平均高度）ε，可将机械能损失项 w_f 写成这些因素的一般函数式

$$w_f=f(d,\ l,\ u,\ \rho,\ \mu,\ \varepsilon)$$

式中，ε 简称粗糙度，表 1-1 列出了某些常用管材的 ε 值；ε 与管直径 d 之比 ε/d 称为相对粗糙度。设 w_f 与其影响因素之间的关系可用下列幂函数形式表示

$$w_f=Kd^a l^b u^c \rho^d \mu^e \varepsilon^f \tag{1-39}$$

式中，系数 K 和指数 a、b、c、d、e、f 都待定。

凡是根据基本物理规律导出的物理量方程，其各项都应具有相同的量纲，这就是量纲一

致性原则。为此，先写出式（1-39）中各物理量的力学基本量纲（长度 L，质量 M 和时间 Θ）

$$[l]=[d]=\text{L} \qquad\qquad [u]=\text{L}\cdot\Theta^{-1} \qquad [\rho]=\text{M}\cdot\text{L}^{-3}$$

$$[\mu]=[\text{Pa}\cdot\text{s}]=\text{M}\cdot\text{L}^{-1}\cdot\Theta^{-1} \qquad [\varepsilon]=\text{L} \qquad\qquad [w_\text{f}]=[\text{J/kg}]=\text{L}^2\cdot\Theta^{-2}$$

将以上各物理量的量纲代入式(1-39)，得量纲关系式为

$$\text{L}^2\cdot\Theta^{-2}=\text{L}^a\text{L}^b(\text{L}\cdot\Theta^{-1})^c(\text{M}\cdot\text{L}^{-3})^d(\text{M}\cdot\text{L}^{-1}\cdot\Theta^{-1})^e\text{L}^f=\text{L}^{a+b+c-3d-e+f}\Theta^{-c-e}\text{M}^{d+e}$$

根据量纲一致性原则，可得

$$\begin{cases} d+e=0 \\ -c-e=-2 \\ a+b+c-3d-e+f=2 \end{cases}$$

此方程组有 6 个未知数，无法全部解出，但可用其中 3 个表示另外 3 个；例如，用 b、e、f 表示 a、c、d，可以解得

$$\begin{cases} d=-e \\ c=2-e \\ a=-b-e-f \end{cases}$$

将上述 d、c、a 表达式代入式（1-39）中得

$$w_\text{f}=Kd^{-b-e-f}l^b u^{2-e}\rho^{-e}u^e\varepsilon^f$$
$$=Ku^2\left(\frac{l}{d}\right)^b\left(\frac{\varepsilon}{d}\right)^f\left(\frac{u}{du\rho}\right)^e$$

进一步可组合成如下的无量纲的形式

$$\frac{w_f}{u^2}=KRe^{-e}\left(\frac{\varepsilon}{d}\right)^f\left(\frac{l}{d}\right)^b \tag{1-40}$$

式中各项均为无量纲的数群，其中 w_f/u^2 或 $\Delta p_\text{f}/\rho u^2$ 称为欧拉（Euler）数，以符号 Eu 表示。

通过上述量纲分析过程，将原来含有 7 个物理量的式（1-39）转变成了只含 4 个无量纲的数群式（1-40）。用实验确定其具体关系，显然后者的工作量将大为减少。

将此式与式（1-37）相比较，可得

$$b=1$$
$$\lambda=\phi(Re,\varepsilon/d) \tag{1-41}$$

由此可见，湍流时的摩擦因数 λ 是雷诺数 Re 和相对粗糙度 ε/d 的函数。如图 1-23 所示的这一函数关系，称为莫狄（Moody）摩擦因数图，由莫狄对新商品钢管的实测得出。图中用相对粗糙度 ε/d 作参变数，其中 ε 值可查表 1-1。图中左上角的直线代表层流时的式（1-35）；虚线以右为完全湍流区，曲线达到水平，即 λ 只取决于 ε/d 而与 Re 无关。

也有一些经验式，但不易兼顾到简易和准确两方面。现介绍一个较能兼顾的新经验式

$$\lambda=0.1\left(\frac{\varepsilon}{d}+\frac{68}{Re}\right)^{0.23} \tag{1-42}$$

在 $\varepsilon/d\leqslant 0.005$ 及 $Re\geqslant 4\,000$ 范围内，其计算结果与图 1-23 实验值的误差一般在 5% 以内，可参阅以下例题中的对比。

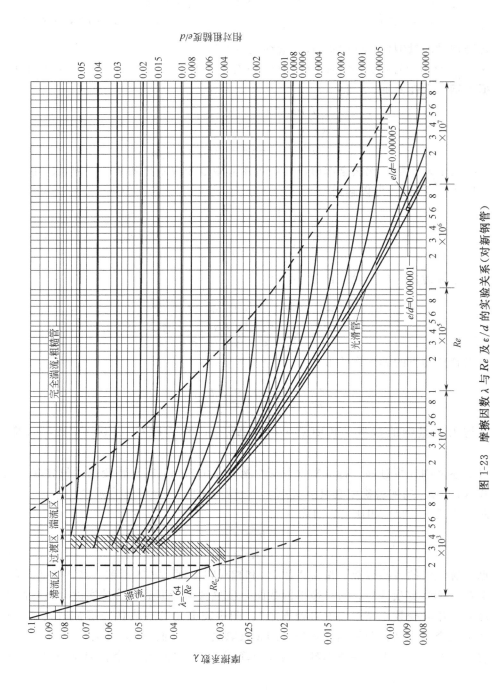

图 1-23 摩擦因数 λ 与 Re 及 ε/d 的实验关系（对新钢管）

表 1-1 某些工业管材壁面的粗糙度

	材料	ε/mm		材料	ε/mm
金属管	无缝黄铜管、铜管、铅管	0.01～0.05	非金属管	干净玻璃管	0.001 5～0.01
	新的无缝钢管、镀锌铁管	0.1～0.2		橡皮软管	0.01～0.03
	新的铸铁管	0.3		木管	0.25～1.25
	具有轻度腐蚀的无缝钢管	0.2～0.3		陶土排水管	0.45～6.0
	具有显著腐蚀的无缝钢管	0.5 以上		平整的水泥管	0.33
	旧铸铁管	0.85 以上		石棉水泥管	0.03～0.8

例 1-10 下述流体流过长 100 m 的直管，试分别计算每千克流体的机械能损失和压头损失。

(a) 20 ℃的浓硫酸（密度为 1.83 kg·m^{-3}，黏度为 23 cP），在内径为 50 mm 的钢管内流动，流速 0.4 m·s^{-1}。

(b) 20 ℃的水在 ϕ57 mm×3.5 mm 无缝钢管内流动，流速 2.0 m·s^{-1}。

解 (a) 20 ℃的硫酸

$$\rho=1.83\times1\,000=1\,830\text{ kg}\cdot\text{m}^{-3},\ \mu=23\times0.001=0.023\text{ Pa}\cdot\text{s}$$
$$d=0.05\text{ m},\ l=100\text{ m},\ u=0.4\text{ m}\cdot\text{s}^{-1}$$
$$Re=\frac{du\rho}{\mu}=\frac{(0.05)(0.4)(1\,830)}{0.023}=1\,590$$

故流型为层流，从图 1-23 代表层流的线上可读出 $\lambda=0.04$；而用式（1-35）计算，可较准确、方便

$$\lambda=64/Re=64/1\,590=0.040\,2$$

按式（1-35）计算机械能损失

$$w_f=\lambda\frac{l}{d}\frac{u^2}{2}=(0.04)\left(\frac{100}{0.05}\right)\frac{(0.4)^2}{2}=6.4\text{ J}\cdot\text{kg}^{-1}$$

压头损失

$$h_f=\frac{w_f}{g}=\frac{6.4}{9.81}=0.652\text{ m}$$

(b) 20 ℃的水

$$\rho=1\,000\text{ kg}\cdot\text{m}^{-3},\ \mu=1\text{ cP（或 }0.001\text{ Pa}\cdot\text{s）}$$
$$d=(57-2\times3.5)\times10^{-2}=0.05\text{ m}$$
$$l=100\text{ m},\ u=2.0\text{ m}\cdot\text{s}^{-1}$$
$$Re=du\rho/\mu=(0.05)(2.0)(1\,000)/0.001=100\,000$$

流型为湍流，求 λ 还要知道 ε/d。查表 1-1，取钢管粗糙度 $\varepsilon=0.2$ mm。

$$\varepsilon/d=0.2/50=0.004$$

从图 1-23 上读出 $Re=100\,000$ 及 $\varepsilon/d=0.004$ 时，$\lambda=0.029$。

若按式（1-41）计算

$$\lambda=0.1\left(0.004+\frac{68}{10^5}\right)^{0.23}=0.1(0.004+0.000\,68)^{0.23}=0.029\,1$$

与查图结果符合很好，且知本情况下 ε/d 对 λ 的影响比 Re 重要得多。将 λ 代入式（1-37）

$$w_f=\lambda\left(\frac{l}{d}\right)\left(\frac{u^2}{2}\right)=(0.029)\left(\frac{100}{0.05}\right)\frac{(2.0)^2}{2}=116\text{ J}\cdot\text{kg}^{-1}$$

$$h_f=116/9.81=11.83\text{ m}$$

例 1-11 10 ℃的水流过一根钢管，管长 3 000 m，要求达到的流量为 500 L·min^{-1}，

有 6 m 的压头可供克服流动的摩擦损失，试求管径。

解 10 ℃水的物理性质

$$\rho = 1\ 000\ \text{kg} \cdot \text{m}^{-3}, \quad \mu = 1.308\ \text{cP}\ (\text{或}\ 0.001\ 31\ \text{Pa} \cdot \text{s})$$

压头损失 $h_f = 6$ m

体积流量

$$q_V = 500/(1\ 000 \times 60) = 8.333 \times 10^{-3}\ \text{m}^3 \cdot \text{s}^{-1}$$

以 d 表示管径，则流速

$$u = \frac{8.333 \times 10^{-3}}{\pi d^2 / 4} = \frac{0.010\ 61}{d^2} \tag{a}$$

应用式（1-36）

$$h_f = \frac{w_f}{g} = \lambda \frac{l}{d} \frac{u^2}{2g}$$

有

$$6 = \lambda \left(\frac{300}{d}\right) \left(\frac{0.010\ 61}{d^2}\right)^2 \frac{1}{(2)(9.81)}$$

$$d^5 = 2.869 \times 10^{-4} \lambda \tag{b}$$

若知 λ 便可算出 d，而 λ 与雷诺数及相对糙度有关，这二者又和 d 有关，故式（b）要与式（a）及图 1-23 结合，以试差法求解。在试差中以先设 λ 为佳，因它比 u 或 d 的范围窄、变化小。

湍流时的 λ 值多在 $0.02 \sim 0.03$，设 $\lambda = 0.02$，代入式（b）中算出

$$d = 0.089\ 5\ \text{m}$$

为检验所设之 λ，先用所算出之 d 求 ε/d 及 Re；钢管取 $\varepsilon = 0.2$ mm，$\varepsilon/d = 0.2/89.5 = 0.002\ 2$。

$$Re = \frac{du\rho}{\mu} = \frac{d\rho}{\mu}\left(\frac{0.010\ 61}{d^2}\right) = \left(\frac{1\ 000}{0.001\ 31}\right)\left(\frac{0.010\ 61}{d}\right)$$

$$= 8\ 100/0.089\ 5 = 90\ 500$$

由 ε/d 及 Re 在图 1-23 上读出 $\lambda = 0.026$ ［按式（1-41）计算，$\lambda = 0.026\ 2$］。此 λ 值比原设值要大，将此 λ 值迭代到式（b）中重算 d，得 $d = 0.094\ 3$ m。

用此 d 值按前面的方法重算 λ，可知与第二次假设之值很接近，表明第二次求出的 d 值已基本正确，而钢管的尺寸有一定规格，如附录 16 所示，无需算得很精确。

实际采用的内径不应小于算出的 d 值，当然也不应过大，以免浪费。查附录 16，宜选用表（1）所列公称直径为 100 mm 的无缝钢管，现压力不大，选壁厚为 4 mm，其实际外径为 108 mm。此规格表示成 ϕ108 mm×4 mm。

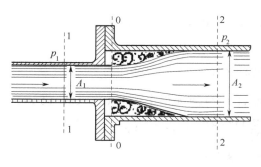

图 1-24　突然扩大

1.4.3　局部损失

局部阻力损可直接应用式（1-32）

$$w_f = \frac{\zeta u^2}{2} \tag{1-32}$$

而在管路计算中，局部阻力用当量长度表示往往更为方便。若某管件或阀件引起的局部损失，等于一段与它直径相同的长度为 l_e 的直管，则 l_e 称为管件或阀件的当量长度；这一管件或阀件的阻力系数 ζ 据式（1-36），知为 $\lambda(l_e/d)$。

现将几种最常遇到的局部阻力讨论如下。

（1）突然扩大　　如图 1-24 所示，在流道突然扩大处，流股成一射流注入扩大的流道中，出现边界层分离现象，在射流与壁面之间的空间产生涡流，使高速流体的动能大部分变为热而散失。通过理论分析可以证明，突然扩大时摩擦损失的计算式为

$$w_f = \left(1 - \frac{A_1}{A_2}\right)^2 \frac{u_1^2}{2} \tag{1-43}$$

故其局部阻力系数为

$$\zeta_e = (1 - A_1/A_2)^2 \tag{1-44}$$

式中　A_1，A_2——小管、大管截面积；

　　　u_1——小管中的平均流速，$m \cdot s^{-1}$。

用 ζ_e 计算突然扩大的损失时，要注意按小管内的速度计算动能项。

（2）突然缩小　　如图 1-25 所示，流股在突然缩小处以前，基本上不发生边界层分离，但此后却并不能立刻充满缩小后的截面，而是继续缩小，经过一最小截面（称为缩脉）之后，才逐渐充满小管整个截面，即亦有一射流注入收缩后的流道中而出现涡流。突然缩小的机械能损耗，主要是发生在缩脉后面的流段上。突然缩小的阻力系数 ζ 随管截面比 A_2/A_1 而变，其值见表 1-2，注意用 ζ 计算突然缩小的损失时，也要按小管内的流速计算动能项。

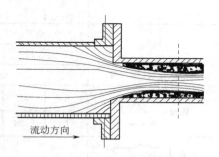

图 1-25　突然缩小

（3）管出口与管入口　　流体自管出口流进容器，相当于突然扩大时 $A_1/A_2 \approx 0$ 的情况，按式（1-44）计算，管出口的阻力系数应为

$$\zeta_o = 1 \tag{1-45}$$

流体自容器流进管的入口，相当于突然缩小时 $A_2/A_1 \approx 0$。管入口的阻力系数应为

$$\zeta_i = 0.5 \tag{1-46}$$

表 1-2　管件和阀件的局部阻力系数

管件和阀件名称		ζ 值								
标准弯头			45°，ζ=0.35				90°，ζ=0.75			
90°方形弯头		1.3								
180°回弯头		1.5								
活接管		0.4								
弯管 $\frac{\varphi}{R/d}$		30°	45°	60°	75°	90°	105°	120°		
	1.5	0.08	0.11	0.14	0.16	0.175	0.19	0.20		
	2.0	0.07	0.10	0.12	0.14	0.15	0.16	0.17		
突然扩大	A_1/A_2	0	0.1	0.2	0.3	0.4	0.5	0.6	0.7	0.8	0.9	1
	ζ	1	0.81	0.64	0.49	0.36	0.25	0.16	0.09	0.04	0.01	0
突然缩小	A_1/A_2	0	0.1	0.2	0.3	0.4	0.5	0.6	0.7	0.8	0.9	1
	ζ	0.5	0.47	0.45	0.38	0.34	0.3	0.25	0.20	0.15	0.09	0

管件和阀件名称	ζ 值			
管出口 u	$\zeta=1$			
管入口	锐缘进口 $\zeta=0.5$ 圆角进口 $\zeta=0.25$ 流线型进口 $\zeta=0.04$ 管道伸入进口 $\zeta=0.56$ $\zeta=3-1.3$ θ $\zeta=0.5+0.5\cos\theta+0.2\cos^2\theta$			
标准三通管	$\zeta=0.4$ $\zeta=1.5$ 当弯头用 $\zeta=1.3$ 当弯头用 $\zeta=1$			

闸阀	全开	3/4 开	1/2 开	1/4 开
	0.17	0.9	4.5	24

标准截止阀（球心阀）	全开 $\zeta=6.4$		1/2 开 $\zeta=9.5$	

蝶阀 α	α	5°	10°	20°	30°	40°	45°	50°	60°	70°
	ζ	0.24	0.52	1.54	3.91	10.8	18.7	30.6	118	751

旋塞 θ	0	5°	10°	20°	40°	60°
	ζ	0.05	0.29	1.56	17.3	206

单向阀（止逆阀）	摇板式 $\zeta=2$	球形式 $\zeta=70$
角阀（90°）	5	
底阀	1.5	
滤水器（或滤水网）	2	
水表（盘形）	7	

若管入口做得圆滑（逐渐缩小），则 ζ 可以小很多。

（4）管件与阀件　管路上常用的管件与阀件的局部阻力系数列于表 1-2。管件和阀件的当量长度都是用实验测定出来的，部分常用管件和阀件的 l_e 值见表 1-3。

表 1-3　管件和阀门的当量长度数据

名称		l_e/d	名称		l_e/d
弯头,45°		17	标准阀	全开	300
弯头,90°		35		半开	475
三通		50	角阀,	全开	100
回弯头		75	止逆阀		
管接头		2		球式	3 500
活接头		2		摇板式	100
闸阀	全开	9	水表	盘式	350
	半开	225			

表 1-2 与表 1-3 中的数值都是湍流状态下的（即使在直管内为层流，在通过管件、阀件时也易转为湍流）。管件、阀件等的构造细节与加工的精细程度往往差别很大，使其当量长度与阻力系数都会有很大变动，表 1-2 与表 1-3 中所列数值只是其约值，同种管件在两个表

中的数据也不完全符合式（1-36）。因此，计算出来的局部损失也只是一种粗略值。

对于一段管路来说，其总阻力损失应为直管的摩擦损失与管件的局部阻力之和，计算式可用以下形式表示

$$w_f = \left(\lambda \frac{l}{d} + \sum \zeta\right)\frac{u^2}{2} = \lambda\left(l + \frac{\sum l_e}{d}\right)\frac{u^2}{2} \tag{1-47}$$

例 1-12　30 ℃的有机废气以 2 000 m³·h⁻¹ 的流量自内径 200 mm 的管道流入内径 300 mm 的管道。求突然扩大前后的压力变化，以 mmH₂O 表示。废气的密度 $\rho = 1.165$ kg·m⁻³。

解　在突然扩大前后的两截面之间列机械能衡算式

$$\frac{u_1^2}{2} + \frac{p_1}{\rho} = \frac{u_2^2}{2} + \frac{p_2}{\rho} + w_f$$

可得压力变化的表达式

$$p_2 - p_1 = \rho\left(\frac{u_2^2 - u_1^2}{2}\right) - \rho w_f \tag{a}$$

式中

$$u_1 = \frac{2\,000}{3\,600(\pi/4)(0.2)^2} = 17.7 \text{ m·s}^{-1}$$

$$u_2 = 17.7(200/300)^2 = 7.87 \text{ m·s}^{-1}$$

略去相对甚小的摩擦损失，只考虑扩大损失，按式（1-44）

$$w_f = \zeta\frac{u_1^2}{2} = \left(1 - \frac{A_1}{A_2}\right)^2\frac{u_1^2}{2} = \left[1 - \left(\frac{200}{300}\right)^2\right]^2\frac{(17.7)^2}{2} = 48.3 \text{ J·kg}^{-1}$$

$$\rho w_f = 1.165 \times 48.3 = 56.2 \text{ Pa}$$

代入式（a）得

$$p_2 - p_1 = 1.165\left(\frac{17.7^2 - 7.87^2}{2}\right) - 56.2 = 146.2 - 56.2 = 90.0 \text{ Pa}$$

换算成水柱高度：$90.0/9.81 = 9.2$ mm

本例的突然扩大损失抵消了速度头转变成静压头的一部分，所抵消之量占全部转变量的比例为：$56.2/146.2 = 0.385$。

例 1-13　20 ℃的水以 2 m·s⁻¹ 的流速，在 ϕ57 mm×3.5 mm 无缝钢管内流过，求流经一个全开标准阀的机械能损失（用当量长度法）。

解　本题条件下每 100 m 直管的机械能损失已于例 1-10（b）的解中求得为 116 J·kg⁻¹。

从表 1-3 查得全开标准阀的 $l_e/d = 300$，故得其当量长度为

$$l_e = 300\,d = 300(0.050) = 15 \text{ m}$$

根据定义，直管阻力损失为 $w_f = \lambda\dfrac{l}{d}\dfrac{u^2}{2}$；局部阻力损失为

$$w_f' = \lambda\frac{l_e}{d}\frac{u^2}{2}$$

故　　$w_f' = (l_e/l)w_f = (15/100) \times 116 = 17.4 \text{ J·kg}^{-1}$

例 1-14　经净化的废气从鼓风机后的缓冲罐经过一段内径 300 mm、长 30 m 的水平钢管送出。出口接大气。管道进、出口两处的废气密度可视为相同，取为 1.2 kg·m⁻³，黏度为 0.018 cP。若体积流量为 6 000 m³·h⁻¹，试核算缓冲罐内废气的表压。

解　如图 1-26 所示，在 1-1 与 2-2 两截面间列机械能衡

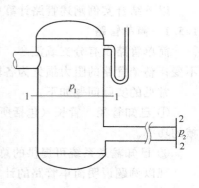

图 1-26　例 1-14 附图

算式

$$\frac{u_1^2}{2}+\frac{p_1}{\rho}=\frac{u_2^2}{2}+\frac{p_2}{\rho}+\frac{\sum\Delta p_f}{\rho} \tag{a}$$

现

$$u_1=0,\ p_2=0(表压)$$

$$u_2=\frac{6\ 000/3\ 600}{\pi(0.3)^2/4}=23.6\ \mathrm{m\cdot s^{-1}}$$

$$\frac{\sum\Delta p_f}{\rho}=\left(\zeta+\lambda\frac{l}{d}\right)\frac{u^2}{2}=\left(0.5+\lambda\frac{l}{d}\right)\frac{u^2}{2} \tag{b}$$

$$Re=\frac{du\rho}{\mu}=\frac{(0.3)(23.6)(1.2)}{0.018/1\ 000}=472\ 000$$

$$\varepsilon/d=0.2/300=0.000\ 67$$

查得　　　$\lambda=0.018\ 5$，代入式（b）

$$\sum\Delta p_f/\rho=(0.5+0.018\ 5\times30/0.3)(23.6^2/2)=654$$

代入式（a）得

$$p_1/1.2+0=23.6^2/2+0+654$$

故　　　$p_1=1.2(279+654)=1\ 120\ \mathrm{Pa}$

1.5 管 路 计 算

管路依其布设方式，可分为简单管路和复杂管路（包括管网）两类。管路计算用到的基本关系即为前述的连续性方程、柏努利方程及阻力损失算式。

管路设计中输送管路的直径是根据流量与流速设计的，流量取决于生产需要，合理的流速原则上应根据经济权衡。若所用的流速大，则管径小，固定投资少，但因阻力损失大，以致运行的动力费多；反之，所用的流速小，则固定投资多而运行费用少。故对于长距离输送的大型管路，要作经济衡算，以便找到总费用最省的适宜流速。对于一般装置上的管路，流速常按经验选用。表 1-4 中列出若干经验值范围。

表 1-4　某些流体的常用流速范围

流 体 类 别	流速/m·s^{-1}	流 体 类 别	流速/m·s^{-1}
水及一般液体	1～3	压力较高的气体	15～25
黏度较大的液体	0.5～1	饱和水蒸气：0.8 MPa 以下	40～60
低压气体	8～15	饱和水蒸气：0.3 MPa 以下	20～40
易燃、易爆的低压气体	<8	过热水蒸气	30～50

以下结合实例阐述管路计算中需解决的问题及计算方法。

1.5.1　简单管路

简单管路没有分支或汇合，通过各管段的质量流量不变，对不可压缩流体则体积流量也不变；整个管路的阻力损失为各段损失之和。

常见的实际问题如下。

① 已知管径、管长（包括所有管件的当量长度）和流量，求输送所需总压头或输送机械的功率。

② 已知输送系统可提供的总压头，求已定管路的输送量或输送一定流量的配置。

现以例题说明简单管路的计算如下。

例 1-15　如图 1-27 所示，用泵将某溶液从地面以下的贮罐送到高位槽，流量为

$300\ \mathrm{L\cdot min^{-1}}$。输送管出口比贮罐液面高 10 m。泵吸入管 A 段用 ϕ 89 mm×4 mm 无缝钢管，直管长度为 15 m，并有一底阀（可大致按摇板式止逆阀求其当量长度），一个 90°弯头；泵排出管 B 段用 ϕ 57 mm×3.5mm 无缝钢管，直管长 50 m，并有一个闸阀、一个标准阀、3 个 90°弯头和两个三通。运行时阀门全开。操作温度下该溶液的物性为：$\rho=879\ \mathrm{kg\cdot m^{-3}}$，$\mu=0.007\,4\ \mathrm{Pa\cdot s}$。试求泵的轴功率，已知此时泵的效率 η 可取为 70%。

解 如图 1-27 所示，在贮罐液面与高位槽液面之间列机械能衡算式。进出口截面都为大气压，$p_1=p_2=0$，取贮罐液面为基准面，$\Delta z=z_2-z_1=10$ m，流速 $u_1=u_2=0$。将式（1-16）中的 h_f 改写为 $\sum h_f$，以表示管路各压头损失之和，即总压头损失，此式可简化为

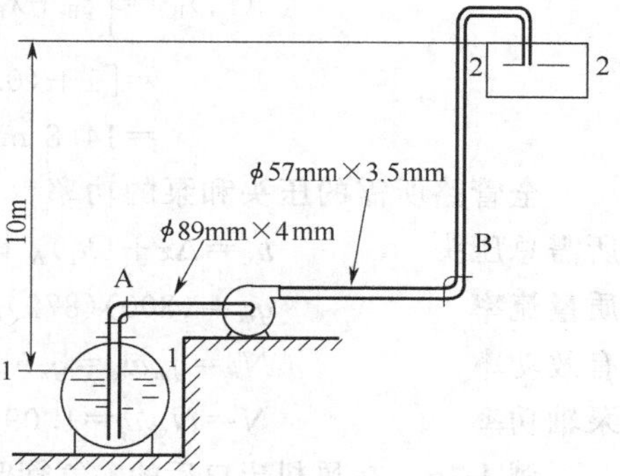

图 1-27 例 1-15 附图

$$h_e=\Delta z+\sum h_f$$

算出 $\sum h_f$，便可得所需的压头 h_e。由于泵进、出口的管径不同，故管路要分两段计算。

（a）ϕ 89 mm×4 mm 吸入管路的损失 $(h_f)_A$

$$d_A=(89-2\times4)\times10^{-3}=0.081\ \mathrm{m}$$

$$l_A=15\ \mathrm{m},\ \varepsilon=0.2\ \mathrm{mm}$$

管件、阀门的当量长度（查表 1-3）

摇板式止逆阀	0.081×100	$=8.1$
90°弯头	0.081×35	$=2.8$
$(\sum l_e)_A$		$=10.9$ m

流速

$$u_A=\frac{300/(1\,000\times60)}{\pi(0.081)^2/4}=0.97\ \mathrm{m\cdot s^{-1}}$$

速度头

$$\frac{u_A^2}{2g}=\frac{0.97^2}{2\times9.81}=0.048\ \mathrm{m}$$

∴

$$Re_A=\frac{d_A u_A \rho}{\mu}=\frac{(0.081)(0.97)(897)}{0.000\,74}=93\,000$$

又

$$\varepsilon/d_A=0.2/81=0.002\,5$$

查图 1-23，$\lambda_A=0.027$；或按式（1-41）计算，$\lambda_A=0.026\,7$

$$(h_f)_A=\left[\zeta_A+\lambda_A\left(\frac{l+\sum l_e}{d}\right)_A\right]\left(\frac{u_A^2}{2g}\right)=[0.5+(0.027)(15+10.9)/0.081](0.048)=0.44\ \mathrm{m}$$

（b）ϕ 57 mm×3.5 mm 排出管的损失

$$d_B=(57-2\times3.5)\times10^{-3}=0.05\ \mathrm{m}$$

$$l_B=50\ \mathrm{m},\ \varepsilon=0.2\ \mathrm{mm}$$

管件、阀门的当量长度

闸阀（全开）	0.05×9	$=0.45$
标准阀（全开）	0.05×300	$=15.0$
90°弯头 3 个	$0.05\times35\times3$	$=5.25$
三通 2 个	$0.05\times50\times2$	$=5.0$
$(\sum l_e)_B$		$=25.70$ m

$$u_B = 0.97(81/50)^2 = 2.55 \ \text{m} \cdot \text{s}^{-1}$$

$$u_B^2/2g = (2.55)^2/(2 \times 9.81) = 0.33 \ \text{m}$$

$$Re_B = d_B u_B \rho/\mu = (0.05 \times 2.55 \times 879)/0.000 \ 74 = 151 \ 000$$

$$\varepsilon/d_B = 0.2/50 = 0.004$$

$$\lambda_B = 0.029 \ \text{或按式(1-41)计算，} \lambda_A = 0.028 \ 8$$

$$(h_f)_B = \left[\zeta_B + \lambda_B \left(\frac{l + \sum l_e}{d} \right)_B \right] \left(\frac{u_A^2}{2g} \right)$$

$$= [1 + (0.029)(50 + 25.7)/0.05](0.33)$$

$$= 14.8 \ \text{m}$$

全管路所需的压头和泵的功率

所需总压头 $h_e = \Delta z + (h_f)_A + (h_f)_B = 10 + 0.44 + 14.8 = 25.3 \ \text{m}$

质量流率 $q_m = (300)(879)/(1 \ 000)(60) = 4.40 \ \text{kg} \cdot \text{s}^{-1}$

有效功率 $N_e = q_m w_e = q_m h_e g = (4.40)(25.3)(9.81) = 1 \ 090 \ \text{J} \cdot \text{s}^{-1}$（即 1.09 kW）

泵轴功率 $N = N_e/\eta = 1.09/0.7 = 1.56 \ \text{kW}$

例 1-16 在风机出口后的输气管壁上开一测压孔，用 U 形管测得该处静压为 186 mm H_2O。测压孔以后的管路包括 80 m 直管及 4 个 90° 弯头。管出口与表压为 120 mm H_2O 的设备相通，输气管为铁管，内径 500 mm。所输送的空气温度为 25 ℃，试估计其体积流量。

解 本题为已知风机压头求气体流速，情况与例 1-11（已知压头求管径）类似，要用试差法。

空气的平均压力 = (186+120)/2 = 154 mmH_2O

标准状况下（10 330 mmH_2O 及 0 ℃）空气的密度为 1.293 kg·m^{-3}，故 154 mmH_2O（表压）及 25 ℃时空气的密度为

$$\rho = 1.293 \left(1 + \frac{154}{10 \ 330} \right) \left(\frac{273}{273 + 25} \right) = 1.202 \ \text{kg} \cdot \text{m}^{-3}$$

25 ℃时空气的黏度查附录 6 ：$\mu = 0.018 \ 4$ cP 或 1.84×10^{-5} Pa·s

从测压口处（截面 1）至管出口处（截面 2）列机械能衡算式，而输气管道中位头的影响一般可忽略，得

$$\frac{p_1}{\rho} + \frac{u_1^2}{2} + w_e = \frac{p_2}{\rho} + \frac{u_2^2}{2} + \sum w_f \tag{a}$$

现 $w_e = 0, \qquad u_2 = 0$

$$p_1 = 186 \times 9.81 = 1 \ 825 \ \text{Pa}, \quad p_2 = 120 \times 9.81 = 1 \ 177 \ \text{Pa}$$

$$u_1 \text{为所求。}$$

管路 $d = 0.5 \ \text{m}, \quad l = 80 \ \text{m}, \quad l_e = 4 \times 35 \times 0.5 = 70 \ \text{m}$

$$w_f = \lambda \left(\frac{l + l_e}{d} \right) \frac{u_1^2}{2} = \lambda \left(\frac{80 + 70}{0.5} \right) \frac{u_1^2}{2} = 300 \lambda \left(\frac{u_1^2}{2} \right)$$

管出口处阻力系数 $\zeta_0 = 1, (w_f)_0 = \zeta_0 u_1^2/2 = u_1^2/2$

$$\sum w_f = w_f + (w_f)_0 = (300\lambda + 1) u_1^2/2$$

将已知值代入式（a）

$$\frac{1 \ 825}{1.202} + \frac{u_1^2}{2} + 0 = \frac{1 \ 177}{1.202} + 0 + (300\lambda + 1) \frac{u_1^2}{2}$$

化简得 $\lambda u_1^2 = 3.59$

设 $\lambda=0.02$，代入上式，解出 $u_1=13.4 \text{ m} \cdot \text{s}^{-1}$

复核
$$\frac{du_1\rho}{\mu}=0.5\times13.4\times\frac{1.202}{1.84}\times10^{-5}=438\ 000$$

$$\frac{\varepsilon}{d}=\frac{0.5}{500}=0.001$$

从图 1-23 中查得 $\lambda=0.020\ 5$，或按式（1-41）计算，$\lambda_A=0.021$

与所设的 λ 值相差甚微，可认为所求得的 $u_1=13.4\text{m} \cdot \text{s}^{-1}$ 已够准确，据此算出体积流量为

$$q_V=\left(\frac{\pi}{4}\right)\times0.5^2\times13.4=2.63\ \text{m}^3 \cdot \text{s}^{-1}$$

例 1-17　如图 1-28 所示，敷设一根钢筋混凝土管路，长 1 600 m，利用重力从污水处理厂将处理后的污水排放到海面以下 30 m 深处。污水的密度、黏度可取为与清水相同。海水的密度为 $1.04\times10^3\ \text{kg/m}^3$。若蓄水池的水面超过海平面 5 m，所蓄污水就会从池边溢出。现拟采用的管内径为 2.0 m，问能否保证排放的高峰流量 6 $\text{m}^3 \cdot \text{s}^{-1}$？若能保证，则此时的水平面距蓄水池的边沿有多高？管道上装闸阀，管入口阻力系数可取 0.3，管壁粗糙度取 2 mm。水温取 20 ℃。

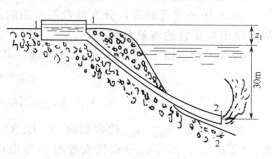

图 1-28　例 1-17 附图

解　求解本题时，若计算管内流速看其是否能使流量达到 6 $\text{m}^3 \cdot \text{s}^{-1}$，将与前例一样要用试差法。为避免试差，可在保证 6 $\text{m}^3 \cdot \text{s}^{-1}$ 的流量下计算蓄水池的水面。若此水面高度出海平面不到 5 m，池内的水便不致溢出。

以海平面为基准水平面，蓄水池水面为截面 1，管出口内侧为截面 2，列柏努利方程。因：$h_e=0$，$z_2=-30$ m，$u_1=0$，$u_2=6/[(\pi/4)(2.0)^2]=1.91\ \text{m} \cdot \text{s}^{-1}$，

$p_1=0$（表压），$p_2=30\times1.04\times10^3\times9.81=306\ 000\ \text{Pa}$，

20℃水　　　　　　　$\rho=1\ 000\ \text{kg/m}^3$，$\mu=1\ \text{cP}$（或 $0.001\ \text{Pa} \cdot \text{s}$）

$$Re=\frac{du\rho}{\mu}=2.0\times1.91\times\frac{1\ 000}{0.001}=3.8\times10^6$$

$$\varepsilon/d=2/2\ 000=0.001$$

查图 1-23 或计算得　　　　　　　$\lambda=0.020$

进口管　　　　　　　　　　　$\zeta_i=0.3$（题给）

闸阀　　　　　　　　　　　　$\zeta=0.17$（全开）

$$\sum h_f=\left(\lambda\frac{l}{d}+\zeta_i+\zeta\right)\frac{u_2^2}{2g}$$

$$=\frac{\left(0.020\times\dfrac{1\ 600}{2.0}+0.3+0.17\right)(1.91)^2}{2g}$$

$$=3.06\ \text{m}$$

将各相应值代入机械能衡算式（1-22），得

$$z_1+0+0+0=-30+(1.91)^2/(2\times9.81)+306\ 000/(1\ 000\times9.81)+3.06$$

$$z_1=-30+0.186+31.19+3.06=4.44\ \text{m}<5\ \text{m}$$

排放流量达到峰值时，池内液面在海平面以上 4.44 m，尚不致从池边溢出，距池顶边有 5-4.44＝0.56 m。

1.5.2 复杂管路的概念

典型的复杂管路有分支管路、汇合管路和并联管路，分别如图 1-29 (a)、(b)、(c) 所示。

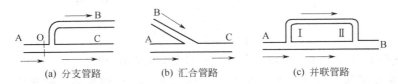

(a) 分支管路　　　　(b) 汇合管路　　　　(c) 并联管路

图 1-29　典型的复杂管路

这类管路的特点如下。

① 总管流量等于各支管流量之和。

② 对任一支管而言，分支前及汇合后的压头相等，据此可建立支管间的机械能衡算式，从而定出各支管的流量分配。

例如，对于图 1-29 (a) 的分支管路，可列出

$$q_{vO} = q_{vB} + q_{vC} \tag{1-48}$$

$$h_O = h_B + \left(\sum h_f\right)_{OB} = h_C + \left(\sum h_f\right)_{OC} \tag{1-49}$$

式中，q_{vO}、q_{vB}、q_{vC} 代表截面 O、B、C 处的流量；h_O、h_B、h_C 代表相应截面上的总压头，$\left(\sum h_f\right)_{OB}$、$\left(\sum h_f\right)_{OB}$ 分别代表截面 O 至出口 B 或 C 的压头损失。

对于图 1-29 (c) 的并联管路，式 (1-49) 可简化为

$$\left(\sum h_f\right)_{AIB} = \left(\sum h_f\right)_{AⅡB} \tag{1-50}$$

复杂管路的常见问题如下。

① 已知管路布置和输送任务，求输送所需的总压头或功率；

② 已知管路布置和提供的压头，求流量的分配，或给定流量分配求管径的大小。

例 1-18　总管阻力对流量的影响。如图 1-30 所示，用长度 $l = 50$ m，直径 $d_1 = 25$ mm 的总管，从高度 $z = 10$ m 的水塔向用户供水。在用水处水平安装 $d_2 = 10$ mm 的支管 10 个，设总管的摩擦系数 $\lambda = 0.03$，总管的局部阻力系数之和 $\sum \zeta_1 = 20$。支管很短，除阀门外其他阻力可以忽略，试求：

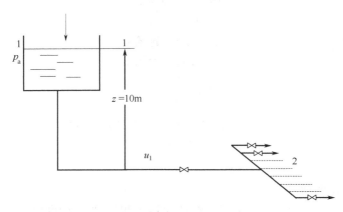

图 1-30　例 1-18 附图

(a) 当所有直管的阀门全开时（$\zeta = 6.4$），总流量为多少 m³·s⁻¹？

(b) 再增设同样支路 10 个，各支管阻力同前，总流量有何变化？

解 （a）忽略分流点阻力，在液面 1 与支管出口端面 2 间列机械能衡算式得

$$gz=\left(\lambda\frac{l}{d}+\sum\zeta_1\right)\times\frac{u_1^2}{2}+\zeta\frac{u_2^2}{2}+\frac{u_2^2}{2} \tag{a}$$

由连续性方程

$$u_1=\frac{10d_2^2u_2}{d_1^2}=10\left(\frac{10}{25}\right)^2u_2=1.6\,u_2 \tag{b}$$

将 $u_1=1.6u_2$ 代入式（a）求 u_2

$$
\begin{aligned}
u_2 &=\sqrt{\frac{2gz}{[\lambda(l/d_1)+\sum\zeta_1]\times1.6^2+\zeta+1}}\\
&=\sqrt{\frac{2\times9.81\times10}{[0.03\times(50/0.025)+20]\times1.6^2+6.4+1}}\\
&=0.962\ \mathrm{m\cdot s^{-1}}
\end{aligned} \tag{c}
$$

总流量　　　$q_V=10\times0.785\times(0.01)^2\times0.962=7.56\times10^{-4}\ \mathrm{m^3\cdot s^{-1}}$

（b）若增设 10 个支路则

$$u_1'=\frac{20d_2^2u_2'}{d_1^2}=20\left(\frac{10}{25}\right)^2u_2'=3.2\,u_2'$$

$$
\begin{aligned}
u_2' &=\sqrt{\frac{2gz}{[\lambda(l/d_1)+\sum\zeta_1]\times3.2^2+\zeta+1}}\\
&=\sqrt{\frac{2\times9.81\times10}{[0.03\times(50/0.025)+20]\times3.2^2+6.4+1}}\\
&=0.487\ \mathrm{m\cdot s^{-1}}
\end{aligned}
$$

$$q_v'=10\times0.785\times(0.01)^2\times0.487=7.65\times10^{-4}\ \mathrm{m^3\cdot s^{-1}}$$

支路数增加一倍，总流量只增加 $\dfrac{7.65\times10^{-4}-7.56\times10^{-4}}{7.65}\times100\%=1.2\%$，这是由于本例中总管阻力起着决定性作用的缘故。

　　反之，当以支管阻力为主时，情况则大不相同。由本例式（c）可知，当总管阻力甚小时，式（c）分母中（$\zeta+1$）占主要地位，则 u_2 接近为一常数，总流量几乎与支管的数目成正比。

1.6　流速、流量的测量

　　化工生产过程中要经常对各种操作参数进行测量，并加以调节、控制。流体的流速、流量是其中的重要参数之一。

　　测量流速、流量的仪器种类很多，下面所述，限于根据流体力学原理而制作的两类。

1.6.1　变压头的流量计

1.6.1.1　测速管

　　测速管又称皮托管（Pitot tube），如图 1-31 所示。它由两根同心圆管组成，在管道中与流动方向平行安置。内管前端敞开，朝着迎面而来的被测流体。外管前端封闭，但管侧壁在距前端一定距离处开有几个小孔，流体在小孔旁流过。内、外管另一端都露在管道外边，各与压差计的一个接口相连。

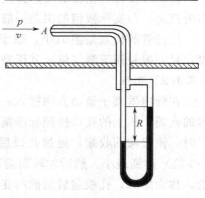

图 1-31　测速管

当流体沿外管侧壁上的小孔流过时，其速度没有改变，故通过侧壁小孔从外管传递出的压力 p 与该处流体的静压相当。

流体以速度 v 趋近测速管的前端，因内管中原已充满被测流体，故流体到达管口 A 处即被遏止住，轴向的速度 v 降至零，于是动压头 $v^2/2g$ 在 A 处转变为静压头，故内管传递出的压头相当于流体在 A 点处的动压头与静压头之和，称为冲压头。根据柏努利方程有

$$p_A / \rho g = p / \rho g + v^2 / 2g$$

得
$$v^2 = 2(p_A - p) / \rho$$

若 U 形管压差计内充密度为 ρ_0 的指示液，其读数为 R，由式（1-7）

$$p_A - p = R(\rho_0 - \rho)g$$

故
$$v = \sqrt{2gR(\rho_0 - \rho) / \rho} \tag{1-51}$$

测速管的内管口直径甚小，故所测的是管道截面上某一点的轴向速度，而可用于探测截面上的速度分布。若要测定截面上的平均速度，应测定管中心至管壁间若干点的速度，然后用积分法求其平均值。若知管道截面上的速度分布规律，而此分布又未受干扰，则测出管中心的速度 v 后亦可根据 v 与平均速度 u 的关系而将后者求出。此关系随 Re 值（按 v 来算或按 u 来算均可）的大小而变，如图 1-32 所示。

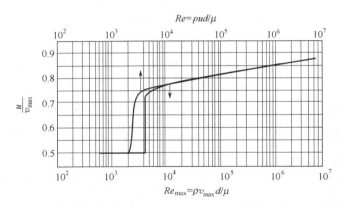

图 1-32　u/v_{max} 与 Re_{max} 或 Re 的关系

为了保证速度分布达到充分发展且不受干扰，皮托管之前要有一段长度约等于管径 50 倍的直管道作为稳定段，又皮托管的直径不应超过管道直径的 1/15（为什么？）。

按标准设计、精密加工，并在管道内正确安装的皮托管，据其所得读数用式（1-50）算出的流速，与实际数值的误差一般可在 1% 以内。

皮托管的优点是阻力小，适于测量大直径管道内的流速，缺点是不能直接测出平均速度，且一般是用于测气体，其压差读数小，常要放大（如用斜管差压计）才读得较准。

1.6.1.2　孔板

在管内垂直于流动方向插入一片中央开有圆孔的板，如图 1-33 所示，即构成用于测流量的孔板。板上的孔口按照标准精致加工，其侧边与管轴成 45°角，称为锐孔。流体流到孔口时，流股截面收缩，通过孔口后，流股还继续收缩，至一定距离（约等于管径的 1/3 至 2/3 倍）达到最小，然后才转而逐渐扩大到充满整个管截面。流股截面最小处，即速度最大处，称为缩脉。孔板前后动能的变化必引起静压能的变化。

图 1-33 中示出孔板前后各处截面上静压变化的情况。显然，流速越大，静压变化的幅

度亦越大。因此，测出孔板上、下游两个固定位置之间的压力变化大小，便可计量出流速及流量的大小。流体上述的静压变化，除了由于流速改变所引起的部分外，还有一部分是孔板的阻力损失。因此，流体经孔板其静压突然下降以后，再过一定距离，流速已恢复到孔板以前情况（约在孔板以后 5 倍管径处），其静压也不能复原，而产生了所谓永久压力降，这就是孔板的阻力损失。

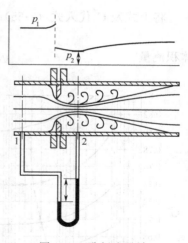

图 1-33　孔板流量计

取压口一个在孔板之前，一个在孔板之后，具体位置随设计所根据的规范而定。下列两种取压方法比较常用。

① 角接法，取压口在安置孔板的前后两片法兰上，其位置尽量靠近孔板；

② 径接法，上游取压口在距孔板 1 倍管直径处，下游取压口在距孔板 1/2 倍管直径处。

上述两种取压法所得的压差读数差别不大，尤其是在 d_0/d_1 较小（例如小于 1/2），可视为基本上相等。

管内流速与孔板前后压力变化的定量关系，可用机械能衡算导出。对图 1-33 的 1、2 两截面列衡算式，暂略去损耗项，可得

$$\frac{p_1}{\rho}+\frac{u_1^2}{2}=\frac{p_2}{\rho}+\frac{u_2^2}{2} \tag{1-52}$$

截面 1 在孔板上游未受孔板影响之处，流股的截面积 A_1 与管截面积相等，流速 u_1 即为管内流速。截面 2 相当于缩脉处，流股截面积为 A_2，流速为 u_2。

令流体流经孔口（面积为 A_0）时的流速为 u_0，根据不可压缩流体的连续性方程得

$$A_1 u_1 = A_2 u_2 = A_0 u_0 \tag{1-53}$$

将式（1-53）代入式（1-52），整理后得

$$\frac{p_1-p_2}{\rho}=\frac{u_2^2}{2}\left[1-\left(\frac{A_2}{A_1}\right)^2\right]$$

$$u_2=\sqrt{\frac{1}{1-(A_2/A_1)^2}}\sqrt{\frac{2(p_1-p_2)}{\rho}} \tag{1-54}$$

式（1-54）是流速与压差之间的理论公式。由于缩脉处 A_2、u_2 未知，实用中以孔口处的 A_0、u_0 代替，同时考虑到流体流经孔口有压力损失；以及两侧压口并不一定在截面 1 与 2 处等情况，式（1-54）要加一校正系数，称为排出系数 C_D，于是得

$$u_0=C_D\sqrt{\frac{1}{1-(A_0/A_1)^2}}\sqrt{\frac{2(p_1-p_2)}{\rho}} \tag{1-55}$$

式中，C_D 取决于截面比 A_0/A_1、管内雷诺数 Re_1、取压位置、孔口的形状及加工精度等，将它与 $\sqrt{\dfrac{1}{1-(A_0/A_1)^2}}$ 合并

$$C_0=C_D\Big/\sqrt{1-(A_0/A_1)^2}$$

式中，C_0 称为孔板的流量系数，简称孔流系数，需由实验确定。设 U 形压差计中的指示液密度为 ρ_0，压差计读数为 R。则有

$$p_1-p_2=(\rho_0-\rho)gR$$

将上式及 C_0 代入式（1-55）得 $u_0 = C_0 \sqrt{\dfrac{2gR(\rho_0 - \rho)}{\rho}}$　　　　　(1-56)

体积流量　　　　　　　$q_V = u_0 A_0 = C_0 A_0 \sqrt{\dfrac{2gR(\rho_0 - \rho)}{\rho}}$　　　　(1-57)

对于按标准规格及精度制作的孔板，角接法取压（称标准孔板），C_0 为 A_0/A_1 及管道中 Re 所决定，其实验值如图 1-34 所示。图中示出 Re 超过某界限值之后，C_0 不再随 Re 而变。显然，在孔板的设计和使用中应尽量落在该范围内，合适的孔板流量计，其 C_0 值多在 0.6～0.7 之间。

注意孔板应在保持清洁并不受腐蚀情况下使用。其安装位置的上下游要各有一段等径直管作为稳定段，其长度至少应为上游 $10d_1$、下游 $5d_1$。孔板构造简单，制造与安装都方便，其主要缺点是阻力损失大，永久压降常达到差压计读数的 90% 以上；d_0/d_1 愈小，阻力损失愈大。设计中决定孔口的直径时，既要考虑到孔板在规定流量之下的压力降便于准确读数（不能太小），又要考虑它所造成的永久压降不宜过大。应当注意，管路上装了孔板之后，由于阻

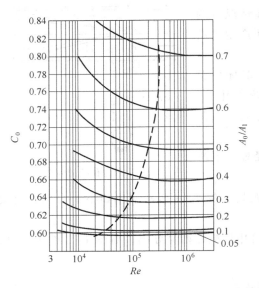

图 1-34　孔板系数 C_0 与 A_0/A_1 及 Re 的关系

力增大，其最大通过能力往往明显下降。

1.6.1.3　文丘里管

为克服孔板压力损失大的缺点，可令流体通过渐缩渐扩的双锥管（如图 1-35 所示）而改变流速，此种短管称为文丘里管（Venturi tube）。文丘里管的上游取压口在直管与渐缩段的交界处稍前；下游取压口在渐缩段稍后，即直径最小的喉部。在上述两处沿管周开几个小孔，再用圆环包围，使几个小孔传出的压力均衡起来之后引到压差计上。此种结构称为测压环（piezometer ring）。

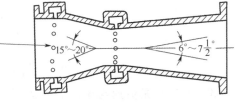

图 1-35　文丘里管

文丘里管的渐缩渐扩结构使流体流速改变时不生成漩涡（避免了边界层分离）而阻力小，永久压降仅占压差读数的 10% 左右。流速的计算亦可采用式（1-54），其 C_0 中排出系数 C_D 可取为 0.98（直径 50～200 mm 的管）或 0.99（直径 200 mm 以上的管）。

由于阻力损失小，相同喉、孔直径及相同压差读数下，文丘里管的流量比孔板大，它对测量含有固体颗粒的液体也较孔板合用。文丘里管的缺点是加工较难、精度要求高，因而造价高，安装时需要一定的管长位置。

1.6.2　变截面的流量计

孔板或文丘里管流量计的收缩口面积是固定的，流量的大小由流体通过收缩口的压力降来指示。另一类流量计中，流体通过时的压力降是固定的，而收缩口的面积却随流量变化，

此种流量计的典型代表为转子流量计，或简称为转子计。

1.6.2.1 转子计

转子计系由一根垂直安装在流体管路上的锥形玻璃管，其截面积自下而上稍微扩大，并在管内装有一个金属（或其他材料）制的浮子而构成。浮子平时沉在管下端，有流体自下而上流动时，它即被推起而悬浮在管内的流体中，随流量大小不同，浮子将悬浮在不同位置上（如图 1-36 所示）。浮子顶部边沿一般刻有斜槽，操作时可发生旋转，故又称转子。浮子之所以能停在锥形管内某一位置上，是因为作用在浮子上的各力达到了平衡。悬浮于流体中的浮子受到重力与浮力的作用，重力与浮力之差为净重力，其值恒定，作用方向朝下。流体以一定的体积流量自下而上通过浮子与管壁之间的环隙时，由于流速增大及克服该处的局部阻力，而在浮子上下两侧产生一定的压力差，下侧压力较大，将浮子推向上，故总压力的作用方向朝上。若浮子整个截面上所受的总压力与作用于浮子的净重力大小相等，浮子便停在这一位置上。若流量增大，则流体通过环隙前后的速度变化及压力差增大，平衡受到破坏，浮子升高。由于管截面积往上渐增，环隙面积亦随之变大，浮子达到一个新位置后，流体通过时所造成的压力差恢复原值，与浮子所受净重力重新达到平衡。于是根据浮子位置的高低，可以测出流量的大小。

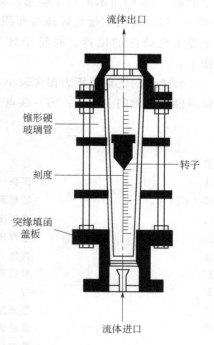

图 1-36　转子流量计

（图中标注）流体出口　锥形硬玻璃管　刻度　突缘填函盖板　流体进口　转子

转子计可以视为收缩口面积变化的孔板，浮子下方与上方的压力差，相当于孔板前后的压力差，故前面按孔板导出的公式，稍加改变，即可用于转子计。

$$\text{向下作用于浮子的净重力} = (\rho_f - \rho)V_f g$$

$$\text{向上作用于浮子的总压力} = (p_1 - p_2)A_f$$

式中　V_f，A_f——浮子的体积与截面积（截面最大处）；

ρ_f，ρ——浮子与流体的密度；

p_1，p_2——浮子下方与上方的流体静压。

由上述两力的平衡得到

$$p_1 - p_2 = (\rho_f - \rho)V_f g / A_f$$

将上述代入孔板公式（1-55），并改用 C_R 表示转子计的排出系数，将面积比写成 A_2/A_1，则得通过环隙的流体流速为

$$u_2 = C_R \sqrt{\frac{1}{1-(A_2/A_1)^2}} \sqrt{\frac{2g(\rho_f - \rho)V_f}{\rho A_f}} \qquad (1\text{-}58)$$

环隙面积 A_2 比管截面积 A_1 小得多，$\sqrt{1-(A_2/A_1)^2}$ 可取为 1，式（1-58）简化成

$$u_2 = C_R \sqrt{\frac{2g(\rho_f - \rho)V_f}{\rho A_f}} \qquad (1\text{-}58a)$$

体积流量为

$$q_V = u_2 A_2 = C_R A_2 \sqrt{\frac{2g(\rho_f - \rho)V_f}{\rho A_f}} \tag{1-59}$$

排出系数 C_R 的值主要取决于浮子的构形，也与流体通过环隙流动的雷诺数有关。对于如图 1-36 中所示的浮子构形，当此雷诺数达到 10 000 以后，C_R 值便恒定地等于 0.98。式 (1-59) 表明流量与环隙截面积 A_2 有关，在圆锥形筒与浮力的尺寸固定时，此 A_2 决定于浮子在筒内的位置，故转子计一般都以转子的位置来指示流量，而将刻度标示于筒壁上。

转子计的优点是压力损失较小，可测的流量范围宽，流量计前后无需保留稳定段，但流体只能垂直地向上流动；另一缺点是耐压不高，一般只宜用于 0.5 MPa 以内。

本章符号说明

符号	意义	计量单位
A	面积	m^2
C_0、C_D、C_R	流量系数	
c_p	定压比热容	$J \cdot kg^{-1} \cdot K^{-1}$
c_V	定容比热容	$J \cdot kg^{-1} \cdot K^{-1}$
d	直径	m
E	单位质量流体的总机械能	$J \cdot kg^{-1}$
F	力	N
f	范宁因数	
G	质量流速	$kg \cdot m^{-2} \cdot s^{-1}$
g	重力加速度	$m \cdot s^{-2}$
h	压头	m
h_e	外界加于流体的压头	m
h_f	压头损失	m
l	长度	m
l_e	当量长度	m
M	摩尔质量	$kg \cdot kmol^{-1}$
m	质量	kg
N	功率，轴功率	W
N_e	有效功率	W
p	压力（压强）	Pa
Δp_f	压力损失	Pa
Q	单位质量流体所吸的热	$J \cdot kg^{-1}$
q_m	质量流量	$kg \cdot s^{-1}$
q_V	体积流量	$m^3 \cdot s^{-1}$
R	气体常数	$J \cdot kmol^{-1} \cdot K^{-1}$
R	压差计读数，半径	m
T	温度	K（或℃）
U	单位质量流体的内能	$J \cdot kg^{-1}$
u	平均速度	$m \cdot s^{-1}$
V	体积	m^3
v	点速度	$m \cdot s^{-1}$

w_e	单位质量流体所接受外功	$J \cdot kg^{-1}$
w_f	单位质量流体机械能损失	$J \cdot kg^{-1}$
x	x 方向上的距离或流动方向上的距离	m
y	y 方向上的距离或垂直于流动方向上的距离	m
z	高度或 z 方向上的距离	m
ε	粗糙度（绝对粗糙度）	mm
ζ	阻力系数	
θ	时间	s
λ	摩擦因数	
μ	黏度	$N \cdot s \cdot m^{-2}$
ρ	密度	$kg \cdot m^{-3}$
τ	剪应力	$N \cdot m^{-2}$ 或 Pa

习题

1-1　试计算空气在 $-40\ ℃$ 和 310 mmHg 真空度下的密度。

1-2　在大气压为 760 mmHg 的地区，某真空蒸馏塔塔顶真空表的读数为 738 mmHg。若在大气压为 655 mmHg 的地区使塔内绝对压力维持相同的数值，则真空表读数应为多少？

1-3　敞口容器底部有一层深 0.52 m 的水（$\rho = 1\ 000\ kg \cdot m^{-3}$），其上为深 3.46 m 的油（$\rho = 916\ kg \cdot m^{-3}$）。求器底的压力，以 Pa、mmHg 及 mH_2O 三种单位表示。这个压力是绝压还是表压？

1-4　如图 1-37 所示，封闭的罐内存有密度为 $1\ 000\ kg \cdot m^{-3}$ 的水。水面上所装的压力表读数为 42 kPa。又在水面以下装一压力表，表中心线在测压口以上 0.55 m，其读数为 58 kPa。求罐内水面至下方测压口的距离。

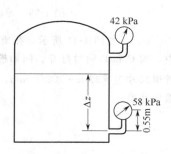

图 1-37　习题 1-4 附图

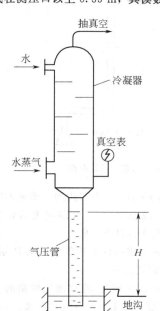

图 1-38　习题 1-5 附图

1-5　如图 1-38 所示的汽液直接接触的混合式冷凝器，蒸汽被水冷凝后冷凝液和水一道沿气压管流至地沟排出，现已知器内真空度为 83.4 kPa，问其表压和绝压各为多少 mmHg 和 Pa？并估计气压管内的液柱高度 H 为多少米？（气压计读数为 752 mmHg）。

1-6　有一幢 102 层的高楼，每层高度为 4 m。若在高楼范围内气温维持 20 ℃不变。设大气静止，气体密度随压力变化。地平面处大气压力为 760 mmHg。试计算楼顶的大气压，以 kPa 为单位。

1-7　如图 1-39 所示，用一复式 U 形管压差计测定水流管道 A、B 两点的压差，压差计的指示液为汞，两段汞柱之间放的是水，今若测得 $h_1 = 1.2$ m，$h_2 = 1.3$ m，$R_1 = 0.9$ m，$R_2 = 0.95$ m，问管道中 A、B 两点间的压差 Δp_{AB} 为多少？（先推导关系式，再进行数字运算）。

1-8　如图 1-40 所示，用双液体 U 形管压差计测定两处空气的压差，读数为 320 mm。由于 U 形管上的两个小室不够大，致使小室内两液面产生 4 mm 的高差。求实际的压差为多少 Pa。若计算时不考虑两小室内液面高差，会造成多大的误差？两液体的密度在附图中示出。

1-9　硫酸相对密度为 1.83、体积流量为 150 $L \cdot min^{-1}$，流经由大小管组成的串联管路，管尺寸分别为 $\phi\ 57\ mm \times 3.5\ mm$ 和 $\phi\ 76\ mm \times 4\ mm$，试分别求小管和大管中的 （a）质量流量；（b）平均流速；（c）质量流速。

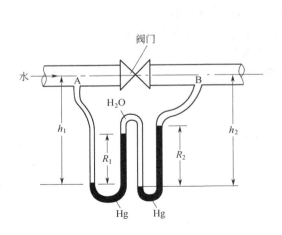

图 1-39 习题 1-7 附图

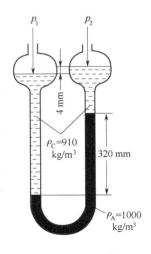

图 1-40 习题 1-8 附图

1-10 如图 1-41 所示,在槽 A 中装有 NaOH 和 NaCl 的混合水溶液,现需将该溶液放入反应槽 B 中,阀 C 和 D 同时打开。问如槽 A 液面降至 0.3 m 需要多少时间。已知槽 A 与槽 B 的直径皆为 2 m,管道尺寸为 $\phi 32\ mm \times 2.5\ mm$,溶液在管中的瞬时流速 $u = 0.7\sqrt{\Delta z}\ m \cdot s^{-1}$,式中 Δz 为该瞬时两槽的液面高差。

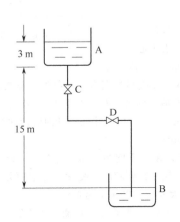

图 1-41 习题 1-10 附图

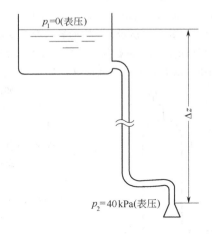

图 1-42 习题 1-11 附图

1-11 如图 1-42 所示,一高位槽向喷头供应液体,液体密度为 $1\ 050\ kg \cdot m^{-3}$。为了达到所要求的喷洒条件,喷头入口处要维持 40.5 kPa 的压力。液体在管路内的流速为 $2.2\ m \cdot s^{-1}$,管路损失估计为 $25\ J \cdot kg^{-1}$(从高位槽算至喷头入口为止)。求高位槽内的液面至少要在喷头入口以上几米。

1-12 从容器 A 用泵 B 将密度为 $890\ kg \cdot m^{-3}$ 的液体送入塔 C。容器内与塔内的表压如图 1-43 所示。输送量为 $15\ kg \cdot s^{-1}$。流体流经管路的机械能损耗为 $122\ J \cdot kg^{-1}$。求泵的有效功率。

1-13 如图 1-44 所示一作制冷用的盐水循环系统。盐水的循环量为 $45\ m^3 \cdot h^{-1}$。流体流经管路的压头损失为:自 A 至 B 的一段为 9 m,自 B 至 A 的一段为 12 m。盐水的密度为 $1\ 100\ kg \cdot m^{-3}$。求:(a) 泵的轴功率 $[kW]$,设其效率为 0.65。(b) 若 A 处的压力表读数为 147 kPa,则 B 处的压力表读数应为多少?

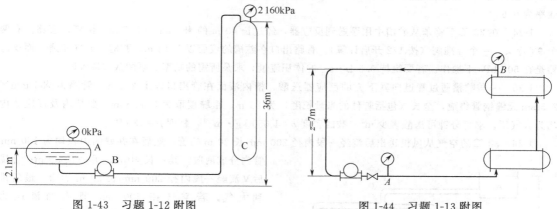

图 1-43 习题 1-12 附图   图 1-44 习题 1-13 附图

1-14 根据例 1-8 中所列的油在 100 mm 管内流动的速度分布表达式，在直角坐标上描出速度分布曲线（u 与 r 的关系）及剪应力分布曲线（τ 与 r 的关系）。

1-15 一水平管由内径分别为 33 mm 及 47 mm 的两段直管接成，水在小管内以 2.5 m·s^{-1} 的速度流向大管，在接头两侧相距 1 m 的 A、B 两截面处各接一测压管，已知 A-B 两截面间的压头损失为 70 mmH$_2$O，问两测压管中的水位哪个高，相差多少？并作分析。

1-16 如图 1-45 所示，水由高位水箱经管道从喷嘴流出，已知 $d_1 = 125$ mm，$d_2 = 100$ mm，喷嘴 $d_3 = 75$ mm，差压计读数 $R = 80$ mm 汞柱，若忽略阻力损失，求 H 和喷嘴前的 p_A。

1-17 某列管式换热器中共有 250 根换热管。流经管内的总水量为 144 m^3·h^{-1}，平均水温 10 ℃，为了保证换热器的冷却效果，需使管内水流处于湍流状态，问对管径有何要求？

1-18 90 ℃ 的水流进内径 20 mm 的管内，问水的流速不超过哪一数值时流动才一定为层流？若管内流动的是 90 ℃ 的空气，则此一数值应为多少？

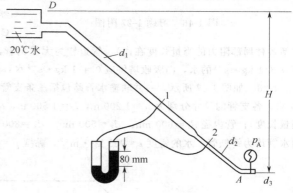

图 1-45 习题 1-16 附图

1-19 在内径为 100 mm 的（新的无缝）钢管内输送一种溶液，流速为 1.8 m·s^{-1}。溶液的密度为 1 100 kg·m^{-3}，黏度为 2.1 cP。求每 100 m 钢管的压力损失，又求压头损失。若管由于腐蚀，其绝对粗糙度增至原来的 10 倍，求压力损失增大的百分率。

1-20 其他条件不变，若管内流速越大，则湍动程度越大，其摩擦损失应越大。然而，雷诺数增大时摩擦因数却变小，两者是否有矛盾？应如何解释？

1-21 有一供粗略估计的规则：湍流条件下，管长每等于管径的 50 倍，则压头损失约等于一个速度头。试论证其合理否。

1-22 已知钢管的价格与其直径的 1.37 次方成正比，现拟将一定体积流量的流体输送某一段距离，试对采用两根小直径管道输送和一根大直径管道输送两种方案，作如下比较：

（a）所需的设备费（两种方案管内流速相同）；

（b）若流体在大管中为层流，则改用上述两根小管后其克服管路阻力所消耗的功率将为大管的几倍？若管内均为湍流，则情况又将如何［λ 按式（1-42）计算］？

1-23 换气风机将车间空气抽入截面为 200 mm×300 mm、总长 155 m 的风道内（粗糙度 ε＝0.1 mm），

然后排至大气中，体积流量为 $0.5\ \mathrm{m^3 \cdot s^{-1}}$。大气压为 750 mmHg，温度为 15 ℃。求风机的轴功率，设其效率为 0.6。

1-24　在 20 ℃下将苯从贮槽中用泵送到反应器，经过长 40 m 的 ϕ57 mm×2.5 mm 钢管，管路上有两个 90°弯头，一个标准阀（按 1/2 开启计算）。管路出口在贮槽的液面以上 12 m。贮槽与大气相通，而反应器是在 500 kPa 下操作。若要维持 $0.5\ \mathrm{L \cdot s^{-1}}$ 的体积流量，求泵所需的功率。泵的效率取0.5。

1-25　一酸贮槽通过管道向其下方的反应器送酸，槽内液面在管出口以上 2.5 m。管路由 ϕ38 mm×2.5mm 无缝钢管组成，全长（包括管件的当量长度）为 25 m。粗糙度取为 0.15 mm。贮槽内及反应器内均为大气压。求每分钟可送酸多少 m³？酸的密度 $\rho = 1\ 650\ \mathrm{kg \cdot m^{-3}}$，黏度 $\mu = 12$ cP。

1-26　30 ℃的空气从风机送出后流经一段内径 200 mm 长 20 m 的管，然后在并联的内径均为 150 mm 管内分成两股，其一长 40 m，另一长 80 m；合拢后又流经一段内径 200 mm 长 30 m 的管，最后排到大气。若空气在 200 mm 管内的流速为 $10\ \mathrm{m \cdot s^{-1}}$，求在两段并联管内的流速各为多少？又求风机出口的空气压力为多少？

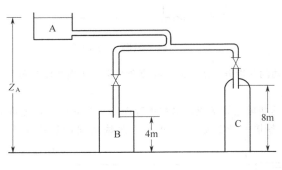

图 1-46　习题 1-27 附图

1-27　如图 1-46 所示，20 ℃软水由高位槽分别流入反应器 B 和吸收塔 C 中，器 B 内压力为50.7 kPa（表压），塔 C 中真空度为 10.1 kPa，总管为 ϕ57 mm×3.5 mm，管长（20＋Z_A）m，通向器 B 的管路为 ϕ25 mm×2.5 mm，长 15 m。通向塔 C 的管路为 ϕ25 mm×2.5 mm，长 20 m（以上管长包括各种局部阻力的当量长度在内）。管道皆为无缝钢管，粗糙度可取为 0.15 mm。如果要求向反应器供应 $0.314\ \mathrm{kg \cdot s^{-1}}$ 的水，向吸收塔供应 $0.471\ \mathrm{kg \cdot s^{-1}}$ 水，问高位槽液面至少高于地面多少？

1-28　如图 1-47 所示，一并联输水管路包括三条支管。已知水在总管路中的流量为 $3\ \mathrm{m \cdot s^{-1}}$，水温为 20 ℃，各支管的尺寸分别为 $l_1 = 1\ 200$ m，$l_2 = 1\ 500$ m，$l_3 = 800$ m；（均已包括局部阻力及通过设备阻力的当量长度）；管内径 $d_1 = 600$ mm，$d_2 = 500$ mm，$d_3 = 800$ mm。试求 AB 间的阻力损失及各支管中的流量。输水管均为铸铁管。水的密度 $\rho = 998\ \mathrm{kg \cdot m^{-3}}$，黏度 $\mu = 1.005 \times 10^{-3}$ Pa·s。

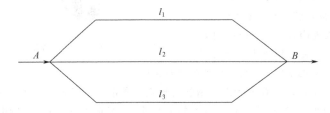

图 1-47　习题 1-28 附图

1-29　在 ϕ160 mm×5 mm 的空气管道上安装有一孔径为 75 mm 的标准孔板，孔板前空气压力为0.12 MPa，温度为 25 ℃。问当 U 形液柱差压计上指示的读数为 145 $\mathrm{mmH_2O}$ 时，流经管道空气的质量为多少 $\mathrm{kg \cdot h^{-1}}$？

第 2 章 流体输送机械

工业生产中常要用流体输送机械驱动流体通过各种设备；此外，各车间之间、车间与贮槽之间的流体输送，也是常见的。要将流体从一处送至他处，无论是提高其位置或是增大其压力（静压），或只需克服管路的损失，都可以通过向流体提供机械能的方法来实现。流体输送机械就是向流体做功以增加其机械能的装置。显然，流体输送机械又需要外来的动力驱动。工厂内所输送的流体，有的性质比较特殊，例如温度高、腐蚀性强、黏度高、含有固体悬浮物等。因此，工业生产对所用的泵与风机往往有一些特殊的要求。

本章结合工业生产的特点，讨论各种流体输送机械的工作原理、基本构造与性能，以便能合理地选择其类型，决定其规格，计算功率消耗，正确地安排其在管路系统中的位置，并进行操作管理。为液体提供能量的输送设备称为泵；为气体提供能量的输送设备则有风机、压缩机和真空泵。

2.1 离 心 泵

2.1.1 离心泵的工作原理和主要部件

离心泵的结构较简单，流量易调节，并适于输送有腐蚀性、含悬浮物等性质特殊的液体，是工业中应用最广的一类泵。

2.1.1.1 工作原理

如图 2-1 所示为离心泵工作原理图。泵轴 A 上装叶轮 ［图 (b)］，叶轮上有若干弯曲的叶片 ［图 (a)］。泵轴由外界的动力带动，叶轮在泵壳 C 内旋转。液体由入口 D 沿轴向垂直于叶轮进入其中央，在叶片之间通过而进入泵壳，最后从泵的切线出口排出。

离心泵在启动前，泵内要先灌满所输送的液体；启动后，叶轮旋转，推动液体作旋转运动，并产生离心力。液体因而从叶轮中心被抛向叶轮外周，压力增高；并以很高的速度（15～25 m·s^{-1}）流入泵壳，在壳内减速，使动能转换为压力能，然后经排出口进入排出管路。

叶轮内的液体被抛出后，叶轮中心处形成真空。泵的吸入管路一端与叶轮中心处相通，另一端则浸没在输送的液体内，

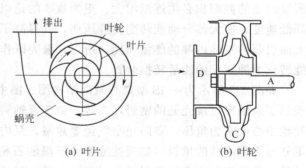

图 2-1 离心泵工作原理

在液面压力（通常为当地大气压）与泵内压力（负压）的压差作用下，液体便经吸入管路进入泵内，填补了被排出液体的位置。只要叶轮不停地转动，离心泵便不断地吸入和排出液体。由此可见离心泵之所以能输送液体，主要是依靠高速旋转的叶轮所产生的离心力，故称离心泵。

离心泵开动时如果泵壳内和吸入管路内没有充满液体，它便没有足够的抽吸和排送液体的能力，这是因为空气的密度比液体小得多，叶轮旋转所产生的离心力不足以造成吸上液体

所需的真空度。因此，离心泵启动前需使泵内充满液体，这一步骤称为灌泵，而在吸入管道底部一般装有止逆阀。泵在运转时吸入管路和泵的轴心处常处于负压状态，若管路及轴封密封不良，则因漏入空气而使泵内流体的平均密度下降，泵将无法吸上液体，像这种因泵壳内存在气体而导致吸不上液的现象，称为"气缚"。

2.1.1.2　主要部件

离心泵最基本的部件为叶轮与泵壳。

叶轮是离心泵的心脏部件。普通离心泵的叶轮如图 2-2 所示，它分为闭式、开式与半开式三种。图中的（c）为闭式，前后两侧有盖板，2～6 片弯曲的叶片装在盖板内，构成与叶片数相等的液体通道。液体从叶轮中央进入后，经过这些通道流向叶轮的周边。有些离心泵的叶轮没有前、后盖板，轮叶完全外露，称为开式［图 2-2（a）］；有些只有后盖板，称为半开式［图 2-2（b）］。它们用于输送黏性大或有固体颗粒悬浮物的液体时，不易堵塞，但液体在叶片间运动时易发生倒流，故效率也较低。

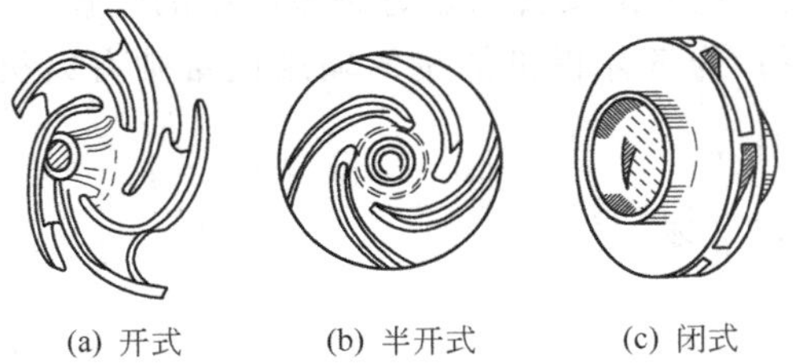

(a) 开式　　　　(b) 半开式　　　　(c) 闭式

图 2-2　离心泵叶轮

有些叶轮的后盖板上钻有小孔，以把后盖板前后的空间连通起来，叫平衡孔。因为叶轮在工作时，离开叶轮周边的液体压力已增大，有一部分会渗到叶轮后侧，而叶轮前侧液体入口处为低压，因而产生了轴向推力，将叶轮推向泵入口一侧，引起叶轮与泵壳接触处的磨损，严重时还会发生振动。平衡孔能使一部分高压液体泄漏到低压区，减轻叶轮两侧的压力差，从而起到减小轴向推力的作用，但也会降低泵的效率。

泵壳就是泵体的外壳，它包围旋转的叶轮，并设有与叶轮垂直的液体入口和切线出口。泵壳在叶轮四周形成一个截面积逐步扩大的蜗牛壳形通道，故常称为蜗壳［图 2-1（a）］。叶轮在壳内旋转的方向是顺着逐渐扩大的蜗壳形通道，越近出口，壳内所接受的液体量越大，所以通道的截面积必须逐渐增大。更为重要的是以高速从叶轮四周抛出的液体在通道内逐渐降低速度，使大部分动能转变为静压能，既提高了流体的出口压力，又减少了液体因流速过大而引起的泵体内部的能量损耗。所以，泵壳既作为泵的外壳汇集液体，它本身又是个将动能转化为静压能的能量转换装置。

如图 2-3 所示为一 IS 型离心泵的结构图。图中除了示出泵体 1、叶轮 3 和轴 4 而外，还表示了泵轴穿过泵壳处的密封环 5 等。由于泵轴转动而泵壳不动，其间必有缝隙，泵运转时叶轮中心处常为负压，要防止空气经缝隙漏入泵内，需将这里的环隙作成密封环，其中填入柔软而无刮磨性的填料（如浸油或渗涂石墨的石棉带），将泵壳内、外隔开，而轴仍能自由转动。此种密封环又称填料函。对于输送酸、碱或油品的离心泵，密封要求比较严，近来已多用机械密封。这种密封由两个光滑而密切贴合的金属环形面构成，一个随轴转动，一个装在泵壳上固定不动，二者在泵运转时保持紧贴状态以防止渗漏。

如图 2-4（a）所示为单级单吸（单个叶轮，单面吸入）离心泵，用于出口压力不需很大的场合。若所要求的压头高，可采用多级泵。多级泵轴上所装叶轮不止一个，液体从几个叶轮多次接受能量，故可达到较高的压头。离心泵的级数就是它的叶轮数。多级泵壳内，每个叶轮的外周都有导轮（单级泵一般不设导轮），导轮上叶片（导叶）弯曲角度正好与液体从叶轮流出的方向相适应，引导液体在泵壳的通道内平缓地改变流动方向并减速，使机械能损

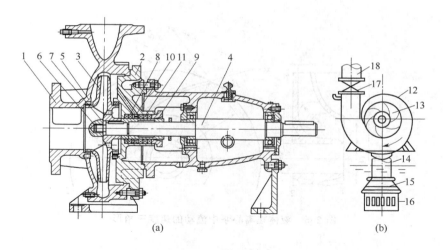

图 2-3　IS 型离心泵结构

1—泵体；2—泵盖；3—叶轮；4—轴；5—密封环；6—叶轮螺母；7—止动垫
圈；8—轴盖；9—填料压盖；10—填料环；11—填料；12—悬架轴承部件；
13—叶片；14—吸入管；15—底阀；16—滤网；17—调节阀；18—排出管

耗尽可能减小，即从动压头转变为静压头的效率提高。中国生产的多级泵一般为 2～9 级，最多可达 12 级。

若输送的液体量大，则采用双吸泵。双吸泵的叶轮有两个吸入口，好像两个没有前盖板的叶轮背靠背地并在一起，如图 2-4（b）所示，其轴向推力可得到完全平衡。由于叶轮的宽度与直径之比成倍地加大，又有两个吸入口，故用于输送量很大的情况。

2.1.2　离心泵的基本方程

液体在叶轮中的运动情况是相当复杂的。现做以下假设。

① 叶片数目无限多且无厚度，于是液体只是沿叶片流动；

② 液体为理想流体，即不计阻力损失。

根据上述假设，在叶轮中液体的任意质点，有一圆周速度 u 和与叶片的相对速度 w，u 取决于转速和质点所在处的半径，而 w 与叶片（流道）形状、液体流量等有

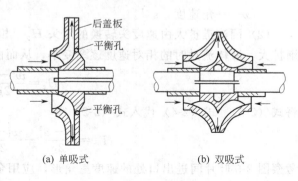

(a) 单吸式　　　　(b) 双吸式

图 2-4　离心泵的吸液方式

关，两者的合速度就是液体质点相对于泵壳的运动速度，记作绝对速度，用 c 表示。由这三个速度构成速度三角形，如图 2-5 示出了液体进入及离开叶轮处的速度三角形。其中，β 称为叶片安装角，只取决于叶片的弯曲形状；α 为绝对速度 c 与圆周速度 u 之间的夹角，由于 c 与 w 有关，即与流量有关，故 α 也与流量有关（从图 2-5 可见，当 w 随流量增大时，α 也增大）。

现以静止的物体为参考系，如图 2-5 所示，流体沿叶轮中心的轴向（垂直于纸面）进入叶轮中央后，随即转向，沿纸面以绝对速度从截面 1 运动到截面 2。对叶轮进出口截面列机械能衡算式有

$$\frac{p_1}{\rho g} + \frac{c_1^2}{2g} + H_\infty = \frac{p_2}{\rho g} + \frac{c_2^2}{2g} \tag{2-1}$$

45

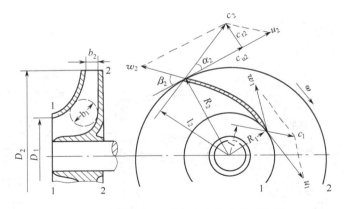

图 2-5　液体在离心泵中流动的速度三角形

即

$$H_\infty = \frac{p_2 - p_1}{\rho g} + \frac{c_2^2 - c_1^2}{2g} \tag{2-2}$$

式中，H_∞ 为叶片无限多时泵的理论压头。由于 1、2 两截面共圆心，故其高差为零。式（2-2）中的 $(p_2 - p_1)/\rho g$ 为静压头的增量，它包括以下两部分。

（1）离心力产生的压头 H_c　液体在叶片间受到离心力的作用，因接受外功而提高的压头为

$$H_c = \frac{1}{g} \int_{r_1}^{r_2} F_c \mathrm{d}r = \frac{1}{g} \int_{r_1}^{r_2} r\omega^2 \mathrm{d}r = \frac{\omega^2}{2g}(r_2^2 - r_1^2) = \frac{u_2^2 - u_1^2}{2g} \tag{2-3}$$

式中　F_c——旋转液体所受的离心力，N；

　　　r——旋转半径，m；

　　　ω——角速度，s^{-1}。

（2）因流道扩大由速度头转换的压头 H_p　相邻两叶片所构成的流道截面积自内向外逐渐扩大，液体流过时的相对速度逐渐变小，从而由动压头转化为静压头 H_p

$$H_p = \frac{w_1^2 - w_2^2}{2g} \tag{2-4}$$

将式（2-3）、式（2-4）代入式（2-2）得

$$H_\infty = \frac{u_2^2 - u_1^2}{2g} + \frac{w_1^2 - w_2^2}{2g} + \frac{c_2^2 - c_1^2}{2g} \tag{2-5}$$

考察图 2-5 叶片间进出口处的速度三角形，应用余弦定律有

$$w_1^2 = c_1^2 + u_1^2 - 2c_1 u_1 \cos\alpha_1 \tag{2-6}$$

$$w_2^2 = c_2^2 + u_2^2 - 2c_2 u_2 \cos\alpha_2 \tag{2-7}$$

将式（2-6）、式（2-7）代入式（2-5），化简后得

$$H_\infty = \frac{u_2 c_2 \cos\alpha_2 - u_1 c_1 \cos\alpha_1}{g} \tag{2-8}$$

上式常称为离心泵的基本方程。它示出了离心泵在理想情况下能达到的压头，即理论压头。在离心泵的设计中，通常是使设计流量下 $\alpha_1 = 90°$，即 $\cos\alpha_1 = 0$，这时 H_∞ 达到最大值

$$H_\infty = \frac{u_2 c_2 \cos\alpha_2}{g} \tag{2-9}$$

离心泵的流量等于叶轮出口周边的截面积 $2\pi r_2 b_2$ 与液体在周边上的径向速度 $w_2 \sin\beta_2$（也等于 $c_2 \sin\alpha_2$）之积，可表示为

$$Q = 2\pi r_2 b_2 w_2 \sin\beta_2 \tag{2-10}$$

式中，r_2 为叶轮出口半径；b_2 为叶轮出口周边宽度；其他参数如图 2-5 所示。

2.1.3 离心泵基本方程的讨论

2.1.3.1 离心泵流量对理论压头的影响

由图 2-5 可知，式（2-9）中的 $c_2\cos\alpha_2$ 可表示为

$$c_2\cos\alpha_2 = u_2 - w_2\cos\beta_2 \tag{2-11}$$

将式（2-10）、式（2-11）代入离心泵的基本方程式（2-9）得理论压头 H_∞ 和流量 Q 的关系式

$$H_\infty = \frac{u_2^2}{g} - \left(\frac{u_2}{2\pi g r_2 b_2}\mathrm{ctg}\beta_2\right)Q \tag{2-12}$$

上式表明 H_∞ 随 Q 而线性变化，变化率主要决定于叶片安装角 β_2，它反映了叶片弯曲方向对泵理论压头的影响。

2.1.3.2 泵理论压头与叶片弯曲方向的关系

如图 2-6 示出了具有不同弯曲方向的三种叶片及其所对应的速度三角形。从图 2-5 及式（2-12）得出 H_∞ 与 Q 的关系曲线，如图 2-7 所示，可以看出

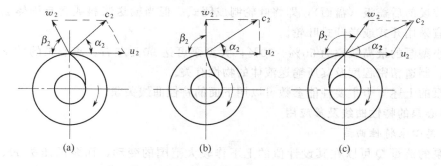

图 2-6　叶片弯曲方向及其对应的速度三角形

若 $\beta_2 < 90°$，称为后弯叶片，H_∞ 随 Q 的增加而减小；

若 $\beta_2 = 90°$，称为径向叶片，H_∞ 与 Q 无关；

若 $\beta_2 > 90°$，称为前弯叶片，H_∞ 随 Q 的增加而加大。

2.1.4 离心泵的实际压头和主要性能参数

现考虑离心泵的实际情况：叶轮的叶片为有限多，液体不是以叶片为轨道而是因叶轮旋转而在叶片间的流道中发生环流；输送实际液体时泵内还有流动阻力损失，离心泵的压头和流量（未加定语"理论"，即是指实际的）均小于理论压头和理论流量。

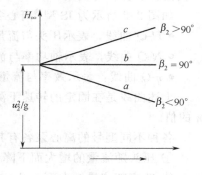

图 2-7　H_∞ 与 Q 的关系曲线

离心泵的主要性能参数有压头、流量、功率、效率、转速、比转数等，现简述如下。

压头　离心泵的压头也称为**扬程**，以 H(m) 表示，其取决于泵的结构（如叶轮直径、叶片的形状等）、转速和流量。压头 H 随流量变化的关系需通过实验测定

流量　离心泵的流量又称为泵的输液能力，以 Q(m³·s⁻¹或 m³·h⁻¹)表示，它取决于

泵的结构（主要为叶轮的直径与叶片的宽度）和转速，另外还有输液管路的阻力等（参看**2.1.6 流量调节**）

功率 离心泵自轴上输入的功率简称轴功率，以 N 表示。泵对液体的输出功率也称有效功率，以 N_e 表示

$$N_e = \rho g Q H$$

效率 又称为泵的总效率，以 η 表示，即

$$\eta = \frac{N_e}{N}$$

泵的效率反映泵对外加能量的利用程度。

泵内的机械能损失包括以下几部分。

（1）水力损失 实际流体流经泵内将损失部分机械能，这部分损失称为水力损失。其中包括环流损失、摩擦损失，以及流体进入叶轮时的冲击损失。

（2）机械损失 包括联轴器、轴承、轴封装置以及液体与高速转动叶轮前后盘面之间的摩擦损失等。

（3）容积损失 叶轮出口处压力高而进口处压力低，在此压差作用下，一部分高压液体将通过旋转叶轮与泵体之间的缝隙而泄漏至吸入口。为了提高容积效率，如前所述：通常在叶片两侧装设前后盖板（盘面），即将叶轮制成闭式。但当输送浆料或含有固体县浮物的液体时，仍宜采用开式或半开式叶轮。

一般小型泵的最高效率为 $50\%\sim70\%$；大型泵可达 90% 左右。离心泵的效率与泵的大小、类型、制造精密程度及其所输送液体的物性有关。

离心泵的上述 4 个主要性能参数可以用下面的特性曲线关联。

2.1.5 离心泵的特性曲线及其应用

2.1.5.1 离心泵特性曲线

离心泵的流量 Q 可以在其设计值的上下作较大范围的变动，而泵的压头 H、功率 N、效率 η 都随 Q 变化。将这些实测的变化关系绘成曲线，称为离心泵的特性曲线。可供使用部门选择和操作时使用。

如图 2-8 所示为 IS 型[1]离心泵特性曲线示意图，由以下的曲线组成。

● $H\text{-}Q$ 曲线，表示压头与流量的关系

● $N\text{-}Q$ 曲线，表示轴功率与流量的关系

● $\eta\text{-}Q$ 曲线，表示效率与流量的关系

上述曲线是在固定的转速下测出的，只适用于该转速，故特性曲线图上一定要注明转速 n 的值。

各种不同型号的离心泵各有其特性曲线，形状上基本相似，其共同特点如下。

① 压头随流量的增大而下降（流量很小时可能有例外）。这是一个重要的特性。

② 功率随流量增大而上升。故离心泵在启动前应关闭出口阀，使在所需功率最小的条件下启动，以减小电动机的启动电流；同时也避免出口管线的水力冲击。

---

[1] 型号意义：IS—国际标准单级单吸清水离心泵；如 IS125-100-250，其中 125—泵入口直径，mm；100—泵出口直径，mm；250—叶轮外径，mm。IS 型系列是中国第一个按国际标准（ISO）设计、研制的产品，结构可靠、振动小、噪声低，效率比老产品 BA（B）型泵平均高 5.8%，是中国现在应用最广的离心泵系列之一。

③ 效率先随流量的增大而上升，达到一最大值后又逐步下降。离心泵铭牌上标明的 Q、H、N、η，通常就是最高效率点（即设计点）之值。根据生产任务选用离心泵时，应使泵在最高效率点附近操作。

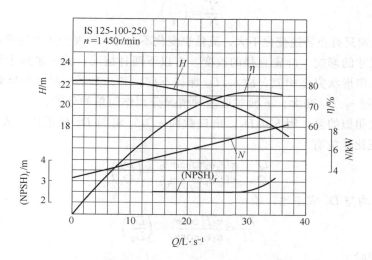

图 2-8　IS 125-100-250 型离心泵的特性曲线

2.1.5.2　液体物性对离心泵特性的影响

泵生产部门所提供的特性曲线是用清水做实验求得的，若所输送液体的物性与水差异较大，要考虑密度及黏度的影响。

（1）密度的影响　表示离心泵流量的公式 $Q = 2\pi r_2 b_2 w_2 \sin\beta_2$ 并不受液体密度的影响，故输送不同密度的液体，泵的流量应不随密度改变。

离心泵的压头，仅取决于 u_2 和 c_2，故与所输送的液体的密度亦无关；即 H-Q 曲线也不因所输送的液体密度不同而变。但是，由于离心力及其所做的功与密度成正比，故从 N-Q 线上读出的功率数值，应乘以液体密度与水密度的比值，若液体密度比水大得较多时应核查配用电动机是否会超负荷。

（2）黏度的影响　若液体的运动黏度小于 2×10^{-5} m$^2 \cdot$s^{-1}，如汽油、煤油、轻柴油等，则对黏度的影响可不进行修正。输送黏度较大的液体时，需对该特性曲线进行修正，然后再选用泵。黏度对离心泵性能的影响甚复杂，难以用理论方法推算，常用的方法是在原来泵的特性曲线下，对每一点利用换算系数进行换算，具体可参阅参考相关专业书。

2.1.5.3　转速与叶轮尺寸对离心泵特性的影响

前已指出，泵的特性曲线是在一定转速下测得的。如离心泵的转速可以调节，则其压头与流量也相应改变；若转速不变而将泵的叶轮略加切削使直径变小，也可以降低其压头与流量，最高效率点也随着移动，从而改变其适宜应用范围。下面分别将转速与叶轮直径对离心泵特性的影响，作简单的分析。

（1）转速的影响　根据已得出的理论压头及流量的表达式可作如下分析。

若转速由 n 改为 n' 的变化幅度不大，可以认为液体离开叶轮的速度三角形相似，即 α_2 和 c_2/u_2 可视为不变，故得

$$\frac{H'}{H} = \frac{u_2' c_2' \cos\alpha_2}{u_2 c_2 \cos\alpha_2} = \left(\frac{u_2'}{u_2}\right)^2 = \left(\frac{n'}{n}\right)^2 \tag{2-13a}$$

$$\frac{Q'}{Q} = \frac{2\pi r_2 b_2 w'_2 \sin\beta_2}{2\pi r_2 b_2 w_2 \sin\beta_2} = \frac{u'_2}{u_2} = \frac{n'}{n} \tag{2-13b}$$

且效率 η 亦可近似认为不变，由于轴功率与流量乘以压头之积成正比，而有

$$\frac{N'}{N} = \left(\frac{n'}{n}\right)^3 \tag{2-13c}$$

这里再次强调只有在转速变化不大，流量也变化不大时，才能应用上述近似的比例关系。

（2）叶轮尺寸的影响　叶轮直径的改变，有以下两种情况；其一是属于同一系列两尺寸不同的泵，其几何形状完全相似，故 b_2/D_2 保持不变；其二是某一尺寸的叶轮外周经过切削而使 D_2 变小，则 b_2/D_2 变大。下面对这两种情况分别作简单的分析。

对几何形状相似的泵，因 $b_2 \propto D_2$，出口截面 $\pi D_2 b_2$ 将与 D_2^2 成正比，式（2-13b）中的 w_2 又与 D_2 成正比，故有

$$\frac{Q'}{Q} = \frac{\pi D'_2 b'_2 w'_2 \sin\beta_2}{\pi D_2 b_2 w_2 \sin\beta_2} = \left(\frac{D'_2}{D_2}\right)^3 \tag{2-14a}$$

其中的 u_2 及 c_2 均与 D_2 成正比，故

$$\frac{H'}{H} = \frac{u'_2 c'_2 \cos\alpha_2}{u_2 c_2 \cos\alpha_2} = \left(\frac{D'_2}{D_2}\right)^2 \tag{2-14b}$$

于是在转速不变时

$$\frac{N'}{N} = \left(\frac{D'_2}{D_2}\right)^5 \tag{2-14c}$$

对第二种情况，如叶轮的切削使直径 D_2 减小的幅度在 20% 以内，则 α_2 的变化很小，效率亦可视为不变；且据叶轮的结构形状，切削前、后叶轮出口的截面积亦可认为大致相等：$D_2 b_2 \approx D'_2 b'_2$。故可知

$$\frac{Q'}{Q} = \frac{D'_2}{D_2} \tag{2-15a}$$

在固定转速下，u_2 与 c_2 均与 D_2 成正比，故

$$\frac{H'}{H} = \left(\frac{D'_2}{D_2}\right)^2 \tag{2-15b}$$

$$\frac{N'}{N} = \left(\frac{D'_2}{D_2}\right)^3 \tag{2-15c}$$

再次强调，式（2-15）三式只是在切削量不大的情况才能适用。

2.1.5.4　离心泵特性曲线的实验测定

实验可在如图 2-9 所示的装置中进行。在截面 1 与截面 2 间列机械能衡算式，泵的压头

$$H = (z_2 - z_1) + \frac{p_2 - p_1}{\rho g} + \frac{u_2^2 - u_1^2}{2g}$$

实验中要测定的数据通常为：泵进口处压力 p_1，出口处压力 p_2，流量 Q 和轴功率 N。实验步骤如下：测定开始时，先将出口阀关闭，然后逐渐开启阀门，增大流量，测得一系列流量 Q 下，相应的压头 H 和轴功率 N。将 H-Q、N-Q 及 η-Q 曲线绘制在同一张坐标纸上，即为此离心泵在一

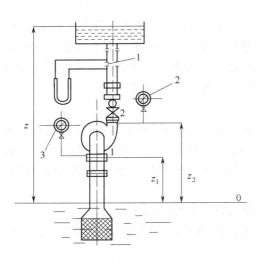

图 2-9　离心泵特性曲线的测定装置

1—流量计；2—压力计；3—真空表

定转数下的特性曲线。

例 2-1 采用如图 2-9 所示的装置，泵的转数 $n=2\,900$ r·min^{-1}，以 20 ℃的清水为介质测得如下一组数据：泵进口处真空表读数 $p_1=26.7$ kPa；泵出口处压力表读数 $p_2=200.5$ kPa；泵的流量 $Q=10$ L·s^{-1}；泵的轴功率 $N=2.98$ kW。已知两测压口间的距离为 0.5 m，吸水管直径 $d_1=100$ mm，压出管直径 $d_2=80$ mm。试求在此流量下泵的压头 H 和总效率 η。

解 （a）泵的压头

$$H=(z_2-z_1)+\frac{p_2-p_1}{\rho g}+\frac{u_2^2-u_1^2}{2g}$$

式中　$z_2-z_1=0.5$ m

$$\frac{p_2-p_1}{\rho g}=\frac{(200.5+26.7)\times 1\,000}{1\,000\times 9.81}=23.16 \text{ m（水柱）}$$

$$u_1=\frac{4Q}{\pi d_1^2}=\frac{4\times 10\times 10^{-3}}{\pi\times 0.1^2}=1.27 \text{ m·s}^{-1} \qquad u_2=\frac{4Q}{\pi d_2^2}=\frac{4\times 10\times 10^{-3}}{\pi\times 0.08^2}=1.99 \text{ m·s}^{-1}$$

$$\frac{u_2^2-u_1^2}{2g}=\frac{1.99^2-1.27^2}{2\times 9.81}=0.12 \text{ m}$$

故　　　　　　　　　$H=0.5+23.16+0.12=23.78$ m

（b）泵的总效率

$$N_e=HQ\rho g=23.78\times(10\times 10^{-3})\times 1\,000\times 9.81$$

$$=2\,333 \text{ W 或 } 2.333 \text{ kW}$$

$$\eta=N_e/N=2.333/2.98=78.3\%$$

2.1.6　离心泵的工作点与流量调节

安装在管路中的离心泵，其输液量应为管路中的液体流量，所提供的压头应正好是流体流动所需压头。因此，离心泵的实际工作情况应由离心泵的特性曲线和管路的特性共同决定。

2.1.6.1　管路特性曲线

管路特性曲线表示流体通过某一特定管路所需的压头与流量的关系。设想用一台离心泵把水池的水抽到水塔上去（如图 2-10 所示），吸水池和水塔的液面皆维持恒定。若在图中截面 1-1′ 和 2-2′ 之间列柏努利方程，则流体流过管路所需要的压头（也即泵所需提供的压头）为

$$h_e=z_2-z_1+\frac{p_2-p_1}{\rho g}+h_f \qquad\qquad (2-16)$$

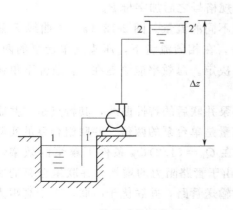

图 2-10　输送系统示意图

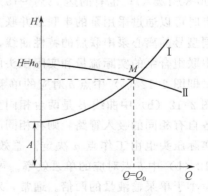

图 2-11　离心泵工作点

而压头损失为

$$h_f = \lambda \left(\frac{l + \sum l_e}{d} \right) \left(\frac{u^2}{2g} \right) = \left(\frac{8\lambda}{\pi^2 g} \right) \left(\frac{l + \sum l_e}{d^5} \right) Q^2 \tag{2-17}$$

式中，$\sum l_e$ 表示管路中所有局部阻力的当量长度之和。

令 $A = z_2 - z_1 + \dfrac{p_2 - p_1}{\rho g}$，$B = \left(\dfrac{8\lambda}{\pi^2 g} \right) \left(\dfrac{l + \sum l_e}{d^5} \right)$，则式（2-16）可写成

$$h_e = A + BQ^2 \tag{2-18}$$

式（2-18）就是管路特性方程，对于特定的管路，式（2-18）中 A 是固定不变的，当阀门开度一定且流动为完全湍流时，B 也可看作是常数。将式（2-18）绘于图 2-11 得曲线 I，此曲线即为管路特性曲线。管路特性曲线只表明这一管路在输送液体时对泵的具体要求，而与离心泵的性能无关。

2.1.6.2 离心泵的工作点

如图 2-11 所示将离心泵的 H-Q 与管路特性曲线 h_e-Q 绘在一起，两曲线的交点 M 表示离心泵提供的压头 H 和流量 Q 与管路输送所需的压头 h_e 和流量 Q 相等，离心泵在这一工况下稳定运行。称点 M 为离心泵的工作点。与此相对应的 N_M 和 η_M 可分别从泵的 N-Q 和 η-Q 曲线上查出。作为合理选择离心泵的重要条件，工作点应该在离心泵的设计点附近，即高效率区域内。

2.1.6.3 离心泵的流量调节

泵在实际操作过程中，常常需要调节流量。从泵的工作点可知，调节流量实质上就是改变离心泵的特性曲线或管路特性曲线，从而改变泵的工作点的问题。管路特性曲线的改变一般通过调节管路阀门的开度实现。阀门关小，管路特性曲线变陡，反之，则变平坦。采用阀门调节流量方法简单，流量可以连续变化，但损失于阀门的机械能较大。对于功率不很大（如 10 kW 以内）、流量调节幅度也不大但经常需要调节的情况，适用此法。改变离心泵特性曲线，可以采用改变转速、切削叶轮的方法。当转速增加时，泵的特性曲线向右上方移动；当转速降低时，则向左下方移动。常用的泵（以交流电动机带动）以前转速不易调节，只有功率很大的泵才考虑调节转速。近十多年来，由于交流电动机变频调速技术的进展及推广使用，取得了显著的节能效果；且有在减少流量的同时，还有减少机械磨损及故障率、降低噪声等优点；又便于自动控制。大中型泵的流量调节倾向于首先考虑采用这一技术。切削叶轮会使泵的特性曲线向左下方移动。通常泵的制造厂会对大部分规格的泵提供叶轮经切削后的产品，以增加用户的选择面。当切削量为直径的 7%～10%，在泵规格号之后加字母 A（如 100-80-125A）；也有的达 13%～15%，则在泵规格号之后加字母 B。

有时可以通过采用泵的串联或并联方法来适应不同的流量。图 2-12（a）中曲线 B 是两台相同型号的离心泵串联后的特性曲线，其特点是，在相同流量下，压头是单台泵的两倍。显然串联组合泵的实际流量和实际压头由工作点 a 决定。总效率应该是在 $Q_{串}$ 条件下单泵的效率，即图 2-12（a）中点 b 对应的单泵效率。

图 2-12（b）中曲线 B 是两台相同型号的离心泵并联后的特性曲线，其特点是，并联泵若其各自有相同的吸入管路，则在相同压头下，流量是单台泵的两倍。并联组合泵的实际流量和实际压头也由工作点 a 决定。总效率应该是在 $Q_1 = (1/2)Q_{并}$ 条件下单泵的效率，即图 2-12（b）中 b 点对应的单泵效率。可以看出，由于管路阻力的增加，并联组合泵的实际总流量小于单泵输液量的两倍。通常，对于低阻力输送管路，并联优于串联，对于高阻力输送管路，串联优于并联（请思考为什么？）。

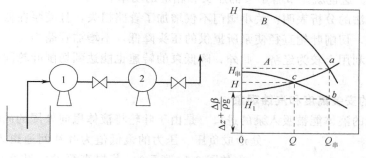

(a) 离心泵的串联操作

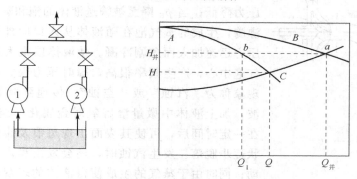

(b) 离心泵的并联操作

图 2-12　离心泵的串、并联操作

例 2-2　用一离心泵输送某造纸厂的废水，当转速 $n=2\,900$ r·min^{-1} 时泵的特性曲线方程可用 $H=40-0.06Q^2$ 近似表达，已知出口阀全开时管路特性曲线为 $h_e=20+0.04Q^2$，两式中 Q 的单位为 m^3·h^{-1}，H、h_e 的单位是 m。试问：（a）此时的输送量为多少？（b）若通过工艺改进后，该厂的废水排放量降为上述的 80%，试对关小阀门和切削叶轮两方法作比较。

解　（a）离心泵工作点为两特性曲线的交点，可由 $H=h_e$ 求得

$$40-0.06Q^2=20+0.04Q^2$$

解得输送的废水量 $Q=14.1$ m^3·h^{-1}，此时 $H=h_e=28.0$ m，工作点如图 2-13 中点 A 所示。

（b）当废水量减为 $Q'=Q\times80\%=14.1\times0.8=11.3$ m^3·h^{-1}，按不同调节方法的结果如下

关小阀门，则管路特性曲线 $h_e=A+BQ^2$ 中的 B 值增大，将此时的管路特性方程写为 $h_e'=20+B'Q'^2$。泵的特性曲线方程没有变化，泵对应于 Q' 的压头为

$$H'=40-0.06Q'^2=40-0.06(11.3)^2=32.8 \text{ m}$$

按离心泵工作点的要求有 $32.8=20+B'(11.3)^2$，可得 $B'=0.1$，此时工作点如图中点 B 所示。

若采用切削叶轮直径的方法，此时泵的特性曲线将改变，而管路特性曲线不变；根据管路特性方程可知，当 Q 减少至 11.3 m^3·h^{-1} 时，管路所需的压头降低到 $h_e'=20+0.04(11.3)^2=25.1$ m，故泵需提供的压头也为 25.1 m。叶轮切削后泵的特性曲线如图中虚线，工作点为图中的点 C。比上法（关小阀门）减小的管路损少

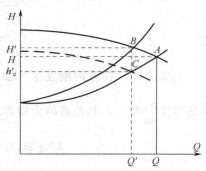

图 2-13　例 2-2 工作点示意图

以垂线 CB 代表。这也就是节省了泵的压头和相应的功率。

以上两种方法的分析表明：关小阀门不仅增加了管路损失，且使泵在低效率点工作，在经济上很不合理，切削叶轮直径使泵所提供的压头降低，不增加管路损失，并能保持泵的较高效率，在能量利用上较为经济。此外，降低泵的转速也能达到切削叶轮同样的效果，请核算新的转速。

2.1.7　离心泵的安装高度和汽蚀现象

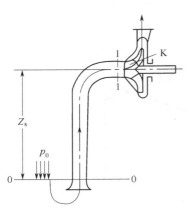

图 2-14　离心泵的安装高度

液面比泵低的液体能被吸入泵的进口，是由于叶轮将液体甩向外周的同时，在叶轮进口处形成负压。压力的最低值为叶片间通道入口附近 K 处的 p_K（如图 2-14 所示）。若提高泵的安装高度，将导致泵内压力降低；当 p_K 降至被输送液体的饱和蒸气压时，将发生沸腾，生成的蒸气泡在随液体从入口向外周流动中，又因压力迅速加大而急剧冷凝。使液体以很大速度从周围冲向气泡中心，产生频率很高，瞬时压力很大的冲击波，这种现象称为"汽蚀"或"空蚀"。传递到叶轮及泵壳的冲击波，加上液体中微量溶解氧对金属化学腐蚀的共同作用，在一定时间后，可使其表面出现斑痕及裂缝，甚至呈海绵状逐步脱落。发生汽蚀时，还会发出噪声，进而使泵体振动；同时由于蒸气的生成使得液体的表观密度减小，于是泵的实际流量、出口压力和效率都下降，可严重到完全不能输出液体。

为避免发生汽蚀，就要求泵的安装高度不超过某一定值。中国的离心泵样本中，采用"汽蚀余量"（NPSH，Net positive suction head）来表示，意指为了避免汽蚀，在安装高度上需要留出的余量。对泵的这种吸上性能，下面简述其意义，并说明如何用以确定泵的安装高度。

在正常运转时，泵内最低压力 p_K 与入口接管 1 处的压力 p_1 密切相关（如图 2-14 所示）。在截面 1-1 与截面 K-K 之间列机械能衡算式

$$\frac{p_1}{\rho g}+\frac{u_1^2}{2g}=\frac{p_K}{\rho g}+\frac{u_K^2}{2g}+\sum h_{f(1-K)} \tag{2-19}$$

从此式可以看出，在一定流量下，p_1 与 p_K 等量地增减。当泵内刚发生汽蚀时，p_K 等于被输送液体的饱和蒸气压 p_v，而 p_1 等于某个最小值 $p_{1,\min}$。在此条件下，上式可改为

$$\frac{p_{1,\min}}{\rho g}+\frac{u_1^2}{2g}=\frac{p_v}{\rho g}+\frac{u_K^2}{2g}+\sum h_{f(1-K)}$$

或

$$\frac{p_{1,\min}}{\rho g}+\frac{u_1^2}{2g}-\frac{p_v}{\rho g}=\frac{u_K^2}{2g}+\sum h_{f(1-K)} \tag{2-20}$$

上式表明，在泵内刚发生汽蚀的临界条件下，泵入口处液体的机械能 $\dfrac{p_{1,\min}}{\rho g}+\dfrac{u_1^2}{2g}$ 比汽化时的势能 $\dfrac{p_v}{\rho g}$ 要大，其差值称为临界汽蚀余量，并以符号 $(NPSH)_c$ 表示，即

$$(NPSH)_c=\frac{p_{1,\min}}{\rho g}+\frac{u_1^2}{2g}-\frac{p_v}{\rho g}=\frac{u_K^2}{2g}+\sum h_{f(1-K)}$$

为使泵正常运转，p_1 必须高于 $p_{1,\min}$，即实际汽蚀余量 $NPSH=\dfrac{p_1}{\rho g}+\dfrac{u_1^2}{2g}-\dfrac{p_v}{\rho g}$ 必须大于临界汽

蚀余量(NPSH)。

临界汽蚀余量可用实验测定，以泵的扬程较正常值下降3%为准；为确保泵能正常运行，通常规定必需汽蚀余量$(NPSH)_r = (NPSH)_c + 0.3$（m），其值可从泵的样本（参阅附录17）中查得，如图2-14所示，吸入液面0-0至叶轮入口截面K-K之间列机械能衡算式，可求得泵的最大安装高度为

$$z_{s,max} = \frac{p_0 - p_v}{\rho g} - \sum h_{f(0-1)} - \left(\frac{u_K^2}{2g} + \sum h_{f(1-K)}\right) = \frac{p_0 - p_v}{\rho g} - \sum h_{f(0-1)} - (NPSH)_c \quad (2-21)$$

为安全起见，通常用上述方法求出的最大安装高度，实际应用时，还应再低 0.5 m。即泵的允许安装高度为

$$z_s = \frac{p_0 - p_v}{\rho g} - \sum h_{f(0-1)} - [(NPSH)_r + 0.5]$$

离心泵性能表中所列出的 NPSH 值除了规定液面压力 p_0 为 101.3 kPa 外，还限定用于20 ℃ 的水（$\rho = 1\,000$ kg·m^{-3}；$p_v = 2\,350$ Pa，即 $p_v/\rho g = 0.24$ mH$_2$O）。若离心泵输送的液体密度与水不同，则要对所规定的 NPSH 值按进行校正。

应该注意，中国产油泵性能表上的 NPSH 值也是按输送 20 ℃ 水而规定的。输送油时，此NPSH 也要根据油的密度与蒸气压进行校正。求校正系数的曲线载于油泵的说明书中。校正系数常小于1，按式（2-21）算出的 z_s 稍大，故为简便计，也可不校正，而将其视为外加的安全因数。在输送温度高或沸点低的液体时，由于其饱和蒸气压高，允许的安装高度往往很小，有时还会出现负值。对于此种情况将泵安装在液面以下的位置上，使液体自灌入泵。

例 2-3 现用一台 IS65-50-160A 型离心泵将 40 ℃ 的废水从沉淀池送往气浮池进一步处理，沉淀池上方连通大气。40 ℃ 时该废水的密度为 1 000 kg·m^{-3}，饱和蒸气压为7.87 kPa。已知吸入管内径为 50 mm，输送水量为 20 m·h^{-1}，估计此时吸入管的阻力 4 mH$_2$O，求大气压分别为 101.3 kPa 的平原和 71.4 kPa 的高原地带泵的允许安装高度，查得上述流量下泵的必需汽蚀余量为 3.3 m。

解 由式（2-21）得
平原地带

$$z_1 = \frac{(101.3 - 7.87) \times 10^3}{1\,000 \times 9.81} - 4 - 3.3 = 3.22 \text{ m}$$

高原地带

$$z_2 = \frac{(71.4 - 7.87) \times 10^3}{1\,000 \times 9.81} - 4 - 3.3 = -0.82 \text{ m}$$

计算结果显示在高原处，求得的高度值为负，表示所选的泵要装得使其入口位于液面以下，才能保证操作正常。为安全计，将入口再降低约 0.5 m，即安装高度选定为 -1.3 m。

2.1.8 离心泵的类型和选用

2.1.8.1 离心泵的类型

离心泵种类繁多，相应的分类方法也多种多样，可按输送液体的性质分类，也可按泵的结构特点分类。各种类型的离心泵自成一个系列，并以一个或几个英语或汉语拼音字母作为系列代号，在每一系列中，由于有各种不同的规格，因而附以不同的字母和数字来区别。将每种系列泵的适宜工作范围绘于一张坐标图上称为系列特性曲线或称型谱，如图 2-15 所示为 IS 型泵的型谱。型谱便于用户选泵，也便于计划部门向泵制造厂提出开发新产品的方向。

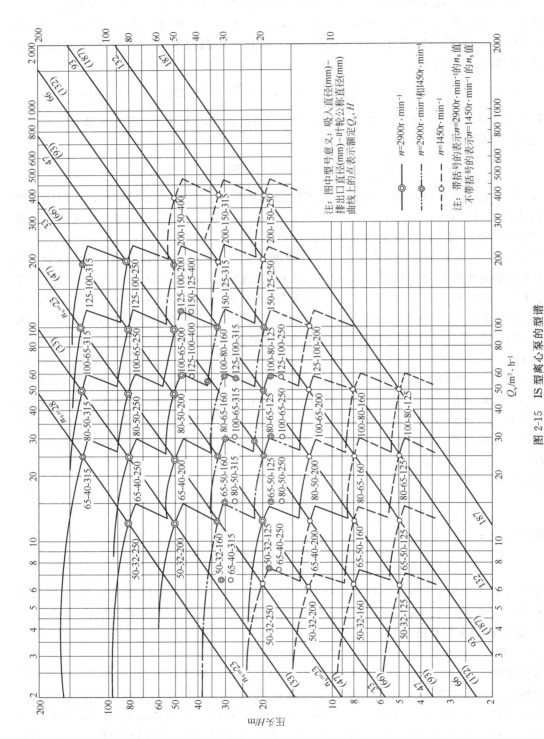

图 2-15 IS 型离心泵的型谱

$$n_s = \frac{n\sqrt{Q}}{16.44 H^{0.75}}$$，称为泵的比转数。n_s 较大，表示泵额定的 H 较低，而 Q 较大

56

以下按离心泵的用途，简述其类型如下。

（1）清水泵　适用于输送清水以及物理、化学性质类似于水的清洁液体，是最常用的离心泵，泵体和泵壳都是用铸铁制成。如图2-4所示即为单级单吸清水泵；如图2-16所示为多级离心泵。

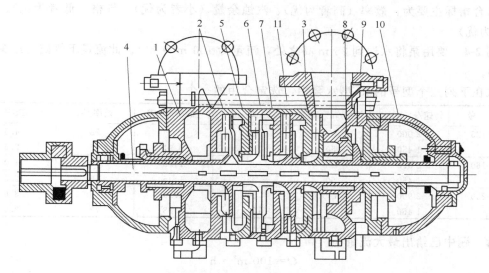

图 2-16　多级离心泵（D型）结构

1—吸入段；2—中段；3—压出段；4—轴；5—叶轮；6—导叶；7—密封环；8—平衡盘；
9—平衡盖；10—轴承盖；11—螺栓

（2）耐腐蚀泵　输送酸、碱等腐蚀性液体时采用耐腐蚀泵，其主要特点是和液体接触的部件用耐腐蚀材料制成。

（3）油泵　输送石油产品的泵称为油泵。油品的特点之一是易燃易爆，因此对密封性能的要求很高。

（4）杂质泵　输送悬浮液及稠厚的浆液等常用杂质泵。

（5）屏蔽泵　屏蔽泵是一种无泄漏泵，它的叶轮和电动机联为一个整体并密封在同一泵壳内，不需要轴封装置，又称为无密封泵。

（6）液下泵　如图2-17所示。泵体直接安装在液体贮槽内，无需考虑泄漏问题。其缺点是效率较低。

2.1.8.2　离心泵的选用

离心泵的选用，通常可按下列原则进行。

（1）根据被输送液体的性质和操作条件，初步确定泵的系列及其生产厂　根据输送介质决定选用清水泵、油泵、耐腐蚀泵或屏蔽泵等；根据现场安装条件决定选用卧式泵、立式泵（含液下泵、管道泵）等；根据扬程大小选单级泵、多级泵等；对单级泵根据流量大小选用单吸泵、双吸泵。

（2）根据具体流量和压头的要求确定泵的可用型号　在工

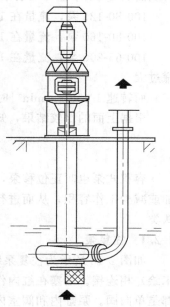

图 2-17　液下泵结构

业生产中，输送的液体流量和压头往往在一定范围内变动。采用可能出现的最大流量作为所选泵的额定流量，如缺少最大流量值时，常取正常流量的1.1～1.15倍作为额定流量；取所需扬程的 1.05～1.1 倍作为所选泵的额定扬程；按额定流量和扬程，利用系列型谱图，初步选择 1 种或几种可用的泵的型号。

（3）校核和最终选型　按泵的性能曲线校核泵的额定工作点是否在高效工作区内；泵的汽蚀余量是否符合要求；若有几种型号的泵同时可用时，则应选择综合指标高者为最终的选择。综合指标主要为：效率（高者为优）、汽蚀余量（小者为优）、价格（低者为优）、质量（轻者为优）。

例 2-4　要用泵将水送到 25 m 高之处，流量为 100 m³·h⁻¹。此流量下管路的压头损失为 3 m。

试在下列三个型号的 IS 型水泵中，选定合用的一个。

型　　号	转速/r·min⁻¹	流量/m³·h⁻¹	压头/m	轴功率/kW	效率/%	NPSH/m
100-80-125	2 900	100	20	7.0	78	4.5
	1 450	50	5	0.91	75	2.5
100-80-160	2 900	100	32	11.2	78	4.0
	1 450	50	8	1.45	75	2.5
100-65-200	2 900	100	50	17.9	76	3.6
	1 450	50	12.5	2.33	73	2.0

解　题中已给出最大流量为

$$Q = 100 \text{ m}^3 \cdot \text{h}^{-1}$$

此流量下流过管路所需的压头可用式（2-15）计算（忽略动压头增量）

$$h_e = (z_2 - z_1) + \frac{(p_2 - p_1)}{\rho g} + \sum h_f$$
$$= 25 + 0 + 3 = 28 \text{ m}$$

将上面的 Q 及 h_e 值与上表中所列的各型号泵的性能参数相对照；转速 2 900 r·min⁻¹

100-80-125 泵，流量在 100 m³·h⁻¹ 时的压头值只有 20 m。不能满足需要

100-80-160 泵，流量在 100 m³·h⁻¹ 时的压头 H 为 32 m，比所需的 h_e 略大

100-65-200 泵，流量在 100 m³·h⁻¹ 时的压头 H 有 50 m，远比所需 h_e 为大，故此型号嫌过大

而转速 1 450 r·min⁻¹ 时，压头都太小。

根据上面的比较结果，知型号 IS100-80-160，2 900 r·min⁻¹ 的水泵较合乎要求。

2.2　容 积 式 泵

容积式泵也叫正位移泵，是指依靠容积变化原理来工作的泵，即借助周期性的位移来增加或减少工作容积，从而进行流体输送的泵。按照运动方式，容积式泵分为往复式和转动式两类。

2.2.1　往复泵

如图 2-18 所示为往复泵装置简图。泵缸 1 内有活塞 2，通过活塞杆 3 与传动机械（图中未绘）相连接。活塞在缸内作往复运动。泵缸左测是阀室，内有吸入阀 4 和排出阀 5。它们都是单向阀。泵缸内和阀室内活塞与阀之间的空间称为工作室。

当活塞自左向右移动时，工作室内的容积增大，形成低压。贮池内的液体被大气压力压进吸入管，顶开吸入阀而进入阀室和泵缸。而排出阀因受排出管中液体的压力而关闭。当活塞移到右端时，工作室的容积为最大，此时吸入的液体量也达到最大。此后活塞便开始向左

移动，液体受压，使吸入阀关闭，同时工作室内压力增高，排出阀被推开，液体进入排出管。活塞移到左端时，排液完毕，完成一个工作循环。此后活塞又向右移动，开始另一个工作循环。

往复泵即靠活塞在泵缸左右两端点间作往复运动而吸入和压出液体。活塞在两端点间移动的距离称为冲程。往复泵的流量取决于活塞截面积、冲程和冲数（每分钟往复次数）。

上述往复泵在活塞往复一次的过程中，吸液和排液各一次，交替进行，输送液体不连续，称为单动泵。若活塞左右两侧都装有阀室，则可使吸液与排液同时进行，采用这种结构的泵称为双动泵，可以基本上不间歇地吸排液，但仍不均匀，因活塞杆的运动不均匀。在工作室的顶部设置空气室，可改善排液的均匀性。

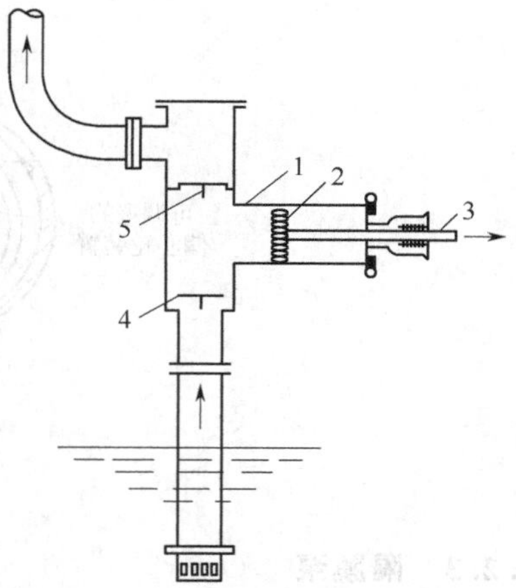

图 2-18　往复泵装置简图
1—泵缸；2—活塞；3—活塞杆；
4—吸入阀；5—排出阀

往复泵多用交流电动机带动，也可用蒸汽机直接带动。前者活塞往复次数和输送量较难改变；而蒸汽机带动的往复泵在蒸汽压力变化时，单位时间的活塞往复次数随之变化，从而改变输送量。

往复泵靠挤压作用压出液体，其压头原则上只受泵体强度和输入功率的限制。若泵出口关闭，便可在工作室内造成很大的压力。应注意压头太大会使电动机或传动机构超负荷而损坏；对蒸汽机或内燃机带动的泵，则会停止运转。

往复泵也和离心泵一样，借助贮池液面上的大气压力来吸入液体，所以安装高度也有一定的限制。但是，往复泵内的低压，是靠工作室的扩张来造成的，所以在开动之前没有液体充满，亦能吸进液体，即有自吸作用。往复泵的与离心泵的另一个不同之处是，在冲程，冲数一定时，往复泵的流量为定值，而压头则随管路特性而变，因此其 H-Q 特性曲线近于垂直；当然，在压头较高时，泵内泄漏量也大一些，因而流量也会略为减小。

往复泵的效率一般都在 70% 以上，最高可超过 90%，它适用于需要高压头的液体输送。往复泵可用以输送黏度很大的液体，但不宜直接用于输送腐蚀性液体和有固体颗粒的悬浮液，因泵内阀门、活塞受腐蚀或被颗粒磨损、卡住，都会导致严重的泄漏（此时可考虑用下述隔膜泵）。

2.2.2　计量泵（比例泵）

化学工业中使用逐渐普遍的计量泵（比例泵）是往复泵的一种。有些反应器操作，要求送入的液体量十分准确而又便于调整，有时又要求两种或两种以上的液体按严格的流量比例送入，于是利用往复泵流量为固定的特点，发展出了计量泵，它们多数是小流量的。

如图 2-19 所示的是计量泵的一种形式。它是一个活柱泵，用轴向长度大的活柱代替活塞，由转速稳定的电动机通过偏心动轮来带动。偏心轮的偏心程度可以调整，于是活塞的冲程也就跟着改变。在活柱单位时间内往复次数不变的情况下，流量与冲程成正比，所以它是通过冲程的变化而成比例地改变流量。

若用一个电动机同时带动两个或更多的计量泵，便不但可达到每股流体的流量固定，并能达到各股流体流量的比例也固定。

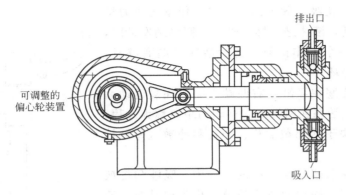

图 2-19　计量泵结构示意图

2.2.3　隔膜泵

隔膜泵专用于输送腐蚀性液体或含有悬浮物的液体。它的特点是用弹性薄膜（橡胶，皮革或塑料制成）将泵分隔成不联通的两部分，如图 2-20 所示，被输送的液体位于隔膜一侧，活柱在另一侧，彼此不相接触，使活柱避免受腐蚀或被磨损。活柱的往复运动通过介质（油或水）传递到隔膜上，隔膜随着作往复运动，使另一侧的被输送液体经球形活门吸入或排出。泵内与腐蚀性液体或悬浮物接触的惟一活动部件是活门，它易于设计成不受这种液体所侵害。隔膜可以用活柱或活塞带动，也可以用压缩空气来带动。

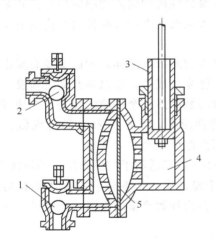

图 2-20　隔膜泵结构示意图
1—吸入活门；2—压出活门；3—活柱；
4—水（或油）缸；5—隔膜

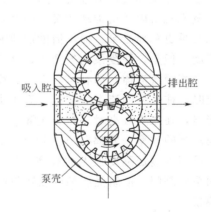

图 2-21　齿轮泵

2.2.4　齿轮泵

齿轮泵属于转动式容积泵，其构造如图 2-21 所示，泵壳内有两个齿轮，一个用电动机带动旋转，另一个被啮合着旋向相反地转动。啮合处形成密封，齿间空间的液体因齿轮转动由吸入腔到达排出腔。并形成排出液体所需的压力，出口压力可略高于 1 MPa。

与离心泵相比，齿轮泵的压头较高而流量较小，可用于输送黏稠液体以至膏状物料，但不能用于输送含有固体颗粒的悬浮液。它又常用作辅助设备，例如往离心油泵的填料函灌注封油。

2.2.5 螺杆泵

螺杆泵也属旋转泵，内有一个或一个以上的螺杆，螺杆在有内螺旋的壳内转动，使液体沿轴向推进，挤压到排出口。如图 2-22 所示为双螺杆泵，一个螺杆转动时，带动另一个螺杆，螺纹互相啮合，形成密封，液体从螺杆两端在啮合室内沿杆轴前进，被挤向中央排出。此外还有多螺杆泵，其转速大，螺杆长，因而可达到很高的出口压力。若在单螺杆泵的壳室内衬硬橡胶，可用以输送送带颗粒的悬浮液，输出压力在 1 MPa 以内；三螺杆泵的输出压力可达到 100 MPa。螺杆泵效率高，噪声小，适于在高压下输送黏稠性液体。

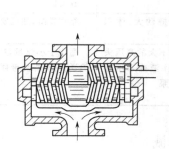

图 2-22 双螺杆泵

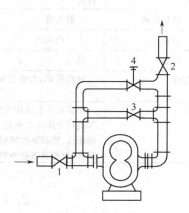

图 2-23 容积式泵流量调节管路

1, 2, 3—阀门；4—安全阀

2.2.6 容积式泵的流量调节

容积式泵只要活塞以一定往复次数运动，或转子以一定转速旋转（应用广泛的电动泵就是如此），就要排出一定体积流量的液体。故关小出口阀，并不能调节流量而是使泵内压力升高（但泄漏因而稍有增加），若关死出口阀，势必造成事故。因此，正位移泵的流量调节，不能像离心泵一样采用启闭出口阀的方法进行，必须在排出管上安装支路，用支路阀调节。图 2-23 表示支路的安装方式。液体经排出管路上的阀 2 排出，并有一部分经支路阀 3 流回吸入管路。从排出管路送出的流量同时由 2、3 两阀来调节。在泵运转过程中，这两个阀至少有一个是开启的，以保证由泵送出的液体有出路。4 为安全阀，若出口压力超过一定限度，即自动开启，泄回一部分液体，以使泵、管路和电动机不致超负荷。

2.3　各类泵在生产中的应用

随着生产和科学技术的发展，泵的类型和性能在日益发展。离心泵在工业生产中是应用最广的一种泵。往复泵易于获得高压头而较难获得大流量。

离心泵是应首先考虑采用的一种泵。但其他种类泵所具有的特殊性能在满足生产上某些要求时仍有其独到之处，在一定场合还是需要采用的。因此，应考虑各种泵的不同特性和适宜的使用范围（见表 2-1），根据生产要求具体分析，选择适当种类和类型的泵。

表 2-1　几种泵的不同特性和适宜的使用范围

泵 的 类 型		离 心 泵	往 复 泵	旋 转 泵
流量	均匀性	均匀	不均匀或不很均匀	尚可
	恒定性	随管路特性而变	恒定	恒定
	范围	广,易达大流量	较小流量	小流量
压头大小		多级才能达高压头	高压头	较高压头
效率		稍低,愈偏离额定值愈小	高	较高
操作	流量调节	小幅度调节可用出口阀,很简便,大泵为节能宜调节转速	小幅度调节可用旁路阀,大幅度可调节冲数(转速)、冲程等	用旁路阀调节
	自吸作用	一般没有	有	有
	启动	出口阀关闭	出口阀全开	出口阀全开
	维修	简便	麻烦	较简便
结构与造价		结构简单,造价低廉	结构复杂,振动大,体积大,造价高	结构紧凑,加工要求较高
适用范围		流量和压头适用范围广,尤其适用于压头不很高、流量大的输送;除高黏度物料不太合适外,可输送各种物料	适用于流量不大的高压头输送;输送悬浮液要采用特殊结构的隔膜泵	适用于小流量较高压头的输送;对高黏度液体较适合

2.4　气体输送机械

气体输送与压缩机械在生产中应用广泛,主要在下列几方面。

① 气体输送。为了克服管路的阻力损失,需要提高气体的压力;纯粹为了输送目的所需的压力一般不大,但若输送量很大,则需要的动力却往往相当大。气体输送要用通风机或鼓风机。

② 产生高压气体。有些化学反应要在一定压力以至很高的压力下进行,例如石油产品加氢,氨、尿素、甲醇的合成,乙烯的本体聚合等,也有些过程需对空气或气体进行压缩,例如制冷,气体的液化与分离。

③ 产生真空。某些化学反应或如蒸馏、蒸发、干燥等过程有时要在减压下进行,于是要用真空泵从设备中抽气以产生真空。

气体输送机械可按其终压(出口表压)或压缩比(气体加压后与加压前的绝压之比)分为四类。

(1) 通风机　终压不大于 15 kPa。

(2) 鼓风机　终压为 15～300 kPa,压缩比小于 4。

(3) 压缩机　终压在 300 kPa 以上,压缩比大于 4。

(4) 真空泵　在容器或设备内造成真空,终压为大气压,压缩比范围大,根据所需的真空度而定。

气体输送机械的基本形式及其工作原理,与液体输送机械类似,亦有离心式、往复式和旋转式等类型。但因气体与液体在性质上的不同,二者在结构上又有许多差异。气体在一般的操作压力之下,其密度远比液体为小,故气体压送机械的运转速度常较高,其中的活动部分如活门、转子等比较轻巧;气体的黏度较低,泄漏的可能性较大,故加工要求精密,各部件之间的缝隙要留得很小。此外,气体在压缩过程中所接受的能量有一部分转变为热,使气体温度明显升高,故一般都设置冷却器。

2.4.1 离心式风机

离心式通风机、鼓风机、压缩机的操作原理和离心泵相类似,依靠叶轮的旋转运动产生离心力以提高气体的压力。通风机通常为单级,鼓风机有单级亦有多级,压缩机都则是多级的。

2.4.1.1 离心通风机的结构

离心通风机按出口气体压力的不同,又分为低压（1 kPa 以下）、中压（1~3 kPa）与高压（3~15 kPa）三种。

离心通风机的结构和单级离心泵有相似之处,它的机壳也是蜗壳形,但壳内逐渐扩大的气体通道及出口的截面常不为圆形而为矩形,因其加工方便又可直接与矩形截面的气体管道连接。通风机叶轮上叶片数目比较多,叶片比较短。叶片有平直的,有后弯的,亦有前弯的。通风机在不追求高效率时,用前弯叶片以利于减小叶轮及风机的直径。如图 2-24 所示为离心通风机的简图,如图 2-25 所示为低压离心通风机所用的平叶片叶轮。

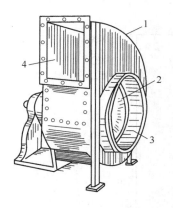

图 2-24 离心通风机的简图
1—机壳;2—叶轮;3—吸入口;
4—排出口

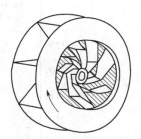

图 2-25 低压离心通风机的叶轮

2.4.1.2 离心通风机的性能参数与特性曲线

离心通风机的性能参数与离心泵大同小异,包括下列几项。

（1）风量 风量 Q 是气体通过进风口的体积流率,单位为 $m^3 \cdot s^{-1}$ 或 $m^3 \cdot h^{-1}$,气体的体积按进口状况计。

（2）风压 风压指单位体积的气体流过风机时所获得的能量,单位为 $J \cdot m^{-3}$ 或 $N \cdot m^{-2}$ 或 Pa,与压力单位相同,故称为风压。由于气体流过风机的压力变化较小,其中气体可视为不可压缩流体,以 $1~m^3$ 气体为计算基准对进出风机截面（分别以下标 1,2 表示）作能量衡算,可得风机的全风压（简称全压）,以 p_T 表示,为

$$p_T = \rho g H = \rho g H_\infty - \rho g \sum h_{f(1-2)} = (p_2 - p_1) + \frac{\rho(u_2^2 - u_1^2)}{2} \tag{2-22}$$

对本情况忽略位能差 $\rho g(z_2 - z_1)$,当气体直接由大气进入风机,u_1 接近于零（将截面 1 取在离进口稍有些距离之处）,并将 $\rho g \sum h_{f(1-2)}$ 计入风机效率中,则上式简化为

$$p_T = (p_2 - p_1) + \rho u_2^2 / 2 = p_s + p_K \tag{2-23}$$

可见，全压由两部分组成，其中（$p_2 - p_1$）称为静风压 p_s；$\rho u_2^2 / 2$ 称为动风压 p_K。

由 $p_T = \rho g H$，知风压（全压）与被输送气体的密度成正比。风机性能图表上列出的风压，是按"标定状况"即 20 ℃ 及 101.3 kPa 下的空气密度 $\rho_0 = 1.2$ kg·m^{-3} 测定的，在选择风机时，需换算到标定状况下的全风压。

$$p_{T0} = p_T (\rho_0 / \rho) = p_T (1.2 / \rho) \qquad (2\text{-}24)$$

然后再根据 p_{T0} 去查性能图表。

（3）功率和效率　通风机轴功率的计算式为

$$N = Q \cdot p_T / 1\,000\eta \qquad (2\text{-}25)$$

式中　N——轴功率，kW；

Q，p_T——实际的风量（m^3·s^{-1}），全压（Pa）；

η——全压效率。

离心通风机在设计流量下的 η 范围约为 70%～90%。

（4）特性曲线　与离心泵一样，离心通风机的性能参数也可用特性曲线表示。如图2-26所示为典型的通风机特性曲线。它表明风机在某一转速之下全压 p_T、轴功率 N、全压效率 η 三者与风量 Q 的关系，风压的单位为 mmH$_2$O。

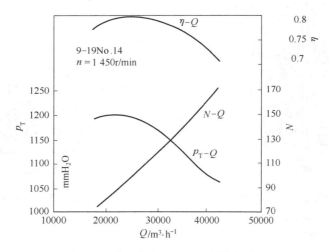

图 2-26　典型的离心通风机的特性曲线

（1 mmH$_2$O = 9.806 65 Pa）

2.4.1.3　离心通风机的选用

选用通风机时，首先根据所输送的气体的性质、种类（如清洁空气、易燃气体、腐蚀性气体、含尘气体、高温气体等）与风压范围，确定风机类型，然后根据所要求的风量与全压，从产品样本或目录中的特性曲线或性能表中可查得适宜的类型及机号。

中国出产的离心通风机，常用的有 4-73（4-72）型，9-19 型和 9-26 型等。前一型属于中低压通风机，后两型属于高压通风机。一个型号之内有各种不同的尺寸，对此再加一机号以作区别，例如 9-19No.14。机号中的数字代表叶轮直径 mm 数的 1/100。

例 2-5　要向曝气池底部输送空气。空气进风机时的温度按 30 ℃计，所需风量为 18 000 m^3·h^{-1}。已估计出：气压计读数 760 mmHg，曝气池底部压力 960 mmH$_2$O，风机出口至曝气池底部的压力损失（包括出口接输气管的渐扩管、输气管本身、至池底的局部损失等）100 mmH$_2$O，风机出口处的动压 120 mmH$_2$O，其在渐扩管中转换成静压的部分为 60%。

选用合适的风机，计算所需功率。

解 先列出选用所根据的参数。

风量按通过进风口的体积流率计

$$Q = 18\ 000\ \text{m}^3 \cdot \text{h}^{-1}$$

全压的计算如下

风机出口处具有的动压 = 120 mmH₂O

风机出口处所需的静压 = 960−120×60%+100 = 988 mmH₂O

风机出口处所需的全压 = 988+120 = 1 108 mmH₂O

因风机入口前的全压为零，故所需的风机全压 p_T 即为 1 108 mmH₂O

此一全压要换算到"标定状况"下的数值。

由式（2-24）得 $p_{T0} = p_T(\rho_0/\rho) = p_T(T/T_0) = 1\ 108(303/293) = 1\ 146$ mmH₂O。可知应根据流量为 18 000 m³·h⁻¹，风压为 1 146 mmH₂O 来选用风机。现所需的全压在 300～1 500 mmH₂O 范围内，需采用高压离心通风机。从附录表 18 查得型号为 9-19No.14 的通风机符合要求，其性能如下：转数 1 450 r·min⁻¹，风量 18 000 m³·h⁻¹ 时，全压 1 190 mmH₂O。此风机的特性曲线如图 2-26 所示。从图中可查出所要求操作点（Q = 18 000 m³·h⁻¹）处的全压效率 η = 77.5%。

计算输送所需要的功率时，需按实际风量与实际风压：当流量为 18 000 m³·h⁻¹ 时，输送"20 ℃及 101.3 kPa 下"空气的全压为 1 190 mmH₂O，现输送 30 ℃的空气，其全压应为

$$p_T = \frac{1\ 190}{\dfrac{303}{293}} = 1\ 151\ \text{mmH}_2\text{O}$$

故所需轴功率［按式（2-25）］

$$N = \frac{18\ 000}{3\ 600} \frac{1\ 151 \times 9.81}{1\ 000 \times 0.775} = 72.9\ \text{kW}$$

可选用装机容量为 75 kW 的电动机。

本题风压略高于所需，但在一个风机与其标准特性曲线可能发生的偏差范围内。若风压高出所需较多而风量又不允许增大，可在管道上加一调节风门。

2.4.1.4 离心鼓风机和压缩机

离心鼓风机的外形与离心泵相像，蜗壳形通道的截面亦为圆形（如图 2-27 所示），但鼓风机的外壳直径与宽度之比较离心泵大，叶轮上叶片的数目较多，以适应大的流量；转速亦较高，因为气体密度小，必须如此才能达到较大的风压。离心泵中不一定有固定的导轮（扩散圈），但鼓风机中却是不可少的，以保证较高的效率。单级离心鼓风机的出口表压多在 30 kPa 以内，多级离心鼓风机，可到 300 kPa。

为达到更高的出口压力，要用离心压缩机。它的特点是转速高（一般都在 5 000 r·min⁻¹ 以上），故能产生高达 1 MPa 以上的出口压力。由于压缩比高，压缩机都分成几段，段与段之间设有中间冷却器，以使升温后的压缩气体降温。每段包括若干级；因气体体积缩小很多，叶轮直径逐段缩小，叶轮宽度也逐级略有缩小。如图 2-28

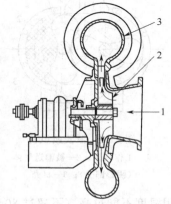

图 2-27　单级离心鼓风机
1—进口；2—叶轮；3—蜗壳

所示的离心压缩机分成三段，每段两级。气体在第一段内经两次压缩后，从蜗形壳引到压缩机外的中间冷却器（图中未绘出）冷却，再吸到第二段进行压缩，又同样引出进行冷却，吸到第三段进行压缩，最后从第 3 段末的第 6 级排出。

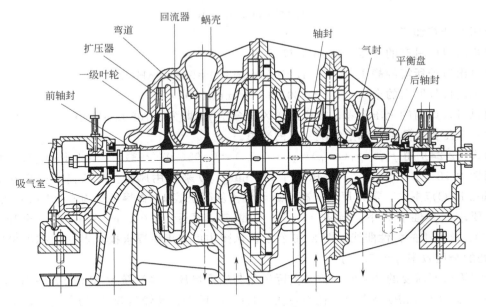

图 2-28　多级离心压缩机

与往复压缩机（见后）相比，离心压缩机有下列优点：体积与质量都较小而流量很大，供气均匀、运转平稳、易损部件少、维护方便。因此，除非压力要求很高，离心压缩机已有取代往复压缩机的趋势。而且，由于化工与石油化工生产的需要，离心压缩机已发展成为非常大型的设备，流量达每小时几十万立方米，压力达几十兆帕。

2.4.2　罗茨鼓风机

罗茨鼓风机的作用原理与齿轮泵类似。如图 2-29 所示，机壳内有两个渐开摆线形的转

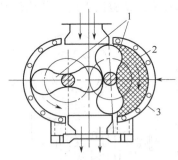

图 2-29　罗茨鼓风机
1—工作转子；2—被输送气体
（阴影部分）；3—机壳

子，两转子的旋转方向相反，两转子之间、转子与机壳之间缝隙很小，使转子既能自由运动又无过多的泄漏。可使气体从机壳一侧吸入，从另一侧排出。若改变两转子的旋转方向，则吸入口和排出口互换。

罗茨鼓风机的风量和转速成正比，在转速一定时，当出口压力提高（一定限度内），风量仍可保持大体不变，故又名定容式鼓风机（与正排量泵相当）。这一类鼓风机输送能力的范围为 $2\sim500\ m^3\cdot min^{-1}$，出口压力达 $80\ kPa$，但在 $40\ kPa$ 附近效率较高。

罗茨鼓风机的出口应安装气体缓冲罐，并装置安全阀。流量调节一般可用支路，而不是用出口阀。这类鼓风机的使用温度不能过高（不超过 $80\sim85\ ℃$），否则引起转子受热膨胀而轧死。

2.4.3　往复式压缩机

往复压缩机的工作原理和基本结构与往复泵相似。但因为气体的密度小、可压缩，故压缩机的吸入和排出活门必须更加灵巧精密；为移除压缩放出的热量以降低气体的温度，必须附设

冷却装置等。如图 2-30 所示为单动往复式压缩机的工作过程。当活塞运动至气缸的最左端（图中点 A），压出行程结束。但因为活塞与气缸顶端间必须留出少许间隙（以免碰撞），故此时气缸左侧还有余隙容积。由于余隙的存在，吸入行程开始阶段为余隙内压力 p_2 的高压气体膨胀过程，直至气压降至稍低于吸入气压 p_1（图中点 B）吸入活门才开启，压力为 p_1 的气体被吸入缸内。在整个吸气过程中，压力 p_1 基本保持不变，直至活塞移至最右端（图中点 C），吸入行程结束。当压缩行程开始，吸入活门关闭，缸内气体被压缩。当缸内气体的压力增大至稍高于 p_2（图中点 D），排出活门开启；气体从缸体排出，直至活塞移至最左端，排出过程结束。由此可见，压缩机的一个工作循环是由膨胀、吸入、压缩和排出四个阶段组成的。四边形 ABCD 所包围的面积，为活塞在一个工作循环中对气体所做的功。

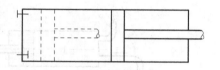

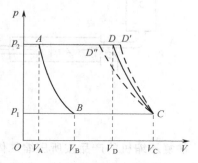

图 2-30　单动往复压缩机的工作原理

根据气体和外界的换热情况，压缩过程可分为等温（CD''）、绝热（CD'）和多变（CD）三种情况。其中等温压缩消耗的功最小，因此压缩过程中希望能较好冷却，使其接近等温压缩。实际上，等温和绝热条件都很难做到，所以压缩过程一般是介于两者之间的多变过程。如不考虑余隙的影响，则多变压缩后的气体温度 T_2 和一个工作循环所消耗的外功 W 分别为

$$T_2 = T_1 \left(\frac{p_2}{p_1} \right)^{\frac{k-1}{k}} \tag{2-26}$$

$$W = p_1 V_C \frac{k}{k-1} \left[\left(\frac{p_2}{p_1} \right)^{\frac{k-1}{k}} - 1 \right] \tag{2-27}$$

式中，k 称为多变指数，为一实验常数；V_C 为吸入气体的体积。

以上两式说明，影响排气温度 T_2 和压缩功 W 的主要因素如下。

① 压缩比越大，T_2 和 W 也越大；

② 压缩功 W 与吸入气体的体积和压力（即式中的 $p_1 V_C$）成正比；

③ 多变指数 k 越大则 T_2 和 W 也越大。

k 值受压缩过程的换热情况的影响，热量及时全部移除，成为等温过程，相当于 $k=1$；完全没有热交换，则为绝热过程，$k=\gamma$（γ 为绝热指数）；部分换热则 $1<k<\gamma$。值得注意的是 γ 大的气体 k 也较大。空气、氢气等 $\gamma=1.4$，而石油气则 $\gamma=1.2$ 左右，因此在石油气压缩机用空气试车或用氮气置换石油气时，必须注意超负荷及超温问题。

压缩机在工作时，余隙内气体无益地进行着压缩膨胀循环，使吸入气量减少。余隙的这一影响在压缩比 p_2/p_1 越大时越显著。当压缩比增大至某一极限值时，活塞扫过的全部容积恰好使余隙内的气体由 p_2 膨胀至 p_1，此时压缩机已不能吸入气体，即打气量（工业习语）为零。这是压缩机的极限压缩比。此外，压缩比增高，气体温升很高，甚至可能导致润滑油变质，机件损坏。因此，当生产过程的压缩比大于 8 时，尽管离压缩极限尚远，也应采用多级压缩。

如图 2-31 所示为两级压缩机示意图。在第一级中气体沿多变线 ab 被压缩至中间压力 p，以后进入中间冷却器等压冷却到原始温度，体积缩小，图中以 bc 线表示；第二级压缩以 cd 线表示。这样，由一级压缩变为两级压缩后，其总的压缩过程较接近于等温压缩，所节省的功为

阴影面积 $bcdd'$ 所代表。在多级压缩中，每级压缩比减小，余隙的不良影响随之减弱。

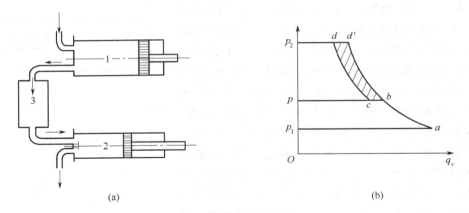

(a)　　　　　　　　　　　　　　　　　(b)

图 2-31　两级压缩机

往复压缩机的产品按所压缩气体的种类有多种，除空气压缩机外，还有氨气压缩机、氢气压缩机、石油气压缩机等，以适应不同气体的特殊需要。

往复式压缩机的选用主要依据生产能力（吸入气量）和排出压力（或压缩比）两个指标。生产能力常用 $m^3 \cdot min^{-1}$ 表示。在实际选用时，首先根据所输送气体的性质，决定压缩机的类型，然后再根据生产能力和排出压强，从产品样本中选用适用的压缩机。与往复泵一样，往复式压缩机的排气量也是脉动的。为使管路内流量稳定，压缩机出口应连接贮气罐。贮气罐兼起沉降器作用，气体中夹带的油沫和水沫在贮气罐中沉降，定期排放。压缩机的吸入口需装过滤器，以免吸入灰尘杂物，造成机件的磨损。为安全起见，贮气罐要安装压力表和安全阀。

例 2-6　某工序需将 20 ℃、0.1 MPa（绝）的原料气压缩至 1 MPa（绝），入口气体流量为 $1\ m^3 \cdot s^{-1}$。压缩过程的多变指数 $k=1.25$，试求下列两种情况下的出口温度 T_2 和所需消耗的功率。

（a）一级压缩，压缩比为 10；

（b）二级压缩，气体在离开第一级后被冷却至 20 ℃再进入第二级，每级的压缩比均为 $\sqrt{10}$。

解　（a）由式（2-26）、式（2-27）得

$$T_2 = T_1 \left(\frac{p_2}{p_1}\right)^{\frac{k-1}{k}} = 293 \times 10^{\frac{1.25-1}{1.25}} = 464\ K(191\ ℃)$$

$$N = p_1 Q \frac{k}{k-1} \left[\left(\frac{p_2}{p_1}\right)^{\frac{k-1}{k}} - 1\right] = 10^5 \times 1 \times \frac{1.25}{1.25-1} \times \left[10^{\frac{1.25-1}{1.25}} - 1\right] = 2.92 \times 10^5\ W$$

（b）因两级入口温度、气体质量流量、压缩比相同，故出口温度和功率

$$T_2 = T_1 \left(\frac{p_2}{p_1}\right)^{\frac{k-1}{k}} = 293 \times \sqrt{10}^{\frac{1.25-1}{1.25}} = 369\ K(96\ ℃)$$

$$N = N_1 + N_2 = 2 p_1 q_{V1} \frac{k}{k-1} \left[\left(\frac{p_2}{p_1}\right)^{\frac{k-1}{k}} - 1\right] = 2 \times 10^5 \times 1 \times \frac{1.25}{1.25-1} \times \left[\sqrt{10}^{\frac{1.25-1}{1.25}} - 1\right] = 2.59 \times 10^5\ W$$

比较计算结果可知，多级压缩可以降低气体出口温度和功率消耗。

2.4.4　真空泵

从真空容器中抽气，加压后排向大气的压缩机即为真空泵。若将前述任一种压缩机的进

气口与设备接通，即成为从设备抽气的真空泵。然而，专为产生真空用的设备在设计时必须考虑到吸入的气体密度小以及压缩比高的特点。吸入的气体密度小要求真空泵的体积足够大，压缩比高则余隙影响大。真空泵内气体的压缩过程基本上是等温的，因为抽气的质量速率小，相形之下设备便很大，足以使散热充分。

真空泵的主要性能参数如下。

① 极限剩余压力。这是真空泵所能达到的最低绝压。

② 抽气速率，这是单位时间内真空泵在剩余压力下所吸入的气体体积，亦即真空泵的生产能力，以 $m^3 \cdot h^{-1}$ 表示。

真空泵的选用主要根据这两个指标。

2.4.4.1 往复真空泵

往复真空泵的构造与往复压缩机类似，只是真空泵在低压下操作，气缸内外压差不大，所用的阀门更为轻巧；所达到的真空度较高时，压缩比很大，故余隙必须很小。为了降低余隙的影响，还在气缸左右两端之间设有平衡气道，活塞排气阶段终了，平衡气道连通一很短时间，残留于余隙中的气体可从活塞一侧流到另一侧，于是其压力降低。往复真空泵有干式与湿式之分。干式只抽吸气体，可以达到 96%～99.9% 的真空度；湿式能同时抽吸气体与液体，但只能达到 80%～85% 的真空度。

2.4.4.2 水环真空泵

水环真空泵的外壳呈圆形，其中有一叶轮偏心安装，如图 2-32 所示。水环真空泵工作时，泵内注入一定量的水，当叶轮旋转时，由于离心力的作用，将水甩至壳壁形成水环。此水环具有密封作用，使叶片间的空隙形成许多大小不同的密封室。由于叶轮的旋转运动，图中泵右半的密封室由小变大形成真空，将气体从吸入口吸入；继而密封室在泵的左半由大变小，气体由压出口排出。水环真空泵在吸气中可允许夹带少量液体，属于湿式真空泵，结构简单紧凑，最高真空度达85%。水环真空泵运转时，要不断地充水以维持泵内液封，同时也起冷却的作用。水环式真空泵也可作为鼓风机用，所产生的风压（表压）有限，通常不超过 100 kPa。

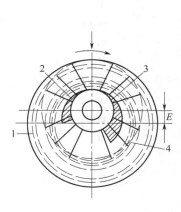

图 2-32　水环真空泵

1—水环；2—排气口；3—吸入口；4—转子

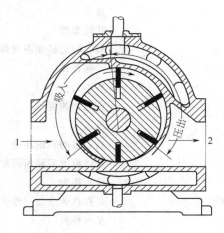

图 2-33　滑片真空泵

1—吸入口；2—排出口

2.4.4.3　旋转真空泵

典型的旋转真空泵为滑片真空泵，如图 2-33 所示，泵壳内装一偏心的转子，转子上有若干槽，槽内有可以滑动的片。转子转动时槽内的滑片向四周伸出，与泵壳的内周密切接触。气体于滑片与泵壳所包围的空间扩大的一侧吸入，于二者所包围的空间缩小的另一侧排出。滑片真空泵所产生的低压可接近 1 Pa。

2.4.4.4 喷射泵

　　喷射泵利用流体流动时的能量转变以达输送的目的，它可输送液体，亦可输送气体。在生产过程中，常用以抽真空，此时称喷射真空泵。喷射泵的工作流体可为水，亦可为水蒸气。如图 2-34 所示为一水蒸气喷射泵。工作水蒸气在喷嘴中由高压转换成高速喷出，将低压气体或蒸气带进高速流体中。吸入的气体与水蒸气相混并进入扩散管 5，速度逐渐降低，静压力因而升高，而后从压出口排出。喷射泵的特点是构造简单、紧凑，没有活动部分，但是机械效率很低，工作蒸汽消耗量大，因此不作一般的输送用，但在产生较高真空时却比较经济。单级水蒸气喷射泵可以产生绝压约 13 kPa 的余压。若要得到更高的真空，可采用多级喷射泵。若为 5 级，绝压可低至 7 Pa。

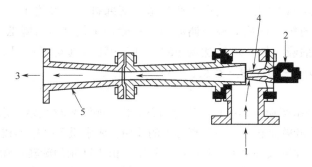

图 2-34　水蒸气喷射泵

1—气体吸入口；2—蒸汽入口；3—排出口；4—喷嘴；5—扩散管

本章符号说明

符号	意义	计量单位
b	叶轮宽度	m
c	离心输送机械内液体流动的绝对速度	$m \cdot s^{-1}$
D	叶轮直径	m
F_c	离心力	N
g	重力加速度	$m \cdot s^{-2}$
H	压头	m
H_∞	离心泵的理论压头	m
h_e	流体流过管路所需的压头	m
h_f	压头损失	m
$(NPSH)_r$	必需汽蚀余量（净正吸上高度）	m
k	多变指数	
L	长度	m
l_e	当量长度	m
m	质量	kg
N	轴功率	W 或 kW
N_e	有效功率	W 或 kW

n	转速	s^{-1}
p	压力	Pa
p_a	大气压	Pa
p_s	液面上的压力	Pa
p_1	泵入口处的压力	Pa
p_{st}	风机的静压	Pa
p_T	风机的全压	Pa
p_v	蒸气压	Pa
Q	泵的流量	$m^3 \cdot s^{-1}$ 或 $m^3 \cdot h^{-1}$
r	半径	m
T	热力学温度	K
V	体积	m^3
z	高度	m
z_s	泵的安装高度	m
α	绝对速度和圆周速度夹角	rad
β	相对速度和圆周速度夹角	rad
ρ	密度	$kg \cdot m^{-3}$
η	效率	
ω	角速度	$rad \cdot s^{-1}$

 习题

2-1 启动离心泵前及停泵前应做哪些工作？

2-2 启动离心泵前为什么要灌泵？

2-3 若离心泵的实际安装高度大于允许安装高度会发生什么现象？往复泵的安装高度受到什么限制？

2-4 启动往复泵时是否需要灌泵？

2-5 启动往复泵时能否关闭出口阀门？

2-6 往复泵的流量调节采用何种方式？

2-7 在离心泵性能测定试验中，以泵吸入口处真空度为 220 mmHg，以孔板流量计及 U 形压差计测流量，孔板的孔径为 35 mm，采用汞为指示液，压差计读数 $R=850$ mm，孔流系数 $C_0=0.63$，测得轴功率为 1.92 kW，已知泵的进、出口截面间的垂直高度差为 0.2 m。求泵的效率 η。

2-8 IS65-40-200 型离心泵在 $n=1\,450$ r/min 时的"扬程-流量"数据如下：

$Q/m^3 \cdot h^{-1}$	7.5	12.5	15
H_e/m	13.2	12.5	11.8

用该泵将低位槽的水输至高位槽。输水管终端高于高位槽水面。已知低位槽水面与输水管终端的垂直高度差为 4.0 m，管长 80 m（包括局部阻力的当量管长），输水管内径 40 mm，摩擦系数 $\lambda=0.02$。试用作图法求工作点流量。

2-9 IS65-40-200 型离心泵在 $n=1\,450$ r·min^{-1} 时的"扬程-流量"曲线可近似用如下数学式表达：$H_e=13.67-8.30\times10^{-3}Q^2$，式中 H_e 为扬程，m，Q 为流量，m$^3 \cdot$ h^{-1}。试按第 2-8 题的条件用计算法算出工作点的流量。

2-10 某离心泵的允许汽蚀余量为 3.5 m，今在海拔 1 000 m 的高原上使用。已知吸入管路的全部阻力损失为 3 J·N^{-1}。今拟将该泵装在水源之上 3 m 处，试问此泵能否正常操作？该地大气压为 90 kPa，夏季的水温为 20 ℃。

2-11 现需用习题 2-9 的泵输水。已知低位槽水面和输水管终端出水口皆通大气，二者垂直高度差为 8.0 m，管长 50 m（包括局部阻力的当量管长），管内径为 40 mm，摩擦系数可取 $\lambda=0.02$。要求水流量 15 m³·h⁻¹。试问：若采用单泵、二泵并联和二泵串联，何种方案能满足要求？略去出口动能。

2-12 有两台相同的离心泵，单泵性能为 $H_e=45-9.2\times10^5Q^2$，式中 H_e 的单位是 m，Q 的单位是 m³·s⁻¹。当两泵并联操作，可将 6.5×10^{-3} m³·s⁻¹ 的水从低位槽输至高位槽。两槽皆敞口，两槽水面垂直位差 13 m。输水管终端淹没于高位水槽水中。问：若二泵改为串联操作，水的流量为多少？

2-13 根据附录表 17，找出能满足 $Q_e=60$ m³/h、$H_e=18$ m 要求的输水泵，选出你认为最合适的型号，说明理由。并求该泵在实际运行时所需的轴功率和因采用阀门调节流量而多消耗的轴功率。

2-14 有下列输送任务，试分别提出合适的泵类型。

(a) 往空气压缩机的气缸中注润滑油。

(b) 输送番茄浓汁至装罐机。

(c) 输送带有结晶的饱和盐溶液至过滤机。

(d) 将水从水池送到冷却塔顶（塔高 30 m，水流量 5 000 m³·h⁻¹）。

(e) 将洗衣粉浆液送到喷雾干燥器的喷头中（喷头内压力 10 MPa，流量 5 m³·h⁻¹）。

(f) 配合 pH 控制器，将碱液按控制的流量加进参与化学反应的物流中。

2-15 要用通风机从喷雾干燥器中排气，并使器内维持 15 mmH₂O 的负压，以防粉尘泄漏到大气中。干燥器的气体出口至通风机的入口之间的管路及旋风除尘器的压降共为 155 mmH₂O。通风机出口的动压可取为 15 mmH₂O。干燥器所送出的湿空气密度为 1.0 kg·m⁻³。试计算风机的全风压（折算为"标定状况"后的数值）。

2-16 上题的喷雾干燥器每小时要排出 16 000 m³ 的湿空气。现有一台通风机可用，它的转速 $n=1\,000$ r·min⁻¹，操作性能如下：问此通风机是否能满足需要？如不合用，有无办法改造到能用？

序号	风量/m³·h⁻¹	全压/mmH₂O	轴功率/kW	序号	风量/m³·h⁻¹	全压/mmH₂O	轴功率/kW
1	11 200	98	3.63	5	16 600	88	4.38
2	12 000	97	3.78	6	18 000	81	4.48
3	13 900	95	3.96	7	19 300	74	4.6
4	15 300	92	4.25				

2-17 往复压缩机的活塞将 278 K，101.3 kPa（绝）的空气抽入气缸，压缩到 324 kPa 后排出。试求活塞对每 kg 空气所做的功。若将 1 kg 空气在一密闭的筒内用活塞自 101.3 kPa 压缩到 324 kPa，所需功是多少？两种情况下均按绝热压缩计。

2-18 30 ℃ 及 0.1 MPa 的空气要用往复压缩机压缩到 15 MPa，处理量为 3.5 m³·min⁻¹（以标定状况下的体积计）。问应采用几级压缩？若每级的绝热效率均为 85%，求所需轴功率。又求从第 1 级气缸送出的空气温度。

第3章　非均相物系的分离

工业生产中，需要对混合物进行分离的情况很多。例如，原料常要经过提纯或净化之后才符合加工要求；从反应器送出的反应产物多与尚未反应的物料及副产物混在一起，也要从其中分离出纯度合格的产品及将未反应的原料送回反应器或另行处理。生产中的废气、废液在排放以前，应将其中所含的有害物质尽量除去，以减轻环境污染，并尽可能将其变为有用之物（即"资源化"）。凡此种种，都要采用适当的分离方法与设备，并消耗一定的能量。显然，为了实现上述分离目的，必须根据混合物性质的不同而采用不同的方法。一般来说，混合物可分两大类，即均相混合物与非均相混合物。

非均相混合物包括：固体颗粒的混合物（颗粒间为气相分隔），由固体颗粒与液体构成的悬浮液，由不互溶液体构成的乳浊液，由固体颗粒（或液滴）与气体构成的含尘气体（或含雾气体）等。这类混合物的特点是体系内都包括一个以上的相，相界面两侧的物质性质不同。分离这类混合物一般采用机械方法即可达到。例如，由大小不等的颗粒构成的混合物可用筛来分开；悬浮液可以用过滤方法分离成液体与固体渣两部分；气体中所含的灰尘则可以利用重力、离心力或在电场中将其除去。

3.1　颗粒的特性

3.1.1　单个颗粒的性质

表示颗粒几何性质的参数有：大小（尺寸）、形状、表面积（或比表面积）。图 3-1 为不同形状颗粒的示意图。

3.1.1.1　形状规则的颗粒

（1）颗粒大小　用某一个或几个特征尺寸表示，如球形颗粒的大小用直径 d_s 表示。

（2）比表面积　单位体积颗粒所具有的表面积，其单位为 $m^2 \cdot m^{-3}$，对球形颗粒为

$$a_s = \frac{A_s}{V} = \frac{\pi d_s^2}{(1/6)\pi d_s^3} = \frac{6}{d_s} \tag{3-1}$$

3.1.1.2　形状不规则的颗粒

比表面积的定义同上，颗粒的形状及大小分别表示如下。

（1）颗粒的形状系数　用形状系数表示颗粒形状的某些特征，最常用的形状系数是球形度 ψ，它的定义式为

$$\psi = \frac{\text{体积与颗粒相等的球形颗粒的表面积}}{\text{颗粒的表面积}} = \frac{A_s}{A} \tag{3-2}$$

体积相同而形状不同的颗粒中，球形颗粒的表面积最小，所以对非球形颗粒而言，总有 $\psi < 1$；如正立方体有 $\psi = 0.805$。颗粒形状与球形相差越远，其值越小于 1；经粉碎的物料，ψ 值一般为 $0.6 \sim 0.7$。当然，对于球形颗粒，$\psi = 1$。

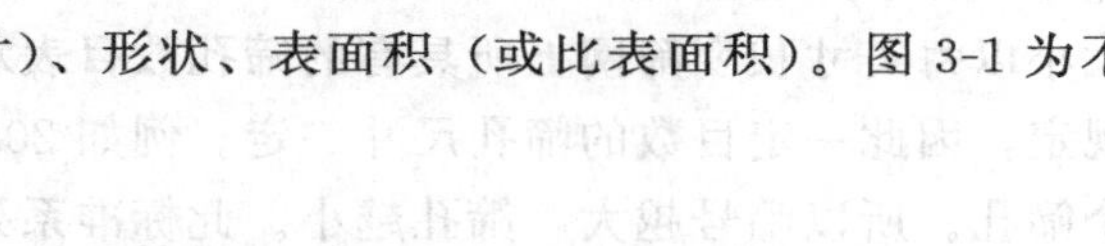

球形　　立方体　　柱体　　不规则

图 3-1　不同形状颗粒示意图

（2）颗粒的当量直径

① 体积当量直径 $d_{e,v}$。体积等于颗粒体积 V 的球形颗粒的直径，称为非球形颗粒的等体积当量直径

$$d_{e,v}=(6V/\pi)^{1/3} \tag{3-3}$$

② 比表面积当量直径 $d_{e,a}$。比表面积等于颗粒比表面积 a 的球形颗粒的直径，称为非球形颗粒的比表面积当量直径，根据式（3-1）有

$$d_{e,a}=6/a \tag{3-4}$$

根据前面的定义，以体积当量直径 $d_{e,v}$ 表示的非球形颗粒的表面积和比表面积分别为

$$A=\frac{A_s}{\psi}=\frac{\pi d_{e,v}^2}{\psi}, \quad a=\frac{A}{V}=\frac{\pi d_{e,v}^2/\psi}{(1/6)\pi d_{e,v}^3}=\frac{6}{\psi d_{e,v}}$$

则两个当量直径之间的关系

$$d_{e,a}=\psi d_{e,v} \tag{3-5}$$

所以颗粒的球形度也可以表示为

$$\psi=d_{e,a}/d_{e,v} \tag{3-6}$$

3.1.2 混合颗粒的特性参数

工业生产中常遇到流体通过大小不等的混合颗粒群的流动，此时常认为这些颗粒的形状一致，只考虑大小不同。常用筛分的方法测得粒度分布，再求其相应的平均特性参数。

3.1.2.1 颗粒的筛分尺寸

对于工业上常见的中等大小的混合颗粒，一般采用一套标准筛进行测量，这种方法称为筛分。标准筛有不同的系列（见附录 20），其中泰勒（Tyler）标准筛较为常用，其筛孔的大小以每英寸长度筛网上所具有的筛孔数目表示，称为目，每个筛的筛网金属丝的直径也有规定，因此一定目数的筛孔尺寸一定。例如 200 目的筛子即指长度为 1 英寸的筛网上有 200 个筛孔。所以筛号越大，筛孔越小。此标准系列中各相邻筛号（按从大到小的次序）的筛孔大小按筛孔的净宽度计以 $\sqrt{2}$ 的倍数递增，即筛孔面积按 2 的倍数递增。进行筛分分析时，将几个筛子按筛孔大小的次序从上到下叠置起来，筛孔尺寸最大的放在最上面，较小的依次放在下面，最底下放一无孔的底盘。将称量过的颗粒样品放在最上面的筛子上，有规则地摇动一定时间，较小的颗粒通过各个筛的筛孔依次往下落。显然，各筛网上的颗粒尺寸应介于其上一层筛孔与本层筛孔尺寸之间。称量各层筛网上的颗粒量，即得筛分分析的基本数据。筛析完成后，应检查各粒级的质量总和与取样量的差值（损失），其值不应超过 1%～2%，否则没有代表性，应重新取样筛析。将筛分所得结果在表或图上表示，可直观地表示出颗粒群的粒径分布。表 3-1 列出了某种混合颗粒的筛分分析结果，这是一种最直观的表示方法，其中 d_{pi} 表示停留在第 i 层筛网上的颗粒平均直径，其值可按 i 层筛孔直径 d_i 与上一层筛孔直径 d_{i-1} 的平均值计算，即

$$d_{pi}=\frac{d_i+d_{i-1}}{2} \tag{3-7}$$

或

$$d_{pi}=\sqrt{d_i d_{i-1}} \tag{3-8}$$

通常应用式（3-7）。

表 3-1　混合颗粒的筛分结果示例（泰勒筛）

序　号	筛　号	筛孔尺寸/mm	平均颗粒直径 d_{pi}/mm	筛网上颗粒量/g	筛网上颗粒的质量分数 w_i
1	10	1.651		0	0
2	14	1.168	1.41	20.0	0.04
3	20	0.833	1.001	20.0	0.08
4	28	0.589	0.711	80.0	0.16
5	35	0.417	0.503	130	0.26
6	48	0.295	0.356	110	0.22
7	65	0.208	0.252	60.0	0.12
8	100	0.147	0.178	30.0	0.06
9	150	0.104	0.126	15.0	0.03
10	200	0.074	0.089	10.0	0.02
11	270	0.053	0.064	5.0	0.01

当然，也可以用图来表示所测的结果。

3.1.2.2　颗粒群的平均特性参数

颗粒群的平均粒径有不同的表示法，但对于流体与颗粒之间的相对运动，主要涉及流体与颗粒表面间的相互作用，即颗粒的比表面积起重要作用，因此通常用比表面积当量直径来表示颗粒的平均直径（又称 Sauter 平均直径），则混合颗粒的平均比表面积 a_m 为

$$a_m = \sum x_i a_i = \sum x_i (6/d_{a_i}) \tag{3-9}$$

由此可得颗粒群的比表面积平均当量直径 d_{a_m} 为

$$d_{a_m} = 6/a_m = 1/\sum x_i (1/d_{a_i}) \tag{3-10}$$

式中　a_i——第 i 层筛网上颗粒的比表面积，$m^2 \cdot m^{-3}$；

$\quad\quad\ x_i$——第 i 层筛网上颗粒的质量分数；

$\quad\quad\ a_m$——混合颗粒的平均比表面积，$m^2 \cdot m^{-3}$；

$\quad\quad\ d_{a_i}$——混合颗粒中各种尺寸颗粒的等比表面积当量直径，m。

3.2　沉　　降

空气中的尘粒会受重力作用逐渐降落到地面，而从空气中分离出来，这种现象称为沉降；令含尘气体旋转，其中的尘粒因离心力作用而甩向四周，落在周壁上，这种现象也称为沉降。前一种是重力沉降，适用于分离较大的颗粒；后一种是离心沉降，可以分离较小的颗粒。在液体介质中的固粒或液滴也会发生沉降现象。

3.2.1　颗粒-流体间的阻力

颗粒在静止流体中以一定速度运动和流体以一定速度流过静止颗粒，都属于流体与固体之间的相对运动，其阻力的性质是相同的。所以，颗粒沉降时的阻力 F_D 可以采用与第一章中流体流动阻力相类似的公式来表示。令 ζ 为阻力系数，ρ 为流体密度，u_0 为沉降速度，即颗粒在静止流体中受到重力而沉降的速度，A 为颗粒在垂直于沉降方向的平面上的投影面积，对球形颗粒 $A = \pi d^2/4$，则阻力

$$F_D = \zeta \left(\frac{\pi d^2}{4} \right) \left(\frac{\rho u_0^2}{2} \right) \tag{3-11}$$

此式也称为牛顿阻力定律。阻力系数 ζ 反映颗粒运动时流体对颗粒的曳力，故又称曳力系数。用量纲分析法可以导出 ζ 是流体与颗粒相对运动时雷诺数 Re_0 的函数

$$\zeta = f(Re_0) \tag{3-12}$$

而

$$Re_0 = \frac{\rho d u_0}{\mu} \tag{3-13}$$

雷诺数中的 d 为球形颗粒的直径；对非球形颗粒，应取足以表征颗粒大小的长度，称为特征长度。

式（3-12）的具体关系，也和管内流动流体的阻力系数关系式一样，随流动状况而异。颗粒运动时所受的阻力由两部分构成，即表面阻力与形体阻力。图 3-2（a）中颗粒速度很小，流体呈层流与球形颗粒作相对运动，并在球的侧边绕过，在球表面所形成的边界层很薄，没有涡流出现，流体对球的曳力主要是黏性曳力即表面摩擦力。若速度增加，便发生边界层分离而出现漩涡［图 3-2(b)］，表面曳力的作用逐渐让位于形体曳力。开始时漩涡所形成的尾流几乎遮住球的整个后半部。若速度再增大，则流动从层流过渡到湍流；及至形成湍流边界层，则流体的速度必然很大，此时流体不易发生倒流，使分离点后移到球的背面，形成的尾流区域反而比以前小。

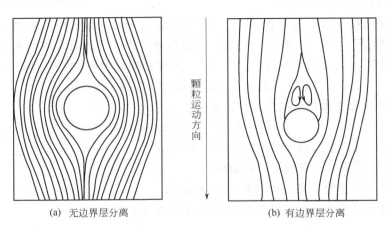

(a) 无边界层分离 　　　　　　 (b) 有边界层分离

图 3-2　球在流体中运动时所引起的流体质点运动路线

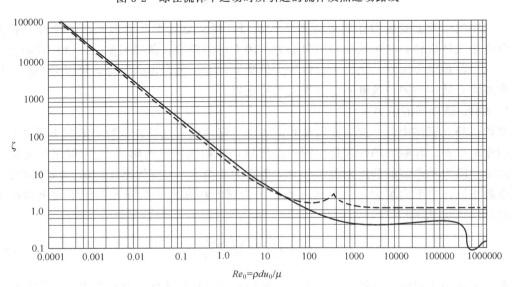

图 3-3　颗粒沉降的阻力系数与雷诺数关系

76

根据球形颗粒的实验结果，阻力系数与雷诺数的关系如图 3-3 所示（图中虚线表示圆盘形的结果），其变化规律可以分成四段，用不同的公式表示。第一段的表达式是准确的，其他几段的公式则是近似的。

① 流动为层流，$Re_0 < 0.3$，下式称为斯托克斯（Stokes）定律，可近似用到 $Re_0 = 2$。

$$\zeta = \frac{24}{Re_0} \tag{3-14}$$

② 流动为过渡状态，$Re_0 = 2 \sim 500$，这一范围也称为阿仑（Allen）区

$$\zeta = \frac{18.5}{Re_0^{0.6}} \tag{3-15}$$

③ 流动为湍流，$Re_0 = 500 \sim 200\,000$，这一范围也称为牛顿区

$$\zeta = 0.44 \tag{3-16}$$

④ $Re_0 > 2 \times 10^5$ 后，ζ 骤然下降，在 $Re_0 = (3 \sim 10) \times 10^5$ 范围内可近似取

$$\zeta = 0.1 \tag{3-17}$$

雷诺数超过 2×10^5 的第 4 段在实际沉降过程中一般是达不到的。

3.2.2 重力沉降

3.2.2.1 沉降速度

重力场内，一个颗粒在静止的流体中降落时，共受到三个力：重力、浮力和阻力。重力与浮力之差是使颗粒发生沉降的作用力；阻力是流体介质阻碍运动的力，其作用方向与颗粒运动方向相反，即向上。沉降作用力减去阻力，使颗粒产生一加速度 a，令 m 为颗粒的质量，则有

$$（重力 - 浮力）- 阻力 = ma$$

对于给定的颗粒和流体，重力和浮力的大小都已确定，阻力则随降落的速度而变。初始时，颗粒的降落速度和所受阻力皆为零，颗粒因受力按上式加速下降。随降落速度的增加，阻力也相应增大，一直与沉降作用力相等，颗粒受力达到平衡，加速度也减到零。此后，颗粒即以等速下降，这一最终达到的速度称为沉降速度。

由上可知，单个颗粒在静止流体中的沉降过程可划分为两个阶段：第一阶段为加速运动，第二阶段为等速运动。但是，小颗粒的加速阶段极短，通常可以忽略，整个降落过程可以认为都在沉降速度下进行。

下面分析直径为 d 的球形颗粒的沉降速度。

颗粒所受重力等于它的体积（$\pi d^3/6$）、密度 ρ_s 和重力加速度 g 之积　　$(\pi/6)d^3\rho_s g$

颗粒所受浮力是它的体积乘以流体密度 ρ 与重力加速度之积　　$(\pi/6)d^3\rho g$

颗粒所受的阻力按式（3-11）有　$F_D = \zeta\left(\dfrac{\pi d^2}{4}\right)\left(\dfrac{\rho u_0^2}{2}\right)$

达到恒定的沉降速度时，阻力的大小应等于重力与浮力之差，于是

$$\zeta\left(\frac{\pi d^2}{4}\right)\left(\frac{\rho u_0^2}{2}\right) = \frac{\pi d^3}{6}(\rho_s - \rho)g$$

解得

$$u_0 = \sqrt{\frac{4d(\rho_s - \rho)g}{3\rho\zeta}} \tag{3-18}$$

此即为沉降速度的表达式。

对应于不同的 ζ，可以得到下列计算沉降速度的公式。

（1）相对运动为层流

$$u_0 = \frac{d^2(\rho_s - \rho)g}{18\mu} \tag{3-19}$$

（2）过渡状态

$$u_0 = 0.269 \sqrt{gd(\rho_s - \rho)Re_0^{0.6}/\rho} \tag{3-20}$$

或

$$u_0 = 0.153 \left[\frac{gd^{1.6}(\rho_s - \rho)}{\rho^{0.4}\mu^{0.6}} \right]^{0.714} = 0.781 \left[\frac{d^{1.6}(\rho_s - \rho)}{\rho^{0.4}\mu^{0.6}} \right]^{0.714} \tag{3-20a}$$

（3）湍流状态

$$u_0 = 1.74 \sqrt{gd(\rho_s - \rho)/\rho} \tag{3-21}$$

式（3-19）也称为斯托克斯定律。沉降过程中所涉及的颗粒直径 d 一般很小，Re_0 常在 0.3 以内，故此式很常用（可近似推广用于 $Re_0 \leqslant 2$）。

用图 3-3 的曲线求 ζ 再用式（3-18）计算 u_0 要先知道 Re_0；若直接用式（3-19）～式（3-21）中之一计算 u_0，也要根据 Re_0 来选定合用的一个。然而，由于 u_0 还是未知数，Re_0 自然不能预先算出。解决的办法如下。

一种方法是试差法：先假设沉降属于层流区，而用斯托克斯定律式（3-19）计算 u_0，然后将此 u_0 代入式（3-14）核算 Re_0，如 $Re_0 > 2$，便根据其大小改用相应的式（3-20）或式（3-21）另行计算 u_0，至确认所用的公式合适为止。

另一种方法是先求取一个不包含 u_0 的数群之值，然后再求得 u_0。由式（3-18）得

$$u_0^2 = \frac{4d(\rho_s - \rho)g}{3\rho\zeta}$$

又由沉降雷诺数的定义有 $Re_0^2 = \dfrac{\rho^2 d^2 u_0^2}{\mu^2}$

以上两式相乘，消去 u_0^2 可得

$$\zeta Re_0^2 = \frac{4d^3\rho(\rho_s - \rho)g}{3\mu^2} \tag{3-22}$$

令

$$Ar = \left(\frac{3}{4}\right)\zeta Re_0^2$$

称为阿基米德（Archimedes）数，则有

$$Ar = \frac{d^3\rho(\rho_s - \rho)g}{\mu^2} \tag{3-22a}$$

由于 ζ 是 Re_0 的函数，故 Ar 与 Re_0 也有对应的函数关系，通过实验发现，对球形颗粒的特征数关系可用下式表达

$$Re_0 = \frac{Ar}{18 + 0.6\sqrt{Ar}} \tag{3-23}$$

它能适用于 $Re_0 \leqslant 2 \times 10^5$ 的全部范围，而且因为是在式（3-19）～式（3-21）间圆滑过渡，可以比上述关系式准确。在计算 u_0 时，先从已知量用式（3-22a）算出 Ar，再用式（3-23）求得 Re_0，然后按式（3-13）由 Re_0 反算 u_0。

3.2.2.2 分级沉降

含有两种直径不同或密度不同的混合物，可以用沉降的方法加以分离。这种方法广泛应用于采矿工业中，借此可从矿渣中分离出有用矿石；在化学工业中，亦常用以将粗细不同的颗粒按大小分成几部分。

将沉降速度不同的两种颗粒倾倒于向上流动的水流中，若水的速度调节到在两者的沉降速度之间，则沉降速度较小的那部分颗粒便被漂走而分出。另一种方法是将悬浮于流体中的混合颗粒送入截面积很大的室中，流道扩大使流体线速度变小，悬浮液在室内经过一定时间后，其中的颗粒沉降到室底，沉降速度大的集于室的前部，沉降速度小的则集于室的后部。

若有密度不同的 a、b 两种颗粒采用分级沉降法分离，而两种颗粒的直径范围都很大，则密度大而直径小的颗粒与密度小而直径大的颗粒，可具有相同的沉降速度，使两者不能完全分离。要定出能达到完全分离的两种颗粒的直径比 d_b/d_a，可利用沉降速度的关系式。若沉降速度可按斯托克斯定律计算，则 a、b 两种颗粒达到相同的沉降速度时

$$\frac{d_a^2(\rho_a-\rho)g}{18\mu}=\frac{d_b^2(\rho_b-\rho)g}{18\mu}$$

故

$$\frac{d_b}{d_a}=\left(\frac{\rho_a-\rho}{\rho_b-\rho}\right)^{1/2} \tag{3-24}$$

式中，ρ_a 及 ρ_b 分别为 a、b 两种颗粒的密度。

将前面的推导推广应用于其他流动状况区间，可得通式如下

$$\frac{d_b}{d_a}=\left(\frac{\rho_a-\rho}{\rho_b-\rho}\right)^n \tag{3-25}$$

式（3-25）中之 n，在层流区为 $1/2$，湍流区为 1，过渡状态则在 $1/2$ 与 1 之间 [按式(3-15) 可推算出 $n=1/1.6$]。

例 3-1 尘粒的直径为 $30\ \mu m$，密度为 $2\ 000\ kg \cdot m^{-3}$，求它在空气中的沉降速度。空气的密度为 $1.2\ kg \cdot m^{-3}$，黏度为 $0.018\ 5\ cP$。

解 按球形颗粒计算，先假定沉降在层流区，应用式（3-19）

$$u_0=\frac{d^2(\rho_s-\rho)g}{18\mu}=\frac{(30\times10^{-6})^2(2\ 000-1.2)(9.81)}{18(0.018\ 5\times10^{-3})}=0.053\ m \cdot s^{-1}$$

核验

$$Re_0=\frac{du_0\rho}{\mu}=\frac{(30\times10^{-6})(0.053)(1.2)}{0.018\ 5\times10^{-3}}=0.103$$

核验结果，$Re_0<0.3$，故算出的结果可用。

例 3-2 有石英与方铅矿的混合颗粒要在 $20\ ℃$ 的水流中加以分离。方铅矿的密度为 $7\ 500\ kg \cdot m^{-3}$，石英的密度为 $2\ 650\ kg \cdot m^{-3}$。两种颗粒的最小直径均为 $0.08\ mm$，求能完全分离的石英颗粒的最大直径。

解 仍按球形颗粒计算，两种颗粒的最小直径均为 $0.08\ mm$，而方铅矿的密度大于石英，故石英颗粒的沉降速度若等于或大于 $0.08\ mm$ 方铅矿颗粒的沉降速度，即不能分离。先求二者沉降速度相等时的直径之比。以下标 a 代表方铅矿，b 代表石英。假设沉降皆在层流区，由式（3-24）

$$\frac{d_b}{d_a}=\left(\frac{\rho_a-\rho}{\rho_b-\rho}\right)^{1/2}=\left(\frac{7\ 500-1\ 000}{2\ 650-1\ 000}\right)^{1/2}=3.939^{1/2}=1.98$$

故能完全分离的石英颗粒的最大直径为

$$d_b=1.98d_a=1.98(0.08)=0.158\ mm$$

按 $0.08\ mm$ 方铅矿的沉降速度核算是否属层流区。$20\ ℃$ 时水的黏度为 $1\ cP$。

$$u_{0,a}=\frac{d^2(\rho_s-\rho)g}{18\mu}=\frac{(0.08\times10^{-3})^2(7\ 500-1\ 000)(9.81)}{(18)(1\times10^{-3})}=0.022\ 7\ m \cdot s^{-1}$$

$$Re_0=\frac{du_0\rho}{\mu}=\frac{(0.08\times10^{-3})(0.022\ 7)(1\ 000)}{1\times10^{-3}}=1.82$$

此 Re_0 在第一、二段之间的交界区，所得 $d_b=0.158\ mm$ 需进一步核算。现再核算其 $u_{0,b}$

$$u_{0,b}=\frac{(0.158\times10^{-3})(2\ 650-1\ 000)(9.81)}{(18)(1\times10^{-3})}=0.022\ 4\ m \cdot s^{-1}$$

算出的 $u_{0,b}$ 与 $u_{0,a}$ 相当接近，但再算 $Re_{0,b}$ 知已大于 2。故所算出 $d_b = 0.158$ mm 只是很粗略的。

上述计算沉降速度的方法，是在下列条件下建立的。

① 颗粒为球形。

② 颗粒沉降时彼此相距较远，互不干扰。

③ 容器壁对颗粒沉降的阻滞作用可以忽略；若容器直径不到颗粒直径的 100 倍左右，这种作用便显出。

④ 颗粒直径不能小到受流体分子运动的影响，否则沉降速度要变小，严重时便不能沉降。若 d 小至 $2\sim3$ μm，前面各式求得的结果就不准确。

3.2.2.3 非球形颗粒的沉降

分析非球形颗粒的沉降速度时，除了要考虑其形状特点以外，还要考虑其方位，例如针形颗粒直立着沉降与平卧着沉降，其阻力显然大有区别。对于形状较为普通的颗粒，已通过实验做出一些专门表示其 ζ 与 Re_0 关系的曲线，其形式与图 3-3 上专用于球形颗粒者相似，使用方法亦同，但颗粒的 d 应采用以投影面积为准的当量直径，即与颗粒在垂直于沉降方向上的投影面积相等的一个圆的直径。亦可先假设颗粒为球形，算出沉降速度后再按其球形度校正之，但有些颗粒形状差别很大而球形度却相近，同时此法又未能考虑方位的影响，故所得结果也是很粗略的。

3.2.2.4 干扰沉降

以上颗粒彼此相距很远，不产生干扰的沉降称为自由沉降。若颗粒之间的距离很小，即使没有互相接触，一个颗粒沉降时亦会受到其他颗粒的影响，这种沉降称为干扰沉降。干扰沉降的速度比用前述方法算出者为小，其原因有二：一是颗粒实质上是在密度与黏度都比清液为大的悬浮体系内沉降，所受的浮力与阻力都比较大；二是颗粒向下沉降时，流体被置换而向上运动，阻滞了靠得很近的其他颗粒的沉降。混合物中颗粒的体积百分数超过 0.1%，干扰沉降的影响便开始显出。干扰沉降的速度可先用自由沉降速度的计算法计算，只是要根据颗粒的浓度对所用的流体密度及黏度再进行校正。

3.2.3 重力沉降设备

3.2.3.1 降尘室

从气流中分离尘粒最简易的方法是利用重力沉降，其设备为降尘室，如图 3-4 所示。气体入室后，因流通截面扩大而速度减慢。尘粒一方面随气流向水平方向运动，其速度和气流速度 u 相同。另一方面在重力作用下以沉降速度 u_0 垂直向下运动。只要气体通过降尘室所历时间大于或等于其中的尘粒从室顶沉降到室底所需时间，尘粒便可以分离出来。

用图 3-5 来分析降尘室的性能，其中

H——室高度，m；

L——沿气流方向的室长度，m；

A_0——降尘室的底面积，$A_0 = BL$，m^2；

B——室宽度，m；

u——气流速度，$m \cdot s^{-1}$；

Q——气体流量，$m^3 \cdot s^{-1}$。

则颗粒在室内的停留时间 $\theta_t = L/u = LBH/Q$。

位于降尘室最高点的颗粒沉降至室底的时间 $\theta_0 = H/u_0$，故颗粒能沉降而分离出的条件是

$$\frac{L}{u} \geqslant \frac{H}{u_0} \qquad (3\text{-}26)$$

根据极限条件 $u = Lu_0/H$，则含尘气体的最大处理量为

$$Q = HBu = BLu_0 = A_0 u_0$$

由上式可见，含尘气体的处理量为降尘室的底面积 A_0 与沉降速度 u_0 之积，而与降尘室的高度无关。因此，降尘室一般做成扁平形的。为了提高含尘气体的处理量，可将降尘室作成多层，即室内以水平隔板分割成若干层，称为多层降尘室。隔板间距应考虑出灰的方便。

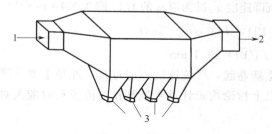

图 3-4 降尘室
1—气体入口；2—气体出口；3—集尘斗

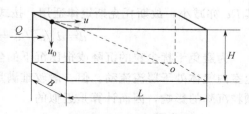

图 3-5 颗粒在降尘室中的运动

由于主要是考虑能沉降的最小颗粒，斯托克斯定律应能适用。又设颗粒在降尘室中作自由沉降，于是处理量为 Q 时能分离出的颗粒最小直径 $d_{\min}$ 可计算如下

$$u_0 = \frac{g d_{\min}^2 (\rho_s - \rho)}{18\mu} = \frac{Q}{A_0}$$

$$d_{\min} = \sqrt{\frac{18\mu}{g(\rho_s - \rho)} \left(\frac{Q}{A_0}\right)} \qquad (3\text{-}27)$$

降尘室的体积庞大，属于低效率的设备，只适用于分离粗颗粒（一般指直径在 75 μm 以上），或作为预分离的设备。如果颗粒较粗，而且容易磨损设备，则采用降尘室是合理的。例如从炉气中分离尘粒，可以先经过降尘室除去大部分粗颗粒，然后再进入较为高效的除尘设备（如旋风分离器等）进一步降低含尘量。

例 3-3 降尘室高 2 m，宽 2 m，长 5 m，用于矿石焙烧炉炉气的除尘。操作条件下气体流量为 25 000 $m^3 \cdot h^{-1}$，密度为 0.6 $kg \cdot m^{-3}$，黏度为 0.03 cP。

（a）求能除去的氧化铁灰尘（相对密度 4.5）的最小直径；

（b）若把上述降尘室用隔板分隔成 10 层（不考虑隔板的厚度）、如需除去的尘粒直径相同，则含尘气体的处理量为多大？反之，若生产能力相同，则除去尘粒的最小颗粒直径为多大？

解 （a）气体流量 $Q = 25\,000/3\,600 = 6.94\ m^3 \cdot s^{-1}$

降尘室流通截面积 $= 2 \times 2 = 4\ m^2$

气流速度 $u = 6.94/4 = 1.736\ m \cdot s^{-1}$

可除去的尘粒的沉降速度 $u_0 \geqslant \dfrac{uH}{L} = \dfrac{1.736 \times 2}{5} = 0.694\ m \cdot s^{-1}$

为从 u_0 求 d，仍可先试用斯托克斯定律。按式（3-19）有

$$d = \sqrt{\frac{18\mu u_0}{(\rho_s - \rho)g}} = \sqrt{\frac{18(3 \times 10^{-5})(0.694)}{(4\,500 - 0.6)(9.81)}} = 9.21 \times 10^{-5}\ m\ \text{或}\ 92.1\ \mu m$$

核算 $\qquad Re_0 = (9.21 \times 10^{-5})(0.694)(0.6)/(3 \times 10^{-5}) = 1.28$

得知上述结果尚属可用。

比较例 3-2 和例 3-3，可知在不同的介质（气、液）中，能应用斯托克斯定律的 u_0 值差别甚大，而 d 值则相差不大（约 100 μm 或稍小）。

（b）若把降尘室隔成 10 层，则每一通道流过的气体流量 $Q' = Q/10 = 0.694$ m³·s⁻¹，降尘室底面积为 $10A_0$，即增加为 10 倍。

如果除去的尘粒直径相同（即颗粒的沉降速度 u_0 相同），因生产能力等于沉降速度乘以室的底面积，故生产能力增大为 10 倍。

如果生产能力不变，降尘室能除去的灰尘的沉降速度 u'_0 减为原 u_0 的 1/10 即 0.069 4 m·s⁻¹。其 Re_0 亦减小，故斯托克斯定律适用。按式（3-19），$d \propto \sqrt{u_0}$，故有

$$d' = d\sqrt{u'_0/u_0} = 92.1/\sqrt{10} = 29.1 \ \mu m$$

为避免干扰尘粒的沉降或把已沉下的尘粒重新卷起，气流速度不应过高，原则上要求降尘室内气体处于层流流动，但一般较难满足。以上讨论均未计及当气流作湍流流动时漩涡对颗粒沉降的影响，因而计算是近似的。

3.2.3.2 沉降槽

间歇沉降槽实际上是间歇沉降试验用的玻璃筒放大了的设备。料浆装入槽内静置足够时间以后，用泵或虹吸管将清液抽出，并打开桶底的口将沉渣放出。

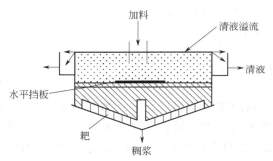

图 3-6　连续式沉降槽（增稠器）

连续沉降槽进料、排清液、排沉渣都是连续进行的。如图 3-6 所示的是一种典型的构造，也称为增稠器。料浆由位于中央的进料口送到液面以下。固体颗粒向下沉降，清液向上流动。清液漫过槽顶的溢流堰便自行流出。沉渣由转动缓慢的耙汇集到底部卸料锥的中央处排出。

连续沉降槽内亦有不同的区域存在。操作达到稳定以后，单位时间所通入的料浆量等于排出的清液量与沉渣量之和，则各区域的高度便维持恒定，不同于前述间歇沉降槽内各区域的高度随时间而变。

连续沉降槽的直径可以大到 100 m 以上，高度却都在几米以内。耙的转速，小槽约为 1 r·min⁻¹，大槽只有 0.1 r·min⁻¹。排出的沉渣中液体含量仍达 50% 以上。要处理量很大而浓度又较低的悬浮液，采用沉降槽增稠以后再送去过滤，可以大大减轻过滤设备的负荷，节省动力消耗。

强化沉降槽操作的一种方法是提高颗粒的沉降速度。在悬浮液中加入少量电解质，往往有助于胶体颗粒的沉淀，并促进絮凝现象发生。将悬浮液加热以降低其黏度，虽可提高颗粒的沉降速度，但必须考虑热能的代价。

沉降槽的生产能力是由它的截面积来保证的，与其高度无关。沉降槽的高度可根据槽内要积存的沉渣量由经验决定。

3.2.4　离心沉降速度

为使颗粒从悬浮体系中分离，利用离心力比利用重力要有效得多。颗粒的离心力由旋转而产生，转速越大，离心力亦越大；颗粒所受重力却是固定的，不能提高。因此，利用离心力作用的分离设备不仅可以分离比较小的颗粒，设备的体积亦可缩小。

颗粒做圆周运动时，使其方向不断改变的力称为向心力。颗粒的惯性却促使它脱离圆周轨道而沿切线方向飞出，此种惯性力即所谓离心力。离心力与向心力大小相等而方向相反。离心力的作用方向是沿旋转半径从圆心指向外，其大小为

$$C = ma_r = \frac{mu_t^2}{r}$$

式中，m 为颗粒的质量；a_r 为离心加速度，$a_t = u_t^2/r$；u_t 为颗粒的切线速度；r 为旋转半径。

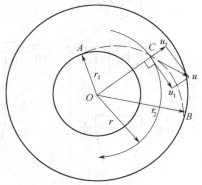

颗粒在旋转着的流体介质中因离心力而运动时，其相对于固定地面的路径成弧形，如图 3-7 所示的虚线 ACB 所示。当其位于距旋转中心 O 的距离为 r，的点 C 处时，其切线速度为 u_t，径向速度为 u_r。绝对速度即为此二者的合速度 u，其方向为弧形路线在点 C 处的切线方向。

离心力使颗粒穿过运动中的流体逐渐远离旋转中心。

图 3-7　颗粒在旋转液体中的运动

然而，正如颗粒在重力场中所受的净作用力等于其所受重力减去所受浮力（即它所排开的流体所受的重力），颗粒在离心力场中所受的作用力亦等于它所受的离心力减去它所排开的流体所受的离心力。若颗粒为球形，则

$$作用力 = \frac{\pi d^3}{6}(\rho_s - \rho)\frac{u_t^2}{r}$$

上式中的 d 为颗粒直径，ρ_s 与 ρ 分别为颗粒与流体介质的密度。

颗粒在与流体的相对运动中所受的介质阻力如下

$$阻力 = \zeta\left(\frac{\pi d^2}{4}\right)\left(\frac{\rho u_r^2}{2}\right)$$

阻力的方向与作用力相反，即指向旋转中心。

令上述两力的大小相等，可解出达到力平衡时的离心沉降速度 u_r

$$u_r = \sqrt{\frac{4d(\rho_s - \rho)u_t^2}{3\zeta\rho r}} \tag{3-28}$$

u_r 与重力作用下的沉降速度 u_0 相当。值得注意之处是：u_r 并非颗粒运动的绝对速度，而是绝对速度在径向上的分量（相对于液体的绝对速度）。颗粒实际上是沿着半径逐渐扩大的螺旋轨道前进的，如图 3-7 所示的虚线 ACB。

颗粒与流体介质的相对运动属于层流时，阻力系数 ζ 亦可用式（3-14）表示，将此式代入式（3-28），化简后即得

$$u_r = \frac{d^2(\rho_s - \rho)}{18\mu}\left(\frac{u_t^2}{r}\right) \tag{3-29}$$

与重力沉降速度的式（3-19）对比，这里用离心加速度 u_t^2/r 代替了重力加速度 g。两加速度之比，称为离心沉降设备的分离因数 f_c。

$$f_c = \frac{u_t^2}{rg} \tag{3-30}$$

3.2.5　离心沉降设备

由于在离心力场中颗粒可以获得比重力大得多的离心力，因此，对两相密度相差较小或颗粒粒度很细的非均相物系，利用离心沉降分离要比重力沉降有效得多。

气-固物系的离心分离一般在旋风分离器中进行，液-固物系的分离一般在旋液分离器和离心沉降机中进行。本小节主要介绍旋风分离器和离心沉降机。

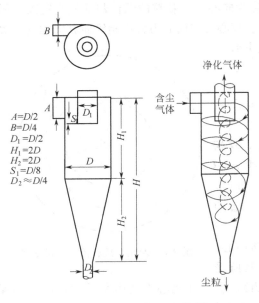

3.2.5.1 旋风分离器

旋风分离器是利用离心沉降原理从气流中分离出颗粒的设备。如图 3-8 所示，器体上部为圆筒形，下部为圆锥形。含尘气体从圆筒上侧的进气管以切线方向进入，获得旋转运动，分离出粉尘后从圆筒顶的中央排气管排出。粉尘颗粒自锥形底落入灰斗。

旋风分离器结构简单，操作较少受温度、压力的限制。旋风分离器的分离因数约为 5～2 500，一般可分离气体中直径为 5～75 μm 的粒子。评价旋风分离器性能的主要指标有两个：一是分离效率，二是气体经过旋风分离器的压降。

（1）旋风分离器的分离效率　旋风分离器的分离效率有两种表示方法，即总效率 η_0 和粒级效率 η_i。总效率是指被除下的颗粒占气体进口全部颗粒的质量分数，即

$$\eta_0 = (c_{in} - c_{out})/c_{in}$$

图 3-8　旋风分离器尺寸及操作原理示意图

式中，c_{in} 与 c_{out} 出分别为旋风分离器进、出口气体颗粒的质量浓度，g·m^{-3}。

总效率并不能准确地代表旋风分离器的分离性能。因气体中颗粒大小不等，各种颗粒被除下的比例也不相同。颗粒尺寸越小，沉降速度也越小，所以被除下的比例也越小。因此，总效率相同的两台旋风分离器，其分离性能却可能相差很大，这是因为被分离的颗粒具有不同粒度分布的缘故。

为准确表示旋风分离器的分离性能，可仿照上式对指定粒径 d_i 的颗粒定义其粒级效率

$$\eta_i = (c_{i,in} - c_{i,out})/c_{i,in}$$

式中，$c_{i,in}$ 与 $c_{i,out}$ 分别为旋风分离器进、出口气体中粒径为 d_i 的颗粒质量浓度，g·m^{-3}。

不同粒径 d_i 的粒级分离效率不同，其典型关系如图 3-9 所示。总效率与粒级效率

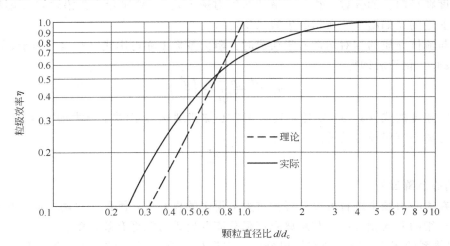

图 3-9　旋风分离器的粒级效率

的关系为

$$\eta_0 = \sum \eta_i x_i$$

式中，x_i 为进口气体中粒径为 d_i 颗粒的质量分数。

通常将经过旋风分离器后能被除下 50% 的颗粒直径称为分割直径 d_c，某些高效旋风分离器的分割直径可小至 $3 \sim 10\ \mu m$。

(2) 旋风分离器的压降　旋风分离器的压降大小是评价其性能好坏的重要指标。气体通过旋风分离器的压降应尽可能小，这不但影响动力消耗，也往往为工艺条件所限制。旋风分离器的压降可表示成气体入口动能的某一倍数 [第一章，式(1-31a)]

$$\Delta p = \zeta(\rho u^2 / 2)$$

式中，u 为进口气速，ζ 为阻力系数。ζ 与旋风分离器的结构和尺寸有关，对于同一结构形式、不同规格（尺寸）的旋风分离器，ζ 为常数。

类似结构的设备也可以用于从液体中分离出较少量的细颗粒，称为旋液分离器；其性能、用途也与旋风分离处有很多相似之处。

3.2.5.2　离心沉降机

利用离心力以分离非均相混合物的设备，除前述的旋风（液）分离器外，更重要的还有离心机。离心机所分离的混合物中至少有一相是液体，即为悬浮液或乳浊液。它与旋风（液）分离器的主要区别在于离心机是由设备本身的旋转产生离心力，后者则是由被分离的混合物以切线方向进入圆筒形设备而引起。离心机的主要部件是一个载着物料以高速旋转的转鼓，产生的应力很大，故保证设备的机械强度以策安全是极重要的要求。

以角速度 ω 或转速 n 表示离心加速度 a_r 为

$$a_r = r\omega^2 = r(2\pi n)^2$$

故得

$$\text{离心力} = ma_r = 4\pi^2 m n^2 r \tag{3-31}$$

式中，离心力的单位为 N，质量 m 的单位为 kg，转速 n 的单位为 s^{-1}（Hz），旋转半径 r 的单位为 m。

由式（3-31）可以得知，离心机转鼓的直径或转速大时，离心力亦大，都对分离有利。这与旋风分离器直径小则分离性能好的特点似乎有矛盾，其原因在于离心力产生的方式不同。在进入旋风分离器的颗粒与介质的切线速度一定时，若设备直径越小，转速 n 便越大，由式（3-31）知转速对离心力的影响比直径大，故旋风分离器的直径小则对分离有利。值得注意的是，离心机转鼓直径越大，所受应力越大，保证其坚固性亦越困难，故从机械强度方面考虑，离心机的直径亦不宜过大，提高分离性能的合理途径为增加转速。

离心机按分离因数 $f_c = r\omega^2 / g$ 值的大小，有常速（$f_c < 3\ 000$）、高速（$3\ 000 < f_c < 50\ 000$）与超速（$f_c > 50\ 000$）之分。

(1) 管式超速离心机　超速离心机的转速高达 $8\ 000 \sim 50\ 000\ r \cdot min^{-1}$，分离因数达 60 000。由于直

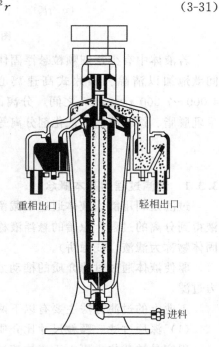

重相出口　　　　　轻相出口

进料

图 3-10　管式超速离心机

径不能大（一般为 $100 \sim 200$ mm），转鼓成为细长的垂直管（高约为 $0.75 \sim 1.5$ m），如图 3-10所示。乳浊液从底下的进口引入，在管内自下而上的流动过程中，在离心力作用下，依密度的不同而分成内外两个同心层，到达顶部分别自轻液溢流口与重液溢流口送出管外。若用于从液体中分离出小量极细的固体颗粒，则将重液出口堵塞，只留轻液出口。附于管壁上的小颗粒，可间歇地将管取出加以清除。

（2）碟片式高速离心机　此种离心机可用于不互溶液体混合物的分离及从液体中分离出极细的颗粒。如图 3-11所示，机的底部作圆锥形，壳内有几十以至一百以上的圆锥形碟片叠置成层，由一垂直轴带动而高速旋转。碟片在中央至周边的半途上开有孔，各孔串连成垂直的通道。要分离的液体混合物从顶部的垂直管送入，直达底部，在经过碟片上的孔上升的同时，分布于两碟片之间的窄缝中，受离心力作用，密度大的液体趋向外周，到达机壳内壁后上升到上方的重液出口流出；轻液则趋向中心而自上方较靠近中央的轻液出口流出。各碟片的作用在于将液体分成许多薄层，缩短液滴沉降距离；液体在狭缝中流动所产生的剪切力亦有助于破坏乳浊液。

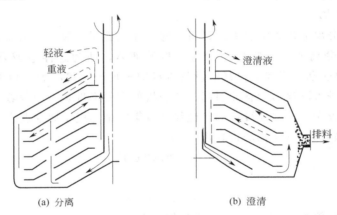

图 3-11　碟片式高速离心机

若液体中有少量细颗粒悬浮固体，也会趋向外周运动而到达机壳内壁附近沉积下来，可间歇地加以清除。碟片式高速离心机也简称分离机，碟片直径可大到 1 m，转速多在 $4\,000 \sim 7\,000$ r·min^{-1} 之间，分离因数为 $4\,000 \sim 10\,000$。此种设备广泛用于润滑油脱水、牛乳脱脂、饮料澄清、催化剂分离等。

<h1 style="text-align:center">3.3　过　　滤</h1>

3.3.1　过滤过程的基本概念

过滤是利用能让液体通过而截留固体颗粒的多孔介质（即过滤介质），使悬浮液中的固、液得到分离的过程。原始的悬浮液称为滤浆，通过多孔介质后的液体称为滤液，被截留住的固体物称为滤渣（或滤饼）。

驱使液体通过过滤介质的推动力，有重力、压力和离心力。本节着重讨论应用最广的压力过滤。

工业上的过滤方法主要有以下两种。

（1）深层过滤　颗粒尺寸比介质的孔道的直径小得多，但孔道弯曲细长，颗粒进入之后很容易被截住，更由于流体流过时所引起的挤压与冲撞作用，颗粒紧附在孔道的壁面上

（如图 3-12 所示）。这种过滤是在介质内部进行的，介质表面无滤饼形成。过滤用的介质为粒状床层或素烧（不上釉的）陶瓷筒或板。此法适用于从液体中除去很小量（0.1％以下）的固体微粒，例如饮用水的净化。

（2）滤饼过滤　颗粒的尺寸大多数都比过滤介质的孔道大，固体物积聚于介质表面，形成滤饼（如图 3-13 所示）。过滤开始时，很小的颗粒也会进入介质的孔道内，其情况与深层过滤相同，部分特别小的颗粒还会通过介质的孔道而不被截留，使滤液仍显得浑浊。在滤饼形成之后，它便成为对其后的颗粒起主要截留作用的介质，滤液因此变清。过滤阻力将随滤饼的加厚而渐增，滤液滤出的速率亦渐减，故过滤是一种流体作不稳定流动的过程，当滤饼积聚到一定厚度后，要将其从介质表面上移去。此种过滤方法适用于处理固体含量比较大的悬浮液（体积分数在 1％以上），可滤出比较多的固体物。工业生产中的过滤多数属于这一种，本节以后的讨论也限于这一种。

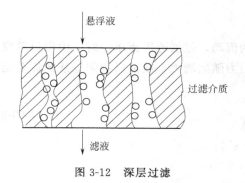

图 3-12　深层过滤

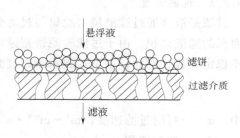

图 3-13　滤饼过滤

3.3.2　影响过滤的因数

3.3.2.1　过滤介质

工业用的过滤介质应具有下列特性。

① 多孔性，液体通过的阻力要小，但为了截留住固体颗粒，孔道又不宜大；

② 根据所处理悬浮液的性质，要有相应的耐腐蚀性、耐热性；

③ 过滤时要承受一定的压力，且操作中拆装、移动频繁，故应具有足够的机械强度。

最常用的过滤介质为织物，即用棉、毛、麻或合成材料如尼龙、聚氯乙烯纤维织成的滤布，此外还有用铜、镍、不锈钢等金属丝织成的平纹或斜纹网。

用沙粒、碎石、炭屑等堆积成层，亦可作过滤介质，此外还有专门的素烧陶瓷板或管。这些介质多在深层过滤中使用。

3.3.2.2　过滤推动力

在过滤过程中，滤液通过过滤介质和滤饼层流动时需克服流动阻力，因此，过滤过程必须施加外力。外力可以是重力、压力差，也可以是离心力，其中以压力差和离心力为推动力的过滤过程在工业生产中应用较为广泛。

3.3.2.3　助滤剂

若悬浮液中所含的颗粒都很细，刚开始过滤时这些细粒进入过滤介质的孔隙中可能将孔隙堵死，即使并未严重到如此程度，这些很细颗粒所形成的滤饼对液体的透过性也很差，即滤液流过的阻力很大。又若颗粒受压后明显变形，则所形成的滤饼的空隙率（空隙体积在滤饼总体积中所占的分率）会大为减小而增大阻力；过滤压力越大，这种情况将越为严重。

采用助滤剂可以减轻上述困难。助滤剂是一种坚硬而形状不规则的小颗粒，能形成结构疏松、而且几乎是不可压缩的滤饼。常用作助滤剂的是一些不可压缩的粉状或纤维状固体，如硅藻土、膨胀珍珠岩、纤维素等。对助滤剂的基本要求是：刚性，能承受一定压差而不变形；多孔性，以形成高空隙率的滤饼，如硅藻土层的空隙率可高达 $80\% \sim 90\%$；尺度大体均匀，其大小有不同规格以适应不同的悬浮液；化学稳定性好，不与物料发生化学反应。

助滤剂使用的方法有二，一是配成悬浮液先在过滤介质表面滤出一薄层由助滤剂构成的滤饼，然后进行正式过滤，此法称为预涂，可以防止滤布孔道被微细的颗粒堵死，并可在一开始就得到澄清的滤液；在滤饼有胶黏性时，亦易于从滤布上取去。二是将助滤剂加到滤浆中，所得到的滤饼将有一较坚硬的骨架，压缩性减小，空隙率增大；但若过滤的目的是回收固体物又不允许混入助滤剂，此法便不适用；只有悬浮液中的固体量少又可弃去，而且助滤剂用量不大时，使用此法才较经济合理。

3.3.3 过滤过程的计算

3.3.3.1 过滤速度

过滤是液体通过滤渣层（滤饼与过滤介质）的流动，过滤速度指单位时间内通过单位过滤面积的滤液体积。由于过滤时滤饼逐渐增厚，阻力随之增大，故前已提到滤液的流动是一种不稳定过程；对此，以下式表示瞬时过滤速度

$$u = \frac{\mathrm{d}V}{A\,\mathrm{d}\theta} \tag{3-32}$$

式中　u——瞬时过滤速度，$\mathrm{m^3 \cdot m^{-2} \cdot s^{-1}}$ 即 $\mathrm{m \cdot s^{-1}}$；

　　　V——滤液体积，$\mathrm{m^3}$；

　　　A——过滤面积，$\mathrm{m^2}$；

　　　θ——过滤时间，s。

3.3.3.2 滤液通过滤渣层的流动

当滤浆通过过滤介质时，其中的固体颗粒在过滤介质表面被截留而形成滤渣层。滤液在通过过滤介质和滤渣层微小通道的流动过程中，需要克服阻力。因此，如图 3-13 所示出过滤层的两边，必存在一压力差 Δp，且有

$$\Delta p = \Delta p_1 + \Delta p_2$$

式中　Δp_1——通过滤饼的压力降（取决于滤饼的性质和厚度）；

　　　Δp_2——通过过滤介质的压力降（取决于过滤介质的性质和厚度）。

在多数化工过滤过程中，除了过滤刚开始的短时间外，过滤介质的阻力比滤饼的要小得多，因此在分析过滤速度时，可首先集中考虑滤液通过滤渣层的流动过程。

按过滤压力是否改变，可将过滤过程分为：恒压过滤（Δp 不变）和恒速过滤（滤液流速不变）。随着过滤过程的进行，滤饼逐渐增厚，故恒压过滤时，过滤速度将逐渐减小；而要达到恒速过滤，则必须逐渐加大过滤压力。

又根据固体颗粒受压后是否变形，可分为：滤饼不可压缩（颗粒受压后不变形）及滤饼可压缩（受压后变形）。

滤液在滤饼中流过时，由于通道的直径很小，阻力很大，因而这时液体的流速亦很小，属于层流，故可用泊谡叶公式表示

$$u_1 = \frac{d_\mathrm{e}^2 \Delta p_1}{32\mu l} \tag{3-33}$$

式中　u_1——液体的真实流速；u_1 等于式（3-32）中的 u 除以滤渣层的自由截面，即滤渣层中可供流体通过的空隙面积，其数值等于滤渣层的空隙率 ε，故有 $u_1 = u/\varepsilon$。滤渣层空隙率 $\varepsilon =$ 层内空隙体积/滤渣层总体积；

　　　μ——滤液黏度，Pa·s；

　　　l——通道的平均长度，m；l 与滤饼厚度 L 具有一定的比例关系，令 $l = K_0 L$，K_0 为无量纲比例常数；

　　　d_e——滤渣层通道的当量直径，m。

不同研究者对 d_e 有不同的处理方法。康采尼（Kozeny）对 d_e 的定义为

$$d_e = \frac{4 \times 流通截面积}{润湿周边长} = \frac{4 \times 空隙体积}{颗粒表面积}$$

令颗粒比表面积 $a_0 =$ 颗粒表面积/颗粒体积，则

$$d_e = 4\varepsilon / [a_0(1-\varepsilon)]$$

将上述关系代入式（3-32）

$$\frac{dV}{A d\theta} = u = u_1 \varepsilon = \frac{\varepsilon d_e^2 \Delta p_1}{32 \mu K_0 L} = \frac{\varepsilon [4\varepsilon / a_0(1-\varepsilon)]^2 \Delta p_1}{32 \mu K_0 L} = \frac{\varepsilon^3 \Delta p_1}{a_0^2 (1-\varepsilon)^2 (2K_0 \mu L)} \tag{3-34}$$

或

$$\frac{dV}{A d\theta} = \frac{\Delta p_1}{r \mu L} \tag{3-34a}$$

式中

$$\frac{1}{r} = \frac{\varepsilon^3}{2 K_0 a_0^2 (1-\varepsilon)^2} \tag{3-35}$$

式中，r 称为滤饼的比阻，与滤饼的结构有关。对不可压缩滤饼，a_0、ε 和 r 均为常数；而对可压缩滤饼，r 则随压降 Δp 增大而变大，一般 $r = r_0 \Delta p^s$，r_0、s 均为经验常数，其中 s 称为压缩指数。可压缩滤饼的 s 范围约为 $0.2 \sim 0.8$，不可压缩滤饼 $s = 0$。

式（3-35）能显示出比阻与颗粒特性的关系。但滤渣层中的这些颗粒特性难于测出，故实际应用的还是式（3-34a）。它表明：瞬时过滤速度与滤渣层两侧的压力差成正比，与其厚度成反比，又与滤液黏度成反比。实验证实，此一关系在滤渣不可压缩时是正确的。

由此可见，瞬时过滤速度的大小由两个相互抗衡的因素决定。一为促使滤液流动的压力差 Δp_1，即过滤推动力；另一为阻碍滤液流动的因素 $\mu r L$，相当于过滤阻力。后者又由两方面的因素决定，一是滤液的黏度 μ，二是滤渣层的性质及其厚度 rL。

3.3.3.3　过滤基本方程式

瞬时过滤速度方程式（3-34a）要用于过滤计算，还需作进一步推导，以便积分。只要截面积不变，通过滤渣层（以整个截面积计）的速度和通过过滤介质的速度相等

$$u = \frac{dV}{A d\theta} = \frac{\Delta p_1}{\mu r L} = \frac{\Delta p_2}{\mu r_2 L_2} = \frac{\Delta p_1 + \Delta p_2}{\mu(rL + r_2 L_2)} = \frac{\Delta p}{\mu(rL + r_2 L_2)} \tag{3-34b}$$

式中　L_2——过滤介质的厚度，m；

　　　r_2——过滤介质的比阻，m^{-2}。

过滤计算的主要问题是要建立滤液体积 V 与过滤面积 A、过滤时间 θ 之间的关系，为此需对式（3-34b）积分。为了减少式（3-34b）中的变量，可以仿照第一章中用直管当量长度表示管件阻力的办法，设过滤介质的阻力相当于厚度为 L_e 的一层滤渣的阻力，即 $r_2 L_2 = r L_e$，则

$$\frac{dV}{A d\theta} = \frac{\Delta p}{\mu r(L + L_e)} \tag{3-34c}$$

过滤时，滤渣层厚度 L 随时间而增加，滤液量亦成比例增多。如果获得单位体积滤液时在过滤介质上被截留的滤饼体积为 c（m^3 滤渣/m^3 滤液），则得到的滤液为 V 时，截留的滤渣体积为 cV，而滤渣层厚度为 L，则滤渣体积 $cV=AL$ 或 $L=cV/A$。代入式（3-34c）中，并令 $L_e=cV_e/A$，及 $K=\dfrac{2\Delta p}{\mu rc}=\dfrac{2\Delta p^{1-s}}{\mu r_0 c}$

得

$$\frac{dV}{d\theta}=\frac{KA^2}{2(V+V_e)} \tag{3-36}$$

或

$$\frac{dq}{d\theta}=\frac{K}{2(q+q_e)} \tag{3-36a}$$

式中，$q=V/A$，$q_e=V_e/A$。式（3-36）即为过滤基本方程，式中 K、q_e（或 V_e）通常称为过滤常数，其值需在恒压过滤实验中测定。V_e 是厚度为 L_e 的滤饼所对应的滤液量，V_e 实际上并不存在，即为一虚拟量，其值取决于过滤介质与滤饼的性质。

前已述及，间歇式过滤机（以压滤机为代表）的操作可以在恒压、恒速或变速变压等不同条件下进行。然而，工业过滤并不宜于使整个过程全部在恒速或恒压下进行。若要使整个过程都维持恒速，则过程末期的压力要升到很高。这时过滤机易产生泄漏，泵的传动设备亦会超负荷。严格地维持恒压则因刚开始时介质表面并无滤渣，猛然加压会使较细的颗粒堵塞介质的孔隙而增大其阻力。常用的操作方式是在供料泵出口装支线，支线上有泄压阀，开始过滤时有一短的升压阶段，在此期间的过滤既非恒压亦非恒速，压力升到一定数值，泄压阀被顶开，从支线泄去一部分悬浮液，此后过滤便大体上在恒压下进行。至于连续过滤机（以转筒真空过滤机为代表），则都是在恒压条件下操作。所以总的说，恒压过滤还是占主要地位。

3.3.3.4 恒压过滤计算式

恒压过滤时 Δp 为常数，对于一定的悬浮液，K 亦为常数，积分式（3-36）可得

$$V^2+2V_e V=KA^2\theta \tag{3-37}$$

或

$$q^2+2qq_e=K\theta \tag{3-38}$$

3.3.3.5 恒速过滤计算式

对恒速过滤，有

$$\frac{dV}{Ad\theta}=\frac{V}{A\theta}=常数$$

代入式（3-36）可得

$$V^2+VV_e=\frac{K}{2}A^2\theta \tag{3-39}$$

或

$$q^2+qq_e=\frac{K}{2}\theta \tag{3-40}$$

3.3.4 过滤常数的测定

过滤计算要有过滤常数作依据。由不同物料形成的悬浮液，其过滤常数差别很大。即使是同一种物料，由于浓度不同，或存放时发生聚结、絮凝等条件的不同，其过滤常数亦不尽相同，故要有可靠的实验数据作参考，才能作出有把握的设计。

最简单易行的试验方法是用平底漏斗进行吸滤，可以大略定出一定真空度之下此种滤饼形成的速率，甚至可以得到设计转筒真空过滤机的初步数据。若初步试验表明要进行加压过

滤，则在小型的压滤机或加压叶滤机上进行试验。由于小型设备与大型设备之间，滤饼的沉积方式、均匀程度以及机械构造的影响等方面都有区别，故据此作出的设计，仍要采用相当大的安全系数（25％以上）。

下面说明试验时应取得哪些数据及如何将其整理成过滤常数。

将恒压过滤式（3-38）改写成

$$\frac{\theta}{q} = \frac{1}{K}q + \frac{2}{K}q_e \qquad (3-41)$$

式（3-41）为一直线方程，它表明：对于恒压过滤，在试验中要测出不同过滤时间 θ 内的单位过滤面积滤液量 q 的数据，将 θ/q 对 q 进行标绘，可得一直线。其斜率为 $1/K$，而截距为 $2q_e/K$。如果生产中所用的压力与试验时所用压力相等，则用上述方法定出的过滤常数可直接用于设计计算。若过滤压力不同，应在不同压力之下测定 K 及 q_e，以供应用。

为考虑滤饼的可压缩性，在测出不同压差条件下的 K 值后，再根据式 K 与 Δp 关系式（3-35），有

$$\lg K = (1-s)\lg \Delta p + B$$

可见 $\lg K$ 与 $\lg \Delta p$ 成直线关系，由直线的斜率可求出压缩指数 s。文献中往往不记载过滤常数 K 的数据，而载有一些 r 与 s 的数据，可供设计参考。

例 3-4　对 $CaCO_3$ 的悬浮液用实验室板框压滤机在 117 kPa 及 25 ℃下进行恒压过滤试验，结果列于表 3-2，过滤面积为 400 cm²，求此压力下的过滤常数 K 和 q_e。

表 3-2　恒压过滤试验中的 V-θ 数据

过滤体积 V/L	0.5	1.0	1.5	2.0	2.5	3.0
过滤时间 θ/s	6.8	19.0	34.5	53.4	76.0	102.0

解　根据式（3-41），利用 $q=V/A$ 将上表的数据整理成表 3-3。

表 3-3　q-θ/q 数据

q/m³·m⁻²	0.012 5	0.025	0.037 5	0.05	0.062 5	0.075
θ/s	6.8	19.0	34.5	53.4	76.0	102.0
(θ/q)/s·m⁻¹	544	760	920	1 068	1 216	1 360

将 q 与 θ/q 的关系绘制成图 3-14，得一直线，从图中可求出斜率 $1/K = 12\,800$ s·m⁻²，截距 $2q_e/K = 418$ s·m⁻¹。故 $K = 7.81 \times 10^{-5}$ m²·s⁻¹，$q_e = 0.016$ m³·s⁻²。

3.3.5　滤饼的洗涤

洗涤的目的：在某些过滤过程中为了回收或除去滤饼里存留的滤液，在过滤终了时，需要对滤饼进行洗涤。如果滤液为水溶液，一般就用水洗涤。洗涤阶段需计算的，主要是确定使用一定量洗涤液时所需要的洗涤时间。为此需要确定洗涤速度（或洗涤速率）。洗涤速度是单位时间通过单位面积的洗涤液量，用 $(dV/Ad\theta)_w$ 表示；洗涤速率是单位时间通过的洗涤液量，用 $\left(\dfrac{dV}{d\theta}\right)_w$

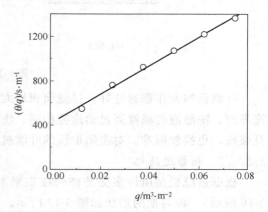

图 3-14　q 与 θ/q 的关系

表示。如果洗涤液量为 V_w，则滤饼的洗涤时间为

$$\theta_w = \frac{V_w}{(\mathrm{d}V/\mathrm{d}\theta)_w} \tag{3-42}$$

洗涤液用量取决于对滤渣的质量要求或滤液的回收要求。由于在洗涤过程中，滤饼的厚度不再增加，所以洗涤速率可认为是常数，其大小与洗涤液的性质及洗涤方法有关，后者又与所用的过滤设备结构有关。

3.3.6 过滤设备

工业上应用最广的过滤设备是以压力差为推动力的过滤机，典型的有叶滤机、板框过滤机、转筒真空过滤机和离心过滤机等。

3.3.6.1 叶滤机

叶滤机的主要构件是矩形或圆形的滤叶，它由金属丝网组成的框架上覆以滤布构成，如图 3-15（a）所示。将若干个平行排列的滤叶组装成一体，安装在密闭的机壳内，即构成叶滤机，如图 3-15（b）所示。滤叶可以垂直放置，也可以水平放置。叶滤机是间歇操作设备。过滤时，滤液穿过滤布进入网状中空部分并汇集于下部总管中流出，滤渣沉积在滤叶外表面。根据滤饼的性质和操作压力的大小，滤饼层厚度可达 2～35mm。每次过滤结束后，可向滤槽内通入洗涤水进行滤饼的洗涤，也可将带有滤饼的滤叶移入专门的洗涤槽中进行洗涤，然后用压缩空气、清水或蒸汽反向吹松、卸出滤渣。

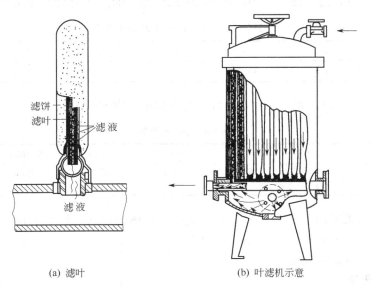

(a) 滤叶　　　　　　　　　(b) 叶滤机示意

图 3-15　叶滤机

叶滤机的操作密封性好，过滤面积较大（一般为 20～100 m²），劳动条件较好。在需要洗涤时，洗涤液与滤液通过的途径相同，洗涤比较均匀。每次操作时，滤布不用装卸，但一旦破损，更换较困难。对密闭加压的叶滤机，因结构比较复杂，造价较高。

3.3.6.2 板框过滤机

板框过滤机是由许多交替排列在支架上、并可在架上滑动的滤板和滤框所构成（如图 3-16 所示）。板与框的形状如图 3-17 所示。滤框（中图）的左上角与右上角均有孔，右上角的孔还有小通道与框内的空间相通（图中 1），滤浆即由此进入。滤板除上方两角都有孔外，

下方的一角尚有小旋塞与板面的两侧相通。它又分成两种，左图为非洗板，右图为洗板。洗板的特点是左上角的孔还有小通道与板面的两侧相通（图中2），洗水可以由此进入。为了便于区别，在板与框边上作不同的标记，非洗板以一钮为记，洗板以三钮为记，而框则用两钮（见图3-17）。

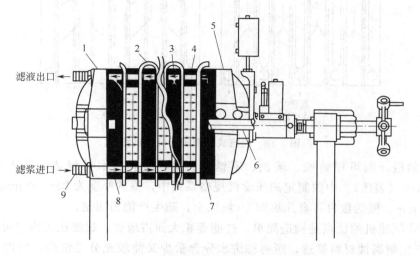

图 3-16　板框过滤机（暗流式）
1—固定机头；2—滤布；3—滤板；4—滤框；5—滑动机头；6—机架；
7—滑动机头板；8—固定机头板；9—机头连接机构

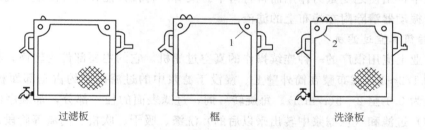

过滤板　　　　　　框　　　　　　洗涤板

图 3-17　明流式板框过滤机的板与框
1—滤浆进口；2—洗水进口

　　板框压滤机的操作是间歇的，每个操作循环由装合、过滤、洗涤、卸渣、整理五个阶段组成。装合时，板的两侧用滤布包起（滤布上亦根据板、框角上孔的位置而开孔），将板与框交替地置于机架上，然后用手动的或机动的压紧装置将活动机头压向固定机头，将板与框压紧。过滤时，用泵将滤浆压入机内。如图3-16所示为暗流式，滤浆从机的左下角进入，经过板、框角上的孔所连成的通道，由框内的小孔道进入框内。滤液穿过滤布到达板侧，往上流动经过板上的斜孔进入上方的通道，从压滤机的左上角的出口排出。固体物则积存于框内形成滤饼，直到整个框的空处都填满为止。如图3-18（a）所示明流式压滤机的过滤情况。过滤时两种板上的旋塞全都开启以放出滤液。滤饼的洗涤方式如图3-18（b）所示。三钮板（洗板）上的旋塞关闭，洗涤用的清水经洗板上角的斜孔进入板侧，穿过滤布到达滤框，穿过整个滤饼及另一侧的滤布，再经过一钮板（非洗板）下角的斜孔到达小旋塞，从此排出。此种洗涤方式称为横穿洗法。洗涤阶段结束后，进入卸渣、整理阶段，将滑动机头松开，取出滤饼并清洗滤布及板、框，准备下一循环开始。

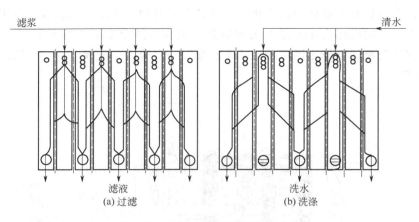

图 3-18　明流式板框压滤机的过滤

压滤机的板、框可用铸铁、碳钢、不锈钢、铝、塑料、木材制造，操作压力一般为 0.3～0.5 MPa（表压）。中国制定的压滤机规格系列中，框的厚度为 25～50 mm，框每边长 320～1 000 mm。框的数目可自几块到 50 块以上，随生产能力而定。

上述形式压滤机的优点是构造简单，过滤面积大而占地省，过滤压力高（可达 1.5 MPa 表压），便于用耐腐蚀材料制造，所得滤饼水分含量少又能较充分地洗涤。它的主要缺点原是操作不能连续自动，所费的劳动量多而且劳动强度大；近年则大型压滤机的自动化与机械化发展很快。滤板及滤框可由液压装置自动压紧或拉开，全部滤布连成传送带式，运行时可将滤饼从框中带出使之受重力作用而自行落下。又有一种设计能在拉开滤框的同时将滤布拉出，借助于振动器清除附在滤布上的滤渣。

3.3.6.3　转筒真空过滤机

这是工业上应用很广的一种连续操作的真空过滤机。它的主要部件为转筒，其长度与直径之比约为 1/2～2，滤布蒙在筒外壁上。浸没于滤浆中的过滤面积约占全部面积的 30%～40%。转速为 0.1 至 2～3(r/min)。每旋转一周，过滤表面的任一部分，都顺序经历（浸入滤浆中时的）过滤和（从滤浆中转出来以后的）洗涤、吸干、吹松、刮渣等阶段。因此，每旋转一周，对任一部分表面来说，都经历了一个操作循环；而任何瞬间，对整个转筒来说，则其余各部分表面分别进行不同阶段的操作。

转筒的构造如图 3-19 所示。筒的侧壁上覆盖有金属网，滤布支承在网上。筒壁周边平分为若干段（图中为 14 段），各段均有管通至轴心处（图中示出一段的连通管），但各段在筒内并不相通。圆筒的一端有分配头装于轴心处，与从筒壁各段引来的连通管相接。通过分配头，圆筒旋转时其壁面的每一段可依次与过滤装置中的滤液罐、洗水罐（二者处于真空之下）、鼓风机稳定罐（正压下）相通。

分配头由一个与转筒连在一起的转动盘和一个与之紧密贴合的固定盘组成，分别如图 3-20 中的（a）与（b）所示。转动盘上的每一孔各与转筒表面的一段相通。固定盘上有三个凹槽，分别与通至滤液罐、洗水罐的两个真空管及通至鼓风机稳定罐的吹气管路连通。转动盘上的某几个孔与固定盘上的凹槽 2 相遇，则转鼓表面与这些孔相连的几段便与滤液罐接通，滤液可从这几段吸入，同时滤饼即沉积于其上，转动盘转到使这几个小孔与凹槽 3 相遇，则相应的几段表面便与洗水罐接通，吸入洗水。与凹槽 4 相遇则接通鼓风机，有空气吹向转鼓的这部分表面，将沉积于其上的滤饼吹松。随着转筒的转动，这些滤饼又与刮刀相碰而被刮下。这部分表面再往前转便重新浸入滤浆中，开始进行下一个操作循环。通过分配头这个机构，转筒的表面在任何瞬间都划分成几个区域：过滤区、洗涤区、吹松区、卸渣区。每当转动盘上的小孔与固定盘两凹槽之间的空白位置（与外界不相通的部分）相遇时，则转鼓表面与之相对应的段停止操作，以便从一个操作区转向另一操作区时，不致使两区互相串通。

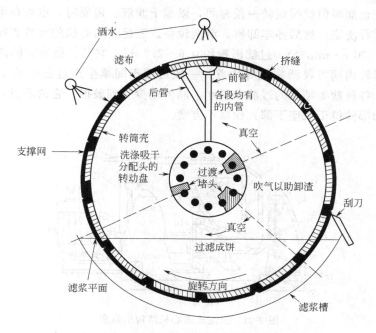

图 3-19　转筒的构造

转筒表面所形成的滤饼厚度，一般不超过 40～60 mm。对于难过滤的胶质滤浆，厚度可小至 10 mm 以下，在此情况下用刮刀卸料易损滤布，可改用绳索卸料：转鼓表面的整个宽度上都绕许多圈环状的绳，滤渣形成后附于其上，卸料处绳索离开鼓表面，将滤饼带出。

中国制定的转筒真空过滤机系列中，转筒的直径为 1～3 m，过滤面积为 2～50 m²。转筒过滤机的突出优点是操作连续、自动，其缺点是转筒体积庞大而其过滤面积相形之下便嫌小。用真空吸液，过滤的推动力不大，悬浮液温度不能高。此外，转筒过滤机的滤饼洗涤亦不够充分。然而，它对大规模处理固体物含量很大的悬浮液，是很适用的。

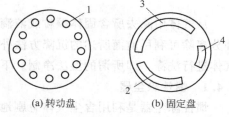

图 3-20　转筒的分配头
1—与筒壁各段相通的孔；2，3—与真空管路相通的凹槽；4—与吹气管路相通的凹槽

转筒的过滤表面还可以设在筒内，悬浮液送入后随筒旋转，称为内滤式，适用于其中固体颗粒粗细不等且易于沉降的悬浮液。

若将圆筒改为绕水平轴旋转的圆盘，过滤表面位于盘的两侧，则成为转盘过滤机。由于一根轴上可以装 2～8 个圆盘，故过滤面紧凑得多，但构造也复杂得多，滤饼的洗涤亦无法进行。

3.3.6.4　离心过滤机

离心过滤是借旋转液体离心力产生的径向压差作为过滤的推动力。离心过滤在各种间歇或连续操作的离心过滤机中进行。间歇式离心机中又有人工及自动卸料之分。三足式离心机是一种常用的人工卸料的间歇式离心机，如图 3-21 所示为其结构示意图。离心机的主要部件是一篮式转鼓，壁面钻有许多小孔，内壁衬有金属丝网及滤布。整个机座和外罩借三根拉杆弹簧悬挂于三足支柱上，以减轻运转时的振动。料液加入转鼓后，滤液穿过转鼓，从机座下部排出，滤渣沉积于转鼓内壁。待一批料液过滤完毕，或转鼓内的滤渣量达到设备允许的最大值时，可停止加料但继续运转一段时间，以甩干滤液。需要时，也可在甩干前后向滤饼表面洒以清水进行洗涤。然后停车卸料，清洗设备。三足式离心机的转鼓直径一般较大，转速不很高（<2 000 r·min⁻¹），过滤面积约 0.6～2.7 m²。它与其他形式的离心机相比，具有构造简单，运转周期可灵活掌握等优点，一般可用于间歇生产过程中的小批量物料的处理，尤其适用于各种盐类结晶的过滤和脱水，晶体较少受到破损。它的缺点是卸料时的劳动条件较差，转动部件位于机座下部，检修不方便。

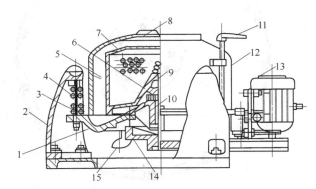

图 3-21 三足式离心机结构示意图

1—底盘；2—支柱；3—缓冲弹簧；4—摆杆；5—鼓壁；6—转鼓底；
7—拦液板；8—机盖；9—主轴；10—轴承座；11—制动器手柄；
12—外壳；13—电动机；14—制动轮；15—滤液出口

3.4 气体的其他净化方法

从气体中除去所含固体颗粒或液滴而使之净化，是工业生产中经常遇到的问题。实现这种分离除可利用前面所述的沉降方法外，还可利用惯性、过滤、静电等作用，或者用液体对气体进行洗涤，即所谓的湿法净制。下面对这几种方法加以简要介绍。

3.4.1 惯性除尘器

惯性除尘器是利用含尘气体急剧地改变流动方向，其中粉尘粒子因为惯性作用与气流分离并被捕集的一种装置。其除尘效率通常不高于 50%～70%，一般只作为预除尘器用，阻力降约 150～700 Pa。

惯性除尘器可用于处理高温含尘气体，能直接安装在风道上。含尘气体在方向转变前的速度越高，方向转变的曲率半径越小时，其除尘效率越高，但阻力也随之增大。为了提高效率，可以在挡板上淋水，形成水膜，这就是湿式惯性除尘器。惯性除尘器分为碰撞式和转向式两种。如图 3-22 所示是转向式惯性除尘器。通过改变含尘气流流动方向收集较细粒子。

3.4.2 袋滤器

使含尘气体穿过袋状滤布，以除去其中的尘粒的设备为袋滤器。袋滤器能除去 1 μm

以下的微尘，常用在旋风分离器后作为末级除尘设备。袋滤器主要由滤袋及其骨架、壳体、清灰装置和排灰阀等部件构成。如图 3-23 所示为一脉冲式袋滤器，脉冲指周期地向滤袋内喷吹压缩空气以清除滤袋积灰，其净化效率可达 99％以上，阻力降约为 1 200～1 500 Pa，过滤负荷较高，滤布磨损较轻，使用寿命较长，运行安全可靠，已得到普遍使用。但它需要高压气源作清灰动力，电能消耗较大，对高浓度，含湿量较大的含尘气体的净化效果较差。

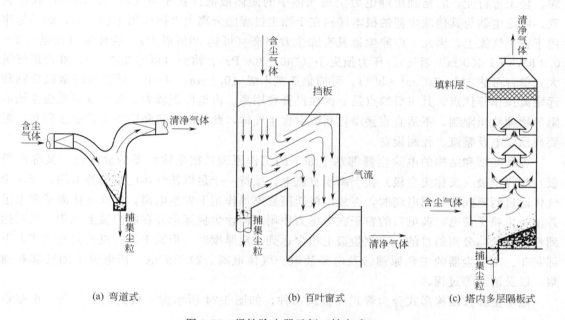

图 3-22　惯性除尘器示例（转向式）

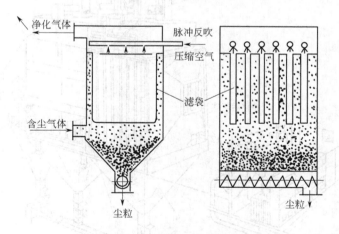

图 3-23　脉冲式袋滤器

　　其喷吹原理为：当滤袋表面的粉尘负荷增加，达到一定阻力降时，由脉冲控制仪发出指令，按顺序触发各控制阀，开启脉冲阀，使气包内的压缩空气从喷吹管的各喷孔中以接近音速的速度喷出一次空气流，通过引射器诱导二次气流一起喷入滤袋，造成滤袋瞬间急剧膨胀和收缩，从而使附着在滤袋上的粉尘脱落。脉冲清灰把清灰过程中每清灰一次，叫做一个脉冲。脉冲宽度就是喷吹一次所需的时间，约为 0.1～0.2 s。脉冲周期是全部滤袋完成一个清灰循环的时间，一般为 60 s 左右。压缩空气的喷吹压力为 500～700 kPa。

对袋式除尘器，含尘气体的过滤是通过由滤布制成的滤袋来实现的，滤布的特性和质量直接影响袋式除尘器的性能，如除尘效率，压力损失，清灰周期等都与滤布性能有关。制作滤布的材质种类很多，可分为天然纤维、合成纤维和无机纤维等。

3.4.3 电除尘器

电除尘器是一种可以捕集细微粉尘的高效除尘器，已广泛应用于环保、冶金、化工、水泥、轻工等行业，它是利用静电力实现气体中的固体或液体粒子与气流分离的一种除尘装置。电除尘器与其他除尘器的根本区别在于除尘过程的分离力直接作用于粒子上，而不是作用于整个气流上。因此，电除尘器具有除尘效率高（可达 99％以上）、能耗低（耗电 0.2～0.8 kWh·1 000 m^{-3}烟气）、压力损失小（100～300 Pa）、耐温（可达 350 ℃）、处理烟气量大（单台可达 10^5～10^6 m^3·h^{-1}）、可捕集亚微米级（0.1 μm）粒子，可以实现微机控制和远距离操作等优点。其主要缺点是一次性投资费用高、占地面积较大、除尘效率受粉尘比电阻等物理性质限制，不适宜直接净化高浓度含尘气体，此外对制造和安装质量要求很高，需要高压变电及整流、控制设备。

各种类型和结构的电除尘器都基于如下的工作原理：把电除尘器的放电极（又称电晕极）和收尘极（又称集尘极）接于高压直流电，维持一个足以使气体电离的静电场，当含尘气体通过两极间非均匀电场时，在放电极周围强电场作用下发生电离，形成气体离子和电子并使粉尘粒子荷电，荷电后的粒子在电场力作用下向收尘极运动并在收尘极上沉积，从而达到粉尘和气体分离的目的。当收尘极上粉尘达到一定厚度时，借助于振打机构使粉尘落入下部灰斗。电除尘器的工作原理涉及电晕放电、气体电离、粒子荷电、荷电粒子的迁移和捕集，以及清灰等过程。

电除尘器按结构形式分为管式和板式两种，如图 3-24 所示为一板式电除尘器。由多块

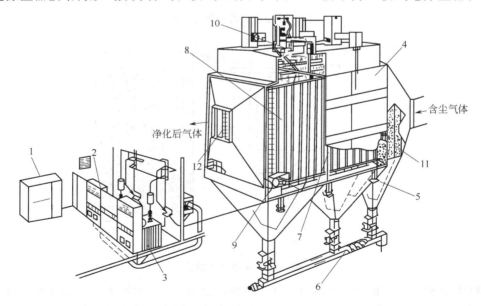

图 3-24　板式电除尘器结构

1—低压电源控制柜；2—高压电源控制柜；3—电源变压器；4—电除尘器本体；
5—下灰斗；6—螺旋出灰机；7—放电极；8—集尘极；9—集尘极振打清灰装置；
10—放电极振打清灰装置；11—进气气流分布板；12—出气气流分布板

一定形状的钢板组合成集尘极，在两平行集尘极间均布放电极（电晕线）。极板间距一般为200～400 mm，高度为2～15 m，总长可根据要求的除尘效率高低来确定。板式电除尘器的电场强度变化不均匀，清灰方便，制作安装较容易，可以根据工艺要求和净化程度设计成大小不同规格的电除尘器。

3.4.4 湿式除尘器

以下介绍几种常用的湿式除尘设备。

3.4.4.1 水膜除尘器

水膜除尘器主要有立式、卧式、管式、中央喷水、同心圆和斜棒式等类型。下面以麻石水膜除尘器作一简单描述。

麻石水膜除尘器是立式旋风水膜除尘器的一种，它是用耐磨、耐腐蚀的麻石砌筑，在中国南方地区使用广泛。如图3-25所示为麻石水膜除尘器的结构图。它是由圆筒体（麻石砌筑）、溢水槽、水封锁气器、沉淀池等组成。含尘气体由圆筒下部进气管7以16～23 m/s的速度切向进入筒体，形成螺旋上升的旋转气流，含尘气体中的尘粒在离心力的作用下被甩到筒壁，并被筒壁自上而下的水膜捕获后随水膜下流，经锥形灰斗10，水封锁气器11排入排灰水沟，冲至沉淀池。净化后的烟气从除尘器的出口排出，经排气管、烟道、引风机后再由烟囱排入大气。麻石水膜除尘器的特点有：抗腐蚀性好，耐磨性强，经久耐用；能净化含尘浓度高的烟气；除尘效率较旋风除尘器高，一般可达90%左右。存在的问题是：笨重；耗水量较大，不适宜急冷急热的除尘过程，使烟气降温而减弱抬升力，不利于污染物的扩散。

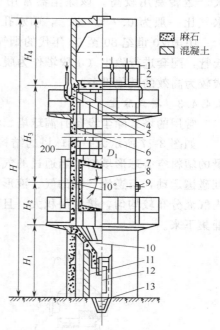

图3-25 麻石水膜除尘器的结构
1—环形集水管；2—扩散管；3—挡水堰；
4—水越入区；5—溢水槽；6—筒体内壁；
7—进气管；8—挡水槽；9—通灰孔；
10—锥形灰斗；11—水封锁气器；
12—插板门；13—灰沟

麻石水膜除尘器曾在中国废气除尘中起过较大作用，在20世纪80年代至90年代中期，单是锅炉烟气除尘就建立了十多万台。随着国家排放标准的逐步提高，渐难于达到要求，近来已很少新建了。

3.4.4.2 文氏管除尘器

文丘里除尘器由文丘里管（简称文氏管）和脱水器两部分组成（如图3-26所示）。文氏管由进气管、收缩管、喷嘴、喉管、扩散管、连接管组成。脱水器也叫除雾器，上端有排气管，用于排出净化后的气体；下端有排尘管道接沉淀池，用于排出泥浆。文丘里除尘器的除尘过程，可分为雾化、并聚和脱水三个过程，前两个过程在文氏管内进行，后一个在脱水器内完成。文丘里除尘器，是一种高效湿式除尘器。其工作原理为：含尘气体

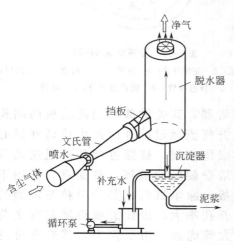

图3-26 文氏管除尘器

高速通过喉管，水在喉管处注入并被高速气流雾化，尘粒与液（水）滴之相互碰撞使尘粒被黏附。其结构简单，对 $0.5\sim5\ \mu m$ 的尘粒除尘效率可达 99% 以上，但为达到高效率，其喉部气速必须达到 $60\ m\cdot s^{-1}$ 以上，阻力降一般为 $1.5\sim5\ kPa$，动力消耗比较大，运转费用较高。该除尘器常用于高温烟气降温和除尘，也可用于吸收气体污染物。水气比一般为 $0.7\ L\cdot m^{-3}$，喷水孔的水流速度取 $10\sim15\ m\cdot s^{-1}$。

中国 20 世纪 80 至 90 年代的烟气除尘中，常在水膜除尘器之前安置一喉管低气速的文氏管，配套进行除尘（水膜塔作为脱水器）。如前述，随着排放标准的提高，已在陆续改造成较为高效的其他设备。

3.4.4.3 塔式除尘

常用的塔式除尘设备有湍球塔、泡沫塔、旋流板塔。

如图 3-27 所示为一湍球塔的结构示意图，它应用流化床原理，在塔内栅板间放置一定量的塑料空心球形填料，当通过的气速达到一定值时，小球悬浮起来，并产生翻腾旋转和相互碰撞运动，与逆流接触的气、液形成了剧烈的三相湍动，使球面液膜不断更新；此种设备内气液分布较均匀，接触面积大，且不易被固体及黏性物堵塞，因此能有效把气体中的尘粒捕集下来。

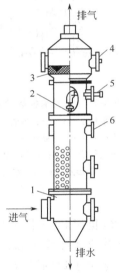

图 3-27　湍球塔的结构

1—栅板；2—喷嘴；3—除雾器；
4—人孔；5—供水管；6—视镜

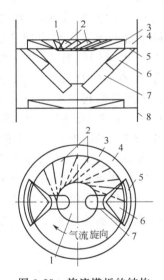

图 3-28　旋流塔板的结构

1—布液板；2—旋流叶片；3—罩筒；4—集液槽；5—溢流口；
6—异形接管；7—圆形溢流管；8—塔壁

漩流板塔是浙江大学研制成功的一种喷射型塔器，其关键部件旋流塔板的结构如图 3-28 所示。塔板形状如固定的风车叶片，上升气流通过叶片时产生旋转和离心运动，下流液体经中央布液板分配到各叶片，形成薄液层，被通过叶片间通道的气流喷成细小液滴，受离心力甩向塔壁，形成环绕塔壁旋转的液环，且受重力作用下流到集液槽；再通过降液管流到下一塔板的布液板。除尘机制主要是尘粒与液滴的惯性碰撞、离心分离和液膜（环）黏附等。由于开孔率大，因此旋流板塔具有负荷高（处理能力大）、压降低、不易堵和操作弹性大等优点。用于除尘，其效率可达 99%。

本章符号说明

符号	意义	计量单位
A	颗粒的表面积	m^2
A_0	降尘室的底面积	m^2
a	颗粒的比表面积	$m^2 \cdot m^{-3}$
B	降尘室的宽度	m
C	颗粒的质量浓度	$kg \cdot m^{-3}$
c	滤渣体积与滤液体积之比	
d	颗粒直径	m
F_D	阻力	N
H	降尘室的高度	m
K	过滤常数	$m^2 \cdot s^{-1}$
L	滤饼厚度	m
L_e	过滤介质的当量滤饼厚度	m
p	压力	Pa
q	通过单位面积的滤液体积	$m^3 \cdot m^{-2}$
q_e	通过单位面积的当量滤液体积	$m^3 \cdot m^{-2}$
r	滤饼比阻	m^{-2}
s	滤饼压缩指数	
u	流速	$m \cdot s^{-1}$
u_0	颗粒沉降速度	$m \cdot s^{-1}$
u_1	液体在滤饼层孔隙中流动的真速度	$m \cdot s^{-1}$
V	体积	m^3
V_e	过滤介质的当量滤液体积	m^3
ζ	阻力系数	
ψ	球形度	

习题

3-1　通常表示单个颗粒几何特性的参数有哪些？

3-2　如何获得颗粒群的平均特性参数？

3-3　为什么降尘室多做成扁平状？

3-4　评价旋风分离器性能的主要指标有哪两个？

3-5　试说出恒压和恒速过滤各有什么特点？

3-6　求直径为 60 μm 的石英颗粒（相对密度 2.65）在 20 ℃水中的沉降速度，又求它在 20 ℃空气中的沉降速度。

3-7　一种测定液体黏度的仪器由一钢球及玻璃筒组成，测试时筒内充被测液体，记录钢球下落一定距离的时间。球的直径为 6 mm，下落距离为 200 mm。测试一种糖浆时记下的时间间隔为 7.32 s。此糖浆的密度为 1.3 g·cm⁻³。钢的密度为 7.9 g·cm⁻³。求此糖浆的黏度。

3-8　若降尘室的高度为 H，某一尺寸的颗粒在其停留时间内下降的垂直距离为 h，则此一尺寸的颗粒能被分离的分数大约等于 h/H。求例 3-3 的降尘室中，直径为 50 μm 的氧化铁颗粒可从气流中分离出来的百分数。

3-9　速溶咖啡粉（密度 1.05 g·cm^{-3}）的直径为 60 μm，为 250 ℃的热空气带入旋风分离器中，进入时的切线速度为 20 m·s^{-1}。在器内的旋转半径为 0.5 m，求其径向沉降速度。同样大小的颗粒在同温度的静止空气中沉降时，其沉降速度应为多少？

3-10　拟采用降尘室回收常压炉气中所含的球形固体颗粒。降尘室底面积为 10 m^2，宽和高均为 2 m。操作条件下，气体的密度为 0.75 kg/m^3，黏度为 2.6×10^{-5} Pa·s；固体的密度为 3 000 kg/m^3；降尘室的生产能力为 3 m^3/s。试求：1）理论上能完全捕集下来的最小颗粒直径；2）粒径为 40 μm 的颗粒的回收百分率；3）如欲完全回收直径为 10 μm 的尘粒，在原降尘室内需设置多少层水平隔板？

3-11　拟在 9.81×10^3 Pa 的恒定压差下过滤某悬浮液。已知该悬浮液由直径为 0.1 mm 的球形颗粒状物质悬浮于水中组成，过滤时形成不可压缩滤饼，其空隙率为 60%，水的黏度为 1.0 mPa·s，过滤介质阻力可以忽略，若每获得 1 m^3 滤液所形成的滤饼体积为 0.333 m^3。试求：（a）每平方米过滤面积上获得 1.5 m^3 滤液所需的过滤时间；（b）若将此过滤时间延长一倍，可再得滤液多少？

3-12　在 0.04 m^2 的过滤面积上，以 1×10^{-4} m^3/s 的速率对不可压缩的滤饼进行过滤实验，测得的两组数据列于本题附表 1 中。今欲在框内尺寸为 635 mm×635 mm×60 mm 的板框过滤机内处理同一料浆，所用滤布与实验时的相同。过滤开始时，以与实验相同的滤液流速进行恒速过滤，至过滤压差达到 60 kPa 时改为恒压操作。每获得 1 m^3 滤液所生成的滤饼体积为 0.02 m^3。试求框内充满滤饼所需的时间。

3-13　某板框压滤机于进行恒压过滤 1 h 之后，共送出滤液 11 m^3，停止过滤后用 3 m^3 清水（其黏度与滤液相同）于同样压力下对滤饼进行横穿洗涤。求洗涤时间，假设滤布阻力可以忽略。

3-14　在实验室内用一片过滤面积为 0.05 m^2 的滤叶在 36 kPa 的绝压下进行试验（大气压为 101 kPa）。于 300 s 内共抽吸出 400 cm^3 滤液，再过 600 s，又另外抽吸出 400 cm^3 滤液。

（a）估算该过滤压力下的过滤常数 K。

（b）估算再收集 400 cm^3 滤液需要再用多少时间。

第4章 传　热

4.1　概　述

工业生产中的化学反应过程通常要求在一定的温度下进行，为此，必须适时地输入或输出热量。此外，在蒸发、蒸馏、干燥等过程中，也都需要按一定的速率输入或输出热量。在这类情况下，通常需尽量使其传热良好。还有另一种情况，如高温或低温下操作的设备、管道，则要求保温，以减少它们和外界的传热。还有热量的合理利用和废热的回收，也是十分重要的问题。这些都与热量传递（简称传热）有关。因此，传热是最常见的基本单元过程之一，了解和掌握传热的基本规律，在过程工程中具有很重要的意义。

4.1.1　传热的三种基本方式

热的传递是由于物体内部或物体之间的温度不同而引起的。热量总是自动地从温度较高的物体传给温度较低的物体；只有在消耗机械功的条件下，才有可能由低温物体向高温物体传递。本章只讨论前一种情况的传热。传热的基本方式有以下三种。

4.1.1.1　热传导

热量从物体内温度较高的部分传递到温度较低的部分，或者在相互接触物体之间从高温物体到低温物体的传递，称为热传导，简称导热。在纯导热过程中，物体各部分之间不发生相对位移。

从微观角度来看，气体、液体、导电固体和非导电固体的导热机理各有所不同。气体的导热是气体分子作不规则热运动时相互碰撞的结果。气体分子的动能取决于温度，即高温区的分子运动速度比低温区的大。能量水平较高的分子与能量水平较低的分子相互碰撞的结果，热量就由高温处传到低温处。固体中良好的导电体有很多的自由电子在晶格之间运动。正如这些自由电子能传导电能一样，它们也能将热能从高温处传递到低温处。而对非导电的固体，导热是通过晶格结构的振动（即原子、分子在其平衡位置附近的振动）来实现的。物体中温度较高部分的分子因振动而将能量的一部分传给相邻的分子，通过晶格振动传递能量要比依靠自由电子迁移传递能量慢，这就是良好的导电体往往是良好的导热体的原因。至于液体的导热机理，有一种观点认为它定性地和气体类似，只是液体分子间的距离比较近，分子间的作用力对碰撞过程的影响比气体大得多，因而变得更加复杂些。更多的研究者认为液体的导热机理类似于非导电体的固体，即主要靠原子、分子在其平衡位置的振动，只是振动的平衡位置间歇地发生移动。总的说来，关于导热过程的微观机理，目前仍不够清楚。本章中只讨论导热现象的宏观规律。

4.1.1.2　对流

对流是指流体各部分质点发生相对位移而引起的热量传递过程，因而对流只能发生在流体中。在工业生产中经常遇到的是流体流过固体表面时，热能由流体传到固体壁面，或者由固体壁面传入流体，这一过程称为对流给热。若用机械能（例如搅拌流体或用泵将流体送经导管）使流体发生对流而传热的称为强制对流给热。若流体原来是静止的，因受热而发生局部密度的变化，导致发生对流而传热的，则称为自然对流给热。

4.1.1.3 辐射

辐射是一种以电磁波传播能量的现象。物体会因各种原因发出辐射能，其中因热的原因而发出辐射能的过程称为热辐射。本章以后凡提到的辐射，一律指热辐射。物体在放热时，热能变为辐射能，以电磁波的形式发射而在空间传播，当遇到另一物体，则部分地或全部地被吸收，重新又转变为热能。因而辐射不仅是能量的转移，而且伴有能量形式的转化，这是热辐射区别于热传导和对流的特点之一。此外，辐射能可以在真空中传播，不需要任何物质做媒介。物体（固体、液体和某些气体）虽经常以辐射的方式传递热量，但是，一般只是在高温下辐射才成为主要的传热方式。

实际上，上述三种传热方式，很少单独存在，而往往是相互伴随着同时出现。如生产中经常遇到热量从热流体通过间壁（多为管壁）向冷流体传递的过程，亦称为热交换（换热）过程，它包括通过间壁的热传导和间壁两侧的对流给热；因其应用最为广泛，故以下讨论主要是这种传热过程。

4.1.2 传热速率

传热速率可用两种方式表示。

（1）热流量 Q　即单位时间内热流体通过全部传热面积传递给冷流体的热量，$J \cdot s^{-1}$ 或 W；

（2）热流密度（或热通量）q　单位时间、通过单位传热面积所传递的热量 $W \cdot m^{-2}$，即

$$q = dQ/dA \tag{4-1}$$

4.1.3 稳定传热和不稳定传热

稳定传热是指系统中各点的温度分布不随时间而改变的传热过程；此时各点的热流量不随时间而变，连续生产过程中的传热多可作为稳定传热。不稳定传热则是指系统中各点的温度既随位置又随时间而改变的传热过程。

4.2 热 传 导

4.2.1 热传导的数学描述及导热系数

4.2.1.1 傅立叶定律

物体内热流的产生，是由于存在温度梯度的结果，且热流的方向永远与温度降低的方向一致，即与温度梯度的方向相反。

导热的微观机理虽不够清楚，但其宏观规律可用傅立叶（Fourier）定律描述，即导热通量 q 与法向温度梯度成正比

$$q = \frac{dQ}{dA} = -\lambda \frac{\partial t}{\partial n} \tag{4-2}$$

式中　Q, q——单位时间内传导的热流量 W 和热通量 $W \cdot m^{-2}$；

　　　　A——导热面积，即垂直于热流方向的截面积，m^2；此面上各点的温度相等称为等温面；

　　　　λ——导热系数，$W \cdot m^{-1} \cdot K^{-1}$（或 $W \cdot m^{-1} \cdot ℃^{-1}$）；

　　　　$\dfrac{\partial t}{\partial n}$——法向温度梯度，偏导数的意义是指只考虑沿等温面法线方向上温度差异，$K \cdot m^{-1}$（或 $℃ \cdot m^{-1}$）。

式中负号表示热流方向与温度梯度的方向相反。

4.2.1.2 导热系数

导热系数（热导率）表示物质的导热能力，是物质的物理性质之一，其数值常和物质的组成、结构、密度、压力和温度等有关，可用实验方法求得。各种物质热导系数的大致范围列于表 4-1 中。可见金属的导热系数最大，非金属固体次之，液体的较小，而气体的最小。由此对金属材料、非金属材料、液体和气体的导热系数值可以有一个数量级的概念。下面分别叙述固体、液体和气体的导热系数。

表 4-1 物质导热系数的大致范围

物 质 种 类	导热系数/$W \cdot m^{-1} \cdot K^{-1}$	物 质 种 类	导热系数/$W \cdot m^{-1} \cdot K^{-1}$
纯金属	100~1 400	非金属液体	0.5~5
金属合金	50~500	绝热材料	0.05~1
液态金属	30~300	气体	0.005~0.5
非金属固体	0.05~50		

（1）固体的导热系数　金属是良好的导热体。纯金属的导热系数一般随温度升高而降低。金属的纯度对导热系数影响很大，例如纯铜中含有极微量的砷，其导热系数急剧下降。

非金属的建筑材料或绝缘材料的导热系数与其组成、结构的致密程度以及温度有关，通常 λ 值随密度的增大或温度的升高而增加。

大多数均一的固体，其导热系数在一定温度范围内与温度约成直线关系，可用下式表示

$$\lambda = \lambda_0 (1 + \alpha t)$$

式中　λ——固体在温度 t 时的导热系数，$W \cdot m^{-1} \cdot K^{-1}$；

λ_0——固体在 273 K（0 ℃）时的导热系数，$W \cdot m^{-1} \cdot K^{-1}$；

α——温度系数，K^{-1}。对大多数金属材料为负值，而对大多数非金属材料则为正值。

表 4-2 为常见固体的平均导热系数。

表 4-2 某些固体在 0~100 ℃时的平均导热系数

金 属 材 料			建筑和绝缘材料		
物　料	密度/$kg \cdot m^{-3}$	$\lambda/W \cdot m^{-1} \cdot K^{-1}$	物　料	密度/$kg \cdot m^{-3}$	$\lambda/W \cdot m^{-1} \cdot K^{-1}$
铝	2 700	204	混凝土	2 300	1.28
青铜	8 000	65	绒毛毡	300	0.046
黄铜	8 500	93	松木	600	0.14~0.38
铜	8 800	383	建筑用砖砌	1 700	0.7~0.8
铅	11 400	35	耐火砖砌	1 840	1.05
钢	7 850	45	绝缘砖砌	600	0.12~0.21
不锈钢	7 900	17	85%氧化镁粉	216	0.07
铸铁	7 500	45~90	锯木屑	200	0.07
银	10 500	411	软木	160	0.043
镍	8 900	88	玻璃	260	0.78
			石棉	600	0.15

（2）液体的导热系数　非金属液体以水的导热系数最大。除水和甘油外。绝大多数液体的导热系数随温度的升高而略有减小。一般说来，纯液体的导热系数比其溶液的导热系数

大。如图 4-1 所示为几种常见液体的导热系数及其与温度的关系。

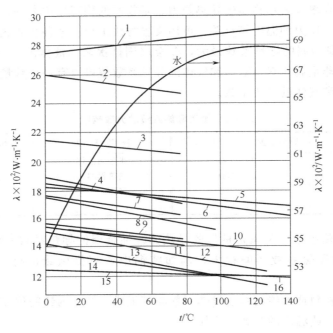

图 4-1 几种常见液体的导热系数及其与温度的关系

1—无水甘油；2—甲酸；3—甲醇；4—乙醇；5—蓖麻油；6—苯胺；7—乙酸；
8—丙酮；9—丁醇；10—硝基苯；11—异丙醇；12—苯；13—甲苯；
14—二甲苯；15—凡士林；16—水（用右面的比例尺）

　（3）气体的导热系数　气体的导热系数很小，不利于导热，因而对保温有利。如软木、玻璃棉等就是因其细小的空隙中有气体存在，其导热系数很小。气体的导热系数随温度升高而加大。除非气体的压力很高（大于 200 MPa）或很低（小于 2.7 kPa），其导热系数实际上与压力无关。如图 4-2 所示为几种气体的导热系数及其与温度的关系。

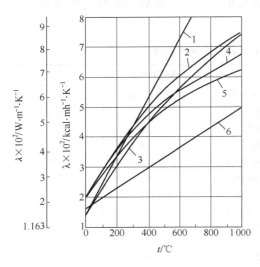

图 4-2　几种气体的导热系数及其与温度的关系

1—水蒸气；2—氧；3—二氧化碳；
4—空气；5—氮；6—氩

4.2.2　平壁的稳定热传导

　　若导热是在稳定的温度场中进行，则物体内各点温度 t 只是位置的函数，不随时间而变。因而对材料均匀的平壁，流经任一点的导热通量 dQ/dA 是定值。记为 Q/A，故式（4-2）可写成

$$Q = -\lambda A \frac{\partial t}{\partial n} \qquad (4\text{-}2a)$$

4.2.2.1　单层平壁的稳定热传导

　　如图 4-3 所示，设有一长和宽的尺寸与厚度相比可认为是无限大的平壁（称为无限平壁），则其温度只沿垂直于壁面的 x 轴方向发生变化，即所有等温面都是垂直于 x 轴的平面。若平壁的两个表面各维持在一定的温度 t_1 及 t_2，壁的厚度

用 b 表示，λ 随温度的变化可以忽略。边界条件为

$x=0$ 时，$t=t_1$；$x=b$ 时，$t=t_2$

由于温度只沿 x 轴方向发生变化，将式（4-2a）中 $\partial t/\partial n$ 改为 $\mathrm{d}t/\mathrm{d}x$ 并积分，可得

$$Q=\lambda A(t_1-t_2)/b \qquad (4\text{-}3)$$

由上式可见，单位时间内通过平壁传递的热量，与导热面积、导热系数及平壁两侧的温度差成正比，而与平壁的厚度成反比。

式（4-3）可改写为以下形式

$$Q=\frac{t_1-t_2}{b/(\lambda A)}=\frac{\Delta t}{R} \qquad (4\text{-}3a)$$

上式与电学中的欧姆定律（电流＝电动势/电阻）类似，温度差即为导热的推动力，而 $R=b/(\lambda A)$ 则为导热的热阻。

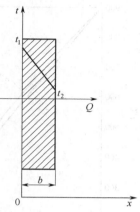

图 4-3 单层平壁的热传导

例 4-1 厚度为 230 mm 的砖壁，内壁温度为 600 ℃，外壁温度为 150 ℃。砖壁的导热系数可取为 $1.0\ \mathrm{W\cdot m^{-1}\cdot K^{-1}}$（即 $1.0\ \mathrm{W\cdot m^{-1}\cdot ℃^{-1}}$），试求砖壁的导热通量。

解 由式（4-3）

$$Q/A=\lambda(t_1-t_2)/b=1.0\times(600-150)/0.23=1\ 960\ \mathrm{W\cdot m^{-2}}$$

在工程计算中，导热系数通常可取平均温度下的数值，并将其作为常数处理。所以单层平壁内的温度分布可看成是直线。实际上，导热系数随温度略有变化，因而平壁内的温度分布略呈弯曲。

例 4-2 已知平壁厚 500 mm，$t_1=900$ ℃，$t_2=250$ ℃，导热系数 $\lambda=1.0(1+0.001t)$ $\mathrm{W\cdot m^{-1}\cdot K^{-1}}$，试求平壁内的导热通量及其温度分布。（a）导热系数按平壁的平均温度 t_m 取为常数；（b）考虑导热系数随温度而变化。

解 （a）导热系数按平壁的平均温度 t_m 取为常数。

$$t_\mathrm{m}=(900+250)/2=575\ ℃$$

导热系数的平均值

$$\lambda_\mathrm{m}=1.0(1+0.001\times575)=1.575\ \mathrm{W\cdot m^{-1}\cdot K^{-1}}$$

导热通量

$$q=Q/A=\lambda_\mathrm{m}(t_1-t_2)/b$$
$$=1.575\times(900-250)/0.5=2\ 050\ \mathrm{W\cdot m^{-2}}$$

在稳定导热过程中，任一等温面上的 t 不随时间而变化，即输入各等温面的热量与由各等温面输出的热量相等。若以 x 表示沿壁厚方向上的距离，在 x 处等温面上的温度为 t，则：

$$q=\frac{t_1-t_2}{b/\lambda_\mathrm{m}}=\frac{t_1-t}{x/\lambda_\mathrm{m}}$$

因此平壁内的温度分布可用下式表示

$$t=900-qx/\lambda_\mathrm{m}=900-2\ 050x/1.575=900-1\ 300x \qquad (\text{a})$$

当 $x=0$ 时，$t=t_1=900$ ℃；当 $x=0.5$ 时，$t=t_2=250$ ℃。在直角坐标上将此两点相连而得

的直线就是导热系数为常数时的温度分布线。如图 4-4 所示。

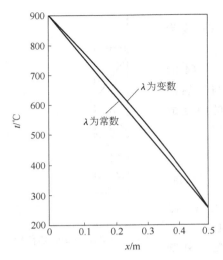

图 4-4 例 4-2 附图

（b）导热系数如取为温度的线性函数

$$q = -1.0(1+0.001t)\frac{\mathrm{d}t}{\mathrm{d}x}$$

分离变量并积分

$$-q\int \mathrm{d}x = \int(1+0.001t)\mathrm{d}t$$

$$qx = -(t+0.001t^2/2)+C \qquad (b)$$

将边界条件代入上式

当 $x=0$，$t=t_1$，得

$$0 = -(t_1+0.001t_1^2/2)+C \qquad (c)$$

当 $x=b$，$t=t_2$，得

$$qb = -(t_2+0.001t_2^2/2)+C \qquad (d)$$

式（d）减式（c）消去 C，经整理得

$$q = \frac{1}{b}\left[1+0.001\left(\frac{t_1+t_2}{2}\right)\right](t_1-t_2)$$

将 $b=0.5$ m、$t_1=900$ ℃，$t_2=500$ ℃代入上式得

$$q = \frac{1}{0.5}\left[1+0.001\left(\frac{900+250}{2}\right)\right](900-250) = 2\,048 \ \text{W} \cdot \text{m}^{-2}$$

由式（c） $C=1\,305$

代入温度分布式（b）

$$(0.001/2)t^2 + t - (1\,305 - 2\,048x) = 0$$

$$t = -1\,000 \pm (\sqrt{3.61 - 4.1x}) \times 10^3$$

舍去负值，计算平壁内的温度分布，结果列表如下

距离 x/m	0	0.1	0.2	0.3	0.4	0.5
温度 t/℃	900	789	670	543	404	250
[按温度直线分布式(a)]	900	770	640	510	380	250

按此温度分布作出之曲线见图 4-4。由图可见，取平均温度下的导热系数值作为常数处理，在工程上是可行的（尤其是计算 q）。

4.2.2.2 多层平壁的稳定热传导

若平壁由多层不同厚度、不同导热系数的材料串联组成，其间接触良好，如图 4-5（以三层平壁为例）所示。设各层的厚度分别为 b_1、b_2 及 b_3，导热系数分别为 λ_1、λ_2 及 λ_3，壁的面积皆为 A，又各层的温度降分别为 $\Delta t_1 (=t_1-t_2)$、$\Delta t_2 (=t_2-t_3)$ 及 $\Delta t_3 (=t_3-t_4)$。由于在稳定导热过程中，通过各层的热流量相等，故

$$\left. \begin{aligned} Q &= \lambda_1 A \frac{t_1-t_2}{b_1} = \frac{\Delta t_1}{b_1/(\lambda_1 A)} = \frac{\Delta t_1}{R_1} \\ &= \lambda_2 A \frac{t_2-t_3}{b_2} = \frac{\Delta t_2}{b_2/(\lambda_2 A)} = \frac{\Delta t_2}{R_2} \\ &= \lambda_3 A \frac{t_3-t_4}{b_3} = \frac{\Delta t_3}{b_3/(\lambda_3 A)} = \frac{\Delta t_3}{R_3} \end{aligned} \right\} \qquad (4-4)$$

应用合比定律可得

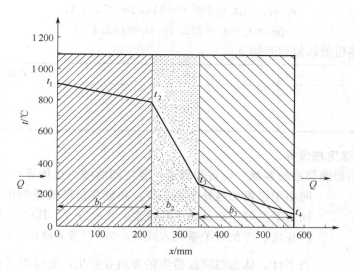

图 4-5　多层平壁的热传导

$$Q=\frac{\Delta t_1+\Delta t_2+\Delta t_3}{b_1/(\lambda_1 A)+b_2/(\lambda_2 A)+b_3/(\lambda_3 A)}=\frac{\Delta t_1+\Delta t_2+\Delta t_3}{R_1+R_2+R_3}=\frac{t_1-t_4}{\sum\limits_{i=1}^{3}R_i} \tag{4-5}$$

推广到 n 层平壁

$$Q=\frac{t_1-t_{n+1}}{\sum\limits_{i=1}^{n}R_i} \tag{4-5a}$$

由式（4-5a）可见，多层平壁导热的推动力为总温度差，而总热阻 $\sum R$ 即为各层热阻之和。由式（4-4）可知各层平壁的温度差 Δt_i 与其热阻 R_i 成正比。这与电学中欧姆定律用于串联电阻时类似。这一点在今后对传热的分析中很重要。

例 4-3　有一炉壁，由下列三种材料组成

耐火砖　$\lambda_1=1.4\ \text{W}\cdot\text{m}^{-1}\cdot\text{K}^{-1}$，$b_1=230\ \text{mm}$

保温砖　$\lambda_2=0.15\ \text{W}\cdot\text{m}^{-1}\cdot\text{K}^{-1}$，$b_2=115\ \text{mm}$

建筑砖　$\lambda_3=0.8\ \text{W}\cdot\text{m}^{-1}\cdot\text{K}^{-1}$，$b_3=230\ \text{mm}$

今测得其内壁温度为 900 ℃，外壁温度为 80 ℃，求单位面积的热损失和各层接触面上的温度。

解　由式（4-5）

$$Q=\frac{\Delta t_1+\Delta t_2+\Delta t_3}{b_1/(\lambda_1 A)+b_2/(\lambda_2 A)+b_3/(\lambda_3 A)}$$

令 $A=1\ \text{m}^2$　$Q=\dfrac{900-80}{0.23/(1.4\times1)+0.115/(0.15\times1)+0.23/(0.8\times1)}$

$$=\frac{820}{0.164+0.767+0.288}=673\ \text{W}$$

由式（4-4）得

$$\Delta t_1=QR_1=673\times0.164=110.4\ \text{℃}$$

$$t_2=t_1-\Delta t_1=900-110.4=789.6\ \text{℃}$$

$$\Delta t_2=QR_2=673\times0.767=516.2\ \text{℃}$$

$$t_3 = t_2 - \Delta t_2 = 789.6 - 516.2 = 273.4 \ ℃$$

$$\Delta t_3 = t_3 - t_4 = 273.4 - 80 = 193.4 \ ℃$$

各层温降和热阻的数值列表如下

	温降/℃	热阻/℃·W^{-1}
耐火砖	110.4	0.164
保温砖	516.2	0.767
建筑砖	193.4	0.288

4.2.3 圆筒壁的稳定热传导

生产中常常用到圆筒形的容器、设备和管道。经过圆筒壁的热传导,如图 4-6 所示,此时由于圆筒的内外半径不等,热流穿过圆筒壁的传热面积 A 不再是固定不变的,而是随半径改变:$A = 2\pi r l$,其中 r 为半径,l 为圆筒的长度。将此项关系代入式(4-3a),若 l 很长,沿轴向的导热可略去不计,认为温度仅沿半径方向有变化,则可用 $\dfrac{\mathrm{d}t}{\mathrm{d}r}$ 替代 $\dfrac{\partial t}{\partial n}$,得

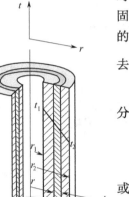

$$Q = -\lambda A \mathrm{d}t/\mathrm{d}r = -2\pi r l \lambda \mathrm{d}t/\mathrm{d}r$$

分离变量 r 及 t,进行积分

$$Q \int_{r_1}^{r_2} \frac{\mathrm{d}r}{r} = -2\pi \lambda l \int_{t_1}^{t_2} \mathrm{d}t$$

$$Q \ln(r_2/r_1) = 2\pi \lambda l (t_1 - t_2)$$

或

$$Q = 2\pi \lambda l \frac{t_1 - t_2}{\ln(r_2/r_1)} = \frac{t_1 - t_2}{\ln(r_2/r_1)/(2\pi \lambda l)} = \frac{t_1 - t_2}{R} \qquad (4-6)$$

式中温差 $t_1 - t_2$ 为推动力,$R = \ln(r_2/r_1)/2\pi \lambda l$ 为热阻。

图 4-6 圆筒壁的热传导　　式(4-6)也可以改写成类似平壁导热(4-3)的形式

$$Q = \frac{2\pi l (r_2 - r_1) \lambda (t_1 - t_2)}{(r_2 - r_1)\ln(r_2/r_1)} = \lambda A_m \frac{t_1 - t_2}{b} = \frac{t_1 - t_2}{b/(\lambda A_m)} = \frac{t_1 - t_2}{R} \qquad (4-6a)$$

式中,$b = r_2 - r_1$,为圆筒壁的厚度。平均面积 $A_m = 2\pi l r_m$,而 $r_m = (r_2 - r_1)/\ln(r_2/r_1)$,称为对数平均半径,其值小于算术平均半径 $r_{am} = (r_2 + r_1)/2$;但当 $r_2/r_1 < 2$ 时,对数平均值与算术平均值相差小于 4%。在工程计算中,可取算术平均值代替对数平均值。

热阻可按 $\ln(r_2/r_1)/(2\pi l\lambda)$ 或 $b/(\lambda A_m)$ 来计算。

对层与层间接触良好的多层圆筒壁,如图 4-7(以三层圆筒壁为例)所示,各层的导热系数分别为 λ_1、λ_2 及 λ_3,厚度为 b_1、b_2 及 b_3。由式(4-6)或式(4-6a),与多层平壁的稳定导热计算式(4-5)相类比,得

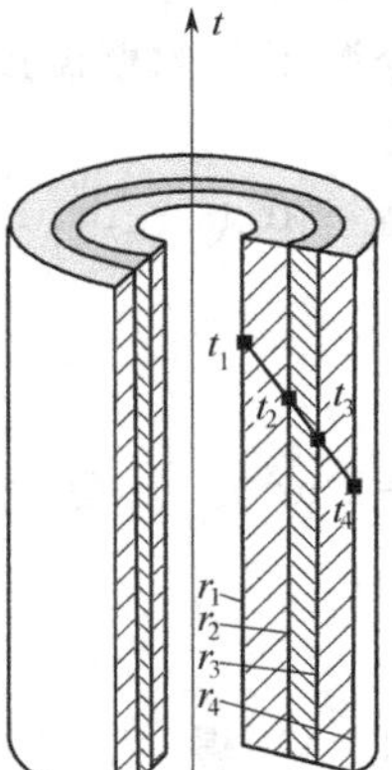

$$Q = \frac{\Delta t_1 + \Delta t_2 + \Delta t_3}{R_1 + R_2 + R_3} = \frac{t_1 - t_4}{R_1 + R_2 + R_3}$$

$$= \frac{t_1 - t_4}{b_1/(\lambda_1 A_m) + b_2/(\lambda_2 A_m) + b_3/(\lambda_3 A_m)} \qquad (4-7)$$

图 4-7 多层圆筒壁的热传导

对 n 层圆筒壁

$$Q = \frac{t_1 - t_{n+1}}{\sum\limits_{i=1}^{n} b_i/(\lambda_i A_{mi})} = \frac{t_1 - t_{n+1}}{\sum\limits_{i=1}^{n} \ln(r_{i+1}/r_i)/(2\pi\lambda_i)} \tag{4-7a}$$

由式（4-7a）可见，与多层平壁之式（4-5）一样，圆筒壁导热的总推动力亦为总温度差，总热阻亦为各层热阻之和，只是计算各层热阻所用的传热面积不相等，而应采用各自的平均面积。

由于各层圆筒的内外表面积均不相等，所以在稳定导热时，单位时间通过各层的导热量 Q 虽然相同，但热通量 q 却不相同，在半径为 r_1、r_2、r_3 及 r_4 处有以下关系

$$Q = 2\pi r_1 l q_1 = 2\pi r_2 l q_2 = 2\pi r_3 l q_3 = 2\pi r_4 l q_4$$

或

$$r_1 q_1 = r_2 q_2 = r_3 q_3 = r_4 q_4$$

式中，q_1、q_2、q_3、q_4 分别为半径 r_1、r_2、r_3、r_4 处的热通量。

例 4-4 $\phi 50\ \mathrm{mm} \times 5\ \mathrm{mm}$ 的不锈钢管，导热系数 λ_1 为 $16\ \mathrm{W \cdot m^{-1} \cdot K^{-1}}$，外包厚 30 mm 的石棉，导热系数 λ_2 为 $0.2\ \mathrm{W \cdot m^{-1} \cdot K^{-1}}$。若管内壁温度为 350 ℃，保温层外壁温度为 100 ℃，试计算每米管长的热损失。

解 不锈钢管内半径 $r_1 = 40/2 = 20\ \mathrm{mm}$，外半径 $r_2 = 50/2 = 25\ \mathrm{mm}$，$r_2/r_1 < 2$，故可按算术平均求每米管长的平均面积

$$A_{m1} = 2\pi r_{m1} \times 1 = 2\pi(0.025 + 0.02)/2 = 0.141\ \mathrm{m^2}$$

石棉层内半径 $r_2 = 25\ \mathrm{mm}$，外半径 $r_3 = 55\ \mathrm{mm}$，$r_3/r_2 > 2$，需按对数平均计算导热面积

$$r_{m2} = \frac{0.055 - 0.025}{\ln(0.055/0.025)} = 0.038\ \mathrm{m}$$

$$A_{m2} = 2\pi r_{m2} \times 1 = 0.239\ \mathrm{m^2}$$

每米管长的热损失为

$$\frac{Q}{L} = \frac{\Delta t}{\dfrac{b_1}{\lambda_1 A_{m1}} + \dfrac{b_2}{\lambda_2 A_{m2}}} = \frac{350 - 100}{\dfrac{0.005}{16 \times 0.141} + \dfrac{0.03}{0.2 \times 0.239}}$$

$$= \frac{250}{0.002\,2 + 0.627\,4} = \frac{250}{0.629\,6} = 397\ \mathrm{W \cdot m^{-1}}$$

4.3 对流给热

对流给热特指流体与固体壁面之间的热量传递过程，简称为给热。对于流体沿壁面作湍流运动的情况，流体质点因杂乱运动会从湍流主体移到靠近壁面，然后离去（参看 1.3.2 湍流脉动现象）。当流体温度 t 高于壁面温度 t_w，会将热量带给壁面；当 $t < t_w$，则从壁面带走热量。另一方面，还因 $t \neq t_w$，从壁面到流体主体存在温度梯度而发生热传导；尤其是紧贴壁面的层流底层中，没有传热方向（即与壁面垂直）的质点运动，仅能依靠传导来传热。因此给热是对流与传导联合作用的一种传热方式；其中流体质点直接携带热量的对流，热阻要比流体中的导热热阻小得多。

如图 4-8 所示为工业中常见的情况：热、冷流体通过传热设备间壁进行传热。它包括三个步骤。

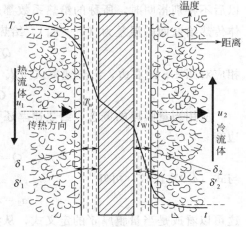

图 4-8　热冷流体通过间壁传热过程

① 热流体以给热方式将热量传给壁面；

② 热量以传导方式通过间壁；

③ 间壁另一边的壁面以给热方式传热给冷流体。

图中还示出温度分布情况。根据多层串联热阻中各层的温差与其热阻成正比［式(4-4)］，给热的湍流主体中质点携带热量的热阻小，温差也小，温度分布相当平坦；在层流底层中，只能靠热阻大的传导，温度分布陡峭；在两者之间的过渡区，温度分布由平坦过渡到陡峭——温度梯度 dt/dy 随着离壁距离 y 逐渐变化。从以上温度分布情况可以了解热阻的分布情况。

层流底层很薄，通常形象地称之为膜，在图 4-8 中示出热流体的膜厚为 δ_1，冷流体的膜厚为 δ_2（图中将膜厚都放大了很多倍）。图中的 δ'_1 及 δ'_2 则为当量膜厚或称为有效膜厚，其热阻相当于层流底层加上过渡区和湍流区的全部热阻之和。

以下讨论给热热阻或给热速率的有关问题。

4.3.1 给热系数

给热的速率与许多因素有关。如影响膜厚的，有流体的速度、黏度、密度及壁面的几何特性（可组合成雷诺数）；影响膜内传热性能的，有导热系数等热物性。目前采用较为简单的处理办法是应用牛顿冷却定律

$$q = \alpha(t_w - t) \tag{4-8}$$

它表明给热通量 q 与壁面-流体主体间的温差 $(t_w - t)$ 成正比（相对于图 4-8 右边壁面传热给流体的情况），比例系数 α 称为给热系数或膜系数；倒数 $1/\alpha$ 代表给热的热阻。式 (4-8) 将给热的复杂性都集中在 α 上了，今后将分别不同情况去求取 α。

其实式（4-8）也可应用于流体对壁面加热，此时相当于图 4-8 左边的情况

$$q = \alpha(T - T_w) \tag{4-8a}$$

在给热时流体的温度是变化的（无相变时），物性随之变化，故 α 沿传热壁面而变化，即 α 是一种局部性质的系数。但是，在应用时以对全部传热面积 A 平均的给热系数为便。由于一般情况下物性随温度的变化不是很大，取某一平均温度下的值在工程上是可行的。于是将给热速率式改写成

$$Q = \alpha A(t_w - t) \tag{4-9}$$

以后不特别指明时，所称的给热系数都是指这种对传热面的平均值。对图 4-8 的左边，热流体传热给壁面的温差为 $(T - T_w)$，给热速率式写成

$$Q = \alpha_1 A(T - T_w) \tag{4-9a}$$

相应对图 4-8 的右边，给热速率式写成

$$Q = \alpha_2 A(t_w - t) \tag{4-9b}$$

应用当量膜厚的概念，给热速率还可用通过这层膜的导热速率来表示。如对图 4-8 的右边有

$$Q = (\lambda_2/\delta'_2)A(t_w - t) \tag{4-10}$$

与式（4-9）比较，可知

$$\alpha_2 = \lambda_2/\delta'_2 \quad \text{或} \quad \delta'_2 = \lambda_2/\alpha_2 \tag{4-11}$$

这可以看成是当量膜厚 δ' 的定义式，从实验测得的 λ 和 α，可以算出 δ'。显然，若流体的速度加大或黏度减小（Re 增大），都会使层流底层及当量膜厚减薄，给热系数将增大。

4.3.2 影响给热的主要因素

影响给热的因素很多，但总体而言，这些影响因素可以分为五个方面。

4.3.2.1 引起对流的原因

引起对流的原因可分为强制对流和自然对流两大类。流体因用泵、风机输送或受搅拌等外力作用产生流动时，称为强制对流。由于流体内部存在温度差，使各部分流体的密度发生差异而引起的流体流动，称为自然对流，其所导致的传热称为自然对流给热。这两类对流给热的流动成因不同，所遵从的规律也不同。有时两种对流都需要考虑，这种情况则称为混合对流给热。

4.3.2.2 流体的流动型态

图 4-8 描述的是湍流情况。对于层流，传热需依靠热阻大的导热；只有自然对流会附加一些传热方向上（垂直于壁面）的质点运动而增大传热速率。总的来说，层流时的给热系数明显比湍流时小。

4.3.2.3 流体的物理性质

前已提及，雷诺数 Re 的大小影响膜厚，而 Re 中含有流体的黏度、密度。导热系数则直接影响膜的传热性能。对于自然对流给热，体膨胀系数的大小会影响对流的强弱。还有其他一些物性将在涉及时提到。

4.3.2.4 传热面的几何因素

传热表面的形状、大小、流体与传热面作相对运动的方向以及传热面的表面状况也是影响给热的重要因素。对于强制对流，还可将流体的流动分为内部流动（如圆管内、套管环隙的强制对流）和外部流动（如圆管外部或管束间的强制对流）两类。

4.3.2.5 流体有无相态变化

前述的情况都是流体作单相流动，依靠流体的显热变化实现给热；而在有相变的对流传热过程中（如沸腾和冷凝）时，流体的流动状况有了新的特点，还有相变潜热起到了重要作用，其传热机理也不相同。

表 4-3 示出几种常见情况下给热系数的大致范围。由表可见，不同情况下的给热系数可以有很大的差别。

表 4-3 给热系数的大致范围

给热情况	给热系数/$W \cdot m^{-2} \cdot K^{-1}$	给热情况	给热系数/$W \cdot m^{-2} \cdot K^{-1}$
空气自然对流	5～25	油类的强制对流	50～1 500
气体强制对流	20～100	水蒸气的冷凝	5 000～15 000
水的自然对流	200～1 000	有机蒸气的冷凝	500～2 000
水的强制对流	1 000～15 000	水的沸腾	2 500～25 000

4.3.3 给热系数与量纲分析

4.3.3.1 获得给热系数的方法

研究给热的主要目的是要揭示其主要影响因素及其内在联系，并得出给热系数 α 的具体计算式。由于给热现象相当复杂，影响 α 的因素很多，牛顿冷却公式只能看作是 α 的一个定义式，它并没有揭示有关影响因素与 α 的内在联系。目前，获得 α 表达式的方法有以下几个途径。

（1）分析法　分析法指的是：对描写某一类给热问题的偏微分方程及其定解条件进行数学求解，获得特定问题的速度场和温度场，从而获得给热系数和传热速率的分析解。这种方法有可能深刻揭示有关物理量对给热速率的影响程度，是研究给热问题的基础理论方法。然而，由于数学上的困难，目前只能得到个别简化的给热问题的理论分析解。这方面的内容较为深入，在传热学或化工传递过程的专著中有论述。

（2）实验法　通过实验获得给热的计算公式，仍然是目前工程计算的主要依据。为了减少实验工作量，提高实验结果的通用性，应当在量纲分析法的指导下进行。

（3）类比法　类比法是通过研究动量传递与热量传递的类似性，建立给热系数与流动的阻力系数之间相互关系。这种方法通过比较容易用实验方法测定的阻力系数来获得相应的给热系数。其依据是动量传递与热量传递在机理上的类似性，曾用于获得湍流的给热系数表达式。然而，随着实验测试技术和计算技术的迅速发展，近年来这一方法已较少应用，但对于理解和分析对给热过程仍有借鉴意义。

（4）数值法　给热的数值求解法是将对给热的偏微分方程离散化，用代数方法进行求解而得到给热系数和给热速率的方法。在近二十年里，这种方法得到了迅速发展。很多工程问题必须借助于数值方法才有可能进行分析，如气化炉内的燃烧和流动等复杂的给热问题。求解的直接结果是流体中的温度分布。如何将流体中的温度分布与给热系数关联起来是问题的重要方面。

4.3.3.2　量纲分析法

量纲分析法是将众多的影响因素（物理量）整理成若干个无量纲数群，然后通过实验确定这些特征数之间的关系。在第 1 章中用量纲分析法求得湍流情况下阻力损失的特征数关系式，这里用同样的方法得出给热的特征数关联式。

根据前面的了解，单相流体的给热系数与下列各因素有关：设备的特征尺寸 l、流速 u、流体的密度 ρ、黏度 μ、定压比热容 c_p、导热系数 λ 及浮升力 $g\beta\Delta t$（其中 β 为体积膨胀系数），浮升力 $g\beta\Delta t$ 反映了流体因温度差引起密度变化而产生的浮力。因而，在这种情况下，给热系数可以表示为

$$\alpha = f(u, l, \mu, \lambda, \rho, c_p, g\beta\Delta t) \tag{4-12}$$

在一定范围内，此函数可以用待定指数函数表示

$$\alpha = K u^a l^b \mu^c \lambda^d \rho^e c_p^f (g\beta\Delta t)^k \tag{4-13}$$

通过量纲分析可以得到

$$\frac{\alpha l}{\lambda} = K\left(\frac{lu\rho}{\mu}\right)^a \left(\frac{c_p\mu}{\lambda}\right)^f \left(\frac{l^3\rho^2 g\beta\Delta t}{\mu^2}\right)^k \tag{4-14}$$

将上式以特征数符号的函数式写出，即

$$Nu = f(Re, Pr, Gr) \tag{4-15}$$

上式表示单相流体给热系数的特征数关系式，即将原来含有 8 个变量之间的关系式减少成 4 个特征数的关系式。各特征数的名称和涵义见表 4-4。

表 4-4　特征数的名称和涵义

特征数的符号意义			
特征数式	特征数名称	符　号	涵　义
$\dfrac{\alpha l}{\lambda}$	努塞尔（Nusselt）数	Nu	含给热系数的特征数
$\dfrac{lu\rho}{\mu}$	雷诺（Reynolds）数	Re	表示流动型态（或惯性力）影响的特征数
$\dfrac{c_p\mu}{\lambda}$	普朗特（Prandtl）数	Pr	表示物性影响的特征数
$\dfrac{l^3\rho^2 g\beta\Delta t}{\mu^2}$	格拉晓夫（Grashof）数	Gr	表示自然对流影响的特征数

表中所列的特征数都是对流传热问题中常见的无量纲数群，了解其物理意义有助于掌握和理解对流传热现象的内在机理。对于不同的传热情况，特征数方程还可以简化。

对于强制湍流给热，自然对流的影响可以忽略，特征数关联式变为

$$Nu = f(Re, Pr) \tag{4-15a}$$

对于层流和过渡流区的强制对流传热，浮升力的影响不能忽略，特征数关联式需以式（4-15）表示。

对于自然对流给热，没有定向速度（一定方向的速度），可略去惯性力的影响而将特征数方程写为

$$Nu = f(Pr, Gr) \tag{4-15b}$$

特征数方程的具体关联需要根据实验来确定，对于不同的实验条件和数据整理过程，所得到的特征数方程形式也不同。用实验方法来确定准数方程的具体形式中需要注意以下的问题。

前已提及，给热过程中流体温度沿流动方向逐渐变化，其物性参数一般也随之变化，因此在处理实验数据时就要选取一个有代表性的温度作为确定物性参数的基准温度，这一温度称为**定性温度**，其选取依据原则上是有一定物理意义的温度平均值。又在特征数中表征传热面几何特征的长度量，称为**特征长度**；在传热设备中，通常取对流动与传热有主要影响的某一几何尺寸；如管内流动的给热一般取管内径，在管外或管束间流动的给热一般取管外径作为特征长度。在特征数中所包含的速度称为**特征速度**，一般也是根据具体情况选用有意义的流速；如管内流动时，一般取管内平均速度作为特征速度。

下面分四种情况来讨论给热系数的实验关联式。

- 强制对流时的给热系数
- 自然对流时的给热系数
- 蒸气冷凝时的给热系数
- 液体沸腾时的给热系数。

后两种属于有相变化的传热。

4.3.4　流体在管内作强制对流的给热系数

4.3.4.1　流体在圆形直管内作强制湍流

在这种情况下，给热系数的特征数关系式 $Nu = f(Pr, Re)$ 可简化成

$$Nu = CRe^m Pr^n \tag{4-16}$$

许多研究者通过大量的实验发现，当 $Re \geqslant 10\,000$，$Pr = 0.6 \sim 160$，管长和管径之比 $l/d > 50$ 时，对管壁温度和流体平均温度相差不大的情况（所谓温差不大，其数值概念取决于流体黏度随温度变化的大小而定。对水而言，一般与壁面温差不超过 $20 \sim 30\ ℃$，对黏度随温度变化很大的油类则不超过 $10\ ℃$），可采用下式计算

$$Nu = 0.023 Re^{0.8} Pr^n \tag{4-17}$$

即

$$\frac{\alpha d}{\lambda} = 0.023 \left(\frac{du\rho}{\mu}\right)^{0.8} Pr^n \tag{4-17a}$$

式中，特征长度规定为管内径 d，定性温度为流体进出口温度的算术平均值。当流体被加热时，$n = 0.4$；当流体被冷却时，$n = 0.3$。这一差别主要是由于温度对层流底层中流体黏度的影响所引起。对主体温度相同的同一种流体，当液体被加热时，它在邻近管壁处的温度较高，黏度较小，因而层流底层较薄而 α 较大；相反，当液体被冷却时，它在壁面附近的温度较低，黏度较大，层流底层较厚，使 α 较小。至于气体，黏度和导热系数均随温度升高而增加，结果气体

的 Pr 基本上不随温度而变。对空气或其他对称双原子气体，$Pr \approx 0.7$。式（4-17）可简化为

$$Nu = 0.02Re^{0.8} \tag{4-17b}$$

对于短管，由于管的入口处扰动较大，α 较大，因此由式（4-17a）所得 α 值偏低，当 $l/d < 30 \sim 40$ 时，需将它乘以校正系数 $1.02 \sim 1.07$。当壁温与流体主体温度间的温差较大，超出前面所述的温差范围时，近管壁与管中心的流体黏度相差亦大，加热和冷却时的区别更大，这时对流传热的关联式中，需加入一个包括壁温下的黏度的校正项，按下式计算可得较为满意的结果。

$$Nu = 0.027Re^{0.8}Pr^{0.33}(\mu/\mu_w)^{0.14} \tag{4-18}$$

式中，除 μ_w 取壁温下流体黏度，其他物理性质均按流体进、出口算术平均温度取值。

例 4-5　101.3 kPa 下，空气在内径 25 mm 的管中流动，温度由 180 ℃ 升高到 220 ℃，平均流速为 15 m·s^{-1}，试求空气与管内壁之间的给热系数。

解　在 $(180+220)/2 = 200$ ℃ 及 101.3 kPa 下，空气的物性由附录表 6 查得

$$c_p = 1.034 \text{ kJ·kg}^{-1}\text{·K}^{-1}, \quad \lambda = 0.039\,3 \text{ W·m}^{-1}\text{·K}^{-1},$$
$$\mu = 2.6 \times 10^{-5} \text{ Pa·s}, \quad \rho = 0.746 \text{ kg·m}^{-3}$$
$$Pr = 0.680$$
$$Re = du\rho/\mu = (0.025 \times 15 \times 0.746)/(2.6 \times 10^{-5}) = 10\,760$$

流动为湍流，应用式（4-17）

$$Nu = 0.023Re^{0.8}Pr^{0.4} = 0.023(10\,760)^{0.8}(0.68)^{0.4}$$
$$= 0.023 \times 1\,680 \times 0.856 = 33.1$$
$$\alpha = \lambda Nu/d = 0.039\,3 \times 33.1/0.025 = 52 \text{ W·m}^{-2}\text{·K}^{-1}$$

4.3.4.2　流体在圆形直管中作强制层流

流体在圆形直管中作层流流动时，如果传热不影响速度分布，则热量传递完全靠导热的方式进行。实际情况比较复杂，因为流体内部有温差存在，必然附加有自然对流传热。只有在管径小和温差不大的情况下，即 $Gr < 25\,000$ 时，自然对流传热的影响才可以忽略。对这种情况，文献推荐求 α 的特征数关联式为

$$Nu = 1.86Re^{1/3}Pr^{1/3}\left(\frac{d}{l}\right)^{1/3}\left(\frac{\mu}{\mu_w}\right)^{0.14} \tag{4-19}$$

上式适用范围为：$Re < 2\,300$，$6\,700 > Pr > 0.6$，$RePr(d/l) > 10$。当 $Gr > 25\,000$ 时，忽略自然对流传热的影响，往往会造成很大的误差。此时式（4-19）右端应乘一校正因子 f

$$f = 0.8(1 + 0.015Gr^{1/3}) \tag{4-20}$$

式中，除 μ_w 是按壁温取值外，定性温度为流体进、出口的算术平均值。特征长度为管内径。在换热器设计中，应尽量避免在层流条件下进行传热，因为此时给热系数很小。

4.3.4.3　圆形直管中过渡流

当 $Re = 2\,300 \sim 10\,000$ 之间时，还没有可靠的计算公式可用。作为粗略估计，可用湍流的公式（4-17）算出 α 值，然后乘以校正系数 f'

$$f' = 1 - (6 \times 10^5)/Re^{1.8} \tag{4-21}$$

4.3.4.4　弯曲管道内的给热系数

流体在弯管内流动时，会因离心力而造成二次环流，使扰动加剧。其结果是使给热系数加大，实验表明弯管中的 α' 约为直管中的 $(1 + 1.77d/R)$ 倍，即

$$\alpha' = (1 + 1.77d/R)\alpha \tag{4-22}$$

式中　α'——弯管中的给热系数，$\text{W} \cdot \text{m}^{-2} \cdot \text{K}^{-1}$；

　　　α——直管中的给热系数，$\text{W} \cdot \text{m}^{-2} \cdot \text{K}^{-1}$；

　　　d——管内径，m；

　　　R——管的曲率半径，m。

4.3.4.5 非圆形直管中的给热系数

此时，仍可采用上述式（4-17）～式（4-21）的关联式作近似计算，只是要将式中的管内径改为当量直径 d_e。

$$d_e = \frac{4 \times (\text{流体流动截面积})}{\text{润湿周边}} \tag{4-23}$$

对套管环隙中的给热，有专用的关联式。例如在 $Re = 12\,000 \sim 220\,000$，$d_2/d_1 = 1.65 \sim 17$ 范围内，用水和空气等进行实验，所得关联式如下

$$\frac{\alpha d_e}{\lambda} = 0.02 \left(\frac{d_2}{d_1}\right)^{0.53} Re^{0.8} Pr^{\frac{1}{3}} \tag{4-24}$$

其他流体在环隙中作强制湍流时亦可应用此式。

4.3.5 管外强制对流的给热系数

流体在单根圆管外以垂直于该管的方向流过时，其前半周和后半周的情况很不相同，如图 4-9 所示。正对流体流动方向的 A 点（$\varphi = 0$）称为驻点，这里主流方向的流体速度为零，压力最大。随着 φ 增大，流体主流速度逐渐增大，压力逐渐下降，层流边界层逐渐增厚，直到层流边界层发生脱离，在圆柱面后半周形成漩涡。这种流动的特点，必然使得在不同的 φ 处，具有不同的局部给热系数 α_φ。

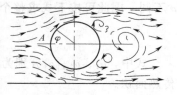

图 4-9　流体垂直于单根圆管作管外流动时的情况

管壁圆周上局部给热系数的分布，关系到温度的分布。对于在高温流体中操作的管子（例如锅炉的高温过热器），找出圆周上的最高局部温度有较大的实际意义。但在一般换热器计算中，需要的是沿整个管周的平均给热系数。而且在换热器计算中，大量遇到的又是流体横向流过管束的换热器。此时，由于换热管之间的相互影响，流动与换热比流体垂直流过单根管外时的对流传热复杂。管束的排列分为直列和错列两种，如图 4-10 所示。

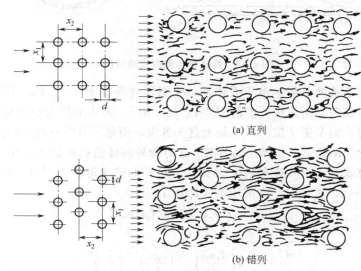

(a) 直列

(b) 错列

图 4-10　管束的排列

流体在管束外横向流过时的给热系数可用下式计算

$$Nu = C_1 C_2 Re^n Pr^{0.4} \tag{4-25}$$

式中 C_1，C_2 和 n 的值见表 4-5。

表 4-5　流体垂直于管束时的 C_1、C_2 和 n 值

列　数	直　列		错　列		C_1
	n	C_2	n	C_2	
1	0.6	0.171	0.6	0.171	$x_1/d=1.2\sim3$ 时，
2	0.65	0.151	0.6	0.228	$C_1=1+0.1x_1/d$;
3	0.65	0.151	0.6	0.290	$x_1/d>3$ 时，
4	0.65	0.151	0.6	0.290	$C_1=1.3$

对于第 1 排管，不论直列或错列，C_2 值相同。由图 4-10 可见，从第 2 排开始，因为流体在错列的管束间通过时，受到拦阻，使湍动增强，故 C_2 较大，即错列时的给热系数比直列时要大一些。从第 3 排以后，直列或错列的 C_2 值亦即给热系数基本上不再改变。式（4-25）适用于 $Re=5\,000\sim70\,000$ 和 $x_1/d=1.2\sim5$，$x_2/d=1.2\sim5$ 的范围。定性温度取流体的平均温度，特征长度取管外径，特征速度取各排最窄通道处的流速。由于各列的给热系数 α 不同，因此可按下式求整个传热面积的平均 α 值

$$\alpha = \frac{\alpha_1 A_1 + \alpha_2 A_2 + \alpha_3 A_3 + \cdots}{A_1 + A_2 + A_3 + \cdots}$$

式中，α_1、α_2、α_3 分别为第 1、2、3 排的给热系数；A_1、A_2、A_3 分别为第 1、2、3 排的传热面积。

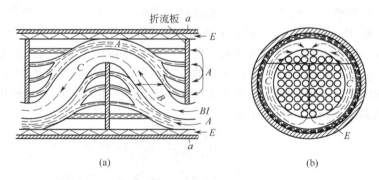

(a)　　　　　　　　　　　　(b)

图 4-11　换热器壳侧的流动情况

对于常用的列管式换热器，由于壳体是一个圆筒［参看图 4-11（b）图］，故各排的管数不同，而且大多都装有折流板［参阅图 4-11（a）图］，流体虽然大部分是横向流过管束，但在绕过折流板时，则变更了流向，不是垂直于管束，而是顺着管外的方向流动。由于流向和流速的不断变化，$Re>100$ 时即达到湍流。这时管外流体给热系数的计算，要根据具体结构选用适宜的计算式。当管外装有割去 25%（直径）的圆缺形折流板时，可以由图 4-12 求 α。当 $Re=2\times10^3\sim10^6$ 之间时，亦可用下式计算 α

$$Nu = 0.36 Re^{0.55} Pr^{1/3} (\mu/\mu_w)^{0.14} \tag{4-26}$$

即

$$\frac{\alpha d_e}{\lambda} = 0.36 \left(\frac{d_e u\rho}{\mu}\right)^{0.55} \left(\frac{c_p\mu}{\lambda}\right)^{1/3} \left(\frac{\mu}{\mu_w}\right)^{0.14} \tag{4-26a}$$

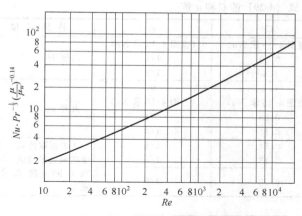

图 4-12　管壳式换热器壳程给热系数计算用图

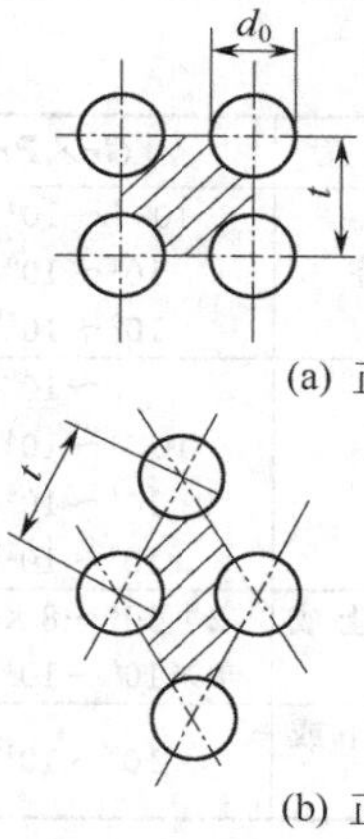

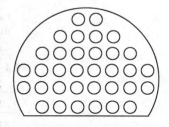

(a) 正方形

(b) 正三角形

图 4-13　管的排列

在图 4-12 和式（4-26）中，定性温度取流体温度的平均值，只有 μ_w 是壁温下的流体黏度。当量直径 d_e 要根据管的排列情况决定，如图 4-13。

成正方形排列时

$$d_e = 4(t^2 - 0.785d_0^2)/\pi d_0 \tag{4-27}$$

成正三角形排列时

$$d_e = (2\sqrt{3}t^2 - \pi d_0^2)/\pi d_0 \tag{4-27a}$$

式中，t 为相邻两管中心距；d_0 为管外径。管外的流速根据流体流过的最大截面积 S 计算

$$S = hD(1 - d_0/t) \tag{4-28}$$

式中，h 为两块折流板之间的距离；D 为换热器壳内径。

常用折流板的形式如图 4-14 所示，称之为圆缺形（或弓形）折流板。割去部分的宽度约占直径的 25%。显然，在管间安装折流板，可以加大流速，并使流动方向不断变更，从而可使给热系数增大。但折流板和管束之间，折流板和换热器壳体之间总有一定间隙，部分流体走短路，加上流体并不是垂直横过管束，这些原因都会引起热流量的减小，其影响可将按图 4-12 和式（4-26）所求得的 α 值乘以系数 0.6~0.8。

图 4-14　换热器折流板

如果列管换热器的管间没有折流板，管外的流体将平行于管束而流动，此时的 α 仍可用管内强制对流时的公式计算，但需将管内径改为管间当量直径。

4.3.6　流体作自然对流时的给热系数

在 4.3.3 中已提到自然对流给热的特征数式为（4-15b）$Nu = f(Gr, Pr)$。对于不受干扰或束缚，或说是在大容积中的自然对流，可用以下幂函数表示

$$Nu = C(Gr \times Pr)^n \tag{4-29}$$

即

$$\alpha = C\frac{\lambda}{l}\left(\frac{\rho^2 l^3 g\beta\Delta t}{\mu^2} \times \frac{c_p\mu}{\lambda}\right)^n \tag{4-29a}$$

图 4-15 和图 4-16 是流体作自然对流时，特征数之间的实验关联。几种情况下式（4-29）中的 C 和 n 值列于表 4-6 中。定性温度取壁温 t_w 和流体进出口平均温度 $t_m = (t_1 + t_2)/2$ 的平

均值，称为膜温；特征长度亦列于表 4-6。

表 4-6　式（4-29）的 C 和 n 值

加热表面形状位置	$Gr \times Pr$	C	n	特征长度
垂直平板及圆柱	$10^{-1} \sim 10^{4}$	（查图 4-15 求 Nu）	（查图 4-15 求 Nu）	高度 H
	$10^{4} \sim 10^{9}$	0.59	1/4	
	$10^{9} \sim 10^{13}$	0.1	1/3	
水平圆柱体	$0 \sim 10^{-5}$	0.4	0	外径 d_0
	$10^{-5} \sim 10^{4}$	（查图 4-16 求 Nu）	（查图 4-16 求 Nu）	
	$10^{4} \sim 10^{9}$	0.53	1/4	
	$10^{9} \sim 10^{12}$	0.13	1/3	
水平板热面朝上或水平板冷面朝下	$2 \times 10^{4} \sim 8 \times 10^{6}$	0.54	1/4	正方形取边长，长方形取两边平均值，圆盘取 $0.9d$，狭长条取短边
	$8 \times 10^{6} \sim 10^{11}$	0.15	1/3	
水平板热面朝下或水平板冷面朝上	$10^{5} \sim 10^{11}$	0.58	1/5	

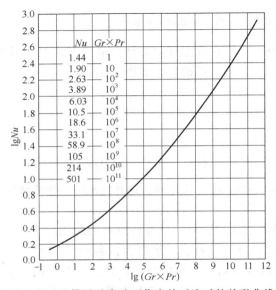

图 4-15　流体沿垂直壁面作自然对流时的关联曲线

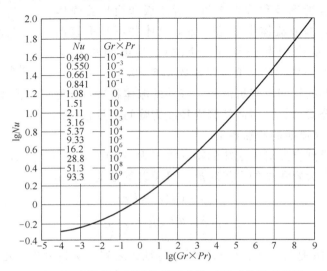

图 4-16　流体沿水平圆柱体作自然对流时的关联曲线

120

例 4-6　有一垂直蒸气管，外径 100 mm，长 3.5 m，管外壁温度为 110 ℃。若周围空气温度为 30 ℃，试计算由于自然对流而散失于周围空气中的热流量。

解　定性温度（110＋30）/2＝70 ℃。在此温度下，空气的 $\beta=1/(273+70)=2.92\times10^{-3}$ K^{-1}，其他物理性质由附录 6 查得

$$\lambda=0.029\,7\ W\cdot m^{-1}\cdot K^{-1};\quad c_p=1.009\ kJ\cdot kg^{-1}\cdot K^{-1};$$

$$\mu=2.06\times10^{-5}\ Pa\cdot s;\quad \nu=\mu/\rho=2.002\times10^{-5}\ m^2\cdot s^{-1};$$

前已述及，对称双原子气体的 $Pr\approx0.7$，现核算如下

$$Pr=c_p\mu/\lambda=(1.009\times10^3\times2.06\times10^{-5})/0.029\,7=0.700$$

而　$Gr=\beta g\Delta t H^3/\nu^2=[2.92\times10^{-3}\times9.81(110-30)\times3.5^3]/(2.002\times10^{-5})^2=2.33\times10^{11}$

故　　　　　　　$GrPr=2.33\times10^{11}\times0.7=1.63\times10^{11}$

查表 4-6，得 $C=0.1$，$n=1/3$。

$$\alpha=0.1\frac{\lambda}{H}(GrPr)^{1/3}=0.1\times\frac{0.029\,63}{3.5}(1.63\times10^{11})^{1/3}=4.62\ W\cdot m^{-2}\cdot K^{-1}$$

$$Q=\alpha A\Delta t=4.62\times\pi\times0.1\times3.5(110-30)=407\ W$$

4.3.7　蒸气冷凝时的给热系数

当饱和蒸气与低于饱和温度的壁面相接触时，蒸气将放出潜热并冷凝成液体。冷凝有两种形式：若冷凝液能润湿壁面，并形成一层完整的液膜向下流动，则此种现象称为膜状冷凝；若冷凝壁面上存在着一层油类物质，或者蒸气中混有油脂类物质，冷凝液不能润湿壁面，结成滴状小液珠，长大到一定程度后从壁面滚下，并带走沿途遇到的小液珠，又重新露出冷凝面，此种冷凝称为滴状冷凝。由于膜状冷凝时，壁面上始终覆盖着一层液膜，蒸气所放出的潜热，需通过这层液膜传到壁面，形成壁面和冷凝蒸气之间的主要热阻，故滴状冷凝时的给热系数，比膜状冷凝时要大几倍到十几倍。两种方式的冷凝通常会同时存在，但在工业生产中，大多数情况下以膜状冷凝为主，下面仅讨论膜状冷凝情况。

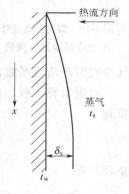

图 4-17　膜状冷凝

如图 4-17 所示，冷凝液在重力作用下沿壁面向下流动，同时由于蒸气的冷凝，新的凝液不断加入，故使液膜厚度从上至下不断增加，热阻亦随之增加。若液膜沿壁面作层流流动，热量以导热的方式穿过液膜，则根据傅立叶定律

$$dQ=(\lambda/\delta_x)(dA)\Delta t$$

式中　Δt——跨过冷凝液膜两侧的温度差；

　　　δ_x——距壁顶端距离为 x 处的液膜厚度。

同时，此项热量也可用给热方程式表示 $dQ=\alpha_x(dA)\Delta t$。

将上两式比较，得

$$\alpha_x=\lambda/\delta_x$$

式中　α_x——距壁顶端距离为 x 处的局部给热系数。

平均　　　　$$\alpha=\frac{1}{H}\int_0^H\alpha_x dx=\frac{\lambda}{H}\int_0^H\frac{dx}{\delta_x}\tag{4-30}$$

显然，给热系数的大小取决于冷凝液膜的厚度和导热系数，只要求出 α 与 x 的关系，即可由式（4-30）得出平均的给热系数。

蒸气冷凝时的给热系数计算式可以通过上述原理经推导或实验结果关联获得。对水平单管，实验数据和由理论公式所求得的结果基本相符，即

$$\alpha = 0.725 \left(\frac{r\rho^2 g \lambda^3}{\mu d_0 \Delta t} \right)^{1/4} \tag{4-31}$$

至于垂直管和垂直板，即使冷凝液沿壁面作层流流动时，由于推导过程中所作假定不能完全保证，例如液膜流速较大时液膜表面将出现波纹，大多数实验值比由理论公式所求得的结果大 20％左右。修正后的计算公式为

$$\alpha = 1.13 \left(\frac{r\rho^2 g \lambda^3}{\mu H \Delta t} \right)^{1/4} \tag{4-32}$$

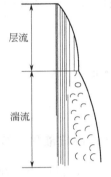

图 4-18　蒸气在垂直壁
面上冷凝湍流，液膜

上述公式是在层流条件下得出的，若壁面较长，热量通量较大时，在离壁顶端一定距离处，由于冷凝液积累的结果，液膜的流动转变为湍流，如图 4-18 所示。与强制对流一样，可用 Re 作为确定层流和湍流的特征数。若冷凝液流过的截面用 S 表示，润湿周边用 b 表示，冷凝液的质量流量用 q_m 表示，并将单位长度润湿周边上冷凝液的质量流量称为冷凝负荷，用 M 表示，（$M = q_m/b$），则

$$Re = \frac{d_e u \rho}{\mu} = \frac{(4S/b)(q_m/S)}{\mu} = \frac{4 q_m/b}{\mu} = \frac{4M}{\mu} \tag{4-33}$$

实验表明，当 $Re < 1\,800$ 时膜内流体作层流流动，而 $Re > 1\,800$ 时则为湍流流动。

由于 Re 对确定流体在冷凝液膜中的流动状态有重要作用，故蒸气冷凝时的给热系数常直接整理成 Re 的函数关系。

对垂直管、板，在层流即 $Re < 1\,800$ 时，$\Delta t = Q/\alpha A = q_m r / \alpha b H = Mr / \alpha H$ 代入式（4-32）得到

$$\alpha = 1.13 \left(\frac{\rho^2 g \lambda^3}{\mu} \cdot \frac{\alpha}{M} \right)^{1/4} = 1.13 \left(\frac{\rho^2 g \lambda^3}{\mu^2} \frac{4\mu}{4M} \alpha \right)^{1/4}$$

整理后得

$$\alpha \left(\frac{\mu^2}{\rho^2 g \lambda^3} \right)^{1/3} = 1.87 Re^{-1/3} \tag{4-34}$$

或

$$\alpha^* = 1.87 Re^{-1/3} \tag{4-34a}$$

式中，$\alpha^* = \alpha (\mu^2 / \rho^2 g \lambda^3)^{1/3}$ 称为冷凝特征数，无量纲。

当液膜中的液体作湍流流动（$Re > 1\,800$）时

$$\alpha^* = 0.007\,7 Re^{0.4} \tag{4-35}$$

可将层流和湍流的公式绘制在同一图中，如图 4-19 所示。

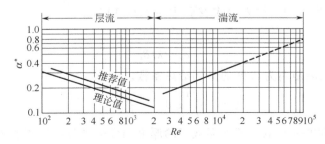

图 4-19　冷凝液膜中 Re 对 α 的影响

同理，对水平管，将式（4-31）整理后得特征数式如下

$$\alpha^* = \alpha \left[\frac{\mu^2}{\rho^2 g \lambda^3} \right]^{1/3} = 1.51 \left[\frac{4M'}{\mu} \right]^{-1/3} \tag{4-36}$$

式中，$M' = q_m / l$；l 为管长。

工业上的许多冷凝器都由水平管束组成，蒸气在水平管束外冷凝时有以下特点：就上面第 1 排管而言，它的冷凝情况与水平放置的单根圆管的冷凝情况相同；对于下面其他各排管，冷凝液的流动情况还要受到在它上面各排管所流下的冷凝液的影响。

对于在垂直方向上有 n 根管子组成的管束，在各管上跨过液层的温度差 $\Delta t = t_s - t_w$ 相同的条件下，努塞尔特曾导出管束的平均给热系数

$$\alpha = 0.725 \left(\frac{r \rho^2 g \lambda^3}{\mu n d_0 \Delta t} \right)^{1/4} \tag{4-36a}$$

按式（4-36a）计算所得的平均 α 较实验结果偏低很多，尤其在垂直方向上管数 n 较多时偏差更大。其原因是：式（4-31）中的 d_0 用 $n d_0$ 替代，反映液膜增厚导致 α 减小，如图 4-20(a) 所示。但实际上凝液在下落时会产生一定的撞击和飞溅，如图 4-20(b) 所示，于是下一排管上的冷凝液膜并不像想象中的那样厚，同时附加的扰动还会加快传热。研究表明，这些影响与冷凝液负荷 M、冷凝液的物性（主要是黏度和密度等）以及管间距等因素有关。总之，这是一个很复杂的问题，目前还没有总结出普遍适用的规律。在缺乏数据时，可采用式（4-36）来计算 α，其中 $M' = q_m / (l \cdot n_T^{2/3})$，$l$ 为管长，n_T 为总管数。

以上公式是按纯净的饱和蒸气在清洁的表面上冷凝时建立的。若为过热蒸气的冷凝，在壁面温度低于饱和温度的情况下，仍可应用以上公式求 α，式中 Δt 仍为饱和温度和壁温之

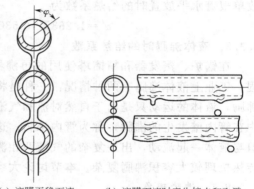

(a) 液膜平稳下流　　(b) 液膜下流时产生撞击和飞溅

图 4-20　管束中液膜下流情况

差，只是冷凝潜热一项应改为过热蒸气冷凝成饱和液体时放出的热量。

若蒸气中含有空气或其他不凝性气体，壁面附近则将逐渐形成一层气膜，此时，可凝性蒸气必须以扩散方式穿过气膜，到达液膜表面才能冷凝，这就相当于增加了一项热阻，使冷凝传热系数显著下降。因此，在冷凝过程中及时排除不凝性气体甚为重要。

例 4-7　101.3 kPa 的水蒸气在单根管外冷凝（管内通空气作为冷却剂）。管外径 100 mm，管长 1.5 m，管壁温度为 98 ℃。(a) 若管垂直放置，试计算蒸汽冷凝时的给热系数；(b) 若管水平放置。计算蒸汽冷凝的给热系数。

解　冷凝液膜平均温度 $(100 + 98)/2 = 99$ ℃下，水的物性常数查附录表 5：$\rho = 959$ kg·m^{-3}；$\mu = 0.286 \times 10^{-3}$ Pa·s；$\lambda = 0.683$ W·m^{-1}·K^{-1}。

101.3 kPa 下的水蒸气：$t_s = 100$ ℃，$r = 2\,258$ kJ·kg^{-1}

(a) 管垂直放置时　先假定液膜中液体作层流流动，由式（4-32）求平均给热系数，然后再校验 Re 数是否在层流范围内。

$$\alpha = 1.13 \left(\frac{r \rho^2 g \lambda^3}{\mu H \Delta t} \right)^{1/4} = 1.13 \left[\frac{959^2 \times 9.81 \times 0.683^3 \times 2\,258 \times 10^3}{0.286 \times 10^{-3} \times 1.5 \times (100 - 98)} \right]^{1/4}$$

$$= 1.13 (7.54 \times 10^{15})^{1/4} = 10\,530 \text{ W·m}^{-2}\text{·K}^{-1}$$

校验 Re 数

$$Re = \left(\frac{4S}{\pi d_0}\right)\left(\frac{q_m}{S}\right)\bigg/\mu = \frac{4Q}{\pi d_0 r\mu}$$

$$Q = \alpha A\Delta t = 10\ 530\pi \times 0.1 \times 1.5(100-98) = 9\ 930\ \text{W}$$

按式（4-33）

$$Re = 4 \times 9\ 925/(\pi \times 0.1 \times 2\ 258 \times 10^3 \times 0.286 \times 10^{-3})$$
$$= 196 < 1\ 800$$

故假定为层流是正确的。

（b）管水平放置时　由式（4-31）和式（4-32），可得长为 1.5 m，外径为 0.1 m 的单管水平放置和垂直放置时的给热系数 α' 与 α 的比值为

$$\frac{\alpha'}{\alpha} = \frac{0.725}{1.13}\left(\frac{H}{d_0}\right)^{1/4} = 0.642\left(\frac{1.5}{0.1}\right)^{1/4} = 1.263$$

故单根管水平放置时的给热系数为

$$\alpha' = 1.263 \times 10\ 530 = 13\ 300\ \text{W} \cdot \text{m}^{-2} \cdot \text{K}^{-1}$$

4.3.8　液体沸腾时的给热系数

在锅炉、蒸发器和精馏塔使用的再沸器中，都是将液体加热使之沸腾并产生蒸气的过程。工业上液体沸腾有两种情况：一种是将加热面浸于液层中，液体在加热面外的大容积内沸腾，液体的运动只是由于自然对流和气泡扰动所引起的。另一种是液体在管内流动的过程中在管内壁发生的沸腾，称为管内沸腾；这时在加热面上产生的气泡不能自由浮升，而是被迫与液体一起流动，出现复杂的气液两相流动状态，且液体的流速对沸腾过程也有影响，其传热机理较大容积沸腾复杂。本节讨论大容积沸腾的情况。

4.3.8.1　沸腾现象

沸腾传热过程最主要的特征是液体内部有气泡生成。一般认为气液两相处于平衡状态，即液体的沸点等于该液体所处压力下相对应的饱和温度 t_s。但实验测定表明，沸腾液体的平均温度 t_1 略高于饱和温度 t_s，即液体处于过热状态，温度差 $t_1 - t_s$ 称为过热度，用 Δt 表之。过热度的大小取决于液体的物性及汽化速率，例如在 101.3 kPa 下，沸腾水的平均温度往往比饱和温度高 $0.4 \sim 0.8$ ℃，而在紧靠加热面的一薄层液体中，温度急剧上升，直到液体与加热面直接接触处，其温度等于加热面的温度 t_w，如图 4-21 所示。这里的过热度最大，$\Delta t = t_w - t_s$。

下面仍以水的沸腾作为讨论的对象。实际观察表明，气泡只是在加热面上某些凹凸不平的点上形成，这些形成气泡的点称为汽化核心。当形成气泡核以后，其周围的液体继续汽化而体积不断增大。当气泡长大到某一直径后，它就会脱离

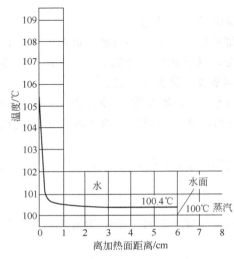

图 4-21　从下面加热时，沸腾水温度的变化（常压，$t_w = 109.1$ ℃）

壁面上升，让出的空间被周围温度较低的液体所置换。所以，从一批气泡脱离加热面到另一批新气泡的形成，有一段重新过热的间隔时间。气泡的不断形成，长大和脱离加热面，周围液体随时填补，冲刷壁面，引起贴壁液体层的剧烈搅动，从而使液体沸腾时的给热系数可以比无相变化时的大得多。

液体沸腾传热的规律，可以通过图4-22加以说明。

当壁温 t_w 与101.3 kPa下水的饱和温度 t_s 之间的温差较小时，只在加热面少量汽化核心上形成气泡，而且气泡长大速率很慢，边界层受到的搅动不大，因此，热量传递以自然对流为主。给热系数随温度差增大的规律大致和自然对流时相同。随着温度差的加大，汽化核心数增加，气泡长大速率也较快，对液体产生强烈的搅动作用，使给热系数随温度差增加而急剧增大，这时的沸腾称为核状沸腾。随着 Δt 的继续增加，汽化核心数和气泡长大速率进一步增加，以致

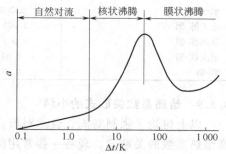

图 4-22　水沸腾时温度差和
给热系数的关系

大量气泡在加热表面上汇合，形成一层蒸气膜，而热量必须通过此蒸汽膜才能传递到液体主流中去。由于蒸汽的导热系数比液体的小得多，从而使给热系数迅速下降，这时的沸腾称为膜状沸腾。当温度差再加大时，由于加热面具有较高的温度。辐射的影响增大，使给热系数重又有所增大。由核状沸腾转变为膜状沸腾时的温度差称为临界温度差。这时的热通量称为临界热通量。

4.3.8.2　沸腾传热计算及其影响因素

对于大容积饱和核状沸腾，由于气泡产生和运动的规律以及加热表面的状况，对不同液体在核状沸腾下传热速率的影响甚为复杂，因而至今还难以从理论上求解。一般采用量纲分析法，通过大量的实验数据整理出核状沸腾的特征数关系式。下面推荐一个工业上的算式[6]

$$\frac{c_p \Delta t}{rsPr} = C_{we} \left[\frac{q}{\mu r} \sqrt{\frac{\sigma}{g(\rho_1 - \rho_v)}} \right]^{0.33} \tag{4-37}$$

式中　C_{we}——取决于加热表面-液体组合情况的经验常数，其数值参阅表4-7；

　　c_p——饱和液体的定压比热容，$J \cdot kg^{-1} \cdot ℃^{-1}$；

　　Pr——饱和液体的普朗特数；

　　q——热通量，$W \cdot m^{-2}$，$q = \alpha \Delta t$，$\Delta t = t_w - t_s$；

　　μ——饱和液体的黏度，$Pa \cdot s$；

ρ_1，ρ_v——分别为饱和液体和蒸气的密度，$kg \cdot m^{-3}$；

　　σ——液体-蒸气界面的表面张力，$N \cdot m^{-1}$；

　　s——系数，对水 $s = 1.0$，对其他液体 $s = 1.7$；

　　g——重力加速度，$m \cdot s^{-2}$；

　　r——蒸发潜热，$kJ \cdot kg^{-1}$。

上式适用于单组分饱和液体在清洁壁面上的核状沸腾。对于玷污的表面，s 在 $0.8 \sim 2.0$ 之间变动。

影响大容积核状沸腾传热的基本因素有：表面粗糙度、表面物理性质（主要指液体对壁面的润湿能力）、温度差和压力。

表 4-7　各种加热表面-液体组合情况的 C_{we} 值

表面-液体组合情况	C_{we}	表面-液体组合情况	C_{we}
水-铜	0.013	乙醇-铬	0.027
水-铂	0.013	水-金刚砂磨光的铜	0.012 8
水-黄铜	0.006 0	正戊烷-金刚砂磨光的铜	0.015 4
正丁醇-铜	0.003 05	四氯化碳-金刚砂磨光的铜	0.007 0
异丙醇-铜	0.002 25	水-磨光的不锈钢	0.008 0
正戊烷-铬	0.015	水-化学腐蚀的不锈钢	0.013 3
苯-铬	0.010	水机械磨光的不锈钢	0.013 2

4.3.9　给热系数关联式的小结

以上讨论了强制对流、自然对流、蒸气冷凝和液体沸腾时的传热原理、影响因素以及计算给热系数的关联式，现将一些常用的关联式归纳列于表 4-8。

表 4-8　常用给热系数关联式

传 热 情 况			给热系数计算公式	适用范围	备　注
流体无相变化	强制对流	流体在圆形直管中流动　湍流　流体	$\alpha=0.023(\lambda/d)Re^{0.8}Pr^n$ 流体被加热时 $n=0.4$ 流体被冷却时 $n=0.3$	$Re\geqslant10\,000$ $Pr=0.6\sim160$ $l/d>50$	特征长度取管内径 d；定性温度取流体进出口温度算术平均值
		空气	$\alpha=0.020(\lambda/d)Re^{0.8}$	$Re\geqslant10\,000$ $Pr=0.6\sim160$ $l/d>50$	特征长度取管内径 d；定性温度取流体进出口温度算术平均值
		过渡状态	按湍流公式计算 α 然后乘以校正系数 $f=1-(6\times10^5)/Re^{1.8}$	$Re=2\,300\sim10\,000$ $l/d>50$	特征长度取管内径 d；定性温度取流体进出口温度算术平均值
		层流	$\alpha=1.86(\lambda/d)Re^{1/3}Pr^{1/3}(d/l)^{1/3}(\mu/\mu_w)^{1/3}$	$Gr<25\,000$	除 μ_w 按壁温下取值外其他物性均按流体进出口平均温度取值
			按上式求得的 α 乘以校正因子 $f=0.8(1+0.015Gr^{1/3})$	$Gr>25\,000$	除 μ_w 按壁温下取值外其他物性均按流体进出口平均温度取值
		弯管	$\alpha'=\alpha\times[1+1.77(d/R)]$		R 为弯管的曲率半径
		流体在套管环隙内流动	$\alpha=0.02(\lambda/d_e)(d_2/d_1)^{0.53}Re^{0.8}Pr^{1/3}$	$Re=12\,000\sim220\,000$ $d_2/d_1=1.65\sim17$	也可以用圆管公式，但要用当量直径 d_e，且不如本式准确
	流体垂直流过管束	流体	$Nu=C_1C_2Re^nPr^{0.4}$	$Re=5\,000\sim70\,000$ $X_1/d=1.2\sim5$ $X_2/d=1.2\sim5$	C_1,C_2,n 值见表 4-5
		流过有折流板的管束	$Nu=0.36Re^{0.55}Pr^{1/3}(\mu/\mu_w)^{0.14}$	适用于列管换热器壳程给热的计算 $Re=20\,000\sim1\,000\,000$	当量直径 d_e 按式(4-27)或(4-27a)计算
	自然对流	垂直管和板，或水平管　流体	$Nu=C(Pr\times Gr)^n$	$Pr\geqslant0.7$	特征长度取垂直平板的高度 h，或水平圆管的外径，C 及 n 值见表 4-6，定性温度取 $(t_w+t_m)/2$

传热情况			给热系数计算公式	适用范围	备注
液体有相变化	饱和蒸气冷凝	垂直管或板	$\alpha = 1.13(r\rho^2 g\lambda^3/\mu L\Delta t)^{1/4}$ 或 $\alpha^* = 1.88Re^{-1/3}$ $Re = 4M/\mu, M = q_m/b$	$Re < 1800$	特征长度取管(板)高 H,定性温度取$(t_w - t_s)/2$,但 r 取饱和温度时之值,b 为润湿周边
			$\alpha^* = 0.0077Re^{0.4}$	$Re > 1800$	
		水平管外 单管	$\alpha = 0.725(r\rho^2 g\lambda^3/\mu d_0\Delta t)^{1/4}$ 或 $\alpha^* = 1.51Re^{-1/3}, M' = q_m/l$	—	特征长度取管外径 d_0,定性温度取$(t_w - t_s)/2$,但 r 取饱和温度时之值,n_T 指总管数,l 为管长
		管束	$\alpha = 0.725(r\rho^2 g\lambda^3/\mu d_0\Delta t)^{1/4}$ 或 $\alpha^* = 1.51Re^{-1/3}$, 但 $M' = q_m/l n_T^{2/3}$	—	
	液体沸腾	大容积内	$\dfrac{c_p\Delta t}{rsPr} = C_{we}\left[\dfrac{q}{\mu r}\sqrt{\dfrac{\sigma}{g(\rho_l - \rho_v)}}\right]^{0.33}$	核状沸腾区	C_{we} 见表 4-7,物性按饱和温度取值,系数 s 对水为 1,对其他液体为 1.7

4.4 辐射传热

4.4.1 基本概念

前已提到,物体通过电磁波来传递能量的过程,称为辐射。物体可由不同原因发出辐射能,其中因热的原因而发出辐射能的过程称为热辐射。电磁波的波长范围极广,但能被物体吸收而转变为热能的辐射线主要为波长在 $0.4 \sim 40\ \mu m$ 之间的可见光和红外线两部分,统称为热射线。其中,可见光的辐射能(波长在 $0.4 \sim 0.8\ \mu m$)仅占很小一部分,只在高温下才能觉察其热效应。自然界中所有物体(其热力学温度不为零度)除下述透热体外,都会不停地向四周发出辐射能,同时,又不断吸收来自外界物体发出的辐射能。辐射和吸收两过程的综合结果,造成不同物体间的能量传递,称为辐射传热。当物体与周围温度相同时,辐射传热量虽等于零,但辐射与吸收过程仍不停进行。热射线和可见光一样作直线传播,同样具有反射、折射和吸收的特性,服从光的反射和折射定律;在真空和许多气体中可以完全透过,但不能透过工业上常见的大多数固体或液体。

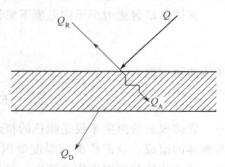

图 4-23 辐射能的吸收、反射和透过

如图 4-23 所示,投射在某一物体表面上的总辐射能为 Q,其中有一部分能量 Q_A 被吸收,一部分能量 Q_R 被反射,另一部分能量 Q_D 则透过物体。根据能量守恒定律,得

$$Q_A + Q_R + Q_D = Q$$

即

$$\frac{Q_A}{Q} + \frac{Q_R}{Q} + \frac{Q_D}{Q} = 1$$

或

$$A + R + D = 1$$

式中,$A = Q_A/Q$,称为吸收率;$R = Q_R/Q$,称为反射率;$D = Q_D/Q$,称为透过率。

能全部吸收辐射能的,即 $A = 1$ 的物体称为绝对黑体,简称黑体。自然界中并不存在绝对黑体,但有些物体比较接近于黑体。如没有光泽的黑漆表面,其吸收率 $A = 0.96 \sim 0.98$。

能全部反射辐射能的,即 $R = 1$ 的物体称为绝对白体或镜体。实际上绝对白体也是不存在的，但有些物体比较接近于镜体，如表面磨光的铜，其反射率 R 可达 0.97。

能透过全部辐射能的，即 $D=1$ 的物体称为透热体。例如，单原子和由对称双原子构成的气体（如 He、O_2、N_2 和 H_2 等），一般可视为透热体。多原子气体和不对称的双原子气体则会有选择地吸收和发射某些波段范围的辐射能。

吸收率 A、反射率 R 和透过率 D 的大小取决于物体的种类、温度、表面状况和辐射线的波长等，一般地说，表面粗糙的物体吸收率较大。能够以相等的吸收率吸收所有波长辐射能的物体，称为灰体。大多数工业上常见的固体材料可视为灰体，这样可以避免实际物体吸收率难以确定的困难，而使一般的工程计算大为简化。

4.4.2 辐射能力和斯蒂芬-波尔茨曼定律

物体的辐射能力（或称发射能力）是指物体在一定的温度下，单位时间、单位表面积所能发射出的全部波长的总能量，称为物体的辐射能力 $E(W \cdot m^{-2})$，辐射能力的单位与热通量相同。黑体的辐射能力以 E_0 代表。

斯蒂芬-波尔茨曼定律表明黑体的辐射能力 E_0 与其表面热力学温度 T 的 4 次方成正比 $E_0 = \sigma_0 T^4$

通常写成

$$E_0 = C_0 \left(\frac{T}{100} \right)^4 \tag{4-38}$$

式中的比例系数 $\sigma_0 = 5.669 \times 10^{-8}$ W $\cdot$ m^{-2} $\cdot$ K^{-4}；C_0 称为黑体的辐射系数，$C_0 = 5.669$ W $\cdot$ m^{-2} $\cdot$ K^{-4}。由此可知，热辐射的规律与导热、给热大不相同，$E_0 \propto T^4$ 表明热辐射对温度甚为敏感；低温时热辐射常可忽略，而高温时往往成为主要的传热方式。

灰体的辐射能力小于同温度下黑体的辐射能力，两者之比称为黑度（辐射率）。

$$\varepsilon = \frac{E}{E_0} = \frac{C}{C_0}$$

灰体的辐射能力

$$E = \varepsilon E_0 = \varepsilon C_0 \left(\frac{T}{100} \right)^4 \tag{4-39}$$

物体表面的黑度不仅是颜色的概念，而且是表明物体的辐射能力接近于黑体的程度。它与物体的组成、表面状况和温度等因素有关，是物体本身的固有特性，与外界环境情况无关。通常物体的黑度需实验测定。常用工程材料的黑度见表 4-9。

表 4-9 常用工程材料的黑度值（范围）

材　料	温　度/℃	黑　度/ε	材　料	温　度/℃	黑　度/ε
木材	20	0.80~0.92	磨光的钢板	940~1 100	0.55~0.61
石棉纸	40~400	0.93~0.94	磨光的铝	225~575	0.039~0.057
红砖	20	0.93	磨光的铜	20	0.03
耐火砖	500~1 000	0.8~0.9	磨光的铸铁	330~910	0.6~0.7
氧化的钢板	200~600	0.8	磨光的金	200~600	0.02~0.03
氧化的铝	200~600	0.11~0.19	磨光的银	200~600	0.02~0.03
氧化的铜	200~600	0.57~0.87	各种颜色的油漆	100	0.92~0.96
氧化的铸铁	200~600	0.64~0.78	抛光的不锈钢	25	0.60

4.4.3 克希霍夫定律

克希霍夫定律表明了物体的辐射能力和吸收率之间的关系。如图 4-24 所示，设有两个无限大而间隔一定距离的平行壁面，一个壁面的辐射能可以全部落到另一个壁面上，这样的一对平壁称为两无限平壁。设壁面1为灰体，壁面2为黑体。

壁面1的辐射能力和吸收率分别为E_1和A_1；壁面2的辐射能力和吸收率分别为E_0和A_0；当两壁面间的辐射传热达到平衡（温度相等，即$T_1 = T_0$）时，壁面1发射和吸收的能量必相等，即

$$E_1 = A_1 E_0 \quad \text{或} \quad E_0 = E_1 / A_1$$

式中，E_1为发射能力；A_1为吸收率。

上式称为克希霍夫定律，表明对任何物体，其辐射能力与吸收率的比值等于同温度下黑体的辐射能力。

上式可写为$A_1 = E_1 / E_0 = \varepsilon$（黑度），即物体的吸收率等于其黑度。

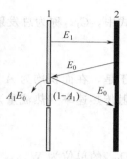

图 4-24　两无限平壁
的辐射传热

4.4.4　两固体间的辐射传热

工业上常遇到的辐射传热，为两固体间的相互辐射，而这类固体都可视为热辐射中的灰体。两固体间由于辐射而进行传热时，从一个物体表面发出的辐射能，只有一部分到达另一物体表面，而到达的这一部分能量又由于部分反射而不能全被吸收。同理，从另一物体表面反射回来的辐射能，也只有一部分回到原物体表面，而回到的这部分能量又有一部分被反射和一部分被吸收，这种过程不断反复进行。因此，在计算两固体间的相互辐射时，需考虑到两物体的吸收率和反射率、形状与大小以及两者间的距离和相互位置。可见这种计算很是复杂。

两固体间辐射传热的结果，是将热能从温度较高的物体传递给温度较低的物体。下面将分别讨论几种情况。

4.4.4.1　两无限灰体壁面之间的相互辐射

这是最简单的情况，可作为分析和推导计算式的例子。这两个面的温度、发射能力、吸收率和黑度分别为T_1、E_1、A_1、ε_1和T_2、E_2、A_2、ε_2，且$T_1 > T_2$。如图4-25所示，对平面1来说，其本身的发射能力为E_1；又从平面2辐射到平面1的总能量为E_2'（包括其自身发射能力E_2和对E_1的反射能力），其中一部分即$A_1 E_2'$被平面1吸收，其余部分即$(1-A_1)E_2'$则被反射回去；因此从平面1辐射和反射的能量之和E_1'（即图中自左至右两箭头所表示的能量之和）应为

$$E_1' = E_1 + (1-A_1)E_2' \tag{4-40}$$

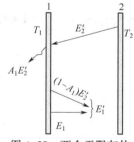

图 4-25　两个无限灰体
平壁的辐射传热

同样，对平面2，本身的辐射能E_2和反射的能量$(1-A_2)E_1'$之和E_2'

$$E_2' = E_2 + (1-A_2)E_1' \tag{4-41}$$

两无限平壁间的辐射热通量为此两壁面的辐射总能量之差，即

$$q_{1-2} = E_1' - E_2'$$

由式（4-40）和式（4-41）解得E_1'和E_2'后，代入上式得

$$q_{1-2} = \frac{A_2 E_1 - A_1 E_2}{A_1 + A_2 - A_1 A_2} = \frac{E_1/A_1 - E_2/A_2}{1/A_1 + 1/A_2 - 1} \tag{4-42}$$

再以$A_1 = \varepsilon_1$及$A_2 = \varepsilon_2$和$E_1 = \varepsilon_1 C_0 (T_1/100)^4$、$E_2 = \varepsilon_2 C_0 (T_2/100)^4$等代入上式，得

$$q_{1-2} = \frac{C_0}{1/\varepsilon_1 + 1/\varepsilon_2 - 1} \left[\left(\frac{T_1}{100} \right)^4 - \left(\frac{T_2}{100} \right)^4 \right] \tag{4-43}$$

或写成

$$q_{1-2}=C_{1-2}\left[\left(\frac{T_1}{100}\right)^4-\left(\frac{T_2}{100}\right)^4\right]\qquad(4-44)$$

式中，C_{1-2} 称为总发射系数，即

$$C_{1-2}=\frac{C_0}{1/\varepsilon_1+1/\varepsilon_2-1}=\frac{1}{1/C_1+1/C_2-1/C_0}\qquad(4-45)$$

于是，在面积均为 A 而相距很近的两平行面间（在两平面间漏出的辐射能可以忽略）的辐射传热速率（热流量）为

$$Q_{1-2}=C_{1-2}A\left[\left(\frac{T_1}{100}\right)^4-\left(\frac{T_2}{100}\right)^4\right]\qquad(4-46)$$

Q_{1-2} 的单位为 W。

当两平行壁面间距离与表面积相比不是很小时，从一个平面所发出的辐射能只有一部分到达另一平面上，则式（4-46）应改写成为如下更普遍的形式

$$Q_{1-2}=C_{1-2}\varphi A\left[\left(\frac{T_1}{100}\right)^4-\left(\frac{T_2}{100}\right)^4\right]\qquad(4-47)$$

式中，φ 为几何因子或角系数，代表从一个表面辐射的总能量被另一表面所拦截的分数，其数值与两表面的形状、大小、相互位置以及距离有关。任一表面发射的全部能量，必然直接辐射到一个或几个表面上去，根据角系数的定义，其角系数之和必为 1，即

$$\varphi_{11}+\varphi_{12}+\varphi_{13}+\cdots=1\qquad(4-48)$$

以两无限的平行面 1、2 为例，由平面 1 发射的能量全部落在平面 2 上，这时角系数 $\varphi_{12}=1$，而对平面 1 身来说，由于发射的能量不能直接辐射到本表面的任一部分，所以 $\varphi_{11}=0$。而 $\varphi_{12}+\varphi_{11}=1$。同理，$\varphi_{21}=1$，$\varphi_{22}=0$，$\varphi_{21}+\varphi_{22}=1$。

4.4.4.2　一物体被另一物体所包围时的辐射

这是工程中常遇到的情况，例如室内的散热体，加热炉中的被加热物体，同心圆球或无限长的同心圆筒等之间的辐射。在这类情况下式（4-47）中被包围体的角系数 $\varphi_1=1$，总发射系数为

$$C_{1-2}=\frac{C_0}{1/\varepsilon_1+(A_1/A_2)(1/\varepsilon_2-1)}=\frac{1}{1/C_1+(A_1/A_2)(1/C_2-1/C_0)}\qquad(4-49)$$

式中　ε_1——被包围物体的黑度；

　　　ε_2——外围物体的黑度；

　　　A_1——被包围物体的辐射面积；

　　　A_2——外围物体的辐射面积；

　　　C_1——被包围物体的发射系数；

　　　C_2——外围物体的发射系数。

于是

$$Q_{1-2}=C_{1-2}A_1\left[\left(\frac{T_1}{100}\right)^4-\left(\frac{T_2}{100}\right)^4\right]\qquad(4-50)$$

式（4-47）及式（4-50）可用于任何形状的表面之间的辐射，但要求被包围物体的表面 1 为平表面或凸表面。若表面 2 的温度 T_2 高于表面 1 的温度 T_1，则求 Q_{2-1} 时可按下式计算

$$Q_{2-1}=-Q_{1-2}=-C_{1-2}A_1\left[\left(\frac{T_1}{100}\right)^4-\left(\frac{T_2}{100}\right)^4\right]\qquad(4-50a)$$

若外围物体为黑体，或被包围物体的辐射面积 A_1 与外围物体的辐射面积 A_2 相比较很

小，例如插入管路的温度计，则式（4-50）中的 C_{1-2} 可简化为 $C_{1-2}=C_1=\varepsilon C_0$。

4.4.4.3 任意形状、大小并任意放置的两物体表面间的相互辐射

在这种情况下，如图 4-26 所示，仍可应用一般式
（4-47），其中的总发射系数为

$$C_{1-2}=\varepsilon_1\varepsilon_2 C_0 \qquad (4-51)$$

而角系数为

$$\varphi=\frac{1}{A}\int_{A_1}\mathrm{d}A_1\int_{A_2}\frac{\cos\varphi_1\cos\varphi_2}{\pi r^2}\mathrm{d}A_2 \qquad (4-52)$$

式中 φ_1、φ_2——辐射线与垂直于辐射面的垂线所组成
的角度；

A_1、A_2——两任意放置物体的辐射面积；

A——计算辐射传热采用的面积；

r——两辐射面间的距离。

工程上为了使用方便，通常把角系数理论求解的结
果制成算图。本章只列出平行平面间直接辐射热交换的角系数曲线，如图 4-27 所示，其他

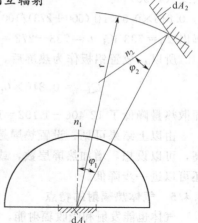

图 4-26 任意放置的两物
体表面辐射传热

情况可参阅传热学专著。

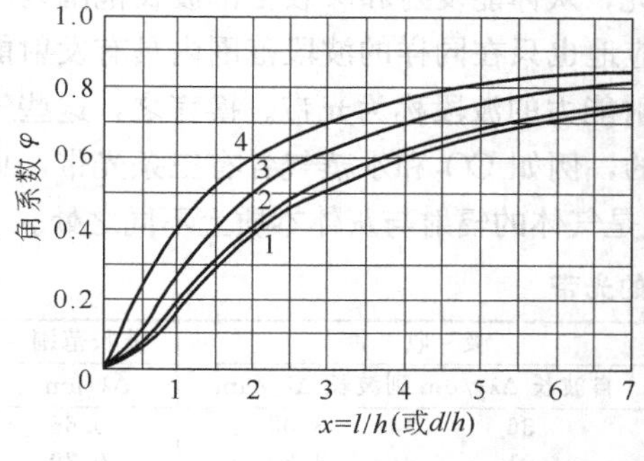

例 4-8 实验室内有一高为 0.5 m，宽为 1 m 的
铸铁炉门，其表面温度为 600 ℃。（a）试求每小时
由于炉门辐射而散失的热量。（b）若在炉门前
25 mm 外放置一块同等大小的铝板（已氧化）作为
热屏，则辐射散热量可降低多少？设室温为 27 ℃。

解 （a）未用铝板隔热时，铸铁炉门为室壁所包
围，$\varphi_1=1$；且 $A_2\gg A_1$，故 $C_{1-2}=\varepsilon_1 C_0$。由表 4-9 查
得铸铁的黑度 $\varepsilon_1=0.78$，即 $C_{1-2}=0.78\times5.669=$
4.34。由式（4-50）可求得炉门的辐射散热量为

$$Q=4.34\times(0.5\times1)\{[(600+273)/100]^4-$$
$$[(27+273)/100]^4\}$$
$$=2.17(5\,810-81)=12\,400\text{ W}$$

图 4-27 平行壁面间辐射传热的角系数
1—圆盘形；2—正方形；3—长方形
（边长之比 2:1）；4—长方形（狭长）
l—边长（长方形用短边长）；d—直径；
h—辐射面间的距离

（b）放置铝板后，炉门的辐射热量可视为炉门对铝板的辐射热流量，在稳定情况下，
也等于铝板对周围的辐射散热量。若以下标 3 表示铝板，则有

$$Q_{1-3}=C_{1-3}\varphi_{13}A_1[(T_1/100)^4-(T_3/100)^4]$$
$$Q_{3-2}=C_{3-2}\varphi_{32}A_3[(T_3/100)^4-(T_2/100)^4]$$

又 $$Q_{1-3}=Q_{3-2}$$

因 $A_1=A_3$，且两者间距很小，可认为是两无限大平行面间的相互辐射，故

$$C_{1-3}=\frac{C_0}{1/\varepsilon_1+1/\varepsilon_3-1}=\frac{1}{1/C_1+1/C_3-1/C_0}$$

由表 4-9 取铝板黑度 $\varepsilon_3=0.15$，又令 $\varphi_{13}=1$，于是

$$C_{1-3}=\frac{5.669}{1/0.78+1/0.15-1}=0.816$$

又铝板为四壁所包围，$A_2 \gg A_3$，$\varphi_{32}=1$；$C_{3-2}=\varepsilon_3 C_0=0.15 \times 5.669=0.85$。将各值代入式（4-50）得

$$0.816 \times 0.5 \times 1\{[(600+273)/100]^4-(T_3/100)^4\}=0.85 \times 0.5 \times 1\{(T_3/100)^4-[(300)/100]^4\}$$

解出 $T_3=733$ K；$t_3=733-273=460$ ℃

所以，放置铝板作为热屏后，炉门的辐射散热量为

$$Q_{1-3}=0.816 \times 0.5 \times 1\left[\left(\frac{600+273}{100}\right)^4-\left(\frac{733}{100}\right)^4\right]=1\ 192 \text{ W}$$

即散热量降低了 $12\ 400-1\ 192=11\ 208$ W，损失热量只有原来的 9.6%。

由以上结果可见，设置热屏是减少辐射散热量的有效方法。由于铝板的表面温度仍然很高，可以设想，增加热屏层数，或者选用黑度更低的材料作为热屏，则因辐射而散失的热量还可以进一步降低。

4.4.5　气体热辐射的特点

气体也能发射和吸收辐射能，但不同的气体发射能力也不同。对称的双原子气体（如 H_2、O_2、N_2 等）在工业温度下不吸收辐射能，故均可视为透热体；而不对称的双原子气体（如 CO）和多原子气体（如水蒸气、CO_2、SO_2、烃类和醇类等）则具有相当大的发射能力和吸收率。在高温换热情况下存在后一类气体时，就要考虑气体和固体壁之间的辐射给热。

与固体和液体相比，气体辐射具有自己的特点。首先，灰体能发射和吸收全部波长范围内的辐射能，而气体只在某些波段范围内具有吸收能力，相应地也只在同样的波段范围内具有发射能力。所以，气体辐射对波长有选择性。通常将这种有发射能力的波段称为光带。换言之，这些气体对具有全部波长的辐射能的吸收是间断的而不是连续的，例如 CO_2 和水蒸气各有三条光带，见表 4-10（但光带内不同波长处，黑度也不一定相同），这是气体的辐射与灰体本质上不同之处。

表 4-10　CO_2 和水蒸气的光带

气　体	吸　收　带		波长范围	气　体	吸　收　带		波长范围
	自波长 $\Delta\lambda_1/\mu m$	到波长 $\Delta\lambda_2/\mu m$	$\Delta\lambda/\mu m$		自波长 $\Delta\lambda_1/\mu m$	到波长 $\Delta\lambda_2/\mu m$	$\Delta\lambda/\mu m$
水蒸气	2.24	3.27	1.03	二氧化碳	2.36	3.02	0.66
	4.8	8.5	3.7		4.01	4.80	0.79
	12.0	25	13		12.5	16.5	4.0

其次，灰体的辐射和吸收发生在物体表面，而气体发射和吸收辐射能是在整个气体体积内进行的。当热射线穿过气体层时，其辐射能因被沿途的气体分子吸收而逐渐减少，这样，吸收率就与热射线所经历的路程和气体的浓度（以分压表示）有关。此外，从图 4-28 中可以看到，气体容积中不同部分的气体所发出的辐射能落到界面 A 或 B 处所经历的路程是各不相同的。热射线行程的不同，使问题更为复杂。为了简化问题，可以采用与当量直径相类似的概念。如图 4-29 所示的半球状气体层对底面中心的辐射，自各个不同方向来的热射线，

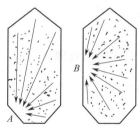

图 4-28　气体对不同地区的辐射

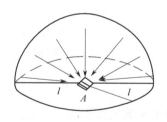

图 4-29　半球状气体层对底面中心的辐射

其行程都等于半球半径 l。对其他的气体形状，则可采用当量半球半径作为气体层的当量行程 l，亦即热射线在气体层中的平均行程。

4.4.6 热损失计算——对流和辐射的联合传热

壁面通过气体与周围辐射传热时，壁面与气体间也会以对流方式同时传热，这种联合传热方式常见于设备的热损失，现作为辐射对流联合传热的实例介绍如下。

许多工业设备的外壁温度常高于周围环境的温度，因此热量将由壁面以对流和辐射两种形式散失。所以，设备散失的热量应等于对流传热和辐射传热两部分之和，根据各自的传热速率方程就可求得总的散热量。

由于对流而散失的热量为

$$Q_C = \alpha_c A_w (t_w - t) \tag{4-53}$$

由于辐射而散失的热量因角系数 $\varphi = 1$，故

$$Q_R = C_{1-2} A_w \left[\left(\frac{T_w}{100} \right)^4 - \left(\frac{T}{100} \right)^4 \right] \tag{4-54}$$

式中　T_w，t_w——分别表示设备外壁的热力学温度与摄氏温度；

　　　　T，t——分别表示周围环境的热力学温度与摄氏温度；

　　　　A_w——设备的外壁面积。

如果将式（4-54）也改写成给热系数的形式

$$Q_R = \alpha_R A_w (t_w - t) \tag{4-55}$$

式中，$\alpha_R = C_{1-2} \left[\left(\frac{T_w}{100} \right)^4 - \left(\frac{T}{100} \right)^4 \right] \Big/ (t_w - t)$ 称为辐射给热系数。

总的热损失应为

$$Q_T = Q_C + Q_R = (\alpha_C + \alpha_R) A_w (t_w - t) = \alpha_T A_w (t_w - t) \tag{4-56}$$

式中，$\alpha_T = \alpha_C + \alpha_R$，称为对流辐射联合给热系数，其单位为 $W \cdot m^{-2} \cdot K^{-1}$。

对于有保温层的设备、管道等，外壁对周围环境散热的对流辐射联合给热系数 α_T，可用下列近似公式估算。

在平壁保温层外

$$\alpha_T = 9.8 + 0.07(t_w - t) \tag{4-57}$$

在管道或圆筒壁保温层外

$$\alpha_T = 9.4 + 0.052(t_w - t) \tag{4-58}$$

以上两式适用于 $t_w < 150\ ℃$。

例 4-9　有一外包保温层的容器，外表面温度为 70 ℃，试计算其单位面积的散热量（热损失通量）。设环境温度为 15 ℃。

解　应用式（4-58）

$$\alpha_T = 9.4 + 0.052(t_w - t) = 9.4 + 0.052(70 - 15) = 12.3\ W \cdot m^{-2} \cdot K^{-1}$$

单位面积的散热量为

$$q_T = \alpha_T \Delta t = 12.3(70 - 15) = 677\ W \cdot m^{-2}$$

4.5　两流体通过间壁的热量传递

在热、冷两流体的传热过程中，生产上的大多数情况不允许两者混合，而只能通过间壁传热，简称为传热或换热过程。图 4-8 及其说明中已作了初步介绍，这里作进一步的论述。

4.5.1 传热速率方程

热、冷流体通过间壁传热过程，现以如图 4-30 所示的套管换热器示例。其中热流体走换热管（小管）内，冷流体走环隙；图（a）两流体逆向流动——逆流，图（b）则为并流。两流体都不发生相变，故其温度 T、t 沿流动路程 x 逐渐变化；因而传热的推动力 $\Delta t = T - t$ 也沿路程 x 变化，传热速率方程需对图中示出的传热面积 $dA = \pi d \cdot dx$ 列出，然后积分（如图 4-8 所示即为通过 dA 的传热情况）。暂忽略换热管内外表面积的差异（与管径相比，管壁甚薄），可分别写出热流体给热、管壁导热、冷流体给热三个步骤的速率方程如下

$$
\left.
\begin{array}{ll}
\text{管内给热} & dQ = \alpha_1 (T - T_w) dA \\
\text{管壁导热} & dQ = (\lambda/b)(T_w - t_w) dA \\
\text{管外给热} & dQ = \alpha_2 (t_w - t) dA
\end{array}
\right\}
\tag{4-59}
$$

式中，α_1、α_2 分别为管内、外的给热系数；b、λ 分别为管壁的厚度和导热系数。

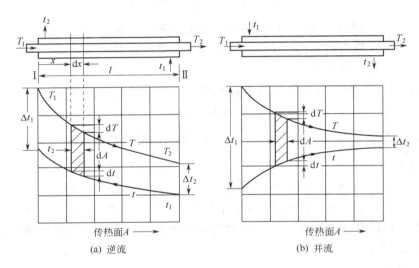

图 4-30　两侧流体均无相变时的温度变化

对于稳定传热过程，三步骤的传热速率相等，写成热通量 $q = dQ/dA$ 与热阻的形式

$$
q = \alpha_1 (T - T_w) = (\lambda/b)(T_w - t_w) = \alpha_2 (t_w - t)
$$

$$
= \frac{(T - T_w)}{1/\alpha_1} = \frac{(T_w - t_w)}{b/\lambda} = \frac{(t_w - t)}{1/\alpha_2} = \frac{T - t}{1/\alpha_1 + b/\lambda + 1/\alpha_2}
\tag{4-60}
$$

式中通过合比定律所得最后一项的分子 $(T - t)$ 为两流体传热的总推动力，而分母 $(1/\alpha_1 + b/\lambda + 1/\alpha_2)$ 为总热阻，即三个步骤的分热阻之和，现以 $1/K$ 表示

$$
\frac{1}{K} = \frac{1}{\alpha_1} + \frac{b}{\lambda} + \frac{1}{\alpha_2} \quad \text{或} \quad K = \frac{1}{1/\alpha_1 + b/\lambda + 1/\alpha_2}
\tag{4-61}
$$

K 称为总传热系数，通常简称为传热系数。代入式（4-60）中，得通过 dA 的传热方程

$$
q = K(T - t)
\tag{4-62a}
$$

写成热流量的形式

$$
dQ = K(T - t) dA
\tag{4-62}
$$

4.5.2 传热系数

以下讨论有关传热系数的几个问题。

4.5.2.1 传热系数和分热阻

式（4-61）表示传热的总热阻 $1/K$ 为三个步骤的分热阻之和，为加快传热速率，原则上减小任一步骤的分热阻都有效；但是当分热阻具有不同数量级时，$1/K$ 将主要由其中最大的热阻所决定。换热器的间壁热阻通常很小而可忽略。当 $\alpha_1 \gg \alpha_2$ 时，$1/\alpha_1$ 亦相对甚小而有 $K \approx \alpha_2$；反之，当 $\alpha_1 \ll \alpha_2$ 时，则有 $K \approx \alpha_1$；即此时在串联热阻中存在一个控制步骤，为了加快传热速率，应当在这个步骤上下功夫削减热阻。同理，传热系数计算的准确性主要取决于热阻大，即 α 小的那个步骤。对于大小相近的热阻，则都不应忽略。

4.5.2.2 传热系数数值的大致范围

在进行换热器的计算时，往往要先估计冷、热流体间的传热系数。工业换热器中传热系数的大致数值范围参见表 4-11。由表可见，K 值的范围很大，应对不同类型流体间传热时的 K 值，有一数量级的概念。

表 4-11 列管式换热器中 K 值的大致范围

进行换热的流体	传热系数 $K/W \cdot m^{-2} \cdot K^{-1}$	进行换热的流体	传热系数 $K/W \cdot m^{-2} \cdot K^{-1}$
由气体到气体	12～35	水蒸气冷凝到水	1 400～4 700
由气体到水	12～60	水蒸气冷凝到油	60～350
由煤油到水	350 左右	水蒸气冷凝到油沸腾	290～870
由水到水	800～1 800	由有机溶剂到轻油	120～400

4.5.2.3 管内外表面积不相等的校正

为考虑管内表面积 $dA_1 = \pi d_1 dx$ 与外表面积 $dA_2 = \pi d_2 dx$ 存在的差别，将式（4-59）改写成

$$
\left.
\begin{aligned}
\text{管内给热} \quad & dQ = \alpha_1 (T - T_w) dA_1 \\
\text{管壁导热} \quad & dQ = (\lambda/b)(T_w - t_w) dA_w \\
\text{管外给热} \quad & dQ = \alpha_2 (t_w - t) dA_2
\end{aligned}
\right\} \tag{4-63}
$$

式中，$dA_w = \pi d_m dx$（因 d_1、d_2 相差不多，d_m 可用其算术平均值）。

各传热速率以热流量 dQ 表示时仍相等；但因串联传热的各截面不等，热通量 q 也不相等，而是与传热面积成反比。

基于内侧面积 dA_1，以热通量表示各传热速率方程为

$$
\left.
\begin{aligned}
\text{管内给热} \quad & q_1 = \frac{dQ}{dA_1} = \alpha_1 (T - T_w) = \frac{T - T_w}{1/\alpha_1} \\[2mm]
\text{管壁导热} \quad & q_1 = (\lambda/b)(T_w - t_w)\frac{dA_w}{dA_1} = (\lambda/b)(T_w - t_w)\frac{d_m}{d_1} = \frac{T_w - t_w}{(b/\lambda)(d_1/d_m)} \\[2mm]
\text{管外给热} \quad & q_1 = \alpha_2 (t_w - t)\frac{dA_2}{dA_1} = \frac{t_w - t}{(1/\alpha_2)(d_1/d_2)}
\end{aligned}
\right\} \tag{4-64}
$$

故

$$
q_1 = (T - t) \left/ \left(\frac{1}{\alpha_1} + \frac{b}{\lambda}\frac{d_1}{d_m} + \frac{1}{\alpha_2}\frac{d_1}{d_2} \right) \right. = K_1 (T - t) \tag{4-65}
$$

可知基于管内表面积 dA_1 的传热系数为

$$
K_1 = 1 \left/ \left(\frac{1}{\alpha_1} + \frac{b}{\lambda}\frac{d_1}{d_m} + \frac{1}{\alpha_2}\frac{d_1}{d_2} \right) \right. \tag{4-66}
$$

同理，基于管外表面积 dA_2 的传热系数为

$$
K_2 = 1 \left/ \left(\frac{1}{\alpha_1}\frac{d_2}{d_1} + \frac{b}{\lambda}\frac{d_2}{d_m} + \frac{1}{\alpha_2} \right) \right. \tag{4-67}
$$

热通量为
$$q_2 = K_2(T-t) \tag{4-62a}$$

管内外传热系数、热通量的关系为

$$\frac{K_2}{K_1} = \frac{q_2}{q_1} = \frac{\mathrm{d}A_1}{\mathrm{d}A_2} = \frac{d_1}{d_2} \tag{4-68}$$

在传热过程中基于管的内表面或外表面，其结果相同，但可注意以下两点。

① 当给热系数 $\alpha_1 \ll \alpha_2$ 或给热热阻 $1/\alpha_1 \gg 1/\alpha_2$，据式（4-66），有 $K_1 \approx \alpha_1$ ［若用式（4-67），则 $K_2 \approx \alpha_1(d_1/d_2)$，即需作管内外面积的校正］；同理，当 $\alpha_1 \gg \alpha_2$，则以式（4-67），$K_2 \approx \alpha_2$ 较简便。

② 换热器厂家习惯以换热管外表面积作为公称面积的依据，故求算传热面积时，通常以管外面积表示。

4.5.2.4 污垢热阻

随着换热器使用时间的延长，传热速率 Q 会不断下降，这是由于传热表面有污垢逐渐积存的缘故。因此，计算 K 值时，污垢热阻一般不可忽视。污垢层的厚度、组成及导热系数也不易估计，通常是根据经验估定污垢热阻，作为计算的依据。如管壁内侧和外侧的污垢热阻分别用 R_{s1} 和 R_{s2} 表示，由于污垢层一般很薄，因而以外表面积为基准时，总热阻为

$$\frac{1}{K_2} = \frac{1}{\alpha_1}\frac{d_2}{d_1} + R_{s1}\frac{d_2}{d_1} + \frac{b}{\lambda}\frac{d_2}{d_m} + R_{s2} + \frac{1}{\alpha_2} \tag{4-67a}$$

换热器的平均使用期间内，常见流体在传热表面所形成污垢热阻的大致范围可参考表 4-12。

表 4-12 污垢热阻的大致数值范围

流 体	污垢热阻 /$m^2 \cdot K \cdot kW^{-1}$	流 体	污垢热阻 /$m^2 \cdot K \cdot kW^{-1}$
水（$u<1m \cdot s^{-1}$, $t<50\,℃$）		水蒸气	
蒸馏水	0.09	优质、不含油	0.052
海水	0.09	劣质、不含油	0.09
洁净的河水	0.21	往复机排出	0.176
未处理的凉水塔用水	0.58	液体	
经处理的凉水塔用水	0.26	处理过的盐水	0.264
经处理的锅炉用水	0.26	有机物	0.176
硬水、井水	0.58	燃料油	1.06
气体		焦油	1.76
空气	0.26～0.53		
溶剂蒸气	0.14		

由于污垢热阻随着时间增长，换热器要根据具体工作条件，定期清洗。

4.5.2.5 热辐射的影响

参与传热的流体中，工业上常见的液体不能透过热射线，故液体与传热壁面之间没有辐射传热。而单原子或对称双原子气体在工业温度下是透热体，前述壁面的热损失中因空气自然对流的给热系数甚小，温度虽不高也需考虑壁面透过空气到周围物体的辐射损失；但空气本身没有辐射，也不会吸收。对于高温的非对称双原子或多原子气体，或含有固体颗粒的气体，则其对壁面的辐射传热不可忽略，如在工业锅炉、窑炉中的情况。除此之外，传热系数中不再计入辐射的影响。

例 4-10 有一列管换热器，由 $\phi25\,mm \times 2.5\,mm$ 的钢管组成。CO_2 在管内流动，冷却水在管外流动。已知管内的 $\alpha_1 = 50\,W \cdot m^{-2} \cdot K^{-1}$，管外的 $\alpha_2 = 2\,500\,W \cdot m^{-2} \cdot K^{-1}$，(a) 试求传热系数 K；(b) 若设法使 α_1 增大一倍，其他条件与前相同，求传热系数增大的百分率；

（c）若使 α_2 增大一倍，其他条件同（a），求传热系数增大的百分率；（d）若计算传热系数时，不对内、外表面的差异作校正 [用式（4-61）]，误差有多大？

解 （a）求以外表面积为基准时的传热系数

据附录表 4，取钢的导热系数 $\lambda=45\ \mathrm{W}\cdot\mathrm{m}^{-1}\cdot\mathrm{K}^{-1}$；从表 4-12 查 CO_2 侧污垢热阻取 $R_{s1}=0.5\times10^{-3}\ \mathrm{m}^2\cdot\mathrm{K}\cdot\mathrm{W}^{-1}$，冷却水侧污垢热阻按井水取 $R_{s2}=0.58\times10^{-3}\ \mathrm{m}^2\cdot\mathrm{K}\cdot\mathrm{W}^{-1}$，可算得

$$\frac{1}{K}=\frac{1}{\alpha_1}\frac{d_2}{d_1}+R_{s1}\frac{d_2}{d_1}+\frac{b}{\lambda}\frac{d_2}{d_m}+R_{s2}+\frac{1}{\alpha_2} \tag{4-67a}$$
$$=25/(50\times20)+0.5\times10^{-3}\times25/20+(0.002\ 5\times25)/(45\times22.5)+0.58\times10^{-3}+1/2\ 500$$
$$=0.025+0.000\ 625+0.000\ 062+0.000\ 58+0.000\ 4$$
$$=0.026\ 67\ \mathrm{m}^2\cdot\mathrm{K}\cdot\mathrm{W}^{-1}$$
$$K=37.5\ \mathrm{W}\cdot\mathrm{m}^{-2}\cdot\mathrm{K}^{-1}$$

钢管壁的热阻占总热阻的比例为 $0.000\ 062/0.026\ 67=0.002\ 3$，可见工程计算中完全可以忽略。

（b）α_1 增大一倍，即 $\alpha_1=100\ \mathrm{W}\cdot\mathrm{m}^{-2}\cdot\mathrm{K}^{-1}$ 时的传热系数 K'，式（4-67a）右边只改变 1 项

$$1/K'=0.012\ 5+0.000\ 625+0.000\ 062+0.000\ 58+0.000\ 4=0.014\ 17\ \mathrm{m}^2\cdot\mathrm{K}\cdot\mathrm{W}^{-1}$$
$$K'=70.6\ \mathrm{W}\cdot\mathrm{m}^{-2}\cdot\mathrm{K}^{-1}$$
$$K\ \text{值增加率}=\frac{K'-K}{K}\times100\%=\frac{70.6-37.5}{37.5}\times100\%=88.3\%\ \text{（增加明显）}$$

（c）α_2 增大一倍，即 $\alpha_2=5\ 000\ \mathrm{W}\cdot\mathrm{m}^{-2}\cdot\mathrm{K}^{-1}$ 时的传热系数 K''

$$1/K''=0.025+0.000\ 625+0.000\ 062+0.000\ 58+0.000\ 2=0.026\ 5\ \mathrm{m}^2\cdot\mathrm{K}\cdot\mathrm{W}^{-1}$$
$$K''=37.7\ \mathrm{W}\cdot\mathrm{m}^{-2}\cdot\mathrm{K}^{-1}$$
$$K\ \text{值增加率}=\frac{K''-K}{K}\times100\%=\frac{37.7-37.5}{37.5}\times100\%=0.53\%\ \text{（几乎没有增加）}$$

（d）文中述及，当几个分热阻差别大时，总热阻与控制热阻相近。本例有控制热阻 $1/\alpha_1$，而 $K_1\approx\alpha_1$。但现 α_1 系对管内，故求得对管内的 K_1，后需再通过式（4-68）换算为对管外表面积的 K_2，才能进行比较。

式（4-61）加上污垢热阻后应为

$$\frac{1}{K_1}=\frac{1}{\alpha_1}+R_{s1}+\frac{b}{\lambda}+R_{s2}+\frac{1}{\alpha_2} \tag{4-61a}$$

代入已给数据

$$\frac{1}{K_1}=0.02+0.000\ 5+0.000\ 056+0.000\ 58+0.000\ 4$$
$$=0.021\ 54$$

所以 $K_1=46.4\ \mathrm{W}\cdot\mathrm{m}^{-2}\cdot\mathrm{K}^{-1}$

应用式（4-68）换算到对管外表面积的传热系数 K_2

$$K_2=46.4(d_1/d_2)=46.4(20/25)=37.1$$

与原在（a）中求出的 $K=37.5\ \mathrm{W}\cdot\mathrm{m}^{-2}\cdot\mathrm{K}^{-1}$ 相比，相差甚小。

从以上可以清楚地看到，要提高 K 值，就要设法减小占控制地位的热阻。若 α_1 和 α_2 相差不大，则两侧的给热系数重要性相当。当污垢热阻起主要作用，则需设法减慢污垢生成速

率或勤清洗。

4.5.3　平均温差和热量衡算

　　为了应用传热速率方程（求传热面积或核算换热器等），需要对传热微分式（4-62）$dQ=K(T-t)dA$ 进行积分，式中的 K 可视为常数，其原因是：4.3.1 给热系数中已指出，虽然热、冷流体温度 T 及 t 沿流动路程 x（即沿传热面积 A）变化，流体物性随之变化，使得给热系数 α_1、α_2 都有变化；但这种变化一般都不大，可取其对全部传热面积的平均值；相应 K 也就可取为常数。于是式（4-62）的积分需找出 T、t、A 之间，或（$T-t$）与 A 之间的联系。为此，可列出关于 dA 的微分热量衡算式。

　　考察图 4-30（a）两流体为逆流的情况。沿着 A 或 x 增加的方向（由左到右），两流体的温度都是降低的；故通过 dA 传热后［热流量由式（4-62）表达］，两流体的微分温度变化 dT、dt 都取负值。当热损失可以忽略，热流体传出的热流量与冷流体获得的热流量相等

$$dQ=-q_{m1}c_{p1}dT=-q_{m2}c_{p2}dt \tag{4-69}$$

式中　　c_{p1}、c_{p2}——热、冷流体的定压比热，$kJ \cdot kg^{-1} \cdot K^{-1}$，可取定性温度下之值而作为常数；

　　　　q_{m1}、q_{m2}——热、冷流体的质量流量，$kg \cdot s^{-1}$，稳定情况下为常数。

　　取负号是因为 dT、dt 皆为负值。应用分比定律，可以从式（4-69）得到 $T-t$ 的微分式

$$dQ=-\frac{dT}{1/(q_{m1}c_{p1})}=-\frac{dt}{1/(q_{m2}c_{p2})}=-\frac{dT-dt}{1/(q_{m1}c_{p1})-1/(q_{m2}c_{p2})} \tag{4-69a}$$

令

$$m=1/(q_{m1}c_{p1})-1/(q_{m2}c_{p2}) \tag{4-70}$$

如前述，m 为常数；又 $dT-dt=d(T-t)$，于是 $dQ=\dfrac{-d(T-t)}{m}$

代入传热速率式（4-62），得到

$$K(T-t)dA=\frac{-d(T-t)}{m} \tag{4-71}$$

或　　　　　　　　$K\Delta t dA=\dfrac{-d(\Delta t)}{m}$　　（将总温差 $T-t$ 写成 Δt）

分离变量，在 $A=0$（$x=0$ 的热流体进口处——截面Ⅰ，$\Delta t=\Delta t_{\mathrm{I}}=T_1-t_2$）至 $A=A$（x 为换热管有效长度 l 的热流体出口处——截面Ⅱ，$\Delta t=\Delta t_{\mathrm{II}}=T_2-t_1$）间积分

$$mK\int_0^A dA=\int_{\Delta t_{\mathrm{I}}}^{\Delta t_{\mathrm{II}}}-\frac{d(\Delta t)}{\Delta t}$$

$$mKA=\ln(\Delta t_{\mathrm{I}}/\Delta t_{\mathrm{II}}) \tag{4-72}$$

原引入式中的参数 m，可通过对全部换热面的热量衡算而消去

$$Q=q_{m1}c_{p1}(T_1-T_2)=q_{m2}c_{p2}(t_2-t_1) \tag{4-73}$$

故　　　　　　$q_{m1}c_{p1}=Q/(T_1-T_2)$，　　$q_{m2}c_{p2}=Q/(t_2-t_1)$ \tag{4-73a}

代入式（4-70）中

$$m=[(T_1-T_2)-(t_2-t_1)]/Q=[(T_1-t_2)-(T_2-t_1)]/Q$$
$$=[\Delta t_{\mathrm{I}}-\Delta t_{\mathrm{II}}]/Q \tag{4-70a}$$

再代入式（4-72），对 Q 解得

$$Q=KA\frac{\Delta t_{\mathrm{I}}-\Delta t_{\mathrm{II}}}{\ln(\Delta t_{\mathrm{I}}/\Delta t_{\mathrm{II}})} \tag{4-74a}$$

即　　　　　　　　　　　　　$Q=KA\Delta t_{\mathrm{m}}$ \tag{4-74}

式中，
$$\Delta t_m = (\Delta t_{\mathrm{I}} - \Delta t_{\mathrm{II}}) / \ln(\Delta t_{\mathrm{I}} / \Delta t_{\mathrm{II}}) \tag{4-75}$$

为换热器进出口的对数平均温差，当 $\Delta t_{\mathrm{I}} / \Delta t_{\mathrm{II}} < 2$ 可用算术平均值 $(\Delta t_{\mathrm{I}} + \Delta t_{\mathrm{II}}) / 2$ 代替。

总热量衡算式 (4-73) 中，c_{p1}、c_{p2} 为热、冷流体的种类及定性温度所确定；q_{m1}、q_{m2}、T_1、T_2、t_1、t_2 共 6 个参数中，已知其 5 个可求其余的 1 个。

如图 4-31 (b) 所示两流体为并流的情况，可用同样的方法导出同样的结果式 (4-74) 及式 (4-75)，只是此时进口端的温差 $\Delta t_{\mathrm{I}} = T_1 - t_1$，出口端 $\Delta t_{\mathrm{II}} = T_2 - t_2$，如图中所示。应指出，并流时 Δt_{I} 恒大于 Δt_{II}；但逆流时则不一定，要看 $q_{m1} c_{p1}$（热流体的热容流量）与 $q_{m2} c_{p2}$（冷流体的热容流量）的相对大小；由式 (4-73a) 可知，当 $q_{m1} c_{p1} < q_{m2} c_{p2}$，有 $\Delta t_{\mathrm{I}} > \Delta t_{\mathrm{II}}$；当 $q_{m1} c_{p1} > q_{m2} c_{p2}$，则 $\Delta t_{\mathrm{I}} < \Delta t_{\mathrm{II}}$。为计算方便，求逆流时的对数平均温差，可取两端温度差较大的一个作为式 (4-75) 中的 Δt_{I}，以使分子分母都是正值。

在冷、热流体进出口温度相同的条件下，逆流时的对数平均温差恒大于并流时的，故从传热推动力 Δt_m 的角度看，逆流总是优于并流（参看例 4-13）。

当两流体之一以相变传热，其温度变化情况如图 4-31 所示，则相变流体的温度不沿传热面变化，上述式 (4-74)、式 (4-75) 仍适用，只是逆流或并流对 Δt_m 无影响。

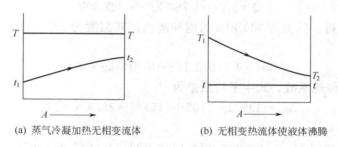

(a) 蒸气冷凝加热无相变流体   (b) 无相变热流体使液体沸腾

图 4-31 一侧流体相变时的温度变化

除了逆流和并流之外，换热器中的流体还有其他流动方式，其平均温差总是介于逆流与并流之间，详情将在下面介绍。

例 4-11 在一列管式换热器中用机油和原油换热。机油在管内流动，进口温度为 245 ℃，出口温度下降到 175 ℃；原油在管外流动，温度由 120 ℃升到 160 ℃。(a) 试分别计算并流和逆流时的平均温差。(b) 若已知机油质量流量 $q_{m1} = 0.5$ kg·s^{-1}、比热容 $c_{p1} = 3$ kJ·kg^{-1}·K^{-1}，并流和逆流时的 K 均为 100 W·m^{-2}·K^{-1}；分别求所需要的传热面积。

解 (a) 求 $(\Delta t_m)_\text{逆}$ 和 $(\Delta t_m)_\text{并}$ 列表如下

项 目	逆 流			并 流		
T	245→175			245→175		
t	160←120			120→160		
Δt	—	85	55	—	125	15
Δt_m	$\dfrac{85-55}{\ln(85/55)} = \dfrac{30}{0.435} = 68.9$			$\dfrac{125-15}{\ln(125/15)} = \dfrac{110}{2.12} = 51.9$		

(b) $Q = q_{m1} c_{p1} (T_1 - T_2) = 0.5 \times 3 \times (245 - 175) = 105$ kJ·s^{-1}（或 kW）

$$A_\text{逆} = \frac{Q}{K (\Delta t_m)_\text{逆}} = \frac{105 \times 1\,000}{100 \times 68.9} = 15.2 \text{ m}^2$$

$$A_\text{并} = \frac{Q}{K (\Delta t_m)_\text{并}} = \frac{105 \times 1\,000}{100 \times 51.9} = 20.2 \text{ m}^2$$

由本例可见，当两流体的进、出口温度都已确定时，逆流的平均温差比并流的大，因此传递相同热流量时，逆流所需传热面积比并流小。逆流的另一优点是可以节省冷却剂或加热剂的用量。因为并流时，t_2 总是低于 T_2，而逆流时，t_2 却可以高于 T_2，所以逆流冷却时，冷却剂的温升 t_2-t_1 可比并流时大些，对于相同的热流量，冷却剂用量就可以少些。同理逆流加热时，加热剂本身温降 T_1-T_2 可比并流时大些，也就是说，加热剂的用量可以少些。但应当注意的是，上述两优点不一定同时具备：若是利用逆流代替并流而节省了冷却剂或加热剂，则其平均传热温差就未必仍比并流时大。

例 4-12 某工厂用 300 kPa（绝压）的饱和蒸气，将环丁砜水溶液由 105 ℃加热至 115 ℃后，送再生塔再生，已知其流量为 200 m³·h⁻¹、密度为 1 080 kg·m⁻³、比热容为 2.93 kJ·kg⁻¹·K⁻¹，试求蒸汽用量。又若换热器的管外表面积为 110 m²，计算温差时水溶液的温度可近似取为其算术平均值，求传热系数。

解 使冷流体由 105 ℃加热至 115 ℃所需加入的热流量

$$Q=q_{m2}c_{p2}(t_2-t_1)=(200/3\ 600)\times1\ 080\times2.93(115-105)=1\ 760\ \text{kW}$$

加热蒸汽放出的热流量与之相等

$$Q=q_{m1}r=1\ 760\ \text{kJ·s}^{-1}\text{或 kW}$$

由附录 9 中查得：压力为 300 kPa 的饱和蒸汽，其温度为 133.3 ℃、汽化潜热为 2 168 kJ·kg⁻¹，故

$$m_1=1\ 760/2\ 168=0.812\ \text{kg·s}^{-1}$$

应用式（4-74）求传热系数，式中平均温差为

$$\Delta t_{\text{m}}=133.3-(105+115)/2=23.3\ \text{℃或 K}$$

故

$$K=Q/A\Delta t_{\text{m}}=(1\ 760\times10^3)/(110\times23.3)=687\ \text{W·m}^{-2}\text{·K}^{-1}$$

例 4-13 有一列管式换热器（如图 4-32 所示），其传热面积 $A=100\ \text{m}^2$，用作锅炉给水和原油之间的换热。已知水的质量流量为 550 kg·min⁻¹，进口温度为 35 ℃，出口温度为 75 ℃，油的温度要求由 150 ℃降到 65 ℃，由计算得出水与油之间的传热系数 $K=250\ \text{W·m}^{-2}\text{·K}^{-1}$，问如果采用逆流，此换热器是否合用？

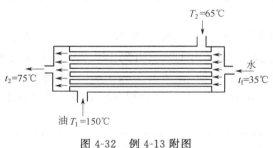

图 4-32　例 4-13 附图

解 所要求的传热速率 Q' 可由热量衡算求得

$$Q'=q_{m2}c_{p2}(t_2-t_1)=(550/60)\times4.187\times(75-35)=1\ 535\ \text{kW}$$

校核换热器是否合用，取决于冷、热流体间由传热速率方程求得的 $Q=KA\Delta t_{\text{m}}$ 是否大于所要求的传热速率 Q'。若 $Q>Q'$ 则该换热器合用 [或由 $Q'=KA'\Delta t_{\text{m}}=q_{m2}c_{p2}(t_2-t_1)$ 求出 A'，若 $A'<A$ 则该换热器合用。式中 A' 为换热要求的传热面积]

已知 $K=250\ \text{W·m}^{-2}\text{·K}^{-1}$，$A=100\ \text{m}^2$

$$\Delta t_{\text{m}}=\frac{(150-75)-(65-35)}{\ln[(150-75)/(65-35)]}=\frac{45}{\ln(75/30)}=49.1\ \text{℃}$$

$$Q=KA\Delta t_{\text{m}}=250\times100\times49.1=1\ 230\ \text{kW}$$

$Q<Q'$，故该换热器不合用。

$$\left[\text{或 } A=\frac{q_{m2}c_{p2}(t_2-t_1)}{K\Delta t_\mathrm{m}}=\frac{1\ 535\ 000}{250\times49.1}=125\ \mathrm{m}^2>A' \text{ 也可说明该换热器不合用}\right]$$

4.5.4 壁温的确定

在前面讲到的热损失计算以及某些给热系数的计算中，需要知道壁温。此外，选择换热器的类型和换热管材料时，也需知道壁温。对于这些情况，一般可以不考虑因流体温度沿壁面变化而使壁温随着发生的变化，只需用平均的壁温。于是可用式（4-74） $Q=KA\Delta t_\mathrm{m}$ 得到热流量 Q 之后，在给热公式（4-64）中取流体平均温度（仍用 T、t 表示）反过来计算平均壁温。即

$$Q=\alpha_1 A_1(T-T_\mathrm{w})=\lambda A_\mathrm{m}(T_\mathrm{w}-t_\mathrm{w})/b=\alpha_2 A_2(t_\mathrm{w}-t)$$

而得

或

$$\left.\begin{array}{l} T_\mathrm{w}=T-Q/\alpha_1 A_1 \\ t_\mathrm{w}=T_\mathrm{w}-bQ/\lambda A_\mathrm{m} \\ t_\mathrm{w}=t+Q/\alpha_2 A_2 \end{array}\right\} \tag{4-76}$$

例 4-14 有一废热锅炉，由 $\phi25\ \mathrm{mm}\times2.5\ \mathrm{mm}$ 锅炉钢管组成。管外为沸腾的水，压力为 2.57 MPa。管内走合成转化气，温度由 575 ℃ 下降到 472 ℃。已知转化气一侧 $\alpha_1=300\ \mathrm{W\cdot m^{-2}\cdot K^{-1}}$，水侧 $\alpha_2=10\ 000\ \mathrm{W\cdot m^{-2}\cdot K^{-1}}$。若忽略污垢热阻，试求平均壁温 T_w 及 t_w。

解 （a）求传热系数 以管外表面 A_2 为基准

$$\frac{1}{K_2}=\frac{1}{\alpha_2}+\frac{b}{\lambda}\frac{A_2}{A_\mathrm{m}}+\frac{1}{\alpha_1}\frac{A_2}{A_1}=\frac{1}{10\ 000}+\frac{0.002\ 5}{45}\times\frac{25}{22.5}+\frac{1}{300}\times\frac{25}{20}$$

$$=0.000\ 1+0.000\ 062+0.004\ 167=0.004\ 33$$

$$K_2=231\ \mathrm{W\cdot m^{-2}\cdot K^{-1}}$$

（b）求平均温差 在 2.57 MPa 下，水的饱和温度查附录 9，用内插法求得为 226.4 ℃，故

$$\Delta t_\mathrm{m}=\frac{(575-226.4)+(472-226.4)}{2}=\frac{348.6+245.6}{2}=297.1\ ℃$$

（c）求传热量

$$Q=K_2 A_2\Delta t_\mathrm{m}=231\times297.1A_2=68\ 600A_2$$

（d）管内壁温度 T_w 及管外壁温度 t_w　$T_\mathrm{w}=T-Q/\alpha_1 A_1$，$T$ 为热流体温度，取进、出口温度的平均值，即 $T=(575+472)/2=523.5℃$，代入式中得

$$T_\mathrm{w}=523.5-68\ 600A_2/300A_1=237.5\ ℃$$

管外壁温度

$$t_\mathrm{w}=T_\mathrm{w}-\frac{bQ}{\lambda A_\mathrm{m}}=237.5-\frac{0.002\ 5}{45}\times\frac{68\ 600A_2}{A_\mathrm{m}}=237.5-\frac{0.002\ 5}{45}\times\frac{68\ 600\times25}{22.5}=233.3\ ℃$$

由此可见，由于水沸腾一侧的给热系数比另一侧的大得多，故内壁温度接近于水的温度。同时，由于管壁的热阻也很小，故管外壁温度接近于内壁温度。若预先不知 α_1 和 α_2 之值，则在计算时，先需假设一壁面温度以求得两侧的给热系数 α_1、α_2，以及总传热系数 K，然后再加以验证。

4.5.5 复杂流向时的平均温度差

两流体在换热器中单纯逆流（反向）或并流（同向）的情况并不多，这是因为换热器设计中，除温度差的大小外，还要考虑到影响传热系数的多种因素，以及换热器的结构等方面的问题。

当管内流体的流速过低，影响传热速率时，为了提高管内流速，可在换热器顶盖内装置隔板，将全部换热管分隔成若干组，流体每次只流过一组管，然后折回进入另一组管，如是依次往返流过各组管，最后由出口处流出。此种换热器称为多管程列管式换热器（流过一组管称为一程，如图 4-33 所示为 2 管程换热器）。采用多管程，虽然能提高管内流体的流速而增大其给热系数，但同时也使其阻力损失增大，且平均温度差降低（达不到完全逆流）。此外，隔板也要占去部分布管面积而使传热面积减小。因此，程数不宜过多，一般以 2、4、6 程最为常见。

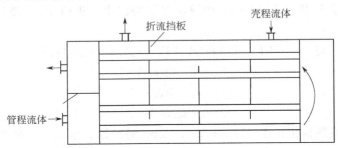

图 4-33　有隔板和折流挡板的列管换热器

参与热交换的另一种流体由壳体的接管进入，在壳体与管束间的空隙处流过（称为壳程），由另一接管流出。同样，为了提高壳程流体的给热系数而提高其流速，往往在壳体内安装一定数目与管束垂直的折流挡板（参见图 4-33）。这样既可提高壳程流体流速，同时也迫使流体循规定的路径多次横向流过管束，增大湍动程度。这时两流体间的流动是比较复杂的多程流动或是相互交叉的流动。

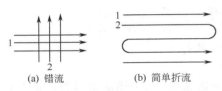

图 4-34　1，2 两流体成错流和折流流动

如图 4-34（a）表示参与换热的两流体在传热面两边的流动方向相互垂直，称为错流；（b）表示其中一边流体反复地作折流，代表多管程内的流动；而另一边的流体只沿一个平行的方向流动；使两边流体间有并流与逆流交替出现，这种情况称为简单折流。

如图 4-35 所示为简单折流中热流体作单程流动、冷流体作双程流动的组合（简称 1-2 折流），和流体温度沿流动路程而变化的情况。两流体可以是先逆流后并流，如图（a）所

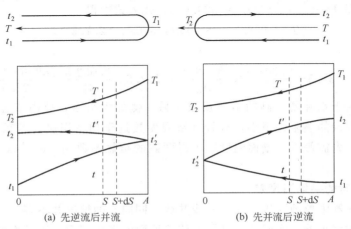

图 4-35　1-2 折流时温度变化

示；也可以是先并流后逆流，如图（b）所示。

可以想像，在这种复杂流向中，平均温度差 Δt_m 的计算远比单纯并流或逆流时的计算复杂。例如 1-2 折流时理论导出的平均温度差 Δt_m 的计算式如下

$$\Delta t_m = \frac{\sqrt{(T_1-T_2)^2+(t_2-t_1)^2}}{\ln\dfrac{(T_1-t_2)+(T_2-t_1)+\sqrt{(T_1-T_2)^2+(t_2-t_1)^2}}{(T_1-t_2)+(T_2-t_1)-\sqrt{(T_1-T_2)^2+(t_2-t_1)^2}}} \tag{4-77}$$

此式适用于图 4-35 中的两种 1-2 折流情况。

对于常用的复杂折流或错流的换热器，也可用理论推导求得其平均温度差的计算式，形式将更为复杂。

通常采用一种比较简便的计算办法，即先假定为逆流情况，求两边流体的对数平均温度差 $\Delta t_{m,逆}$，再根据实际流向乘以温度差校正系数 ψ 而得到实际平均温度差 Δt_m

$$\Delta t_m = \psi \Delta t_{m,逆} \tag{4-78}$$

校正系数 ψ 则表达成以下两参数 P、R 的函数，可查图而得到 ψ。

$$P = \frac{t_2-t_1}{T_1-t_1} = \frac{冷流体的温升}{两流体的最初温差（最大温差）}$$

$$R = \frac{T_1-T_2}{t_2-t_1} = \frac{热流体的温降}{冷流体的温升}$$

ψ 与 P、R 的关系可从理论导出，现以 1-2 折流为例

$$\psi = \Delta t_m / \Delta t_{m,逆} \tag{4-78a}$$

其中

$$\Delta t_{m,逆} = \frac{(T_1-t_2)-(T_2-t_1)}{\ln[(T_1-t_2)/(T_2-t_1)]} = \frac{(R-1)(t_2-t_1)}{\ln[(1-P)/(1-PR)]} \tag{4-79}$$

而式（4-77）用 P、R 表示时，为

$$\Delta t_m = \frac{\sqrt{R^2+1}(t_2-t_1)}{\ln\dfrac{2-P(1+R-\sqrt{R^2+1})}{2-P(1+R+\sqrt{R^2+1})}} \tag{4-77a}$$

将式（4-77a）及式（4-79）代入式（4-78a），得

$$\psi = \frac{\sqrt{R^2+1}}{R-1}\ln\frac{1-P}{1-PR}\Bigg/\ln\frac{2-P(1+R-\sqrt{R^2+1})}{2-P(1+R+\sqrt{R^2+1})} \tag{4-80}$$

此一较复杂的 $\psi=\psi(P,R)$ 函数关系，可在计算后绘成图 4-36（a）而便于查用。

对于双管程、单壳程但作复杂折流的换热器，当折流次数在 4 以上时，可近似作为 1-2 换热器处理，即亦可应用图 4-36（a）；且管为 4、6、8 等偶数时，亦能近似适用。图 4-36 中（b）示出二壳程，管程为 4、8、…时的 $\psi=\psi(P,R)$ 关系；图（c）示出的 1-3 折流代表 1 壳程 3（奇数）管程的情况；图（d）代表错流时的情况。

由图可见 $\psi<1$，即 $\Delta t_m < \Delta t_{m,逆}$，这是由于复杂流动中同时存在逆流和并流。在设计时应注意使 $\psi \geqslant 0.9$，至少也不应低于 0.8，否则经济上不合理，同时若操作温度稍有变动（P 稍增大），将会使 ψ 值急剧下降，即缺乏必要的操作稳定性。图 4-36 中表明，在 ψ 约小于 0.8 后，P 稍增大 ψ 急剧下降；这是根据热量衡算，t_2 已接近其上升极限。增大 ψ 的一个方法是改用多壳程，即将几台换热器串联使用［对比图 4-36（a）与（b）］。

例 4-15 在一 1-2 换热器中，用水冷却异丙苯溶液。冷却水走管程，温度由 20 ℃升至

143

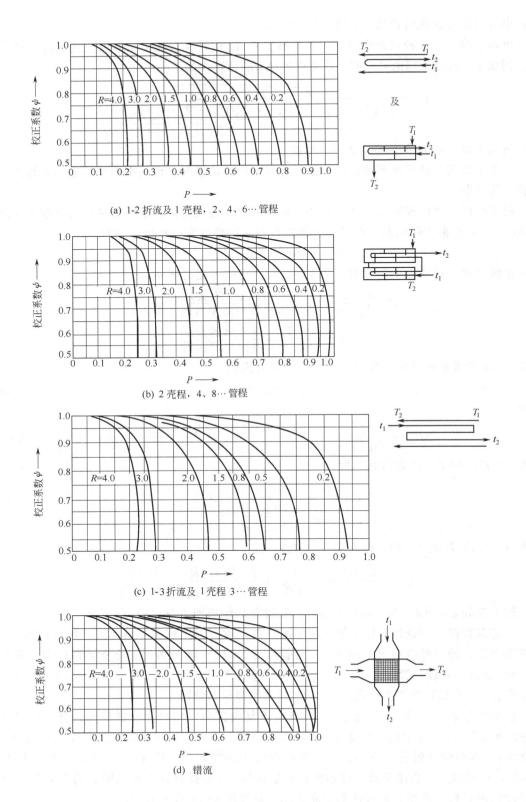

(a) 1-2 折流及 1 壳程，2、4、6…管程

(b) 2 壳程，4、8…管程

(c) 1-3折流及 1壳程 3…管程

(d) 错流

图 4-36　温度差校正系数 $\psi=\psi\ (P、R)$

40 ℃，异丙苯溶液由 65 ℃冷至 50 ℃，求平均温度差。

解　$T_1 = 65$ ℃，$T_2 = 50$ ℃；$t_1 = 20$ ℃，$t_2 = 40$ ℃

$$\Delta t_{m,逆} = \frac{(50-20)-(65-40)}{\ln(30/25)} = 27.4 \text{ ℃}$$

$$R = \frac{T_1 - T_2}{t_2 - t_1} = \frac{65-50}{40-20} = 0.75$$

$$P = \frac{t_2 - t_1}{T_1 - t_1} = \frac{40-20}{65-20} = 0.44$$

查图 4-36（a），得 $\psi = 0.93$

故　　　　$\Delta t_m = \psi \Delta t_{m,逆} = 0.93 \times 27.4 = 25.5$ ℃

4.5.6　传热效率和传热单元数法

上述传热计算的基础是以下两关系

传热速率方程

$$Q = KA\Delta t_m \tag{4-74}$$

热量衡算方程

$$Q = q_{m1}c_{p1}(T_1 - T_2) = q_{m2}c_{p2}(t_2 - t_1) \tag{4-73}$$

以上方程中除比热容 c_{p1}、c_{p2} 随温度的变化小，可作已知量外，还有 9 个变量：K、A、q_{m1}、q_{m2}、T_1、T_2、t_1、t_2 和 Q。其中需给出 6 个，才能进行计算。若给定量中包括流体在进、出口的 4 个温度，就可直接应用这两个方程。如例 4-13 中因 T_1、T_2、t_1、t_2、K、q_{m1} 已知，Δt_m 易于算出，Q、q_{m2}、A 随之而定。这类问题通常在设计时出现而称为设计型问题。

传热计算的另一类问题是给定 K、A、q_{m1}、q_{m2} 和两个温度如 T_1、t_1，求解其他两个温度 T_2、t_2 及 Q。这类问题通常在改变操作条件或核算时出现，而称为操作型问题。在求解时，由于热、冷流体各有一个温度未知，加上 Q 也是未知量，故无法由热量衡算式（4-73）解出两未知温度。同时由于两未知温度还出现在式（4-74）的对数项中，对方程式（4-74）及方程式（4-73）联立求解时需用试差算法。上述联立求解的方法称为对数平均温度差法，简写成 LMTD 法。它不便于求解操作型问题。对此，较方便的是采用另一种方法，即传热效率-传热单元数法，简写成 ε-NTU 法。

4.5.6.1　传热效率

假设热、冷两流体在一传热面为无穷大的间壁换热器内进行逆流换热，其结果是有一端会达到热平衡；或是热流体出口温度降到冷流体的入口温度，或是冷流体的出口温度升到热流体的入口温度，如图 4-37 中（b）或（c）所示。

换热器传热效率 ε 的定义为实际传热速率 Q 和理论上可能的最大传热速率 Q_{max} 之比

$$\varepsilon = Q/Q_{max} \tag{4-81}$$

首先讨论一下 Q_{max} 的确定。不论在哪一种型式的换热器中，根据热力学第二定律，热流体至多能从进口温度 T_1 被冷却到冷流体的进口温度 t_1，而冷流体的出口温度 t_2 不可能超过 T_1，即在换热器中两种流体可能达到的最大温度变化均为 $T_1 - t_1$，因而

$$Q_{max} = (q_m c_p)_{min}(T_1 - t_1) \tag{4-82}$$

式（4-82）中的 $q_m c_p$ 应是两流体中热容流量数值较小的一个（理由见后）用 $(q_m c_p)_{min}$ 表示。若热流体的 $q_m c_p$ 较小，则令 $(q_m c_p)_{min} = q_{m1}c_{p1}$，于是

$$\varepsilon = \frac{Q}{Q_{\max}} = \frac{q_{m1}c_{p1}(T_1 - T_2)}{q_{m1}c_{p1}(T_1 - t_1)} = \frac{T_1 - T_2}{T_1 - t_1}$$

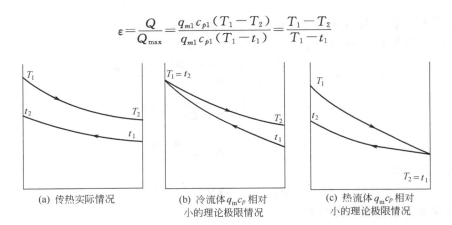

(a) 传热实际情况　　　(b) 冷流体 $q_m c_p$ 相对　　　(c) 热流体 $q_m c_p$ 相对
　　　　　　　　　　　　小的理论极限情况　　　　　小的理论极限情况

图 4-37　传热的实际与理论极限情况

反之，冷流体的热容流量 $q_m c_p$ 较小时，则 $(q_m c_p)_{\min} = q_{m2}c_{p2}$，此时

$$\varepsilon = \frac{Q}{Q_{\max}} = \frac{q_{m2}c_{p2}(t_2 - t_1)}{q_{m2}c_{p2}(T_1 - t_1)} = \frac{t_2 - t_1}{T_1 - t_1}$$

在计算 $Q_{\max}$ 时需采用 $q_m c_p$ 较小的流体作为基准，其理由如下。由热量衡算得知，热损失可忽略时，热流体放出的热量等于冷流体得到的热量。若计算 $Q_{\max}$ 时以 $q_m c_p$ 较大的流体为准，则另一流体的温度变化必然大于最大值的 $T_1 - t_1$，而这在热力学上是不可能的。

若能知传热效率，则由 $Q = \varepsilon Q_{\max} = \varepsilon(q_m c_p)_{\min}(T_1 - t_1)$ 求得 Q 后，便很容易从热量衡算求得两个出口温度 T_2 和 t_2。这样问题就集中到如何求出传热效率 ε。为此先引入传热单元数的概念。

4.5.6.2　传热单元数

在换热器中，对于热流体，由热量衡算和传热速率方程可得

$$KA\Delta t_{\mathrm{m}} = q_{m1}c_{p1}(T_1 - T_2)$$

对上式作适当的变化，并引入传热单元数的概念，即

$$NTU_1 = \frac{T_1 - T_2}{\Delta t_{\mathrm{m}}} = \frac{KA}{q_{m1}c_{p1}} \tag{4-83}$$

传热单元数 NTU (Number of Transfer Unit) 的概念是由努塞尔特首先提出的。式中的 $T_1 - T_2$ 为热流体温度的变化，Δt_{m} 为热、冷流体间的平均温度差；故传热单元数是热流体温度的变化相当于平均温度差的多少倍。从另一角度看，$KA(=Q/\Delta t_{\mathrm{m}})$ 为换热器每 1 ℃ 平均温度差的传热速率，而 $q_{m1}c_{p1}$ 表示热流体温度每降低 1 ℃ 所需放出的热流量。故 $KA/q_{m1}c_{p1}$ 代表每 1 ℃ 平均温度差的传热速率为热流体每下降 1 ℃ 所需放出热流量的倍数。

同理，对于冷流体

$$NTU_2 = \frac{t_2 - t_1}{\Delta t_{\mathrm{m}}} = \frac{KA}{q_{m2}c_{p2}} \tag{4-84}$$

4.5.6.3　传热效率 ε 和传热单元数 NTU 的关系

对一定型式的换热器，传热效率和传热单元数的关系可以根据热量衡算和速率方程式导出。现以逆流换热器为例，将前面推导对数平均温差所得的式 (4-79) 改写为

$$\ln \frac{T_1 - t_2}{T_2 - t_1} = KA\left(\frac{1}{q_{m1}c_{p1}} - \frac{1}{q_{m2}c_{p2}}\right) \tag{4-79a}$$

设热流体的热容量较小，即 $(q_m c_p)_{\min} = q_{m1} c_{p1}$，将式 (4-79a) 写成

$$\ln \frac{T_1 - t_2}{T_2 - t_1} = \frac{KA}{q_{m1} c_{p1}} \left(1 - \frac{q_{m1} c_{p1}}{q_{m2} c_{p2}} \right)$$

令 $q_{m1} c_{p1} / q_{m2} c_{p2} = C_{R1}$，并将式 (4-83) 代入，得

$$\ln \frac{T_1 - t_2}{T_2 - t_1} = NTU_1 (1 - C_{R1}) \tag{4-85}$$

为了找出 ε 与 NTU_1 的关系，进行下列转换

$$T_2 - t_1 = T_1 - t_1 - T_1 + T_2 = T_1 - t_1 - \frac{T_1 - T_2}{T_1 - t_1}(T_1 - t_1) = (1 - \varepsilon)(T_1 - t_1)$$

$$T_1 - t_2 = T_1 - t_1 + t_1 - t_2 = T_1 - t_1 - \frac{t_2 - t_1}{T_1 - T_2} \times \frac{T_1 - T_2}{T_1 - t_1}(T_1 - t_1)$$

$$= \left(1 - \frac{q_{m1} c_{p1}}{q_{m2} c_{p2}} \cdot \varepsilon \right)(T_1 - t_1) = (1 - C_{R1} \varepsilon)(T_1 - t_1)$$

将上述转换关系代入式 (4-85)，并整理得

$$\varepsilon = \frac{1 - \exp[NTU_1 (1 - C_{R1})]}{C_{R1} - \exp[NTU_1 (1 - C_{R1})]} \tag{4-86}$$

若冷流体的热容量较小，则将式 (4-79a) 写成

$$\ln \frac{T_1 - t_2}{T_2 - t_1} = \frac{KA}{q_{m2} c_{p2}} \left(\frac{q_{m2} c_{p2}}{q_{m1} c_{p1}} - 1 \right)$$

令 $q_{m2} c_{p2} / q_{m1} c_{p1} = C_{R2} (= 1/C_{R1})$，并将式 (4-84) 代入，同样可得

$$\varepsilon = \frac{1 - \exp[NTU_2 (1 - C_{R2})]}{C_{R2} - \exp[NTU_2 (1 - C_{R2})]} \tag{4-87}$$

式 (4-86) 与式 (4-87) 的结构相同，可写成统一的形式

$$\varepsilon = \frac{1 - \exp[NTU(1 - C_R)]}{C_R - \exp[NTU(1 - C_R)]} \tag{4-88}$$

式中，$C_R = (q_m c_p)_{\min} / (q_m c_p)_{\max}$，称为热容流量比。

当 $q_{m1} c_{p1} < q_{m2} c_{p2}$, $C_R = C_{R1}$, $NTU = NTU_1$, $\varepsilon = (T_1 - T_2)/(T_1 - t_2)$;

$q_{m1} c_{p1} > q_{m2} c_{p2}$, $C_R = C_{R2}$, $NTU = NTU_2$, $\varepsilon = (t_2 - t_1)/(T_1 - t_2)$。

同理，对并流换热器可导得 ε 与 NTU 的关系为

$$\varepsilon = \frac{1 - \exp[-NTU(1 + C_R)]}{1 + C_R} \tag{4-89}$$

不同情况下 ε 与 NTU、C_R 的关系已作出计算，并绘制成图，供设计时利用。图 4-38 至图 4-40 分别表示并流、逆流、1-2 折流时的 $\varepsilon = \varepsilon(NTU, C_R)$ 关系。在操作型问题中已知 NTU 及 C_R，可从图中查得。从而可不经试算即可求出其他两个未知温度。但对设计型问题则与 LMTD 法相比并无优越之处，且后者通过 ψ 的大小可以看所选流动型式与逆流间的差距，看是否应修改设计，而用 ε-

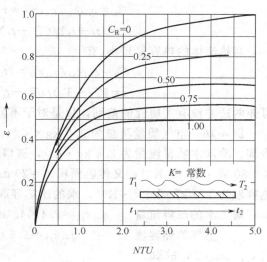

图 4-38 单程并流换热器中 ε 与 NTU 和 C_R 间的关系

NTU 法则不能做到这一点。

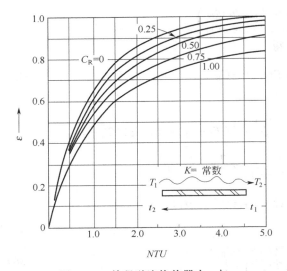

图 4-39　单程逆流换热器中 ε 与
NTU 和 C_R 间的关系

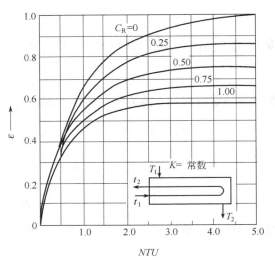

图 4-40　1-2 折流换热器中 ε 与
NTU 和 C_R 间的关系

对于一组串联的换热器,其传热单元数为各换热器之和

$$NTU=(K_1A_1+K_2A_2+K_3A_3+\cdots)/(q_mc_p)_{min}$$

易于得到传热效率,而得到总的温升及温降,比 LMTD 法要试算各换热器间的中间温度方便很多。

从以上 ε-NTU 法的导出过程,可知与 LMTD 法都是基于同一个来源,只是前者整理成 ε 与 NTU、C_R 间的关系,而后者整理成为 ψ 与 P、R 间的关系。而且,ε 与 P、C_R 与 R 具有以下的对应关系

当冷流体的热容量较小,有

$$\left.\begin{aligned}C_R=q_{m2}c_{p2}/q_{m1}c_{p1}=(T_1-T_2)/(t_2-t_1)=R\\\varepsilon=(t_2-t_1)/(T_1-t_1)=P\end{aligned}\right\}$$

当热流体的热容量较小,有

$$\left.\begin{aligned}C_R=q_{m1}c_{p1}/q_{m2}c_{p2}=(t_2-t_1)/(T_1-T_2)=1/R\\\varepsilon=(T_1-T_2)/(T_1-t_1)=PR\end{aligned}\right\}$$

可知两法并没有实质性的差别,只是对于不同类型的问题,在应用上各有其方便之处。

例 4-16　空气质量流量为 $2.5\ kg\cdot s^{-1}$,温度为 $100\ ℃$,在常压下通过单程换热器进行冷却。冷却水质量流量为 $2.4\ kg\cdot s^{-1}$,进口温度 $15\ ℃$,和空气作逆流流动。已知传热系数 $K=80\ W\cdot m^{-2}\cdot K^{-1}$,又传热面积 $A=20\ m^2$,求空气出口温度和冷却水出口温度。空气比热容取为 $1.0\ kJ\cdot kg^{-1}\cdot K^{-1}$,水的比热容取 $4.187\ kJ\cdot kg^{-1}\cdot K^{-1}$。

解　水的热容流量　　$q_{m2}c_{p2}=2.4\times4.187=10.05\ kW\cdot K^{-1}$

　　　空气的热容流量　　$q_{m1}c_{p1}=2.5\times1.0\ kW\cdot K^{-1}$

$q_{m1}c_{p1}<q_{m2}c_{p2}$,故取

$$(q_mc_p)_{min}=q_{m1}c_{p1}=2.5\ kW\cdot K^{-1}$$
$$(q_mc_p)_{max}=q_{m2}c_{p2}=10.05\ kW\cdot K^{-1}$$

$$NTU = KA/(q_m c_p)_{min} = (80 \times 20)/(2.5 \times 10^3) = 0.64$$
$$C_R = q_{m1} c_{p1}/q_{m2} c_{p2} = 2.5/10.05 = 0.25$$

根据 $NTU = 0.64$ 和 $C_R = 0.25$，由图 4-39 查得 $\varepsilon = 0.48$。空气出口温度 T_2 可根据传热效率的定义求得

$$\varepsilon = \frac{T_1 - T_2}{T_1 - t_1} = \frac{100 - T_2}{100 - 15} = 0.48$$
$$T_2 = 100 - 85 \times 0.48 = 59.2 \ ℃$$

冷却水出口温度 t_2 可由热量衡算求得

$$Q = 2.4 \times 4.187(t_2 - 15) = 2.5 \times 1.0(100 - 59.2) = 102 \ kW$$
$$T_2 = 102/(2.4 \times 4.187) + 15 = 25.2 \ ℃$$

例 4-17 质量流量、温度等数据同例 4-16，又假定 K 值不变，若换热器改为并流操作求所需传热面积。

解 由于质量流量和进、出口温度与例 4-16 同，故 $C_R = 0.25$，$\varepsilon = 0.48$，查图 4-38 得
$$NTU = 0.75$$
$$A = \frac{NTU \times q_{m1} c_{p1}}{K} = \frac{0.75 \times 2.5 \times 1.0 \times 10^5}{80} = 23.4 \ m^2$$

由此可见，在流体进、出口温度相同时，并流所需的传热面积比逆流时大，这与前面讨论并流与逆流时的结论是一致的。由图 4-38 和图 4-39 也可以看出，在传热单元数相同时，逆流换热器的传热效率总是大于并流的。又从图上可见，传热效率随传热单元数的增加而增加，但最后趋于一定值，即 NTU 增大到某一值后，几乎不再增大。在设计时应选定经济上合理的 NTU 值。

例 4-18 在列管式换热器中用锅炉给水冷却原油。已知换热器的传热面积为 $100 \ m^2$，原油的流量为 $8.33 \ kg \cdot s^{-1}$，温度要求由 $150 \ ℃$ 降到 $65 \ ℃$；锅炉给水的流量为 $9.17 \ kg \cdot s^{-1}$，其进口温度为 $35 \ ℃$；原油与水之间呈逆流流动。若已知换热器的传热系数为 $250 \ W \cdot m^{-2} \cdot ℃^{-1}$，原油的平均比热容为 $2 \ 160 \ J \cdot kg^{-1} \cdot ℃^{-1}$。若忽略换热器的散热损失，试问该换热器是否合用？若在实际操作中采用该换热器，则原油的出口温度将为多少？

解 (a) 对数平均温差法

所要求的传热速率 Q_r 可由热量衡算方程得到

$$Q_r = q_{m1} c_{p1}(T_1 - T_2) = 8.33 \times 2 \ 160 \times (150 - 65) = 1 \ 529 \times 10^3 \ W$$

校核换热器是否合用，取决于热、冷流体间由传热速率方程决定的 $Q = KA\Delta t_m$ 是否大于所要求的传热速率 Q_r。若 $Q > Q_r$，则表明该换热器合用。或者由 $Q_r = KA_r \Delta t_m$，求出完成传热任务所必需的传热面积 A_r，若 A_r 小于给定的实际传热面积 A，则也表示该换热器合用。

由热量衡算方程可计算出锅炉给水的出口温度

$$t_2 = \frac{Q}{q_{m2} c_{p2}} + t_1 = \frac{1 \ 529 \times 10^3}{9.17 \times 4 \ 187} + 35 = 74.8 \ ℃$$

按逆流计算平均传热温差

$$\Delta t_m = \frac{\Delta t_1 - \Delta t_2}{\ln(\Delta t_1/\Delta t_2)} = \frac{(150 - 74.8) - (65 - 35)}{\ln[(150 - 74.8)/(65 - 35)]} = 49.2 \ ℃$$

由传热速率方程，在此条件下换热器实际传热速率为

$$Q = KA\Delta t_m = 250 \times 100 \times 49.2 = 1 \ 230 \times 10^3 \ W$$

显然 $Q < Q_r$，即实际传热速率小于所要求的传热速率，因而，该换热器不合用。

下面计算采用该换热器进行实际操作时，原油的出口温度。

设原油和锅炉给水的实际出口温度为 T_2'、t_2'，换热器的实际传热速率为 Q'，并假定传热系数不变。根据热量衡算方程和传热速率方程，有

$$Q'=q_{m1}c_{p1}(T_1-T_2')=8.33\times2\,160\times(150-T_2')$$
$$Q'=q_{m2}c_{p2}(t_2'-t_1)=9.17\times4\,187\times(t_2'-35)$$
$$Q'=KA\Delta t_m=250\times100\times\frac{(150-t_2')-(T_2'-35)}{\ln[(150-t_2')/(T_2'-35)]}$$

联立上述三式，采用试差法或消元法求解，计算结果为

$$Q'=1\,386\text{ kW},\quad T_2'=73\text{ ℃},\quad t_2'=71.2\text{ ℃}$$

可见，由于实际传热速率小于所要求的数值，则原油的实际出口温度高于 65 ℃，锅炉给水的出口温度也低于 74.8 ℃，也说明该换热器不能满足工艺条件的需要。

（b）传热效率-传热单元数法

由已知条件可计算出

$$q_{m1}c_{p1}=8.33\times2\,160=17\,990\text{ W}\cdot\text{℃}^{-1};\quad q_{m2}c_{p2}=9.17\times4\,187=38\,390\text{ W}\cdot\text{℃}^{-1}$$

因而，取 $(q_mc_p)_{\min}=q_{m1}c_{p1}$

据此可计算换热器的热容流量比 C_R 和传热单元数 NTU

$$C_R=q_{m1}c_{p1}/q_{m2}c_{p2}=17\,990/38\,390=0.47$$
$$NTU=KA/(q_mc_p)_{\min}=(250\times100)/17\,990=1.39$$

根据式（4-88）可得传热效率 ε

$$\varepsilon=\frac{1-\exp[NTU(1-C_R)]}{C_R-\exp[NTU(1-C_R)]}=\frac{1-\exp[1.39\times(1-0.47)]}{0.47-\exp[1.39\times(1-0.47)]}=0.67$$

计算该换热器的实际传热速率

$$Q'=\varepsilon(q_mc_p)_{\min}(T_1-t_1)=0.67\times8.33\times2\,160\times(150-35)=1\,386\times10^3\text{ W}(<1\,529\text{ kW})$$

上式说明该换热器的实际传热速率小于所需要的传热速率，故不合用。

根据传热效率 ε 的定义式，可得原油的实际出口温度

$$T_2'=T_1-\varepsilon(T_1-t_1)=150-0.67\times(150-35)=73\text{ ℃}$$

由热容流量比 C_R 的定义式和热量衡算方程，可得锅炉给水的实际出口温度

$$t_2'=t_1-C_R(T_1-T_2')=35-0.47\times(150-73)=71.2\text{ ℃}$$

由此可见，原油的出口温度未能降至规定的要求，因此该换热器不合用。

讨论　由对数平均温差法和传热效率-传热单元数法的计算过程可见：对于这类校核型的计算，采用传热效率-传热单元数法要简便得多，它可直接得到换热器的出口温度和传热速率，避免了用试差法或消元法求解联立方程。

4.6　传 热 设 备

换热器是化工生产中应用最为广泛的设备之一。按用途它可分为加热器、冷却器、冷凝器和蒸发器等。由于生产的规模、物料的性质、传热的要求等各不相同，故换热器的类型也是多种多样的。本章主要讨论：各种换热器的性能和特点，以便根据工艺要求选用适当的类型；换热器基本尺寸的确定、传热面积的计算以及流体阻力的核算等，以便于已有系列化标准的换热器中，选定合用的规格。

4.6.1　换热器的类型

换热器按其传热特征，可分为下列三类。

4.6.1.1　直接接触式

在这类换热器中，热、冷两流体通过直接混合进行热量交换。在工艺上允许两种流体相互混合的情况下，这是比较方便和有效的，且其结构也比较简单。直接接触式换热器常用于气体的冷却或水蒸气的冷凝。

4.6.1.2　蓄热式

蓄热式换热器简称蓄热器，它主要由热容量较大的蓄热室构成，室中可充填耐火砖或金属带等作为蓄热填料。热、冷两种流体交替通过同一蓄热室，即可通过填料将得自热流体的热量，传递给冷流体，达到换热的目的。这类换热器的结构较为简单，且可耐高温，常用于气体的余热或其冷量的利用。其缺点是设备体积较大，而且在两种流体交替时总有一定程度的混合。

4.6.1.3　间壁式

这一类换热器的特点是在热冷两种流体之间用一金属壁（或石墨等耐腐蚀而导热性能较好的非金属壁）隔开，以使两种流体在互不相混的情况下进行热量传递。

本章着重介绍间壁式换热器，并主要讨论列管式换热器。

4.6.2　间壁式换热器的类型

4.6.2.1　夹套式换热器

夹套式换热器主要用于反应过程的加热或冷却，是在容器外壁安装夹套制成，结构如图 4-41 所示。

- 优点：结构简单
- 缺点：传热面受容器壁面限制，传热系数小

为提高传热系数且使釜内液体受热均匀，可在釜内安装搅拌器，也可在釜内安装蛇管。

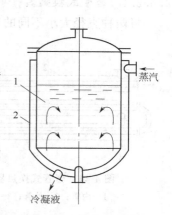

图 4-41　夹套式换热器
1—容器；2—夹套

4.6.2.2　沉浸式蛇管换热器

这种换热器多以金属管子绕成螺旋形的形状（蛇管），或制成各种与容器相适应的情况，并沉浸在容器内的液体中。蛇管的形状如图 4-42 所示。

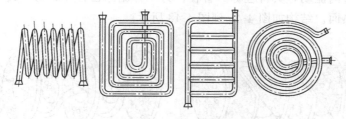

图 4-42　蛇管的形状

- 优点：结构简单，便于防腐，能承受高压
- 缺点：由于容器体积比管子的体积大得多，因此管外流体的给热系数较小

为提高给热系数，容器内可安装搅拌器。

4.6.2.3　喷淋式换热器

多用于冷却管内的热流体。将蛇管成排地固定于钢架上，被冷却的流体在管内流动，冷却水由管上方的喷淋装置中均匀淋下，故又称喷淋式冷却器，结构如图 4-43 所示。

- 优点：传热推动力大，传热效果好，便于检修和清洗
- 缺点：喷淋不易均匀；易使周围空气中漂浮水雾

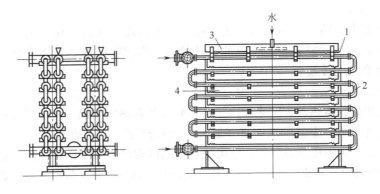

图 4-43　喷淋式冷却器结构示意

1—直管；2—外管；3—水槽；4—齿形檐板

4.6.2.4　套管式换热器

将两种直径大小不同的直管装成同心套管，并可用 U 形管把管段串联起来，每一段直管称作一程，结构如图 4-44 所示。其特点是：进行热交换时使一种流体在内管流过，另一种则在套管间的环隙中通过。流速高，给热系数大，严格逆向流动而平均温差最大，结构简单，能承受高压。缺点是不够紧凑，外管消耗的金属较多。

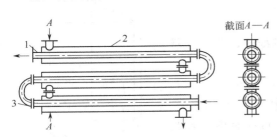

图 4-44　套管式换热器结构示意

1—内管；2—外管；3—U 形肘管

4.6.3　列管式换热器

列管式换热器又称为管壳式换热器，是应用最广的间壁式换热器，历史悠久，至今仍占据主导地位。其特点是：单位体积设备所能提供的传热面积大，传热效果好，结构坚固，可选用的结构材料范围宽广，操作弹性大。其主要部件包括壳体、管束、管板、折流挡板和浮头。一种流体在管内流动，其行程称为管程；另一种流体在管外流动，其行程称为壳程。管束的壁面即为传热面。结构如图 4-45 到图 4-48 所示。

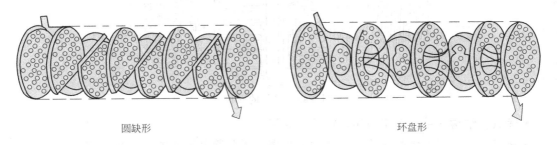

圆缺形　　　　　　　　　　　　环盘形

图 4-45　折流挡板的形式及流体的流动方式

为提高壳程流体流速，在壳体内安装一定数目与管束相互垂直的折流挡板。其作用除增加流速外，还迫使流体按规定路径多次错流通过管束，使湍流程度大为增加。常用的折流挡板有圆缺形和环盘形两种，前者更为常用。

列管式换热器必须从结构上考虑热膨胀的影响，采取各种补偿的办法，消除或减小热应力，根据所采取的温差补偿措施，列管式换热器可分为：固定管板式、浮头式和 U 形管式。

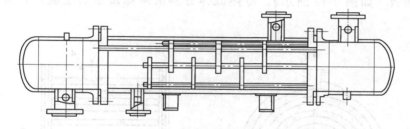

图 4-46　固定管板式换热器

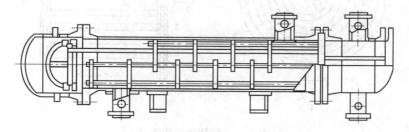

图 4-47　浮头式换热器

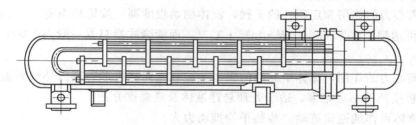

图 4-48　U 形管式换热器

（1）固定管板式换热器　其主要特点是结构简单，成本低；壳程不易机械清洗，可能产生较大的热应力；用于壳程流体不易结垢或容易化学清洗，壳体与传热管壁温度之差小于50 ℃，否则需加膨胀节（低于 60～70 ℃，压力低于 0.7 MPa）。

（2）浮头式换热器　这种换热器中两端的管板有一端可以沿轴向自由浮动，可消除热应力且整个管束可从壳体中抽出，便于清洗和检修。尽管结构较为复杂，成本高，但应用广泛。

（3）U 形管式换热器　每根管都弯成 U 形，进出口分别安装在同一管板的两侧，封头以隔板分成两室。由于每根管子都可以自由伸缩，且与其他管子和外壳无关，比浮头式结构简单，但管内清洗较为困难。

4.6.4　板式换热器

　　板式换热表面可以紧密排列，因此各种板式换热器都具有结构紧凑、材料消耗低、传热系数大的特点。这类换热器一般不能承受高压和高温，但对于压力较低、温度不高或腐蚀性强而需用贵重材料的场合，各种板式换热器都显示出更大的优越性。

4.6.4.1　螺旋板式换热器

　　螺旋板式换热器是由两张平行薄钢板卷制而成，在其内部形成一对同心的螺旋形通道。换热器中央设有隔板，将两螺旋形通道各开。两板之间焊有定距柱以维持通道间距，在螺旋板两端焊有盖板（如图 4-49 所示）。冷热流体分别由两螺旋形通道流过，通过薄板进行换热。

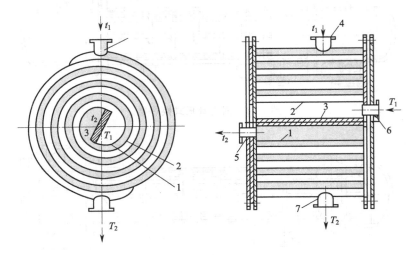

图 4-49　螺旋板式换热器

螺旋板换热器的主要优点如下。

● 由于离心力的作用和定距柱的干扰，流体湍动程度高，故给热系数大。例如，水对水的传热系数可达到 2 000～3 000 W・m^{-2}・℃$^{-1}$，而管壳式换热器一般为 1 000～2 000 W・m^{-2}・℃$^{-1}$

● 由于离心力的作用，流体中悬浮的固体颗粒被抛向螺旋形通道的外缘而被流体本身冲走，故螺旋板换热器不易堵塞，适于处理悬浮液体及高黏度介质

● 冷热流体可作纯逆流流动，传热平均推动力大

● 结构紧凑，单位容积的传热面为管壳式的 3 倍，可节约金属材料

螺旋板换热器的主要缺点如下。

● 操作压力和温度不能太高，一般压力不超过 2 MPa，温度不超过 300～400 ℃

● 因整个换热器被焊成一体，一旦损坏不易修复

螺旋板换热器的给热系数可用下式计算

$$Nu = 0.04 Re^{0.78} Pr^{0.4} \tag{4-90}$$

上式对于定距柱直径为 10 mm、间距为 100 mm 按菱形排列的换热器适用，式中的当量直径 $d_e = 2b$，b 为螺旋板间距。

4.6.4.2　板式换热器

板式换热器最初用于食品工作，20 世纪 50 年代逐渐推广到化工等其他工业部门，现已发展成为高效紧凑的换热设备。

板式换热器是由一组金属薄板、相邻薄板之间衬以垫片并用框架夹紧组装而成。如图 4-50 所示为矩形板片，其上四角开有圆孔，形成流体通道。冷热流体交替地在板片两侧流过，通过板片进行换热。板片厚度为 0.5～3 mm，通常压制成各种波纹形状，既增加刚度，又使流体分布均匀，加强湍动，提高传热系数。

板式换热器的主要优点如下。

● 由于流体在板片间流动湍动程度高，而且板片厚度又薄，故传热 K 大。例如，在板式

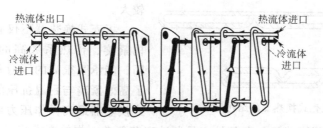

图 4-50　板式换热器流向示意图

换热器内，水对水的传热系数可达 1 500～4 700 W·m^{-2}·℃$^{-1}$。

● 板片间隙小（一般为 4～6 mm）、结构紧凑，单位容积所提供的传热面为 250～1 000 m^2·m^{-3}；而管壳式换热器只有 40～150 m^2·m^{-3}，板式换热器的金属耗量可减少一半以上。

● 具有可拆结构，可根据需要调整板片数目以增减传热面积，故操作灵活性大，检修清洗也方便。

板式换热器的主要缺点是：允许的操作压力和温度比较低；通常操作压力不超过 2 MPa，压力过高容易渗漏；操作温度受垫片材料的耐热性限制，一般不超过 250 ℃。

4.6.4.3　板翅式换热器

板翅式换热器是一种更为高效紧凑的换热器，过去由于制造成本较高，仅用于宇航、电子、原子能等少数部门。现在已逐渐应用于化工和其他工业，取得良好效果。

如图 4-51 所示，在两块平行金属薄板之间，夹入波纹状或其他形状的翅片，将两侧面封死，即成为一个换热基本元件。将各基本元件适当排列（两元件之间的隔板是公用），并用钎焊固定，制成逆流式或者错流式板束。将板束放入适当的集流箱（外壳）就形成板翅式换热器。

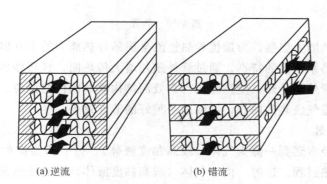

(a)逆流　　　　　　　　　(b)错流

图 4-51　板翅式换热器的板束

板翅式换热器的结构高度紧凑，单位容积可提供的传热面高约 2 500～4 000 m^2·m^{-3}。所用翅片的形状可促进流体的湍动，故其传热系数也很高。因翅片对隔板有支撑作用，板翅式换热器允许操作压力也较高，可达 5 MPa。

4.6.4.4　板壳式换热器

板壳式换热器与管壳式换热器的主要区别是以板束代替管束。板束的基本元件是将条状钢板滚压成一定形状然后焊接而成（如图 4-52 所示）。板束元件可以紧密排列、结构紧凑，单位容积提供的换热面为管壳式的 3.5 倍以上。为保证板束充满圆形壳体，板束元件的宽度应该与元件在壳体内所占弦长相当。与圆管相比，板束元件的当量直径较小，给热系数也

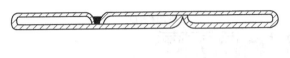

图 4-52 板壳式换热器的结构示意

较大。

板壳式换热器不仅有各种板式换热器结构紧凑、传热系数高的特点，而且结构坚固，能承受很高的压力和温度，较好地解决了高效紧凑与耐温抗压的矛盾。目前，板壳式换热器最高操作压力可达 6.4 MPa，最高温度可达 800 ℃。板壳式换热器的缺点是制造工艺复杂，焊接要求高。

4.6.5 其他几种换热器的类型

4.6.5.1 热管

热管是 20 世纪 60 年代中期发展起来的一种新型传热元件。它是在一根抽除不凝性气体的密闭金属管内充以一定量的某种工作液体构成，其结构如图 4-53 所示。工作液体因在热端吸收热量而沸腾汽化，产生的蒸气流至冷端放出潜热。冷凝液回至热端，再次沸腾汽化。如此反复循环，热量不断从热端传至冷端。冷凝液的回流可以通过不同的方法（如毛细管作用、重力等）来实现。目前常用的方法是将具有毛细结构的吸液芯装在管的内壁上，利用毛细管的作用使冷凝液由冷端回流至热端。热管工作液体可以是氨、水、丙酮、汞等。采用不同液体介质有不同的工作温度范围。

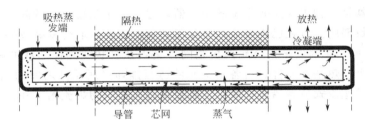

图 4-53 热管

热管传导热量的能力很强，为最优导热性能金属的导热能力的 100 倍以上。因充分利用了沸腾及冷凝时给热系数大的特点，通过管外翅片增大传热面，且巧妙地把管内、外流体间的传热转变为两侧管外的传热，使热管成为高效而结构简单的传热设备。目前，热管换热器已被广泛应用于烟道气废热的回收，并取的了很好的节能效果。

4.6.5.2 空气冷却器

在工业生产中经常遇到一侧为气体（或高黏度液体），另一侧为饱和蒸气冷凝（或低黏度液体）之间的传热过程。这时，由于气体（或高黏度液体）侧的给热系数很小，因而成为整个传热过程的控制因素。为了强化传热，就必需减小这一侧的热阻。因此，可以在换热管给热系数小的一侧加上翅片，以增大其传热面积。

如图 4-54 所示是工业上广泛应用的几种翅片形式，翅片分为横向和纵向两大类，可以用机械法轧制、焊接或铸造，也可用厚壁管径向滚压而成，后者称为螺纹管。翅片管较为重要的应用场合是空气冷却器（简称空冷器）。它以空气为冷却剂在翅片管外流过，用以冷却或冷凝管内通过的流体，这对于缺水地区是很适用的。因而空冷器在各类化工装置中日益得到广泛应用。空冷器主要由翅片管束构成，常用的是水平横向翅片管。管材本身大都仍用碳钢，但翅片多为铝制，可以用缠绕，嵌镶和焊接等办法将翅片固定在管子的外表面上。

如图 4-55 所示为一空冷器的结构简图。热流体由物料管线流经各管束进行冷却，在排

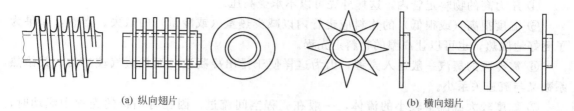

(a) 纵向翅片   (b) 横向翅片

图 4-54 工业上广泛应用的几种翅片形式

出管内汇集而后排去。冷空气一般由安装在管束下面的轴流式通风机向上吹过管束作为冷却剂。由于管外装置了翅片，就减少了两边给热系数过于悬殊的影响，从而提高换热器的传热效能。例如当空气流速为 $1.5 \sim 4 \ \mathrm{m \cdot s^{-1}}$ 时，空气侧的给热系数（以光管外表面为基准）约可达 $550 \sim 1\,100 \ \mathrm{W \cdot m^{-2} \cdot K^{-1}}$，如果以包括翅片在内的全部外表面积计算，则为 $35 \sim 70 \ \mathrm{W \cdot m^{-2} \cdot K^{-1}}$，与没有翅片的光管相比，空气侧的热阻显著减小。表 4-13 列出一些空冷器传热系数的大致数值范围。空冷器的主要缺点是装置比较庞大，动力消耗也大。

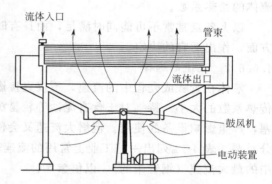

图 4-55 空冷器的结构简图

表 4-13 空气冷却器传热系数的大致数值范围

物　　料	传热系数 $K/\mathrm{W \cdot m^{-2} \cdot K^{-1}}$	物　　料	传热系数 $K/\mathrm{W \cdot m^{-2} \cdot K^{-1}}$
轻质油	$300 \sim 400$	烃类气体	$180 \sim 520$
重质油	$60 \sim 180$	低压水蒸气冷凝	$750 \sim 800$
空气或烟道气	$60 \sim 180$	氨冷凝	$600 \sim 800$
合成氨反应气体	$460 \sim 520$	有机蒸气冷凝	$350 \sim 470$

4.6.6 列管式换热器的选用与设计原则

在选用和设计列管换热器时，一般说流体的处理量和它们的物性是已知的，其进、出口温度由工艺要求确定，然而，冷热两流体的流向，哪一个走管内，哪一个走管外，以及管径、管长和管子根数等则尚待确定，而这些因素又直接影响着给热系数、传热系数和平均温差的数值。所以设计时需要根据生产实际情况，选定一些参数，通过试算，初步确定换热器的大致尺寸，然后再做进一步的计算和校核，直到符合工艺要求为止。当然还应参考国家系列化标准，尽可能选用已有的定型产品。因此，列管换热器的设计计算基本上也就是选用的过程。现将有关问题分述如下。

4.6.6.1 流程的选择

在换热器中，哪一种流体流经管程，哪一种流经壳程，可考虑下列几点作为一般原则。

① 不洁净或易于分解结垢的物料应当流经易于清洗的一侧。对于直管管束，上述物料一般应走管内，但当管束可以拆出清洗时，也可以走管外。

② 需要提高流速以增大其给热系数的流体应当走管内，因为管内截面积通常都比管间的截面积小，而且易于采用多管程以增大流速。

③ 具有腐蚀性的物料应走管内，这样可以用普通材料制造壳体，仅仅管子，管板和封头要采用耐蚀材料。

④ 压力高的物料走管内，这样外壳可以不承受高压。

⑤ 温度很高（或很低）的物料应走管内以减少热量（或冷量）的散失。当然，如果为了更好地散热，也可以让高温的物料走壳程。

⑥ 需冷凝的蒸汽一般通入壳程，因为这样便于排出冷凝液，而且蒸汽较清洁，其给热系数又与流速关系小。

⑦ 黏度较大或流量较小的流体，一般在壳程空间流过，因在有挡板的壳程中流动时，流道截面和流向都在不断改变，在低 Re 数下（$Re>100$）即可达到湍流，有利于提高管外流体的给热系数。

以上各点常常不可能同时满足，而且有时还会互相矛盾、故应根据具体情况，抓住主要方面，作出适宜的决定。

4.6.6.2 流速的选择

液体在管程或壳程中的流速，不仅直接影响给热系数，而且影响结垢速率，从而影响总传热系数的大小。特别对于含有泥沙等较易沉积颗粒的流体，流速过低甚至可能导致管路堵塞，严重影响设备的使用。但增大流速又会使压力损失显著增大，因此，选择适宜的流速十分重要。表 4-14 列出一些工业上常用的流速范围，表 4-15 示出不同黏度液体在列管换热器中的最大流速（钢管中的），以供参考。

表 4-14 列管换热器内常用的流速范围

流体种类	流速/m·s⁻¹	
	管　程	壳　程
一般液体	0.5～1.5	0.2～1.0
易结垢液体	＞1	＞0.5
气体	5～30	3～15

表 4-15 不同黏度液体在列管换热器管程中的最大流速

液体黏度/mPa·s	最大流速/m·s⁻¹	液体黏度/mPa·s	最大流速/m·s⁻¹
＞1 500	0.6	100～35	1.5
1 000～500	0.75	35～1	1.8
500～100	1.1	＜1	2.4

4.6.6.3 换热管规格及其在管板上的排列方法

对于洁净流体，列管换热器中所用管子的直径可取得小些，这样单位体积设备的传热面积就能大些。对于不太清洁、黏度较大或易结垢的流体，管径应取得大些，以便清洗或避免堵塞。管子在管板上的排列方法常用的有正三角形排列，正方形直列排列和正方形错列排列三种，如图 4-56 所示。正三角形排列比较紧凑，在一定的壳径内可排列较多的管子，且传热效果较好，但管外清洗较为困难。按正方形排列时，管外清洗方便，适用于流经壳程中的流体易结垢的情况，其传热效果较之正三角形排列要差些，但如将安放位置斜转 45°，成为错列排列时，则传热效果会有所改善。

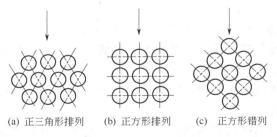

(a) 正三角形排列　　(b) 正方形排列　　(c) 正方形错列

图 4-56　管子在管板上的排列

按选定的管径和流速可以确定管数，再根据所需的传热面积，就可以求得管长。但

管长 L 又应与壳径 D 相适应，一般 L/D 约为 4~6。同时也应根据出厂的钢管长度合理截用，如中国生产的无缝钢管长度一般为 6~8 m、故系列标准中换热管的长度常分为 1.5 m、2 m、3 m 或 6 m 等几种，而以 3 m 和 6 m 最为普遍。

4.6.6.4　阻力损失的计算

列管换热器中阻力损失的计算包括管程和壳程两个方面。

（1）管程阻力损失　管程总阻力损失 Δp_t 应是各程直管损失 Δp_i 与每程回弯阻力和进出口等局部损失 Δp_r 之和。因此可用下式计算管程总压降 Δp_t

$$\Delta p_t = (\Delta p_i + \Delta p_r) \times N_p \times N_s$$

式中，每程直管的压降

$$\Delta p_i = \lambda \frac{l}{d} \frac{u^2 \rho}{2}$$

每程局部阻力引起的压降（包括回弯和进、出口）

$$\Delta p_r = \sum \zeta u^2 \rho / 2 \approx 3 u^2 \rho / 2$$

d 和 l 为管内径和每根管的长度；N_p 为一换热器壳程的管程；N_s 为串联的同样换热器数。

（2）壳程阻力损失　对于壳程阻力损失 Δp_s 的计算，由于流动状态比较复杂，提出的计算公式较多，下面推荐一个常用的计算式

$$\Delta p_s = \lambda_s \frac{D(N_B + 1)}{d_e} \frac{\rho u_0^2}{2}$$

$$\lambda_s = 1.72 Re^{-0.19}$$

$$Re = d_e u_0 \rho / \mu$$

式中　u_0——按壳程流通截面 $S_0 = hD(1 - d_0/t)$ 计算所得的壳程流速，$\mathrm{m \cdot s^{-1}}$；

　　　D——换热器内径，m；

　　　h——折流挡板间距，m；

　　　d_0——管外径，m；

　　　t——管中心距，m；

　　　N_B——折流板数目；

　　　d_e——壳程的当量直径，m。

4.6.6.5　列管式换热器的选用和设计的一般步骤

根据以上选用和设计原则的分析，列管式换热器的选用和设计计算步骤基本上是一致的，其基本步骤如下。

（1）估算传热面积，初选换热器型号

- 根据传热任务，计算传热速率；
- 确定流体在换热器中两端的温度，并按定性温度计算流体物性；
- 计算传热温差，并根据温差修正系数不小于 0.8 的原则，确定壳程数或调整加热介质或冷却介质的终温；
- 根据两流体的温差，确定换热器的形式；
- 选择流体在换热器中的通道；
- 依据总传热系数的经验值范围，估取总传热系数值；
- 依据传热基本方程，估算传热面积，并确定换热器的基本尺寸或按系列标准选择换热器的规格；

● 选择流体的流速，确定换热器的管程数和折流板间距。

（2）计算管程和壳程流体的阻力损失　根据初选的设备规格，计算管程和壳程流体的阻力损失。检查计算结果是否合理和满足工艺要求。若不符合要求，再调整管程数或折流板间距，或选择其他型号的换热器，重新计算阻力损失，直到满足要求为止。

（3）计算传热系数，校核传热面积　计算管程、壳程的给热系数，确定污垢热阻，计算传热系数和所需的传热面积。一般选用换热器的实际传热面积比计算所需传热面积大10%～25%，否则另设总传热系数，另选换热器，返回第一步，重新进行校核计算。

上述步骤为一般原则，可视具体情况作适当调整，对设计结果应进行分析，发现不合理处要反复计算。在计算时应尝试改变设计参数或结构尺寸甚至改变结构形式，对不同的方案进行比较，以选出技术经济性较好的换热器。

4.6.7　换热器传热的强化途径

所谓换热器的强化，就是力求使换热设备的传热速率尽可能增大，力图用较小的传热面积或体积较小的设备来完成同样的传热任务。从传热速率方程 $Q=KA\Delta t_m$ 可见，增大总传热系数 K、传热面积 A 或平均温度差 Δt_m 均可使传热速率 Q 提高，但换热器的强化应主要从传热过程的研究和传热设备的改进着手，提高现有换热设备的生产能力和创造新型的高效换热器。

下面从传热速率方程出发，从三方面来探讨强化措施。

4.6.7.1　扩展传热面积 A

扩展传热面积的方法应以合理地提高设备单位体积的传热面积，如采用翅片管、波纹管、螺纹管来代替光管等，从改进传热面结构和布置的角度出发加大传热面积，以达到换热设备高效、紧凑的目的。而不应单纯理解为通过扩大设备的体积来增加传热面积，或增加换热器的台数来增加传热量。

4.6.7.2　增大传热平均温差 Δt_m

传热平均温差与生产工艺所确定的冷热流体温度条件有关，且其中的加热或冷却介质的温度因所选介质不同而存在很大差异。如在化工生产中常用的加热介质是饱和水蒸气，提高蒸汽压力就可提高蒸汽加热温度，从而增大传热温差；又如采用深井水来代替循环水作冷却用，也可以增大传热温差。但在增加传热温差时应综合考虑技术可行性和经济合理性。当换热器中冷、热流体均无相变时，应尽可能在结构上采用逆流或接近于逆流的流动排布形式以增大平均传热温差。然而，传热温差的增大将使整个系统的热力学不可逆性增加。因此，不能一味追求传热温差的增加，而需兼顾整个系统能量的合理利用。

4.6.7.3　提高传热系数 K

提高传热系数是强化传热过程的积极措施。欲提高传热系数，就必须减小传热过程各个环节中的主要热阻。在换热设备中，金属间壁比较薄且导热系数较高，一般不会成为主要热阻。污垢热阻是一个可变因素。在换热器投入使用的初期，污垢热阻很小。随着使用时间的增长，污垢将逐渐集聚在传热面上，成为阻碍传热的重要因素。因此，应通过增大流体流速等措施减弱污垢的形成和发展，并注意及时清除传热面上的污垢。通常，流体的给热热阻是传热过程的主要热阻。当间壁两侧流体的给热系数相差较大时，应设法强化给热系数较小一侧的给热。目前增强给热的方法主要有以下几种。

（1）改变流体的流动状况提高流速　提高流速可增加流体流动的湍动程度，减薄层流底层，从而强化传热。如在列管式换热器中通过增加管程数和壳程中的折流板数来提高流速。

增加人工扰流装置　在管内安放或管外套装如麻花铁、螺旋圈、盘状构件、金属丝、翼形物等以破坏流动边界层而增强传热。实验表明加入人工扰流装置后，给热可显著增强，但也使流动阻力增加，易产生通道堵塞和结垢等运行上的问题。

（2）改变流体物性　流体物性对传热有很大影响，一般导热系数和比热容较大的流体，其给热系数也较大。例如空气冷却器改用水冷却后，传热效果大大提高。另一种改变流体性能的方法是在流体中加入添加剂。例如在气体中加入少量固体颗粒以形成气-固悬浮体系，可增强气流的湍流程度；在液体中添加固体颗粒（如在油中加入聚苯乙烯悬浮物），其强化传热的机理类似于搅拌完善的液体传热；以及在蒸汽中加入硬脂酸等促进珠状冷凝而增强传热等。

（3）改变传热表面状况　通过改变传热表面的性质、形状、大小以增强传热的主要方法如下。

● 增加传热面的粗糙程度　增加传热面的粗糙程度不仅有利于强化单相流体给热，也有利于沸腾传热。在不同的流动和换热条件下粗糙度对传热的影响程度是不同的。不过增加粗糙度将引起流动阻力增加。

● 改进表面结构　对金属管表面进行烧结、电火花加工、涂层等方法可制成多孔表面管或涂层管，可以有效地改善沸腾或冷凝传热。

● 改变传热面的形状和大小　为了增大给热系数，可采用各种异形管，如椭圆管、波纹管、螺旋管和变截面管等。由于传热表面形状的变化，流体在流动中将不断改变流动方向和流动速度，促进湍流形成，减薄边界层厚度，从而加强传热。

综上所述，强化传热应权衡利弊，在采用强化传热措施时，对设备结构、制造费用、动力消耗、检修操作等方面作综合考虑，以获得经济而合理的强化传热方案。

本章符号说明

符号	意　义	计量单位
A	传热面积	m^2
A	辐射吸收率	—
b	厚度	m
C	发射系数	$W \cdot m^{-2} \cdot K^{-4}$
C_0	黑体的发射系数	$W \cdot m^{-2} \cdot K^{-4}$
C_{1-2}	总发射系数	$W \cdot m^{-2} \cdot K^{-4}$
c_p	定压比热容	$kJ \cdot kg^{-1} \cdot K^{-1}$
C_R	热容流量比	—
D	换热器壳径	m
D	透过率	—
d	管径	m
E	发射能力	$W \cdot m^{-2}$
E_0	黑体的发射能力	$W \cdot m^{-2}$
G	质量流速	$kg \cdot m^{-2} \cdot s^{-1}$
h	挡板间距	m
H	高度	m
K	传热系数（总传热系数）	$W \cdot m^{-2} \cdot K^{-1}$
M, M'	冷凝负荷	$kg \cdot m^{-1} \cdot s^{-1}$
q_m	质量流量	$kg \cdot s^{-1}$

n	指数	—
Q	热流量	W
q	热量通量	$W \cdot m^{-2}$
R	热阻	$m^2 \cdot K \cdot W^{-1}$
R	半径	m
r	半径（变量）	m
r	潜热	$kJ \cdot kg^{-1}$
S	截面积	m^2
T	热流体温度	K
T	绝对温度	K
t	冷流体温度	K
u	流速	$m \cdot s^{-1}$
α	给热系数	$W \cdot m^{-2} \cdot K^{-1}$
β	体积膨胀系数	$1/K$
γ	重度	
δ	层流底层厚度	m
ε	发射率，黑度	—
ε	传热效率	—
λ	导热系数	$W \cdot m^{-1} \cdot K^{-1}$
μ	黏度	$Pa \cdot s$
ρ	密度	$kg \cdot m^{-3}$
σ	表面张力	$N \cdot m^{-1}$
σ_0	斯蒂芬-波尔茨曼常数或黑体的发射常数	$W \cdot m^{-2} \cdot K^{-4}$
τ	剪应力	$N \cdot m^{-2}$
φ	角度	rad
ψ	角系数	—

 习题

4-1 红砖平壁墙，厚度为 500 mm，内侧温度为 200 ℃，外侧为 30 ℃，设平均导热系数可取为 0.57 $W \cdot m^{-1} \cdot ℃^{-1}$，试求：

(a) 热通量 q；

(b) 距离内侧 350 mm 处的温度 t_A。

4-2 用平板法测定材料的导热系数。平板状材料的一侧用电热器加热，另一侧用冷却水通过夹层将热量移走。热流量由加至电热器的电压和电流算出，平板两侧的表面温度用热电偶测得。已知某材料的导热面积为 0.02 m^2，其厚度为 0.01 m，测得的数据如下，试求：

(a) 材料的平均导热系数 λ；

(b) 设该材料的导热系数为 $\lambda = \lambda_0(1+kt)$，$t$ 为温度，℃，试求 λ_0 和 k。

电 热 器		材料表面温度/℃	
电压/V	电流/A	高温侧	低温侧
140	2.8	300	100
114	2.28	200	50

4-3 某燃烧炉的平壁由下列三种砖依次砌成：

耐火砖 导热系数 $\lambda_1 = 1.05 \ W \cdot m^{-1} \cdot K^{-1}$，厚度 $b_1 = 0.23$ m；

绝热砖 导热系数 $\lambda_2 = 0.151 \ W \cdot m^{-1} \cdot K^{-1}$，厚度 $b_2 = 0.23$ m；

红砖　导热系数 $\lambda_3 = 0.93\ \mathrm{W \cdot m^{-1} \cdot K^{-1}}$，厚度 $b_3 = 0.23\ \mathrm{m}$；

若已知耐火砖内侧温度为 $1\,000\ ℃$，耐火砖与绝热砖接触处温度为 $940\ ℃$，而绝热砖与红砖接触处的温度不得超过 $138\ ℃$，试问：

(a) 绝热层的厚度需几块绝热砖？

(b) 此时普通砖的外测温度为多少？

4-4　一外径为 $100\ \mathrm{mm}$ 的蒸汽管，外包一层 $50\ \mathrm{mm}$ 绝热材料 A，$\lambda_A = 0.06\ \mathrm{W \cdot m^{-1} \cdot K^{-1}}$，其外再包一层 $25\ \mathrm{mm}$ 绝热材料 B，$\lambda_B = 0.075\ \mathrm{W \cdot m^{-1} \cdot K^{-1}}$，设 A 的内侧温度和 B 的外侧温度分别为 $170\ ℃$ 和 $38\ ℃$，试求每米管长上的热损失 q 及 A、B 界面的温度。

4-5　$\phi 60\ \mathrm{mm} \times 3\ \mathrm{mm}$ 铝合金管（其导热系数可近似按钢管选取），外包一层厚 $30\ \mathrm{mm}$ 石棉后，又包一层 $30\ \mathrm{mm}$ 软木。石棉和软木的导热系数分别为 $0.16\ \mathrm{W \cdot m^{-1} \cdot K^{-1}}$ 和 $0.04\ \mathrm{W \cdot m^{-1} \cdot K^{-1}}$（管外涂防水胶，以免水汽渗入后发生冷凝及冻结）。

(a) 已知管内壁温度为 $-110\ ℃$，软木外侧温度为 $10\ ℃$，求每米管长上所损失的冷量。

(b) 将两保温材料互换，互换后假设石棉外侧的温度仍为 $10\ ℃$ 不变，则此时每米管长上损失的冷量为多少？

(c) 若将两保温材料互换，则每米管长实际上损失的冷量及外侧石棉的外侧温度又为多少？设大气温度为 $20\ ℃$，互换前后空气与保温材料之间的给热系数不变。

4-6　$\phi 25\ \mathrm{mm} \times 2.5\ \mathrm{mm}$ 的钢管，外包有保温材料以减少热损失，其导热系数为 $0.4\ \mathrm{W \cdot m^{-1} \cdot K^{-1}}$。已知钢管外壁温度 $t_1 = 300\ ℃$，环境温度 $t_b = 20\ ℃$。求保温层厚度分别为 $10\ \mathrm{mm}$、$20\ \mathrm{mm}$、$27.5\ \mathrm{mm}$、$40\ \mathrm{mm}$、$50\ \mathrm{mm}$、$60\ \mathrm{mm}$、$70\ \mathrm{mm}$ 时，每米管长的热损失和保温层外表面温度 t_2。给热系数取为定值，$10\ \mathrm{W \cdot m^{-2} \cdot K^{-1}}$。对计算结果加以讨论。

4-7　水以 $1\ \mathrm{m \cdot s^{-1}}$ 的流速在长 $3\ \mathrm{m}$ 的 $\phi 25\ \mathrm{mm} \times 2.5\ \mathrm{mm}$ 管内由 $20\ ℃$ 加热至 $40\ ℃$，试求水与管壁之间的给热系数。

4-8　$1\,766\ \mathrm{kPa}$（表压），$120\ ℃$ 的空气经一由 25 根 $\phi 38\ \mathrm{mm} \times 3\ \mathrm{mm}$ 并联组成的预热器的管内加热至 $510\ ℃$，已知空气流量为 $6\,000\ \mathrm{Nm^3 \cdot h^{-1}}$，试计算空气在管内流动时的给热系数。

4-9　一套管换热器，用饱和水蒸气将在内管作湍流的空气加热，其壁温可认为不变。今要求空气量增加一倍，而空气的进出温度仍然不变，问该换热器的长度应增加百分之几？

4-10　原油在管式炉对流段的 $\phi 89\ \mathrm{mm} \times 6\ \mathrm{mm}$ 管内以 $0.5\ \mathrm{m \cdot s^{-1}}$ 流过被加热，管长 $6\ \mathrm{m}$。已知管内壁温度为 $150\ ℃$，原油的平均温度为 $40\ ℃$，此时油的密度为 $850\ \mathrm{kg \cdot m^{-3}}$，比热容为 $2\ \mathrm{kJ \cdot kg^{-1} \cdot K^{-1}}$，导热系数为 $0.13\ \mathrm{W \cdot m^{-1} \cdot K^{-1}}$，黏度为 $26\ \mathrm{cP}$，体积膨胀系数为 $0.001\ 1/℃$。原油在 $150\ ℃$ 时之黏度为 $3\ \mathrm{cP}$，试求原油在管内的给热系数。

4-11　铜氨溶液在由四根 $\phi 45\ \mathrm{mm} \times 3.5\ \mathrm{mm}$ 钢管并联而成的蛇管冷却器中由 $38\ ℃$ 冷却至 $8\ ℃$，蛇管的平均曲率半径为 $0.285\ \mathrm{m}$。已知铜氨溶液的流量为 $2.7\ \mathrm{m^3 \cdot h^{-1}}$，黏度为 $2.2\ \mathrm{cP}$，密度为 $1\,200\ \mathrm{kg \cdot m^{-3}}$，其余物性常数可按水的 0.9 倍来取，求铜氨溶液的给热系数。

4-12　一套管换热器。内管为 $\phi 38\ \mathrm{mm} \times 2.5\ \mathrm{mm}$，外管为 $\phi 57\ \mathrm{mm} \times 3\ \mathrm{mm}$，甲苯在其环隙由 $72\ ℃$ 冷却至 $38\ ℃$。已知甲苯流量为 $2\,730\ \mathrm{kg \cdot h^{-1}}$，试求甲苯的给热系数。

4-13　$101.3\ \mathrm{kPa}$ 甲烷以 $10\ \mathrm{m \cdot s^{-1}}$ 流速在列管换热器壳程作轴向流动，由 $120\ ℃$ 冷却到 $30\ ℃$。已知该换热器共有 $\phi 25\ \mathrm{mm} \times 2.5\ \mathrm{mm}$ 管 86 根，壳径为 $400\ \mathrm{mm}$，试求甲烷的给热系数。

4-14　在接触氧化法生产硫酸过程中，用反应后高温、常压的 SO_3 混合气预热反应前的气体。SO_3 混合气在一由 $\phi 38\ \mathrm{mm} \times 3\ \mathrm{mm}$ 钢管组成、壳程装有圆缺形挡板的列管换热器壳程流过。已知管子成三角形排列，中心距为 $51\ \mathrm{mm}$，挡板间距为 $1.45\ \mathrm{m}$，换热器壳径 $\phi 2\,800\ \mathrm{mm}$；SO_3 混合气的流量为 $4 \times 10^4\ \mathrm{m^3 \cdot h^{-1}}$。其平均温度为 $145\ ℃$。若混合气的物性可近似按同温度下的空气查取，试求混合气的给热系数（考虑部分流体在挡板与壳体之间短路，取其系数为 0.8）

4-15　某炼油厂用海水冷却柴油馏分。冷却器为 $\phi 114\ \mathrm{mm} \times 8\ \mathrm{mm}$ 钢管组成的排管，水平浸没于一很大的海水槽中。海水由槽下部引入，上部溢出，通过槽时的流速很小。设海水的平均温度为 $42.5\ ℃$，钢管外壁温度为 56℃，试求海水的给热系数。

4-16　101.3 kPa 苯蒸气在一 $\phi25\ mm\times2.5\ mm$、长为 3 m、垂直放置的管外冷凝。冷凝温度为 80 ℃，管外壁温度为 60 ℃，试求苯蒸气冷凝时的给热系数。若此管子改为水平放置，其给热系数又为多少？

4-17　液氨在一蛇管换热器管外沸腾汽化。已知其操作压力为 258 kPa（绝压），沸腾温度为 -13 ℃。热量通量 $q=4\ 170\ W\cdot m^{-2}$。试计算其给热系数。已知液氨表面张力 $\sigma=2.7\times10^{-2}\ N\cdot m^{-1}$，密度 $\rho_1=656\ kg\cdot m^{-3}$，氨蒸气密度 $\rho_v=2.14\ kg\cdot m^{-3}$。

4-18　两块相互平行的黑体长方形平板。其尺寸为 1 m×2 m。间距为 1 m。若两平板的表面温度分别为 727 ℃ 及 227 ℃。试计算两平板间的辐射传热量。

4-19　试求直径 $d=70\ mm$、长 $l=3\ m$ 的钢管（其表面温度 $t_1=227\ ℃$）的辐射热损失。假定此管被置于 (a) 很大的红砖屋里，砖壁温度 $t_2=27℃$；(b) 截面为 0.3 m×0.3m 的砖槽里，$t_2=27\ ℃$，两端面的辐射损失可以忽略不计。

4-20　在一钢管中心装有热电偶测量管内空气的温度，设热电偶的温度读数为 300 ℃，热电偶的黑度为 0.8，空气与热电偶之间的给热系数为 25 $W\cdot m^{-2}\cdot K^{-1}$，钢管内壁温度为250 ℃，试求由于热电偶与管壁之间的辐射传热而引起的测温误差。并讨论减小误差的途径。

提示：热电偶因辐射传到管壁的热量和由于自然对流自空气得到的热量相等。

4-21　两无限大平行平面进行辐射传热，已知 $\varepsilon_1=0.3$，$\varepsilon_2=0.8$，若在两平面间放置一无限大抛光铝遮热板（$\varepsilon=0.04$），试计算传热量减少的百分数。

4-22　平均温度为 150 ℃机器油在 $\phi108\ mm\times6\ mm$ 钢管中流动，大气温度为 10 ℃。设油对管壁的给热系数为 350 $W\cdot m^{-2}\cdot K^{-1}$，管壁热阻和污垢热阻可忽略不计，试求此时每米管长的热损失，又若管外包一层厚 20 mm，导热系数为 0.058 $W\cdot m^{-1}\cdot K^{-1}$ 的玻璃布，热损失将减为多少？

4-23　一换热器，在 $\phi25\ mm\times2.5\ mm$ 管外用水蒸气加热管内的原油。已知管外蒸汽冷凝的给热系数 $\alpha_1=10^4W\cdot m^{-2}\cdot K^{-1}$；管内原油的给热系数 $\alpha_2=10^3W\cdot m^{-2}\cdot K^{-1}$，管内污垢热阻 $R_{s2}=1.5\times10^{-3}\ m^2\cdot K\cdot W^{-1}$。管外污垢热阻及管壁热阻可忽略不计，试求其传热系数及各部分热阻的分配。

4-24　在一列管换热器中，用初温为 30 ℃ 的原油将重油由 180 ℃ 冷却至 120 ℃。已知重油和原油的流量分别为 $1\times10^4\ kg\cdot h^{-1}$ 和 $1.4\times10^4\ kg\cdot h^{-1}$。比热容分别为 0.52 $kcal\cdot kg^{-1}\cdot℃^{-1}$ 和 0.46 $kcal\cdot kg^{-1}\cdot℃^{-1}$，传热系数 $K=110\ kcal\cdot h^{-1}\cdot m^{-1}\cdot K^{-1}$，试分别计算并流和逆流时换热器所需的传热面积。

4-25　一换热器，用热柴油加热原油，柴油和原油的进口温度分别为 243 ℃ 和 128 ℃。已知逆流操作时，柴油出口温度为 155 ℃，原油出口温度为 162 ℃，试求其平均温度差。设柴油和原油的进口温度不变，它们的流量和换热器的传热系数亦与逆流时相同，若采用并流，此时的平均温度差又为多少？

4-26　用 175 ℃ 的油将 300 $kg\cdot h^{-1}$ 的水由 25 ℃ 加热至 90 ℃，已知油的比热容为 2.1 $kJ\cdot kg^{-1}\cdot K^{-1}$，其流量为 360 $kg\cdot h^{-1}$，今有以下两个换热器，传热面积均为 0.8 m^2。

换热器 1：$K_1=625\ W\cdot m^{-2}\cdot K^{-1}$，单壳程，双管程；

换热器 2：$K_2=500\ W\cdot m^{-2}\cdot K^{-1}$，单壳程，单管程；

为保证满足所需的传热量应选用哪一个换热器？

4-27　在一套管换热器中，用冷却水将 25 $kg\cdot s^{-1}$ 的苯由 350 K 冷却至 300 K，冷却水在 $\phi25\ mm\times2.5\ mm$ 的内管中流动，其进出口温度分别为 290 K 和 320 K。已知水和苯的给热系数分别为 0.85 $kW\cdot m^{-2}\cdot K^{-1}$ 和 1.7 $kW\cdot m^{-2}\cdot K^{-1}$，两侧的污垢热阻可忽略不计，试求所需的管长和冷却水消耗量。

4-28　用 196 kPa（表压）的饱和水蒸气将 20 ℃ 的水预热至 80 ℃，水在列管换热器管程以 0.6 $m\cdot s^{-1}$ 流速流过，管尺寸为 $\phi25\ mm\times2.5\ mm$。设水侧污垢热阻力 $6\times10^{-4}\ m^2\cdot K\cdot W^{-1}$，蒸汽侧污垢热阻和管壁热阻可忽略不计，水蒸气冷凝 $\alpha_1=10^4\ W\cdot m^{-2}\cdot K^{-1}$。试求：

(a) 此换热器的传热系数；

(b) 设操作一年后，由于水垢积累，换热能力降低，出口水温只能升至 70 ℃，试求此时的传热系数及水侧的污垢热阻（水蒸气侧的给热系数可认为不变）。

4-29　某厂需用 196 kPa（绝压）的饱和水蒸气将常压空气由 20 ℃ 加热至 90 ℃，空气量为 5 200 Nm³

·h^{-1}。今仓库有一台单程列管换热器，内有 ϕ38 mm×3 mm 钢管 151 根，管长 3 m，若壳程水蒸气冷凝的给热系数可取 10^4 W·m^{-2}·K^{-1}，两侧污垢热阻及管壁热阻可忽略不计，试核算此换热器能否满足要求。

4-30　一传热面积为 15m^2 的列管式换热器，壳程用 110 ℃饱和水蒸气将管程某溶液由 20 ℃加热至 80 ℃，溶液的处理量为 2.5×10^4 kg·h^{-1}，比热容为 4 kJ·kg^{-1}·K^{-1}，试求此操作条件下的传热系数、该换热器使用一年后，由于污垢热阻增加，溶液出口温度降至 72 ℃，若要使出口温度仍为 80 ℃，加热蒸汽温度至少要多高？

4-31　在一换热器中，用 80 ℃的水将某流体由 25 ℃预热至 48 ℃。已知水的出口温度为 35 ℃，试求该换热器的传热效率。

4-32　应用 NTU 与 Δt_m 的关系式及 ε 与 R、C_R 与 P 的关系式，从 1-2 折流式导出其 ε 与 NTU、C_R 的关系式。

4-33　一传热面积为 10m^2 的逆流换热器，用流量为 0.9 kg·s^{-1} 的油将 0.6 kg·s^{-1} 的水加热，已知油的比热容为 2.1kJ·kg^{-1}·K^{-1}，水和油的进口温度分别为 35 ℃和 175 ℃，该换热器的传热系数为 425 W·m^{-2}·K^{-1}，试求此换热器的效率。又若水量增加 20％，传热系数可近似为不变，此时水的出口温度为多少？

第5章 吸 收

5.1 概 述

利用不同气体组分在溶剂中溶解度的差异进行选择性溶解，从而使气体混合物分离的过程，称为吸收。此时溶质组分从气相转移到液相，是一种通过两相界面进行质量传递（简称传质）的过程。吸收在工业上有广泛的应用，如下所述。

（1）废气的治理 很多工业废气中含有 SO_2、NO_x（氮氧化物，主要是 NO 及 NO_2）、H_2S、汞蒸气等有害成分，虽然浓度一般很低，但对人体和环境的危害甚大而必须进行治理。这类环境保护问题在中国已愈来愈受重视。选择适当的工艺进行吸收，是应用较广的方法。

（2）原料气的净化 为除去原料气中所含的杂质，吸收可说是最常用的方法。就杂质的浓度来说，多数很低，但因危害大仍要求脱除。如煤气中的 H_2S 含量（体积分数）一般远低于 1%，但脱除效率要高于 90%。

（3）有用组分的回收 如从合成氨厂的尾气中用水回收氨；从焦炉煤气中以洗油回收粗苯（包括苯、甲苯、二甲苯等）蒸气和从某些干燥废气中回收有机溶剂蒸气等。

（4）某些产品的制取 将气体中需用的成分以指定的溶剂吸收出来，成为溶液态的产品或半成品。如制酸工业中从含 HCl、NO_x、SO_3 的气体制取盐酸、硝酸、硫酸；在甲醇（乙醇）蒸气经氧化后，用水吸收以制成甲醛（乙醛）半成品等。

从上述的例子中可以看到，回收利用不仅得到有用的产品，还有利于环境保护。

5.1.1 吸收过程的分类

吸收过程从不同的角度出发，可以做以下分类。

（1）物理吸收和化学吸收 在吸收过程中，如果气体中的溶质与吸收剂之间不发生显著的化学反应，可以看成是气体单纯地溶解于液体的物理过程，称为物理吸收。如以洗油吸收粗苯、以水吸收 CO_2 或甲醛蒸气等。在物理吸收中溶质与溶剂的结合力较弱，其逆过程——脱吸比较方便。物理吸收过程的极限取决于当时条件下吸收质在吸收剂中的溶解度。

若吸收过程中溶质与溶剂或溶液中的其他物质进行化学反应，称为化学吸收。例如，以碱性液体（如 NaOH、K_2CO_3、NH_3、胺类溶液）吸收酸性气体（CO_2、H_2S、SO_2 等），以水吸收 NO_x 制硝酸等。

化学吸收提高了吸收剂的溶解能力和选择性，其吸收过程远比物理吸收复杂；而化学反应，又分为可逆反应和不可逆反应。例如，用乙醇胺吸收二氧化碳为可逆反应，而用稀硫酸吸收氨是不可逆反应。可逆性使吸收剂易于再生，循环使用；相反，则难于循环使用。

（2）等温吸收与非等温吸收 吸收过程中根据吸收时温度是否有显著变化，可分为等温吸收和非等温吸收。由于气体溶质被吸收时相当于由气态变成液态，故物理吸收会产生与冷凝热相近的溶解热；化学吸收时，还要加上反应热，其量往往相当大，使温度明显上升。只有当气体溶质浓度低（这在环境工程上经常遇到）或溶剂用量相对大，因而温度变化甚小时，可作为等温过程。

（3）单组分和多组分吸收 只有一个组分被吸收的过程，称为单组分吸收。有两个及两个以上组分被吸收，则称为多组分吸收。

另外，根据气体中溶质含量的多少还分为低浓度吸收与高浓度吸收等。

本章将着重讨论低浓度气体混合物的单组分等温物理吸收过程，并简要介绍化学吸收。

5.1.2 吸收的流程

吸收通常在吸收塔中进行。除了制取溶液产品等少数情况只需单独进行吸收之外，一般都需对吸收后的溶液再生，使溶剂能够循环使用。再生常用脱吸法，这样同时也得到有价值的溶质；对此，除了吸收塔以外，还需与其他设备一道组成一个完整的吸收-脱吸流程。

如图 5-1 所示为含硫化氢废气的脱除及回收工艺流程。图中虚线左边为吸收部分，含 H_2S 气体由塔底进入吸收塔 1，其中的 H_2S 被塔顶淋下的醇胺吸收剂吸收后，气体得到净化，由塔顶送出（风机未在图中示出）。经吸收而富含溶质的吸收液（常称"富液"），由贮槽 2 以泵 3 送往（虚线右边）脱吸部分（溶剂再生）。脱吸的常用方法之一是使溶液升温以减小气体溶质的溶解度并使其与水蒸气加惰性气体在脱吸塔 9 中密切接触，溶液中的 H_2S 传递到气相中，富含 H_2S 的气体从塔顶排出。脱吸后的热"贫液"（含的溶质已很少）在换热器 4 中与送去脱吸的富液相互换热。升温后的富液进入脱吸塔 9 的顶部，流至塔底成为贫液，由贮槽 7 用泵 6 送出，经换热器 4、冷却器 5 两级冷却后，进入吸收塔 1 的顶部作吸收用，完成循环。

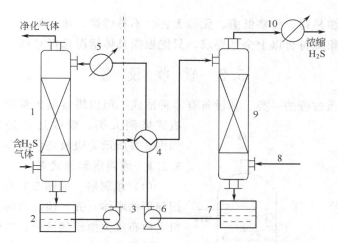

图 5-1　脱除硫化氢气体的吸收与脱吸流程图

1—吸收塔；2—吸收液贮槽；3，6—泵；4—换热器；5—冷却器；7—脱吸液贮槽；
8—水蒸气管；9—脱吸塔；10—冷凝-冷却器

从再生塔顶排出的气体中 H_2S 含量可达 80%（体积分数）以上，可用于制造硫磺。脱除 H_2S 技术中通常采用吸收和再生中都有化学反应的"湿式氧化法"，即用碱性溶液对 H_2S 进行化学吸收后，于再生塔内鼓入空气直接将 H_2S 氧化成元素硫回收（在催化剂的作用下）；同时碱液也得到再生。

除 H_2S 外，CO_2 通过有机胺等化学吸收法回收，也是一个典型的吸收与脱吸过程。CO_2 有广泛的用途，如油田的二次、三次采油、碳酸饮料生产、农业增产等。

上述脱除 H_2S 的工艺流程可见，吸收过程实现了气体混合物的分离。在吸收过程中被分离的气体可分为溶质 A 和惰性气体 B，当它与溶剂（吸收剂）S 接触时，A 通过气液界面进入液相，形成溶液（S＋A）。实际上，所谓惰性气体也不是绝对不溶解，只是溶解度比溶质气体小得多。此外，在气液接触进行吸收的同时，溶剂 S 也会挥发到被吸收的气体中去，只是其量通常不大而可予以忽略；但需注意，如溶剂蒸气对下一工序有害或价值甚高时就应予考虑。

5.1.3 吸收剂的选择

吸收过程是否高效、经济，在很大程度上取决于吸收剂的性能。评价吸收剂的优劣主要依据以下几点。

（1）溶解度　吸收剂对混合气中溶质的溶解度应尽可能大，这样处理一定量混合气体所需的溶剂量较少，消耗的功率较小，吸收的速率较快，气体中溶质的最终残余量也较低。

（2）选择性　混合气体中其他组分在吸收剂中的溶解度要小，即吸收剂具有高选择性。

（3）挥发性　要求不易挥发，即蒸气压要低。一方面是为了减少溶剂的损失，另一方面也是避免在气体中引入新的杂质。

（4）黏度　吸收剂在操作温度下的黏度越小，其流动性就越好，有利于传质和传热。

（5）再生性　这里主要指化学吸收，溶解度应对温度的变化比较敏感，即不仅在低温下溶解度要大，且随温度升高，溶解度应迅速下降，而易于再生。物理吸收时溶解度随温度的变化对不同的物系则颇为类似。

（6）稳定性　化学稳定性好，以免在使用过程中发生变质。且腐蚀性要小，以减少设备费和维修费。

（7）其他　来源易得、价格低廉、无毒无害、不易燃烧、冰点低。

实际上吸收剂很难符合以上全部要求，只能根据具体情况选择总体上较适合的。

5.2　吸　收　设　备

吸收属气液传质过程的一类，其设备有多种形式，但以塔器最为常用。可分为填料塔和板式塔两大类。吸收过程最常用的是填料塔。如图 5-2 所示为吸收塔示意图。

5.2.1　填料塔和板式塔

（1）填料塔　如图 5-2（a）所示，吸收剂从圆筒形的塔体（壳）顶部喷淋而下，在专用的填料上散布成大面积的液膜；气体从塔底进入，通过填料层的空隙曲折上升，与液膜接触，溶质不断地被溶剂吸收，致使气体中溶质浓度自下而上逐渐降低，而液体中的溶质浓度则自上而下逐渐增大。填料的作用除增大气液接触的面积外，还使气流增强湍动，从而提供良好的传质条件。在塔底段，设有液体的出口、气体的入口和填料的支撑结构；在塔顶部，则有气体的出口、液体的入口以及液体的分布装置，通常在布液装置之上还设有除沫器以除去气流中所夹带的雾沫。在塔内气液两相沿着塔高连续地接触、传质，故两相的浓度也沿塔高连续变化。具有这种特点的设备称为连续接触式传质设备。

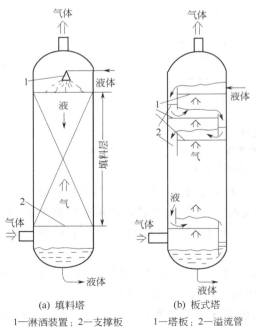

(a) 填料塔　　　　(b) 板式塔

1—淋洒装置；2—支撑板　　1—塔板；2—溢流管

图 5-2　填料塔和板式塔简图

（2）板式塔　如图 5-2（b）所示，沿塔自上而下的液流与从塔底上升的气流在塔板上相遇，发生溶质的吸收。现以结构最简单的筛板为例，说明塔板的作用。如图 5-3 所示，板上有很多筛孔，气流通过这些孔鼓泡，分散在厚度约几十毫米的液层中，气泡在液层顶部形成相界面很大的泡沫层；气液两相在塔板上传质后靠重力分离，气流升入上一层塔板，液流则通过溢流管降至下一层塔板（溢流管还起液封作用）。在板式塔内，气流与液流依次在各层塔板上接触、传质，其浓度沿着塔高呈阶跃式变化。具有这种特点的设备称为逐级接触式传质设备。

显然，上述两种塔器都属于连续操作、两相逆流的设备，其他传质设备也多为连续、逆流，而且也可分为连续接触式和逐级接触式两类。这两类设备的分析出发点和计算方法有所不同，填料塔的计算将在 5.5 中介绍。板式塔中的旋流板塔已在第 3 章中介绍，在废气治理中广为应用；其余将在第 6 章中讨论。

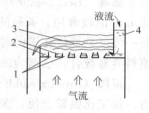
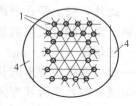

图 5-3　筛板简图
1—筛孔；2—鼓泡层；
3—泡沫层；4—溢流管

5.2.2　填料特性与常用填料

5.2.2.1　填料特性

填料塔的性能好坏与所用填料直接相关，它们应使气、液接触面大、传质系数高，同时通量大而阻力小，所以要求填料层的比表面大，空隙率高，表面润湿性能好，并且在结构上还要有利于两相密切接触，促进湍动。表示填料性能、特征的物理量如下。

（1）比表面积　指单位体积填料所具有的表面积，符号为 a，单位为 $m^2 \cdot m^{-3}$（或 m^{-1}）。比表面积大则能提供的相接触面积大。同一种填料，其规格愈小则比表面积愈大。

（2）空隙率　单位体积填料所具有的空隙体积，符号为 ε，单位为 $m^3 \cdot m^{-3}$。空隙率大则气体通过时的阻力小，因而处理量可以增大。

此外，对填料的要求还有堆积密度小，材料耐腐蚀，并具有一定的机械强度，使填料层底部不致因受压而碎裂、变形。

5.2.2.2　常用填料

填料的种类很多，常用的填料可分为散装填料与规整填料两大类，如图 5-4 所示。

（1）散装填料　散装填料有中空的环形填料，表面敞开的鞍形填料等。常用的材料包括陶瓷、金属、塑料、玻璃、石墨等。主要的几种散装填料如下。

拉西环（Raschig ring）　如图 5-4（a）所示，为高与外径相等的圆环，常用的外径为 25～75 mm，陶瓷环壁厚 2.5～9.5 mm，金属环壁厚 0.8～1.6 mm。填料多乱堆在塔内；大直径的亦可整砌，以降低气流阻力及减少液体流向塔壁的趋势。拉西环构造简单，但与其他填料相比，阻力大而气体通过能力低；液体到达环内部比较困难，因而润湿不易充分，传质效果亦差，近年多为其他高效率新型填料取代。但此种填料性能数据累积丰富，常作为比

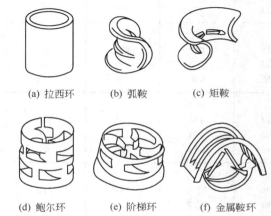

(a) 拉西环　　(b) 弧鞍　　(c) 矩鞍

(d) 鲍尔环　　(e) 阶梯环　　(f) 金属鞍环

图 5-4　常用填料构形

较其他填料优劣的标准。

弧鞍（Berl saddle） 如图 5-4（b）所示，是出现较早的鞍形填料，形如马鞍，25～50 mm 的较常用。弧鞍的表面不分内外，全部敞开，液体在两侧表面分布同样均匀。它的另一特点是堆放在塔内时，对塔壁侧压力比环形填料小。但由于两侧表面构形相同，堆放时填料容易叠合，已渐为改善了构形的矩鞍填料所代替。弧鞍填料多用陶瓷制造。

矩鞍（Intalox saddle） 如图 5-4（c）所示，两侧表面不能叠合，且构形简单，较耐压力，加工比弧鞍方便，多用陶瓷制造。

此外，壁上开孔或槽的填料（多用金属或塑料制成），性能可以提高，因此称为"高效"填料。常见的这类填料如下。

鲍尔环（Pall ring） 如图 5-4（d）所示，其构造相当于在金属或塑料拉西环的壁面上开一排或两排正方形或长方形孔，开孔时只断开四条边中的三条边，另一边保留，使开孔的原金属材料片呈舌状弯入环内，这些舌片在环中心几乎对接起来。填料的空隙率与比表面积并未因而增加，但堆成层后气、液流动通畅，有利于气、液进入环内。因此，鲍尔环比之拉西环，其气体通过能力与体积传质系数都有显著提高，阻力减小。

阶梯环（Cascade miniring） 如图 5-4（e）所示，是一端有喇叭口的开孔环形填料，环高与直径之比小于 1，环内有筋，起加固与增大接触面的作用。喇叭口能防止填料并列靠紧，使空隙率提高，并使表面更易暴露。构造材料多为金属或塑料。

金属鞍环（Metal intalox saddle） 如图 5-4（f）所示，是用金属作的矩鞍，并在鞍的背部冲出两条狭带，弯成环形筋，筋上又冲出四个小爪弯入环内。它在构形上是鞍与环的结合，又兼有鞍形填料液体分布均匀和开孔环形填料气体通量大、阻力小的优点，故又称鞍环为环矩鞍。

常用散装填料特性数据见表 5-1。其中最后两列 σ/ε^3 及 φ 将在以后解释。

表 5-1 常用散装填料的特性数据

填料类别及公称尺寸 /mm	实际尺寸 /mm	比表面积 a /$m^2 \cdot m^{-3}$	空隙率 ε /$m^3 \cdot m^{-3}$	堆积密度 ρ_p /$kg \cdot m^{-3}$	(σ/ε^3) /m^{-1}	填料因子 φ
陶瓷拉西环	高×厚					
16	16×2	395	0.73	730	784	940
25	15×2.5	190	0.78	505	400	450
40	40×2.5	126	0.75	577	305	350
100	100×13	65	0.72	930	172	
钢拉西环	高×厚					
25	25×0.8	220	0.92	640	290	390
35	35×1	150	0.93	570	190	260
50	50×1	100	0.95	430	130	175
钢鲍尔环	高×厚					
25	25×0.6	209	0.94	480	252	160
38	38×0.8	130	0.95	379	152	92
50	50×0.9	103	0.95	355	120	66
塑料鲍尔环						
25		209	0.90	72.6	287	170
38		130	0.91	67.7	173	105
50		103	0.91	67.7	137	82

填料类别及公称尺寸 /mm	实际尺寸 /mm	比表面积 a /$m^2 \cdot m^{-3}$	空隙率 ε /$m^3 \cdot m^{-3}$	堆积密度 ρ_p /$kg \cdot m^{-3}$	(σ/ε^3) /m^{-1}	填料因子 φ
钢阶梯环	厚度					
No1	0.55	230	0.95	433		111
No2	0.7	164	0.95	400		72
No3	0.9	105	0.96	353		46
塑料阶梯环						
No1		197	0.92	64		98
No2		118	0.93	56		49
No3		79	0.95	43		26
陶瓷弧鞍						
25		252	0.69	725		360
38		146	0.75	612		213
50		105	0.72	645		148
陶瓷矩鞍	厚度					
25	3.3	252	0.69	725		360
38	5	146	0.75	612		213
50	7	105	0.72	645		148
钢环矩鞍						
25#			0.967			135
40#			0.973			89
50#			0.978			59

注：表中数据取自《化学工程手册　气液传质设备》第 13 篇。

（2）规整填料　规整填料不同于散装填料之处，在于它具有成（块）形的规整结构，可在塔内逐层叠放，如图 5-5 所示。最早出现的规整填料是由木板条排列成的栅板，后来也有用金属板条或塑料板条做的。栅板填料气流阻力小，但表面积小，传质效果差，现已少用。20 世纪 60 年代以后开发出来的丝网波纹填料和板波纹填料，是目前使用比较广泛的规整填料。现将它们的构形和特点分述如下。

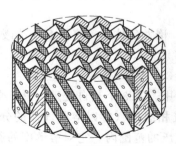  

(a) 丝网波纹填料　　　(b) 波纹形流道截面　　　(c) 波纹板（网）叠成的流道形式

图 5-5　规整填料

丝网波纹填料　如图 5-5（a）所示，将金属丝网切成宽 50～100 mm 的矩形条，并压出波纹，波纹与长边的斜角为 30°、45°或 60°，网条上打出小孔以利气体穿过。然后将若干网条捆成较塔内截面略小的一个圆盘，各网条相当于圆内的各平行弦，盘高与条宽相等，用多盘填料在塔内叠成所需的高度。塔径大，则将一盘分成几份，安装时再合成一个圆盘。左右排好，相邻两网条的波纹倾斜方向相反；而上下相邻两盘的网条又互成90°交叉。这种结构的优点是：各片排列整齐而峰谷之间空隙大，气流阻力小；波纹间通道的方向频繁改变，气流湍动加剧；片与片之间以及盘与盘之间网条的交错，促使液体不断再分布；丝网细密，液体可在网面形成稳定薄膜，即使液体喷淋密度较小，也易于达到完全润湿。上述特点使这种填料层的通量大，在大直径塔内使用也没有液体分布不匀及填料表面润湿不良的问题。但也存在以下缺点：造价高；装砌要求高，塔身安装的垂直度要求严格，盘与塔壁间的缝隙要堵实；填料内部通道狭窄，易被堵塞且不易清洗。然而，由于它的传质效率很高且阻力很小，在精密精馏和真空精馏中使用很合适。开始时，它多用于直径比较小的塔，现已用于直径达几米的塔。

板波填料　为了克服丝网波纹填料价格高及安装要求高的缺点，将丝网条改为板条，填料的构形相同，如图 5-5 所示，构造材料除金属外，还可用塑料。板波填料的传质性能稍低于丝网波纹填料，但仍属高效填料之列。这类填料的商品名有麦勒派克（Mellapak）、弗里西派克（Flexipac）等。

几种规整填料的特性与尺寸见表 5-2。

表 5-2　几种规整填料的特性与尺寸

填　料	Sulzer BX	Mellapak-2	Mellapak 500Y
比表面积 $a/m^2 \cdot m^{-3}$	600	223	250
空隙率 $\varepsilon/m^3 \cdot m^{-3}$	0.9	0.93	0.95
等腰三角形流道高 h/m	0.006 4	0.012 5	0.011 9
等腰三角形流道侧边长 S/m	0.008 8	0.017 7	0.017 1
等腰三角形流道底边长 B/m	0.012 8	0.025 0	0.024 1
流道边与水平所成角 $\theta/度$	60	45	45

5.3　气液相平衡

5.3.1　气体在液体中的溶解度

溶质 A 溶解于溶剂 S 的过程中，随着溶液中溶质浓度 c_A（常以 $kmol \cdot m^{-3}$ 即 $mol \cdot L^{-3}$ 表示）逐渐增高，传质速率逐渐减小，最后降到零。这时的 c_A 达到该条件下的最大浓度 c_A^*，气液达到相平衡，称为平衡溶解度，简称溶解度。

对于单组分物理吸收的物系，组分数 $C=3$（溶质 A、惰性气体 B、溶剂 S），相数 $\phi=2$（气、液）；根据相律，自由度数 F 应为

$$F=C-\phi+2=3-2+2=3$$

即达到相平衡时，在温度、总压和气、液组成共 4 个变量中，有 3 个是自变量，另 1 个是它们的函数。因此，溶解度 c_A^* 可表达为温度 t、总压 p 和气相组成（常以溶质气体的分压 p_A 表示）的函数。大量的实验研究表明，在总压为几个大气压的范围内，它对溶解度的影响可以忽略。温度对气体溶解度有较大的影响，一般是温度升高，溶解度下降。当温度一定时，溶解度只是气相组成的函数，可写成

$$c_A^* = f(p_A) \tag{5-1}$$

若以液相浓度 c_A 为自变量，则在一定温度下，气相平衡分压 p_A^* 是 c_A 的函数

$$p_A^* = F(c_A) \tag{5-1a}$$

式（5-1a）也可用曲线表示气液两相平衡时的组成，如图5-6所示为实验测得的几种气体在20 ℃下水中的溶解度。可见不同气体的溶解度可以有极大的差别。溶解度很小的为难溶气体，溶解度很大的为易溶气体。两者间如SO_2称为溶解度适中的气体。

5.3.2 亨利定律

由图5-6可知，对于稀溶液，平衡关系可以用通过坐标原点的直线来表示，即气液两相的浓度成正比。这一关系称为亨利（Henry）定律。其表达形式因气液组成表达方式的不同而有所不同，其初始形式为

$$p_A^* = Ex \qquad (5-2)$$

式中　x——溶质A在液相中的摩尔分数，kmol A · $kmol^{-1}$（A＋B）（量纲为一）；

　　p_A^*——溶质A在气相中的平衡分压，kPa；

　　E——亨利系数，单位与p_A^*一致。

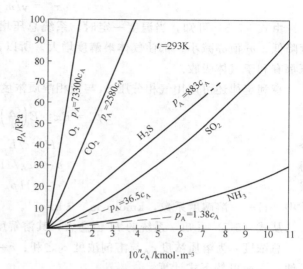

图中横坐标$10^n c_A$中的n值

气体	O_2	CO_2	H_2S	SO_2	NH_3
n	3	2	2	1	0

如：$p_A = 20$ kPa时，水中溶质的平衡浓度对CO_2为$10^2 c^*(CO_2) = 0.78$，故$c^*(CO_2) = 0.0078$ kmol · m^{-3}；对SO_2为$10 c^*(SO_2) = 3.37$，故$c^*(SO_2) = 0.337$ kmol · m^{-3}

图5-6　几种气体在水中的溶解度曲线

常见物系的亨利系数可从附录表21和有关手册中查得。E愈大，表示在相同的p_A^*下x与E成反比例愈小，即溶解度愈小。E的大小取决于物系种类及其温度。因溶解度随温度的升高而减小，所以E值随温度升高而增大。

可以将气相的组成也用摩尔分数表示，总压不是很高时道尔顿分压定律适用，于是

$$p_A = py \qquad (5-3)$$

式中　p_A——溶质A在气相中的分压，kPa；

　　p——气相总压，kPa；

　　y——溶质A在气相中的摩尔分数。

改写式（5-3）并代入式（5-2）可得

$$y^* = \frac{p_A^*}{p} = \frac{Ex}{p} \qquad (5-4)$$

令

$$m = E/p \qquad (5-5)$$

式中　m——相平衡常数，量纲为一。

由式（5-4）、式（5-5）可得气液两相摩尔分数表达的相平衡关系

$$y^* = mx \qquad (5-4a)$$

式中　y^*——与液相摩尔分数x成平衡的气相摩尔分数。

由式（5-5）可见相平衡常数m是温度和压力的函数。由m值也能比较不同气体物质溶解度的大小：易溶气体的m值小，难溶气体的m值大。若自变量是气相组成y，则与之平衡的液相组成x^*可表示如下

$$x^* = y/m \tag{5-4b}$$

由式（5-5）可知，当温度一定时，系统总压增大，m 值减小；当总压一定时，系统温度降低，m 值亦减小，都使气体溶解度增大。所以，当条件允许，降低系统的温度或增大总压都有利于气体吸收。

亨利定律还可以用气相分压 p_A 与液相溶质浓度 c_A 的比例关系表达：

$$p_A^* = Ex = E\left(\frac{c_A}{c}\right) = \frac{c_A}{c/E} \tag{5-2a}$$

令
$$H = c/E \tag{5-6}$$

得
$$p_A^* = c_A/H$$

或
$$c_A^* = Hp_A \tag{5-7}$$

式中　H——溶解度系数，$kmol \cdot m^{-3} \cdot kPa^{-1}$。

从式（5-7）可知，系统的 H 值愈大，其溶解度也愈大。

总浓度 c 为溶质浓度 c_A 与溶剂浓度 c_S 之和：$c = c_A + c_S$。但分别计算溶液的 c_A 与 c_S 有时不便，一般可按下式计算

$$c = \frac{溶液密度 \ \rho_L}{溶液平均摩尔质量 \ M_L} \tag{5-8}$$

M_L 可由 M_A 与 M_S 平均而得

$$M_L = M_A x + M_S(1-x) = M_S + (M_A - M_S)x \tag{5-9}$$

式中　M_A、M_S——溶质、溶剂的摩尔质量，$kg \cdot kmol^{-1}$。

对于浓度很稀的溶液，可取其密度及摩尔质量皆与溶剂相等，于是

$$c = \frac{\rho_L}{M_L} \approx \frac{\rho_S}{M_S} \tag{5-10}$$

在亨利定律的上述表达形式中，两相组成都以摩尔分数表示的式（5-4a）、式（5-4b）最为常用；这是因为吸收计算中要用到物料衡算，而物料衡算以应用摩尔分数为方便。

例 5-1　已知在 101.3 kPa 及 20 ℃下，H_2S 在水中的浓度为 2.294 $mol \cdot m^{-3}$，气相中 H_2S 平衡分压为 2026 Pa；此浓度范围内的相平衡符合亨利定律，试求 H、E、m 值。

解　已知 $c_A = 2.294 \ mol \cdot m^{-3}$，$p_A^* = 2\,026$ Pa 按式（5-7）得

$$H = c_A/p_A^* = 2.294/2026 = 1.132 \times 10^{-3} \ mol \cdot m^{-3} \cdot Pa^{-1}$$

按式（5-10）求溶液的 c

$$c = 1000/18.02 = 55.5 \ kmol \cdot m^{-3}$$

代入式（5-6）得

$$E = c/H = 55.5/1.132 \times 10^{-3} = 4.90 \times 10^4 \ kPa$$

由式（5-5），$p = 101.3$ kPa，有

$$m = 4.90 \times 10^4/101.3 = 483$$

注：从附录 21 可查得 H_2S 在 20 ℃时的亨利系数为 48.9 MPa，与上述计算结果符合得很好。

5.3.3　相平衡在吸收过程中的应用

5.3.3.1　判别过程的方向

在 101.3 kPa、20 ℃下，上例中溶液的相平衡方程为 $y^* = 483x$，现将含 H_2S 摩尔分数 $y = 0.1$ 的混合气体与 $x = 5 \times 10^{-4}$ 的水溶液接触，如图 5-7（a）所示。因实际气相摩尔分数 $y = 0.1$，小于与实际溶液摩尔分数 $x = 5 \times 10^{-4}$ 成平衡的气相摩尔分数

$$y^* = 483 \times 5 \times 10^{-4} = 0.072\ 5$$

故两相接触时将有 H_2S 从液相转入气相，即发生脱吸过程。

此脱吸过程也可理解为实际液相摩尔分数 $x = 5 \times 10^{-4}$ 大于与实际气相摩尔分数 $y = 0.1$ 成平衡的液相摩尔分数 $x^* = y/m = 2.07 \times 10^{-4}$，故两相接触时有 H_2S 自液相转入气相。

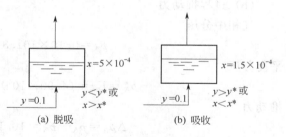

图 5-7 判别吸收过程的方向

若以含 H_2S $y = 0.1$ 的气相与 $x = 1.5 \times 10^{-4}$ 的液相接触，则有

$$y^* = 483 \times 5 \times 10^{-4} = 0.072\ 5$$

因 $y > y^*$ 或 $x < x^*$，H_2S 将由气相转入液相，即发生吸收。如图 5-7（b）所示。

5.3.3.2　计算过程的推动力

在吸收过程中，通常以实际组成与平衡组成的差距来表示吸收过程的推动力。例如图 5-8（a）中的截面 M-N 上，气、液摩尔分数为 y_A、x_A，在 x-y 坐标系中用图 5-8（b）中的点 P 代表；亨利定律式（5-4）用直线 OE 表示，称平衡线。吸收推动力以气相浓度差表示，为垂直线段 PQ：$\Delta y = y - y^*$；以液相浓度差表示，为水平线段 PR：$\Delta x = x^* - x$。当实际组成偏离平衡线越远，过程的推动力越大，传质的速率越快。

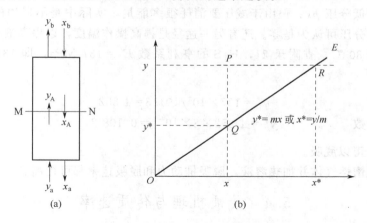

图 5-8　吸收推动力

例 5-2　将 $y = 0.10$ 的混合气体与组成 $x = 8 \times 10^{-5}$ 的溶液接触，应用例 5-1 的相平衡关系 $y^* = 483x$，回答：

（a）将发生吸收还是脱吸过程；

（b）以分压差表示的过程的推动力有多大；

（c）若操作总压增大一倍，以液相浓度差表示的推动力有何变化；

（d）若改变传质过程方向可采取哪些措施。

解　（a）传质方向

与 $x = 8 \times 10^{-5}$ 呈平衡的气相浓度为

$$y^* = 483x = 483 \times 8 \times 10^{-5} = 0.038\ 6 \quad (y^* < y = 0.1)$$

因 $y > y^*$，判定为吸收过程。

也可对液相摩尔分数作比较

$$x^* = y/483 = 0.10/483 = 20.7 \times 10^{-5} \quad (x^* > x = 8 \times 10^{-5})$$

因 $x < x^*$，为吸收过程。

（b）过程推动力

气相中分压

$$p_A = 0.10 \times 101.3 \ \text{kPa} = 10.13 \ \text{kPa}$$

平衡分压

$$p_A^* = Ex = (4.90 \times 10^4)(8 \times 10^{-5}) = 3.92 \ \text{kPa}$$

推动力

$$\Delta p_A = p_A - p_A^* = 10.13 - 3.92 = 6.21 \ \text{kPa}$$

$$\Delta x = x^* - x = (20.7 - 8) \times 10^{-5} = 12.7 \times 10^{-5}$$

（c）若总压增大一倍时，相平衡常数减为原来的 1/2；平衡浓度比原来增大一倍，

$$m' = m/2 = 242$$

$$x^* = 41.4 \times 10^{-5}$$

推动力

$$\Delta x' = (41.4 - 8) \times 10^{-5} = 33.4 \times 10^{-5}$$

$$\Delta x'/\Delta x = 33.4/12.7 = 2.63$$

（d）若要改变传质方向（即变吸收为脱吸），理论上可以用与上述相反的方法，即减小操作压力，以降低分压 p_A；但由于减压要消耗很多能量，实际中是不采用的。而是通入惰性气体，使溶质分压可认为是零。还有另一途径是提高操作温度，以提高液相平衡组成。例如将溶液加热至 80 ℃，查附录 21，H_2S 的亨利系数 $E' = 137 \ \text{MPa}$，即 $137 \times 10^3 \ \text{kPa}$。此时，相平衡常数

$$m' = 137 \times 10^3/101.3 = 1\,352$$

气相平衡摩尔分数 $\quad y^* = 1\,352 \times 8 \times 10^{-5} = 0.108\,2$

因 $y^* > y$，可以脱吸。

如同时通入惰性气体并加热溶液，脱吸推动力和脱吸速率都可提高。

5.4 传质机理与传质速率

5.4.1 分子扩散和费克定律

当流体静止时，传质只能靠分子运动所引起的扩散——分子扩散。现以环境监测中的 NO_x 检气管为例简述分子的扩散运动。

在一端密封的毛细管内，灌入具有颜色指示的吸收剂，并将其置于含 NO_x 的气体中。间隔一段时间后，管内颜色逐渐发生变化，如图 5-9 所示。表明 NO_x 进入到了毛细管内并被吸收剂吸收使之变色。这是由于管内有吸收剂的存在，进入的组分被吸收后使其浓度降低，而在管口外组分的浓度较高并不断进入管内。这一现象说明 NO_x 分子由右向左先在管内的气相中扩散，再在液相中扩散。

按分子运动论，气体中各组分的分子都处于不停的运动状态，分子相互碰撞，同时改变其速度的方向和大小。由于这种杂乱的分子运动，组分 A 的某个分子将通过另一组分 B（也称为"介质"）的分子群，由一处移动到另一处（如图 5-10）。若 A 在两处间有浓度差，则有净的传质发生，直到浓度均匀时为止。

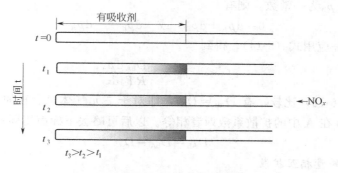

图 5-9　氮氧化物在毛细管内扩散示意

传质中分子扩散的速率可用类似于传热中热传导的速率方程表达

$$J_A = -D_{AB}\frac{dc_A}{dz} \tag{5-11}$$

式中　$\dfrac{dc_A}{dz}$——组分 A 的浓度梯度（以浓度增大的方向为正），$kmol \cdot m^{-4}$；

　　　D_{AB}——比例系数，称为组分 A 在介质 B 中的扩散系数，$m^2 \cdot s^{-1}$；

　　　J_A——组分 A 的扩散通量，$kmol \cdot m^{-2} \cdot s^{-1}$，其方向与浓度梯度相反。

式（5-11）是 1855 年由费克（Fick）在实验的基础上提出的，称为费克定律。对于气体，也常用分压梯度的形式表示，将 $c_A = p_A/RT$ 代入式（5-11），可得

$$J_A = -\frac{D_{AB}}{RT}\frac{dp_A}{dz} \tag{5-12}$$

应注意的是分子扩散与导热也有重要的区别，前者较复杂之处在于：当一个个分子沿扩散方向移去后，留下相应的空位，需由其他分子填补；而后者则没有这种问题。在式（5-11）或式（5-12）中对 J_A 的定义是通过"分子对称"的截面，即有一个 A 分子通过截面，就有一个 B 分子反方向通过同一截面，填补原 A 分子的空位。为满足"分子对称"的条件，这种截面在空间既可能是固定的，也可能是移动的。

设如图 5-10 所示，气体 A、B 的混合物分盛在容器 Ⅰ、Ⅱ 中，其间以接管相连，各处的总压 p 和温度 T 皆相等。容器 Ⅰ 中 A 的分压 p_{A1} 较容器 Ⅱ 中的 p_{A2} 为大，故 A 将通过接管向右扩散，同时 B 亦在接管内向左扩散，而且相对于管的任一截面 F（位置固定），两扩散通量的大小相等，即 F 为分子对称面，否则就不能保持 p 不变。两容器中都置有搅拌器，使容器中的浓度保持均匀（但扩散管内不受搅拌混合的影响），且容器的容量与一段时间内的扩散量相比要大很多，使两容器中的气体浓度在一段时间内可看作不变，

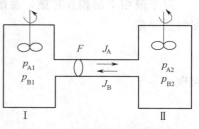

图 5-10　等物质的量相互扩散

管内 A、B 相互（逆向）扩散是稳定的。对任一分子对称面 F 来说，A 的扩散通量 J_A 如式（5-12）所示。

同理，B 的扩散通量为

$$J_B = -\frac{D_{BA}}{RT}\frac{dp_B}{dz} \tag{5-13}$$

前已述及，这两个通量的方向相反，大小相等，即

$$J_A = -J_B \tag{5-14}$$

由于总压 $p = p_A + p_B$ 为一常数，则有

$$0 = dp_A + dp_B \quad \text{或} \quad dp_B = -dp_A$$

代入式（5-13），并应用式（5-14），得到

$$J_A = -J_B = -\frac{D_{BA}}{RT}\frac{dp_A}{dz} \tag{5-15}$$

式（5-15）与式（5-12）比较，有 $D_{AB} = D_{BA}$，即对于二元气体 A、B 的相互扩散，A 在 B 中的扩散系数和 B 在 A 中的扩散系数两者相等。以后可略去下标而用同一符号 D 表示，即

$$D_{AB} = D_{BA} = D \tag{5-16}$$

5.4.1.1 等物质的量相互扩散

图 5-10 的情况即为等物质的量相互扩散，现对式（5-12）进行积分以便于计算。初、终截面处的积分限为 $z = z_1$，$p_A = p_{A1}$ 及 $z = z_2$，$p_A = p_{A2}$；其余为常数，积分得

$$J_A = -\frac{D}{RT}\frac{p_{A2} - p_{A1}}{z_2 - z_1} \tag{5-17}$$

将扩散距离 $(z_2 - z_1)$ 改写为 z，可得

$$J_A = \frac{D}{RTz}(p_{A1} - p_{A2}) \tag{5-18}$$

通常，传质过程中所需计算的传质速率（物质通量）是相对于空间的固定截面，对此，以符号 N_A 代表，其定义是单位时间内通过单位固定截面的物质量。前已述及，对于目前等物质的量相互扩散的情况，分子对称面就是空间的固定截面，或说这两种定义不同的平面是一致的（但若不是等物质的量相互扩散，两种平面就不一致，见下面的单向扩散），因此

$$N_A = J_A = \frac{D}{RTz}(p_{A1} - p_{A2}) \tag{5-19}$$

同理，组分 B 的物质通量为

$$N_B = \frac{D}{RTz}(p_{B1} - p_{B2}) \tag{5-20}$$

且

$$N_B = -N_A \tag{5-21}$$

对于液相中的相互扩散，总浓度 $c = c_A + c_B$ 可认为是常数，直接对式（5-11）积分而得到物质通量

$$N_{AL} = J_{AL} = \frac{D_L}{z_L}(c_{A1} - c_{A2}) \tag{5-22}$$

同理

$$N_{BL} = J_{BL} = \frac{D_L}{z_L}(c_{B1} - c_{B2}) \tag{5-23}$$

例 5-3 氨（A）与氮（B）在如图 5-10 所示的接管中相互扩散，管长 100 mm，总压 $p = 101.3$ kPa，温度 $T = 298$ K，扩散系数 $D = 0.248 \times 10^{-4}$ m²·s⁻¹。氨在两容器中的分压分别为 $p_{A1} = 10.13$ kPa，$p_{A2} = 5.07$ kPa，求扩散通量 J_A 及 J_B。

解 本题应用式（5-19）求解，现 $z = 0.1$ m。$R = 8.314$ kJ·kmol⁻¹·K⁻¹

$$J_A = \frac{D}{RTz}(p_{A1} - p_{A2}) = \frac{0.248 \times 10^{-4}(10.13 - 5.07)}{8.314 \times 298 \times 0.1}$$

$$= 5.06 \times 10^{-7} \text{ kmol·s}^{-1}\text{·m}^{-2}$$

显然，若 p_A 的单位为 Pa，R 的单位为 J·kmol⁻¹·K⁻¹，所得 J_A 的结果相同。而 J_B 可按式

（5-20），或简单地由式（5-14）求得

$$J_B = -J_A = -5.06 \times 10^{-7} \text{ kmol} \cdot \text{s}^{-1} \cdot \text{m}^{-2}$$

5.4.1.2　单向扩散

在吸收时，简化地认为气液相界面只允许气相中的溶质 A 通过而不允许惰性气体 B 通过，也不允许溶剂 S 逆向通过（挥发或汽化）。如用水吸收空气混合气中的氨时，若忽略水的汽化，可以看作氨从气相向液相传递，而没有物质从液相向气相反方向传递。这就是组分 A 的单方向扩散。

如图 5-11 所示，平面 2-2′为气液界面，当 A 被吸收时，A 分子向下扩散后所留下的空位，只能由其上方的混合气体来填补，因而产生趋向界面的"总体流动"（也称"摩尔扩散"）。注意：这一流动是由于分子扩散本身所引起，而不是由于外力（如压力差）的驱动；这种流动与 A 分子的扩散方向一致，有助于传质。

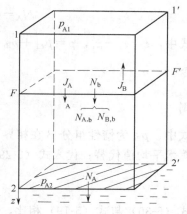

图 5-11　气体 A 通过惰性气体 B 的单向扩散（向下）

单向扩散与上述等物质的量相互扩散的区别在于，分子对称面随着总体流动向相界面推进，而不是空间的固定面，故通过任一固定截面 FF' 的传质速率应同时考虑分子扩散和摩尔扩散的总效应。令通过 FF' 的各个通量如下：因 A 的浓度梯度产生的分子扩散为 J_A；总体流动为 N_b，其中 A、B 的总体流动通量（加下标 b）分别为

$$N_{A,b} = \frac{c_A}{c} N_b \quad \text{和} \quad N_{B,b} = \frac{c_B}{c} N_b \tag{5-24}$$

式中　$c = c_A + c_B$——混合气的总浓度，$c = p/RT$。

因此，有

组分 A

$$N_A = J_A + \frac{c_A}{c} N_b \tag{5-25}$$

组分 B

$$0 = J_B + \frac{c_B}{c} N_b \tag{5-26}$$

两式相加得

$$N_A = (J_A + J_B) + N_b \tag{5-27}$$

式（5-27）中，$J_A + J_B = 0$（J_A 和 J_B 方向相反、大小相等），故总体流动通量与 A 穿过界面的传质通量相等。而式（5-26）表明，组分 B 通过界面扩散速率为零，故任一截面 B 的分子扩散与总体流动方向相反，大小相等，正好抵消，没有净的传质通量。对此，不难从前述单向扩散的物理概念中理解。

由式（5-26）解出 N_b，应用式（5-15），$J_B = -J_A$ 得

$$N_b = -\frac{c}{c_B} J_B = \frac{c}{c_B} J_A$$

代入式（5-25），得

$$N_A = J_A + \frac{c_A}{c}\left(\frac{c}{c_B} J_A\right) = J_A + \frac{c_A}{c_B} J_A = J_A + \frac{p_A}{p_B} J_A = \left(\frac{p_B + p_A}{p_B}\right) J_A$$

应用式（5-12）

$$N_A = -\left(\frac{p}{p-p_A}\right)\frac{D}{RT}\frac{\mathrm{d}p_A}{\mathrm{d}z} \tag{5-28}$$

在 $z=z_1$，$p_A=p_{A1}$，和 $z=z_2$，$p_A=p_{A2}$ 间积分

$$N_A\int_{z_1}^{z_2}\mathrm{d}z = -\frac{pD}{RT}\int_{p_{A1}}^{p_{A2}}\frac{\mathrm{d}p_A}{P-p_A}$$

$$N_A = \frac{pD}{RT(z_2-z_1)}\ln\frac{p-p_{A1}}{p-p_{A2}} = \frac{pD}{RTz}\ln\frac{p_{B2}}{p_{B1}} \tag{5-29}$$

式中，$z=z_2-z_1$，$p=p_{A1}+p_{B1}=p_{A2}+p_{B2}$，

令

$$p_{Bm} = \frac{p_{B2}-p_{B1}}{\ln(p_{B2}/p_{B1})}$$

则

$$\ln\frac{p_{B2}}{p_{B1}} = \frac{p_{B2}-p_{B1}}{p_{Bm}} = \frac{p_{A1}-p_{A2}}{p_{Bm}}$$

式中，p_{Bm} 为惰性组分 B 在相界面和气相主体间的对数平均分压，当 $p_{B2}/p_{B1}<2$ 时，也可用算术平均值代替；代入式 (5-29)，得

$$N_A = \frac{D}{RTz}\cdot\frac{p}{p_{Bm}}(p_{A1}-p_{A2}) \tag{5-30}$$

式 (5-30) 与式 (5-19) 相比，多了一个因子 (p/p_{Bm})，称漂流因子或漂流因数，其值大于 1。只是当混合气中 A 的分压 p_A 很低时，p/p_{Bm} 很接近于 1，总体流动的因素可忽略，单向扩散与等物质的量相互扩散就无甚区别。

同理，液相中的单向扩散在总浓度 c 能作为常数时，可得

$$N_{AL} = \left(\frac{D}{z}\right)_L\frac{c}{c_{Sm}}(c_{A1}-c_{A2}) \tag{5-31}$$

例 5-4 在温度 25 ℃、总压 100 kPa 下，用水吸收空气中的氨。气相主体含氨 20%（体积分数，下同），由于水中氨的浓度很低，其平衡分压可取为零。若氨在气相中的扩散阻力相当于 2 mm 厚的停滞气层，扩散系数 $D=0.232\ \mathrm{cm^2\cdot s^{-1}}$，求吸收的传质速率 N_A。又若气相主体中含氨为 2.0%，试重新求解。

解 本题属于单向扩散，可直接应用式 (5-30)。其中 $z=0.002\ \mathrm{m}$，$D=0.232\times10^{-4}$ $\mathrm{m^2\cdot s^{-1}}$，$T=298\ \mathrm{K}$，$p=100\ \mathrm{kPa}$，$p_{A1}=20\ \mathrm{kPa}$，$p_{A2}=0$，又 $p_{B1}=100-20=80\ \mathrm{kPa}$，$p_{B1}=100\ \mathrm{kPa}$，因 $p_{B2}/p_{B1}<2$，p_{Bm} 可用算术平均值 $(80+100)/2=90\ \mathrm{kPa}$。仍选用 $R=8.314\ \mathrm{kJ\cdot kmol^{-1}\cdot K^{-1}}$。代入式 (5-30)，得

$$N_A = \frac{0.232\times10^{-4}}{8.314\times298\times0.002}\left(\frac{100}{90}\right)(20-0) = 4.68\times10^{-6}\times1.111\times20$$

$$= 1.04\times10^{-4}\ \mathrm{kmol\cdot s^{-1}\cdot m^{-2}}$$

若空气中原含有氨为 2.0%，则 $p_{A1}=2.0\ \mathrm{kPa}$，$p_{B1}=98\ \mathrm{kPa}$，$p_{Bm}=(98+100)/2$ 99 kPa，其余同上，故得

$$N'_A = (4.68\times10^{-6})(100/99)(2.0-0) = 9.45\times10^{-6}\ \mathrm{kmol\cdot s^{-1}\cdot m^{-2}}$$

本例说明：在气相氨浓度较高时 $(p_{A1}/p=0.2)$，漂流因子 $(p/p_{Bm}=1.111)$ 应予考虑；而在浓度甚低时，p/p_{Bm} 接近 1，其影响可忽略，即单向扩散与等物质的量相互扩散的差别可忽略。

5.4.2 扩散系数

在费克定律中，扩散系数 $(\mathrm{m^2\cdot s^{-1}})$ 代表单位浓度梯度 $(\mathrm{kmol\cdot m^{-4}})$ 下的扩散通量 $(\mathrm{kmol\cdot s^{-1}\cdot m^{-2}})$，表达某个组分在介质中扩散的快慢，是物质的一种传递属性，类似于传热

中的导热系数。扩散系数随温度的变化较大，还与总压（气体）和浓度（液体）有关。

5.4.2.1 气相中的扩散系数

根据气体分子运动论，分子运动很快，但路径极为曲折。如常温常压下，分子的平均速度每秒有几百米，但大约只经过 10^{-7} m（平均自由程）就与其他分子碰撞而改变方向，故扩散速率仍相当慢，扩散系数并不大。

表 5-3 列出总压 101.3 kPa 下某些气体或蒸气在空气中的实测扩散系数值。由表可见，除了相对分子（原子）质量很小的 H_2、He，气体扩散系数的范围约为 $0.1 \sim 0.3$ $cm^2 \cdot s^{-1}$。

表 5-3　101.3 kPa 下某些气体及蒸气在空气中的扩散系数

物　　质	T/K	$D/cm^2 \cdot s^{-1}$	物　　质	T/K	$D/cm^2 \cdot s^{-1}$
H_2	273	0.611	CO_2	273	0.138
He	317	0.756	CO_2	298	0.164
O_2	273	0.178	SO_2	293	0.122
Cl_2	273	0.124	甲醇	273	0.132
H_2O	273	0.220	乙醇	273	0.102
H_2O	298	0.256	正丁醇	273	0.070 3
H_2O	332	0.305	苯	298	0.096 2
NH_3	273	0.198	甲苯	298	0.084 4

气体扩散系数可用经验公式估算，从由分子运动论导出的方程的基本形式出发，再根据实验数据确定其中参数的方法。Fuller 提出的公式为

$$D = \frac{1.013 \times 10^{-5} T^{1.75} \left(\frac{1}{M_A} + \frac{1}{M_B} \right)^{1/2}}{p \left[(\sum V_A)^{1/3} + (\sum V_B)^{1/3} \right]^2} \tag{5-32}$$

式中　　D——扩散系数，$m^2 \cdot s^{-1}$；

p——气体总压，kPa；

T——气体温度，K；

M_A、M_B——A、B 两种物质的摩尔质量，$g \cdot mol^{-1}$；

$\sum V_A$、$\sum V_B$——A、B 两种物质的分子扩散体积，$cm^3 \cdot mol^{-1}$。

一般有机物是按化学分子式由表 5-4 中查原子扩散体积相加得到，某些简单物质则在表 5-5 中列出，也可查有关手册。

表 5-4　原子扩散体积

原　子	V	原　子	V
C	16.5	(Cl)	19.5
H	1.98	(S)	17
O	5.48	每个烃环或杂环	−20.2
(N)	5.69		

表 5-5　分子扩散体积

分　子	V	分　子	V	分　子	V
H_2	7.07	Ar	16.1	H_2O	12.7
He	2.88	Kr	22.8	NH_3	14.9
O_2	16.6	CO	18.9	(Cl_2)	37.7
N_2	17.9	CO_2	26.9	(Br_2)	67.2
空气	20.1	N_2O	35.9	(SO_2)	41.1

由式（5-32）可知，D 与 $T^{1.75}$ 成正比、与 p 成反比。对于某已知气体物系在 p_0、T_0 下的扩散系数，即可推算在 p、T 下的扩散系数：

$$D = D_0 \left(\frac{p_0}{p}\right)\left(\frac{T}{T_0}\right)^{1.75} \tag{5-33}$$

式中　D_0——在 p_0、T_0 下的扩散系数；

D——在 p、T 下的扩散系数。

5.4.2.2　液相中的扩散系数

由于液体中的分子比气体中的分子密集得多，可以预计到其扩散系数要比气体扩散系数小得多。某些物质在水中（低浓度下）的扩散系数见表 5-6。

非电解质稀溶液中的扩散系数可用下式作粗略估计

$$D_{AS} = \frac{7.4 \times 10^{-8}(\alpha M_S)^{1/2} T}{\mu V_A^{0.6}} \tag{5-34}$$

式中　D_{AS}——物质 A 在溶剂 S 稀溶液中的扩散系数，$m^2 \cdot s^{-1}$；

μ——溶剂 S 的黏度，$Pa \cdot s$；

M_S——溶剂 S 的摩尔质量，$g \cdot mol^{-1}$；

α——溶剂缔合参数，对某些溶剂其值为：水 2.6，甲醇 1.9，乙醇 1.5。苯、乙醚等不缔合的溶剂为 1.0；

V_A——溶质 A 在正常沸点下的分子体积，$cm^3 \cdot mol^{-1}$ 可由正常沸点下的液体密度来计算。

表 5-6　低浓度下某些非电介质在水中的扩散系数

物　质	温度/K	扩散系数 /$cm^2 \cdot s^{-1} \times 10^5$	物　质	温度/K	扩散系数 /$cm^2 \cdot s^{-1} \times 10^5$	物　质	温度/K	扩散系数 /$cm^2 \cdot s^{-1} \times 10^5$
H_2	293	5.0	N_2	293	2.6	醋酸	293	1.19
He	293	6.8	NH_3	285	1.64	丙酮	293	1.16
CO	293	2.03	甲醇	283	0.84	苯	293	1.02
CO_2	298	1.92	乙醇	283	0.84	苯甲酸	298	1.00
Cl_2	298	1.25	正丁醇	288	0.77	水	298	2.44
O_2	298	2.10						

注：水在水中的扩散可用放射性示踪等法进行测定。某种物质在该种物质自身之中的扩散系数称为自扩散系数。

5.4.3　吸收传质的机理和速率

前已述及，吸收是溶质由气相转移至液相的传质过程。它可分为三个步骤。

① 溶质由气相主体通过对流和扩散到达两相界面，即气相内的物质传递。

② 溶质在相界面上，由气相转入液相，即界面上发生的溶解过程。

③ 溶质由界面通过扩散和对流进入液相主体，即液相内的物质传递。

经很多探索得知，一般情况下穿过相界面的传质本身其传质阻力极小，即认为所需的传质推动力为零。因此，通常都认为界面上保持两相平衡。这样，总过程速率将由气相与液相内的传质速率所决定。脱吸的传质过程也与上述类似，只是溶质是由液相主体传递到气相主体。

5.4.3.1　传质理论

为了说明传质过程的机理，指导设计、操作等实践，曾先后提出了不同的传质"模型❶"，

---

❶　这里指对复杂过程进行归纳、简化、推理，能够说明部分现象，作出某些预测，但还不够成熟的理论。

其中双膜模型已被广泛应用，这里作简略介绍。

早期研究者将复杂的对流传质过程与传热过程作类比而提出如下简化图像：气、液界面的两侧各存在一层静止的气膜和液膜，其有效（当量）厚度为 δ_G 和 δ_L，全部传质阻力集中在这两层膜中，其内只能以分子扩散传质；于是，气相分压和液相浓度沿传质距离的变化如图 5-12 的虚线所示（实线则表示接近实际的组成变化）。双膜模型将复杂的相际对流传递机理简化为溶质通过两层膜的分子扩散。溶质以分压差 (p_G-p_i) 及浓度差 (c_i-c_L) 克服气膜及液膜的阻力，进行传递。在界面上则如上述因界面阻力完全可以忽略，气相界面分压 p_i 与液相界面浓度 c_i 保持平衡，低浓度时可用式（5-6）（$c_i=Hp_i$）等亨利定律式相联系。

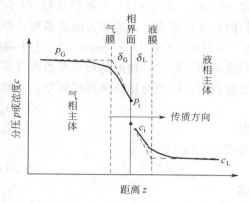

图 5-12 有效膜模型示意

双膜模型所含双层阻力的概念为求取吸收速率提供了基础。其主要缺陷之一是本身不能确定膜的厚度 δ_G 及 δ_L，因而也无法直接计算传质阻力。

5.4.3.2 传质与传热的比较

图 5-12 所示的气液两相通过相界面传质，与热、冷流体通过间壁传热（图 4-8）颇为类似，现比较其异同。

图 4-8 是两流体间的传热过程，传递的是热量，过程的极限是达到热平衡——温度相等，传递推动力是两流体间的温差。

图 5-12 的吸收过程是两流体间的传质过程，传递的是质量，过程极限是两相达到相平衡，但这不是两相的组成相等，传递推动力也并不直接是两相主体的组成之差。

上述是两流体间传热与传质的第一个不同之处。其次，传热有间壁将两流体隔开以免混合，流体与间壁之间的界面是固定的；而传质时两流体间不能有不透过的间壁，气液间的界面并不固定，可以波动，甚至发生界面的湍动。这里也有相同之处，即间壁对于传热的阻力，与气液界面对于传质的阻力相似，一般情况下都可忽略；又流体到界面或界面到流体的传热或传质通常主要依靠传递阻力小的对流，但紧靠界面的膜内只能靠阻力很大的传导或扩散。

5.4.3.3 相内对流传质

如图 5-12 所示从气相主体到界面的传质速率，可以通过气膜（有效厚度 δ_G）的扩散方程（5-30）表示

$$N_A=\frac{D_G}{RT\delta_G}\cdot\frac{p}{p_{Bm}}(p_G-p_i) \tag{5-30a}$$

令

$$k_G=(D_G/RT\delta_G)(p/p_{Bm}) \tag{5-35}$$

得

$$N_A=k_G(p_G-p_i) \tag{5-36}$$

与此类似，从液相界面到主体的传质速率，可以用通过液膜的扩散方程（5-31）表示

$$N_A=\frac{D_L}{\delta_L}\Big(\frac{c}{c_{Sm}}\Big)(c_i-c_L) \tag{5-31a}$$

令

$$k_L=(D_L/\delta_L)(c/c_{Sm}) \tag{5-37}$$

得

$$N_A=k_L(c_i-c_L) \tag{5-38}$$

式（5-36）、式（5-38）与给热方程（4-8a）、方程（4-8）类似，式中 k_G、k_L 分别为气相、液相的对流传质系数，简称为给质系数，单位分别为 kmol·s^{-1}·m^{-2}·kPa^{-1} 和 kmol·s^{-1}·m^{-2}·(kmol·m^{-3})$^{-1}$＝m·s^{-1}。由于两相的组成可以用不同的单位表示，故给质方程可以写成不同的形式，相应的给质系数也有不同的单位。给质方程中应用最广的是将组成以摩尔分数表示，以便与物料衡算式联立。对此，可将式（5-36）改写为

$$N_A = k_G p(p_G/p - p_i/p)$$

即
$$N_A = k_y(y - y_i) \tag{5-39}$$

将式（5-38）改写为

$$N_A = k_L c(c_i/c - c_L/c)$$

即
$$N_A = k_x(x_i - x) \tag{5-40}$$

式中，$k_y = k_G p$、$k_x = k_L c$ 称为以摩尔分数差为推动力的气相、液相给质系数，单位为 kmol·s^{-1}·m^{-2}。

5.4.3.4 相际对流传质

应用亨利定律，按稳定情况下从给热方程得到传热方程类似的方法，可以从给质方程得到相际的对流传质方程。

因界面上 x_i、y_i 保持平衡，根据式（5-4）有

$$y_i = m x_i \tag{5-4c}$$

从式（5-39）、式（5-40）可得

$$N_A = \frac{y - y_i}{1/k_y} = \frac{x_i - x}{1/k_x} = \frac{m x_i - m x}{m/k_x}$$

$$= \frac{y - y_i + m x_i - m x}{1/k_y + m/k_x} \tag{5-41}$$

令与液相组成 x 平衡的气相组成为 y^*（$y^* = mx$），并将式（5-4c）一并代入式（5-41），得

$$N_A = \frac{y - y^*}{1/k_y + m/k_x}$$

令
$$K_y = \frac{1}{1/k_y + m/k_x} \quad 即 \quad \frac{1}{K_y} = \frac{1}{k_y} + \frac{m}{k_x} \tag{5-42}$$

有
$$N_A = K_y(y - y^*) \tag{5-43}$$

式中，K_y 称为以气相总摩尔分数差为推动力的传质系数，简称为气相总传质系数，kmol·s^{-1}·m^{-2}。

式（5-41）也可以写成以下形式

$$N_A = \frac{y/m - y_i/m}{1/m k_y} = \frac{x_i - x}{1/k_x} = \frac{y/m - x}{1/m k_y + 1/k_x} \tag{5-41a}$$

令与气相组成 y 平衡的液相组成 y/m 以 x^* 代表，

又
$$K_x = \frac{1}{1/m k_y + 1/k_x} \quad 即 \quad \frac{1}{K_x} = \frac{1}{m k_y} + \frac{1}{k_x} \tag{5-44}$$

得
$$N_A = K_x(x^* - x) \tag{5-45}$$

式中，K_x 称为以液相总摩尔分数差为推动力的传质系数，简称为液相总传质系数，kmol·s^{-1}·m^{-2}。注意：比较式（5-42）、式（5-44），可知

$$K_x = m K_y \tag{5-46}$$

当溶液浓度超出亨利定律范围时，平衡关系需用曲线表示（见图 5-6 中 SO_2、NH_3 的曲

线）；若此曲线在应用范围内能以直线 $y=mx+b$ 近似（b 通常为负值），则式（5-41）～式（5-46）仍可适用。

5.4.3.5 传质速率方程的几种表达形式

传质速率方程可以用相内或相际两种推动力来表示，且随着推动力中组成的表达方式不同，传质系数相应也不同，现将已介绍的几种形式列于表 5-7。

表 5-7 传质速率方程的几种常用形式

方程编号	方程形式	推动力单位	说　　明
(5-36) (5-39)	$N_A=k_G(p_G-p_i)$ $=k_y(y-y_i)$	kPa 摩尔分数	气相主体至界面，$k_y=k_G p$
(5-38) (5-40)	$=k_L(c_i-c_L)$ $=k_x(x_i-x)$	kmol·m^{-3} 摩尔分数	液相界面至主体，$k_x=k_L C$
(5-43) (5-45)	$=K_y(y-y^*)$ $=K_x(x^*-x)$	摩尔分数 摩尔分数	气相主体至液相主体，适用于相平衡可作为线性关系的情况

此外，相际传质速率方程的总推动力也用 kPa 或 kmol·m^{-3} 为单位，这里从略。

5.4.3.6 传质阻力的分析

气相传质阻力的影响因素可考查给质系数 k_G 的式（5-35），其中漂流因子 p/p_{Bm} 对低浓度气体很近于 1；而 T 虽在分母，但 D_G 与 $T^{1.75}$ 成正比 [见式（5-32）]，故温度升高有利于减少气相传质阻力；流动湍急（Re 大）能减薄 δ_G，也有利于减少阻力；由表 5-3 可见，D_G 的变动范围并不很大。

液相传质阻力据式（5-34）与上述情况相似，只是随温度上升，黏度减小，既有利于扩散 [式（5-34）]，又能减薄 δ_L，故温度的影响要更大一些。

相际传质的总阻力 $1/K_y$ 或 $1/K_x$ 中含有相平衡常数 m，其变化范围极大，从图 5-6 可以看出不同气体的溶解度可以相差几个数量级，而且随温度的变化也相当大（见附录 21），故影响总传质阻力或传质速率的主要因素是平衡常数 m（或亨利系数 E、溶解度系数 H）。

对于溶解度很大的易溶物系，m 小，使式（5-42）中的液相阻力 m/k_x 很小，导致总阻力 $1/K_y$ 与气相阻力 $1/k_y$ 近于相等（$K_y\approx k_y$），或说为 $1/k_y$ 所控制，称为气膜控制物系。对于溶解度很小的难溶物系，m 很大，在式（5-44）中的气相阻力 $1/mk_y$ 可忽略，而有 $K_x\approx k_x$，称为液膜控制物系。对于中等溶解度的物系如 SO_2 溶于水，则气膜、液膜的阻力都不应忽略。

应当指出，前已提到总阻力中的决定因素是变化极大的 m。从式（5-42）可见 [从式（5-44）也一样]，气膜控制物系的总阻力最小；随着溶解度减小，总阻力就随 m 的变大而增大；液膜控制物系的总阻力可以比气膜控制的大几个数量级！由于气膜控制的物系不多，故设法减小液膜阻力就是加快气液传质速率的一个重要任务，5.8 简介的化学吸收能为此作出贡献。

例 5-5 常压常温吸收塔的某一截面上，含氨 3%（体积分数）的气体与浓度为 1 kmol·m^{-3} 的氨水相遇，若已知 $k_y=5.1\times10^{-4}$ kmol·s^{-1}·m^{-2}，$k_x=8.3\times10^{-3}$ kmol·s^{-1}·m^{-2}，平衡关系可用 $y=0.75x$ 表示。试计算：

（a）以气相、液相摩尔分数差表示的总推动力、总传质系数和传质速率；

（b）气、液两相传质阻力的相对大小；

（c）平衡分压和气相界面处的分压。

解 （a）当组成以摩尔分数表示时，气相 $y=0.03$（与体积分数相等）；液相因溶液很稀，可设其总浓度与清水相等，$c=55.5$ kmol $\cdot$ m^{-3}，故

$$x=c_L/c=1/55.5=0.018$$

有
$$y^*=mx=0.75\times0.018=0.013\,5$$
$$x^*=y/m=0.03/0.75=0.040$$

故总推动力分别为

气相摩尔分数差 $\qquad y-y^*=0.03-0.013\,5=0.016\,5$

液相摩尔分数差 $\qquad x^*-x=0.040-0.018=0.022$

气相总传质系数 $\qquad K_y=1/\left(\dfrac{1}{k_y}+\dfrac{m}{k_x}\right)=1/\left(\dfrac{1}{5.1\times10^{-4}}+\dfrac{0.75}{83\times10^{-4}}\right)=\dfrac{1}{1\,961+90.4}$

$$=4.88\times10^{-4}\ \text{kmol}\cdot\text{s}^{-1}\cdot\text{m}^{-2}$$

液相总传质系数 $\quad K_x=mK_y=0.75\times4.88\times10^{-4}=3.66\times10^{-4}$ kmol $\cdot$ s^{-1} $\cdot$ m^{-2}

传质速率 $\quad N_A=K_y(y-y^*)=4.88\times10^{-4}\times0.016\,5=8.05\times10^{-6}$ kmol $\cdot$ s^{-1} $\cdot$ m^{-2}

（b）上面已算出气相阻力 $1/k_y=1\,961$ s $\cdot$ m^2 $\cdot$ kmol^{-1}，液相阻力 $m/k_x=90.4$ s $\cdot$ m^2 $\cdot$ kmol^{-1}，其中气相阻力所占比例为 $1\,961/2\,051=0.956$，液相仅占 0.044。故本例为气膜控制。以上也可以看出 $K_y\approx k_y$。

（c）为求气相界面组成，可应用式（5-39）：$N_A=k_y(y-y_i)$；与 $N_A=K_y(y-y^*)$ 联立，可知

$$(y-y_i)=(K_y/k_y)(y-y^*)=(4.88\times10^{-4}/5.1\times10^{-4})(0.016\,5)=0.015\,8$$
$$y_i=0.03-0.015\,8=0.014\,2$$

气相界面分压 $\qquad p_i=py_i=101.3\times0.014\,2=1.44$ kPa

气相平衡分压 $\qquad p^*=py^*=101.3\times0.013\,5=1.37$ kPa

注意：气相主体分压 $p=py=101.3\times0.03=3.04$ kPa，可见以分压计的总推动力 $(3.04-1.37)=1.67$ 中，分配于气相的推动力 $(3.04-1.44)=1.60$ 占了绝大部分，这也同样说明了系统为气膜控制。

5.5　低浓度气体的吸收

前已提及吸收过程中工业上常见的是处理溶质含量低（如低于 5% 体积分数）的气体，除可应用亨利定律外，还有以下特点。

① 气体流率 G、液体流率 L（单位皆为 kmol $\cdot$ s^{-1} $\cdot$ m^{-2}）可作为常量。吸收中虽因溶质由气相进入液相，使 G 逐渐减小，L 逐渐增大，但因溶质含量少，取 G、L 为常量的简化并无多大的误差。

② 传质系数 k_y、k_x、K_y 等可作为常量。这是因为气、液流率为常量；且溶解量相对小，热效应可忽略，故操作温度亦可取为常量。

此外，即使气体的溶质含量较高，但吸收的量并不大，也可具有上述特点，而可使计算大为简化。因此对本节内容需理解为一种简化处理方法，并不限于低浓度范围。

5.5.1　微分物料衡算和传质速率

5.2 中已提及，工业上最常用的吸收设备是填料塔。由于气、液组成沿塔高连续变化，

故与传质速率相联系的物料衡算需对塔的微分高度 dh 列出，如图 5-13 所示。

在离填料层顶 h 至 $h+dh$ 的微分段内，气相传给液相的溶质量为

$$dM = Gdy = Ldx \qquad (5\text{-}47)$$

式中　M——单位塔截面的传质量 $kmol \cdot s^{-1} \cdot m^{-2}$。

联系传质速率方程，令填料层的比相界面积为 $am^2 \cdot m^{-3}$，截面面积为 A；则微分段内的传质面积为 $a(Adh)$，其中的传质量为 $N_A a A dh \; kmol \cdot s^{-1}$，与式（5-47）联系，对单位塔截面的传质量（比传质量），有

$$dM = Gdy = N_A a dh \qquad (5\text{-}47a)$$

将相际传质速率方程（5-43）　$N_A = K_y(y-y^*)$ 代入，得

$$Gdy = K_y a(y-y^*)dh \qquad (5\text{-}48)$$

同理，可得以液相总推动力表示的微分式

$$Ldx = K_x a(x^*-x)dh \qquad (5\text{-}49)$$

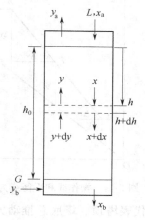

图 5-13　填料塔内
传质的物料衡算

5.5.2　物料衡算和传质速率的积分式

对式（5-47）从 $h=0$ 至 $h=h_0$ 积分，可得全塔物料衡算式

$$G(y_b - y_a) = L(x_b - x_a) \qquad (5\text{-}50)$$

直接对全塔作物料衡算，也可同样得到上式。当式中 6 个参数已知其 5，可算出余下的 1 个。

对式（5-47）从 $h=0$ 至 $h=h$ 积分，可得图 5-13 中填料层 $h=h$ 以上得物料衡算式

$$G(y - y_a) = L(x - x_a) \qquad (5\text{-}51)$$

或

$$y = (L/G)x + [y_a - (L/G)x_a] \qquad (5\text{-}51a)$$

式（5-51a）在 x-y 坐标系中为一条直线，如图 5-14 所示；其两端点为 $A(x_a, y_b)$ 和 $B(x_b, y_b)$，称为操作线，它以图线的形式表示物料衡算关系。

对式（5-48）分离变量，关于全塔积分

$$h_0 = \frac{G}{K_y a} \int_{y_a}^{y_b} \frac{dy}{y-y^*} \qquad (5\text{-}52)$$

同理从式（5-49）可得

$$h_0 = \frac{G}{K_x a} \int_{x_a}^{x_b} \frac{dx}{x^*-x} \qquad (5\text{-}53)$$

式（5-52）、式（5-53）是低浓度气体吸收的全塔传质速率方程或填料层高计算的基本公式。式中的定积分当平衡关系为线性时，不难求出。

5.5.3　填料层高度

为计算填料层高度 h_0，需对式（5-52）或式（5-53）中的定积分求值。当平衡关系可作为线性时，可应用以下方法。

5.5.3.1　平均推动力法

在定积分的分母中，y 已是 x 的线性函数式（5-51），当 y^* 又是 x 的线性函数时，则气相总推动力 $y-y^*$ 就是 x 的线性函数，同时也是 y 的线性函数。为形象地表示，可参阅图 5-14，其中已有操作线 AB；填料层任一截面上的气、液组成用其上的一点 $P(x, y)$ 代表，点 P 至平衡直线 OE 的垂直距离 PQ 代表此截面上的气相总推动力 $\Delta y = y - y^*$；根据比例

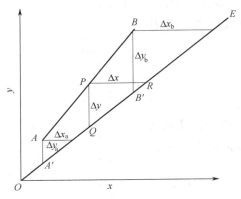

图 5-14　操作线和平衡线为直线时的总推动力

关系，Δy 随 y 的变化率 $\mathrm{d}(\Delta y)/\mathrm{d}y$，与全塔的这一变化率 $(\Delta y_b - \Delta y_a)/(y_b - y_a)$ 相等，即

$$\frac{\mathrm{d}(\Delta y)}{\mathrm{d}y} = \frac{\Delta y_b - \Delta y_a}{y_b - y_a} \tag{5-54}$$

式中，$\Delta y_a = y_a - y_a^*$，$\Delta y_b = y_b - y_b^*$ 分别为塔顶、塔底的气相总推动力。

将 $\Delta y = y - y^*$ 及式（5-54）：$\mathrm{d}y = (y_b - y_a)$ $\mathrm{d}y/(\Delta y_b - \Delta y_a)$ 代到定积分式中，得

$$\int_{y_a}^{y_b} \frac{\mathrm{d}y}{y - y^*} = \frac{y_b - y_a}{\Delta y_b - \Delta y_a} \int_{\Delta y_b}^{\Delta y_a} \frac{\mathrm{d}(\Delta y)}{\Delta y} = \frac{y_b - y_a}{\Delta y_b - \Delta y_a} \ln \frac{\Delta y_b}{\Delta y_a}$$

令

$$\Delta y_m = \frac{\Delta y_b - \Delta y_a}{\ln(\Delta y_b / \Delta y_a)}$$

代表塔顶、塔底总推动力得对数平均值，可知

$$\int_{y_a}^{y_b} \frac{\mathrm{d}y}{y - y^*} = \frac{y_b - y_a}{\Delta y_m} \tag{5-55}$$

代入到式（5-52）中，得到填料层高度

$$h_0 = \frac{G}{K_y a}\left(\frac{y_b - y_a}{\Delta y_m}\right) \tag{5-56}$$

这一方法与传热中按对数平均温差计算传热面积类似。

同理，可以得到按液相总推动力计算填料层高度的表达式

$$h_0 = \frac{L}{K_x a}\left(\frac{x_b - x_a}{\Delta x_m}\right) \tag{5-57}$$

式中，Δx_m 为塔顶、塔底液相总推动力 $\Delta x_a = x_a^* - x_a$，$\Delta x_b = x_b^* - x_b$ 的对数平均值。

此外，填料层高度的算式还可以利用气相给质方程（5-39）　$N_A = k_y(y - y_i)$，或式（5-40）　$N_A = k_x(x_i - x)$ 结合微分物料衡算得出，其方法与上述类似，这里从略。

5.5.3.2　吸收因数法

上法中已提到 y、x、y^*、$y - y^*$ 间都是线性关系，现将 y^* 用 y 的线性函数表示，直接代入定积分中求值。

将式（5-4a）　$y^* = mx$ 中的 x 按线性式（5-51）表达

$$x = (G/L)y + [x_a - (G/L)y_a] \tag{5-51b}$$

有

$$y^* = (mG/L)y + [mx_a - (mG/L)y_a]$$

令

$$S = mG/L,\ A = 1/S = L/mG$$

这里 S 称为脱吸因数，为平衡线斜率 m 与操作线斜率 L/G 之比；A 称为吸收因数，与 S 互为倒数，代入上式得

$$y^* = Sy + (mx_a - Sy_a) \tag{5-58}$$

再代到式（5-52）的定积分中，并用 N_{OG} 代表这个定积分（N_{OG} 意义将在 5.6 中说明）。

$$\begin{aligned}
N_{OG} &= \int_{y_a}^{y_b} \frac{\mathrm{d}y}{y - y^*} = \int_{y_a}^{y_b} \frac{\mathrm{d}y}{(1-S)y + (Sy_a - mx_a)} \\
&= \frac{1}{1-S}\ln\left[\frac{(1-S)y_b + (Sy_a - mx_a)}{(1-S)y_a + (Sy_a - mx_a)}\right] \\
&= \frac{1}{1-S}\ln\left[\frac{(1-S)y_b - mx_a + Smx_a + Sy_a - Smx_a}{y_a - mx_a}\right]
\end{aligned}$$

$$=\frac{1}{1-S}\ln\left[(1-S)\frac{y_b-mx_a}{y_a-mx_a}+S\right] \tag{5-59}$$

式（5-59）右边的形式还可以用图 5-15 的曲线表示。横坐标 $(y_b-mx_a)/(y_a-mx_a)$ 之值表示吸收率的高低，其值愈大，则吸收愈完全；若入塔的吸收剂不含溶质，即 $x_a=0$，就简化为吸收前后的摩尔分数之比 y_b/y_a。脱吸因数 S 愈小，即吸收因数 A 愈大，愈能提高吸收程度 $(y_b-mx_a)/(y_a-mx_a)$。但要减小 S 就等于要增大液气比 L/G，这导致吸收液流量增大，能耗高，且吸收液浓度低而较难再生或利用。故需选择合适的 S 值，此值一般是 $S=0.7\sim0.8$。

对于平衡线虽为曲线，但在所涉及的浓度范围内可作为直线，其方程为 $y^*=mx+b$ 的情况，用类似的方法可以得到

$$N_{OG}=\frac{1}{1-S}\ln\left[(1-S)\frac{y_b-mx_a-b}{y_a-mx_a-b}+S\right] \tag{5-60}$$

得出定积分值 $N_{OG}=\int_{y_a}^{y_b}\frac{\mathrm{d}y}{y-y^*}$ 后，代入求塔高的式（5-52）即可算出 h_0。

同理，也可应用同样的方法求 $\int_{x_a}^{x_b}\frac{\mathrm{d}x}{x^*-x}$，代入公式（5-53）得到类似结果。

以上两种定积分的表示方法究竟哪种好？对数平均值法的优点是形式简明，且并不要求平衡直线通过原点；问题在于计算平均推动力时需要知道塔顶、塔底气、液的全部 4 个组成，故对于填料层高已定（现有的塔），给定入塔的气、液流量和组成，要计算出塔组成 y_a 及 x_b（属于操作型问题），就需要用试差法而不便。吸收因数法的优点恰好是能解决这种不便，从已知条件可算出 N_{OG} 及 S，又已知入塔组成 y_b、x_a，就可利用式（5-59）或图 5-15 求取 y_a，再由物料衡算得到 x_b。查图的准确性虽不高，但进行估算或定性分析是较方便的。

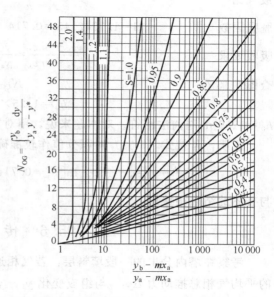

图 5-15 N_{OG} 与 $\frac{y_b-mx_a}{y_a-mx_a}$ 的关系

例 5-6 在填料塔内用清水吸收空气中所含的丙酮蒸气，丙酮初含量为 3%（体积分数）。今需在该塔中吸收其 98%。混合气入塔流率 $G=0.02\ \mathrm{kmol\cdot s^{-1}\cdot m^{-2}}$，操作压力 $p=101.3\ \mathrm{kPa}$，温度 $T=293\ \mathrm{K}$。此时平衡关系可用 $y=1.75x$ 表示，以 Δy 为推动力的体积总传质系数 $K_ya=0.016\ \mathrm{kmol\cdot s^{-1}\cdot m^{-3}}$。若出塔水溶液中的丙酮浓度为饱和浓度的 70%，求所需水量及填料层高度。

解 塔底、塔顶的气、液组成为

$$y_b=0.03$$
$$y_a=(1-0.98)y_b=6\times10^{-4}$$
$$x_a=0$$
$$x_b=0.7x_b^*=0.7(y_b/1.75)=0.012$$

将以上的组成数据代入物料衡算式（5-50），得

$$0.02(0.03-6\times10^{-4})=L(0.012-0)$$

故 $L=0.049 \text{ kmol} \cdot \text{s}^{-1} \cdot \text{m}^{-2}$。

现分别应用两种方法计算填料层高度。

(a) 对数平均推动力法

塔顶 $\qquad\qquad\qquad \Delta y_a = y_a - mx_a = 6\times10^{-4}$

塔底 $\qquad\qquad\qquad \Delta y_b = y_b - mx_b = (300-210)\times10^{-4} = 90\times10^{-4}$

平均 $\qquad\qquad\qquad \Delta y_m = \dfrac{(90-6)\times10^{-4}}{\ln(90/6)} = 31\times10^{-4}$

$$h_0 = \frac{G}{K_y a}\frac{y_b-y_a}{\Delta y_m} = \frac{0.02}{0.016}\times\frac{(300-6)\times10^{-4}}{31\times10^{-4}} = 1.25\times9.48 = 11.9 \text{ m}$$

(b) 吸收因数法

液气比 $\qquad\qquad\qquad \dfrac{L}{G} = \dfrac{y_b-y_a}{x_b-x_a} = \dfrac{294\times10^{-4}}{0.012} = 2.45$

脱吸因数 $\qquad\qquad S=1.75/2.45=0.714$（吸收因数 $A=1/S=1.4$）

吸收要求 $\qquad\qquad\qquad \dfrac{y_b-mx_a}{y_a-mx_a} = \dfrac{y_b}{y_a} = \dfrac{0.03}{6\times10^{-4}} = 50$

查图 5-15 得 $\qquad\qquad\qquad N_{OG}\approx9.5$

$$h_0 = 1.25\times9.5 = 11.9 \text{ m}$$

$h_0=11.9 \text{ m}$ 与前法相符。对本题来说，用对数平均推动力法计算较为简明。

说明，若按式（5-59）对积分值作较准确的计算，有

$$\int_{y_a}^{y_b}\frac{\mathrm{d}y}{y-y^*} = \frac{1}{1-0.714}\ln[(1-0.714)\times50+0.714] = 3.5\ln(14.9) = 9.48$$

与查图的结果很接近。

5.6 传 质 单 元

考察在塔内分出的一段填料层：若气相通过它被液相吸收后的组成由 y_1 减到 y_2，其中的平均气相总推动力 Δy_{1-2} 与组成变化 $y_1 - y_2$ 相等，则称这样的一段填料层为 1 个气相总传质单元（可与 4.5.6 传热单元的概念相联系）。推动力大，经过 1 个传质单元的组成变化相应也大；整个填料层可以看成是由一个个传质单元（包括不到 1 个的分数）串联而成。

现分析 $N_{OG} = \displaystyle\int_{y_a}^{y_b}\frac{\mathrm{d}y}{y-y^*}$ 的含义。据式（5-55） $\displaystyle\int_{y_a}^{y_b}\frac{\mathrm{d}y}{y-y^*} = \frac{y_b-y_a}{\Delta y_m}$

式右边的分子代表气相经过填料塔层后的组成变化，分母代表气相总推动力的平均值；因此，两者之比代表串联的传质单元数。以符号 N 表示。下标 O 代表总（overall），G 代表气相；N_{OG} 即代表气相总传质单元数。与 1 个传质单元数相当的填料高度，称为传质单元高度。气相总传质单元高度用符号 H_{OG} 表示。在式（5-52）中令积分值为 1，得到

$$H_{OG} = G/K_y a \qquad\qquad\qquad\qquad (5\text{-}61)$$

于是可将式（5-52）写成

$$h_0 = H_{OG}N_{OG} \qquad\qquad\qquad\qquad (5\text{-}62)$$

以下分别介绍 H_{OG} 及 N_{OG} 的影响因素。从式（5-61）可知：H_{OG} 取决于气相流率 G 和体积气相总传质系数 $K_y a$；它反映了吸收设备效能的高低，填料的传质性能较好，则 H_{OG} 较小，所需的填料层高也相应较低。传质系数 $K_y a$ 随流率 G 的增加而增加，故 $H_{OG}=G/K_y a$

的变化范围较 $K_y a$ 为窄，通常为 $0.15\sim1.5\ m$，具体可由试验测定。N_{OG} 中的参数只与进出口的组成及物系的相平衡有关，反映了分离任务的难易，而与设备类型及操作条件无关。如果所需的 N_{OG} 太大，要考虑分离要求是否过高或吸收剂的性能很差。

　　以上在吸收的传质速率方程中仔细讨论了以气相总摩尔分数差 $y-y^*$ 为推动力的情况。其他形式的传质速率方程可以依此类推。如以液相总摩尔分数差 x^*-x 为推动力的式 (5-45) $\quad N_A=K_x(x^*-x)$，经与物料衡算式联立，所得积分式（5-53）$h_0=\dfrac{G}{K_x a}\displaystyle\int_{x_a}^{x_b}\dfrac{\mathrm{d}x}{x^*-x}$，也可用液相总传质单元高度 H_{OL} 和液相总传质单元数 N_{OL} 表示

$$h_0=H_{OL}N_{OL} \tag{5-63}$$

且有
$$N_{OL}=SN_{OG}\quad\text{或}\quad N_{OG}=(1/S)N_{OL}=AN_{OL} \tag{5-64}$$

　　其他传质速率方程（参看表 5-6）的积分式和传质单元的表达形式，可用类似的方法导出。如将气相传质速率式（5-39）$\quad N_A=k_y(y-y_i)$，代入物料衡算式（5-47a）$\quad G\mathrm{d}y=N_A a\mathrm{d}h$ 中，有
$$G\mathrm{d}y=k_y(y-y_i)a\mathrm{d}h$$

分离变量，积分
$$h_0=\frac{G}{k_y a}\int_{y_a}^{y_b}\frac{\mathrm{d}y}{y-y_i}=H_G\cdot N_G \tag{5-65}$$

得气相传质单元数 $\quad N_G=\displaystyle\int_{y_a}^{y_b}\dfrac{\mathrm{d}y}{y-y_i}$，气相传质单元高度 $\quad H_G=\dfrac{G}{k_y a}$。

同理液相传质单元数 $\quad N_L=\displaystyle\int_{x_a}^{x_b}\dfrac{\mathrm{d}x}{x_i-x}$，液相传质单元高度 $\quad H_L=\dfrac{L}{k_x a}$。

及
$$h_0=\frac{L}{k_x a}\int_{x_a}^{x_b}\frac{\mathrm{d}x}{x_i-x}=H_L\cdot N_L \tag{5-66}$$

　　由总传质系数与分传质系数之间的关系，可以导出总传质单元高度与分传质单元高度间的关系。如对式（5-42）$\dfrac{1}{K_y}=\dfrac{1}{k_y}+\dfrac{m}{k_x}$ 各项乘以 $\dfrac{G}{a}$，有

$$\frac{G}{K_y a}=\frac{G}{k_y a}+\frac{mG}{L}\cdot\frac{L}{k_x a}$$

将式（5-61）、式（5-65）、式（5-66）代入，得

$$H_{OG}=H_G+S\cdot H_L \tag{5-67}$$

同理还可得
$$H_{OL}=\frac{H_G}{S}+H_L=AH_G+H_L \tag{5-68}$$

　　从以上可知，传质单元高度与传质系数之间可以相互转换，应用前者的优点是：高度的概念简单、直观，数值范围较窄（因 k_y、k_x 随 G 及 L 的增加而增大）；而传质系数则单位多，数值范围也大，不易建立起数量概念。故吸收动力学数据更宜于用传质单元高度表示。

5.7　吸收动力学数据

　　在应用传质速率方程时，需要知道有关的传质系数。与传热过程相比，传质过程不仅在从传质系数得到总传质系数时多了一层相平衡关系，更复杂的是两相界面形成于传质设备内的流动过程中，体积传质系数中的比表面积 a 不易确定，而且还受下述因素较大影响：液体在填料上散布的均匀性、气体通过填料层的速度分布，气、液有无与主流方向相反的混杂运动（返混）及其程度等，故传质系数的计算不如传热系数成熟。

　　传质系数一般是从试验数据整理成为经验式来表达。由于特征数方程难以包括上述的复杂因素，故准确性较差。而针对具体的物系、填料等情况，通过改变操作条件所得出的经验

式，其形式较简单，在试验范围内的准确性较高，现举以下代表性的例子。

（1）用水吸收氨 这是气膜控制的易溶物系。在 12.5 mm 陶瓷拉西环试验塔中得到

$$k_G a = 6.52 \times 10^{-3} G_G^{0.9} G_L^{0.39} \tag{5-69}$$

式中 $k_G a$——气体体积给质系数，$kmol \cdot s^{-1} \cdot m^{-3} \cdot kPa$；

$\quad\quad G_G$——气体的空塔质量流速，$kg \cdot s^{-1} \cdot m^{-2}$；

$\quad\quad G_L$——液体的空塔质量流速，$kg \cdot s^{-1} \cdot m^{-2}$。

空塔流速指对全塔截面（不计填料所占）的流速；前面提到的摩尔流率 G、L，也是一种空塔流速。

（2）用水吸收二氧化碳 这是液膜控制的难溶物系，有以下经验式

$$k_L a = 7.14 \times 10^{-3} U^{0.96} \tag{5-70}$$

式中 $k_L a$——液体体积给质系数，$kmol \cdot s^{-1} \cdot m^{-3} \cdot (kmol \cdot m^{-3})^{-1}$ 或 s^{-1}；

$\quad\quad U$——喷淋密度，即单位时间内喷淋在单位塔截面上的液体体积，$m^3 \cdot h^{-1} \cdot m^2$ 或 $m \cdot h^{-1}$。

其适用条件为：

① 填料为 10～32 mm 陶瓷拉西环；

② 喷淋密度 3～20 $m \cdot h^{-1}$；

③ 气体空塔质量流速 0.036～0.161 $kg \cdot s^{-1} \cdot m^{-2}$；

④ 温度 21～27 ℃，常压。

（3）用水吸收二氧化硫 这是溶解度适中、两相阻力都不能忽略的物系。

实验在 $\phi 200$ 塔内进行，填料为 25 mm 拉西环。所得数据整理成以下形式

$$\frac{1}{K_L a} = \frac{1}{k_L a} + \frac{H}{k_G a} = \frac{1}{b G_L^{0.82}} + \frac{H}{6.49 \times 10^{-4} G_G^{0.7} G_L^{0.25}} \tag{5-71}$$

式中 b——取决于温度的系数，见表 5-8；

$\quad\quad H$——溶解度系数，见表 5-8；

$K_L a$、$k_L a$——液相体积总传质系数、给质系数，$kmol \cdot s^{-1} \cdot m^{-3} \cdot kPa^{-1}$；

$\quad\quad k_G a$——气相体积总传质系数，$kmol \cdot s^{-1} \cdot m^{-3} \cdot kPa^{-1}$。

表 5-8 式 (5-71) 中的 b 和 H 之值

温度/℃	10	15	20	25	30	35
$10^3 b$	2.13	2.33	2.66	2.93	3.28	3.57
$10^2 H$	2.58	2.12	1.79	1.51	1.28	1.09

注：实验范围 $G_G = 0.9 \sim 1.1$，$G_L = 1.2 \sim 16.2 \ kg \cdot s^{-1} \cdot m^{-2}$。

当传质推动力以摩尔分数差表示，传质系数的换算关系如前述为：$k_y = k_G P$，$k_x = k_L C$ 及 $K_x = K_L C$。

吸收动力学数据除以传质系数的关联式表示外，还可以用传质单元高度的关联式来表示。前已提及传质单元高度范围较窄，加上关联式中考虑了传质物性，其适用范围较广。以下介绍较为常用的一组公式

$$H_G = \alpha G_G^m G_L^n Sc^{0.5} \tag{5-72}$$

$$H_L = \beta (G_L / \mu_L)^g Sc_L^{0.5} \tag{5-73}$$

式中，经验常数 α、m、n、β、g 列于表 5-9、表 5-10 中，Sc_G、Sc_L 分别为气相、液相的施

密特（Schmidt）数，表征物性对传质的影响，其定义为

$$Sc_G=\frac{\mu_G}{\rho_G D_G},Sc_L=\frac{\mu_L}{\rho_L D_L} \tag{5-74}$$

式中　μ_G、μ_L——气相、液相的黏度，Pa·s；

　　　　ρ_G、ρ_L——气相、液相的密度，kg·m^{-3}；

　　　　D_G、D_L——气相、液相中溶质的扩散系数，m^2·s^{-1}。

从式（5-72）、式（5-73）知不同溶质的传质单元高度与施米特数的 0.5 次方成正比，由此可从对某物系测得的这一高度去估计其他物系的传质单元高度。

表 5-9　式（5-72）中的常数值

填料规格		适用范围		常 数 值		
		G_G	G_L	α	m	n
拉西环	25 mm	0.27～0.81	0.68～6.1	0.557	0.32	−0.51
	38 mm	0.27～0.95	2.03～6.1	0.689	0.38	−0.4
	50 mm	0.27～1.09	0.68～6.1	0.894	0.41	−0.45
弧鞍	38 mm	0.27～1.36	0.54～6.1	0.652	0.32	−0.45

表 5-10　式（5-73）中的常数值

填料规格		G_L的范围	β	g
拉西环	25 mm	0.54～20.3	2.35×10^{-3}	0.22
	38 mm	0.54～20.3	2.61×10^{-3}	0.22
	50 mm	0.54～20.3	2.93×10^{-3}	0.22
弧鞍	38 mm	0.54～20.3	1.37×10^{-3}	0.28

例 5-7　在填料塔中用水吸收空气中的低浓度 NH$_3$（P/p_{Bm} 可取为 1），操作温度可认为是 20 ℃不变，总压 $P=100$ kPa，亨利系数 $E=76.6$ kPa。填料为 50 mm 瓷拉西环，气液的空塔质量流速分别为 $G_G=0.5$ kg·s^{-1}·m^{-2}，$G_L=2$ kg·s^{-1}·m^{-2}。求传质单元高度 H_G、H_L、H_{OG} 和总传质系数 K_Ga、K_ya。

解　（a）首先找出算式中需要的物理数据

● 液体性质（按 20 ℃的水）

$$\rho_L=1\,000 \text{ kg·m}^{-3}, \mu_L=1.01\times10^{-3} \text{ Pa·s}$$

扩散系数从表 5-6 查 NH$_3$ 在水中只有 285 K 下为 1.64×10^{-5} cm^2·s^{-1}，需换算到 293 K 下的。从式（5-34）可知 $D_L\propto T/\mu$；需查出 285 K 下水的黏度，为 1.24×10^{-3} Pa·s。于是

$$D_L=1.64\times10^{-5}\left(\frac{293}{285}\right)\left(\frac{1.24}{1.01}\right)=2.07\times10^{-5} \text{ cm}^2\cdot\text{s}^{-1}，即 2.07\times10^{-9} \text{ m}^2\cdot\text{s}^{-1}$$

而有　　　　　$Sc_L=\mu_L/\rho_L D_L=1.01\times10^{-3}/(10^3\times2.07\times10^{-9})=488$

● 气体性质（按 20 ℃的空气）

$$\rho_G=1.2 \text{ kg·m}^3, \mu_G=0.018\times10^{-3}=18\times10^{-6} \text{ Pa·s}$$

扩散系数从表 5-3 查得 NH$_3$ 在空气中 273 K 下为 0.198 cm^2·s^{-1}，据式（5-33）有

$$D_G=0.198(293/273)^{1.75}=0.224 \text{ cm}^2\cdot\text{s}^{-1}，即 2.24\times10^{-5}\text{m}^2\cdot\text{s}^{-1}$$

故　　　　　$Sc_G=\mu_G/\rho_G D_G=18\times10^{-6}/(1.2\times2.24\times10^{-5})=0.67$

（b）计算传质单元高度

现气、液流率都在式（5-72）、式（5-73）适用范围之内，有关气相传质单元高度 H_G，对 50 mm 拉西环，由表（5-9）查得 $a=0.894$，$m=0.41$，$n=-0.45$，

$$H_G = 0.894(0.5)^{0.41} \times 2^{-0.45} \times 0.67^{0.5}$$
$$= 0.984 \times 0.753 \times 0.732 \times 0.819 = 0.403 \text{ m}$$

同理可算出液相传质单元高度

$$H_L = (2.93 \times 10^{-3})(2.0/1.01 \times 10^{-3})^{0.22} \times 488^{0.5}$$
$$= (2.93 \times 10^{-3})(5.31) \times (22.1) = 0.344 \text{ m}$$

应用式（5-67） $H_{OG} = H_G + SH_L$，需求出脱吸因数 $S = mG/L$。现相平衡常数

$$m = E/P = 76.6/100 = 0.766$$

得

$$S = \frac{m(G_G/29)}{G_L/18} = \frac{0.766(0.5/29)}{2/18} = 0.119$$

于是

$$H_{OG} = 0.403 + 0.119 \times 0.344 = 0.444 \text{ m}$$

（c）计算总传质系数

气相总传质系数按式（5-61） $H_{OG} = G/K_y a$

$$K_y a = G_G/H_{OG} = (0.5/29)/0.444 = 0.038\ 8 \text{ kmol} \cdot \text{s}^{-1} \cdot \text{m}^{-3}$$

因 $K_y a = PK_G a$，而 $K_G a = K_y a/P = 0.038\ 8/100 = 3.88 \times 10^{-4} \text{ kmol} \cdot \text{s}^{-1} \cdot \text{m}^{-3} \cdot \text{kPa}^{-1}$

注意：式（5-67） $H_{OG} = H_G + SH_L$ 是从式（5-42） $\dfrac{1}{K_y} = \dfrac{1}{k_y} + \dfrac{m}{k_x}$ 导出的，故 H_G、SH_L 分别代表气相、液相的传质阻力。从 $H_G/H_{OG} = 0.403/0.444 = 0.908$ 来看，本例的气相阻力约占总阻力的 91%，液相阻力约占 9%，表明是气膜控制。

5.8　吸收塔的计算

对于低浓度气体吸收塔的分析和计算，以上详细论述了填料层高度的有关情况，这里继续讨论以下问题。

5.8.1　吸收剂的用量

减少吸收剂的用量，能耗也随之减小，并有利于溶质回收和溶剂再生；但限于溶解度（气、液平衡），用量少到一定程度就达不到规定的吸收要求，下面作定量的分析。

对给定的吸收任务（气相的流率 G，进出塔组成 y_b、y_a）及吸收剂入塔溶质含量 x_a，吸收剂的流率 L 与其出塔组成 x_b 间的关系，由物料衡算式（5-50）相联系

$$\frac{L}{G} = \frac{y_b - y_a}{x_b - x_a} \tag{5-50a}$$

由此可见当 L 减小时，x_b 随之增大的情况。当 x_b 增大到与进塔气相组成 y_b 成平衡的 x_b^*，则塔底的推动力 Δx_b（及 Δy_b）$=0$，对数平均推动力也为零，而吸收无法达到要求。相应的液流率称为最小液流率 L_{min}，相应的液气比称为最小液气比 $(L/G)_{min}$：

$$\left(\frac{L}{G}\right)_{min} = \frac{y_b - y_a}{x_b^* - x_a} \tag{5-75}$$

当相平衡关系服从亨利定律［式（5-4b）］有 $x_b^* = y_b/m$。则最小液气比可从已知的 y_a、y_b、x_a 及 m 如下计算

$$\left(\frac{L}{G}\right)_{min} = \frac{y_b - y_a}{y_b/m - x_a} \tag{5-75a}$$

应注意：液气比的这一限制来自规定的吸收要求，并不是说液气比再小塔就不能正常

操作。

实际应用的液气比显然应比上述最小值为大，但过大又不经济，要通过经济衡算确定，较简单的办法是在最小值的 1.1~2 倍内按经验选取。还应注意：当吸收剂用量过小，会使填料不能全部润湿，而使体积传质系数明显下降。

5.8.2 填料塔直径

填料塔的直径 D 取决于气相的体积流量 V_s，$m^3 \cdot s^{-1}$ 和空塔气速（即不计填料所占体积的假定气速）u，$m \cdot s^{-1}$

$$D = \sqrt{4V_s/\pi u} \tag{5-76}$$

式中，V_s 由吸收任务规定，u 选得大，则 D 可小；但有其上限——液泛现象。当 u 达到泛点 u_F 时，流体不能下流，积在填料层内，部分为气流吹出，同时气体的全塔压降急剧增大，操作无法正常进行。

设计计算时通常是先根据经验关联式求得 u_F，然后取其 70% 左右作为设计气速 u。有时，u 可能首先受到全塔压降的限制。

关于气速的经验关联，较常用的是埃克特（Eckert）的通用关联图，既可得出泛点 u_F，也可得知每米填料高的压降 Δp，如图 5-16 所示。

图中的纵坐标为 $\qquad Y = \dfrac{u^2 \varphi \psi \rho_G}{g \rho_L} \mu_L^{0.2}$ 或 $\dfrac{G_G^2 \varphi \psi}{g \rho_G \rho_L} \mu_L^{0.2}$

横坐标为 $\qquad X = \dfrac{G_L}{G_G}\left(\dfrac{\rho_G}{\rho_L}\right)^{0.5}$ 或 $\dfrac{W_L}{W_G}\left(\dfrac{\rho_G}{\rho_L}\right)^{0.5}$

式中　ρ_G、ρ_L——气体和液体的密度，$kg \cdot m^{-3}$；

$\qquad G_G$、G_L——气体和液体的质量流速，$kg \cdot s^{-1} \cdot m^{-2}$；

$\qquad W_G$、W_L——气体和液体的质量流量，$kg \cdot s^{-1}$；

$\qquad \mu_L$——液体的黏度，$mPa \cdot s$；

$\qquad \varphi$——填料因子，m^{-1}；列在表 5-1 最后一列；

$\qquad \psi$——水的密度与溶液密度之比。

图 5-16 的具体应用如例 5-8 所示。

例 5-8　温度 20 ℃，表压 13 kPa，流量为 3 000 $m^3 \cdot h^{-1}$ 的空气，拟用流量为 75 000 $kg \cdot h^{-1}$ 的常温清水洗涤，去除其中很少的 SO_2。若采用 25 mm 塑料鲍尔环，求填料塔的直径和每米填料层的压降。若改用 25 mm 陶瓷拉西环，重算这两个数据。

解　现未知塔径，故用质量流量之比代替质量流速之比。

$$\rho_G = \frac{29}{22.4} \times \frac{273}{293} \times \frac{101.3 + 13}{101.3} = 1.36 \ kg \cdot m^{-3}$$

$$W_G = 3\,000 \times 1.36 = 4\,080 \ kg \cdot h^{-1}$$

$$X = \frac{W_L}{W_G}\left(\frac{\rho_G}{\rho_L}\right)^{0.5} = \frac{75\,000}{4\,080}\left(\frac{1.36}{1\,000}\right) = 0.68$$

从图 5-16 的横坐标 0.68 引垂直线与乱堆填料泛点线相交，可读出纵坐标为 0.027，即

$$Y_F = \frac{u_F^2 \psi \varphi \rho_G}{g \rho_L} \mu^{0.2} = 0.027$$

常温下水的黏度取 $\mu = 1 \ mPa \cdot s$，水的 $\psi = 1$

（a）25 mm 塑料鲍尔环

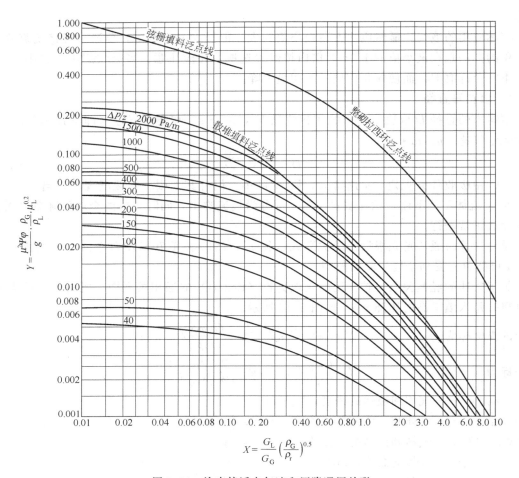

$$X = \frac{G_L}{G_G}\left(\frac{\rho_G}{\rho_r}\right)^{0.5}$$

图 5-16 埃克特泛点气速和压降通用关联

从表 5-1 查得其填料因子 $\varphi=170$，于是

$$u_F = \sqrt{\frac{0.027 g \rho_L}{\varphi \psi \rho_G \mu^{0.2}}} = \sqrt{\frac{0.027 \times 9.18 \times 1\,000}{170 \times 1 \times 1.36 \times 1^{0.2}}} = 1.07 \text{ m} \cdot \text{s}^{-1}$$

设计气速 u 取为 u_F 的 70%，即

$$u = 0.7 \times 1.07 = 0.75 \text{ m} \cdot \text{s}^{-1}$$

空气的体积流量

$$V_s = \frac{W_G}{3\,600\rho_v} = \frac{4\,080}{3\,600 \times 1.36} = 0.83 \text{ m}^3 \cdot \text{s}^{-1}$$

所需塔径

$$D = \sqrt{\frac{4V_s}{\pi u}} = \sqrt{\frac{4 \times 0.83}{\pi \times 0.75}} = 1.12 \text{ m}$$

为求压降 Δp，需找出设计气速 u 下的纵坐标 Y，现 Y 与 Y_F 的差别仅是气速不同，故

$$Y = Y_F(u/u_F)^2 = 0.027(0.7)^2 = 0.013\,2$$

在图 5-16 中，查 $Y=0.013\,2$，$X=0.68$ 的点得知 Δp 约为 270 Pa·m^{-1}。

（b）25 mm 陶瓷拉西环

在表 5-1 查得其填料因子 $\varphi'=450$。由于气液流量及密度与前相同，故横坐标 $X'=X=$

0.68 相同；从图 5-16 查得的纵坐标 $Y_F'=Y_F=0.027$ 以及取 $u'=0.7u_F'$ 亦相同。所不同的只是填料因子，而有

$$\frac{u'}{u}=\sqrt{\frac{\varphi}{\varphi'}}=\sqrt{\frac{170}{450}}=0.615$$

$$u'=0.615u=0.615\times0.75=0.46 \text{ m}\cdot\text{s}^{-1}$$

所需塔径与空塔气速的平方根成反比。

$$D=D\sqrt{u/u'}=1.12\sqrt{1/0.615}=1.43 \text{ m}\cdot\text{s}^{-1}$$

因查取 Δp 的纵坐标皆与鲍尔环相同，故拉西环的 Δp 亦约为 270 Pa·m^{-1}。

5.8.3 吸收塔的操作型问题

以上讨论的事实上都是给定吸收塔的任务，去求取吸收剂用量、塔径、塔高等项目，属设计型问题。对于现有的塔如何求得其操作条件与吸收效果之间的关系，就属于操作型问题。如已知 h_o、G、L、y_b、x_a 和 H_{OG}，为达到要求 y_a（或吸收率），应如何调节 L（或 T、p）等参数。

吸收塔操作型问题的分析和计算，仍是根据相平衡关系、物料衡算关系及传质速率方程（或传质单元法）；在 5.3.3 中已提到吸收因数法有利于解决操作型问题，应用吸收因数法的图 5-15，往往能使分析过程简便。现借助于以下的例子，来说明这类问题的解法。

例 5-9 填料吸收塔的入塔气体组成因故增大，当其他操作条件不变时，出塔气、液组成 y_a、x_b 和吸收率 η 将如何变化？若要保持 y_a 不变，可采取哪些措施？设入塔溶剂不含溶质。

解 （a）分析操作条件不变时的变化趋势

可从传质单元法求塔高的式（5-62）：$h_o=H_{OG}N_{OG}$ 入手，其中 H_{OG} 据式（5-67）

$$H_{OG}=H_G+SH_L=G/K_ya+(mG/L)(L/K_xa)$$

现除 y_b 外其他操作参数（指 G、L、x_a、p、t）不变，故 H_G、H_L 和 S 都不变，H_{OG} 也不变。从式（5-62）可知 N_{OG} 没有改变。由图 5-15 [即式（5-59）]得知 y_b/y_a 也不变（现 $x_a=0$）。由此可判定：随 y_b 的增大 y_a 将成比例地增大；又因 $\eta=1-y_b/y_a$，故可判定 η 亦将不变。关于 x_b 可从物料衡算式（5-50） $G(y_b-y_a)=L(x_b-x_a)$ 得出

$$x_b=(G/L)(y_b-y_a)+x_a$$

已知 $x_a=0$，通常 $y_a\ll y_b$，故有 $x_b\approx(G/L)y_b$，即 x_b 近似与 y_b 成比例增大。

（b）为保持 y_a 不变，可采取的措施

要 y_a 不变，则 y_b/y_a 必需随 y_b 的增大而加大；现 N_{OG} 不变，查图 5-15 知为使 y_b/y_a 加大，需减小脱吸因数 S（即增大吸收因数 $A=1/S$）；而 $S=mG/L$，现 G 不变，只有增大 L，即增大液气比 L/G；通常，塔有一定余量，液量 L 可以适度增加，但有其限度，以不致液泛为前提。另外，减小 m，即增大物系的溶解度，也可以减小 S 即增大 A；为此可降低操作温度 t 或增大操作总压 p，但其能耗大，只有在原操作温度、压力较高、或有余冷可利用等特殊条件下才能实现。

例 5-10 某吸收塔在 101.3 kPa、293 K 下用清水吸收空气中的少量丙酮蒸气。当液气比为 2.1 时，丙酮回收率达 95%。已知相平衡关系可用 $y=1.18x$ 表示，总传质系数 K_ya 近似与气体流率 G 的 0.8 次方成正比。现 G 增加 20%，其他操作条件不变，试求（a）丙酮回收率，（b）被吸收的丙酮量，（c）全塔平均推动力，各有何变化。

解 （a）原工况

现回收率即为吸收率，$\eta=1-y_b/y_a$，反求 y_a

$$y_a = (1-\eta)y_b = (1-0.95)y_b = 0.05y_b$$

液体进口摩尔分数 $x_a = 0$，出口 x_b 可由物料衡算

$$x_b = (G/L)(y_b - y_a) + x_a = (1/2.1)(0.95y_b) = 0.452y_b$$

吸收塔平均推动力

$$\Delta y_m = \frac{(y_b - mx_b) - (y_a - 0)}{\ln[(y_b - mx_b)/y_a]} = \frac{(1-0.534-0.05)y_b}{\ln[(1-0.534)/0.05]} = 0.187y_b$$

其中 $\qquad\qquad mx_b = 1.18 \times 0.452y_b = 0.534y_b$

传质单元数 $\qquad N_{OG} = (y_b - y_a)/\Delta y_m = 0.95y_b/0.187y_b = 5.1$

（b）新工况，在符号上加一撇来表示。

据式（5-61），$H_{OG} = G/K_y a$，现已知 $K_y a \propto G^{0.8}$，可知 $H_{OG} \propto G/G^{0.8}$ 即 $H_{OG} \propto G^{0.2}$。对新工况 $G = 1.2G'$，有 $H_{OG}' = (1.2)^{0.2}H_{OG} = 1.04H_{OG}$

传质单元数在填料层高 h_o 不变时与 H_{OG} 成反比

$$N_{OG}' = (H_{OG}/H_{OG}')N_{OG} = 5.1/1.04 = 4.9$$

脱吸因数 $\qquad S' = mG'/L = m(1.2G/L) = 1.18 \times 1.2/2.1 = 0.674$

要从 N_{OG}' 及 S' 查图 5-15 去得横坐标很难求准（因 N_{OG}' 较少，线都集在一起了），只好用得出此图的式（5-59）作计算

$$N_{OG}' = \frac{1}{1-S'}\ln\left[(1-S')\frac{y_b - mx_a}{y_a' - mx_a} + S'\right]$$

$$4.9 = \frac{1}{1-0.674}\ln\left[(1-0.674)\frac{y_b - 0}{y_a' - 0} + 0.674\right]$$

$$\ln[0.326y_b/y_a' + 0.674] = 4.9 \times 0.326 = 1.60$$

$$0.326y_b/y_a' + 0.674 = e^{1.60} = 4.95$$

$$y_b/y_a' = 4.28/0.326 = 13.1$$

$$y_a' = 0.076\ 2y_b$$

（c）两种工况的比较

● 回收率 $\eta' = 1 - y_a'/y_b = 1 - 1/13.1 = 0.924$

即由原来的 95％ 降到新工况的 0.924％。

● 被吸收的丙酮量

$$M' = G'(y_b - y_a') = 1.2G(0.924)y_b = 1.109Gy_b$$

而原来吸收的丙酮量为 $M = 0.95Gy_b$

$$M'/M = 1.109/0.95 = 1.167$$

即新工况增加 16.7％。

● 求平均推动力需要从物料衡算得 x_b'

$$x_b' = (G'/L)(y_b - y_a') + x_a$$
$$= (1.2/2.1)(0.924y_b) = 0.528y_b$$

塔底推动力 $\qquad \Delta y_b' = y_b - mx_b' = y_b - 1.18 \times 0.528y_b = 0.377y_b$

塔顶推动力 $\qquad \Delta y_a' = y_a' - mx_a = 0.076\ 2y_b$

平均推动力 $\qquad \Delta y_m' = \dfrac{(0.377 - 0.076)y_b}{\ln(0.377/0.076)} = 0.188y_b$

比较 $\qquad\qquad \Delta y_m'/\Delta y_m = 0.188/0.187 = 1.01$

根据以上数据，本例的回收率有所下降，但回收量则有所增加；其原因主要是总传质系

数的增加，而传质推动力的变化很小。

5.9 化 学 吸 收

在5.1.1中已提及，与物理吸收相比，化学吸收能提高吸收剂的溶解能力和选择性；此外，还可以加快传质速率，故在生产中广为使用。尤其是气体的浓度甚低，使得传质推动力和吸收剂容量都甚小，而吸收率又定得较高的情况（常见于废气治理），更迫切的要求用反应来促进传质。

为达上述目的的化学吸收，通常是指在液相中存在一种能与溶质 A 较快反应的活性物质 B，当溶质由气相转入到溶剂时即发生反应而消耗了 A。设液相中发生的是如下的可逆反应

$$A+B \Longrightarrow P$$

其化学平衡常数为

$$K_e = c_P/c_A c_B \tag{5-68}$$

式中，c_P、c_A、c_B 分别为物质 P、A、C 的摩尔浓度，$kmol \cdot m^{-3}$。

即达到化学平衡时有

$$c_A/c_P = 1/c_B K_e \tag{5-68a}$$

可见常数 K_e 越大，A 转化为 P 的比例也愈大，c_A 将愈小，与之平衡的溶质分压 p_A^* 也愈低。

若反应不可逆，则 $K_e \to \infty$，$p_A^* \to 0$；说明此时只要溶剂中存在剩余的 B，吸收就会继续进行。故溶剂在化学吸收时的溶解能力除了物理溶解的容量，还要加上与 B 反应的当量容量。

以上指的是达到平衡时的极限情况。实际的吸收情况还取决于吸收速率。液相反应能提高吸收速率有两方面的原因：

① 液相主体中物质 A 为反应消耗，导致 c_A 不断下降如上述，就增加了传质推动力 $c_A^* - c_A$ 或 $c_i - c_A$（摩尔分数表示的推动力为 $x^* - x$、$x_i - x$、$y - y^*$ 等）；当反应不可逆，又较快，c_A 实际上可作为零。

② 在液膜内，由于 B 从主体渗入（与 A 的扩散方向相反），A 不必扩散出液膜就与 B 反应而消耗，使 A 的扩散距离缩短，导致液相传质阻力减小。减小的程度与反应速率、B 的浓度 c_B 和 B 在液相中的扩散系数 D_{LB} 等因素有关。通常以下式表示这一程度

$$E = k_L'/k_L \tag{5-77}$$

式中　k_L'、k_L——有、无反应时的液相给质系数；

　　　　E——增强因数，其值大于1。

结合上述两影响因素，将 $c_A = 0$ 和 $k_L' = Ek_L$ 代入液相传质式（5-38）　$N_A = k_L(c_i - c_A)$，并将化学吸收时的传质速率改写成 N_A'，可得

$$N_A' = k_L'(c_i - 0) = Ek_L c_i \tag{5-70}$$

增强因数之值可以稍大于1到远大于1，它取决于反应动力学（反应类型、反应速率常数等），反应物浓度和物性参数，是化学吸收研究中需解决的主要课题，但其内容已超出本书范围（这方面的文献很多，可在需用时查阅）。

上述液相进行反应的化学吸收，对于气相主体到气液界面的传质，机理上并无改变，气相给质系数所受影响与物理吸收时相同。

现从总传质阻力角度分析化学吸收对不同物系的相对重要性。当物系为液膜控制时，总阻力的减小与液膜阻力因反应而减小在程度上几乎相同；而且这种物系又是难溶（吸收容量小）、总阻力大的物系，故采用化学吸收法优点明显。相反，若物系为气膜控制，即使液膜

阻力大为减小，对总阻力的影响也不大；而且这类物系易于吸收，吸收容量大，采用化学吸收法的益处就不大了。

本章符号说明

符号	意义	计量单位
A	吸收因数	
a	比表面积（单位体积内的传质面积）	$m^2 \cdot m^{-3}$
c	溶液的总浓度	$kmol \cdot m^{-3}$
D	扩散系数	$m^2 \cdot s^{-1}$
E	亨利系数	kPa
$\boldsymbol{E}$	（反应）增强因数	
G	气相通过单位塔截面的摩尔流率	$kmol \cdot s^{-1} \cdot m^{-2}$
G_G	气相通过单位塔截面的质量流率	$kg \cdot s^{-1} \cdot m^{-2}$
G_L	液相通过单位塔截面的质量流率	$kg \cdot s^{-1} \cdot m^{-2}$
H	溶解度系数	$kmol \cdot m^{-3} \cdot kPa^{-1}$
H_G	气相传质单元高度	m
H_L	液相传质单元高度	m
H_{OG}	气相总传质单元高度	m
H_{OL}	液相总传质单元高度	m
h_o	填料层高度	m
K_x	液相总传质系数	$kmol \cdot s^{-1} \cdot m^{-2}$
K_y	气相总传质系数	$kmol \cdot s^{-1} \cdot m^{-2}$
$K_x a$	液相体积总传质系数	$kmol \cdot s^{-1} \cdot m^{-3}$
$K_y a$	气相体积总传质系数	$kmol \cdot s^{-1} \cdot m^{-3}$
k_G	以气相分压差为推动力的传质系数	$kmol \cdot s^{-1} \cdot m^{-3} \cdot kPa^{-1}$
k_L	以液相浓度差为推动力的传质系数	$m \cdot s^{-1}$
k_x	液相传质系数	$kmol \cdot s^{-1} \cdot m^{-2}$
k_y	气相传质系数	$kmol \cdot s^{-1} \cdot m^{-3}$
L	液相通过单位塔截面的摩尔流率	$kmol \cdot s^{-1} \cdot m^{-2}$
m	相平衡常数	
N_A	传质速率	$kmol \cdot s^{-1} \cdot m^{-2}$
N_G	气相传质单元数	
N_L	液相传质单元数	
N_{OG}	气相总传质单元数	
N_{OL}	液相总传质单元数	
p	总压	
p_j	组分 j 的分压	
S	脱吸因数（$S=1/A$）	
T、t	温度	K 或 $℃$
x	液相中溶质的摩尔分数	
y	气相中溶质的摩尔分数	
δ	膜厚	m
φ	填料因子	

下标	
A	溶质
a	塔顶
b	塔底
i	界面
L	液相

 习题

5-1 总压 101.3 kPa，含 NH_3 5％（体积分数）的混合气体，在 30 ℃下与浓度为 1.71 kmol·m⁻³ 的氨水接触，试判定此传质过程进行的方向，并在 p-c 图上示出求取传质推动力的方法。

5-2 含 CO_2 3％（体积分数）的 CO_2-空气混合气，在填料塔中用水进行逆流吸收，操作压力为 200 kPa、温度为 25 ℃，试求出塔的 100 g 水中最多可溶解多少克 CO_2？其浓度又为多少？

5-3 总压 101.3 kPa，含 CO_2 6％（体积分数）的空气，在 20 ℃下与浓度为 3 mol·m⁻³ 的水溶液接触，试判别其传质方向，若要改变传质方向，可采取哪些措施？

5-4 求温度为 10 ℃及 30 ℃时与 100 kPa 空气接触的水中，氧（标准状态）的最大浓度（以 L·m⁻³、mg·L⁻¹、摩尔分数表示）及溶解度系数［以 kmol·m⁻³·kPa⁻¹ 表示］。氧在空气中的体积分数为 21％。

5-5 二氧化硫与水在 30 ℃下的平衡关系为：

$\overline{w}$/kg(SO_2)·[100 kg(H_2O)]⁻¹	0.1	0.2	0.3	0.5	0.7	1	1.5
p/kPa	0.626	1.57	2.63	4.80	6.93	10.5	16.7

试换算成总压 100 kPa 下的 x-y 关系，并在 x-y 图中作出平衡曲线。

5-6 估算 101.3 kPa 及 293 K 下 HCl 气体在（a）空气，（b）很稀的盐酸中的扩散系数。

5-7 浅盘内盛水 5 mm，在 101.3 kPa 及 25 ℃的空气中汽化。设传质阻力相当于 3 mm 厚的静止气层，气层外的水汽分压可以忽略，求水汽化完所需的时间。扩散系数可查表 5-3。

5-8 在填料塔中用清水吸收气体中所含的丙酮蒸气，操作温度 20 ℃、总压 100 kPa。若已知传质系数 $k_G = 3.5 \times 10^{-6}$ kmol·(m²·s·kPa)⁻¹，$k_L = 1.5 \times 10^{-4}$ m·s⁻¹，平衡关系服从亨利定律，亨利系数 $E = 3.2$ MPa，求传质系数 K_G、k_x、K_x、K_y 和气相阻力在总阻力中所占的比例。

5-9 拟设计一常压填料吸收塔，用清水处理 3 000 m³·h⁻¹、含 NH_3 5％（体积分数）的空气，要求 NH_3 的回收率为 99％，取塔底空塔气速为 1.1 m·s⁻¹，实际用水量为最小水量的 1.5 倍。已知塔内操作温度为 25 ℃，平衡关系为 $y = 1.3x$，气相体积总传质系数 $K_y a$ 为 270 kmol·(m³·h)⁻¹，试求：（a）用水量和出塔溶液浓度；（b）填料层高度；（c）若入塔水中已含氨 0.1％（摩尔分数），所需填料层高度可随意增加，能否达到 99％的回收率？（说明理由）。

5-10 试求例 5-6 中的填料塔，其每平方米塔截面共可回收多少丙酮（以 kg/h 计）？若将原设计的填料层高减少 1/3，回收量会减少多少？

5-11 若例 5-6 填料塔出塔水中的丙酮为 80％饱和，其余数据不变，求所需的水量及填料层高度。

5-12 在填料塔内用稀硫酸吸收空气中的氨。当溶液中存在游离酸时，氨的平衡分压为零。下列三种情况下的操作条件基本相同，试求所需填料高度的比例：

（a）混合气含氨 1％（体积分数，下同），要求吸收率为 90％；

（b）混合气含氨 1％，要求吸收率为 99％；

（c）混合气含氨 5％，要求吸收率为 99％；

对上述低浓度气体，吸收率可按 $\eta = (y_b - y_a)/y_b$ 计算。

第6章 蒸 馏

在工业生产和环境保护中，为了加工和回收的需要，常常需对液体混合物进行分离，如从发酵醪液中提炼饮料酒，石油炼制品切割出汽油、煤油、柴油、润滑油等系列油品，合成材料工业中从反应后的混合物中分离出高纯度的单体（如苯乙烯、氯乙烯等），有机废气治理的后处理中从吸收液中回收溶剂等。工业上分离均相液体混合物最常用的过程是蒸馏。

对混合物的分离，总是利用其中各组分某种性质的差异，如前一章的吸收是利用混合气中各组分在溶剂中溶解度的不同，而用蒸馏来分离混合液的原理是利用各液体组分挥发性能的不同，虽然各液体组分都能挥发，但有难有易，于是在部分汽化时，汽相中所含的易挥发组分将比液相中的为多，使原来的混合液达到某种程度的分离；同理，当混合蒸气部分冷凝时，冷凝液中所含的难挥发组分将比汽相中为多，也能进行一定程度的分离。当然，这种分离是不完全的，通常达不到所要求的纯度，但可以利用上述原理反复进行，使其逐步达到所要求的纯度。这种利用液体混合物中各组分挥发性的差异，以热能为媒介使其部分汽化（或混合蒸气的部分冷凝）从而在汽相富集易挥发组分、液相富集难挥发组分，使混合物得以分离的方法称为蒸馏。

在工业中，蒸馏的应用相当广泛，蒸馏过程可以按不同的方法分类。按照操作方式可分为间歇蒸馏和连续蒸馏，生产中多以后者为主。根据蒸馏时混合液中的组分数，可分为二元蒸馏和多元蒸馏；工业中遇到的几乎都是多元，但二元是多元的基础，而且有些多元问题可以作为二元来处理。按操作压力还可分为常压、加压和减压蒸馏。加压蒸馏适用于常压下沸点很低或为气体的物系，而减压蒸馏适用于常压下沸点较高，使用高温加热不经济或被分离的有热敏性物质不能承受高温的情况；一般情况下，常压蒸馏最普遍。因此，本章着重讨论常压下的二元连续蒸馏，其原理和计算方法可引申用于多元的蒸馏。

6.1 二元物系的汽液相平衡

显然，在部分汽化或部分冷凝时，汽液两相的组成差别愈大，将愈有利于蒸馏分离，而这种差别取决于汽液两相的平衡关系。相平衡关系既是组分在两相中分配的依据，也是汽液两相间传质推动力的基础。因此，在分析蒸馏原理之前，首先要了解汽液相平衡关系。

6.1.1 理想溶液的汽液相平衡

6.1.1.1 拉乌尔定律

设在纯液体 A 中逐渐加入较难挥发的液体 B，形成 A＋B 的溶液，如 A 的平衡分压（蒸气压）p_A、B 的平衡分压（蒸气压）p_B 可分别用下式表达

$$p_A = p_A^0 x_A \tag{6-1}$$

$$p_B = p_B^0 x_B \tag{6-2}$$

式中 p_A^0、p_B^0——分别为纯液体 A、纯液体 B 的蒸气压；

x_A、x_B——分别为溶液中组分 A、B 的摩尔分数。

称这一溶液服从拉乌尔定律（Raoult's law）。若溶液中的各个组分在全部浓度范围内都

服从拉乌尔定律，称之为**理想溶液**。从微观角度看，可解释为：理想溶液中任何两个组分 A、B 分子间的作用力 α_{AB}，与纯 A 分子间的作用 α_{AA} 及纯 B 分子间的 α_{BB} 相等，使得另一组分的加入对原组分的蒸气压，除了稀释作用外没有其他的影响。对于物性和结构相似、分子大小相近的物系，如苯-甲苯、甲醇-乙醇等有机同系物所形成的溶液，可作为理想溶液；而对于蒸气压-组成关系与拉乌尔定律偏差较明显的，就是**非理想溶液**。

若汽液平衡时的总压 p 不是很高（一般不大于 1 MPa），气相可视为理想气体，即道尔顿分压定律适用，对于 A、B 的二元物系：

$$p = p_A + p_B$$

将式 (6-1)、式 (6-2) 代入，得

$$p = p_A^0 x_A + p_B^0 x_B \tag{6-3}$$

由于二元溶液中，$x_B = 1 - x_A$，可以省略下标，用 x 表示易挥发组分 A 的摩尔分数，而将液相组成用单一变量 x 表示。于是式 (6-3) 可改写为

$$p = p_A^0 x + p_B^0 (1-x) \tag{6-3a}$$

在一定总压 p 下，对于某一指定的平衡温度 t，可从蒸气压数据得到 p_A^0、p_B^0，再通过式 (6-3a) 算出液相组成 x

$$x = (p - p_B^0)/(p_A^0 - p_B^0) \tag{6-4}$$

因 p_A^0、p_B^0 取决于溶液开始沸腾时的温度（泡点），故上式表达的是一定总压下液相组成与溶液泡点的关系，因而也称之为泡点方程。

上述气相组成可以用分压表达如下

$$y_A = p_A/p \qquad y_B = p_B/p$$

将式 (6-1) 代入前一式；而且对二元物系，亦可省略下标用单一变量 y 表示气相组成（A 的摩尔分数），得到

$$y = p_A^0 x / p \tag{6-5}$$

结合式 (6-4) 可得一定总压下气相组成与开始冷凝时的温度（露点）的关系式，故上式也称为露点方程（参看例 6-1），即

$$y_A = \frac{p_A^0}{p} \frac{p - p_B^0}{p_A^0 - p_B^0} \tag{6-5a}$$

6.1.1.2　汽液相平衡图

二元物系处于汽、液两相平衡共存的状态时，描述该状态的变量是温度、总压和汽液两相的组成，根据相律可知其自由度 $F = C - \Phi + 2 = 2 - 2 + 2 = 2$；即只需任意规定其中两个变量，所处的状态便被惟一确定。通常以一定总压下的温度-组成（t-x 或 t-y）、汽-液组成（y-x）或一定温度下的平衡分压-组成（p-x）的函数关系表达，由此可作出 p-x、t-$x(y)$ 和 x-y 相平衡图（简称相图），如图 6-1、图 6-2 所示。汽液相平衡用相图来表达比较直观、清晰，应用于二元蒸馏中较为方便。下面通过例子来说明。

例 6-1　苯（A）和甲苯（B）的蒸气压数据见表 6-1，求出苯-甲苯二元物系在总压 101.3 kPa 下的相平衡数据，并作出温度-组成图。

表 6-1　苯、甲苯在温度 t 下的蒸气压* (p_A^0 、 p_B^0)

$t/℃$	80.1	84	88	92	96	100	104	108	110.6
p_A^0/kPa	101.3	114.4	128.4	144.1	161.3	180.0	200.3	222.4	237.7
p_B^0/kPa	39.0	44.5	50.8	57.8	65.6	74.2	83.6	94.0	101.3

*苯（A）和甲苯（B）的蒸气压 p_A^0 、 p_B^0 (kPa) 按下述安托万（Antoine）方程计算

$$\lg p_A^0 = 6.022\,32 - \frac{1\,206.350}{t+220.237}$$

$$\lg p_B^0 = 6.078\,26 - \frac{1\,343.943}{t+219.377}$$

解　从已知的数据可从式（6-4）求 x ，再应用式（6-5）求 y ，得到各组 t-$x(y)$ 数据。例如对 $t=84\ ℃$ ，有

$$x = \frac{p - p_B^0}{p_A^0 - p_B^0} = \frac{101.3 - 44.5}{114.4 - 44.5} = 0.816$$

$$y = \frac{p_A^0 x}{p} = \frac{114.4 \times 0.816}{101.3} = 0.919$$

对表 6-1 列出的各组数据都如上求出汽、液两相的平衡组成，可得到表 6-2 中列出的 t-$x(y)$ 相平衡关系。

表 6-2　苯-甲苯物系在总压 101.3 kPa 下的 t-$x(y)$ 关系

$t/℃$	80.1	84	88	92	96	100	104	108	110.6
x	1	0.816	0.651	0.504	0.373	0.257	0.152	0.057	0
y	1	0.919	0.825	0.717	0.594	0.456	0.300	0.125	0

根据表 6-2 所列的温度-组成数据，可在纵坐标上表示温度 t ，横坐标上表示组成 x 及 y 的图上，标绘出如图 6-1 所示的 t-x 及 t-y 两条曲线，这就是温度-组成相图。

现以图 6-1 为例，对一定总压下的 t-$x(y)$ 相图作一简单的解释。

图中的端点 A 、 B 分别代表纯组分 A 、 B 的沸点；上曲线（ BDA ）为 t-y 线，表示混合物的平衡温度 t 和气相组成 y 之间的关系，称为饱和蒸气线（露点线）；下曲线（ BCA ）为 t-x 线，表示混合物的平衡温度 t 和液相组成 x 之间的关系，称为饱和液体线（泡点线）。这两条曲线将 t-x（或 t-y）图分为三个区域，露点线以上的区域代表过热蒸汽；泡点线以下的区域代表过冷液体（温度未达到沸点）；两条曲线包围的区域为汽液共存区，平衡关系用曲线间的水平线段表示汽、液温度相等。如

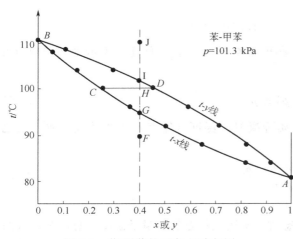

图 6-1　苯-甲苯的温度-组成相图

（总压 $p=101.3$ kPa）

图中线 CD 代表 $t=100\ ℃$ 下平衡的汽、液两相组成分别为 $x=0.257$ （点 C ）和 $y=0.456$ （点 D ）。若使组成 $x_0=0.4$ 的液体逐渐升温，当处于点 F （其温度 $t_F=90\ ℃$ ）时，尚为单一的液体；加热到泡点线上的点 G （ $t_G=95\ ℃$ ），刚开始沸腾，产生气泡（与泡点对应）；到达 $100\ ℃$ 时的点 H 后，原来 $x_0=0.4$ 的液体分为相互平衡的液（点 C ）、气（点 D ）两相；继续升温到露点线上的点 I （ $t_1=101.5\ ℃$ ）时，成为饱和蒸气，其组成为 0.4；再升温就是过热

蒸气了，如图中点 J（$t_J=110\ ℃$）。若进行上述的逆过程，$y_0=0.4$ 的过热蒸气冷却到点 I 时，开始有液滴出现（与露点对应）；冷到点 H 时，将分为平衡共存的汽液两相，如上所述；到点 G 成为饱和液体；温度再降低，就是过冷液体了。

很明显，只有在汽液共存区内，例如上述 $x_0=0.4$ 的液体加热到 $100\ ℃$，使得 $x=0.254$ 的液相与 $y=0.456$ 的气相共存，才可能达成一定程度的分离。

由温度-组成图还可得知，就一定总压下的饱和温度来说，二元理想溶液与纯液体不同的是：

① 沸点（泡点）不是一个定值，而有一个范围，随着溶液中易挥发组分含量的增加，沸点将逐渐降低；

② 同样的组成下，液体开始沸腾的温度（泡点）与蒸气开始冷凝的温度（露点）并不相等。在组成相同下，露点总是高于泡点。

在蒸馏计算中广泛应用的是汽液平衡组成的相图，简称 $x\text{-}y$ 相图。由例 6-1 中表 6-2 的数据或通过 $t\text{-}x$（或 $t\text{-}y$）图，可作出如图 6-2 所示的 $x\text{-}y$ 平衡曲线。图中以 x 为横坐标，y 为纵坐标，曲线表示液相组成和与之平衡的气相组成的关系，图中还作出了对角线 $y=x$ 作为参考线。由于气相中易挥发组分的含量比液相中为多，即 $y>x$，故曲线向上突出；只有 $x=0$（纯 B）及 $x=1$（纯 A），才有 $y=x$，即平衡曲线在这两个端点与对角线相交。显然，平衡线偏离对角线愈远，表示溶液愈有利于通过蒸馏过程进行分离。

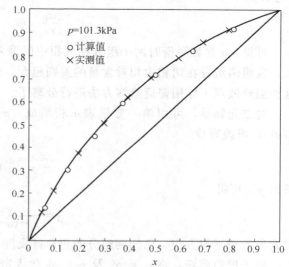

图 6-2　苯-甲苯的 $x\text{-}y$ 相图

上述 $x\text{-}y$ 相图虽然是在恒定总压下作出的，但实验表明，总压在变化不大时对 $x\text{-}y$ 平衡曲线的影响不明显，如总压变化 30％时，$x\text{-}y$ 关系的变化一般不超过 2％。这是 $x\text{-}y$ 相图比 $t\text{-}x$（或 $t\text{-}y$）相图在应用上较方便的地方，因为饱和温度随总压的变化比平衡关系要大得多。但若总压变化较大时（如一倍以上），就需要考虑它对平衡关系的影响。

6.1.1.3　挥发度和相对挥发度

蒸馏分离的依据既然是混合液中各组分的挥发有难易之别，有必要对挥发的难易作出定量的描述，为此而定义挥发度。对混合液中的某一组分 i 来说，其挥发度 v_i 定义为平衡分压 p_i 与摩尔分数 x_i 之比。对组分 A、B 所组成的二元溶液有

$$v_A=p_A/x_A,\quad v_B=p_B/x_B \tag{6-6}$$

对于纯液体，其挥发度就等于该温度下液体的饱和蒸气压。若为理想溶液，应用拉乌尔定律 ［式 (6-1)、式 (6-2)］ 可得

$$v_A=p_A^0,\quad v_B=p_B^0$$

即其中组分挥发度的定义与纯组分的蒸气压相同。对于非理想溶液，则拉乌尔定律不适用，其中组分的挥发度就与纯液体的蒸气压不相等（或准确地说，不能在全部范围内相等），而

必须用式（6-6）表达。

在蒸馏分离中起决定性作用的是两组分挥发难易的对比，故引出相对挥发度的概念。对二元溶液，习惯上将溶液中易挥发组分的挥发度 v_A 对难组分的挥发度 v_B 之比，称为相对挥发度，以符号 α 代表，即

$$\alpha = v_A/v_B \tag{6-7}$$

因组分 A 较组分 B 易挥发，则 $\alpha > 1$。上式表示代入挥发度的定义式（6-6）

$$\alpha = \frac{p_A/x_A}{p_B/x_B} = \frac{p_A x_B}{p_B x_A} \tag{6-7a}$$

若操作压力不很高，气相遵循道尔顿分压定律，则气相中分压之比 p_A/p_B 等于摩尔分数之比 y_A/y_B，故

$$\alpha = \frac{y_A x_B}{y_B x_A} \quad \text{或} \quad \frac{y_A}{y_B} = \alpha \frac{x_A}{x_B} \tag{6-7b}$$

可见，α 是相平衡时两个组分在气相中的摩尔分数比与液相中摩尔分数比的比值。α 愈大，表明两组分在两相中相对含量的差别越大，故愈有利于蒸馏分离；而当 $\alpha = 1$，$y_A = x_A$，这种混合液就不能用普通蒸馏方法进行分离了。

对二元物系，可用单一变量表示相组成：$x_A = x$，$x_B = 1 - x$，$y_A = y$，$y_B = 1 - y$，式（7-6b）可改写成

$$\frac{y}{1-y} = \alpha \frac{x}{1-x} \tag{6-7c}$$

解出 y，可得

$$y = \frac{\alpha x}{1 + (\alpha - 1)x} \tag{6-8}$$

此式称为相平衡方程。已知两组分的相对挥发度，即可由上式确定平衡时的汽液组成。

对于理想溶液，将 $v_A = p_A^0$ 及 $v_B = p_B^0$ 代入定义式（6-7），有

$$\alpha = p_A^0/p_B^0 \tag{6-9}$$

由于 p_A^0 及 p_B^0 随 t 的变化趋势相近，故 α 随 t（或 x）的变化不明显，计算表明，在 $x = 0 \sim 1$ 的全部范围内变化并不大，通常可用一平均值来表示。这样，应用式（6-8）就可以方便地算出 x-y 平衡关系。

对于非理想溶液，α 随 x 的变化大，如果不能用较简单的函数表示其间的关系，则式（6-8）就不再带来什么方便了。关于非理想溶液的相平衡问题，将在下一小节讨论。这里只提一下：当有必要求取 α，例如需考察 α 随 x 的变化时，可以反过来从实验的 x-y 数据，应用式（6-7b）计算 α。

例 6-2 算出例 6-1 表 6-1 中各温度下的相对挥发度。然后应用式（6-8）计算表 6-2 中各 x 值下的 y 值，并与表 6-2 中已算出的 y 值作比较。式（6-8）中的 α：（a）取算术平均；（b）取为 x 的直线函数。

解 按适用于理想溶液的式（6-9），从表 6-1 的蒸气压数据，可算得各温度下的 α 值见表 6-3。

表 6-3 苯-甲苯物系在温度 t 下的 α 值（附 x 值）

$t/℃$	80.1	84	88	92	96	100	104	108	110.6
α	2.60	2.56	2.53	2.49	2.46	2.43	2.40	2.37	2.35
x	1	0.816	0.651	0.504	0.373	0.257	0.152	0.057	0

可见随着温度的增高，或 x 的减小，α 略有减小，但变化不大。

在应用式（6-8）从 x 计算 y 而取 α 的平均值时，可对表 6-3 中两端的数据取几何平均值

$$\alpha \approx \sqrt{2.6 \times 2.35} = 2.47$$

将此平均值代入式（6-8），按表 6-2 中的各 x 值算出气相组成 $y_{(1)}$，列入表 6-4 中。由表中与原先已算出的 y 值对比，可知对于较大的 α，即较低的 t，$y_{(1)}$ 稍偏小（由于 α 偏小）；而对较小的 x，$y_{(1)}$ 稍偏大，但误差都不大。

若以 x 的直线函数来表示 α，从表 6-3 中的 α-x 对应的关系可得

$$\alpha = 2.36 + 0.25x \tag{1}$$

代入式（6-8），得

$$y_2 = \frac{(2.36 + 0.25x)x}{1 + (1.36 + 0.25x)x} \tag{2}$$

再按表 6-2 中各 x 值算出气相组成 $y_{(2)}$，亦列入表 6-4 中。与原 y 值相比，符合得极好。

表 6-4　与表 6-2 比较值

x	0.816	0.651	0.504	0.373	0.257	0.152	0.057
y	0.919	0.825	0.719	0.594	0.456	0.300	0.125
$y_{(1)}$	0.916	0.821	0.714	0.594	0.459	0.306	0.130
$y_{(2)}$	0.919	0.825	0.719	0.594	0.456	0.300	0.126

表 6-3 中相对挥发度 α 随着温度升高而减小的现象，其他作为理想溶液的物系中也同样存在。而其汽液平衡温度 t 除随组成变化外，亦随总压变化，在加压下，由于 t 升高，α 将减小；反之，在减压下，t 下降，α 将增大而有利于精馏分离。但是，应用减压蒸馏的原因主要并不在此，而是降低温度后可以减少热敏物料分解或聚合的损失。应用加压蒸馏的原因则在于提高平衡温度后，或便于利用蒸气冷凝时的热量，或可用较低品位的冷却剂使蒸气冷凝，从而减少蒸馏的能量消耗。

6.1.2　非理想溶液的汽液相平衡

生产中处理的混合液，不少与拉乌尔定律有较大的偏差。前已述及，这类溶液就是非理想溶液。非理想溶液可分为两类，即：

① 蒸气压较拉乌尔定律预计为高，称为与理想溶液发生正偏差的溶液；

② 相反，蒸气压较拉乌尔定律为低，称为发生负偏差的溶液。

发生偏差的原因可解释为：溶液中不同组分分子间的吸引力 α_{AB} 与相同分子间的吸引力 α_{AA}、α_{BB} 有较大的差别。如常见的正偏差的溶液，其 α_{AB} 较 α_{AA}、α_{BB} 都要小，也可以说是异分子间的排斥倾向起了主导作用，使得溶液的两个组分的平衡分压都比拉乌尔定律所预计的为高，于是 t-x 线较理想溶液为低。

若非理想程度不严重，其 t-x-y 图和 x-y 图与理想溶液的相似；若较严重到一定程度，会出现最高蒸气压和相应的最低沸点，如乙醇-水溶液在总压 $p = 101.3$ kPa 下，当 $x = 0.894$，有最低沸点 78.15 ℃，而纯组分的沸点分别为 78.3 ℃ 及 100 ℃；正丙醇-水物系的最低沸点更为明显：$p = 101$ kPa 下，作为易挥发组分的正丙醇，沸点为 97.2 ℃，而溶液在 $x = 0.432$ 处有最低沸点 87.8 ℃。这类溶液的 p-x，t-x（或 t-y）和 x-y 相图，可用常见的乙醇-水物系为例，如图 6-3 (a)、(b)、(c) 所示。图 6-3 (a) 中虚线 OA、BC 分别代表式（6-1）、式（6-2）所示的拉乌尔定律，虚线 BA 代表式（6-3）；而相应的实线系由实验值标绘。由图显然可见：蒸气分压的实际值较拉乌尔定律的预计值为高，即具有正偏差。与此相

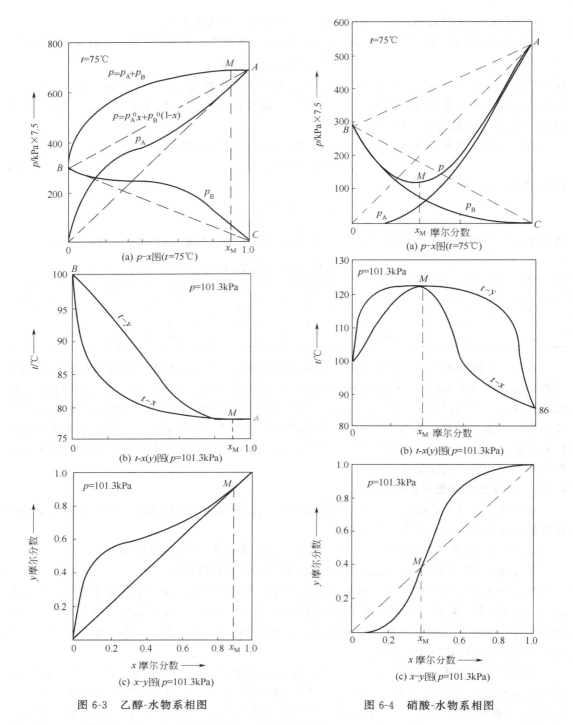

(a) p-x图($t=75℃$)

(b) t-$x(y)$图($p=101.3kPa$)

(c) x-y图($p=101.3kPa$)

图 6-3 乙醇-水物系相图

(a) p-x图($t=75℃$)

(b) t-$x(y)$图($p=101.3kPa$)

(c) x-y图($p=101.3kPa$)

图 6-4 硝酸-水物系相图

应,在 t-x-y 图 6-3 (b) 上有最低沸点,用点 M 代表,$t_M=78.15$ ℃,$x_M=0.894$。而且点 M 处的汽液组成相等,于是:

① 这里相对挥发度 $\alpha=1$,相应地,在 x-y 图 6-3 (c) 中亦示出,当 $x_M=0.894$,平衡曲线与对角线相交于 M,表明 $y=x$。

② 蒸馏 $x_M=0.894$ 的溶液时,其组成不改变,故沸点也保持恒定,而称点 M 为恒沸点

（对具有正偏差的溶液为最低恒沸点），称组成 x_M 为恒沸组成。

当异分子之间的排斥倾向更为严重时，两个组分将不能完全互溶，以至趋于完全不溶，如正丁醇-水就不能完全互溶。醇类分子含的碳原子比 4 更多时，与水的互溶性将更小。当溶液分层时，其蒸气压为两层液体蒸气压之和（参看 6.6.1），而形成最低恒沸物，是 6.6.2 "恒沸蒸馏"的基础。

另有一类具有负偏差的溶液，其沸点或 $t\text{-}x$ 线较理想溶液为高。负偏差的原因可以用异分子间的吸引力 α_{AB} 较同分子之间的 α_{AA}、α_{BB} 为大来解释。当负偏差大到一定程度，会出现最高恒沸点，如硝酸-水溶液即为其一例。此溶液的 $p\text{-}x$、$t\text{-}x$（或 $t\text{-}y$）及 $x\text{-}y$ 三个相图如图 6-4 所示。在 $p=101.3$ kPa 下，恒沸组成 $x_M=0.383$，最高恒沸点 $t_M=121.9$ ℃，显著高于硝酸（86 ℃）和水（100 ℃）。

具有恒沸点的溶液用一般的蒸馏法最多只能到达恒沸组成，而不能进一步分离。这就是工业酒精中含乙醇最多只能稍高于 95%（质量分数）的原因（101.3 kPa 下的恒沸组成换算到质量分数，为 95.57%）。分离恒沸物需要应用下述 6.6 节的特殊蒸馏法。

最后着重指出：非理想溶液不一定有恒沸点，但有恒沸点的是明显的、偏差大的非理想溶液；具有恒沸点的溶液在总压改变时，其 $t\text{-}x(y)$ 相图不仅上下移动，而且形状也可能变化，恒沸组成可能变动。如对乙醇-水溶液实测得不同总压 p 下的恒沸组成 x_M 如下

p/kPa	101.3	50.7	25.3	12.7
x_M	0.894	0.915	0.94	0.99

故理论上可用改变总压的方法来分离恒沸物。但是否经济合理，还需作权衡。例如，实际上并不用减压蒸馏来生产无水酒精，因为减压下乙醇的沸点低（12.7 kPa 下仅约 34 ℃），几乎不能用水使之冷凝；如用人工制冷，则能耗大；并且抽真空不仅耗能，且未冷凝蒸气的抽出损失会较大。

6.2 蒸 馏 方 式

6.2.1 简单蒸馏

简单蒸馏也称为微分蒸馏，是一种不稳定的单级蒸馏过程，需分批（间歇）进行。

简单蒸馏装置如图 6-5 所示，混合液通过间接蒸汽加热在蒸馏釜 1 中逐渐汽化，产生的蒸气随即进入冷凝器 2，所得的馏出液流入容器 3A、3B 等中。由于易挥发组分的汽相组成 y 大于液相组成 x，因而随着蒸馏过程的进行，x 将逐渐降低。这使得与 x 平衡的气相组成 y（即馏出液的组成）亦随之降低，釜内溶液的沸点则逐渐升高。由于馏出液的组成开始时最高，随后逐渐降低，故常设有几个接受器，按时间的先后，分别得到不同组成的馏出液。对图 6-5 示出的流程，可将一批原液分为 3A、3B、3C 三部分馏出液加上釜内残液，共 4 种平均浓度不同的溶液。

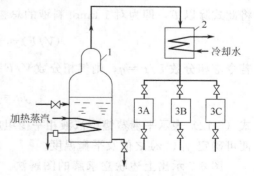

图 6-5　简单蒸馏装置

1—蒸馏釜；2—冷凝器；3A，3B，3C—馏出液容器

在蒸馏过程中，系统的温度和汽液相组成均随时间改变，是个不稳定过程，虽然瞬间形成的汽液两相可视为互相平衡，但蒸气凝成的全

部馏出液的平均组成与剩余釜液的组成并无相平衡关系。

简单蒸馏可用于初步分离，特别对相对挥发度较大的混合液进行分离颇为有效。例如从含乙醇不到 10°（"°"即"度"，指乙醇的体积分数，为商业及生产厂习惯用的浓度表示法）的发酵液，经一次简单蒸馏可得到约 50°的烧酒；为得到 60°～65°的烧酒，可再经过一次蒸馏。

6.2.2　平衡蒸馏

在容器内对混合液加热，使气相积累到一定量（若容器体积不能相应膨胀，则容器内压力会有所增高），并与液相达成平衡，然后将两相分开，使得混合物达到一定程度的分离；这种蒸馏方式称为平衡蒸馏。

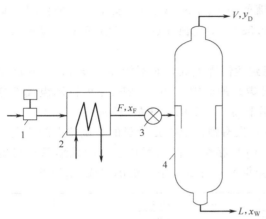

图 6-6　平衡蒸馏装置

1—泵；2—加热器（炉）；3—减压阀；
4—分离器（闪蒸塔）

如图 6-6 所示为连续式平衡蒸馏装置的示意图。料液以泵 1 输送并加压，在加热器（或加热炉）2 中升温，使液体温度高于分离器压力下的沸点。通过减压阀 3，液体成为过热状态，其高于沸点的显热随即变为潜热，使部分液体急速汽化，这种过程称为闪蒸。它使液体温度下降，汽、液两相的温度和组成趋于平衡。平衡的汽液两相再在分离器中分离，分别从器的顶、底排出。这种分离器也称为闪蒸塔。

对图 6-6 平衡蒸馏的计算，通常是已知料液的流量 F 和组成 x_F，以及闪蒸后的气相流量 V（或液相流量 L，流量都以 kmol·s^{-1} 或 kmol·h^{-1} 为单位），需求得汽、液两相的组成 y_D 及 x_W。所应用的关系为物料衡算和汽液平衡。

总物料衡算 $\qquad\qquad\qquad\qquad V+L=F$ $\qquad\qquad\qquad\qquad$ (6-10)

易挥发组分衡算 $\qquad\qquad\quad Vy_D+Lx_W=Fx_F$ $\qquad\qquad\qquad$ (6-11)

由式（6-10）有 $L=F-V$，代入式（6-11）

$$Vy_D+(F-V)x_W=Fx_F \qquad\qquad\qquad (6\text{-}11a)$$

将此式除以 F，即为对 1 kmol 料液的总物料衡算

$$(V/F)y_D+(1-V/F)x_W=x_F \qquad\qquad\qquad (6\text{-}11b)$$

若令液相分数 $L/F=q$，则气相分数 $V/F=(1-q)$，于是可将式（6-11b）表达成

$$y_D=\frac{q}{q-1}x_W-\frac{x_F}{q-1} \qquad\qquad\qquad (6\text{-}12)$$

式（6-12）表示平衡蒸馏中汽液相平衡组成的关系。当 x_F 与 q 已知，与汽液平衡关系联立，便可确定 y_D、x_W 之值及平衡温度。

图 6-7 示出上述联立求解的图解法。图（a）、（b）分别绘出 y-x 和 t-$x(y)$ 平衡曲线。由式（6-12）可知，点（x_W，y_D）在图（a）中通过对角线上点 $f(x_F，x_F)$、斜率为 $m=q/(q-1)=-L/V$ 的直线上。此直线与平衡线交点 e 的坐标 x_W 及 y_D 即为所求的平衡组成，其平衡温度可在图（b）上读得。

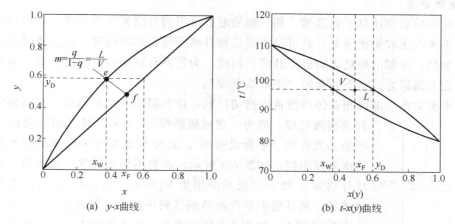

(a) y-x曲线　　(b) t-x(y)曲线

图 6-7　平衡蒸馏的图解

还有一种平衡蒸馏的方法是使蒸气混合物部分冷凝，两相达到平衡，再分开，特称之为"平衡冷凝"；相对而言，如图 6-6 所示的平衡蒸馏，可称其为"平衡汽化"。这两种蒸馏方法在以下的精馏过程中都有用处。

例 6-3　料液为 $x_F=0.4$ 的苯-甲苯溶液，在如图 6-6 所示的装置中进行平衡蒸馏，已知闪蒸塔中的压力 p 为 101.3 kPa，料液的 71.9% 被汽化，然后又在冷凝器中将蒸气的 80% 冷凝。试求部分汽化后及再进行部分冷凝后的汽液两相组成。

解　本例的物料衡算可以应用式 (6-12)，也可以直接应用式 (6-11)。以 $F=1$ kmol·h^{-1} 为基准，则 $V=0.719$ kmol·h^{-1}，$L=1-0.719=0.281$ kmol·h^{-1}。又给定 $x_F=0.4$，代入式 (6-11) 得

$$0.719y_D+0.281x_W=0.4 \tag{a}$$

相平衡关系用式 (6-8)，其中 α 可据表 6-3，按 x 比 0.4 稍小，取为 2.46，有

$$y_D=\frac{2.46x_W}{1+(2.46-1)x_W}=\frac{2.46x_W}{1+1.46x_W} \tag{b}$$

联立解 (a)、(b) 两式，求得部分汽化后的平衡组成为：$x_W=0.257$，$y_D=0.456$。此组成与例 6-1 在 $t=100$ ℃下的平衡数据相同。

再计算部分冷凝后的平衡组成 x、y。组成为 y_D 的蒸气，其 80% 冷凝为饱和液体，余下 20% 仍为饱和蒸气，可列出如式 (6-11) 类似的物料衡算式

$$0.8x+0.2y=1\times y_D=0.456 \tag{c}$$

相平衡关系仍如式 (b)

$$y=\frac{2.46x}{1+1.46x}$$

联立解得　$x=0.412$，$y=0.633$。

本例表明，在部分汽化 (71.9%) 后混合物组成由原来的 0.4 增富到气相为 0.456；再使这一蒸气部分冷凝 (80%)，气相又增富到 0.633；组成虽明显增富，但仍属有限。另一方面经两次分离、增富后的气相量仅为料液量的 $0.719\times0.2\approx0.144$ 倍。可见，需要寻求更有效的蒸馏方式。

6.2.3 精馏原理

无论是简单蒸馏还是平衡蒸馏，都只能使混合液得到有限程度的分离。从原理上说，进行多次的平衡汽化和平衡冷凝，总可以将混合物分离到所要求的纯度，但步骤繁多，设备庞杂，多次加热、冷却的能耗大而极不经济。因此，为使混合液实现高纯度分离，必须组织一种比较合理的蒸馏方式，下面介绍"平衡级蒸馏"。

让不平衡的汽、液两相在传质设备中密切接触，使其组成向平衡趋近，然后再使两相分开的蒸馏过程，称为"接触级蒸馏"。如果经接触的汽液两相能达到平衡，就称为"平衡级蒸馏"。其分离原理与平衡蒸馏颇为类似，仅物流来源不同。如图 6-8 所示，设有不平衡的汽、液两相，其初始组成分别为 y_0 和 x_0，流量分别为 V_0 和 L_0（$kmol \cdot h^{-1}$），在塔板上充分接触，离开塔板的汽液两相达到平衡，其组成分别为 y 和 x，流量分别为 V 和 L。如图 6-9 所示为在一个平衡级中，从不平衡向平衡趋近时两相组成变化情况的示意：气相的易挥发组分含量沿着露点线增加；液相易挥发组分含量沿着泡点线减少，直到液、汽组成的联线 y-x 为水平线，达到了平衡，这就是经过一个平衡级蒸馏所能达到的分离效果。汽、液两相在平衡级中"从不平衡趋向平衡"的实现过程可参看图 6-10。当蒸气穿过塔板以鼓泡的方式通过液层时，由于两相不平衡而存在传质推动力，使得相间进行传质过程：易挥发组分 A 从液相通过相界面向气相扩散，而难挥发组分 B 从气相通过相界面向液相扩散，直到两相组成达到平衡；又在组分 A 从液相向气相扩散的同时，也把液相的热量以汽化热的形式带入气相，而在组分 B 从气相向液相扩散的同时，也把气相的热量以冷凝热的形式带回液相，这种相间热量交换的结果，使得传质所需的汽化热与冷凝热相互补偿，并使两相温度趋于一致。

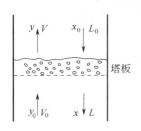

图 6-8　平衡级蒸馏
过程示意

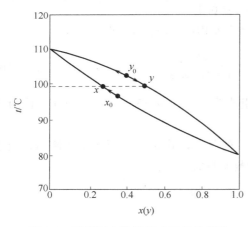

图 6-9　平衡级中汽液组成的变化情况

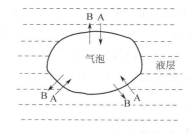

图 6-10　气泡与液层间传质示意图

因此，一次平衡级蒸馏可使混合液达到一定程度的分离，与平衡蒸馏不同的是，它的优点在于无需与外界进行热量交换，这样就便于采用多次平衡级（或接触级）的蒸馏过程来实现混合液的高纯度分离，这种多级的蒸馏过程的组合就是精馏。

下面以板式精馏塔为例，说明实现精馏过程的典型流程、基本条件和方法。

如图 6-11 所示是连续操作板式精馏塔最常见的一种流程。原料液经过蒸汽预热至指定的温度后，在塔中部的某一合适位置（组成与进料组成最接近）不断加入塔内。整个塔由若干层塔板按一定间距叠置而成，由塔板提供汽、液两相接触的场所，一层塔板就是一个接触级，这是实现精馏过程的"设备"条件。为了向每一层塔板提供两相接触所必需的气流和液流，在塔顶设置冷凝器，将上升蒸气冷凝，并使部分冷凝液回流入塔（其余部分作为塔顶产品引出），以形成沿塔下降的液流（称为液相回流）；在塔底设置再沸器，将下流液体经再沸器加热，使之部分汽化返回塔内（其余部分作为塔底产品引出），以形成沿塔上升的气流（可称之为气相回流），这就是实现精馏过程所必需的物流条件，也可称之为"回流"条件。精馏塔中的上升气流与下降液流沿塔进行多次接触级蒸馏，从而使上升气流中的易挥发组分逐渐增加，同时下降液流中的易挥发组分逐板减少，只要塔板数目足够多，就有可能使精馏塔不断地从塔顶和塔底获得合格的产品并实现稳定操作。因此，可以说精馏就是利用回流手段实现多次接触级蒸馏的过程。

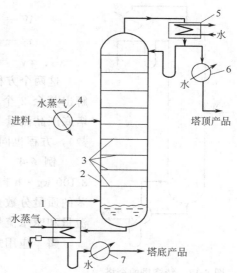

图 6-11　连续蒸馏装置的流程

1—再沸器；2—精馏塔；3—塔板；4—进料预热器；5—冷凝器；6—塔顶产品冷却器；7—塔底产品冷却器

通常，将原料液进入的那层板称为加料板或进料板，加料板以上的部分叫精馏段，其作用是使经加料板上升气流中易挥发组分的浓度逐板增加，从而在塔顶得到合格的易挥发（低沸点）产品；加料板以下部分（包括加料板）叫提馏段，其作用是使经加料板下流液体中的易挥发组分逐渐减少，从而在塔底得到合格的难挥发（高沸点）产品。可见，要把二元混合液分离为两个较高纯度的产品，需要采用同时具备精馏段和提馏段的完整的精馏塔方可达到。当然，根据对产品的不同要求，精馏流程还可以有不同的安排，如只有精馏段或只有提馏段，可以连续操作也可以间歇操作等，将另作讨论。

6.3　二元连续精馏的分析和计算

本节的内容主要包括：

① 进出精馏塔各股物料的流量和组成；

② 精馏塔所需的理论板数和加料位置；

③ 合适的操作条件：回流比和加料热状态等；

④ 冷凝器和再沸器的热负荷。

6.3.1　全塔物料衡算

精馏塔顶、底的产量与进料量及各组成之间的关系可通过全塔物料衡算求出。

对如图 6-12 所示的精馏塔作全塔物料衡算，得到

$$\left.\begin{array}{l} F=D+W \\ Fx_F=Dx_D+Wx_W \end{array}\right\} \tag{6-13}$$

式中　F——料液流量，$kmol \cdot h^{-1}$；

　　　D——塔顶产品（馏出液）流量，$kmol \cdot h^{-1}$；

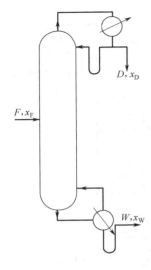

图 6-12 精馏塔的全塔
物料衡算

W——塔底产品（釜液）流量，$kmol \cdot h^{-1}$；

x_F——料液中易挥发组分的摩尔分数；

x_D、x_W——分别为塔顶、塔底产品的摩尔分数。

这两个方程中共有 3 个摩尔流量和 3 个摩尔分数，已知其 4 可解出其余 2 个。通常是由任务给出 F、x_F、x_D、x_W，求解塔顶、塔底产品流量 D、W。当然，如果单位用质量（质量流量、质量分数），方程也同样适用。

例 6-4 一精馏塔用于分离乙苯-苯乙烯混合物，进料量 $3\,100\ kg \cdot h^{-1}$，其中乙苯的质量分数为 0.6，塔顶、塔底产品中乙苯的质量分数分别要求为 0.95、0.25。求塔顶、塔底产品的质量流量和摩尔流量。

解 应用式（6-13）解出 D 及 W，可得

$$D = F(x_F - x_W)/(x_D - x_W) \tag{6-14}$$

$$W = F(x_D - x_F)/(x_D - x_W) \tag{6-15}$$

或

$$W = F - D \tag{6-13a}$$

由于本题已知的流量、组成都以质量为单位，现令 G_D、G_W 代表塔顶、底产品的质量流量，并将以质量分数表示的各个组成代入式（6-14）、式（6-13a）而得

$$G_D = 3\,100 \times \left(\frac{0.6 - 0.25}{0.95 - 0.25} \right) = 1\,550\ kg \cdot h^{-1}$$

$$G_W = 3\,100 - 1\,550 = 1\,550\ kg \cdot h^{-1}$$

若改用千摩尔为单位，先算出乙苯（A）和苯乙烯（B）的摩尔质量

$$M_A = 106.2, \quad M_B = 104.2$$

再如下对已知量进行换算

$$F = \frac{3\,100 \times 0.6}{106.2} + \frac{3\,100 \times 0.4}{104.2} = 29.4\ kmol \cdot h^{-1}$$

$$x_F = \frac{0.6/106.2}{0.6/106.2 + 0.4/104.2} = \frac{0.6}{0.6 + 0.4(106.2/104.2)}$$

$$= \frac{0.6}{0.6 + 0.4 \times 1.019} = 0.595$$

$$x_D = \frac{0.95}{0.95 + 0.05 \times 1.019} = 0.949$$

$$x_W = \frac{0.25}{0.25 + 0.75 \times 1.019} = 0.246$$

将以上数据代入式（6-14），可得

$$D = 29.4 \left(\frac{0.595 - 0.246}{0.949 - 0.246} \right) = 14.6\ kmol \cdot h^{-1}$$

及

$$W = 29.4 - 14.6 = 14.8\ kmol \cdot h^{-1}$$

6.3.2 理论板概念和恒摩尔流假设

由于精馏过程既涉及传热又涉及传质过程，相互影响的因素较多，为了简化计算，引入如下的两个假设。

① 精馏塔由若干块理论板构成。理论板是理想化的塔板，其概念与前述的平衡级相同，

即汽液两相在板上充分接触传质，离开塔板的汽液两相达到平衡。实际上，由于塔板上汽液接触面积和接触时间有限，塔板上的汽液两相难以达到平衡状态，故理论板是一种简化假设。在计算时，将影响传质过程的复杂因素归结到塔板效率而暂不考虑，直接利用相平衡关系去求得的理论塔板数，然后再用塔板效率进行校正。

② 精馏操作时各层塔板上尽管有物质交换，但在塔的精馏段或提馏段中，每层板的上升蒸气摩尔流量相等，且下降的液体摩尔流量也相等（注意：由于加料板有物料进入，这两段的液体或蒸气摩尔流量却一般不相等），这就是**恒摩尔物流假设**。其成立需满足下列条件。

a. 各组分的摩尔汽化潜热相等；

b. 汽液接触时因温度不同而交换的显热可以忽略；

c. 塔内设备保温良好，热损失可以忽略。

上述条件在很多系统能基本符合。这样，从汽液两相进出塔板的热量衡算就可得到恒摩尔物流的结果。

6.3.3 分段物料衡算及其图解

6.3.3.1 精馏段的分析

精馏段的物流和组成分析情况如图 6-13 所示。应用恒摩尔流假设，即离开各板的气流量皆等于 V、液流量皆等于 L；理论塔板数由顶向下数，离开各层塔板的气、液组成以 y_1、x_1，y_2、x_2…代表。自第一板上升的蒸气从塔顶导入冷凝器，现将组成为 y_1 的蒸气全部冷凝，这样的冷凝器称为全凝器。于是冷凝液的组成 x_D 与 y_1 相等，其一部分 D 作为塔顶产品量，另一部分 L 回流入塔。

从给定的 x_D，可得知从第一层理论塔板上升的气相组成 y_1，继由相平衡关系可得到自第一层理论塔板下流的液

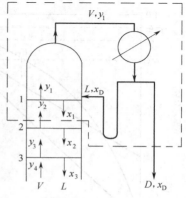

图 6-13 精馏段的分析

相组成 x_1，为了继续向下求出 y_2，可对图 6-13 中虚线划定的范围进行物料衡算

$$\left.\begin{array}{l} V=L+D \\ Vy_2=Lx_1+Dx_D \end{array}\right\} \tag{6-16}$$

由上二式可得

$$y_2=\frac{L}{L+D}x_1+\frac{Dx_D}{L+D} \tag{6-17}$$

通常，将回流液量 L 与馏出液量 D 之比称为回流比 R，$R=L/D$，故 $L=RD$。应用这一定义，可将式（6-17）改写成

$$y_2=\frac{R}{R+1}x_1+\frac{x_D}{R+1} \tag{6-17a}$$

当回流比为已知，即可由此式算出 y_2，再应用相平衡关系可得到 x_2。

为继续从 x_2 求出自下一板上升的蒸气组成 y_3，可仿照由 x_1 求 y_2 的办法，对第 3 板以上（包括全凝器）列物料衡算，得到

$$y_3=\frac{R}{R+1}x_2+\frac{x_D}{R+1} \tag{6-17b}$$

依此类推，交替地应用相平衡和物料衡算两关系，可以逐板求出离开每层理论板的气、液组成，直到组成最接近料液为止，此时就到达加料板，以后因原料的进入而需另作物料衡算。

这种方法称为逐板计算法。

上述的物料衡算关系可以用一个总式来表示。自任一第 n 板下降的液流组成 x_n，与其下第 $n+1$ 板上升的气流组成 y_{n+1} 之间有

$$y_{n+1}=\frac{R}{R+1}x_n+\frac{x_D}{R+1} \tag{6-17c}$$

由式（6-17a）、式（6-17b）、式（6-17c）推导可知，代表两板间液、汽组成的点 $A_1(x_1,y_2)$、$A_2(x_2,y_3)$、$A_3(x_3,y_4)\cdots A_n(x_n,y_{n+1})$，都在下述方程的直线上，

$$y=\frac{R}{R+1}x+\frac{x_D}{R+1} \tag{6-17d}$$

该式称为精馏段的操作线方程，在直角坐标系中为一条直线，其斜率为 $R/(R+1)$，截距为 $x_D/(R+1)$。此操作线通过对角线上的点 a (x_D,x_D) 及 y 轴上的点 c $[0,x_D/(R+1)]$，由于 x_D 及 R 都是给定的已知量，故点 a 及 c 不难确定，联结 ac，即精馏段操作线。

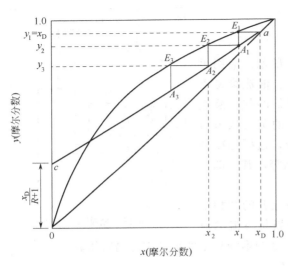

图 6-14　精馏段计算的图解法

在 x-y 图中作出平衡线和精馏段操作线，如图 6-14 所示，就可用下述的图解法代替逐板计算。由于 $y_1=x_D$ 而点 $E_1(x_1,y_1)$ 在平衡线上，故通过点 $a(x_D,x_D)$ 作水平线 $(y=y_1=x_D)$，与平衡线的交点即为 E_1，可定出其横坐标 x_1。又由于点 A_1 (x_1,y_2) 在操作线上，过点 E_1 作垂直线 $(x=x_1)$，与操作线的交点即为 A_1。依此类推，交替作水平线和垂直线，也就是说从点 a 开始，在操作线与平衡线间画梯级，可逐步求得离开各板的气、液组成，直到加料板为止。

通常，在工艺设计中并不要求各板的组成，而只要求达到指定分离效果（对精馏段是从进料的 x_F "增富" 到塔顶产品的 x_D）的理论板数。为此，只需数一数梯级数或平衡线上的梯级顶点数即可。这种方法称为求理论板数的 x-y 图解法，其实质仍然是交替地应用相平衡及物料衡算两关系。

例 6-5　苯-甲苯精馏塔的塔顶产品 $x_D=0.95$（摩尔分数），回流比 $R=2$。求从第二层理论塔板上升的蒸气组成 y_2。

解　本例可如下交替应用物料衡算和相平衡两关系求解。

（a）$y_1=x_D$（全凝器的物料衡算），即 0.95。

（b）x_1 可从理想溶液的汽液平衡关系求出。应用式（6-7c），将 x 以 y 及 α 表达，可得

$$x=\frac{y}{y+\alpha(1-y)} \tag{6-8a}$$

苯-甲苯物系的 α 按表 6-3 可取为 2.56（现 $1-y$ 甚小，故 α 的稍许误差影响不大），并将 $y_1=0.95$ 代入，可得与 y_1 平衡的 x_1

$$x_1=0.95/[0.95+2.56(1-0.95)]=0.881$$

（c）y_2 按物料衡算式（6-25a）从 x_1 计算

$$y_2 = \frac{R}{R+1}x_1 + \frac{x_D}{R+1} = (2/3) \times 0.881 + (0.95/3) = 0.904$$

6.3.3.2 提馏段操作线方程

提馏段的操作情况如图 6-15 所示。由于在加料板上有进料物流，使得提馏段的液、气流量与精馏段的 L、V 有所不同，现分别以 L' 及 V' 代表。离开第 m 层理论板的液、气相组成 x_m、y_m 仍适合相平衡关系，同时 x_m 与自下一板（第 $m+1$ 板）上升的气相组成 y_{m+1}，符合图 6-17 虚线所示范围内的物料衡算式

$$L'x_m = V'y_{m+1} + Wx_W$$

即

$$y_{m+1} = \frac{L'}{V'}x_m - \frac{Wx_W}{V'} \qquad (6\text{-}18)$$

应用总物料衡算 $V' = L' - W'$，得到

$$y_{m+1} = \frac{L'}{L'-W}x_m - \frac{Wx_W}{L'-W} \qquad (6\text{-}19)$$

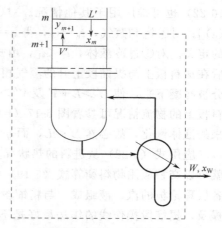

图 6-15 提馏段的分析

该式在直角坐标系中也是一条直线，称为提馏段操作线，其斜率为 $L'/(L'-W)$，截距为 $-Wx_W/(L'-W)$。此操作线可由点 b (x_W, x_W) 及截距 $-Wx_W/(L'-W)$ 确定，但由于这两点一般相距很近，还是用下小节的方法较为准确、方便。

6.3.4 进料状态的影响

加（进）料状态将会对液、气流量 L' 及 V' 产生影响，由式（6-19）可见，将影响提馏段的操作线方程。以下对加料状态作分析。

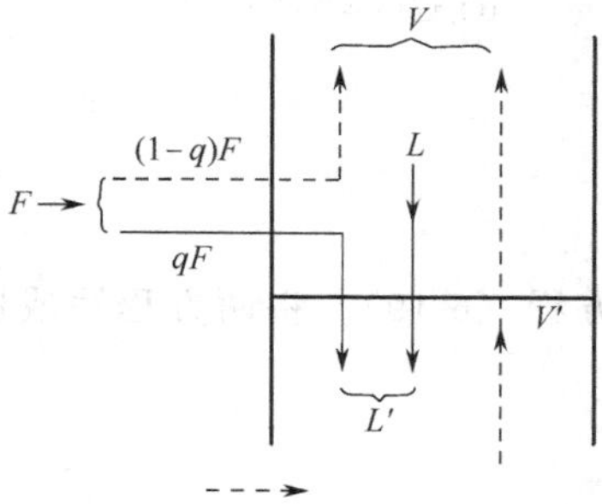

图 6-16 加料板上的物流关系示意

——→液流
- - -→气流

进料共有五种可能的热状况：
① 过冷液体（温度低于泡点）；
② 饱和液体；
③ 饱和液、汽的混合物（两相平衡温度介于泡点和露点之间）；
④ 饱和蒸气；
⑤ 过热蒸气（温度高于露点）。如图 6-16 所示。

现首先分析第 3 种状况。令进料中液相所占的分数为 q，则气相所占的分数为 $1-q$。如图 6-16 所示对加料板分别作液相和气相的物料衡算，可得

$$L' = L + qF \qquad (6\text{-}20)$$
$$V' = V - (1-q)F \qquad (6\text{-}21)$$

进料的液相分数 q 与热状况的关系，可由热量衡算决定。令进料、饱和液体、饱和蒸气的焓（摩尔焓）分别为 i_F、i_L、i_V（kJ·kmol^{-1}，从 0 ℃的液体算起），因进料带入的总焓为其中汽、液两相各自带入的焓之和，而有

$$Fi_F = (qF)i_L + (1-q)Fi_V$$

217

由此可解出 q

$$q=\frac{i_V-i_F}{i_V-i_L}=\frac{每千摩尔进料转化为饱和蒸气所需的热量}{进料的千摩尔汽化潜热}\qquad(6-22)$$

对进料为气液混合物的第 3 种情况，i_F 介于 i_V 与 i_L 之间，因此 q 介于 0 与 1 之间。式 (6-22) 也可推广用于其他情况。对②饱和液体，$i_F=i_L$，代入式中得 $q=1$ [参看图 6-17 (a)]；对④饱和蒸气，$i_F=i_V$，得 $q=0$；显然，对于这三种情况，符合 q 为进料中液相分数的定义。对①过冷液体，$i_F<i_L$，由式 (6-22) 得出 $q>1$，其物理意义可理解为：料液入塔后在加料板上与提馏段上升的蒸气相遇，即被加热至饱和温度，与此同时，蒸气本身有一部分被冷凝下来，使 $L'>L+F$ 及 $V'>V$，因而相当于式 (6-20) 及式 (6-21) 中的 $q>1$，加料板上的物流情况可参看图 6-17 (b)。对⑤过热蒸气，进料将在加料板上使一部分溢流下来的液体汽化，故必然 $L'<L$，而 $q<0$，如图 6-17 (c) 所示。

应用式 (6-22) 从进料的热状况算出 q，再代入式 (6-20)、式 (6-21) 得出 L'、V' 后，就可以交替应用物料衡算式 (6-19) 和相平衡关系，从加料板开始，逐板求出提馏段中离开各层理论板的汽、液组成。与精馏段的分析一样，逐板计算法可以用 x-y 图解法代替。前已提及，提馏段操作线的作法最好是不直接用式 (6-19)，现介绍较为准确、便利的方法，即找出它与精馏段操作线的交点。

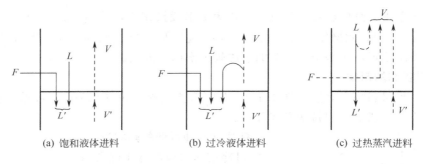

(a) 饱和液体进料　　　　(b) 过冷液体进料　　　　(c) 过热蒸汽进料

图 6-17　加料板上的物流示意

——→液流

----→气流

为求出两操作线的交点 d，可联立求解方程 (6-18c) 及方程 (6-19)。将两方程写成以下的初始形式

$$V'y=L'x-Wx_W$$

$$Vy=Lx+Dx_D$$

相减　　　　　　$(V'-V)y=(L'-L)x-(Dx_D+Wx_W)$

应用式 (6-20)、(6-21) 及 (6-13)，可得

$$(q-1)Fy=qFx-Fx_F$$

故

$$y=\frac{q}{q-1}x-\frac{x_F}{q-1}\qquad(6-23)$$

上式称为 q 线方程或进料方程，代表两操作线交点 d 的轨迹，即此线与两操作线共点于

d，故 d 为 q 线与精馏段操作线 ac 的交点，联结 d 与 $b(x_W，x_W)$，即得提馏段操作线 bd。显然，式（6-23）代表的直线通过点 $f(x_F，y_F)$，斜率为 $q/(q-1)$，依此可以作出这条直线。利用 q 线作出提馏段操作线的方法，如图 6-18 所示。

现对五种可能的进料热状况，将有关的参数在表 6-5 中进行对比。进料热状况对进料线和操作线位置的影响，如图 6-19 所示。

表 6-5　不同进料热状况的对比

进料状况	i_F 范围	q 值	q 线斜率 $q/(q-1)$	精馏段、提馏段的液、气流量关系	
过冷液体	$i_F<i_L$	>1	$1\sim\infty$	$L'>L+F$	$V'>V$
饱和液体	$i_F=i_L$	1	∞（垂直线）	$L'=L+F$	$V'=V$
气液混合物	$i_V>i_F>i_L$	$0\sim1$	$-\infty\sim0$	$L'>L$	$V'<V$
饱和蒸气	$i_V=i_F$	0	0（水平线）	$L'=L$	$V'=V+F$
过热蒸气	$i_F>i_V$	<0	$0\sim1$	$L'<L$	$V'<V-F$

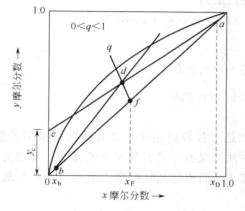

图 6-18　提馏段操作线的作法

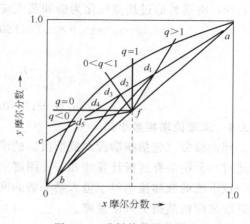

图 6-19　进料热状况的影响

例 6-6　一常压精馏塔的进料为组成 0.44（摩尔分数）的苯-甲苯混合物，求在下述进料状况下的 q 值及 q 线斜率：（a）气、液的摩尔流率各占一半；（b）20 ℃；（c）180 ℃。已知在涉及的温度范围内，苯和甲苯液体的平均比热容 $c_{p,L}=1.84$ kJ·kg^{-1}·K^{-1}；其蒸气的平均比热容 $c_{p,V}=1.26$ kJ·kg^{-1}·K^{-1}；在总压 $p=101.3$ kPa 的沸点下，苯的汽化潜热 $r_A=394$ kJ·kg^{-1}，甲苯的汽化潜热 $r_B=362$ kJ·kg^{-1}。

解　（a）根据 q 为进料液相分率的定义，可直接得出 $q=1/2$。如果从受热状况按式（6-22）计算，则因

$$i_F=(1/2)i_V+(1/2)i_L$$

故

$$q=\frac{i_V-i_F}{i_V-i_L}=\frac{i_V-(i_V+i_L)/2}{i_V-i_L}=\frac{(i_V-i_L)/2}{i_V-i_L}=\frac{1}{2}$$

显然，结果应当相同。再按式（6-23）知 q 线斜率为

$$q/(q-1)=(1/2)/(-1/2)=-1$$

（b）查苯-甲苯物系在 101.3 kPa 下的温度-组成图 6-1 可知，对组成为 0.44 的进料，泡点为 94 ℃，露点为 100.5 ℃。又进料的平均摩尔质量为

$$M_m = 78.1 \times 0.44 + 92.1 \times 0.56 = 85.9 \ \text{kg} \cdot \text{kmol}^{-1}$$

将料液由 20 ℃升温到 94 ℃所需的热量为

$$i_L - i_F = 85.9 \times 1.84(94-20) = 11\ 700 \ \text{kJ} \cdot \text{kmol}^{-1}$$

继续加热，使之完全汽化（达 100.5 ℃）所需的热量可就苯和甲苯分别计算求和。题中给出的汽化潜热都是在正常沸点下的值，可认为沸点较低的苯是在 94 ℃下完全汽化，再升温到 100.5 ℃；甲苯则先升温，再全部于 100.5 ℃下汽化；潜热及液、气的质量定压热容都按已给的值计算。即

$$i_V - i_L = [394 + 1.26(100.5-94)] \times 78.1 \times 0.44 + [1.84(100.5-94) + 86.5] \times 92.1 \times 0.56$$
$$= 33\ 110 \ \text{kJ} \cdot \text{kmol}^{-1}$$

按式 (6-22)，可求得 q 值为

$$q = \frac{i_V - i_F}{i_V - i_L} = \frac{(i_V - i_L) + (i_L - i_F)}{i_V - i_L} = 1 + \frac{11\ 700}{33\ 110} \approx 1.353$$

$$q/(q-1) = 1.353/0.353 = 3.83$$

（c）将进料的过热蒸气化为饱和蒸气应移去的热量为

$$i_F - i_L = 85.9 \times 1.26(180-100.5) = 8\ 600 \ \text{kJ} \cdot \text{kmol}^{-1}$$

故

$$q = \frac{i_V - i_F}{i_V - i_L} = \frac{-8\ 600}{33\ 110} = -0.260$$

$$q/(q-1) = 0.26/1.26 = 0.206$$

6.3.5 求理论塔板数小结

理论板数（包括精馏段和提馏段）的求取原理是交替地应用相平衡和物料衡算两关系，前述对二元精馏有逐板计算法和 x-y 图解法两种方法。又有了进料热状况的概念，可知为使第一板下流的液体流率等于进入第一板的回流流率 L，回流的热状况需为泡点，即从全凝器到进塔之间的热损失可以忽略。

6.3.5.1 逐板计算法

设塔顶为全凝器，则自第一板上升的蒸气组成 y_1 等于塔顶产品的组成 x_D。自第一板下降的液体组成 x_1 与 y_1 成平衡，故由相平衡关系可求得 x_1。

自第二板上升的蒸气组成 y_2 与 x_1 满足精馏段操作线方程，由此关系式可求得 y_2。同理，x_2 与 y_2 成平衡，可由相平衡关系求得 x_2。

再利用精馏段操作线方程方程由 x_2 求得 y_3，如此重复计算，直至计算到恰好出现 $x_{N_1} \leqslant x_d$（x_d 为两操作线交点的液相组成）时为止。第 N_1 块理论塔板即为加料板，精馏段所需理论塔板数为 $N_1 - 1$。在计算过程中，每使用一次平衡关系，表示需要一层理论板。

此后，采用提馏段操作线方程与相平衡方程两式，继续进行与上述过程相似的重复计算，直到 $x_{N_2} \leqslant x_W$ 为止。由于再沸器内进行的过程是部分汽化，x_W 与 y_W 达到平衡，故相当于一次平衡蒸馏或一层理论板。因此不包括再沸器的全塔所需理论塔板数为 $N_2 - 1$。

逐板计算法计算结果准确，且可同时求得各层理论塔板上的汽液组成，但该法手算比较繁琐，可用下述图解法代替。

6.3.5.2 x-y 图解法

x-y 图解法虽然准确性较差，但直观、简单，目前在精馏计算中仍被广泛采用。对于 x-y 图解法，可将其步骤归纳如下（参看例 6-7）。

① 在 x-y 图中作出平衡曲线及对角线。

② 在 x 轴上定出 $x = x_D$、x_F、x_W 的点，并通过这三点依次按垂线定出对角线上的点 a、f、b。

③ 在 y 轴上定出 $y_c = x_D/(R+1)$ 的点 c，连 a、c 作出精馏段的操作线。

④ 由进料热状况求出 q 线的斜率 $q/(q-1)$，并通过点 f 作 q 线。

⑤ 将 q 线、精馏段操作线 ac 的交点 d 与点 b 连成提馏段的操作线 bd。

⑥ 从点 a 开始，在平衡曲线与线 ac 之间作梯级，当梯级跨过点 d 时，这个梯级就相当于加料板。然后改在平衡线与线 bd 间作梯级，直到再跨过点 b 为止。数梯级的数目，可以分别得出精馏段和提馏段的理论板数，同时也就决定了加料板的位置。

值得注意的是提馏段和全塔所需的理论板数，应从以上得出的数目减 1。此外，如果塔顶上的冷凝器不是全凝器，而是进行部分冷凝（只是将回流液冷凝下来），则称之为分凝器。显然，它也相当于一层理论板，使得分离所需的理论板数再减一层。但由于调节回流比时分凝器不如全凝器便利、准确，故目前生产上主要还是用全凝器。

了解以上联合运用相平衡和物料衡算进行二元蒸馏计算的原理，对于其他稍复杂的精馏问题也不难进一步分析。例如，若从塔内某一层塔板上引出一股液流（称为侧线出料），可以将全塔分为三段列出物料衡算，故 x-y 图中需分别作出三条操作线，其余与上述图解法并无原则区别；对于无侧线出料，但另有一股流量、组成以及热状况不同的进料，也可用类似的方法处理。又若分离的是水溶液，而且水是难挥发组分，则塔釜中几乎是不含易挥发组分的水，故可以通入直接蒸汽加热，而省去需要大量传热面积的再沸器，例 6-8 示出这种问题的解法。

图解法和逐板计算法从原理上是等价的，只不过前者用平衡曲线和操作线代替了平衡方程和操作线方程，但应当指出：

① 以 x-y 图解法代替逐板计算虽较直观，但当所需的理论板数相当多（如要求的纯度很高，或是物系的相对挥发度颇近于 1 等情况），则不易准确，这时宜采用适当的数值计算法；

② 上述解法中应用了恒摩尔物流的简化假定，与之偏差大的物系，如水-乙酸（乙酸的摩尔汽化潜热约只有水的 60%），误差较大，需用其他方法，这里不再详细讨论。

例 6-7 需用一常压连续精馏塔分离含苯 40%（质量分数，下同）的苯-甲苯混合液，要求塔顶产品含苯 97% 以上。塔底产品含苯 2% 以下。采用的回流比 $R = 3.5$，试求下述两种进料状况下所需的理论板数：(a) 饱和液体；(b) 20 ℃ 液体。

解 应用 x-y 图解法。由于平衡数据是用摩尔分数，而且要用到恒摩尔流的简化假定，故需将各个组成从质量分数换算成摩尔分数。现苯、甲苯（组分 A、B）的摩尔质量 $M_A = 78.1$，$M_B = 92.1$，则

$$x_F = \frac{0.4/78.1}{0.4/78.1 + 0.6/92.1} = 0.44$$

$$x_D = \frac{0.97/78.1}{0.97/78.1 + 0.03/92.1} = 0.974$$

$$x_W = \frac{0.02/78.1}{0.02/78.1 + 0.98/92.1} = 0.023\,5$$

即需满足

$$x_F = 0.44, \quad x_D \geqslant 0.974, \quad x_W \leqslant 0.023\,5$$

现按以下步骤进行图解（根据 $x_D = 0.974$，$x_W = 0.023\,5$）。

（a）饱和液体进料
- 在 x-y 图中作出苯-甲苯的平衡线和对角线，如图 6-20 所示。

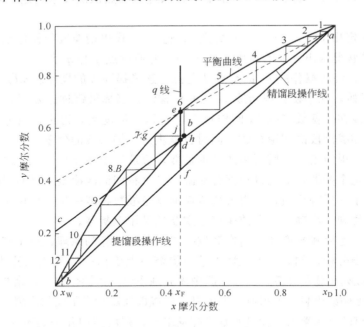

图 6-20　例 6-7 饱和液体进料时理论塔板数的图解

- 在对角线上定出点 a、f、b。
- 对角线上定出点 c，先计算 y_c

$$y_c = \frac{x_D}{R+1} = \frac{0.974}{3.5+1} = 0.217$$

再在 y 轴上标定点 c，连接 a、c 即得精馏段的操作线 ac。
- 作 q 线，对饱和液体进料，q 线为通过点 f 的垂直线（参看表 6-4），如图中线 fq。
- 作提馏段操作线 bd。由 q 线与 ac 线的交点得到两操作线的交点 d，联 b、d 即得。
- 作梯级，如图从点 a 开始在平衡线与 ac 线间作，第 7 个梯级跨过点 d 后改在平衡线与 bd 线间作，直到跨过点 b 为止。

由图 6-20 中的梯级数目得知，全塔的理论板数取一位小数约 11.9 层，减去釜所相当的一层，共需 10.9 层，其中精馏段需 6.1 层（分数由过点 d 的垂线与水平线 gh 相交于点 j，线段 jh 与 gh 的长度之比约为 0.1）。提馏段需 4.8 层。

（b）20 ℃冷液进料　见图 6-21。精馏段操作线与上述相同，但 q 线不同。例 6-6 中已算出这一进料状况下 $q=1.353$、$q/(q-1)=3.83$。如图 6-21 作出 ac 线，再作出提馏段操作线 bd。仍从点 a 起作梯级，可知现全塔理论板数取一位小数约 11.5 层，其中精馏段所需的板数 N_1；可从跨过点 d 的梯级数得知约为 5.7（过点 d 的垂线与水平线 gh 相交于点 j，线段 jh 与 gh 的长度之比约为 0.7），提馏段板数 $N_2 \approx 11.5-5.7-1=4.8$ 层。与前一情况相比，由于点 d 向右移动，所需的精馏段理论板数 N_1 略有减少（以一层的小数计）。

例 6-8　原设计乙醇-水精馏塔用间接蒸汽加热，进料状况为饱和液体，$x_F=0.18$。塔底出料 $x_W=0.04$；两操作线交点的坐标为 $d(0.18，0.40)$，自加料板（即提馏段第 1 层板）下流的液体组成 $x_1=0.16$。试与改用直接水蒸气加热时的情况作对比。

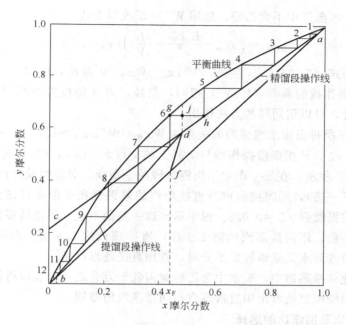

图 6-21　例 6-7 20 ℃冷液进料时理论塔板数的图解

解　图 6-22（a）示出应用直接蒸汽时的简图。进料和加料板以上部分与用间接蒸汽并无不同。故 q 线、操作线 ac 及其交点 d 不变；提馏段中的气、液流量 V'、L' 也相同，所不同的只是塔底的进出物料。仍基于恒摩尔流，塔底通入的直接蒸汽流量应为 V'，而排出废水（含微量酒精）的量 W^* 应与 L' 相等，故 W^* 比用间接蒸汽时 $W = L' - V'$ 要大。同时，废水的组成 x_W^* 应比用间接蒸汽时的 x_W 为小，提馏段的分离任务有所加重。

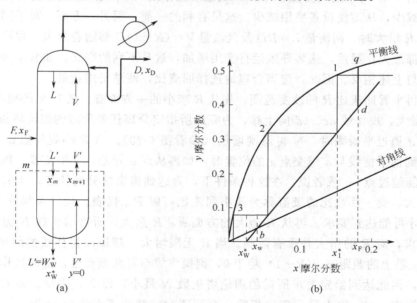

图 6-22　例 6-8，应用直接蒸汽加热

如图对虚线所示范围作易挥发组分的物料衡算

$$L'x_m + V'(0) = V'y_{m+1} + W^* x_W^*$$

式中，"0"是由于水蒸气中不含乙醇。应用 $W^* = L'$ 改写上式

$$y_{m+1} = \frac{L'}{V'} x_m - \frac{L' x_W^*}{V'} = \left(\frac{L'}{V'}\right)(x_m - x_W^*) \tag{6-24}$$

与用间接蒸汽时的式（6-19） $y_{m+1} = (L'/V') x_m - W x_W/V'$ 对比，可知：

① 两提馏段操作线的斜率（L'/V'）相同，此外，点 d 的位置也相同，故操作线 bd 与用间接蒸汽时重合，可以用同样的方法作出；

② 两种情况下所排出废水组成间的关系为 $W x_W = W^* x_W^* (= L' x_W^*)$；在式（6-24）中令 $y_{m+1} = 0$，得 $x_m = x_W^*$，从提馏段操作线与 x 轴上的交点 b^*（x_W^*，0）可确定 x_W^*。

如图 6-22（b）所示，在 x-y 图中作出提馏段的平衡线、对角线及操作线 bd（注意：横坐标的标尺放大了一倍），用间接蒸汽与直接蒸汽的差别仅在于前者提馏到 $x_W = 0.04$ 已满足要求，而后者需提馏到 $x_W = 0.025$。图中示出这一差别不大，理论塔板数以整数计已显不出来。如取一位小数，用间接蒸汽约需 2.3 层，直接蒸汽约 2.6 层。而再沸器的造价相当高，故在精馏水溶液而水又是难挥发组分时，常用直接蒸汽加热。

说明：在工业酒精蒸馏中，废水中含乙醇量需低于万分之一，现取得较大，因为是例题中要保证在 x-y 图能醒目地看出用直接蒸汽与间接蒸汽的差别。

6.3.6 最小回流比及回流比的选择

以上的分析、计算中，是将回流比作为给定的量。实际上，精馏中的回流比，在设计中是决定设备费和运行费的一个重要因素，应当妥善选择；在操作中，是一个对产品的质量和产量有重大影响而又便于调节的参数。这里对此作些讨论。

首先，分析回流比 $R = L/D$ 的改变对精馏操作的影响。由精馏段操作线方程及图 6-14可知：当 R 增大时，操作线 ac 在 y 轴上的截距 $y_c = x_D/(R+1)$ 减小，故 ac 将向对角线靠近；同时，由于 ac 与 q 线的交点 d 下移，提馏段操作线 bd 亦向对角线靠近；结果使得所需的理论板数减少，从而使设备费用减少，这是有利的一面。而另一方面，对于同样的产品量 D 及 W，当 R 增大时，回流量 $L = RD$ 及气流量 $V = (R+1)D$ 都随着增大，即冷凝器、再沸器等的负荷都加大；显然，这将导致运行费用增加，这是不利的因素。如减小回流比，变化的情况刚好与上述相反。因此，应当合理地选择回流比，使总费用最低。

其次，再来看回流比 R 的改变范围。先从 R 减小的一方面看：随着 R 的减小，$y_c = x_D/(R+1)$ 将增大，操作线 ac、bd 向上移，为完成所指定分离任务所需的理论塔板数 N 增多。特别在交点 d 逼近平衡线时，N 将急剧增加（参看图 6-23）。当 R 小到使点 d 与平衡线相遇，即点 d 到达平衡线与 q 线交点 e 的位置时，如再从点 a 开始，在平衡线、操作线之间画梯级，将不能越过点 e；或者说，在这种条件下，为达到指定的分离任务，所需的理论板数 N 变成无穷大。此一回流比的极值称为最小回流比，以 R_{min} 代表。设计及操作中的 R 必须大于 R_{min}，才可能达到要求。再从 R 增大的方面看：R 愈大，所需的板数 N 愈少，故为达到所需的要求，对 R 的增大并没有限制。当 R 无限增大，精馏段操作线的斜率 $R/(R+1)$ 趋于 1，在 y 轴上的截距 $x_D/(R+1)$ 趋于 0，则操作线与对角线重合，此时操作线与平衡线的距离最远，因此达到给定要求所需的理论塔板数 N 最小，以 N_{min} 表示。将 $R = \infty$ 的操作情况称为全回流，N_{min} 称为最少理论板数。全回流时，精馏塔产品量 D 为零，通常也不需要进料，可见它不能作为生产中的正常操作，只是在某些特定的条件下才用它。如精馏塔的启动阶段，或操作中因意外而产品纯度低于要求时，进行一定时间的全回流，使能较快地达到操作正常；以及在试验中测定塔的分离效能（塔板效率）等。

由上可知：实用的回流比应在下限 R_{min} 与上限 $R=\infty$ 之间选取。最优回流比 R_{opt} 需通过总费用为最小的经济核算决定，总费用现简化为设备折旧费和操作费之和作为示例。

设备折旧费主要是精馏塔、再沸器、冷凝器等设备的投资乘以折旧率，若设备类型和材料已经选定，此项费用主要决定于设备的尺寸和塔板的数目。当 $R=R_{min}$ 达成分离要求所需的理论板数 $N=\infty$，相应的设备费亦为无限大；当 R 稍稍增大，N 即从无限大急剧减少，随 R 继续增大 R 对 N 的影响逐渐减弱。另一方面，随着 R 的增大，为得到同样产品量 D，精馏段上升蒸气量 $V=(R+1)D$ 随 R 线性增加，使得再沸器、冷凝器的负荷随之增加之外，塔径及上述换热器也要相应增大。当这些增加的费用超过塔板数减少的费用时，设备费将开始随 R 的增大而增大。因此，随着 R 从 R_{min} 起逐渐增大，设备折旧费先是从无穷大急剧减小，经过一最小值之后又重新增大，如图 6-24 中的曲线 1 所示。

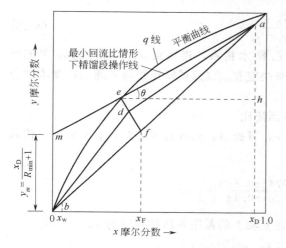

图 6-23　在 x-y 图中分析最小回流比

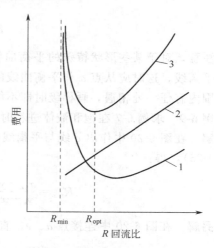

图 6-24　回流比对精馏费用的影响
1—设备的折旧费；2—能源费；3—总运行费

操作费主要为再沸器中加热蒸汽消耗和冷凝器中冷却水消耗的费用，可称为能源费，它取决于塔内上升蒸气量。因 $V=L+D=(R+1)D$，$V'=V+(q-1)F$，故当 F、q、D 一定时，上升蒸气量 V 及 V' 与回流比 R 呈线性增大，如图 6-24 中线 2 所示。

总运行费在图中用线 3 代表，其最低点相当于最优回流比 R_{opt}。应用上述方法所需的数据，在设计时往往难以完整、准确得知，对此可取一经验数据，通常为 R_{min} 的（1.1～2）倍。近年因能源紧缺，以及相平衡数据准确性的提高，趋势是选用的回流比有所减小。但对于难分离的混合液，则可能大于上述范围。

以上的分析主要是从设计的角度，考虑 R 对设备费、运行费的影响，在此基础上选定适宜的 R 值进行设计。对于生产中的精馏塔则是另一种情况：设备都已安装好，塔板数和上升蒸气的最大流量等都已定下，这时就应从调节操作状况的角度来考虑回流比的影响。例如，当蒸气流量 V 和进料的流量、组成、热状况不变，增大回流比的影响是：

① 由于 $D=V/(R+1)$，故塔顶产品量 D 相应减少；

② 由于达成原分离要求所需的板数减少，现板数不变，就可超过原来的分离要求，即产品纯度 x_D 将提高。若减小回流比，则情况刚好相反。

上述在增大回流比、提高 x_D 的同时，若要保持塔顶产品量 D 不变，也可在塔操作性能允许的范围内，用适当加大蒸气量 V 的办法来达到。但设计优良的塔，增加的余地不大。

最小回流比 R_{min} 的值，可根据进料热状况，x_F、x_D 及相平衡关系等来确定。最常用的方法可参看图 6-23，当操作线 ac 通过 q 线与平衡线的交点 e 时，相应的回流比为 R_{min}，代入操作线 ac 的方程（6-19）中，可知这时 ac 的斜率为 $R_{min}/(R_{min}+1)$；又 ac 在 y 轴上的截距为 $y_m = x_D/(R_{min}+1)$，用这两式之一即可决定 R_{min}。图 6-23 示出：线 ae 的斜率可用下式表达

$$\tan\theta = \frac{ha}{eh} = \frac{x_D - y_e}{x_D - x_e}$$

故

$$\frac{R_{min}}{R_{min}+1} = \frac{x_D - y_e}{x_D - x_e}$$

解得

$$R_{min} = \frac{x_D - y_e}{y_e - x_e} \tag{6-25}$$

注意，对于某些形状特殊的平衡曲线，如乙醇-水物系，连接点 a、e 的直线 ae 可能已穿过平衡线，这时应从点 a 作平衡曲线的切线来决定 R_{min}（只要操作线与平衡线在要求的分离范围内有任一处相遇，画梯级时即不能通过）。

例 6-9　求例 6-7 在饱和液体进料时的最小回流比。

解　在图 6-20 中作出 q 线与平衡线的交点 e，可查得：$x_e = x_F = 0.44$，$y_e = 0.66$，代入式（6-25），得：

$$R_{min} = \frac{x_D - y_e}{y_e - x_e} = \frac{0.974 - 0.660}{0.66 - 0.44} = 1.43$$

另解　在图 6-20 中连接点 a、e，直线 ae 在 y 轴上的截距可从图查得为 $y_m = 0.40$。

$$y_m = x_D/(R_{min}+1) \text{可改写为} R_{min} = x_D/y_m - 1$$

故　　　　　　　　$R_{min} = 0.974/0.40 - 1 = 2.435 - 1 = 1.435$

与上法符合得很好。

6.3.7　实际塔板数和塔板效率

以上的内容，都是对理论塔板而言，实际操作中的塔板，由于接触时间有限等原因，在汽、液接触传质后离去时，一般达不到前述的相平衡状态。通常用塔板效率来表示塔板上传质的完善程度，以便根据理论板数得出实际板数。塔板效率有不同的表示方法，单板效率与全塔板效率是常用的两种。

全塔板效率 E_0，又称总板效率，即为完成一定分离任务所需的理论塔板数 N 与实际塔板数 N_e 之比，即

$$E_0 = N/N_e$$

另一种塔板效率——单板效率，国外文献中通称为默弗里（Murphree）板效率。如图 6-27 所示，对于第 n 层塔板而言，自下一层，即第（$n+1$）层板上升、组成为 y_{n+1} 的蒸气，在第 n 层塔板上与液相进行物质交换后，离开该板的蒸气组成已提高到 y_n，这层塔板气相的增富程度为 $y_n - y_{n+1}$；而与离开该板的液相组成 x_n 成平衡的气相组成用 y_n^* 表示在理论上可达到的增富程度为 $y_n^* - y_{n+1}$。两者之比称为这层塔板（第 n 板）的气相单板效率 E_{mV}

$$E_{mV} = \frac{y_n - y_{n+1}}{y_n^* - y_{n+1}} \tag{6-26}$$

单板效率与总板效率来源于不同的概念。单板效率直接反映单独一层塔板上传质的优劣，常用于塔板研究中，各层塔板的单板效率通常随组成等因素变化并不相等；而总板效率是反映整座塔的平均传质效果，便于从理论板数得到实际板数，常用于板式塔设计中。应注意：即使各层塔板的单板效率都相等（如在低浓度气体的吸收中），一般也并不等于总板效率。两者在简单的情况下可以用理论公式关联。

本章以前只讨论到汽液平衡和物料衡算，遇到塔板效率时才涉及传质速率（或称为传质动力学）。实际上，在板式塔中，是将所有影响传质过程的动力学因素全都归结到塔板效率上了。因此，塔板效率对板式塔的设计或操作，都很重要；但又很复杂，至今尚未获得满意解决。塔板效率的影响因素，可概括为三大类。

① 气、液两相的物理性质，如扩散系数、表面张力、黏度、密度、相对挥发度等；

② 操作参数，主要有气、液的流速，回流比和压力、温度等；

③ 塔的结构，概括地说，希望能提供良好的两相接触，如大的相界面、激烈的湍动；以及在两相的流动方向和状况上，希望能使平均传质推动力较大。

其中第①项为内因；第②、③项为外因。若塔板设计合理，操作条件又在正常范围内，则塔板效率比较固定，设计条件或操作条件纵有些变化，板效率也不会显著改变。根据对正确设计工业塔的实测数据，得知影响板效率最重要的因素是相对挥发度和液相黏度。蒸馏塔的总板效率可通过奥康乃尔（O' connel）关联图来估计，如图 6-25 所示。横坐标为 $\alpha\mu_{av}$，其中 α 表示两组分的相对挥发度，按塔顶与塔底平均温度计算；μ_{av} 表示进料液体的平均摩尔黏度，按下式计算

$$\mu_{av} = \sum x_i\mu_i \tag{6-27}$$

式中，x_i——组分 i 的摩尔分数；

μ_i——组分 i 的黏度，mPa·s，亦按塔顶与塔底平均温度计算。

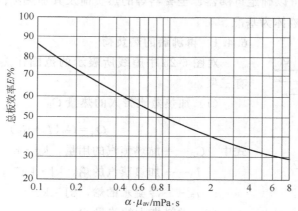

图 6-25　蒸馏塔总板效率关联图

图 6-25 中的曲线，可以回归成下列方程

$$E = 0.563 - 0.276 \log(\alpha\mu_{av}) + 0.081\ 5 \log^2(\alpha\mu_{av}) \tag{6-28}$$

计算时亦可用下列简单的近似式

$$E = 0.49(\alpha\mu_{av})^{-0.245} \tag{6-29}$$

上述关系式主要根据泡罩板数据作出的，对于其他板型，可参考表 6-6 所列的总板效率相对值加以校正。

表 6-6　总板效率的相对值

塔　　型	总板效率相对值	塔　　型	总板效率相对值
泡罩塔	1.0	浮阀塔	1.1~1.2
筛板塔	1.1	穿流筛孔塔板(无降液管)	0.8

例 6-10　若例 6-7 的精馏塔用的是筛板,已查得苯和甲苯在塔顶、塔底平均温度 $[t_m \approx (80+110)/2=95 \ ℃]$ 下的黏度皆为 0.275 mPa·s,试估计泡点进料时的实际板数和加料位置。

解　现平均塔温下的黏度 $\mu=0.275$ mPa·s,而相对挥发度由表 6-3 的数据内插,知 $\alpha=2.47$,故查图 6-25,得知全塔板效率约为 0.54;对筛板,表 6-6 中效率的相对值为 1.1。故 $E_0 \approx 0.54 \times 1.1 \approx 0.59$。

例 6-6 已求得全塔理论塔板数 $N=10.9$,故实际板数为

$$N_e=N/E_0=10.9/0.59=18.5$$

但实际板数应为整数,取为 19 层。精馏段理论板数 $N_1 \approx 6.1$,故实际板数为

$$N_{e1}=N_1/E_0=6.1/0.59=10.3$$

取为 11 层,则实际加料板为第 12 层,提馏段共 19-11=8 层。但若分段计算,根据提馏段理论板数为 $N_2=4.8$ 层,可求其实际板数需为

$$N_{e2}=N_2/E_0=4.8/0.59=8.1$$

故若选用 8 层稍嫌不足,宜用 9 层。于是,全塔实际板数为 $N_e=11+9=20$ 层。

由上可知,在求取实际板数时,以精馏段、提馏段分别计算为佳。而且设计时,往往精馏段、提馏段都多加一层至几层塔板作为余量,以保证产品质量,并便于操作及调节。

6.4　精馏装置的热量衡算

应用热量衡算,可以确定再沸器、全凝器等的热负荷及其加热蒸汽或冷却水的用量。热量的计算均以 0 ℃ 的液体为基准。

6.4.1　再沸器的热负荷

对图 6-26 中虚线所表示的范围作热量衡算,进入的热量有三项。

(1) 加热蒸汽带入的热量 Q_B

$$Q_B=G_B(I_B-i_B)$$

式中　G_B——加热蒸汽的用量,kg·h^{-1} (或 kg·s^{-1});

I_B——加热蒸汽的焓,kJ·kg^{-1};

i_B——冷凝水的焓,kJ·kg^{-1}。

(2) 进料带入的热量 Q_F

$$Q_F=G_F I_F$$

式中　G_F——进料的质量流量,kg·h^{-1};

I_F——进料的焓,kJ·kg^{-1}。可用例 6-6 同样的方法计算。

(3) 回流带入的热量 Q_R

$$Q_R=RG_D c_{pR} t_R$$

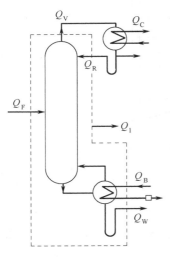

图 6-26　精馏塔和再沸器的热量衡算

式中　G_D——塔顶产品的质量流量，$kg \cdot h^{-1}$；

c_{pR}、t_R——回流液入塔时的比热容，$kJ \cdot kg^{-1} \cdot K^{-1}$ 和温度，℃；

　　　　R——回流比。应说明的是，由于用全凝器时回流液和塔顶产品的组成相同，而平均摩尔质量相同，故两者摩尔之比与质量之比相等；用分凝器时两组成一般也很接近，仍可认为相等。

离去的热量也有三项。

（1）塔顶气流带出的热量 Q_V

$$Q_V = G_D(R+1)I_V$$

式中　I_V——塔顶气相的焓，$kJ \cdot kg^{-1}$。

（2）塔底产品带出的热量 Q_w

$$Q_w = G_w c_{pw} t_w$$

式中　c_{pw}、t_w——塔底产品的比热容，$kJ \cdot kg^{-1} \cdot ℃$ 和温度，℃；

　　　　G_w——塔底产品的质量流量，$kg \cdot h^{-1}$。

（3）散失于周围的热量 Q_l

热量衡算式为

$$Q_B + Q_F + Q_R = Q_V + Q_w + Q_l$$

故再沸器的热负荷 Q_B 由下式计算

$$Q_B = G_D(R+1)I_V + G_w c_{pw} t_w - G_F I_F - G_D R c_{pR} t_R + Q_l \tag{6-30}$$

等式右边的第一项 Q_V 是主要的，Q_l 约占 Q_V 的 5%～15%，其他三项的代数和通常只占很小比例，故可估计

$$Q_B \approx G_D(R+1)I_V \tag{6-31}$$

加热蒸汽用量

$$G_B = Q_B / (I_B - i_B) \tag{6-32}$$

6.4.2　冷凝器的热负荷

① 全凝器，用于移出全部气流的冷凝热 Q_c

$$Q_c = G_D(R+1)(I_V - c_{pR} t_R) \tag{6-33}$$

若流出液体处于饱和温度，则

$$Q_c = G_D(R+1)r_V \tag{6-33a}$$

式中　r_V——塔顶气相的冷凝潜热，$kJ \cdot kg^{-1}$。

冷却水（或其他冷却剂）的用量 G_c，$kg \cdot h^{-1}$。

$$G_c = Q_c / c_{pc}(t_2 - t_1) \tag{6-34}$$

式中　t_1、t_2——冷却剂的进、出口温度，℃；

c_{pc}——冷却剂的比热容，$kJ \cdot kg^{-1} \cdot K^{-1}$。

② 分凝器，用于移出气流中作为回流部分的潜热，通常冷凝液在饱和温度下流出，有

$$Q_c = R G_D r_R$$

式中　r_R——回流液的汽化潜热，$kJ \cdot kg^{-1}$；可认为与 r_V 相同。

求出热负荷 Q_c 后，冷却剂用量仍按式（6-34）计算。

对其他传热设备，如产品冷却器，进料预热器等，可以用类似的方法算出其热负荷及载热体用量。

例 6-11　若例 6-7 的进料量 $G_F = 15\ 000\ kg \cdot h^{-1}$，热损失可取 $Q_l = 1.6 \times 10^6\ kJ \cdot h^{-1}$，

试求两种情况下再沸器的热负荷和加热蒸汽的用量。设所用水蒸气的压力为 245 kPa（绝压）。

解 先应用全塔物料衡算式（6-14）、式（6-13a）（质量单位）求出塔顶、底产品质量流量 G_D、G_W 如下

$$G_D = 15\,000\,\frac{40-2}{97-2} = 6\,000 \text{ kg} \cdot \text{h}^{-1}$$

$$G_W = 15\,000 - 6\,000 = 9\,000 \text{ kg} \cdot \text{h}^{-1}$$

（a）饱和液体进料

利用例 6-6 中已知的数据 $\quad c_{pF} = 1.84 \text{ kJ} \cdot \text{kg}^{-1} \cdot \text{K}^{-1}$

$$t_F = 94\,℃,\quad r_A = 394 \text{ kJ} \cdot \text{kg}^{-1},\quad r_B = 362 \text{ kJ} \cdot \text{kg}^{-1}$$

故 $\quad Q_F = G_F I_F = G_F c_{pF} t_F = 15\,000 \times 1.84 \times 94 = 2.59 \times 10^6 \text{ kJ} \cdot \text{h}^{-1}$

回流液的温度可近似取为纯苯的饱和温度（80 ℃），于是

$$Q_R = R G_D c_{pR} t_R = 3.5 \times 6\,000 \times 1.84 \times 94 = 3.09 \times 10^6 \text{ kJ} \cdot \text{h}^{-1}$$

塔顶气相的焓 I_V 可按纯苯计算

$$I_V = c_A t_A + r_A = 1.84 \times 80 + 394 = 541 \text{ kJ} \cdot \text{kg}^{-1}$$

故 $\quad Q_V = G_D(R+1)I_V = 6\,000(3.5+1) \times 541 = 14.6 \times 10^6 \text{ kJ} \cdot \text{h}^{-1}$

塔底产品的温度可近似取为甲苯的沸点（110 ℃），故

$$Q_W = G_W c_{pW} t_W = 9\,000 \times 1.84 \times 110 = 1.82 \times 10^6 \text{ kJ} \cdot \text{h}^{-1}$$

按式（6-30），可得出再沸器的热负荷

$$Q_B = (14.6 + 1.82 - 2.59 - 3.09 + 1.6) \times 10^6 = 12.3 \times 10^6 \text{ kJ} \cdot \text{h}^{-1}$$

加热蒸汽一般只能利用其冷凝潜热，查得 245 kPa（绝）下水蒸气的潜热 $r_B = 2\,186 \text{ kJ} \cdot \text{kg}^{-1}$。故其用量为

$$G_B = 12.3 \times 10^6 / 2\,186 = 5\,627 \text{ kg} \cdot \text{h}^{-1}$$

（b）20 ℃冷液进料

除 Q_F 外，其余各项热量与上相同。现 20 ℃冷液带入的热量为

$$Q_F = 15\,000 \times 1.84 \times 20 = 0.55 \times 10^6 \text{ kJ} \cdot \text{h}^{-1}$$

故 $\quad Q_B = (14.6 + 1.82 - 0.55 - 3.09 + 1.6) \times 10^6 = 14.38 \times 10^6 \text{ kJ} \cdot \text{h}^{-1}$

$$G_B = 14.38 \times 10^6 / 2\,186 = 6\,578 \text{ kg} \cdot \text{h}^{-1}$$

6.5 多元精馏的概念

工业生产中遇到的基本上都是多元蒸馏的问题。它的分离原理与二元蒸馏相同，仍然是利用各组分挥发度的差异，在塔内构成气、液逆向的物流并发生多次部分汽化和部分冷凝而实现组分的分离。多组分精馏过程的计算仍然基于汽液平衡和物料衡算两关系的联合运用（非恒摩尔流时还要加上热量衡算）等。但由于涉及的组分数目增多，影响因素也增多，因此要解决的问题也就复杂得多。

从蒸馏的方式来说，小批量的溶液常以间歇精馏为宜，可以用一个塔，顺次得出多个较纯的或一定沸点范围的馏分。对较大的生产规模需要应用连续精馏时，则必须用多个塔，而且有不同的流程安排。一般较佳的方案应满足：

① 能保证产品质量，满足工艺要求，生产能力大；

② 流程短，设备投资费用少；

③ 运行费用低、回收率高，即回收的产品量与该组分的进料量之比要大；

④ 操作管理方便。

以三元物系为例（按挥发度从大到小为 A、B、C，以下同），作简单分析，流程有如图 6-27 所示的两种。流程（a）是按组分挥发度递减的循序，各组分逐个从塔顶蒸出，仅最难挥发组分从最后的塔釜分离出来。因此，组分 A、B 都被汽化一次和冷凝一次，而组分 C 没有被汽化或冷凝。流程（b）是按组分挥发度递增的循序，各组分逐个从塔釜中分离出来，仅最易挥发组分从最后塔的塔顶蒸出。因此，组分 A 被汽化、冷凝各二次，组分 B 被汽化、冷凝各一次，而组分 C 既没有被汽化也没有被冷凝。比较这两个流程可知，流程（b）较流程（a）的组分被汽化和冷凝的总次数多，因而加热和冷却介质消耗量大，即操作费用高；并且流程（b）上升的蒸气量多，因而所需的塔径、再沸器和冷凝器的传热面积均较大，即设备费用也较高。从上述的考虑，流程（a）优于流程（b）。但有时还必须考虑其他因素。

一般来说，当组分更多时，除最后一个塔分离二元溶液外，每个塔只能分出一个高纯组分，故要分离 k 个组分，就需要（$k-1$）个塔，分离流程数也随组分数的增多而急剧增加。在这些流程中，根据挥发度从大到小依次分出比较经济，因为每个塔的汽化量都只需馏出一个组分，如图 6-27（a）第一塔的汽化量就比图 6-27（b）要小。这样就能减轻再沸器和冷凝器的负荷，因而设备紧凑，能耗较低，塔径也较小。但也应当注意其他的因素如下所述。

① 对热敏性的组分，如易分解的物质或倾向于聚合的单体，希望在流程中尽可能减少作为塔底产品出现的次数，优先分出。

② 对有腐蚀性的组分，也希望能尽早分出，以降低其后的设备防腐要求。

③ 对纯度要求高的组分，希望从塔顶分出，因为少量杂质往往以难挥发物的形态留在塔底产品中。

④ 如有难分离的一对相邻组分，宜置于最后分离，因所需的板数多、回流比大，到最后塔径最小，较为经济。类似的道理，应把要求高纯度或高回收率的组分放在最后分离。

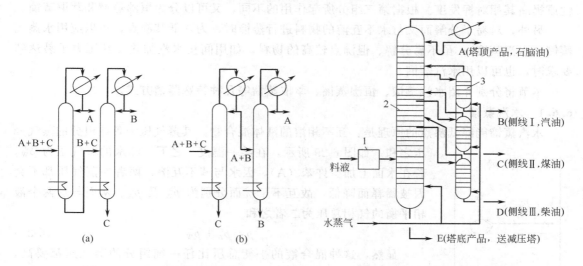

图 6-27　三元连续精馏流程　　　　　　　图 6-28　多元溶液的侧线分馏
1—加热炉；2—主塔；3—侧塔

在某些情况下，对产品并不要求为纯组分，而只要求具有一定的沸点范围，如炼油工业中要求生产的多种油品。对此可用如图 6-28 所示的复杂塔，将原油分为 A、B、C、D、E

五种沸点（范围）由低到高的油品，它有三股侧线出料，每个侧线馏分都通过汽提塔，以水蒸气逐出其中的低沸组分，这些汽提塔叠在一起，成为一个侧塔。

图 6-28 中用一个主塔和一个侧塔代替 4 个塔，但其流程相当于挥发度从小到大的各组分从各个塔底取出［如图 6-27 (b)］，故能耗不经济。此外，当料液主要是两个组分，其余的含量不多，且将在塔内某一段中浓集，则这些组分可从其浓度最高的塔板上经侧线取出，于是可在一般的单塔装置中分离这两个主要组分和另外的少量组分。如蒸馏醪液制造酒精就应用这种方案，从适当位置取出少量杂醇油（高碳醇）。但应注意，侧线出料一般得不到纯度高的组分。

在多组分精馏的多塔流程中，根据每个塔的分离任务，可以定出一对关键组分，一个多元精馏塔主要是对这对关键组分进行分离。一般选取工艺中最关心的两个组分（通常是选择挥发度相邻的两个组分），规定它们在塔顶和塔底产品中的组成或回收率，那么在一定的分离条件下，所需的理论板层数和其他组分也随之而定。例如对图 6-27 中的第一个塔，图 (a) 的关键组分为 A 与 B，而图 (b) 中则为 B 与 C。关键组分中，较易挥发的称轻关键组分，较难挥发的称重关键组分。在多元蒸馏中，馏出物中重关键组分的含量和釜液中轻关键组分的含量，都不应超过给定的指标，故关键组分是一个常要用到的重要概念。

6.6　特殊蒸馏

如前所述，一般的蒸馏过程是以溶液中各个组分的挥发度不同作为分离的依据；但生产中需要分离的溶液有的具有恒沸点也有的挥发度很接近。如乙醇-水溶液在 101.3 kPa 下有恒沸组成摩尔分数 $x_M = 0.894$（质量百分数为 95.57%），不能用一般蒸馏方法制取无水酒精。又如苯-环己烷的沸点分别为 80.1 ℃和 80.8 ℃，为完成一定的分离任务所需的塔板数就非常多，故经济上不合理，很难用一般的蒸馏方法分离；对上述情况，工业上常采用特殊的蒸馏方式进行分离。其基本原理是在二元溶液中加入第三组分，以改变原二元系的非理想性或提高其相对挥发度。根据第三组分所起作用的不同，又可以分为恒沸蒸馏和萃取蒸馏。

另外，对易于分解而又与水不互溶的物料进行蒸馏时，为降低其沸点，可以应用水蒸气蒸馏（水汽蒸馏）；虽不易分解、但沸点较高的物料，如用间接水汽加热，其压力不易达到要求时，也可以用水汽蒸馏。

本节将分别介绍水汽蒸馏、恒沸蒸馏、萃取蒸馏等几种特殊蒸馏方式。

6.6.1　水汽蒸馏

水汽蒸馏能降低沸点的原理是：互不相溶的液体混合物，其蒸气压为各纯组分的蒸气分压之和。如图 6-29 所示，在某一温度 t 之下，纯水的蒸气压为 p_W^0，若在水面上加少许苯（A），因水与苯不互溶，两者的蒸气压都不会因被稀释而降低，故互不干扰而分别为 p_W^0 及 p_A^0。从而与这两个液相平衡的气相总压为二者之和

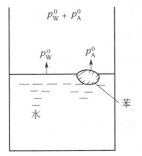

图 6-29　互不相溶液体
混合物的蒸气压

$$p = p_A^0 + p_W^0 \tag{6-35}$$

显然，这种混合液的平衡总压比任一纯组分的蒸气压都要高，因而在某一总压下其沸点就比任一纯组分为低。实际上，在总压 $P = 101.3$ kPa 下，水的沸点为 100 ℃，苯的沸点为 80.1 ℃，而苯-水不互溶混合液的沸点为 69.5 ℃，比两纯组分明显较低。

注意上述原理与各组分相对量的大小无关，其极限情况可以是

水面上有一滴苯，也可以是苯下面有一滴水。总之，只要有两个液相存在，与之平衡的气相总压就是两液相的蒸气压之和。现讨论的水汽蒸馏中，一液相是水，另一液相是与水不互溶的料液（料液也可以是互溶组分的混合液）。

将水汽和组分 A 的混合蒸气冷凝后，由于水与液体 A 互不相溶而分层，不难分离。

上述原理可同样用于精馏中，如原油的分馏（参看图 6-28）。以水汽降低精馏温度的代价是：

① 消耗水汽作为带出剂；

② 需相应增大塔径和冷凝器；

③ 由于多了水汽这一惰性组分，对传质会起阻碍作用，而需要较多的塔板或较高的填料层。

6.6.2 恒沸蒸馏

添加的第三组分与原组分之一形成二元最低恒沸物，或与原来的两组分形成三元最低恒沸物，其沸点比原组分或原恒沸物低得较多，使溶液变成"恒沸物-纯组分"的蒸馏，其相对挥发度大而易于分离。这种精馏称为恒沸精馏，第三组分称为夹带剂或恒沸剂。

具有明显工业价值的恒沸蒸馏，可举从乙醇-水恒沸液制取无水酒精为例，其流程如图 6-30 所示。将工业酒精（组成很近于乙醇-水恒沸物）加入恒沸精馏塔 1，加苯，塔底排出所需要的产品无水酒精。塔顶馏出的三元恒沸物蒸气经冷凝后，导入分层器 4，经静置后分为两层。轻相富含苯，回流入塔；重相富含水，亦有少量苯，可在脱苯塔 2 中以三元恒沸物形式蒸出，亦经冷凝后导入分层器。塔 2 的塔底产品为稀酒精，可导入普通的酒精塔 3 中蒸浓，再返回塔 1 作为料液，塔 3 的底部排出废水。脱苯塔 2 中，苯、乙醇和水形成三元恒沸物，在 101.3 kPa 的沸点为 64.6 ℃，比乙醇的沸点 78.3 ℃ 或乙醇-水的恒沸点 78.15 ℃ 都要低得多。三元恒沸物的组成（摩尔分数）为：苯 0.544、乙醇 0.230、水 0.226，其中水对乙醇的摩尔比为 0.98，比乙醇-水恒沸物的这一摩尔比 0.12 要大得

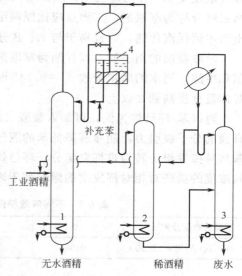

图 6-30　恒沸蒸馏制取无水酒精的流程
1—恒沸精馏塔；2—脱苯塔；3—酒精塔；
4—分层器

多。故只要有足量的苯作为夹带剂，在精馏时水将全部集中于三元恒沸物中从塔顶馏出，而塔底产品为无水酒精。作为夹带剂的苯在系统中循环，补充损失的苯量在正常情况下低于无水酒精产量的千分之一。

乙醇-水的恒沸蒸馏在技术经济上合理的原因是：

① 作为塔底产品的乙醇（无水酒精）并不汽化，要分出的水只占料液的 0.106（摩尔分数）稍多，又不需要很大的回流比，故汽化量（为了蒸出三元恒沸物）相对地并不大；

② 三元恒沸物的冷凝液可分为轻、重两相，使夹带剂易于返回恒沸塔，循环利用。

恒沸蒸馏可分离具有最低恒沸点或具有最高恒沸点的溶液及挥发度相近的物系。在恒沸蒸馏中对夹带剂的选择很重要，它关系到能否分离及是否经济的问题。对夹带剂的主要要求如下。

① 与被分离组分形成恒沸物，其沸点与另一被分离组分要有足够大的差别，一般要求大于 10 ℃。这是对夹带剂的基本要求。

② 希望能与料液中含量少的那个组分形成恒沸物，而且夹带的量要求尽可能高。以使夹带剂用量少，热量消耗低。

③ 保证恒沸物冷凝后能分为轻、重两相，以使夹带剂易于回收。

④ 应满足一般的工业要求，如热稳定、不腐蚀、无毒、不易着火、爆炸、来源容易、价格低廉等。

根据上述要求，以及分层混合液的蒸气压是两液相蒸气压之和的原理，选择夹带剂的一个重要的考虑是它与含量少组分的溶解度愈小愈好，以使得二元混合物分成两个液相，而得到沸点比两液相都低的恒沸物。故制取无水酒精，除苯外也可选择戊烷、三氯乙烯等与水互不相溶的有机物作为夹带剂。

6.6.3 萃取蒸馏

萃取蒸馏中，添加的第三组分与原来溶液中两组分 A、B 的分子作用力不同，故能有选择性地改变 A、B 的蒸气压，从而增大其相对挥发度；原来有恒沸物的，也被破坏。这样的第三组分称为萃取剂，其沸点应比原两组分都高得多，又不形成恒沸物，故蒸馏中从塔底排出而不消耗汽化热，而且易于与 A、B 分离完全。

萃取蒸馏的例子如：以甘油为萃取剂，从工业酒精制无水酒精；以水为萃取剂，分离丙酮和甲醇，当水的摩尔分数 $x_E = 0.145$ 时，恒沸点消失，而当 $x_E = 0.6$ 时，丙酮对甲醇的相对挥发度提高到 2 以上。

再以苯-环己烷为例，可加入糠醛（沸点 161.7 ℃）为萃取剂，它对不饱和烃包括苯环，有强的分子吸引力，能显著降低苯的蒸气压，而对环己烷影响不明显，故加入糠醛后，将使苯从易挥发组分转为难挥发组分，环己烷成为易挥发组分，而且具有较大的相对挥发度。不同浓度的糠醛对相对挥发度的影响列于表 6-7。

表 6-7 不同浓度糠醛对环己烷-苯相对挥发度 α 的影响

糠醛的摩尔分数 x_E	0	0.2	0.4	0.6	0.7
环己烷(A)对苯(B)的 α	0.98	1.38	1.86	2.35	2.70

上述萃取蒸馏的流程如图 6-31 所示。在萃取蒸馏塔 1（主塔）中，由于萃取剂 E 的加入，使塔顶不难获得足够纯的 A（环己烷）。在 E 的进口之上还有几层塔板，用于脱除 A 蒸气中的少量 E，以提高 A 的纯度、减少 E 的损失。塔底则得到（B+E）。由于 B、E 的沸点差很大，故易于在溶剂分离塔 2（副塔）中分离，回收的 E 返回主塔，循环使用。

对萃取剂的要求如下。

① 选择性强，使原组分间的相对挥发度能显著增大。

② 溶解度大，能与任何浓度下的原溶液互溶，以避免分层，否则就会产生恒沸物而起不了萃取蒸馏的作用。

③ 沸点适当，应比任一组分高得多，以免混入塔顶产品中，也易于与另一组分分离。但沸点太高，也会使其回收较为困难。

④ 应满足一般的工业要求（同夹带剂）。

通常萃取溶剂的选择性和溶解度是矛盾的，为使溶解度至少能保证不分层，在选择性方面又希望相对挥发度尽可能大一些（参看表 6-5），萃取剂的循环量一般都相当大，常达进料量的 5 倍或更多。使得萃取蒸馏塔的液体负荷特别大；在塔板上还将阻碍气液间的传质，使塔板效率降到相当低，譬如只达到 20% 左右或更低；在循环中消耗的动力和热量也是可观的。

还有一种形式的萃取蒸馏以固体盐类作为萃取剂，称为溶盐蒸馏（或盐溶蒸馏）。例如在工业酒精中添加氯化钙，由于氯化钙与水有很强的结合力，将破坏恒沸物，使无水酒精从塔顶蒸出。这种方法所需的塔板数比恒沸蒸馏要少很多，水蒸气用量也可以节约。添加氯化钙的蒸馏也可用于丙醇-水、水-乙酸（这时从塔顶蒸出沸点约 118 ℃的乙酸）。但是，从塔底排出的盐水，需经浓缩、结晶后才能返回重用，盐在加工、输送中的困难以及堵塞、腐蚀等问题，使溶盐蒸馏的应用受到限制。

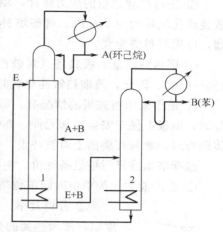

图 6-31　环己烷-苯的萃取蒸馏流程
1—萃取精馏塔；2—溶剂分离塔

一些物系的分离既可用恒沸蒸馏也可用萃取蒸馏，如上述的乙醇-水，环己烷-苯等。在应用上应怎样考虑？可注意以下几点：

① 能量消耗。溶剂（第三组分）在恒沸蒸馏中以气态离塔，在萃取蒸馏中则以液态离塔，故前者消耗较多的加热蒸汽、冷却水，只有少量的组分被恒沸物带出时，这一差别才缩小。

② 溶剂选择。萃取剂较夹带剂易于选择。

③ 操作条件。一定总压下，恒沸物的组成、温度是恒定的，而萃取蒸馏塔的操作条件（如溶剂比）允许在一定范围内改变，故较为灵活。但对间歇精馏讲，夹带剂可与料液同时放入釜内，恒沸精馏又较为方便。此外，恒沸精馏的温度比萃取精馏低，故适宜于分离不耐热物料。

6.7　蒸 馏 设 备

6.7.1　概述

塔设备在 5.2 中已简单提及，它也是进行蒸馏的气液传质设备，广泛应用于石油、化工、环保等工业。其中，板式塔为逐级接触设备，而填料塔为连续接触式设备，它们的优缺点和适宜的使用场合，大体上可总结如下。

① 当所需的传质单元数或理论板数比较多而塔很高时，板式塔占优势，因为对常用的散装填料来说，填料层高了，则塔底承受的压力和塔壁承受的侧压力都大，塔身强度更要大；为了克服壁流也要做成多段并进行液体再分布。然而，使用规整填料则这些缺点基本上免除，以至近年有些板式塔还改装成填料塔以增大通量。

② 塔径小时，填料塔的造价较低，因此工业上直径 0.5 m 以下的很少用板式塔。以前直径大的都用板式塔，目前，由于规整填料及高效散装填料的发展，许多新型填料亦适于在直径大的塔内使用，因此塔径也和塔高一样，不再成为选用时考虑的重要因素。

③ 液气比小的场合（多数精馏及少数吸收），以用板式塔为多，因为板上可以存液；填料塔则会润湿不良，若采用将出塔液体部分循环的方法，要消耗动力并减小传质推动力。液气比大的场合（吸收的大多数）则以用填料塔为多。

④ 按每层理论板的压力降计，填料塔比板式塔小。例如，板式塔约为 400～1 000 Pa，散装开孔填料约为 300 Pa，规整填料只有 15～100 Pa。因此，要求压力降非常低的真空蒸馏，以用填料塔为宜。

⑤ 塔内持液量，板式塔（对鼓泡型塔板，约为塔体积的 8%～12%）大于填料塔（约 1%～6%）。因此，蒸馏热敏性物料时，为了避免它在塔内停留时间过长，以用填料塔为宜。

⑥ 适于采用板式塔的情况有：需要侧线出料时，板上的存液易于放出；当需要进行冷却时，塔板上便于安装冷却元件，亦便于将液体引出塔外冷却后再送回塔内；液体中含有固体颗粒时，颗粒在板面上可被冲走，在填料层中却会将空隙堵塞。

选择塔型或进行塔设备评价，主要考虑以下几个方面的基本性能指标。

① 生产能力。为单位时间单位塔截面上的处理量。

② 分离效率。对板式塔为每层塔板的分离程度；对填料塔指单位高度填料层所达到的分离程度。

③ 操作弹性。指在负荷波动时维持操作稳定且保持较高分离效率的能力，通常以最大气速负荷与最小气速负荷之比表示。

④ 压降。指气相通过每层塔板或单位高度填料的压力降。

本节重点介绍蒸馏应用最普遍的板式塔的塔板类型、结构功能和水力学性能。

6.7.2 塔板的结构和功能

板式塔的基本结构可以用筛板塔为例来说明。如图 6-32 所示，塔板上开有许多均布的筛孔，孔径一般为 3～8 mm，筛孔在塔板上作正三角形排列。塔板上设置溢流堰，使板上能维持一定厚度的液层。操作时，液体进入塔顶的第一层板，沿板面从一侧流到另一侧，越过出口堰的上沿，落进降液管而达到第二层板，如是逐层下流。气体从塔底通到最底一层板下方，经由板上的筛孔分散成细小的流股，在板上液层中鼓泡而出，气液间密切接触而进行传质。由于板上液层的存在，气体通过每一层板上的筛孔时，分散成很多气泡，气体负荷一般都大到足以使气泡紧密接触，不断合并和破裂，使液层成为泡沫层（液相连续）。气体离开泡沫层时，又将一些液体吹成雾沫带出，弥漫在液面与上层塔板之间（汽相连续）。气泡与液沫的生成，为两相的接触提供相当大的相界面积，并造成一定程度的湍动，这都有利于传质速率的提高。在正常的操作气速下，通过筛孔上升的气流，应能阻止液体经筛孔向下泄漏。

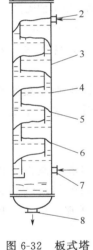

图 6-32 板式塔的典型结构

1—气体出口；
2—液体入口；
3—塔壳；4—塔板；
5—降液管；6—出口溢流堰；7—气体入口；8—液体出口

上述操作方式中，汽、液两相在每层板上成错流流动，但对整个塔来说则上下成逆流流动。此外，也有两相在每层塔板上成逆流的操作方式。

6.7.3 板式塔类型

塔板是板式塔的基本结构，对塔的基本性能起着决定作用。板式塔类型的不同，在于其中的塔板结构不同，现将几种典型的板式塔分述如下。

6.7.3.1 泡罩塔

泡罩塔是 20 世纪初随工业蒸馏的建立而发展起来的，属于一种古老的结构。长期以来，在工业生产实践中积累了丰富的经验，对它性能研究得比较充分，设计数据也积累得较为丰富，泡罩塔操作稳定，操作弹性大，塔板不易堵塞，故在某些场合中它仍供使用。但由于结构复杂、造价高，而操作中板效率较低（参看表 6-4），且压降又较大，最大负荷较低，故除某些特殊情况，现已为其他类型的板式塔取代。

泡罩塔板结构如图 6-33 所示，塔板上的主要部件是钟形泡罩，它支在塔板上，其下沿有长条形或椭圆形小孔，或作成齿缝状，与板面保持一定距离。罩内覆盖着一段很短的升气管，升气管的上口高于罩下沿的小孔或齿缝。塔板下方的气体经升气管进入罩内之后，折向下到达罩与管之间的环形空隙，然后从罩下沿的小孔或齿缝分散成气泡而进入板上的液层。

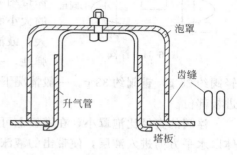

图 6-33　泡罩

泡罩的制造材料有：碳钢、不锈钢、合金钢、铜、铝等，特殊情况下亦可用陶瓷以防腐蚀。泡罩的直径通常为 $80 \sim 150$ mm（随塔径增大而增大），在板上按正三角形排列，中心距为罩直径的 $1.25 \sim 1.5$ 倍。

泡罩塔的优点是：因板上的升气管出口伸到板面以上，故上升气流即使暂时中断，板上液体亦不会流尽，气体流量减少，对其操作的影响亦小。故泡罩塔可以在气、液负荷变化较大的范围内正常操作，并保持一定的板效率。为了便于在停工以后能放净板上所积存的液体，每板上都开少数排液孔，称为泪孔，直径 10 mm 左右，位于板面上靠近溢流堰入口一侧。

6.7.3.2　筛板塔

筛板塔的出现，仅迟于泡罩塔 20 年左右，当初它长期被认为操作不易稳定，在 20 世纪 50 年代以前，它的使用远不如泡罩塔普遍。其后因急于寻找一种简单而价廉的塔型，对其性能的研究不断深入，已能作出比较有把握的设计，使得筛板塔又成为应用最广的一种类型。

筛板与泡罩板的差别在于取消了泡罩与升气管，而直接在板上开很多小直径的孔——筛孔。操作时气体以高速通过小孔上升，液体则通过降液管流到下一层板。分散成泡的气体使板上液层成为强烈湍动的泡沫层。

筛板多用不锈钢板或合金钢板制成。孔的直径约 $3 \sim 8$ mm，以 $4 \sim 5$ mm 较常用，板的厚度约为孔径的 $0.4 \sim 0.8$ 倍。此外，又有一种大孔筛板，孔径在 10 mm 以上，用于有悬浮颗粒与脏污的场合。

筛板塔的结构简单，造价低，它的生产能力（以单位塔截面的气体通过量计）比泡罩塔高 $10\% \sim 15\%$，板效率亦约高 $10\% \sim 15\%$，而每板压力降则低 30% 左右。曾经认为，这种塔板在气体流量增大时，液体易大量冲到上一层板；气体流量小时则液体大量经筛孔直接漏到下一层板，故板效率不易保持稳定。实际操作经验表明，筛板在一定程度的漏液状况下操作时，其板效率并无明显下降，其操作的负荷范围虽然较泡罩塔为窄，但设计良好的塔，其操作弹性仍可达 $2 \sim 3$。

6.7.3.3　浮阀塔

浮阀塔是近 50 年发展起来的，现已和筛板塔一样，成为使用最广泛的一种塔型，其原因是浮阀塔在一定程度上兼有前述两种塔的长处。

浮阀塔板上开有按正三角形排列的阀孔，每孔之上安置一个阀片。图 6-34 所示的是浮阀的一种形式（中国标准 F-1 型）。阀片为圆形（直径 48 mm），下有三条带脚钩的垂直腿，

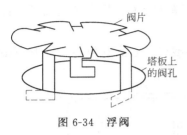

图 6-34　浮阀

插入阀孔（直径 39 mm）中。气速达到一定时，阀片被推起，但受脚钩的限制，推到最高也不能脱离阀孔。气速减小则阀片落到板上，靠阀片底部三处突出物支撑住，仍与板面保持约 2.5 mm 的距离。塔板上阀孔开启的数量按气体流量的大小而有所改变。因此，气体从浮阀送出的线速度变动不大，鼓泡性能可以保持均衡一致，使得浮阀具有较大的操作弹性，一般为 3～4，最高可到 6。浮阀的标准质量有两种，轻阀约 25 g，重阀约 33 g。一般情况下用重阀，轻阀则用于真空操作或液面落差较大的液体进板部位。

浮阀的直径比泡罩小，在塔板上可排列得更紧凑，从而可增大塔板的开孔面积，同时气体以水平方向进入液层，使带出的液沫减少而气液接触时间却加长，故可增大气体流速而提高生产能力（比泡罩塔提高约 20%），板效率亦有所增加，压力降却比泡罩塔小。结构上它比泡罩塔简单但比筛板塔复杂。这种设计的缺点是因阀片活动，在使用过程中有可能松脱或被卡住，造成该阀孔处的气、液通过状况失常，为避免阀片生锈后与塔板粘连，以致盖住阀孔而不能浮动，浮阀及塔板都要用不锈钢制成。此外，胶黏性液体容易将阀片粘住，液体中有固体颗粒会使阀片被架起，都不宜采用。

6.7.3.4　舌片板塔与浮舌板塔

前面三种形式的塔板上，气体是以鼓泡方式通过液层的。此外，气体也可以喷射到液层中。舌片板与浮舌板就是属于这种操作方式的塔板。

舌片板也是近 40 年才发展起来的，但使用不如筛板、浮阀板广泛。这种塔板是在平板上冲压出许多向上翻的舌形小片而做成，如图 6-35 所示。塔板上冲出舌片后，所留下的孔也是舌的形状。舌半圆形部分的半径为 R，其余部分的长度为 A，宽度为 $2R$。舌片对板的倾角，为 18°、20° 或 25°（以 20° 最为常用）。舌孔规格（以 mm 计）$A \times R$ 有 25 mm×25 mm 与 50 mm×50 mm 两种。

舌片板上亦设降液管，但管的上口没有溢流堰。从上层板经降液管流下的液体淹没了板上的舌

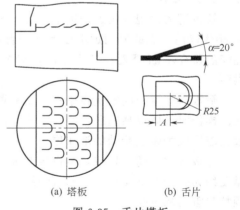

(a) 塔板　　　　(b) 舌片

图 6-35　舌片塔板

片，在板上从各舌片的根部向尖端流动；同时，自下层板上升的气体则在舌与孔之间几乎成水平地喷射出来，速度可达 20～30 m·s^{-1}，冲向液层，将液体分散成滴或束。这种喷射作用使两相的接触大为强化，而提高传质效果。由于气体喷出的方向与液流方向大体上一致，前者对后者起推动作用，使液体流量加大而液面落差不增。板上液层薄，也就使塔板的阻力减小，液沫夹带也少一些。

舌片板塔的气、液通量比泡罩塔与筛板塔的都大；但因气液接触时间比较短，效率并不很高；又因气速小时不能维持喷射操作方式，它的操作弹性比较小，只能在一定的负荷范围内才能取得较好的分离效果。

浮舌板上的主要构件——浮舌的构形如图 6-36 所示。易于看出这种构造是舌片与浮阀的结合：既可令气体以喷射方式进入液层，又可在负荷改变时，令舌阀的开度随着负荷改变

而使喷射速度大致维持不变。因此，这种塔板与固定舌片板相比较，操作较为稳定，操作弹性比较大，效率高一些，压力降也小一些。但活动的部分较易磨损。

6.7.3.5 穿流筛板塔与穿流栅板塔

另有一类没有溢流管的塔板，叫穿流塔板或淋降塔板。板上开小孔的为穿流筛板，板上开条形狭缝的为穿流栅板。液体沿孔或缝的周边向下流动，气体则在孔或缝的中央向上流动。气流对液流的阻滞，使板上保持一定厚度的液层，让气体鼓泡通过。板上的泡沫层高度比较小，因此压力降比较小，板效率比带溢流管的也低一些。

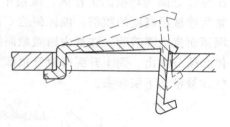

图 6-36 浮舌

穿流塔板节省了溢流管所占的面积，于是按整个塔截面设计的通量可增加，使生产能力提高；同时结构也简单，造价低廉。它的主要缺点是操作范围窄，弹性通常不超过 2。

板式塔类型的差别主要在于塔板结构。除了上述几种外，还有一些使用得比较少的结构形式。而且，新的形式还不断出现，现有的还可以出现各种变体。例如，泡罩可以作成长条形（条形泡罩），筛板上的孔可以是倾斜的（斜孔筛板），浮舌可以改为贯通板面的浮片，像百叶窗的叶片（浮动喷射板）。不论是全新型或是改进型，一般都是为了克服现有塔板某方面的弱点而开发的，以便适应特定的要求，其中有些已在特定的领域内使用，取得良好效果。

此外，中国新开发的一些塔型，如旋流板塔、筛板-填料复合塔，在推广使用中收到明显效果，其基础理论的研究也取得不少进展。

6.7.4 板式塔的水力学性能

6.7.4.1 塔板上的气、液流动

塔板为气、液两相进行密切接触的场所，板上气、液两相的流动情况，对塔板的性能有直接影响。根据塔径与液气流量比（或液体流量）的不同，筛板上液流的形式可分为单流型、回流型和双流型三种，如图 6-37 所示。

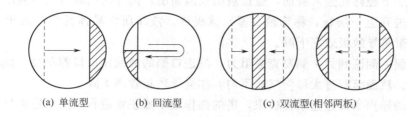

(a) 单流型　　　　(b) 回流型　　　　(c) 双流型(相邻两板)

图 6-37 筛板上液流形式

单流型中，液体横过板面从一侧流到另一侧，落入降液管中，到达下层板，在下层板上沿反方向从一侧流到另一侧。在回流型中，降液管和受液盘被安排在塔的一侧，受液管与降液管相邻；用挡板沿直径把塔板分割成 U 形，来自上一层塔板的液体落在这一层板受液盘上，约绕一圈后才沿降液管落到下一层板，因而所占板面面积小，流道长，液面落差亦大，适用于液体流量比较低的场合。双流型中，液体在板上被分成两份，每一份流过半面塔板，若在一层板上从两侧流到中央，落到下一层板上便从中央分流到两侧。这种安排可使液体的流过量加大，而且液面落差减少，适用于液体流量大及塔径也大的场合。这里以单流型为例，对正常的流动情况加以说明。

液体从上一层板经降液管流到板面的 A 处（图 6-38 左侧），因降液管下沿与第一列（左起）筛孔之间有间隙，故在一小段内即 A 与 B 之间的液体基本上为清液，内含泡沫不多。B 与 C 之间为塔板的工作区，液层中充满气泡，成为泡沫层，板的工作区内泡沫层的高度常为静液层高度的数倍。液体到达 C 处不再鼓泡，至 D 处的液体，夹带少量泡沫越过溢流堰顶而流入降液管。在管内因溅散而另有一些泡沫生成。液体在其下降的过程中，所含的气体必须分离出、而上升到降液管顶部、再返回原来的塔板面之上，否则便有一部分上层板的气体被带到下层板去。

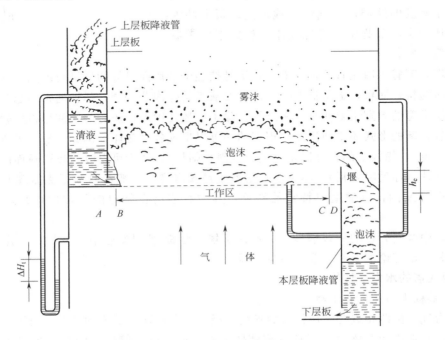

图 6-38　塔板上的气液流动情况

气体从板底下经筛孔进入板面，通过液层鼓泡而出，离开液面时带出一些小液滴，一部分可能随气流进到上一层板，称为液（雾）沫夹带。液沫所含易挥发组分低于上层板的液体，故液沫夹带将导致板效率下降。

液体从板面一侧流到另一侧要克服阻力，故进口侧的液面比出口侧稍高，此称为液面落差或液面坡度。液面落差过大可使气流不匀，亦会导致板效率下降。

若塔板上的操作条件超过某种极限，塔的操作便不能正常进行，这与塔内气液两相的水力学状况有关。板式塔的水力学极限或性能主要包括：液泛、雾沫夹带、塔板压降、液面落差及漏液等。

6.7.4.2　液泛

液泛是塔操作的重要极限条件之一。正常条件下，塔内气相依靠压差自下而上逐板流动，液相依靠重力自上而下通过降液管而逐板流动。若气液两相中之一的流量增大到某个限度，降液管内的液体便不能顺畅地下流；当管内的液体满到上层板的溢流堰顶时，便要漫到上层板，产生不正常积液，最后可导致两层板之间被泡沫液充满。这种现象，称为液泛，亦称淹塔，如图 6-39 所示。液泛开始时，塔的压降急剧上升，效率急剧下降。随后塔的操作便完全遭到破坏。促成液泛的原因有下列两种。

（1）**降液管内液体倒流回上层板**　由于塔板对上升的气流有阻力，下层板上方的压力比上层板上方的压力大，降液管内泡沫液高度所相当的静压头能够克服这一压力差时，液体才能往下流。当液体流量不变而气体流量加大，下层板与上层板间的压力差亦随着增加，降液管内的液面随之升高。若气体流量加大到使得降液管内的液体升高到堰顶，管内的液体便不仅不能往下流，反而开始倒流回上层板，板上便开始积液；加以操作时不断有液体从塔外送入，最后会使全塔充满液体。这就是液泛。若气体流量一定而液体流量加大，液体通过降液管的阻力增加，以及板上液层加厚，使板上下的压力差加大，都会使降液管内液面升高，而导致液泛。

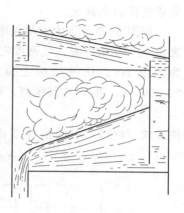

图 6-39　液泛现象示意

（2）**过量液沫夹带到上层板**　气流夹带到上一层板的液沫，可使板上液层加厚，正常情况下，增加得并不明显。在一定液体流量之下若气体流量增加到一定程度，液层的加厚变得显著起来（板上液体量增多，气泡加多、加大）。气流通过加厚的液层所带出的液沫又进一步加多。这种过量液沫夹带使泡沫层顶与上一层板底的距离缩小，液沫夹带持续地有增无减，大液滴易直接喷射到上一层板，泡沫也可冒到上一层板，终至全塔被液体充满。

上述导致液泛的两种情况中，比较常见的是过量液沫夹带。而且，液沫夹带量未大到导致液泛之前，达到某个稍低的限度时，塔的效率便显著下降，此限度称为液沫夹带上限。

影响液泛速度的因素除气液流量和流体物性外，塔板结构，特别是塔板间距也是重要参数，设计中采用较大的板间距，可提高液泛速度。但为了降低塔高，尤其是对安装在厂房内的塔，常希望板距小。因此，可以在其间找到一最适宜的板距尺寸，根据经济衡算，一般板距 600 mm 为宜，对直径不足 1.5 m 的塔，板距可取 300 mm 或 450 mm。

常用的塔板设计方法是，先按过量液沫夹带的原则定出一个液泛气速，操作气速取其等于液泛气速的一个分数，据以再初步定出塔径，然后反过来再核算这个操作气速之下的液沫夹带量，检查它是否达到了极限。具体步骤参看例题 6-12。

根据过量液沫夹带来决定液泛气速的原则如下。

塔内气流上升速度等于液滴沉降速度时，液滴即被托住而不能沉降；若气流速度更大，液滴即被带向上。显然，发生过量液沫夹带时的气流速度，应与液滴的沉降速度直接有关。此沉降速度为

$$u_a = \sqrt{\frac{4d_p(\rho_L - \rho_G)g}{3\rho_G\zeta}} \tag{6-36}$$

式中，d_p 为液滴直径；ρ_L 与 ρ_G 分别为液体与气体的密度；g 为重力加速度；ζ 为液滴沉降的阻力系数。

式（6-36）中所包括的量有些难以确定，无法直接用来计算液沫的沉降速度及与之相应的液泛气速。然而将这些不能确定的因素及其他常数合并，并用液泛气速代替其中的液滴沉降速度，则式（6-36）可以写成

$$u_F = C\sqrt{\frac{\rho_L - \rho_G}{\rho_G}} \tag{6-37}$$

式（6-37）中的 u_F 为液泛气速，称为气体负荷参数。显然 C 与塔板上的操作条件有关，

要通过实验来确定。

如图 6-40 所示为求筛板塔 C 值用的关联曲线。图中的横坐标为液体与气体的体积流量之比 V_L/V_G 乘以液、气密度之比的平方根 $(\rho_L/\rho_G)^{1/2}$ 所得之积，称为气液流动参数。参变数为板距 H_T。从纵坐标上读出的气体负荷因子 C_{20} 仅适用于液体的表面张力 σ 等于 $20\ \text{mN} \cdot \text{m}^{-1}$ 时，若其他值，则需用下式从 C_{20} 计算 C

$$C = C_{20}(\sigma/20)^{0.2} \tag{6-38}$$

注意式 (6-38) 中的液体表面张力 σ 的单位为 $\text{mN} \cdot \text{m}^{-1}$（若用 $\text{N} \cdot \text{m}^{-1}$，则分母改为 0.02）。

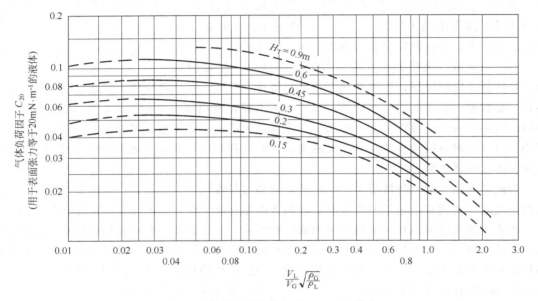

图 6-40　计算筛板塔气体负荷因子用的曲线图

用上法求得 C 值后，据式 (6-37) 即可计算液泛气速 u_F。实际操作用的气速 u 应比 u_F 为小，对于一般液体，u 可取为 $0.7\sim0.8\ u_F$；对于易起泡的液体，u 应取 $0.5\sim0.6\ u_F$。值得指出的是，根据图 6-40 求出的 u_F 常偏于保守一些。

6.7.4.3　液沫夹带

板式塔操作时多少总有些液沫夹带。下层板的液体被带到上层板与其中的液体相混，显然会使板效率下降；蒸馏塔板上的液沫夹带还会将不挥发的杂质逐层送到塔顶，造成产品污染。但另一方面，有液沫生成，却可以增加传质面积。若为了要完全防止液沫夹带而采用非常低的操作气速，不仅生产能力大为下降，且效率也会大为降低，故生产中只是将液沫夹带限制在一定限度以内，正常操作时的液沫夹带分率最高为 0.15，一般不宜超过 0.10。

液沫夹带分率 φ 代表某层塔板液沫夹带的量在进入该层塔板的液体总量中所占的分数，其定义为

$$\varphi = \frac{e}{L+e} \tag{6-39}$$

式中，e 为某层塔板液沫夹带的量；L 为通过这层塔板的液体流量，单位为 $\text{kmol} \cdot \text{h}^{-1}$ 或 $\text{kg} \cdot \text{h}^{-1}$。

另一种表示液沫夹带量的指标为 e_G，它指每摩尔干气所夹带的液沫摩尔数。令 G 为通

过塔的气体流量，单位时间的摩尔数（$e_G \cdot G$ 亦可以用质量代替摩尔），因 $e = e_G G$，故得 φ 与 e_G 的关系式如下

$$\varphi = \frac{e_G}{L/G + e_G} \tag{6-40}$$

操作气速与液泛气速之比为液泛分率。已知筛板塔板操作时的液泛分率，即可用图 6-41 估计出液沫夹带分率。

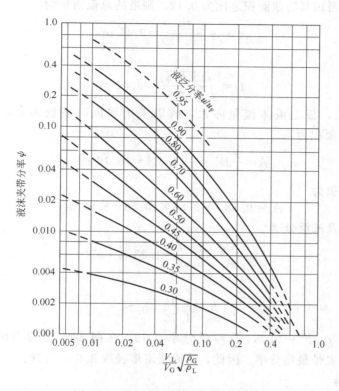

图 6-41 筛板塔液沫夹带分率关联图

影响雾沫夹带的因素很多，最主要的是空塔气速和塔板间距。空塔气速增加，雾沫夹带量增加；塔板间距增加，可使雾沫夹带量减少。

例 6-12 试设计一筛板塔塔径来分离苯与甲苯混合液。常压操作，塔顶产品可视为纯苯，最大产量为 20 000 kg·h⁻¹。按塔顶第一层板的条件进行计算。已知该板操作数据如下：操作温度 80 ℃；苯蒸气密度 2.69 kg·m⁻³；液体密度 694 kg·m⁻³；液体表面张力 21 mN·m⁻¹；液体最大流量 100 000 kg·h⁻¹；气体最大流量 120 000 kg·h⁻¹。

解 预计所设计的塔为中型，暂定采用单流型塔板，板距 600 mm。估计塔径

$$\left(\frac{V_L}{V_G}\right)\left(\frac{\rho_L}{\rho_G}\right) = \left(\frac{m_G}{m_L}\right)\left(\frac{\rho_G}{\rho_K}\right)^{0.5} = \left(\frac{100\,000}{120\,000}\right)\left(\frac{2.69}{694}\right)^{0.5} = 0.052$$

m_L、m_G 分别代表液、气的质量流量。根据上面计算出的参数及所设板距在图 6-40 上读出

$$C_{20} = 0.11$$
$$C = C_{20}(\sigma/20)^{0.2} = 0.11(21/20)^{0.2} = 0.11$$

液泛速度

$$u_F = C\sqrt{\frac{\rho_L - \rho_G}{\rho_G}} = (0.11)\sqrt{\frac{694 - 2.69}{2.69}} = 1.76 \text{ m·s}^{-1}$$

气体体积流量

$$V_G = \frac{120\ 000}{3\ 600 \times 2.69} = 12.4\ \text{m}^3 \cdot \text{s}^{-1}$$

取液泛分率为0.85，得出塔的有效截面积为

$$A_n = \frac{12.4}{0.85 \times 1.76} = 8.29\ \text{m}^2$$

取降液管道截面积与塔截面积之比为0.12，则塔的总截面积为

$$A = \frac{8.29}{(1-0.12)} = 9.41\ \text{m}^2$$

塔径为

$$D = \sqrt{\frac{4 \times 9.41}{\pi}} = 3.46\ \text{m}$$

此塔径比较大，板上液体流量亦大，故以采用双流型塔板为宜，并将塔径圆整为3.60 m，则出塔截面积为

$$A = \frac{\pi}{4}D^2 = \frac{\pi}{4}(3.6)^2 = 10.18\ \text{m}^2$$

塔的有效截面积为

$$A_n = 0.88A = 0.88 \times 10.18 = 8.96\ \text{m}^2$$

修正气速数值及液泛分率

$$u = \frac{V_G}{A_n} = \frac{12.4}{8.96} = 1.38\ \text{m} \cdot \text{s}^{-1}$$

液泛分率

$$\frac{u}{u_F} = \frac{1.38}{1.76} = 0.79$$

根据 $(V_L/V_G)(\rho_L/\rho_G)^{1/2} = 0.052$ 及液泛分率0.79，在图 6-41 上读出液沫夹带分率 $\varphi = 0.06$，未超过液沫夹带最高分率。因此，该筛板塔塔径取 3.6 m 合理。

6.7.4.4 塔板压降

气体通过塔板的压降（在图 6-38 中用压差计读数表示为 ΔH_e）主要是由两方面原因引起的，一为气体通过板上各部件比如筛孔或弯曲通道等要克服局部阻力（压力降为 h_0）；二为气体通过泡沫层时要克服其静压（压力降为 h_e）。则气体通过一层塔板的总压力降：$\Delta H_e = h_0 + h_e$。上述塔板压降直接影响到塔底的操作压力，故压降数据为决定塔底的送气压力（吸收塔）或加热温度（蒸馏塔）所必需。压降过大，会使吸收塔的送气压力及动力消耗过大；对于精馏过程，特别是真空蒸馏，会使釜内压力升高过多，达不到工艺要求的真空度和较低温度。前面亦曾指出，塔的压降对液泛的出现也有直接影响。

当然，从另一方面分析，板压降增大，有利于板效率的提高。板上液层适当增厚，气液接触时间增长，故进行塔板设计时，应综合考虑，在保证较高的板效率前提下，力求减少塔板压降；但真空精馏时，首先要考虑塔釜能达到指定的真空度。气体流过塔板时的压降一般都可用半经验公式计算。塔结构类型不同，所用的公式也有差别，但都根据同样的流体力学原理，可参阅有关专书或手册，此处从略。

6.7.4.5 液面落差与气流分布

如图 6-42 所示，液体从上一层板的降液管底部流到本层板降液管顶部溢流堰的过程中，要流过整个板面及绕过其上面的部件（如泡罩、浮阀），为了克服板面上摩擦阻力、障碍物

的形体阻力和气流造成的阻力需要一定液位差，这就是上一层板降液管外侧的液面高 h_{ei} 与本层板降液管顶溢流堰处的液面高 h_{eo} 之差，以符号 Δ 表示。

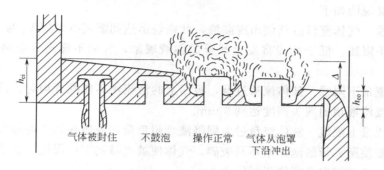

图 6-42　泡罩塔板上液面落差过大引起的气流分布不均现象

气体在塔板上下的压力降沿板面基本均匀，若板面上有比较大的液面落差，气体便趋向于在液层较薄的一侧大量通过，而在液层较厚的一侧则很少通过或根本不通过，如图 6-42 所示。如发生上述情况，塔的操作便恶化，板效率大为下降。设计时应将液面落差控制在一定限度之内，一般可令

$$\Delta / h_o < 0.5$$

上式中的 h_o 为干板压力降（对泡罩塔指气体通过泡罩及其下沿缝隙的压力降，对筛板塔指通过筛孔、对浮阀塔指通过阀孔的压力降），以清液柱高表示。

液面落差与塔板结构有关，泡罩塔板结构复杂，液面落差比较显著，引起气流分布不匀的可能性较大；浮阀塔板液面落差较小，但在大塔中且液体流量大时，塔板面上液位高的一侧，阀片较难升起，亦会导致气流分布不匀。筛板上的液面落差都很小，除非塔径很大而液体流量也特别大，其影响常可忽略。液面落差除与塔板结构有关外，还与塔径和液体流量有关，当塔径或液体流量很大时，也会造成较大的液面落差。

各种塔板的液面落差计算方法不同，有多种经验公式，详见专书或手册，此处从略。

6.7.4.6　漏液

筛板塔或浮阀塔等板面上开有通气孔，当上升气体流速减少到一定程度，气体通过升气孔道的动压不足以阻止板上液体经孔道流下时，便会出现漏液现象。但操作时若由于液层稍有动荡或溅散导致小量液体经孔滴下，这是正常现象，不算漏液。漏液是指有相当量的液体连续地经升气孔流到了下一层板，一般认为当漏液量大于液体流量的 10％ 时，会对塔的正常操作产生较大的影响。因为漏液通常发生在板的进液处附近（液层较厚），漏下的液体未能与气体接触传质就短路到下一层塔板，使塔板效率下降，严重的漏液还会使塔板不能积液而无法操作。

造成漏液的主要原因是气流速度太小和板面上液面落差所引起的气流的分布不均，为使塔板入口处不漏液，常在该入口处留出一条不开孔的安定区。

6.7.4.7　适宜的气、液流量范围——塔板负荷性能图

对一定的塔板结构，处理固定的物系时，其操作状况和分离效果便随气液负荷而改变。因此在塔板设计中，其气、液负荷要维持在一定范围之内，操作才能正常，这样的范围可用负荷性能图来表示。通常在直角坐标中，以气相负荷 V_G 及液相负荷 V_L 分别表示纵、横坐标，标绘各种极限条件下的 V_G-V_L 关系曲线，从而得到塔板的适宜的气、液流量范围图形，称为塔

板的负荷性能图。如图 6-43 所示即为筛板的负荷性能图，图中绘出表示若干种不正常操作状况出现时的气、液流量关系曲线，在以这些曲线为界的范围之内，才是合适的操作区。

各线的意义说明如下。

（1）漏液线　气体流量过低便出现漏液，此线表示达到漏液点时的 V_G 与 V_L 关系。该线即为气相负荷下限线，低于此线将发生严重的漏液现象，气液不能充分接触而导致板效率下降。

（2）液体流量下限线　液体流量过低，板面上的液流便不能维持均匀。根据经验，液体流量应足以使溢流堰顶的液头高度达到 6 mm。

（3）液体流量上限线　液体流量过大则降液管超负荷，液体在其中的停留时间（即通过所用时间）太短使所夹带的泡沫来不及破碎，气体便被夹带到下一层板，造成气相返混，降低塔板效率。一般可规定最短停留时间为 3～5 s。

（4）液泛线　液体或气体流量过大，便会导致液泛。为避免液泛，降液管内的泡沫层高必须小于板距与溢流堰高之和。

（5）液沫夹带上限线　气体流量过大，所夹带液沫量便达到极限而使塔的效率严重下降。超过上限以后的液沫夹带引起的液泛线位于它的上方，不包括在负荷性能图中，没有绘出。

板型不同，负荷性能图中所包括的曲线也有所不同。同一板型但设计不同，线的相对位置也有差别。例如，板距减小则气速较小时也会达到液沫夹带上限，甚至发生液泛，而使极限线①、⑤下移。又如，降液管截面积减小测液体流量较小时就会使降液管超负荷，使液体流量上限线③向左移，这时原来的液泛线右下端那一部分便被划在适宜的极限范围之外。

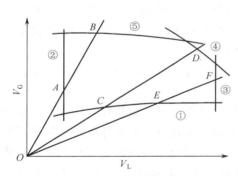

图 6-43　筛板的负荷性能图
①—漏液线；②—液体流量下限线；③—液体流量上限线；④—液泛线；⑤—过量液沫夹带线

负荷性能图上通过原点 O 的某一根直线，表示气液比为某一数值（等于此直线的斜率）的气体流量与液体流量关系，即表示一定的操作条件，例如蒸馏时的某一回流比，或吸收时的某一液气比。图 6-43 中的 OAB 代表气液比较大的操作条件。此直线分别与线⑤及②相交，表明操作的上下限分别起因于过量液沫夹带与液体流量过少。两交点的位置标志出负荷的上、下限。塔的实际操作条件应在极限负荷以内，这是因为在极限负荷处，塔虽能操作但稳定性差，其效率往往也低一些。由图 6-43 还可以看出，同一个塔，若操作的气、液比不同，上、下限的条件也不同。例如，气、液比较高的 OAB 线与极限线②、⑤相交，居中的 OCD 线与①、④相交，而最低的 OEF 线与①、③相交，它们示出的极限条件与操作范围都不相同。

以某个气液比为斜率、从原点 O 引出的直线，与上、下限线的交点定出了操作的上下限和弹性。例如，在 OAB 线的斜率所表示的气液比之下，能正常操作的最大负荷 $V_{G,max}$ 为点 B 的纵坐标值，最小负荷 $V_{G,min}$ 为点 A 的纵坐标值，操作弹性等于 $V_{G,max}/V_{G,min}$。

应该指出，由于各层塔板上的操作条件及物料组成、性质有差异，因而各层塔板上的气、液负荷不同，表明各层塔板操作范围的负荷性能图也有差异。设计计算中考察塔的操作性能时，应以最不利情况下的塔板进行验算。

本章符号说明

符号	意义	计量单位
A	面积，塔截面积	m^2
C	气体负荷参数	$m \cdot s^{-1}$
C_{20}	液体表面张力为 20 $mN \cdot m^{-1}$ 时的气体负荷参数	$m \cdot s^{-1}$
c_p	定压比热容	$kJ \cdot kg^{-1} \cdot K^{-1}$
C_m	摩尔热容	$kJ \cdot mol^{-1} \cdot K^{-1}$
D	塔顶产品（馏出液）流率	$kmol \cdot s^{-1}$
	直径，塔径	m
d_p	液滴直径	m
E_0	总板效率（全塔板效率）	—
E_{mv}	气相单板效率（汽相默弗里板效率）	—
e	液沫夹带量	$kmol \cdot s^{-1}$
e_G	液沫夹带量	kg（液沫）$\cdot kg^{-1}$（干气）
F	原料（进料）量或流率	kmol 或 $kmol \cdot s^{-1}$
H_T	板距	m
ΔH_t	气体通过塔板的总压力降	m
h_e	气体通过塔部件的压力降	m
h_0	气体通过泡沫层的压力降	m
I	饱和蒸气的热量或焓	$kJ \cdot kmol^{-1}$
i	饱和液体的热量或焓	$kJ \cdot kmol^{-1}$
L	下降液体的流率	$kJ \cdot kmol^{-1}$
N	理论塔板数	—
N_1	精馏段理论塔板数	—
N_2	提馏段理论塔板数	—
N_e	实际塔板数	—
p	系统总压	kPa
p_i	组分的分压	kPa
p^0	纯组分的蒸气压	kPa
Q	单位时间内的传热量	W 或 $kJ \cdot h^{-1}$
q	进料中液相所占的分率	—
R	回流比	—
r	汽化潜热	$kJ \cdot kmol^{-1}$
t	温度	K
u	气体流速，空塔流速	$m \cdot s^{-1}$
u_F	液泛气速	$m \cdot s^{-1}$
V	上升蒸气的流率	$kmol \cdot s^{-1}$
W	塔底产品（釜液）的流率	$kmol \cdot s^{-1}$
x	液相中易挥发组分的摩尔分数	—
y	气相中易挥发组分的摩尔分数	—
α	相对挥发度	—

Δ	液面落差	m
ζ	阻力系数	—
μ	黏度	Pa·s
ρ	密度	kg·m^{-3}
σ	表面张力	N·m^{-1}
φ	液沫夹带分率	—

下标

A	组分 A（易挥发组分）
B	组分 B（二元物系中的难挥发组分）
C	组分 C
D	塔顶组分（馏出液）
E	萃取剂
F	进料
G	气相
i	某一组分
L	液相
l	损失
m	提馏段理论板的序号
n	精馏段理论板的序号
V	气相
W	蒸馏釜，塔底产品
w	水

上标

*	平衡状态
'	提馏段（气、液流量）

 习题

6-1　苯-甲苯物系初始时含苯 40%（摩尔分数），求其在 101.3 kPa 及 100 ℃下的液汽比（摩尔比）。

6-2　苯-甲苯混合物在总压 $p=26.7$ kPa 下的泡点为 45 ℃，求气相各组分的分压、汽液两相的组成和相对挥发度。已知蒸气压数据：$t=45.0$ ℃，$p_A^\circ=29.8$ kPa、$p_B^\circ=9.88$ kPa。

6-3　苯-甲苯混合液的组成 $x=0.4$（摩尔分数），求其在总压 $p=80$ kPa 下的泡点及平衡气相组成。从本题、上题与 $p=101.3$ kPa 下平衡数据的对比，分析总压变化的影响。现以 $(y'-y)/(y-x)$ 表示不同总压 p 下的偏差，式中 x，y 为 $p=101.3$ kPa 的平衡组成 y' 为其他总压下与 x 平衡的汽相组成。

6-4　甲醇（A）-水（B）蒸气压数据和 101.3 kPa 下的汽液平衡数据列表如下，若将这一混合液作为理想溶液，求其相对挥发度 α 随组成 x 的变化；又按实测 y-x 关系求 α 随 x 的变化，以上结果能说明什么？

t/℃	64.5	70	75	80	90	100
p_A°/kPa	101.3	123.3	149.6	180.4	252.6	349.8
p_B°/kPa	24.5	31.2	38.5	47.3	70.1	101.3
x	0	0.02	0.06	0.1	0.2	0.3	0.4
y	0	0.134	0.304	0.418	0.578	0.665	0.729
x	0.5	0.6	0.7	0.8	0.9	0.95	1
y	0.779	0.825	0.87	0.915	0.958	0.979	1

6-5 在 101.3 kPa 下对 $x_1 = 0.6$（摩尔分数）的甲醇-水溶液进行简单蒸馏，求馏出 1/3 时的釜液及馏出组成。提示：根据上题数据分析，怎样表示本题的相平衡关系较好。

6-6 使 $y_0 = 0.6$（摩尔分数）的甲醇-水气流通过一分凝器，将蒸气量的 2/3 冷凝为饱和液体，求其气、液组成。若冷凝量增大（如至 3/4），组成将怎样变化（不必计算）？又如将 $x_0 = 0.6$（摩尔分数）的甲醇-水溶液以闪蒸方式汽化 1/3，其汽液平衡组成将为多少？试将本题结果与上题比较。操作压力皆为 101.3 kPa。

6-7 在常压下，使下述两股甲醇-水混合物充分接触：2 kmol $x_0 = 0.56$（摩尔分数）的饱和液体和 1 kmol $y_0 = 0.68$（摩尔分数）的饱和蒸气。问最后结果如何？设甲醇与水的摩尔汽化潜热可近似作为相等，接触器与外界绝热。

6-8 一常压精馏塔用于分离甲醇-水物系，若馏出液组成 $x_D = 0.95$（摩尔分数），回流比 $R = 3$，以计算法求出离开第二层塔板的汽液组成 y_2 及 x_2。

6-9 求例 6-7 在饱和蒸气进料时的理论板数。

6-10 在例 6-7 及上题的不同进料热状况下，试求再沸器热负荷的比例，并对三种不同的进料状况作一评价。

6-11 常压精馏塔分离甲醇-水物系，料液流量 $F = 100$ kmol·h^{-1}、入塔温度 40 ℃、组成 $x_F = 0.40$（摩尔分数，下同），要求 $x_D \geqslant 0.95$、$x_W \leqslant 0.02$，回流比 $R = 2$。求：

（a）精馏、提馏两段蒸气及液体的流量（本物系可认为是恒摩尔流）；

（b）塔釜用间接水汽加热时，塔所需的理论板数和适宜的加料位置；

（c）当用直接水汽加热时，塔所需的理论板数。

6-12 为测定塔内某种塔板的效率，在常压下对苯-甲苯物系进行全回流精馏。待操作稳定后，测得相邻三层塔板的液相组成为：$x_n = 0.430$，$x_{n+1} = 0.285$，$x_{n+2} = 0.173$。从这三个数据可以得到什么结果？

6-13 若已知例 6-4 的精馏塔在减压下操作，在题示的范围内，可取平均相对挥发度为 $\alpha = 1.45$，泡点进料，回流比 $R = 4$。求精馏段和提馏段各需的理论板数。提示：现两组分的相对分子质量很接近，以质量分数表示的平衡关系实际与以摩尔分数表示的重合，本题以按质量分数为便。

6-14 一精馏塔有 24 层实际塔板，用于分离 $x_F = 0.5$ 的苯-甲苯溶液，总板效率可取为 50%，泡点进料。共有三根进料管，分别接到第 10、12、14 层塔板（任选其一）。若要求馏出液 $x_D \geqslant 0.98$，再沸器的最大蒸发能力 $V' = 25$ kmol·h^{-1}，求馏出液的最大产量。

6-15 x-y 图中平衡线与操作线间梯级形状，在精馏段和提馏段有无不同？梯级代表什么意义？试做分析。

6-16 在精馏塔的操作中，若 F、V 维持不变，而 x_F 由于某种原因降低，问可用哪些措施使 x_D 维持不变？并比较这些方法的优缺点。

6-17 常压下蒸馏含苯为 69.4%（摩尔分数，下同）的苯-甲苯饱和液体，装置流程如图 6-44 所示，每 100 kmol 料液可以得到 25 kmol 含苯 90% 的馏出液。蒸气中苯、甲苯的摩尔分率比为液体中苯、甲苯摩尔分率比的 2.5 倍，试求塔釜产生蒸气的物质的量（mol）。

6-18 设有含苯 70%（摩尔分数，下同）、甲苯 30% 的饱和液体，采用如图所示的三种流程，在常压下进行精馏操作，获得含苯 80% 的馏出液，回流比为 0.5，苯-甲苯混合液的相对挥发度取为 2.5，试求：

（a）不同流程的馏出液量（以 100 kmol 进料计）；

（b）若要获得最大的苯的回收率，采用哪种流程为好？

6-19 有 A、B、C、D 的四元理想溶液，其中 D 有腐蚀性，A、B 的量少但最难分离，试考虑其合理的精馏流程（简述理由）。

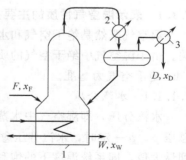

图 6-44 习题 6-17 附图
1—塔釜；2—分凝器；3—冷凝冷却器

第7章 干 燥

在过程工程中，为了满足生产工艺中对物料含水率的要求或便于贮存、运输，常常需要从湿的固体物料中除去湿分（水或其他液体），这种过程简称为"去湿"。去湿的主要方法如下。

（1）机械法 利用重力或离心力，如沉降、过滤、压榨和离心分离等方法去湿；这种方法能耗少，但往往达不到去湿的最终要求。

（2）热能法 即借助热能使物料中的湿分汽化，并将产生的蒸气排除，这种方法通常称为干燥。

干燥过程消耗的能量较多，为了节省能量，工业上一般尽量先用机械方法除去湿物料中大部分湿分，然后再通过干燥方法继续除湿以获得符合要求的产品。

工业中最常见的是对流干燥，它使干燥介质直接与湿物料接触，热能以对流方式传给物料，使湿分汽化后生成的蒸气为干燥介质所带走。所用的干燥介质常为不饱和的热空气，而湿物料中的湿分又多为水分，故本章即以此为讨论对象。本章论及的空气，实际上是干空气与水蒸气（水汽）的混合物，称之为湿空气。当然，干燥介质除空气外，可以为烟道气或其他惰性气体，被除去的湿分也可以是水以外的其他化学溶剂，但这些物系的干燥原理与前述相同。

干燥过程中，热空气将热量传给湿物料使其表面水分汽化，并通过气膜向气流主体扩散，汽化的水汽由空气带走；同时，由于汽化后物料表面的水分浓度较内部为小，水分由物料内部向表面扩散。因此，干燥是传热和传质相结合的过程，而干燥介质既是干燥过程中的载热体，又是载湿体。

在计算干燥过程中所需的空气用量、消耗的热量，以及干燥时间等问题时，都涉及干燥介质的性质。因此，必须先清楚了解湿空气的性质。

7.1 湿空气的性质及湿度图

7.1.1 表示湿空气性质的主要参数

湿空气既然是绝干空气和水汽的混合物，表示湿空气性质的许多参数就与水汽的含量有关。由于湿空气中绝干空气的质量在干燥前后不变，为了计算方便，湿空气的有关参数常以 1 kg 绝干空气为基准。

7.1.1.1 水汽分压

水汽分压，即湿空气中水蒸气的分压力，用 p_w 表示。它与干空气分压 p_a 之和为系统的总压 p，p 一定时，水汽分压愈大，水汽含量就愈高。当空气为水汽所饱和时，水汽分压达到最大值，即系统温度下的饱和水蒸气压 p_s。

7.1.1.2 湿含量

单位质量干空气中所含水汽的质量称为湿含量，亦简称湿度，其单位为（kg 水汽）·（kg 干空气）$^{-1}$，通常简写成 kg·kg^{-1}，用符号 H 表示。常压下湿空气可视为理想混合气体，故有

$$H=\frac{\text{kg 水汽}}{\text{kg 干空气}}=\frac{n_w \times M_w}{n_{干气} \times M_a}=\frac{p_w}{p-p_w} \times \frac{M_w}{M_a} \tag{7-1}$$

式中 M_w——水汽的摩尔质量，$M_w \approx 18 \text{ kg} \cdot \text{kmol}^{-1}$；

M_a——空气的摩尔质量，$M_a \approx 29 \text{ kg} \cdot \text{mol}^{-1}$；

n_w——水汽的物质的量，mol；

$n_{干气}$——干空气的物质的量，mol。

将准确数值代入式（7-1），得

$$H=0.622 \frac{p_w}{p-p_w} \tag{7-1a}$$

7.1.1.3 相对湿度

用水汽分压或湿度来表示空气中水汽的含量，能表明湿空气中含水汽的绝对量，但不能反映这样的湿空气继续接受水分的能力或距离饱和状态的程度。对应于一定的空气温度 t，空气中水汽的分压有一个饱和值 p_s，它就是此温度下水汽的最大分压。显然，只有当 $p_w < p_s$ 时，空气才能接受从湿物料汽化的水分。表示距离饱和状态的程度，常用相对湿度 φ 来衡量。

相对湿度 φ 的定义是空气中水汽分压 p_w 与同温度下饱和水汽压 p_s 之比

$$\varphi=p_w/p_s \tag{7-2}$$

故

$$p_w=\varphi \times p_s \tag{7-2a}$$

显然，φ 愈小，p_w 与 p_s 的差距愈大，空气中湿含量与饱和状态相距也愈远，表示愈能接受水汽。当 $p_w=0$ 时，$\varphi=0$，表示湿空气中不含水分，为绝干空气。当 $p_w=p_s$ 时，$\varphi=1$ 时，表示空气已被水汽饱和，称为饱和空气，这种湿空气不能再接受水汽，因而不能作为干燥介质（载湿体）。

将式（7-2a）代入式（7-1a）得一定的总压和温度下，湿度含量 H 与相对湿度 φ 的关系式

$$H=0.622 \frac{\varphi p_s}{p-\varphi p_s} \tag{7-3}$$

空气的饱和湿度 H_s

$$H_s=0.622 \frac{p_s}{p-p_s} \tag{7-3a}$$

7.1.1.4 湿比容

在湿空气中，单位质量干空气及其所带水汽的总体积称为湿空气的比容，简称湿比容，以符号 V_H 表示。根据定义可写出

$$V_H=V_a+V_w H=\left(\frac{22.4}{29}+\frac{22.4}{18} H\right)\left(\frac{273+t}{273}\right) \tag{7-4}$$

即

$$V_H=(0.773+1.244H)(273+t)/273 \tag{7-4a}$$

式中 V_a——1 kg 干空气在 101.3 kPa 及温度 t 下的体积；

V_w——1 kg 水汽在 101.3 kPa 及温度 t 下的体积。

将式（7-1）代入式（7-4），得

$$V_H=\frac{22.4}{29}\left(\frac{p}{p-p_w}\right)\left(\frac{273+t}{273}\right)=0.773\left(\frac{p}{p-p_w}\right)\left(\frac{273+t}{273}\right) \tag{7-4b}$$

在湿空气参数测定中易得出 p_w（见后），故应用式（7-4b）往往较方便。

7.1.1.5　湿比热容

湿比热容是指常压下 1 kg 绝干气体及其携带的水汽在温度升高（或降低）1 ℃时所吸入（或放出）的热量，用 c_H 表示，单位为 $kJ \cdot kg^{-1} \cdot K^{-1}$。根据定义可以写出

$$c_H = c_a + c_w H \tag{7-5}$$

式中　c_a——干空气的比热容，$kJ \cdot kg^{-1} \cdot K^{-1}$；

　　　c_w——水汽的比热容，$kJ \cdot kg^{-1} \cdot K^{-1}$。

在常见的温度范围内（0～150 ℃），c_a、c_w 随温度的变化很小，可取 $c_a = 1.01 \, kJ \cdot kg^{-1} \cdot K^{-1}$，$c_w = 1.88 \, kJ \cdot kg^{-1} \cdot K^{-1}$。将这些数值代入式（7-5），得

$$c_H = 1.01 + 1.88H \tag{7-5a}$$

7.1.1.6　湿空气的焓

用空气作为干燥介质时，空气与湿物料间不仅有湿分的转移，也有热量的传递，为此，有必要知道湿空气的另一性质——焓。

湿空气的焓是指 1 kg 干空气的焓与其中所带水汽的焓之和，以 I 表示，单位为 $kJ \cdot (kg \, 干空气)^{-1}$（以后简写成 $kJ \cdot kg^{-1}$）。以 1 kg 干空气作为基准，并以 0 ℃作为基准温度，则湿空气的焓为

$$I = c_a(t - 0) + i_w H \tag{7-6}$$

式中　I——湿空气的焓，$kJ \cdot kg^{-1}$；

　　　i_w——水汽的焓，亦以 0 ℃为基准，$kJ \cdot kg^{-1}$。

而

$$i_w = c_w t + r_0$$

代入上式得

$$I = (c_a + c_w H)t + r_0 H = c_H t + r_0 H \tag{7-6a}$$

式中　r_0——水在 0 ℃时的汽化潜热，$r_0 = 2\,492 \, kJ \cdot kg^{-1}$。

将相应的数值代入式（7-6a），得

$$I = (1.01 + 1.88H)t + 2\,492H \tag{7-6b}$$

7.1.1.7　露点

空气在湿含量 H 不变的情况下冷却，达到饱和状态时的温度称为露点，以 t_d 表示，此时开始有水珠冷凝出来。

由式（7-1a）

$$H = 0.622 \frac{p_w}{p - p_w}$$

可知，令空气在湿度 H 不变即 p_w 不变的情况下降低温度，使其达到饱和，即达到与 p_w 对应的饱和蒸气压为 p_d，该温度称为露点 t_d，故

$$H = 0.622 \frac{p_d}{p - p_d}$$

或

$$p_d = \frac{Hp}{0.622 + H} \tag{7-7}$$

由式（7-7）可以看到，在总压 p 一定的条件下，若已知湿含量 H，则 p_d 及相应的饱和温度——露点 t_d 也就确定了。反之，在一定总压 p 下已知 t_d，空气的湿含量 H 也可以确定；因而露点也是表示湿空气性质的一个参数，是测量湿度的一个方法。

例 7-1　常压下某湿空气的温度为 20 ℃，$p_w = 2.33 \, kPa$，$p = 101.3 \, kPa$。

（a）求湿含量 H、相对湿度 φ、湿比容、湿比热容、湿空气的焓及露点；

（b）若将此空气加热到 50 ℃，再分别求上述各项。

解 （a）按式（7-1a）

$$H = 0.622 \times 2.33/(101.3 - 2.33) = 0.014\,7\ \text{kg} \cdot \text{kg}^{-1}$$

查表得 $t = 20$ ℃时，水的饱和蒸气压 p_s 为 2.33 kPa，因 $p_w = p_s$，故 $\varphi = 1$。即空气已被水蒸气饱和，不能再用作载湿体。

由（7-4b）可得湿比容

$$V_H = 0.773 \left(\frac{p}{p - p_w} \right) \left(\frac{273 + t}{273} \right)$$

$$= 0.773 \times 101.3/(101.3 - 2.33)(273 + 20)/273$$

$$= 0.849\ \text{m}^3\ \text{湿空气} \cdot \text{kg}^{-1}$$

由（7-5a）及求得的 H，可得湿比热容

$$c_H = 1.01 + 1.88H = 1.01 + 1.88 \times 0.014\,7 = 1.038\ \text{kJ} \cdot \text{kg}^{-1} \cdot \text{K}^{-1}$$

将求得的 H 代入式（7-6b），可得湿空气的焓

$$I = (1.01 + 1.88 \times 0.014\,7) \times 20 + 2\,492 \times 0.014\,7 = 57.39\ \text{kJ} \cdot \text{kg}^{-1}$$

由于 $t = 20$ ℃时，$p_w =$ 对应的饱和蒸气压 p_d，因此，露点 $t_d = 20$ ℃。

（b）查表得 $t = 50$ ℃时，$p_s = 12.33$ kPa；当空气从 20 ℃加热到 50 ℃时，湿含量不发生变化，仍为 0.014 7 kg·kg^{-1}，而相对湿度

$$\varphi = 2.33/12.33 = 0.189$$

表明空气温度升高后，φ 值减小，故又可用来作为载湿体。所以在干燥过程中，一般要先将空气加热后再送入干燥器内，以降低相对湿度而提高吸湿能力。此外，加热主要作用是使空气能作为载热体。

由式（7-4a）可得湿比容

$$V_H = (0.773 + 1.244H)(273 + t)/273 = (0.773 + 1.244 \times 0.014\,7)(273 + 50)/273$$

$$= 0.936\ \text{m}^3 \cdot \text{kg}^{-1}$$

湿空气被加热后虽然湿度没有变化，但受热后体积膨胀，所以比容增大。

在式（7-5a）适用的范围内，湿比热容只是湿度的函数，因此，50 ℃和 20 ℃时的湿空气比热容相同，均为 1.038 kJ·kg^{-1}·K^{-1}。

由式（7-6b）及求得的 H，可得湿空气的焓

$$I = (1.01 + 1.88 \times 0.014\,7) \times 50 + 2\,492 \times 0.0147$$

$$= 88.5\ \text{kJ} \cdot \text{kg}^{-1}$$

湿空气被加热后，虽然湿度不变，但温度升高，故焓增加。

按定义，露点是空气在湿度不变的条件下冷却到饱和时的温度，当空气从 20 ℃加热到 50 ℃时，湿含量不发生变化，则由（a）可知，露点仍为 20 ℃。

例 7-2 已知湿空气的总压 $p = 101.3$ kPa，温度 $t = 30$ ℃，相对湿度 $\varphi = 0.6$。试求：
（a）湿度 H；（b）露点 t_d；（c）将上述状况的空气在预热器中加热至 100 ℃所需的热量。已知以干空气计的空气质量流量为 100 kg·h^{-1}；（d）进入预热器的湿空气体积流量。

解 由饱和水蒸气表（附录表 7）查得水在 30 ℃时的蒸气压 $p_s = 4.242$ kPa
已知 $p = 101.3$ kPa，$\varphi = 0.6$，$t = 30$ ℃。

（a）湿度 H 可由式（7-3）求得

$$H = 0.622 \frac{\varphi p_s}{p - \varphi p_s} = 0.622 \times \frac{0.6 \times 4.242}{101.3 - 0.6 \times 4.241} = 0.016\,0\ \text{kg} \cdot \text{kg}^{-1}$$

（b）按定义，露点是空气在湿度不变的条件下冷却到饱和时的温度，现已知

$$p_d = \varphi p_s = 0.6 \times 4.242 = 2.545 \text{ kPa}$$

查水蒸气表，经内插，其对应的温度 $t_d = 21.4 \ ℃$。

（c）预热器中加入的热量

$$Q = 100 \times (1.01 + 1.88 \times 0.016)(100 - 30)$$
$$= 7\ 280 \text{ kJ} \cdot \text{h}^{-1}$$

或

$$7\ 280/3\ 600 = 2.02 \text{ kW}$$

（d）进入预热器的湿空气体积流量

$$V = 100 \times \frac{22.4}{29} \times \left(\frac{273 + 30}{273}\right)\left(\frac{101.3}{101.3 - 0.6 \times 4.25}\right) = 88 \text{ m}^3 \cdot \text{h}^{-1}$$

7.1.2　空气湿度图

以上各参数的计算比较繁琐，若采用图解法，则可便捷地查出。对空气-水汽系统应用相律，其组分数 $C = 2$，相数 $\varphi = 1$，故自由度 $F = C - \varphi + 2 = 3$。由于涉及湿空气的过程中，总压 P 通常已规定，故其性质由两个独立参数决定，进而可求取湿空气的其他参数。因此，湿空气性质可在选定的坐标系中，以平面上的一个点来表示。

目前工程计算中用得比较广泛的湿度图是以温度 t 为横坐标、湿度 H 作为纵坐标绘成，常称 t-H 图。此外，也有用焓和湿度来标绘的。如图 7-1 所示系根据总压 $p = 101.3 \text{ kPa}$ 作出的 t-H 图，图上 $\varphi = 1.0$ 线以下各点都代表某一定温度和湿度的湿空气。

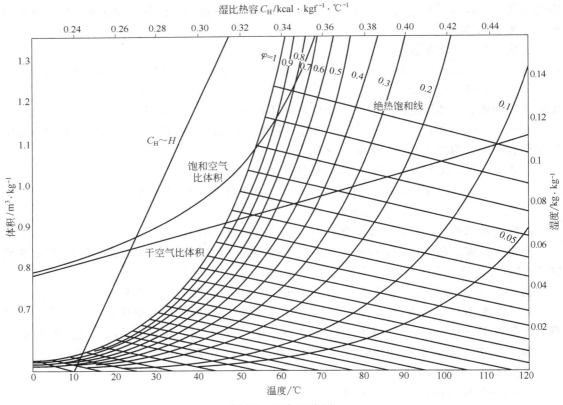

图 7-1　空气温度图

1 kcal = 4.181 26 J

254

图 7-1 中有几类线，其意义如下。

（1）等温线　简称等 t 线，所有的垂直线都是等 t 线。

（2）等湿含量线　简称等 H 线，所有的水平线都是等 H 线。

（3）等相对湿度线　简称等 φ 线，由式（7-3）

$$H = 0.622\,\frac{\varphi p_{\mathrm{s}}}{p - \varphi p_{\mathrm{s}}}$$

当 φ 为一定值时，由于饱和蒸气压 p_{s} 仅为温度 t 的函数，可标绘出许多 $t\text{-}H$ 的点而连接成等 φ 线。

例如 $\varphi=0.5$ 时，不同温度下的 H 值可按式（7-3）计算，结果见表 7-1。

表 7-1　$p=101.3\ \mathrm{kPa}$ 下，$\varphi=0.5$ 时的 $t\text{-}H$ 关系

$t/℃$	0	5	10	15	20	30	40	50
$p_{\mathrm{s}}/\mathrm{kPa}$（查蒸汽表）	0.610	0.872	1.228	1.705	2.338	4.242	7.375	12.33
$H=0.622\times0.5p_{\mathrm{s}}/(101.3-0.5p_{\mathrm{s}})\mathrm{kg\cdot kg^{-1}}$	0.001 9	0.002 7	0.003 8	0.005 3	0.007 3	0.013 3	0.023 6	0.040 4

根据表 7-1 的数据可在图 7-1 中标绘出 $\varphi=0.5$ 的曲线。同理可作出 $\varphi=0.05$、$0.1\cdots$ 至 1 的各等 φ 线。其中 $\varphi=1$ 的线称为饱和线，线上各点代表的空气为水汽所饱和。此线以下的（$\varphi<1$）为未饱和区域，其中的空气可以作为干燥介质。在此线以上则为超饱和区域，其实是饱和空气与所含雾状水滴的混合物，显然不能用于干燥物料。

（4）湿比热容线　可按湿比热容的定义标绘：$c_{\mathrm{H}}=1.01+1.88H$

在图 7-1 中标绘的湿比热容-湿度线（$c_{\mathrm{H}}\text{-}H$ 线）是一条直线，仅随湿度而变。由湿度 H 沿等湿线与湿比热容线相交，由交点向上在横坐标上读出对应的湿比热容 c_{H}。

（5）比体积线　共有两条。

① 干空气比体积（V_{a}）线。将 $H=0$ 代入式（7-4a），得 $V_{\mathrm{a}}=0.773(273+t)/273$，可知线 V_{a} 随 t 线性增加。

② 饱和空气比体积（V_{s}）线，将 $H=H_{\mathrm{s}}$ 代入式（7-4a），得 $V_{\mathrm{s}}=(0.773+1.244H_{\mathrm{s}})\times(273+t)/273$。在相同的温度 t 下，$V_{\mathrm{s}}>V_{\mathrm{a}}$，故此线在干空气比体积线之上；且随 t 的增加，H_{s} 迅速增大，V_{s} 与 V_{a} 的差值也迅速增加。

两线的纵坐标在图的左边读出。由于湿空气一般既非绝干，也未达到饱和，而是介于两者之间，就并不带来多大的方便，因此比体积线不常用。

（6）绝热饱和线　为一组向右下倾斜、近于平行的直线，将在下面的 7.1.3 小节中介绍。

必须指出，图 7-1 是在总压 $p=101.3\ \mathrm{kPa}$ 下作出的。常压干燥时，p 与大气压相近，与标准大气压 $101.3\ \mathrm{kPa}$ 的差别一般不超过 3%，其影响可以忽略。若压力变化较大，例如真空干燥时，该图就不再适用。这时可用式（7-3）～式（7-6）计算湿度、饱和湿比容，或自行作出某个总压下的湿度图。

利用空气湿度图，可以十分方便地查取空气的各种参数。$t\text{-}H$ 图中的任一点，代表一个确定的空气状态，其温度、湿度、相对湿度等均为定值，可由图读出。

从理论上说，两个条件（两条线）可以确定平面上的一个点；依此，在前述的七个参数中已知其二，在 $t\text{-}H$ 图中定出一个点后，可以查得其他参数；但在实际上受到一些限制，如湿度和露点，只代表一个独立的参数（知其一，另一个就被确定了），因此它们不能确定空气的状态。

下面用例题说明 t-H 图的用法。

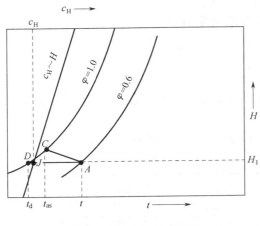

图 7-2　例 7-3，7-4 附图

例 7-3 **例 7-3**　应用 t-H 图重解例 7-2。

解　例 7-2 中给出空气的温度 $t=30$ ℃、相对湿度 $\varphi=0.6$。首先沿横坐标上找出 $t=30$ ℃ 等温线（垂直线），与 $\varphi=0.6$ 线相交于点 A（参阅图 7-2）。

（a）湿度　点 A 的纵坐标即为 H_1，读出的 $H_1=0.016$ kg·kg^{-1}。

（b）露点　由点 A 沿等湿线向左与饱和线交于点 D，其横坐标所代表的温度即为露点，读出 $t_d=21$ ℃。

（c）预热器中加入的热量　由点 A 沿等湿线向左与湿质量热容线交于点 J，再由该点垂直向上，可读出 $c_H=1.04$ kJ·kg^{-1}·K^{-1}，故

$$Q=100\times1.04\times70=7\ 280 \text{ kJ·h}^{-1} \text{或} 2.02 \text{ kW}$$

（d）进入预热器的空气流量，可通过计算求得，见例 7-2。

7.1.3　绝热饱和温度和湿球温度

7.1.3.1　绝热饱和温度

在干燥过程中，作为干燥介质的空气，一方面湿度 H 在不断增加，另一方面温度 t 也在不断降低，且 H 与 t 有其内在联系。现考察如图 7-3 所示的空气增湿塔。具有初始湿度 H_1 和温度 t_1 的不饱和空气由塔底通入；水由塔底经循环泵送往塔顶的喷头，经填料层与空气逆流接触，然后回到塔底再循环使用。如果设备保温良好，既不向外界散失热量，也不从外界接受热量，过程就是绝热进行的。在空气与水的接触过程中，水分不断向空气中汽化，若汽化热由水分自身提供，则水温下降；而水温比空气低时，空气会向水传热，水温愈低传热量愈大；当水温降低到一定程度，使这一传热量等于汽化所需热量，则水温将保持不变，系统达到一稳定状态。空气沿塔上升途中，将显热传给水，水汽化后又以潜热方式返回空气，其温度逐渐下降，而湿度相应增大；这就是空气-水系统的绝热增湿过程，或称绝热冷却过程。由于空气带走了汽化的水分，所以需要向塔内补充一部分新鲜水，使其温度与循环水的温度相同；如果填料层足够高，气、液两相在塔内的接触很充分，可认为空气在塔顶达到了饱和，即绝热增湿过程到达其终点——绝热饱和，这里气-水达成平衡状态，气-水温度相等，称为绝热饱和温度，以 t_{as} 表示，空气的绝热饱和湿度以 H_{as} 表示。

下面对这一过程列出热量衡算。在塔内任取一截面 AA（参见图 7-3），空气在该截面处的状态为 H、t，湿比热容为 c_H。以 1 kg 干空气为基准，在截面 AA 和塔顶之间列热量衡算式。若以 t_{as} 为基准温度，则补充水所带入的焓为零。前已述及，热量衡算中温度的基准是取为 0 ℃。对此，补充水进入

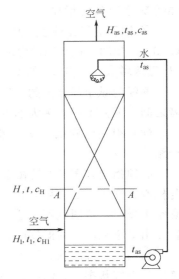

图 7-3　空气增湿塔-绝热冷却过程示意图

系统将带入 $(H_{as}-H)t_{as}\ kJ\cdot kg^{-1}$ 的热量，使空气的焓稍有增加。但其量与空气原有的焓相比常可忽略，故一般情况下可将绝热增湿过程看成是等焓过程，此过程中空气的一部分显热转变为等量的潜热，而得

$$c_H(t-t_{as})=(H_{as}-H)r_{as} \tag{7-8}$$

故

$$\frac{H_{as}-H}{t_{as}-t}=-\frac{c_H}{r_{as}}=-\frac{1.01+1.88H}{r_{as}} \tag{7-8a}$$

式中　r_{as}——温度 t_{as} 下水的汽化潜热。

式（7-8）中的 H_{as} 和 r_{as} 不是独立变量而都是 t_{as} 的函数。c_H 则是湿度 H 的函数。由式可知，空气的绝热饱和温度 t_{as} 是空气的湿度 H 和温度 t 的函数

$$t_{as}=f(H,t) \tag{7-9}$$

同样，知道了空气温度 t 和绝热饱和温度 t_{as}，可以反过来确定空气的湿度 H。因此，绝热饱和温度 t_{as} 是表示湿空气性质的参数之一。

根据式（7-8）可得

$$t=t_{as}+(r_{as}/c_H)(H_{as}-H) \tag{7-8b}$$

式（7-8b）表明，空气在绝热增湿过程中，若忽略 c_H 的稍许变化，其温度 t 和湿度 H 沿着 $(t，H)$ 和 $(t_{as}，H_{as})$ 两点之间的一条直线而变化，此线称为绝热饱和线，或绝热冷却线，其斜率为 $-c_H/r_{as}$，如图 7-1 所示。

以标绘绝热饱和温度 $t_{as}=40\ ℃$ 的绝热饱和线为例：查饱和水蒸气表，$t_{as}=40\ ℃$ 时，$r_{as}=2\ 401\ kJ\cdot kg^{-1}$，饱和蒸气压 $p_{as}=7.375\ kPa$，$H_{as}=0.622\times7.375/(101.3-7.375)=0.048\ 8\ kg\cdot kg^{-1}$。将相应数值代入式（7-8b），得

$$t=40+(2\ 401/c_H)(0.048\ 8-H) \tag{7-8c}$$

式中 $c_H=1.01+1.88H$。对不同的 H 值按式（7-8c）求得不同的 t 值，将计算结果列入表 7-2。可以看出，在绝热饱和过程中，H 逐步增加时，t 相应降低。

表 7-2　$p=101.3\ kPa$ 下，$t_{as}=40\ ℃$ 的 t-H 关系

$H/kg\cdot kg^{-1}$	0	0.010	0.015 0	0.020 0	0.025 0	0.030 0	0.035 0	0.040 0	0.048 8
$c_H/kJ\cdot(kg\cdot K)^{-1}$	1.010	1.029	1.038	1.048	1.057	1.066	1.076	1.085	1.102
$t/℃$	156.5	131.0	118.6	106.6	94.5	82.8	71.2	59.9	40.0

根据表 7-2 列出的数据，可以在 t-H 图上作出 $t_{as}=40\ ℃$ 的绝热饱和线。同样方法可以作出不同 t_{as} 下的绝热饱和线，如图 7-1 所示，这些线都向右下倾斜。

根据式（7-5a），$c_H=1.01+1.88H$，c_H 是随 H 而增大的，见表 7-2，（只是 H 本身及其变化通常很小，故将 c_H 近似作为常数），实际上绝热饱和线并不严格是直线，且不同 t_{as} 下的绝热饱和线也不严格平行，但在图 7-1 的一段温度范围内，将绝热饱和线作为直线、且相邻两线平行的误差很小。

例 7-4　已知湿空气的性质如例 7-2，求绝热饱和温度 t_{as}。

解　本例可按式（7-8）计算 t_{as}，但由于 H_{as}、t_{as} 都是 t_{as} 的函数，尚为未知，需先设定一个 t_{as} 用试差法算，较麻烦。若利用 t-H 图，则很便利，如图 7-2 所示，从 $t=30\ ℃$、$\varphi=0.6$ 的点 A，沿最接近点 A 的绝热饱和线的平行线，增湿到与饱和线相交的点 C，可读出 $t_{as}\approx24\ ℃$。

为了更准确地求得 t_{as}（至一位小数），可以 $t_{as}=24\ ℃$ 为初值，利用式（7-8b）作试差计

算，将式（7-8b）改写成

$$t_{as} = t - (r_{as}/c_H)(H_{as} - H) \tag{7-8d}$$

式中，$t = 30\ ^\circ\text{C}$，$H = 0.016\ 0\ \text{kg} \cdot \text{kg}^{-1}$，又 $c_H = 1.01 + 1.88H = 1.01 + 1.88 \times 0.016\ 0 = 1.04\ \text{kJ} \cdot \text{kg}^{-1}$，对 $t_{as} = 24\ ^\circ\text{C}$，由蒸汽表得 $r_{as} = 2\ 431\ \text{kJ} \cdot \text{kg}^{-1}$，$p_{as} = 2.984\ \text{kPa}$，可得

$$H_{as} = 0.622\ p_{as}/(p - p_{as}) = 0.622 \times 2.984/(101.3 - 2.984) = 0.018\ 9\ \text{kg} \cdot \text{kg}^{-1}$$

代入式（7-8d）得

$$t_{as} = 30 - (2\ 431/1.04)(0.018\ 9 - 0.016\ 0) = 23.2\ ^\circ\text{C}$$

由于 $t_{as} = 23.2\ ^\circ\text{C}$ 与初值 24 ℃ 隔得很近，r_{as} 的差别可忽略，H_{as} 的差别也很小，不必再取 23.2 ℃ 作初值进行试差，可认为 t_{as} 的准确值为 23.2 ℃。

7.1.3.2　湿球温度

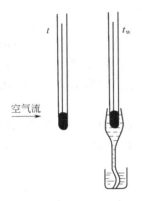

图 7-4　湿球温度计

虽然知道空气温度 t 和绝热饱和温度 t_{as} 就可以确定其湿度 H，但因绝热饱和温度不易直接测定，常用下述方法：将温度计的感温球包以湿纱布，纱布的一部分浸入洁净水中以保持纱布足够湿润，这就成为湿球温度计（如图 7-4 所示）。这种温度计放在温度为 t、湿度为 H 的不饱和空气流中，若开始时湿纱布的温度与空气相等，则湿纱布表面的空气湿度 H_w（湿纱布温度下的饱和湿度）比空气主流中的湿度为大，纱布表面的水分将汽化，并通过表面上的气膜向空气主流中扩散。汽化水分所需的潜热，首先取自湿纱布的显热，使其温度下降（湿球温度计的读数亦随之下降），从而气流与纱布之间产生温度差，空气传热给湿纱布，当在绝热情况下达到稳定状态时，空气向湿纱布传递显热的速率等于水分汽化耗热的速率；这时湿球温度计指示的温度维持不变，这就是湿球温度 t_w。相对而言，空气的真实温度 t 也称为干球温度，可直接用普通温度计测出。

水分由湿纱布向空气主流扩散，与此同时，空气又将显热传给湿纱布，虽然同时在进行质量传递和热量传递，但因空气流量相对大，因此可认为湿空气的温度与湿度未变，即保持在初始温度 t 和湿度 H 的状态下。当空气的温度一定，其湿度越高则湿纱布的水分汽化愈慢，测得的湿球温度也越高；若空气为水汽所饱和，测得的湿球温度即与干球温度相等。可见，湿球温度 t_w 是湿空气的温度和湿度的函数，故湿球温度也是表示湿空气性质的一个重要参数。利用测得空气的干、湿球温度，即可确定空气的湿含量。对此，可作下面的分析。

单位时间空气向湿纱布表面传递显热的速率为

$$Q_1 = \alpha A(t - t_w) \tag{7-10}$$

湿纱布表面水分汽化的速率以 G_w 代表，当以湿度差为推动力时可写成

$$G_w = k_H A(H_w - H) \tag{7-11}$$

汽化所需的潜热为

$$Q_2 = G_w r_w = k_H A(H_w - H)r_w \tag{7-11a}$$

式中　Q_1、Q_2——供热、需热的速率，kW；

　　　A——空气与湿纱布之间的接触面积，m^2；

　　　α——空气与湿纱布之间的给热系数，$\text{kW} \cdot \text{m}^{-2} \cdot \text{K}^{-1}$；

　　　G_w——水分汽化速率，$\text{kg} \cdot \text{s}^{-1}$；

　　　k_H——以湿度差（ΔH）为推动力的传质系数，$\text{kg} \cdot \text{s}^{-1} \cdot \text{m}^{-2}$；

r_w——水在 t_w 下的汽化潜热，$kJ \cdot kg^{-1}$；

H_w——空气的饱和湿度，$kg \cdot kg^{-1}$。

在绝热情况下达到稳定，即达到湿球温度时，有

$$\alpha A(t-t_w)=k_H A(H_w-H)r_w$$

或

$$\frac{H_w-H}{t_w-t}=-\frac{\alpha}{k_H r_w} \tag{7-12}$$

由于传热和传质都是通过湿纱布外的同一层气膜，故影响 α、k_H 的因素（如空气的速度、黏度等）相同，即 α/k_H 为一常数；对于空气-水系统，可应用式（7-12）从 t-H 的实验数据得到 $\alpha/k_H \approx c_H$，故式（7-12）可写成

$$\frac{H_w-H}{t_w-t}\approx-\frac{c_H}{r_w} \tag{7-13}$$

比较式（7-13）与式（7-8a），可以看出，H 和 t 相同的湿空气，其湿球温度 t_w 和绝热饱和温度 t_{as} 可认为相同，即 $t_w \approx t_{as}$。但必须指出，对其他物系，则 $\alpha/k_H \neq c_H$，例如空气-甲苯系统的 $\alpha/k_H=1.8c_H$，这时湿球温度 t_w 比绝热饱和温度 t_{as} 要高。

为准确测定湿球温度，要求空气速度大于 $5 \ m \cdot s^{-1}$，使辐射与传导传热的影响可以忽略。

例 7-5　由干、湿球温度计测得某空气的干球温度 $t=50 \ ℃$、湿球温度 $t_w=28.5 \ ℃$。求其湿度 H 和相对湿度 φ。

解　对于空气-水系统，湿球温度 t_w 可认为与绝热饱和温度 t_{as} 相等，即 $t_w \approx t_{as}=28.5 \ ℃$。在图 7-1 上找出饱和线上 $t_{as}=28.5 \ ℃$ 的点 A，由点 A 沿绝热冷却线与 $t=50 \ ℃$ 的等 t 线相交于点 B，即可读出 $H=0.016 \ kg \cdot kg^{-1}$，$\varphi=0.2$，如图 7-5 所示。

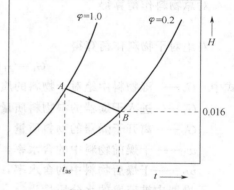

图 7-5　例 7-5 附图

7.2　干燥器的物料衡算及热量衡算

在干燥器的计算中，常已知湿物料的处理量及其最初和最终含水率。要求计算汽化的水分量，干燥后的物料量以及空气预热的耗热量等，为此需对干燥器作出物料衡算和热量衡算。

7.2.1　湿物料中含水率的表示方法

湿物料中含水分的数量实际上是水分在湿物料中的浓度，通常有以下两种方法表达。

7.2.1.1　湿基含水率

以湿物料为基准的含水率（质量分数，下同），以符号 w 表示，其定义如下

$$w=\frac{湿物料中水分的质量}{湿物料的总质量} \tag{7-14}$$

7.2.1.2　干基含水率

以绝对干料为基准的含水率，以符号 X 表示，其定义如下

$$X=\frac{湿物料中水分的质量}{湿物料中绝对干物料的质量} \tag{7-15}$$

例如有 100 kg 湿物料，若其中含水分 20 kg，则绝对干物料质量为 $100-20=80$ kg，而其湿基含水率为

$$w=20/100=0.2 \text{ 或 } 20\%$$

干基含水率为

$$X=20/80=0.25 \text{ 或 } 25\%$$

上述两种含水率之间的换算关系如下

$$X=w/(1-w) \tag{7-16}$$

在干燥器的物料衡算中，由于过程中干物料质量不变，故采用干基含水率较为方便，但习惯上常用湿基表示物料中的含水率。

7.2.2 空气干燥器的物料衡算

本小节中要解决的问题有二：一是计算湿物料干燥到指定的含水率所需除去的水分量；二是计算空气用量。

7.2.2.1 干燥的水分蒸发量

对总物料作衡算得

$$G_1=G_2+W \tag{7-17}$$

对绝对干物料作衡算得

$$G_c=G_1(1-w_1)=G_2(1-w_2) \tag{7-18}$$

式中　G_c——湿物料中绝对干物料的质量，$kg \cdot h^{-1}$；

G_1——进入干燥器的湿物料质量，$kg \cdot h^{-1}$；

G_2——离开干燥器的物料质量，$kg \cdot h^{-1}$；

w_1——干燥前物料中的含水率，湿基；

w_2——干燥后物料中的含水率，湿基。

干燥器中被蒸发的水分质量为

$$W=G_c(X_1-X_2) \tag{7-19}$$

7.2.2.2 空气用量的计算

通过干燥器的干空气质量流量维持不变，故可用它作为计算基准。对水分作衡算得

$$L(H_2-H_1)=W \tag{7-20}$$

或

$$L=W/(H_2-H_1) \tag{7-20a}$$

式中　L——干空气的质量流量，$kg \cdot h^{-1}$；

H_1、H_2——进、出干燥器的空气湿度，$kg \cdot kg^{-1}$。

令 $L/W=l$，称为比空气用量，其意义是从湿物料中汽化 1 kg 水分所需的干空气量。

$$l=\frac{L}{W}=\frac{1}{H_2-H_1} \tag{7-21}$$

空气通过预热器的前、后，湿度是不变的。故若以 H_0 表示进入预热器时的空气湿度，式（7-21）可写成

$$l=\frac{1}{H_2-H_1}=\frac{1}{H_2-H_0} \tag{7-21a}$$

由上式可见，比空气用量只与空气的最初和最终湿度有关，而与干燥过程所经历的途径无关。

l 是干空气量，实际的空气用量为 $l(1+H)$。

7.2.3 空气干燥器的热量衡算

热量衡算可求出需加入干燥器的热量，并了解输出、输入热量间的关系。为方便起见，干燥器的热量衡算用 1 kg 汽化水分为基准。如图 7-6 所示，干燥器包括预热室和干燥室两部分，因此汽化每千克水分所需的全部热量（$q=Q/W$）等于在预热器内加入的热量与在干燥室内补充的热量之和，即

$$q = \frac{Q}{W} = \frac{Q_p + Q_d}{W} = q_p + q_d \tag{7-22}$$

式中　q——干燥所需的全部热量，kJ·kg^{-1}（水）；

　　　q_p——预热器内加入的热量，kJ·kg^{-1}（水）；

　　　q_d——干燥室内补充的热量，kJ·kg^{-1}（水）。

再从图 7-6 来考虑空气干燥器的热量衡算（以 0 ℃作为温度基准），列表 7-3。

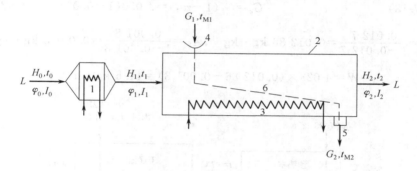

图 7-6　干燥器的热量衡算

1—预热器；2—干燥室；3—补充加热器；4—湿物料入口；5—干燥后物料出口；6—输送装置

表 7-3　干燥器的热量衡算

输入热量/kJ·kg^{-1}（水）	输出热量/kJ·kg^{-1}（水）
1. 湿物料 G_1 带入的热量 　由于 $G_1 = G_2 + W$，可认为物料 G_1 带入的热量是两部分之和： 　其中 G_2 带入的热量为 $G_2 c_M t_{M1}/W$ 　而水带入的热量为 $Wc_1 t_{M1}/W = c_1 t_{M1}$	1. 干后物料 G_2 带走的热量为 　　　$G_2 c_M t_{M2}/W$
2. 随空气带入的热量 $LI_0/W = lI_0$	2. 随空气带出的热量为 　　　$LI_2/W = lI_2$
3. 预热器内加入的热量 $q_p = (I_1 - I_0)l$	
4. 干燥室内补充加入的热量 q_d	3. 损失于周围的热量为 q_L

表中　c_M——干燥后物料的比热容，kJ·kg^{-1}（水），$c_M = (1-w_2)c_s + w_2 c_1$

　　　c_s——绝对干物料的比热容，kJ·kg^{-1}（水）；

　　　c_1——水的比热容，kJ·kg^{-1}（水）；

　　t_{M1}、t_{M2}——进、出干燥器的物料温度，℃；

　　　G_1、G_2——进、出干燥器的物料的质量，kg·h^{-1}；

　I_0、I_1、I_2——空气在进、出预热室和出干燥室空气的焓，kJ·kg^{-1}；

　　　W——水分蒸发量，（kg 水）·h^{-1}。

就整个干燥器而言，输入的热量之和应等于输出的热量之和，故

$$\frac{G_2 c_M t_{M1}}{W} + c_1 t_{M1} + lI_0 + q_p + q_d = \frac{G_2 c_M t_{M2}}{W} + lI_2 + q_L \tag{7-23}$$

即

$$q = (q_p + q_d) = l(I_2 - I_0) + q_M + q_L - c_1 t_{M1}$$

261

或 $q=(I_2-I_0)/(H_2-H_0)+q_M+q_L-c_1t_{M1}$ (7-23a)

式中，

$$q_M=G_2c_M(t_{M2}-t_{M1})/W$$

例 7-6 某糖厂转筒式干燥器的生产能力为 4 030 kg·h^{-1}。湿糖含水率 1.27%，于 31 ℃进入干燥器，离开干燥器时的温度为 36 ℃，含水率 0.18%，此时糖的比热容为 1.26 kJ·kg^{-1}·K^{-1}。干燥用空气的初始状况为：干球温度 20 ℃，湿球温度 17 ℃，预热至 97 ℃后进入干燥室。空气自干燥室排出时，干球温度 40 ℃、湿球温度 32 ℃。试求：

(a) 蒸发的水分量；(b) 空气用量；(c) 预热器蒸汽用量，加热蒸汽压力为 98.3 kPa（表压）；大气压为 101.3 kPa；(d) 干燥器损失于周围的热量；(e) 干燥器的热量衡算。

解 (a) 蒸发的水分量 W

由式（7-19） $W=G_c(X_1-X_2)$

由式（7-18） $G_c=G_2(1-w_2)=4\,030(1-0.001\,8)=4\,023$ kg·h^{-1}

$$X_1=\frac{0.012\,7}{1-0.012\,7}=0.012\,86\ \text{kg·kg}^{-1};X_2=\frac{0.001\,8}{1-0.001\,8}=0.001\,8\ \text{kg·kg}^{-1}$$

$$W=4\,023\times(0.012\,86-0.001\,8)=44.5\ \text{kg·h}^{-1}$$

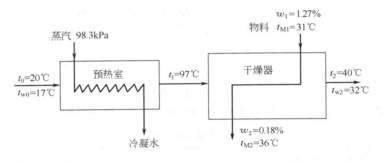

图 7-7 例 7-6 附图

(b) 空气用量 L

由 t-H 图查得 $H_0=0.011$ kg·kg^{-1}；$H_2=0.026\,5$ kg·kg^{-1}，

$$L=W/(H_2-H_0)=44.5/(0.026\,5-0.011)=2\,870\ \text{kg 干空气·h}^{-1}$$

(c) 预热器中的蒸汽用量

$$I_0=(1.01+1.88H_0)t_0+r_0H_0=(1.01+1.88\times0.011)\times20+2\,492\times0.011=48\ \text{kJ·kg}^{-1};$$

$$I_1=(1.01+1.88H_0)t_1+r_0H_0=127.4\ \text{kJ·kg}^{-1};$$

$$Q_p=L(I_1-I_0)=2\,870(127.4-48)=227\,900\ \text{kJ·h}^{-1}\text{或}\ 63.3\ \text{kW}$$

蒸汽的潜热为 2 205 kJ·kg^{-1}，故蒸汽用量为   227 900/2 205＝103.4 kg·h^{-1}

(d) 干燥器的热损失

$$I_2=(1.01+1.88H_2)t_2+r_0H_2=(1.01+1.88\times0.026\,5)\times40+2\,492\times0.026\,5$$
$$=108.4\ \text{kJ·kg}^{-1}$$

由式（7-23a） $Q_L=Q_p+Q_d-L(I_2-I_0)-G_2c_M(t_{M2}-t_{M1})+Wc_1t_{M1}$

$$=227\,900-2\,870(108.4-48)-4\,030\times1.26(36-31)+4.187\times31\times44.5$$
$$=227\,900-173\,400-254\,00+5\,800=34\,900\ \text{kJ·kg}^{-1}$$

(e) 干燥器的热量衡算列入下表。

项目	输入热量/kJ·h⁻¹	输出热量/kJ·h⁻¹
空气	$LI_0 = 137\ 700$	$LI_2 = 311\ 100$
物料	$G_2 c_M t_{M1} + W c_1 t_{M1} = 157\ 400 + 5\ 800 = 163\ 200$	$G_2 c_M t_{M2} = 182\ 800$
q_p	227 900	
q_L		34 900
总计	528 800	528 800

由表可见，干燥器的热损失约占输入热量的 6.6%（=34 900/528 800）。

7.2.4　干燥过程的图解

在设计干燥器时，一般说来，空气的进口状态是给定的，出口状态则往往根据工艺规定的条件（如空气出口温度不低于某值或相对湿度不高于某值等），通过给定条件计算求得。由于干燥条件（例如干燥室与外界的热交换，物料进出口温度 t_{M1}、t_{M2}，热损失 q_L 等）的不同，干燥过程的具体求解有所不同。现分析如下。

7.2.4.1　绝热干燥过程

绝热干燥过程中，干燥室与外界没热交换，干燥介质经历的是绝热增湿过程，这是个理想的干燥过程，实际操作中难于实现，但它能简化干燥的计算，并能在 t-H 图上迅速地确定空气离开干燥器时的状态参数。现以例题说明如下。

例 7-7　用气流干燥器干燥离子交换树脂，要求树脂含水率从 $w_1 = 0.05$ 下降至 $w_2 = 0.0025$，成品产量 $G_2 = 1\ 000$ kg·h⁻¹。室内空气温度 $t_0 = 20$ ℃，相对湿度 $\varphi_0 = 0.8$，经预热器升温到 $t_1 = 120$ ℃，出干燥器温度 $t_2 = 80$ ℃。设可按绝热干燥过程计算，求其空气用量和热耗量。

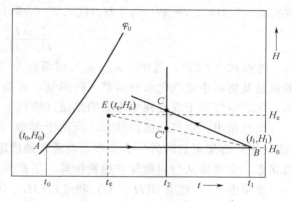

图 7-8　例 7-7、例 7-8 附图

解　在 t-H 图上（如图 7-8 所示），空气入口状态可用 $\varphi_0 = 0.8$ 及横坐标 $t_0 = 20$ ℃的点 $A(t_0, \varphi_0)$ 表示。预热器中湿度不变，代表预热后空气状况的点 $B(t_1, H_1)$ 为沿水平的等湿线，到达 $t_1 = 120$ ℃处。在绝热干燥过程中，空气状况沿绝热饱和线变化，自点 B 作直线与最邻近的绝热饱和线平行，如图 7-8 中线 BC，到达 $t_2 = 80$ ℃的点 C。

在图 7-1 的 t-H 图中，可查到各点的湿度，并计算湿比热容及焓

点 A　$H_0 = 0.012$ kg·kg⁻¹，$c_{H0} = c_{H1} = 1.01 + 1.88 H_0 = 1.033$ kJ·kg⁻¹·K⁻¹；

$$I_0 = 1.033 t_0 + 2\ 492 H_0 = 50.6 \text{ kJ·kg}^{-1}$$

点 B　$H_1 = H_0 = 0.012$ kg·kg⁻¹，$I_1 = 1.033 t_1 + 2\ 492 H_1 = 153.9$ kJ·kg⁻¹

点 C　$H_2 = 0.030$ kg·kg⁻¹（查图）

（a）空气用量 L

比空气用量

$$l = \frac{1}{H_2 - H_1} = \frac{1}{0.030 - 0.012} = 55.6 \text{ kg·(kg 水)}^{-1}$$

为求干空气流量 L，还需求出蒸发的水量 W，按式（7-19）

$$W = G_c(X_1 - X_2)$$

$X_1 = 0.05/(1-0.05) = 0.0526 \text{ kg 水} \cdot \text{kg}^{-1}, X_2 = 0.0025/(1-0.0025) = 0.0025 \text{ kg 水} \cdot \text{kg}^{-1}$

$$G_c = G_2(1-w_2) = 1\,000 \times (1-0.0025) = 997.5 \text{ kg} \cdot \text{h}^{-1}$$

$$W = 997.5 \times (0.0526 - 0.0025) = 50 \text{ kg 水} \cdot \text{h}^{-1}$$

$$L = lW = 55.6 \times 50 = 2\,780 \text{ kg} \cdot \text{h}^{-1}$$

实际空气流量（即湿空气流量）

$$L' = L(1+H_0) = 2\,780(1+0.012) = 2\,810 \text{ kg} \cdot \text{h}^{-1}$$

（b）热量消耗

比热耗量 $\qquad q = q_p = l(I_1 - I_0) = 55.6(153.9 - 50.6) = 5\,740 \text{ kJ} \cdot \text{kg}^{-1}$（水）

总热消耗量 $\qquad Q = Wq = 50 \times 5\,740 = 287\,000 \text{ kJ} \cdot \text{h}^{-1}$（或 79.7 kW）

7.2.4.2 实际干燥过程

实际的干燥过程通常并非绝热过程。预热器需向空气加入的热量可由式（7-23a）计算

$$q_p = l(I_2 - I_0) + (q_M + q_L) - c_1 t_{M1} - q_d$$

又对预热器有 $q_p = l(I_1 - I_0)$ 代入上式，得

$$l(I_1 - I_0) = l(I_2 - I_0) + (q_M + q_L) - c_1 t_{M1} - q_d \qquad (7\text{-}24)$$

即 $\qquad l(I_2 - I_1) = (q_d + c_1 t_{M1}) - (q_M + q_L) \qquad (7\text{-}25)$

令式右边 $\qquad (q_d + c_1 t_{M1}) - (q_M + q_L) = \Delta \qquad (7\text{-}26)$

并将式（7-21a）：$l = 1/(H_2 - H_1)$ 代入式（7-25），得

$$\frac{I_2 - I_1}{H_2 - H_1} = \Delta \qquad (7\text{-}26a)$$

考察式（7-25），其中 $(q_M + q_L)$ 可简称为"损失的热量"；而 $q_d + c_1 t_{M1}$ 为补充给干燥室的热量及物料中被汽化水分所带入的热量，可简称为"补充的热量"。两者的差值，以 Δ 表示，代表空气在干燥过程中增加的热量（焓）。

前已指出，空气的出口状态，由两个参数（或条件）决定。当条件 Δ 已规定后，只需（亦只能）再规定它的另一个参数，而通常是给定其温度 t_2 或相对湿度 φ_2。显然，由它确定的状态，必须服从物料衡算和热量衡算。下面阐述空气出口状态的确定方法。

参考图 7-8，在点 $B(H_1, I_1)$ 和点 $C'(H_2, I_2)$ 连线上的任一点 $P(H, I)$ 符合下列关系

$$\Delta = \frac{I_2 - I_1}{H_2 - H_1} = \frac{I - I_1}{H - H_1} \qquad (7\text{-}27)$$

为了在 t-H 图上表示干燥器内空气状态的变化，将焓的表达式（7-6a）代入式（7-27）

$$\frac{(c_{H2} t_2 + r_0 H_2) - (c_{H1} t_1 + r_0 H_1)}{H_2 - H_1} = \frac{(c_H t + r_0 H) - (c_{H1} t_1 + r_0 H_1)}{H - H_1} = \Delta$$

由于空气的湿比热容相差不大，即 $c_{H2} \approx c_H \approx c_{H1}$，可将上式简化为

$$\frac{t_2 - t_1}{H_2 - H_1} = \frac{t - t_1}{H - H_1} = \frac{-r_0 + \Delta}{c_{H1}} = \frac{-2\,492 + \Delta}{c_{H1}} \qquad (7\text{-}27a)$$

式中，r_0、Δ、c_{H1} 为定值，因而点 $P(t, H)$ 和 $B(t_1, H_1)$ 的连线为一直线，其斜率为 $(-r_0 + \Delta)/c_{H1}$。在算出 Δ 值后，可任取一适宜的 H 值，例如 $H = H_e$，代入式（7-27a）算出对应的 $t = t_e$，则点 $E(t_e, H_e)$ 必在直线 BC' 上。这样，在 t-H 图上定出点 E 后，联结 BE，此线或其延长线与干燥介质的出口温度 t_2 或相对湿度 φ_2 线的交点即为 C'。既知点 C' 则空气的出口情况就完全确定（参阅图 7-8）。

通常用于实际干燥过程的计算公式（都以每千克汽化水分为基准）可列举如下。

① 干空气用量为

$$l = L/W = 1/(H_2 - H_1) = 1/(H_2 - H_0)$$

② 预热室（即预热器）内所需的比热耗量为

$$q_p = (I_1 - I_0)/(H_2 - H_0) = l(I_2 - I_0)$$

③ 干燥室内所需补充的热量为

$$q_d = l(I_2 - I_1) + q_M + q_L - c_1 t_{M1}$$

④ 整个干燥器内所需加入的热量为

$$q = q_p + q_d = l(I_2 - I_0) + q_M + q_L - c_1 t_{M1}$$

7.2.4.3 干燥器的热效率

干燥器的热效率尚没有统一的定义，通常以用于汽化水分的热量 q' 与空气在干燥过程中所获得的热量 q 之比 $q'/q = \eta_h$ 来表示。前已指出，汽化每千克水分，干燥器内所需加入的热量为

$$q = q_p + q_d = l(I_2 - I_0) - c_1 t_{M1} + q_M + q_L \tag{7-23a}$$

此式右边的 I_2、I_0 可按式（7-6）展开

$$I_2 = c_a t_2 + (r_0 + c_w t_2) H_2 = c_a t_2 + (r_0 + c_w t_2)(H_2 - H_0 + H_0)$$

$$I_0 = c_a t_0 + (r_0 + c_w t_0) H_0$$

于是得

$$I_2 - I_0 = (c_a + c_w H_0)(t_2 - t_0) + (r_0 + c_w t_2)(H_2 - H_0)$$

代入式（7-23a），注意到 $H_2 - H_1 = 1/l$，得

$$q = q_p + q_d = (r_0 + c_w t_2 - c_1 t_{M1}) + l(c_a + c_w H_0)(t_2 - t_0) + q_M + q_L \tag{7-23b}$$

式（7-23b）中的 q 为预热器和干燥器中加入热量的总和，而右边为消耗的热量，分别为汽化水分的热量、废气温度高于进气的显热、物料升温的显热及热损失。干燥器的热效率 η_h

$$\eta_h = q'/q = (r_0 + c_w t_2 - c_1 t_{M1})/q$$

显然，热效率愈高，则热能利用愈充分。设法使得干燥器出口废气的湿度增高或温度降低以多利用其热量，都可以减少空气用量提高 η_h。但必须注意到：这样会使废气的相对湿度增大，汽化的传质推动力减小，干燥速率也随之下降，干燥时间因而延长；而且废气的相对湿度大到一定程度，在管道及设备（如旋风器）中散热后会达到饱和，进而有水凝出。这样，废气中若有灰尘，就会黏附在壁上，以致引起堵塞；若有酸性气体，就会造成壁面腐蚀，即"露点腐蚀"；对某些需从废气中分出的颗粒产品，还可能产生返潮。为避免这些现象出现，一般要求废气出口温度 t_2 比进干燥器空气的湿球温度高 $20 \sim 50\ ℃$；对吸水性物料，废气出口温度应更高一些。此外，减少设备和管道的热损失，尽可能利用废气中的热量（例如用以预热冷空气或湿物料），都有助于热效率的提高。

此外，前已述及干燥是耗能大的一种去湿方法，因而，湿物料在进行干燥前，应采用其他能耗少的去湿方法（如机械去湿法），尽可能地减小其含水率。

例 7-8 考虑到例 7-7 的实际情况：一是树脂由温度 $t_{M1} = 50\ ℃$ 被加热到 $t_{M2} = 70\ ℃$，干燥后物料的比热容 $c_M = 1.26\ \text{kJ} \cdot \text{kg}^{-1} \cdot \text{K}^{-1}$；另一是有热损失，估计为 $q_L = 23\ 500\ \text{kJ} \cdot \text{h}^{-1}$，而补充热量 $q_d = 0$，试重算空气用量及热消耗量，并对两题结果进行对比，再计算干燥器的热效率。

解 在 t-H 图上（图 7-8），空气的预热线 AB 不变，空气状态变化线 BC' 的作法，可先按式（7-26）计算 Δ，即

$$\Delta = (q_d + c_1 t_{M1}) - (q_M + q_L) \tag{7-26}$$

其中

$$q_M = G_2 c_M (t_{M2} - t_{M1})/W = 1\ 000 \times 1.26(70 - 50)/50 = 504\ \text{kJ} \cdot \text{kg}^{-1}（水）$$

$$q_L = 23\ 500/50 = 470\ \text{kJ} \cdot \text{kg}^{-1}（水）$$

代入式（7-26）得

$$\Delta = 4.187 \times 50 - 504 - 470 = -765 \text{ kJ} \cdot (\text{kg 水})^{-1}$$

实际干燥过程可用式（7-28a）表示，即

$$\frac{t - t_1}{H - H_1} = \frac{1}{c_{H1}}(-r_0 + \Delta)$$

由例 7-7 得 $H_1 = 0.012 \text{ kg} \cdot \text{kg}^{-1}$，$t_1 = 120\ ℃$，$c_{H1} = 1.01 + 1.88 \times 0.012 = 1.033$。

设 $H_e = 0.03$ 代入式（7-28a）得 $t_e = t_1 + (1/1.033) \times (-2\,492 - 765) \times (0.03 - 0.012) = 63.2\ ℃$，在 t-H 图上定出点 $E(t_e, H_e)$，联结 BE 与等温线 $t_2 = 80\ ℃$ 相交得点 C'，该点即为干燥器空气的出口状态。

由图 7-1 得 $H_2 = 0.024\,5 \text{ kg} \cdot \text{kg}^{-1}$，$c_{H2} = 1.01 + 1.88H_2 = 1.056 \text{ kJ} \cdot \text{kg}^{-1} \cdot \text{K}^{-1}$

$$I_2 = c_{H2}t_2 + 2\,492H_2 = 145.5 \text{ kJ} \cdot \text{kg}^{-1}$$

$$l = 1/(H_2 - H_1) = 1/(0.024\,5 - 0.012) = 80.0 \text{ kg} \cdot \text{kg}^{-1}$$

$$L = Wl = 50 \times 80.0 = 4\,000 \text{ kg} \cdot \text{h}^{-1}（例 7\text{-}7 \text{ 为 } L = 2\,780 \text{ kg} \cdot \text{h}^{-1}）$$

$$q = l(I_1 - I_0) = 80.0 \times (153.9 - 50.6) = 8\,264 \text{ kJ} \cdot \text{kg}^{-1}$$

$$Q = Wq = 50 \times 8\,264 = 413\,200 \text{ kJ} \cdot \text{h}^{-1} = 114.8 \text{ kW}（例 7\text{-}7 \text{ 为 } 79.7 \text{ kW}）$$

与例 7-7 相比，当考虑物料升温所需热量和热损失后，L 和 Q 都增加 40% 以上。可见，对于这种情况，不能按绝热过程计算。

干燥器的热效率 $\eta_h = q'/q$。由于 $q_d = 0$，故 $q = q_p = 8\,264 \text{ kJ} \cdot \text{kg}^{-1}$，现 $t_{M1} = 50\ ℃$

$$q' = (2\,492 + 1.88 \times 80) - 4.187 \times 50 = 2\,433 \text{ kJ} \cdot \text{kg}^{-1}$$

$$\eta_h = 2\,433/8\,264 = 0.294 \text{ 或 } 29.4\%$$

7.3 干燥速度和干燥时间

通过物料衡算和热量衡算，可以确定从湿物料中除去的水分量，计算出所需用的空气量和热量，这方面的知识常称为**干燥静力学**，可以为选定合适的风机和预热器提供依据。至于干燥器的尺寸，则需要通过干燥速度和干燥时间的计算来确定，这方面的知识常称为**干燥动力学**。前已指出，干燥过程中所除去的水分，是从物料内部移动到表面，然后从物料表面汽化而进入干燥介质。因此，干燥速度不仅取决于空气的性质和操作条件，也取决于水分在空气与物料间的平衡关系。

7.3.1 物料中所含水分的性质

物料中所含水分的性质与相平衡有关。如吸收章中论及相平衡时，已说明其用途是：决定传质的方向、极限和推动力，在干燥过程中亦同样适用。现首先分析水-空气-固体物料物系的独立变量：组分数 $C = 3$，相数 $\phi = 3$（气、水、固体）；根据相律，自由度 $F = C - \varphi + 2 = 2$，在温度固定时，只有一个独立变量，即气-固间的水分平衡关系，可在平面上用一条曲线表示，如图 7-9 所示。和吸收章中的气-液平衡关系一样，图 7-9 中的曲线，既是空气中水蒸气分压 p_w 与湿物料的平衡含水率 X^* 的关系曲线（p_w-X^* 线），也是物料中含水率 X 和空气中与之平衡的蒸气压 p_w^* 之间的关系曲线（p_w^*-X 线）。下面对这种平衡关系进行讨论。

7.3.1.1 平衡水分与自由水分

从 p_w 与 X^* 的关系中看到，与空气中某一水汽分压 p_w 相对应，就有一个平衡含水率 X^*。干燥过程中，只要空气的温度和水汽分压 p_w 一定，物料中的含水率只能下降到与 p_w 平衡的 X^*，这一含水率称为物料在一定空气状况下的平衡水分。相同的空气状况下，平衡

水分的大小随物料的种类和温度而异。

平衡水分代表物料在一定空气状况下干燥极限。在干燥过程中能除去的水分，只是物料中超出平衡水分的那一部分，即 $X-X^*$，称为自由水分。物料中的总水分为自由水分与平衡水分之和。

7.3.1.2 结合水分与非结合水分

先从 p_w^*-X 关系考虑，当物料的含水率 X 大于或等于图 7-9 中与点 S 相当的 X_s 时，空气中的平衡水蒸气分压恒等于系统温度下纯水的蒸气压 p_s。这表明对应于 $X \geqslant X_s$ 的那一部分水分，主要是以机械方式附着在物料上，与物料没有结合力而较易除去，这类水分称为非结合水分。当 $X < X_s$ 时，平衡水汽分压都低于同温度下纯水的蒸气压。表明这类水分与物料间有结合力而较难除去，故称为结合水分。

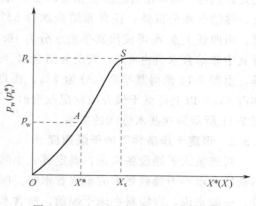

图 7-9 p_w-X^*(p_w^*-X)关系示意图

一种物料对应于不同的温度都有一条如图 7-9 所示的平衡曲线，而且这些曲线随温度而变的幅度颇大。但如果用相对湿度 φ($= p_w/p_s$)对平衡含水率 X^* 作图，则在温度变化时，p_w 和 p_s 都随之相应地变化，温度对 φ 的影响就很小了，因而 φ-X^* 平衡曲线随温度的变化不甚明显。不少物料在一定温度范围内，可以忽略温度对 φ-X^* 曲线的影响。如图 7-10 所示为某些物料在室温下的 φ-X^* 曲线。

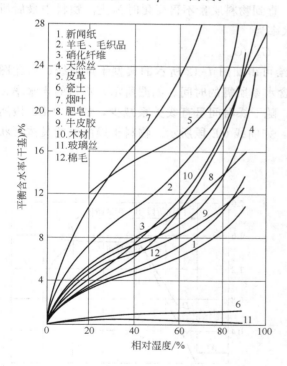

图 7-10 某些物料的平衡水分

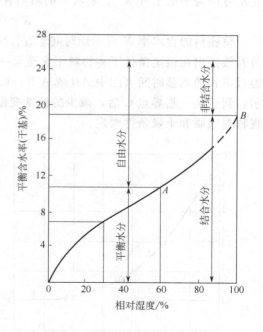

图 7-11 水分的种类

应予指出：根据上述定义，结合水分与非结合水分的区别，仅取决于物料本身；而平衡水分与自由水分则还取决于干燥介质的状况。以图 7-11 中硝化纤维的平衡线为例，此曲线的外延线与100%相对湿度轴相交的点 B 表示结合水分为19%，对于含水分25%的硝化纤维，除结合水分以外，还含非结合水分6%。如将此样品置于相对湿度为60%的空气中干燥，由曲线上点 A 可读出其平衡水分为10.5%，自由水分则为14.5%，此14.5%的自由水分其中非结合水分占6%，其余为结合水分。又若将该样品置于相对湿度为30%的空气中干燥，由图7-11读得其平衡水分为7%，而自由水分则为18%，此自由水分中，非结合水分亦占6%。以上可见干燥介质状况改变时，平衡水分和自由水分的数值随之改变的情况。如图7-11所示为这些水分间的关系。

7.3.2　恒定干燥条件下的干燥速度

对连续式干燥设备来说，确定其大小的根据是，物料在设备内运行的停留时间足以使其由初始含水率干燥到要求的最终含水率。所以，解决干燥速度问题是计算干燥设备的先决条件。一般来说，湿物料在未干燥前，所含水分均匀地分布在物料内部和表面。若将含有自由水分的湿物料与未饱和的热空气接触，则水分将不断汽化至空气中；空气则不断把热量传给物料，以供给水分汽化所需的潜热，并不断把汽化的水分带走。物料表面上的水分汽化后，内部水分即向表面移动，使物料内部的水分逐渐减少。因此干燥速度不仅与干燥介质有关，也与物料本身因失水所引起的变化有关。下面先讨论较简单的恒定干燥条件下的情况。所谓恒定干燥条件是指空气的湿度、温度、速度以及与物料接触的状况都不变。由此所得的干燥速度方程，可作为某些干燥设备的计算基础。

7.3.3　干燥曲线和干燥速度曲线

由于干燥机理的复杂性，至今研究尚不够充分，干燥速度的数据主要依靠实验。在实验过程中，记录不同时间 θ 下湿物料的质量 G，直到物料质量不再变化时为止。物料中最后所含水分即为平衡水分 X^*。物料中的瞬间含水率为

$$X=(G-G_c)/G_c$$

将物料的含水率 X 对干燥时间 θ 进行标绘可得如图7-12所示的典型干燥曲线。由此图可直接读出在恒定条件下将物料干燥至某一含水率所需的时间。如图所示，物料的含水率在经过不长的调整时间（图中 AB 或 $A'B$）后，随干燥时间呈直线关系减少，如图中 BC 段所示，到达某一临界点 C 后，减少的速度变慢，如曲线 CE 段所示。物料干燥曲线的具体形状视物料性质和干燥条件而定。

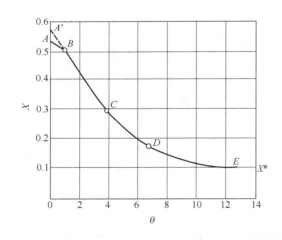

图7-12　干燥曲线（恒干燥状况）

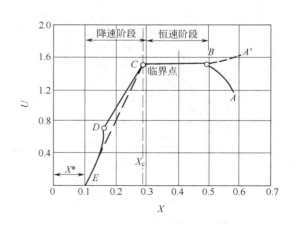

图7-13　典型干燥速度曲线（恒干燥状况）

干燥速度 U 的定义是单位时间内在单位表面积上汽化的水分质量，即 $U=-G_c\mathrm{d}X/A\mathrm{d}\theta$，其中 A 为干燥面积，其余符号同前。若将图 7-12 中的数据换算成干燥速度 U 与物料含水率 X 之间的关系并进行标绘，即得如图 7-13 所示的干燥速度曲线。

由干燥曲线换算成干燥速度曲线的原则是根据不同 X 值下图 7-13 中曲线的斜率 $\mathrm{d}X/\mathrm{d}\theta$，以及测得的 G_c/A（从图 7-12 转换为图 7-13 时，已知 $G_c/A=21.5\ \mathrm{kg\cdot m^{-2}}$），二者之积即为 U。但斜率 $\mathrm{d}X/\mathrm{d}\theta$ 则很难从图 7-12 上读准，故实际上得出干燥曲线的方法是根据实验的 G-θ 数据，首先计算不同时间间隔 $\Delta\theta$ 内物料含水率的减少量 ΔX，以求出 $\Delta X/\Delta\theta$，如例 7-8 所示。

从图 7-13 可明显看出，干燥速度曲线呈现两个阶段：**恒速阶段** BC 和**降速阶段** CE。若物料初始时就只有结合水，则干燥只有降速阶段。对不同的物料，在降速阶段可能出现形状不同的曲线（图 7-13 中线段 CD 和 DE 在点 D 有明显的转折，这意味着降速又可分为两个阶段，但有些物料的 CE 为平滑曲线）。

7.3.3.1　恒速干燥阶段

在这一阶段，物料整个表面都有充分的非结合水分（简称湿润），物料表面的蒸气压与同温度下水的蒸气压相等，干燥速度由水在表面汽化的速度所控制。汽化速率 G_w 可由式 (7-10) 表述

$$\text{以湿含量差为推动力} \qquad G_w=k_H A(H_w-H) \qquad\qquad (7\text{-}10)$$
$$\text{或以水汽分压差为推动力} \qquad G_w=k_P A(p_w-p)$$

式中　p、H——空气中水汽分压、湿度；

　　　p_w、H_w——与物料表面接触空气薄层中的水汽分压、湿度，为物料表面温度下的饱和值；

　　　k_P、k_H——以分压差或湿度差为推动力的传质系数。

干燥速度 $\qquad\qquad\qquad\qquad U=G_w/A=k_H(H_w-H) \qquad\qquad (7\text{-}10\mathrm{a})$

当物料表面保持湿润时，绝热干燥推动力 p_w-p 或 H_w-H 不变，干燥速度亦为恒定值，故图 7-13 中的 BC 段为恒速干燥阶段。倘若 t_i 原来低于 t_w（图 7-13 中的点 A）则曲线 AB 段中的 t_i 逐步上升到 t_w，同时 U 也上升；反之 t_i 高于 t_w 时，则出现相当于 $A'B$ 段的情况。AB 或 $A'B$ 称为调整阶段（或初始阶段），但一般很短，所以在以后的干燥计算中往往忽略其影响。

必须指出，只有在恒定干燥状况下（且物料中无溶于水的物质），BC 段才可成为水平线，否则干燥速度将随时间而改变。

7.3.3.2　降速阶段

图 7-13 中的点 C 是由恒速阶段转到降速阶段的临界点，此时物料的平均含水率称为临界含水率，以 X_c 表示。此后，物料内部水分移动到表面的速度已赶不上表面的水分汽化速度，过程速度由水分从物料内部移动到表面的速度所控制，物料表面就不再能维持全部湿润，部分表面上汽化的为结合水分，而且随着干燥的进行，湿润表面不断减少，因而，按全部表面积计算的 U 值不断降低。这一阶段称为降速第一阶段或不饱和表面干燥阶段，即图 7-13 中的 CD 段。当达到点 D 时，全部物料表面都不含非结合水分。

降速第二阶段从点 D 开始。水分的汽化面随着干燥过程的进行逐渐由表面向物料内部移动，汽化所需的热量，通过已干燥的固体物料层而传递到汽化面，同时汽化的水分也通过该层固体进入空气流。在这一阶段中，干燥速度比前阶段下降得更快（图 7-13 中的曲线 DE），受水分在物料中移动的速度控制。最后到达点 E 时，物料的含水率降到了平衡水分 X^*，干燥的继续进行已不能降低物料的含水率。某些情况下，由部分湿润表面过渡到全部

干燥的表面并不明显，这时曲线 CDE 是平滑的，不出现转折点 D。

与恒速阶段相比，降速阶段从物料逐出的水分通常较少，但需要的时间往往更长，甚至长得多。如图 7-12 所示，恒速阶段（BC 段）使物料中含水率自 0.5 降到临界含水率 0.29，即减少 0.21 kg（水）·kg^{-1}（绝干物料），所需时间约为 3 h。在降速阶段 CE 段以从临界含水率 0.29 下降到接近平衡水分 0.1，只减少 0.19 kg·（kg 绝干物料）$^{-1}$，干燥时间却延续达 9 h。

应当指出：由于临界含水率 X_c 是整个物料层的平均值，它既取决于恒速阶段的干燥速度，也取决于物料层的厚度、物料的粒度等。通常恒速阶段的干燥速度愈大、物料层愈厚、物料粒度愈细（见表 7-4），则 X_c 愈大。由于 X_c 愈大，干燥将愈早由恒速转入降速阶段，故除去的水分量相同时，所需的干燥时间愈长。为了减小它，应尽可能减小物料层厚度。采用将在 7.4 节介绍的沸腾干燥或气流干燥，可以减小临界含水率，同时也增大干燥面积而加快干燥速度。

X_c 值通常由实验测定，有关手册上也列出部分物料的 X_c 范围，只是由于上述影响因素多，故其局限性大，仅作参考用。

表 7-4 物料层厚度和物料粒度对临界水分的影响

物 料	厚度/mm	临界含水率/%（干基）
锌钡白压滤饼（置于盘中）	6.4	6.4
	12.7	8.0
	19	12.0
	25	16.0
砂　50～150 目	50	5
200～325 目	50	10
通过 325 目	50	21

注：表中所列数据，摘自 Perry：Chemical Engineer's Handbook 20-12，7 ed，1997。由于临界含水率还与初始湿度、恒速阶段干燥速度有关，因而只是近似的。

例 7-9 干燥器中置有一块平板状污泥滤渣，试验板周边的干燥面积可以忽略不计。湿试料质量为 304 g，绝对干料质量为 200 g，其总干燥面积为 160 cm²。空气的温度为 52 ℃。与试验板平行流动，其速度为 11 m·s^{-1}。干燥过程的实验结果如下表所示。

开始实验起的总干燥时间 θ/min	0	2	4	6	8	10	12	14	16
试料质量/g	304	294.1	284	274.1	264	254.1	248.4	244.8	242.4

开始实验起的总干燥时间 θ/min	18	20	24	32	40	60	80	100	
试料质量/g	240.4	238.6	235.6	231	228.2	224.4	222.4	221.4	

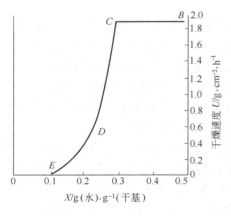

图 7-14 例 7-9 附图

试根据上表所列数据，通过计算绘出干燥速度曲线。

解 计算所得结果列表如下 ［其中第一行 $U=(200/160)[(0.52-0.470\ 5)/(2-0)]\times 60=1.86$ g·cm^{-2}·h^{-1}，下同］。

以 U 为纵坐标，X 为横坐标，将上列数据标绘、后即得所要求的干燥速度曲线，如图 7-14 所示。图中水平线 BC 代表恒速阶段，点 C 所表示的临界水分为 $X=0.295$ g·g^{-1}（干基），CE 代表降速阶段。

时间 θ/min	含水率$[X=(G-G_c)/G_c]$ /g·g^{-1}(干基)	区间平均干燥速度 $[U=60\times(G_c/A)\times(\Delta X/\Delta\theta)]$ /g·cm^{-2}·h^{-1}	区间平均含水率 X_{aD}
0	0.520	1.86	0.495[=(0.52+0.471)/2,下同]
2	0.471	1.89	0.446
4	0.420	1.86	0.396
6	0.371	1.89	0.346
8	0.320	1.86	0.296
10	0.271	1.07	0.257
12	0.242	0.675	0.233
14	0.224	0.45	0.218
16	0.212	0.375	0.207
18	0.202	0.338	0.198
20	0.193	0.281	0.186
24	0.178	0.216	0.167
32	0.155	0.131	0.148
40	0.141	0.071 3	0.132
60	0.122	0.037 5	0.117
80	0.112	0.018 8	0.110

7.4 干 燥 设 备

干燥设备常简称干燥器，少数情况下也称干燥机（如对有运动装置的干燥设备）。

7.4.1 干燥器的性能要求和选择原则

7.4.1.1 干燥器的性能要求

干燥器种类很多，以适应待处理物料在形态、物性上的多样性以及对干燥成品规格的不同要求。例如

形态方面——有大块、颗粒、粉末、纤维等形状。当液体含量很大时还会形成悬浮液或很难处理的膏糊状物料。

物性方面——有的固体结构是多孔性的（如皮革、纸张），有些则无孔（如黄砂），它们的临界水分、平衡水分差别颇大，水分在物料内部的移动情况也不相同。某些物料在含水率较大时有不同的黏结性，有的在干燥中会显著收缩，在机械强度上差别也很大。

干燥成品规格要求方面——对物料的最终含水率要求各部分尽可能均匀，并符合工艺规定，这是共同的。但对有的物料要求最终水分极低，有的则允许较高的最终水分。对热敏性物料要求快速或低温的干燥过程。不能受污染的物料对干燥介质有严格的要求，特别是药品和食品还需保证无菌操作。有的要使成品具有一定形状，如：要求制成易溶的空心球体或粉末，具有一定的堆积密度和粒度。有的还需在干燥过程中回收有价值或有毒性的蒸气等。

因此，在化工生产或环境治理中，为完成一定的干燥任务，必须选择适宜的干燥器。

7.4.1.2 干燥器的选择原则

基于上述的复杂因素，在选择干燥器时，要考虑下列因素。

（1）被干燥物料的性质　主要考虑的性质包括湿、干物料的物理特性、腐蚀性、毒性、可燃性、粒子大小和磨损性等，尤其是物料的热敏性决定了干燥过程中物料的上限温度。

（2）成品的形状、质量　要求干燥均匀，不发生变质，有的产品要求保持晶形完整，有的要求不发生龟裂变形。对脆性物料应特别注意成品的破碎和粉化。

（3）湿物料的干燥特性　对不同的湿物料，干燥特性曲线包括临界含水率等也不相同，所需的干燥时间可能相差悬殊。一般先由实验作出干燥速度曲线，最起码应知道临界含水率。同时要考虑哪种类型的干燥器较为适合。

（4）处理量　一般来说，处理量小，宜选用厢式干燥器等间歇操作的干燥器；处理量大的，以连续操作的干燥器较为适宜。

（5）经济成本、劳动条件和环境污染　为节约能源，在满足干燥要求的条件下，应尽可能选择能耗低、热效率高的干燥器。若排出的废气中含有污染环境的粉尘或有毒物质，应设法减少排出的废气量，并进行适当的处理。所选的干燥器应尽可能工艺简单，总投资小，操作稳定，劳动条件好，环境污染小。

要求所选的干燥器同时满足上述技术经济要求是不现实的，干燥器的最终选择通常将在设备价格、运行费用、产品质量、保证安全及便于安装等方面提出折中方案或比较方案。在需要时，应作一些初步的实验以查明设计和运行数据及对特殊情况的适应性。

一般说来，在没有相同的干燥工艺供参考时，干燥器的选择遵循以下步骤：首先是根据湿物料的形态、处理量、干燥特性、产品的要求以及所采用的热源，进行干燥实验，得出干燥曲线和传质特性数据，确定干燥设备的工艺尺寸，选择出适宜的干燥器形式，若几种干燥器同时适用时，要进行成本核算及方案比较，选择其中最佳者。

7.4.2　常用工业干燥器简介

干燥器的分类方法很多，按加热方式的不同，干燥可分为如下几种。

（1）对流干燥　使干燥介质（常用加热的空气）直接与湿物料接触，热能以对流方式传给物料，使湿分汽化后生成的蒸气为干燥介质所带走。

（2）传导干燥　热能通过传热壁面以传导方式加热物料，产生的蒸气为干燥介质带走，或是用真空泵抽走（真空干燥）。

（3）辐射干燥　热能以辐射能方式从热源到达物料表面，为后者所吸收以使湿分汽化。

（4）介电加热干燥　将需要干燥的物料置于高频电场内，依靠电能加热物料以使湿分汽化。

根据干燥介质的类别，可分为空气、炉气或其他干燥介质（如过热蒸汽用于需在高温又要避免氧化的特殊情况）。按操作压力可分为常压式和减压式。真空干燥适于处理热敏性及易氧化的物料，或要求成品中含湿量很低的场合。按操作方式，可分为连续式和间歇式，前者具有生产能力大、产品质量均匀、热效率高及劳动条件好等优点，后者适用于处理小批量、多品种或要求干燥时间较长的物料。

表 7-5 即是一个较为典型的干燥器分类及其特点。

表 7-5　典型的干燥器分类及特点

类　型	特　　　　点
连续式常压干燥器	操作稳定、连续，加料和卸料均匀
间歇式常压干燥器	构造简单，设备费用小，但间歇操作需要大量人工，且热量消耗大
间歇式减压干燥器	用于不能承受高温或易于氧化的物料，间歇操作
连续式减压干燥器	用于不能承受高温或易于氧化的物料，结构较间歇式复杂

在上述四类中，应用最广的为连续式常压干燥器。依物料和干燥介质的相互运动方向，可分为并流、逆流和错流三种操作方式。

在并流时，含水率高的物料与温度最高而湿度最低的介质相接触。因此，在进口端的干燥推动力最大，在出口端的推动力最小。它适用于下列情况。

① 干物料不耐高温而湿物料允许快速干燥。这种情况是生产中常见的。因为在干燥第一阶段中，尽管干燥介质温度高，但物料最高温度只升到湿球温度 t_w。到干燥第二阶段由于物料表面水分不足，因而物料温度会从表面开始逐渐升高，但此时介质温度已经下降，物料就不至于过热。如煤在 200 ℃就会发生干馏，但用 1 000 ℃的炉气对湿煤进行并流干燥，煤的质量可不受影响。

② 物料的吸湿性小或最终水分要求不很低。因物料在出口处是与温度最低、湿度最高（即相对湿度最大）的介质接触，其平衡水分较高，故并流干燥不能使物料中的水分降得很低。

在逆流时，物料与干燥介质成反方向运动，故干燥推动力在干燥器中分布比较均匀，它适用于下列情况。

① 湿物料不宜快干而干物料能耐高温，如砖坯等。

② 物料吸湿性强或最终含水率要求很低。

需注意的是，在并流时干燥介质的出口相对湿度可能过高，而影响被干燥物料的最终含水率。在逆流时，湿物料进入的温度不应低于干燥介质在此处的露点，否则湿度高的干燥介质中有一部分水汽会冷凝在湿物料上，因而增加干燥所需的时间。为了避免这种缺点，可使干燥介质从干燥器两端同时进入，而从中部排出，或采用与此相反的流程。

当干燥器的构造特殊，而不便使用并流或逆流方式时，可采用错流方式，使高温介质与物料运动方向垂直而流过。如果物料表面都与湿度小、温度高的介质接触，可获得较高的推动力，但介质的用量和热量的消耗也较大。它适用于下列情况。

① 物料在干燥的始、终，都允许快速干燥和耐高温。

② 要求设备紧凑（过程速度大）而允许较大的介质和热量消耗。

本节将介绍典型的间歇式干燥设备盘架式干燥器，以及应用较为广泛的典型连续式常压干燥器——转筒式干燥器、沸腾干燥器、喷雾干燥器及气流干燥器。

7.4.2.1　盘架式干燥器

盘架式干燥器又称为厢式干燥器，一般小型的称为烘箱，大型的称为烘房，是一类典型的间歇式干燥设备。如图 7-15 所示是一般常压盘架式干燥器的简图。其外形呈厢式，外部用绝热材料保温，以减少热量损失。在器内有多层框架，作安放物料盘之用。干燥所用空气从右上角引入，在与加热管相遇而预热后，循箭头方向依次横经框架，与物料接触；接着再次预热、与物料接触，最终成为废气由出口排出。在空气的出口与入口处都各装有风门，若干燥器中介质的湿度不足而干燥过快（如木材等物料会变形），可略开循环风门，使部分潮湿的废气返回至干燥器中循环使用。

对于颗粒状的物料，可将厢式干燥器的浅盘底板制作成多孔板，使气流自上而下穿流通过物料层，这种结构称为穿流式干燥箱。

厢式干燥器也可在真空下操作，称为厢式真空干燥器，适用于处理热敏性、易氧化及易燃烧的物料，或用于所排出的蒸气需要回收及防止污染环境的场合。该干燥厢是密封的，并将浅盘架作成空心的结构，加热蒸汽从中通过，以传导方式加热物料，使所含水分或溶剂汽化，汽化出的水分或溶剂蒸气用真空泵抽出，以维持厢内的真空度。

这类干燥器构造简单，设备投资少，对物料适应性强，缺点是热效率不高，产品质量不

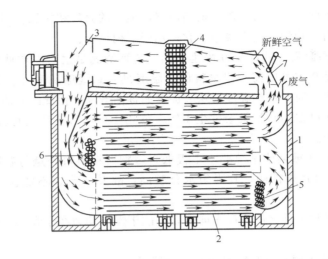

图 7-15 盘架式干燥器

1—干燥室；2—小板车；3—风机；4，5，6—空气预热器；7—调节风门

易均匀，适用于需要长时间干燥的物料、产品数量少、干燥产品需要单独处理的场合，特别适用于实验室的干燥装置。

7.4.2.2 转筒式干燥器

转筒式干燥器亦称回转式干燥器，其主要部件为稍作倾斜的转动长筒。此类干燥器广泛应用于颗粒、块状物料的干燥。干燥介质常用热空气，当然也可应用烟道气（需要高温时）或其他可供利用的热气体。

直接加热转筒干燥器为此类干燥器中应用最广泛的。如图 7-16 所示，由钢板所卷成的转筒，其长度与直径之比通常为 4～8。转筒外壳上装有两个轮箍，整个转筒的重量通过轮箍传递到支撑托轮 7，并在托轮上滚动。转筒由齿轮 6 传动，齿轮则通过装于减速箱 5 输出轴上的小齿轮而传动，转筒的转数一般为 1～8 r·min^{-1}。转筒的倾斜度与其长度有关，可从 0.5°～6°，其倾斜度愈小，物料的停留时间愈长。为了防止转筒的轴向串动，在一个轮箍的两旁装有挡轮（图中未示出），挡轮与托轮装在同一底座上。

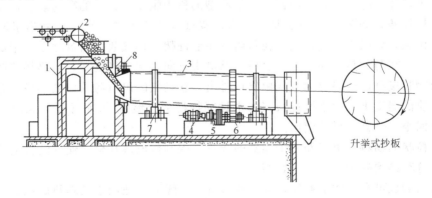

图 7-16 转筒式干燥器示意

1—炉灶；2—加料器；3—转筒；4—电动机；5—减速箱；6—传动齿轮；7—支撑托轮；8—密闭装置

如图 7-16 所示的直接加热转筒干燥器，系用煤或柴油在炉灶 1 中燃烧后的烟道气直接加热，而烟道气与湿物料的运动方向并流。如果湿物料不耐高温或不允许被污染时，可改用

经预热后的空气为干燥介质。转筒内所装分散物料的装置称为抄板，其作用是将物料翻起，使其均匀地分布在转筒截面的各部分以与干燥介质很好接触，增大干燥的有效面积；也促使物料向出口推进。

由于转筒内的物料处于不断翻动状态，容积干燥强度（每立方米干燥器体积每小时蒸发水分的千克数）比盘架式干燥器大，干燥均匀，对不同物料的适应性强，操作稳定可靠，机械化程度较高，因而过去在生产中广泛应用。其缺点是设备笨重，结构复杂，钢材消耗量多，投资大，制造、安装、检修麻烦。对粉状、粒状物料，下述的气流干燥器或沸腾干燥器投资省，已在一些工艺中取代了转筒干燥器。

在间接加热的转筒干燥器中，热量经壁面传给被干燥物料，如图 7-17 所示。烟道气到达转筒 1 的外面，然后沿着贯通转筒内部中央的圆柱形气道 2 流动。被干燥的物料在转筒 1 的内壁与气道 2 之间的环状空间移动，而不与干燥剂接触。这种干燥器应用于当物料容许在高温下进行干燥，但又不应与烟道气接触以避免为不完全燃烧的产品或粉尘所污染。

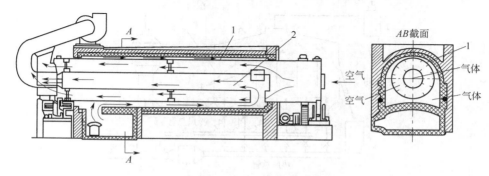

图 7-17　间接加热的转筒干燥器

1—转筒；2—气道

7.4.2.3　流化床干燥器

流化干燥是固体流态化技术在干燥上的应用。以下了解流态化的初步概念。

流体自下而上通过由固体颗粒堆成的床层时，若流速较低，则床层仍维持原状，流体从颗粒间空隙流过，此种床层称为固定床。当空塔流速 u 提高到大于某一临界值 u_{mf}（称为起始流化速度）后，颗粒脱离其原来的位置而在流体中浮起，并在床内无规则地运动，这种床层称为流化床。床层中颗粒虽然剧烈运动，但被吹起后仍要回落，基本上不脱离床层，床层有一个明显的上界面。如果继续提高流速到大于颗粒的沉降速度，则颗粒便为气流所夹带而从床层顶部被吹走，原来的床层将不复存在，这种状况称为气力输送，此即后述气流干燥器的作用原理。

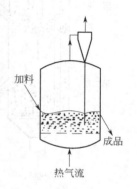

图 7-18　单层圆筒流化床干燥器示意

如图 7-18 所示为一单层圆筒流化床干燥器，被干燥的散粒状物料从左侧加入，与通过多孔分布板向上的热气流相接触。只要气流速度保持在颗粒的起始流化速度和带出速度之间，颗粒便能在热气流中上下翻滚，互相混合和碰撞，与热气流进行传热与传质而达到干燥的目的。经干燥后的颗粒由床右侧卸出，气流经旋风分离器回收其中夹带的粉尘后，自顶部排出。由于在上述气速范围内，颗粒在床层中的翻滚，在外表上类似于液体的沸腾现象，故又称为沸腾床；流化干燥也称为沸腾干燥。

流化床干燥器有两个显著特点：一是由于颗粒分散并做不规则运动，造成了气、固两相的良好接触，加速了传热、传质的速度；因而床内温度均匀、便于准确控制，能避免局部过热；二是颗粒在流化床内的平均停留时间便于调节，特别适合于驱除需时较长的结合水分。流化床干燥器设备结构较简单、紧凑，容易使过程连续化，故得到较广泛的应用。

为在连续操作中改善产品质量，发展了多种改进的流化床形式，主要形式如下。

（1）卧式多室流化床 如图 7-19 所示。干燥室 3 的横截面做成长方形，用垂直挡板 4 分隔成多室（一般为 4~8 室），挡板与多孔板 6 之间留有一定间隙（一般为几十毫米），使物料能逐渐通过。湿物料自料斗 5 加入后，依次由第一室流到最后一室（图中为第 6 室），再卸出。由于挡板的作用，可以使物料在干燥室内的停留时间趋于均匀，避免短路。并可根据干燥的要求，调整进入各室的热、冷风量以实现最适宜的风温与风速。也可在最后的一至二室内只通冷风，以冷却干物料。干燥室截面在上部扩大，以降低气速而减少粉尘的带出。

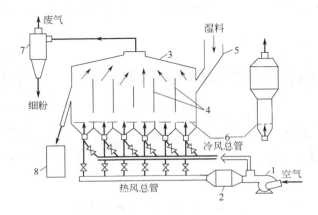

图 7-19 卧式多室沸腾干燥器

1—风机；2—预热器；3—干燥室；4—挡板；5—料斗；6—多孔板；
7—旋风分离器；8—干料筒

（2）立式多层流化床 如图 7-20 所示。湿物料加入到第一层，经流化干燥后由溢流管流至第二层，继续进行干燥，产品由出料管排出。热风由床底通入，首先在第二层与相对较干的物料进行接触，离开该层的气体进入上一层继续与相对较湿的物料接触，废气从床顶抽出。由于固体在层与层之间不相混合，这就改善了物料的停留时间分布，使产品湿含量趋于均匀。与卧式多室沸腾干燥器相比，其优点是热效率较高。但由于压降大，而且物料由上一层溢流到下一层的装置较复杂，其使用不如卧式广泛。

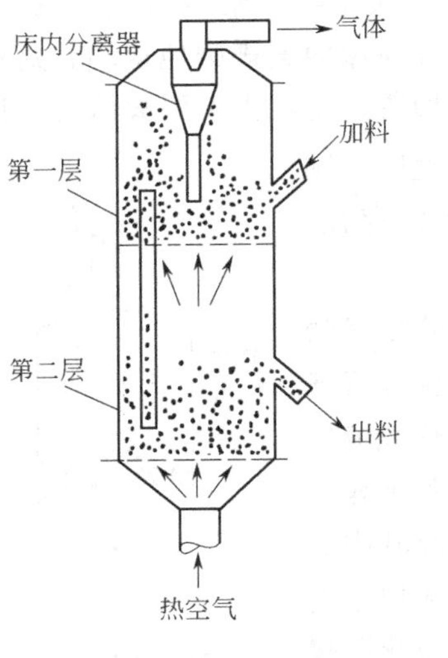

7.4.2.4 气流干燥器

气流干燥器主要用于干燥较小的颗粒物料，也可以将泥状、粉粒状或块状的湿物料，在高温干燥介质（热空气或烟道气）中分散成粒状，当干燥管内热气流向上的速度大于颗粒的沉降速度时，物料随热气体一起被输送，在并流流动中，物料与干燥介质之间进行传热和传质。

图 7-20 立式多层圆筒沸腾床干燥器

气流干燥器具有下列特点。

① 由于气流的速度高，湿物料又处于分散和悬浮于热气流中，气、固相接触面积大，强化了传热、传质过程，使物料在干燥管内仅需极短的时间（几秒钟）即达到干燥的要求。因而，即使干燥介质的入口温度高达几百度以上，固体物料的温度也可以不超过 60 ℃。故适用于干燥热敏性物料。

② 结构简单，装卸方便，占地面积小。

③ 在干燥的同时，对物料有破碎作用，因而对粉尘的回收要求较高，否则物料损失大，还会污染环境。

气流干燥器的流程如图 7-21 所示。物料随加料斗 1 经螺旋加料器 2 送入气流干燥管 3 的下部。空气由风机 4 送出，经预热器 5 加热至一定温度后送入干燥管。已干燥的物料颗粒经旋风分离器 6 分离下来，由排出口卸出，废气通过湿式除尘器或布袋除尘器 7 后放空。干燥管长度一般为 10～20 m，物料停留时间只有几秒，干燥管内热气体的流速与湿颗粒的大小、密度、是否易被吹散等有关，一般为 10～20 m·s^{-1}。

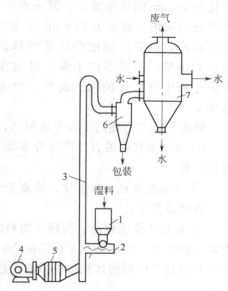

图 7-21　气流干燥器流程
1—加料斗；2—螺旋加料器；3—干燥管；
4—风机；5—预热器；6—旋风
分离器；7—湿式除尘器

在气流干燥器的实际测定中发现，干燥管从加料口往上不长的高度内，干燥强度很大。如某厂聚氯乙烯树脂（粉料）干燥管的有效管长为 18.6 m，管径为 0.46 m。实测数据如下：热风进口温度 156 ℃，出口为 70.5 ℃，而在加料口以上 1 m 处测定的热气体温度为 91 ℃，即在这 1 m 高度内的传热量大致为总传热量的 70%。又如一氟硅酸钠的气流干燥器，其内径为 0.141 m，有效管长为 14 m。湿物料从加料口往上到 3.5 m 处，其中含水率即已由进料的 0.059～0.083 降至 0.005 以下。对这种现象的解释如下，颗粒在气流干燥器内的运动可大致分为加速和等速两个阶段，当颗粒刚加入干燥管中时与上升气流间的相对速度最大；随着颗粒被气流不断加速，颗粒和气流间的相对速度相应不断减小，直至相对速度等于颗粒的沉降速度后，颗粒达到等速运动。湿物料在加料口以上 1～3 m 高以内干燥速度特别快的原因如下。

① 空气在进口段的温度高而湿度低，与被干物料表面薄气膜的温度差和湿度差大，因而传热传质的推动力大，这是并流干燥的特点。

② 在这一段内颗粒运动属加速阶段，气固两相间的相对速度大，因而对流传热系数和传质系数都较大；

③ 在加料口附近固体颗粒由于速度慢而密集，故单位体积干燥管内，气、固间的传热、传质面积大；

由于加速阶段的干燥效果较好，故在必要时可将原来等管径的干燥管中插入一段或几段变径管，使得气流和颗粒的速度处于不断改变的过程中，从而产生与加速段相似的作用，这种变径管称为脉冲气流管。

前述的沸腾干燥与气流干燥相比，有以下特点。

① 颗粒在干燥器内停留时间比气流干燥器内的长，故干燥后物料的最终含水率较低。但对于热敏性物料，必需严格控制床层内温度，使之不超过容许限度。

② 操作气速低，故物料和设备的磨损较轻。且废气只夹带少量粉尘，不像气流干燥那样全部物料都需由除尘器收集，减轻了除尘器的负荷。

③ 设备紧凑，高度低，设计合理时压降可较小，在进口介质温度相同条件下热效率也较高。但气流干燥器中物料与热气流接触时间短，可以采用较高的进口介质温度，这不仅可提高热效率而且使容积汽化强度显著增加。对粉状或颗粒状物料，使用气流或沸腾干燥器各有其优、缺点，应当根据不同物料和不同工艺要求进行具体地对比，合理地选型。

7.4.2.5 喷雾干燥器

喷雾干燥的原理是将料液在热气流中喷成细雾以增大气液两相的接触面积。对于相等质量的球体，其表面积与直径成反比[参看式（3-1）：$a_s = 6/d_s$]，因此若将 1 cm^3 的液体雾化为 30 μm 的球形雾滴，其表面积将增加数百倍，这就能大大提高干燥速度，使雾滴在很短时间内（通常为 15～30 s）被干燥成粉状或空心球状的细颗粒，而且，即使气流的温度较高，物料的温度仍近于气体的湿球温度。因此，喷雾干燥特别适用于热敏性物料，如牛奶、药品等的干燥，目前在医药、轻工、染料、塑料、食品以及某些化肥等工业生产中已广泛使用。此外，喷雾干燥法脱硫技术在环境工程中也获得了较广泛的应用。

喷雾干燥与前述的干燥方法相比，还具有如下优点。

① 可由浆状料液直接获得合乎要求的粉状产品，从而省去蒸发、结晶、机械分离、粉碎等过程。

② 容易连续化、自动化。能避免干燥过程中粉尘飞扬，改善劳动条件。

其缺点如下。

① 容积干燥强度小。为保证物料的停留时间和液滴间不相互碰撞黏附，喷雾干燥器需要较大的空间，因而容积干燥强度小，其体积传热系数约为 20～90 $W \cdot m^{-3} \cdot K^{-1}$，而气流干燥和流化干燥器的体积传热系数可达 2 300～7 000 $W \cdot m^{-3} \cdot K^{-1}$。

② 耗热量大，主要有两方面的原因。一是湿物料的含水率高，因未经机械分离减少其含水量；二是为了既快速干燥又应达到成品要求，要求较小的废气相对湿度，故干燥热效率也较低，一般不超过 40%，而且，使料液雾化的机械能消耗也很大。

干燥器主体可做成直立圆筒式（塔式）或卧式（厢式）两种，其中以塔式应用较广泛。喷雾干燥器的流程之一如图 7-22 所示。被干燥的浆料送入干燥室 4 前经雾化器 6 雾化成微滴分散在热气流中，料滴与干燥室的内壁接触以前，其中的水分已迅速汽化而变成干料，成为微粒或细粉落到锥形底，利用气流输送到 1 号旋风分离器 8，干料从气流中分离出来后，由 1

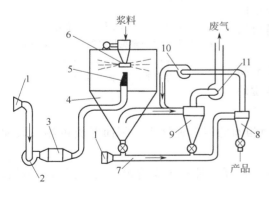

图 7-22 喷雾干燥器流程图

1—空气过滤器；2—送风机；3—预热器；4—干燥室；5—热空气分散器；6—雾化器；7—产品输送及冷却管道；8—1 号分离器；9—2 号分离器；10—气流输送用的风机；11—抽风机

号分离器底部排出。气体则进入 2 号分离器 9（旋风分离器、袋滤器或湿式洗涤器），分离出其中所夹带的细粉。废气经过抽风机排出。

喷雾干燥器中的关键部件是雾化器，因为雾化的好坏，不但影响干燥速度，而且对产品品质有很大影响。例如喷雾不均匀时，大液滴可能尚未达到干燥要求就落到器底，使产品结团而达不到要求。雾化器简称喷嘴，可分为下列三种类型。

（1）压力式雾化器　通过高压泵（3～20 MPa），料液以很高的速度由喷嘴喷出而分散成雾状。压力式喷嘴的形式很多，如图 7-23 所示是其中的一种。图中 1 是外套，2 是圆板，液体从六个小孔 4 进入环状室，并经切线通道 5（图中为 2 个，一般为 2～4 个），进入旋涡室 3，然后从喷出口喷成雾状。其优点是：价格便宜，适用于塔式或卧式设备；但操作弹性小，供液量和液滴直径随操作压力而变化，产品粒度不够均匀，喷嘴容易被磨损、腐蚀。

（2）离心式雾化器　料液在高速转盘中受离心力作用飞出而分散成雾状。如图 7-24 所示是其中的一种形式的示意。圆盘的转速一般为 4 000～20 000 r·min^{-1}（圆周速度一般为 90～140 m·s^{-1}）。其优点是：操作简单、对物料的适应性强、操作弹性较大、产品粒度分布均匀；但干燥器直径需较大，雾化器的制造价格和安装要求高。

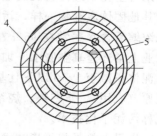

图 7-23　压力雾化器
1—外套；2—圆板；3—旋涡室；
4—小孔；5—切线通道

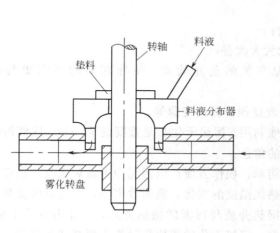

图 7-24　离心式雾化器

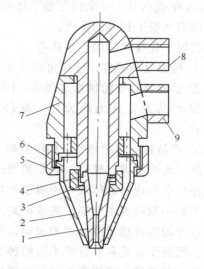

图 7-25　气流式雾化器
1—液体喷嘴；2—气体喷嘴；3，5—螺帽；
4，6—垫片；7—喷嘴座；8—料液入口；
9—压缩空气入口

（3）气流式雾化器　用压缩空气或过热水蒸气抽送料液，以很高的速度（200 m·s^{-1} 或更大）从喷嘴喷出，使料液分裂为雾滴。其典型结构如图 7-25 所示。

从发展趋势来看，离心式和压力式雾化器在工业上应用日益广泛。前者用在制备细颗粒成品，而后者一般用在制备较粗颗粒成品。气流式雾化器由于动力消耗过大，经济上不合算，通常用在小型或有特殊要求的场合，例如需要制备特别细的颗粒或处理黏度特别大的物料等。

7.4.3 干燥技术在环境保护中的应用

7.4.3.1 污泥干化

污泥一般是介于液体和固体之间的浓稠物，其固含量一般在 1%～8%。污泥种类繁多且性质不一，按来源分，主要源于生活污水、工业废水和给水；如工业废水处理站的污泥主要来自生化处理污泥沉淀池，主要为活性污泥法中的剩余污泥、生物滤池脱落的生物膜等。与其他固体废弃物一样，污泥处理处置方法很多，最终目标是实现减量化和无害化。由于污泥浓缩后含水率常在 95% 左右，呈流动状态，体积很大，对后续处理带来相当大的困难。工业上常通过真空脱水、加压脱水和离心分离法脱水等方法，除去污泥的机械附着水，使得污泥体积减至 1/10 以下且基本呈固体状态。污泥的后续处理方法有主要焚烧、填埋、土地还原（农用）、作燃料、烧结后作建材等几种，而在后三种方法中均涉及污泥的干燥过程，或称污泥干化技术。

世界上最早将干燥技术用于污泥处理的是英国的 Bradford 公司。1910 年，该公司首次开发了转筒式污泥干化机并将其应用于实践；1915 年，这套技术得到了 Huddersfield 的采用。到了 20 世纪 30 年代，干燥机开始在美、英两国污水处理行业出现。与其他处理技术相比，该技术要求和成本相对较高，管理也较复杂，因此一直没有得到较好的推广。直到 20 世纪 80 年代末期，由于污泥热干燥技术的改进，污泥干化技术在西方工业发达国家很快推广开来。例如欧盟在 20 世纪 80 年代初只有数家污水处理厂采用污泥热干燥设备处理污泥，但到 1994 年底已有 110 家污泥热干燥处理厂。如今，污泥干化处理也得到了越来越多包括发展中国家环境工程界的重视。

污泥干化技术的优点主要有：

① 污泥显著减容，体积可减少 4/5 以上；

② 形成颗粒或粉状稳定产品，污泥性状大大改善；

③ 产品无臭且无病原体，减轻了污泥有关的负面效应，使处理后的污泥更易被接受；

④ 产品具有多种用途，如作肥料、土壤改良剂、替代能源等。

所以无论填埋、焚烧、农业利用还是热能利用，污泥干化都是重要的第一步，这使污泥干化在整个污泥管理体系中扮演越来越重要的角色。

干燥一般物料主要要求热效率高，结构简单，操作方便；以污泥为干燥对象时，还希望能适应污泥的处理量及性质的波动，能适应热风温度的变化，能回收废热，并有效解决臭气问题。污泥干化设备有许多不同的种类，根据热介质与污泥的接触方式，可分为直接干化、间接干化和直接、间接联合式干化等工艺类型。直接干化的实质是对流干燥技术的运用，即将燃烧室产生的热气与污泥直接进行接触混合，使污泥被加热，水分得以蒸发并最终得到干污泥产品，如直接加热转筒式干燥器等。而间接干燥实质上就是传导干燥，即将燃烧炉产生的热气，或通过蒸气、热油介质传递，加热器壁，从而使器壁另一侧的湿污泥受热、水分蒸发而加以去除，如间接加热转筒式干燥器等。直接、间接联合式干燥系统则是对流和传导技术的结合，如 Sulzer 开发的新型流化床干燥器就属于这种类型。

7.4.3.2 喷雾干燥法烟气脱硫

喷雾干燥法烟气脱硫工艺是 20 世纪 70 年代中后期发展起来的脱硫技术。与传统的湿法脱硫相比，具有系统较简单、运行维护较方便、投资较少、运行费用较低、干燥后的废渣易于处理等优点，因而得到了迅速推广应用。在 1991 年底，全世界燃煤电厂装设喷雾干燥脱硫工艺的设备共 118 套，处理容量为 15 383 MW，市场占用量列于湿法脱硫之后为第 2 位。"七五"期间，中国在四川白马电厂建立 7×10^4 Nm³/h 的中试装置，通过了国家验收；1994 年又有日本三菱公司在中国山东黄岛电厂建立示范工程。

烟气与喷成雾状的石灰浆液同时进入干燥吸收塔，浆液与烟气混合接触后，气、液、固三相间发生复杂的传热、传质反应。浆液中水分蒸发的同时，烟气中的 SO_2 被吸收与浆滴中的 $Ca(OH)_2$ 反应，最后得到干燥的 $CaSO_4$、$CaSO_3$ 和未反应的 $Ca(OH)_2$ 固体混合物，经收尘系统而收集下来。

总反应式为 $Ca(OH)_2(s) + SO_2(g) + \dfrac{1}{2} H_2O \longrightarrow CaSO_3 \cdot \dfrac{1}{2} H_2O(s)$

喷雾干燥脱硫过程十分复杂，化学计量比、出口烟气干湿球温度差、停留时间、烟气浓度等均影响脱硫效果。

一个典型的旋转喷雾法烟气脱硫工艺流程可分为吸收剂制备系统、脱硫干燥系统、除尘系统和贮存输料系统四个部分。具体为：石灰经过二级消化，配制成一定浓度的石灰浆吸收剂，并加入适量增加活性、防止沉淀的添加剂，用泵送到高位料箱，流入离心雾化机，经雾化后在吸收塔与来自锅炉的含二氧化硫的烟气接触混合，石灰浆雾滴中的水分被烟气的显热蒸发，同时烟气中二氧化硫被石灰浆滴吸收。生成的干灰渣，一部分沉积在喷雾吸收塔的底部，另外的一部分随烟气进入电收尘或布袋除尘系统，净化后的烟气从烟囱排出。

喷雾干燥脱硫工艺通常用石灰乳作为吸收剂，且对石灰的质量要求较高。如美国规定，石灰中有效 CaO 质量分数不小于 90%。近 10 年来，喷雾干燥法在工艺及设备方面无多大发展，而主要致力于提高吸收剂利用率的研究。方法是采用灰渣再循环，利用有机酸等添加剂和研制高活性硅基吸收剂等高效吸收剂等。

喷雾干燥法相对于湿式石灰石-石膏法除前述的优点外，其缺点是：脱硫效率较低，石灰消耗（钙硫比）较大，且不宜应用价格较低的石灰石乳，脱硫灰综合利用受到一定的限制。从目前的技术水平而言，喷雾干燥法只适用于处理中、低硫煤，对 300 MW 以内的机组已经技术上成熟。虽然其脱硫效率比湿式石灰石-石膏法低，但从中国目前国民经济发展状况出发，在满足环保要求的条件下，喷雾干燥法有其吸引力。

本章符号说明

符号	意义	计量单位
A	传热面积	m²
c_a	干空气的比热容	kJ·kg⁻¹·K⁻¹
c_H	湿空气的比热容	kJ·kg⁻¹·K⁻¹
c_F	物料的比热容	kJ·kg⁻¹·K⁻¹
c_w	水汽的比热容	kJ·kg⁻¹·K⁻¹
G	空气的流率	kg·m⁻²·s⁻¹
G_w	水分汽化速率	kg·s⁻¹
G_1, G_2	进出干燥器的物料（流）量	kg·s⁻¹

G_c	绝对干料量	$kg \cdot s^{-1}$
H	空气的湿度	$kg \cdot kg^{-1}$
H_{as}	空气在 t_{as} 下的饱和湿度	$kg \cdot kg^{-1}$
H_w	空气在 t_w 下的饱和湿度	$kg \cdot kg^{-1}$
i_w	水汽的焓	$kJ \cdot kg^{-1}$（水汽）
I	湿空气的焓	$kJ \cdot kg^{-1}$（干空气）
k_H	以湿度差为推动力的传质系数	$kg \cdot m^{-2} \cdot s^{-1}$
k_p	以分压差为推动的传质系数	$kg \cdot m^{-2} \cdot s^{-1} \cdot Pa^{-1}$
L	干空气用量	$kg \cdot s^{-1}$
l	单位空气用量	$kg \cdot kg^{-1}$（水）
M_a	干空气的摩尔质量	$kg \cdot kmol^{-1}$
M_w	水汽的摩尔质量	$kg \cdot kmol^{-1}$
p	系统的总压	kPa
p_w	空气中水汽的分压	kPa
p_s	饱和空气中水汽的分压	kPa
Q	传热速率	kW
q	干燥所需的全部热量	$kJ \cdot kg^{-1}$（水）
q_d	干燥室内补充的热量	$kJ \cdot kg^{-1}$（水）
q_L	损失于周围的热量	$kJ \cdot kg^{-1}$（水）
q_p	预热器单位热量消耗	$kJ \cdot kg^{-1}$（水）
r	水的汽化潜热	$kJ \cdot kg^{-1}$
	半径	m
r_0	水在 0 ℃下的汽化潜热	$kJ \cdot kg^{-1}$
r_{as}	水在 t_{as} 下的汽化潜热	$kJ \cdot kg^{-1}$
r_w	水在 t_w 下的汽化潜热	$kJ \cdot kg^{-1}$
t	空气的干球温度	K 或 ℃
t_{as}	空气的绝热饱和温度	K 或 ℃
t_d	空气的露点	K 或 ℃
t_M	物料的温度	K 或 ℃
t_w	空气的湿球温度	K 或 ℃
U	干燥速度	$kg \cdot m^{-2} \cdot s^{-1}$
V	湿空气的体积流量	$m^3 \cdot s^{-1}$
V_a	干空气的比体积	$m^3 \cdot kg^{-1}$
V_H	湿空气的比体积	$m^3 \cdot kg^{-1}$
W	水分蒸发量	$kg \cdot s^{-1}$
w	物料的湿基含水量	$kg \cdot kg^{-1}$（湿物料）
X	物料的干基含水量	$kg \cdot kg^{-1}$（绝干料）
X_c	物料的临界含水量	$kg \cdot kg^{-1}$（绝干料）
X^*	物料的平衡含水量	$kg \cdot kg^{-1}$（绝干料）
α	给热系数	$kW \cdot m^{-2} \cdot K^{-1}$
ρ_L	液体的密度	$kg \cdot m^{-3}$
ρ_v	气体的密度	$kg \cdot m^{-3}$
σ	表面张力	$N \cdot m^{-1}$
Δ	"补充的热量"与"损失的热量"之差	$kJ \cdot kg^{-1}$（水）

| θ | 干燥时间 | s 或 h |
| φ | 相对湿度 | — |

 习题

7-1 已知湿空气的干球温度为 50 ℃，湿度 $H=0.02\ kg\cdot kg^{-1}$。试计算其相对湿度及在同温度下容纳水分的最大能力（即饱和湿度）：

(a) 总压为 101.3 kPa；(b) 总压为 26.7 kPa。

从计算结果看，你认为在减压下进行干燥是否有利？

7-2 已知湿空气的干球温度为 50 ℃，总压为 101.3 kPa，湿球温度为 30 ℃，试计算其下列参数：

(a) 湿度；(b) 相对湿度；(c) 露点；(d) 热焓；(e) 湿比容。

7-3 试作出空气-乙醇系统在总压 101.3 kPa 下的 $t\text{-}H$ 图，包括下列各项：(a) 等湿度线；(b) 等温线；(c) 等相对湿度线（$\varphi=1,\ 0.5$）；(d) $t_w=20$ ℃的等湿球温度线；(e) $t_{as}=20$ ℃的等绝热冷却线。

已知数据如下：乙醇蒸气的平均比热容为 $1.88\ kJ\cdot(kg\cdot K)^{-1}$；0 ℃时的汽化潜热为 $921\ kJ\cdot kg^{-1}$；不同温度下乙醇的饱和蒸气压列表如下：

温度/℃	0	10	20	25	30	35	40	45	50	55	60	70
蒸气压/kPa	1.63	3.15	5.85	7.86	10.5	13.82	18.03	23.19	29.62	37.4	47.01	72.31

7-4 t_{as} 与 t_w 有哪些不同？对空气-水系统，测定 t_w 和 t_{as} 时，若水的初温不同，对测定的结果有什么影响？说明理由。

7-5 将 20 ℃、$\varphi=0.05$ 的新鲜空气和 50 ℃、$\varphi=0.8$ 的废气混合，混合比为 2：5（以干空气为基准），废气和新鲜空气的湿比热可视为相同。试求混合气的湿度、焓及加热至 90 ℃时的湿度、相对湿度和焓。

7-6 空气的干球温度为 20 ℃、湿球温度为 16 ℃，经一预热器后温度升高到 50 ℃，送入干燥器内绝热冷却，离开干燥器时温度降至 30 ℃。试求：

(a) 出口空气的湿含量、焓及相对湿度；

(b) 100 m^3 的新鲜干空气预热到 50 ℃所需的热量及通过干燥器所移走的水蒸气量。

7-7 求某湿物料由含水率 30% 干燥到 20% 所逐走的水分 W_1 与继续从 20% 干燥至 10% 逐走的水分 W_2 之比 W_1/W_2（湿物料含水率均为湿基）。

7-8 某干燥器每天（24 h）处理盐类结晶 10 t，从初水分 0.1 干燥至 0.01（均为湿基）。热空气的温度为 107 ℃，相对湿度 $\varphi_0=0.05$。假定干燥器中空气沿绝热冷却线增湿，空气离开干燥器的温度为 65 ℃，试求每小时除去的水分（kg）；空气用量（kg 干空气）及每天的产品量（kg）。

7-9 将干球温度为 16 ℃ 湿球温度为 14 ℃ 的空气预热到 80 ℃，然后通入干燥器，出口气体的相对湿度为 0.5。干燥器每小时把 2 t 含水率为 0.5 的湿物料干燥到含水率为 0.05（均为湿基）。

(a) 试做绝热干燥的操作线图，并求所需空气量和热量。

(b) 如果热损失为 116 kW，忽略物料中水分带入的热量及其升温所需热量，问空气用量及热消耗量有何变化？干燥器内无补充加热。

7-10 用连续式干燥器干燥含水 0.015 的物料 9 200 $kg\cdot h^{-1}$，物料进口温度 25 ℃，产品出口温度 34.4 ℃、含水 0.002（均为湿基），其比热容为 $1.84\ kJ\cdot kg^{-1}\cdot K^{-1}$。空气的干球温度为 26 ℃，湿球温度为 23 ℃，在预热器内加热到 65 ℃后进入干燥器。空气离开干燥器时干球温度为 65 ℃。干燥器的热损失为 599 $kJ\cdot kg^{-1}$（水），试求：

(a) 产品量；(b) 空气用量；(c) 预热器所需热量。

7-11 下列三种状态的空气用来作为干燥介质，问用哪一种的绝热干燥推动力较大？为什么？

(a) $t=60$ ℃，$H=0.01\ kg\cdot kg^{-1}$；

(b) $t = 70\ ℃$，$H = 0.039\ 6\ kg \cdot kg^{-1}$；

(c) $t = 80\ ℃$，$H = 0.045\ kg \cdot kg^{-1}$。

7-12 求空气、甲苯混合物的湿球温度和绝热饱和温度，已知干球温度 $t = 60\ ℃$，$H = 0.05\ kg(甲苯)/kg(干空气)$，总压为 101.3 kPa。已知空气-甲苯系统 $\alpha/k_H = 1.8c_H$，甲苯潜热 $r = 427\ kJ \cdot kg^{-1}$，比热容为 $1.256\ kJ \cdot kg^{-1} \cdot K^{-1}$，甲苯在空气中的扩散系数 $D_{AB} = 0.92 \times 10^{-5}\ m^2 \cdot s^{-1}$，甲苯的蒸气压与温度的关系如下：

温度/℃	20	30	40	50
蒸气压/kPa	2.93	4.93	7.93	12.8

7-13 有一盘架式干燥器，器内有 50 只盘，每盘的深度 0.02 m、面积 0.7 m² 见方，盘内装有湿的无机颜料，物料含水率由 1 kg·kg⁻¹（绝干料）干燥至 0.01 kg·kg⁻¹（绝干料），通过干燥盘的空气平均温度为 77 ℃，$\varphi = 0.1$，气流平均速度为 2 m·s⁻¹，空气至物料表面的对流传热系数按 $\alpha = 14.3G^{0.8}\ kW \cdot m^{-2} \cdot K^{-1}$ 计算。物料的临界含水率和平衡含水率分别为 0.3 和 0 kg·(kg 绝对干料)⁻¹，干燥后物料的密度为 600 kg·m⁻³。假定干燥在盘顶面与热空气之间靠对流方式进行传热，试确定所需的干燥时间。

第8章 其他分离过程

随着现代工业生产技术的不断发展，涉及的混合物种类日益增多，对于分离的要求也愈来愈高。在清洁生产工艺和污染预防有机地结合的同时，降低原材料和能源的消耗，提高回收利用率、循环利用率等，都需要促进传统分离过程的不断改进和发展；同时新的分离方法也不断出现以及实现工业化应用。

液液萃取是工业上广泛采用的分离技术，而超临界流体萃取技术是利用超临界区流体的高溶解性和高选择性将溶质萃取出来，反胶团萃取、双水相萃取则对大分子物质的分离特别有效。吸附的应用一般仍限于分离低浓度的组分，近年来由于吸附剂及工程技术的发展，使吸附的应用扩大了，如变压吸附技术就是近几十年来在工业上新崛起的气体分离技术。在某种推动力作用下，利用各组分扩散速率的差异实现组分分离的技术，方兴未艾。膜分离就是利用流体中各组分对膜的渗透速率的差别而实现组分的分离过程。微滤、超滤、反渗透为较成熟的膜分离技术，电渗析则是采用荷电膜在电场力推动下分离或富集电解质。

本章将简要介绍在传统分离过程基础上发展的这些新型分离方法和技术。

8.1　萃 取 分 离

萃取作为分离和提取物质的重要过程之一，在石油、化工、医药、生物、新材料和环境保护领域中得到广泛应用。

8.1.1　萃取过程和萃取剂

8.1.1.1　液液萃取过程

液液萃取是利用溶液中溶质组分在两个液相间溶解度的不同，通过相间传质使组分从一个液相转移到另一个液相，而达到分离的目的。如图8-1所示，原料液中含有溶质A和溶剂B，为使A和B尽可能地分离，需要选择一种溶剂，称萃取剂S，要求它对A的溶解能力要大，而与原溶剂（或称稀释剂）B的相互溶解度则愈小愈好。萃取剂S的密度可以较原料液重，也可较轻；为讨论方便，现萃取剂用轻液，原料液为重液。

萃取的第一步是使原料液与萃取剂在混合器（室）中保持密切接触，溶质A将通过两相间的界面由原料液向萃取剂中传递；在充分接触、传质后，第二步是使两液相在分层器（澄清室）中因密度的差异而分为两层。其一以萃取剂S为主，并含有较多的溶质A，称萃取相；另一以原溶剂B为主，还含有未被萃取完的部分A，称萃余相。若溶剂S和B为部分互溶，则萃取相中还含有B，萃余相中亦含有S。当萃取相和萃余相达到相平衡时，称图8-1所示的设备为一个理论级。

萃取相和萃余相都是均相混合液，为了得到产品A，并回收溶剂S供循环使用，还需对它们进一步的分离，通常是应用蒸馏。

由上可知，应用萃取进行分离比单纯用蒸馏要复杂，但是在遇到以下情况时要比用蒸馏经济、合理。

① 当溶质A的浓度很稀，特别溶剂B是易挥发组分时，以蒸馏法回收A的单位热耗甚

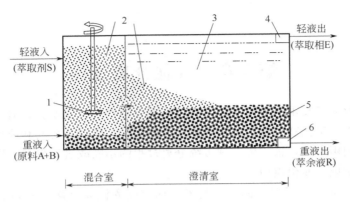

图 8-1 萃取过程示意

1—搅拌器；2—两液相的混合物；3—轻液层；4—轻液溢流口；5—重液层；6—重液出口

大。萃取法是将 A 富集在萃取相中，然后对萃取相进行蒸馏，可显著降低热耗。

② 当溶液是恒沸物或所需分离的组分沸点很接近时，一般的蒸馏方法不适用。对于此类组分的分离，可以采用先萃取后蒸馏的方法。

③ 当需要提纯或分离的组分不耐热时，采用常温下的萃取过程通常较为经济；若直接用蒸馏，往往需要在高真空之下进行。

8.1.1.2 萃取剂

选择适宜的萃取剂，是萃取过程能够进行且经济合理的关键。有机萃取剂种类很多，但需具备两个条件：

① 萃取剂分子至少有一个萃取功能基团，通过它与被萃取物结合成萃合物；

② 萃取剂分子中必须有相当长的链烃或芳烃，目的是使萃取剂及萃合物易溶于有机溶剂，而难溶于水相。

工业上选择一种较为理想的萃取剂还应满足：选择性好、萃取容量大、化学稳定性强、易与原液分层、溶剂回收容易，以及操作安全、经济性好和环境友好。

一般来说，很难找到满足上述所有要求的萃取溶剂，而溶剂又是萃取过程的首要问题，故应对可能选用的溶剂充分了解其主要性质，再根据实际情况细加权衡、合理选择。以下介绍萃取的分配系数和选择性。

溶质 A 在平衡共存的两相中的分配关系可用分配系数 k_A 表示

$$k_A = \frac{溶质\ A\ 在萃取相(E)中的组成}{溶质\ A\ 在萃余相(R)中的组成} = \frac{y}{x} \tag{8-1}$$

式中，溶质组成常用质量分数或质量浓度（$kg \cdot m^{-3}$）表示。k_A 值愈大，则每次萃取所能取得的分离效果愈好。当组成的变化不大时，恒温下的 k_A 可作为常数。

萃取剂 S 应为原料中溶质 A 的良溶剂，同时又为原溶剂 B 的不良溶剂，以使萃取相中 A 的组成 y_A（即 y）大而 B 的组成 y_B 小；相反，在萃余相中则 A 的组成 x_A（即 x）小而 B 的组成 x_B 大。这种对选择性溶解度的要求可以定量地用下述选择性系数表示

$$\beta = \frac{y_A/y_B}{x_A/x_B} = \frac{y_A}{x_A} \bigg/ \frac{y_B}{x_B} = \frac{y_A x_B}{y_B x_A} \tag{8-2}$$

式中　y_A/y_B——萃取相中 A、B 的组成之比；

x_A/x_B——萃余相中 A、B 的组成之比。

由于组成多用质量分数表示，此时 A、B 的组成比即为 A、B 的质量比。将式（8-1）代入式（8-2）中，得

$$\beta=\frac{k_A}{y_B/x_B}=\frac{k_A}{k_B} \tag{8-3}$$

式中，$k_B=y_B/x_B$ 代表 B 在萃取相与萃余相的分配比例，称为 B 的分配系数。式（8-3）表明分配系数与选择性系数间的关系。

8.1.1.3 萃取过程的流程和计算

单级萃取的流程如图 8-2 所示。若需对原料液进行较完全的分离，单级萃取往往达不到要求而需应用多级萃取。根据对单级萃取的不同组合，可有不同形式的多级萃取流程。主要有错流流程、逆流流程等。

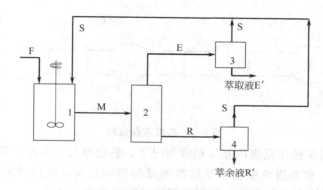

图 8-2 单级萃取流程

1—混合器；2—分层器；3—萃取相分离设备；4—萃余相分离设备

前面已提到的在多级的每一级中都应满足以下两个要求：

① 为萃取剂与原料液提供密切接触的机会，以利于两相间的传质；

② 使传质后的两液相较完全地分为轻重两个液层，以便进一步处理。

此外，还需在全流程中包括溶剂回收设备，以得到所需的分离产品，并使萃取剂能够循环使用。

现对溶剂 S 与原溶剂 B 互不相溶的单级萃取和多级逆流萃取作一简述。

（1）单级萃取 当两溶剂互不相溶时，萃取过程的计算与吸收过程颇为类似。在接触、传质时及分层后，萃余相中 B 保持不变，同时萃取相中 S 也保持不变；而且通常不能作为稀溶液，故两相中 A 的组成以质量比表示较为方便。于是，溶质 A 在萃取前、后的物料衡算式为

$$BX_F=SY+BX$$

或

$$Y=-(B/S)(X-X_F) \tag{8-4}$$

式中 S、B——萃取剂的用量、原料液中原溶剂量，kg（对间歇操作）或 kg·s^{-1}（对连续操作）；

X_F、X——原料液、萃余相中 A 的组成，kgA·(kg B)$^{-1}$；

X、Y——萃取相中 A 的组成，kg A·(kg S)$^{-1}$。

式（8-4）在 X、Y 坐标系中代表一条直线，称操作线，如图 8-3 所示。操作线通过 X 轴上的点 $F(X_F, O)$，斜率为 $-B/S$，故可由已知值作出。图中还作出了平衡曲线。两线的交

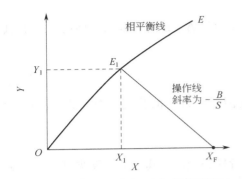

图 8-3 溶剂互不相溶的单级萃取的图解

点 E_1（X_1、Y_1），表明通过一个理论萃取级后萃余相及萃取相中 A 的组成分别为 X_1、Y_1。

一个实际萃取级的传质效果不到一个理论级，可以用级效率来表达实际级与理论级的差别，级效率的定义与板效率类似。但目前对级效率还缺乏资料，一般需要靠中间试验去取得。

（2）多级逆流萃取 多级萃取流程如图 8-4 所示。原料液 F 加入第 1 级，顺次通过第 2、3…级，最终萃余相 R_N 由末级（第 N 级）排出；萃取剂 S 则从末级加入，沿相反方向通过各级，最终萃取相 E_1 从第 1 级排出。

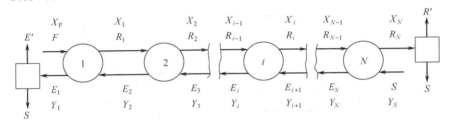

图 8-4 多级萃取流程

萃取剂与原溶剂在操作范围内互不相溶情况下，各级萃余相中的原溶剂量，都与原料中的相等，以 B 表示；而各级萃取相中萃取剂的量都与未加入末级的萃取剂量 S 相等。故对任一第 i 级的左边到第末级的右边，可列出溶质的物料衡算式如下：

$$BX_{i-1}+S\times0=BX_N+SY_i$$

即
$$Y_i=(B/S)(X_{i-1}-X_N) \tag{8-5}$$

式中　X_{i-1}、X_N——第 $i-1$ 级及末级萃余相的溶质组成，质量比；

　　　　Y_i——第 i 级萃取相的溶质组成，质量比。

而 "0" 表示萃取剂中的溶质量可以忽略，即其组成 $Y_s=0$。

于是，图 8-4 的逆流流程可在图 8-5（X-Y 图）中图解如下。由式（8-5）可知代表 Y_i 与 X_{i-1} 关系的点 P（X_{i-1}，Y_i）落在下述方程所描述的直线上

$$Y=(B/S)(X-X_N) \tag{8-6}$$

这一直线称操作线，它通过两点 P_1（X_F，Y_1）和 S（X_N，0）。这两点相当于式（8-5）中取 $i=1$ 及 $i=N$，即对第一级和末级的两个端点，通常为已知。

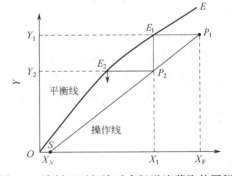

图 8-5 溶剂互不相溶时多级逆流萃取的图解

如图 8-5 所示，在 X-Y 图中作出操作线 SP_1 及平衡线 OE。自点 P_1 作水平线交平衡线于 E_1，可找出与第 1 级萃取相组成 Y_1 平衡的萃余相 X_1；再从 E_1 作垂直线交操作线 P_2，可得知第 2 级萃取相的组成 Y_2。依次在操作线与平衡线间作梯级，直到 X_N 等于或低于所指定的组成 X_k 为止，可以定出逆流萃取的理论级数 N。

若利用溶剂对固体物料中的可溶性物质溶解于其中而加以分离的过程则称为固液萃取，又称浸取。固液萃取可以为单级，也可以为多级，其萃取过程的计算与液液萃取过程相似，

本章就不作介绍了。

通过上述的讨论，液液萃取过程适用于前述精馏过程不适宜或不经济的场合。另一方面，液液萃取的缺点也很大，主要表现为萃取过程中两相密度差小、故分层难，并导致萃取器返混严重，而不利于相际传质。另外，两相通常具有一定程度的互溶性，易造成溶剂损失和对环境的污染，溶剂再生也对过程的经济性和可靠性造成影响。随着科学技术的发展，新型的技术和方法也不断产生，超临界萃取技术就一个典型的新型分离技术。

8.1.2 超临界萃取

超临界萃取（Supercritical fluid extraction，SFE）是利用超临界流体作为萃取剂，从液体或固体中萃取出待分离组分或提纯的方法。由于超临界萃取具有一些其他传统分离技术难以比拟的优势，这种分离手段在近 20 多年来得到迅速发展。目前，在生物、医药、化工、环保等工业中显示了它的优势和良好的发展前景。

8.1.2.1 超临界流体

超临界流体（Supercritical fluids，SCF）是指超过临界温度与临界压力状态的流体。如图 8-6 所示为临界点的 p-T 相图，在图中斜线所示范围内的物质处于超临界状态。超临界流体的密度 ρ、黏度 μ、扩散系数 D 等物理性质介于液体和气体之间，见表 8-1。

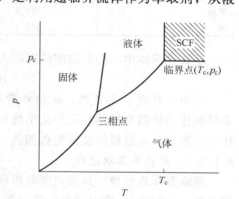

图 8-6 临界点的 p-T 相图

超临界流体表现出气体的特性有黏度小、扩散系数大；表现为液体的行为有密度大及溶解度较大，这些都有利于萃取中的传质。

表 8-1 超临界流体与气体、液体物性比较（约值）

性　　质	液体	超临界流体	气体
密度/$g \cdot cm^{-3}$	1	$0.1 \sim 0.5$	10^{-3}
黏度/$Pa \cdot s$	10^{-3}	$10^{-4} \sim 10^{-5}$	10^{-5}
扩散系数/$cm^2 \cdot s^{-1}$	10^{-5}	10^{-3}	10^{-1}

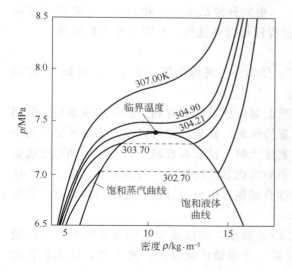

图 8-7 CO_2 p-$V(\rho)$-T 相图

常用的超临界流体有二氧化碳、乙烯、丙烯、丙烷和氨等，表 8-2 列出了一些常用溶剂的临界值。二氧化碳为最常用的超临界流体，因其稳定性高、价廉易得、无毒无残留，临界点低、特别是临界温度在常温范围，对许多物质具有良好的溶解能力。如图 8-7 所示为 CO_2 的 p-$V(\rho)$-T 相图，图中饱和蒸气线和饱和液体曲线包围的区域为汽液共存区。当接近临界态时微小的温度或压力变化会引起密度的很大变化，若适当增加压力则可使气体密度很快增大到接近普通液体的密度。超临界流体具有类似于液体对溶质的溶解能力，且随密度的增大而快速上升。

表 8-2　常用溶剂的临界值

溶　剂	临界温度 T_c/K	临界压力 p_c/MPa	临界密度 $\rho_c/kg \cdot m^{-3}$
乙烯	282.4	5.04	227
二氧化碳	304.2	7.37	460
乙烷	305.4	4.88	203
丙烯	365.0	4.62	233
丙烷	369.8	4.25	220
氨	405.6	11.30	236
正戊烷	197.0	3.38	232
甲苯	591.7	4.11	292
水	657.4	22.10	323

超临界流体中，物质的溶解度 C 与流体密度 ρ 之间的关系可以表示为

$$\ln C = m \ln \rho + 常数 \tag{8-7}$$

式中，系数 m 为正数。m 值和常数值随被萃物质性质的不同而有所不同。所选用的超临界流体的性质与被萃物质的化学性质越相近，溶解度就越大。因此，正确选择超临界流体作为萃取剂，可以提供良好的选择性。

8.1.2.2　超临界萃取过程

超临界萃取的整个过程由萃取阶段和分离阶段组合而成。代表性的工艺流程有：变压萃取分离（等温法）、变温萃取分离（等压法）、吸附萃取分离（吸附法）、稀释萃取分离（稀释法）等，其中以等温变压萃取分离是应用最多的一种方法，如图 8-8 所示。萃取剂经压缩达到超临界状态 1，进入萃取器，与被萃取中的原料充分接触。由于超临界流体有很高的扩散系数，传质过程很快近于平衡，此时过程压力维持不变——状态 2。随后，萃取物经减压阀流入分离器，这时超临界流体的溶解能力减弱了，溶质也就分离出来——状态 3。分离后的超临

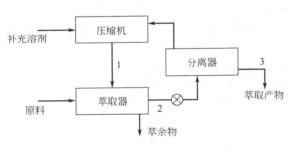

图 8-8　等温变压超临界萃取过程示意

界流体再进入压缩机加压，回到状态 1。这样过程即可循环进行，只需补充少量溶剂。

8.1.2.3　超临界萃取过程的影响因素

影响超临界萃取过程的主要因素有温度 T、压力 p、流体密度（为 p、T 函数）、溶剂比和用于固体原料时的颗粒度等。

当萃取压力较高时，提高温度可以增大溶质的蒸气压，从而有利于提高扩散系数。但温度的提高会降低流体密度而降低萃取容量。恒温操作时，提高压力可以增大溶剂的流体的密度和溶解能力而使萃取容量提高式（8-7）。但密度大时，传质系数减小。在压力和温度确定后，提高溶剂比，可以减少固体中的残留量，但要考虑其经济性。一般情况下，由于受固体内的传质控制，固体物料颗粒度大时，萃取速度会减慢；但另一方面，过小的颗粒度，若使溶剂流动受到阻塞也会造成传质速率下降。

选择适当的超临界流体，如无毒副作用的 CO_2 和水，可以减少使用有机溶剂，对环境友好。CO_2 超临界流体萃取可在常温下进行，对一些热敏性物质的分离有利，特别适合医药、食品、生化行业。

超临界萃取的缺点是要用到相当高的压力（若是用临界温度高的溶剂，温度也高），而设备费用高昂，操作要求也较高；而且目前许多基础数据缺乏。随着技术的进步，超临界流体萃取技术将会发挥更大的作用。

8.1.2.4 超临界萃取技术的应用

超临界流体萃取近年来已在化工、医药、食品等工业和环保中获得了广泛的应用。从木浆废液中回收香草醛，从石油残渣中回收油品，从植物中提取植物药等都已成功地实现了规模生产。

（1）从天然产物中提取有效成分　超临界萃取用于天然产物中有效成分的提取发展迅速，如多种植物药物成分、天然香料植物或果蔬中的天然香精及风味物质、珍贵动植物油脂，以及从咖啡豆或茶叶中脱除咖啡因、烟草脱尼古丁、食品脱臭等。用超临界流体CO_2提取咖啡因的工艺流程是将浸泡过的咖啡豆原料置于耐压室中，通入CO_2，操作压力$16\sim20$ MPa，温度$70\sim90$ ℃，其密度为$400\sim650$ kg·m^{-3}，提取物随CO_2减压后进入水洗塔，用水洗涤并转入水相后回收；CO_2经加压后回到萃取塔循环使用。用超临界CO_2萃取这些产物，产品不会变质，风味也不会损失。

（2）石油化工产品的分离精制　超临界萃取在石油化工、煤化工、精细化工等领域十分活跃。石油化工超临界萃取技术的应用是化工生产开发最早的行业，如从油品中脱除沥青质就已工业化。超临界萃取重烃油转化物、废油回收等都得到一定的开发。在化工生产中，醇类的分离精制则是超临界萃取的另一应用领域，采用超临界萃取在相同要求下采用蒸馏法的能耗有所降低。应用超临界萃取在生化工程中因操作条件温和、溶氧性能好、毒性低等特点已引起广泛重视和实现了初步工业化，如用超临界流体CO_2萃取氨基酸、发酵法生产的乙醇、从微生物发酵的干物质中萃取亚麻酸、从单细胞蛋白游离物中提取脂类等已显示了它的优越性。用超临界流体纯化各种抗生素，脱除丙酮、甲醇等有机溶剂，可提高产品品质。

（3）在环境保护中的应用　利用超临界萃取技术可对受污染体系进行处理和修复，处理的物料不仅有气体、液体，也有固体。针对污染物处理过程的不同，有直接采用超临界萃取的一步法和先用活性炭或树脂吸附污染物，再用超临界流体再生吸附剂的二步法，以及通过超临界化学反应分解成小分子无毒组分的反应分离法。

① 一步法萃取物质有高级脂肪醇、芳香族化合物、有机氯化物、酯、醚、醛甚至重金属物质等。多环芳香烃化合物多数是"三致"污染物，受其污染固体废弃物的处置是环保的一大难题，超临界萃取是一有效的方法。对生产有机氯化合物、农药以及芳香族硝基化合物的废水用超临界流体CO_2处理取得了较好的效果。例如在35 ℃、20 MPa条件下用超临界流体CO_2处理三氯乙烯、四氯乙烯、邻氯苯酚三种有机氯化合物时去除率都在90%以上。处理富士一号杀菌剂、杀螟松、富尔托杀菌剂、西玛津除草剂等农药的废水也有很好的效果。另外，用超临界状态下从废水中回收的化合物不会发生化学变化，纯度高，再利用价值高。应用超临界技术在处理工业废水方面也逐渐显示出它的优越性。

② 超临界化学反应通常是在超临界水流体中通入氧或空气等氧化性物质，使污染物分解成小分子的无害物质，这种方法也有人称为超临界水氧化法。

水的临界点为$T_c=384.2$ ℃，$p_c=22.1$ MPa，与常温常压下的水相比，超临界水的物理化学性质有显著变化，如在450 ℃、27.6 MPa时的水汽密度为128 kg·m^{-3}，黏度降为8.86×10^{-4} Pa·s。临界点水的比热容值接近无限大，是极好的载热体；介电常数由78降至5，因此具有非极性有机溶剂的特性。它不仅能溶解包括多氯联苯在内的许多化合物，还能与空气或氧完全互溶。因此，许多化合物可以在超临界水中进行均相氧化。

在上述超临界条件下，有机物开始氧化，且产生的反应热可使温度升高到 550～650 ℃，99.99％以上的有机物都被氧化成无机物小分子如 CO_2，H_2O 等。对二噁英、多氯联苯、硝基苯、氰化物、酚类、尿素、乙酸和氨等的超临界水氧化试验，表明它们都可以被完全氧化成无毒的小分子。由于反应为均相操作，所需的反应时间短，因此反应器体积小，适用于多种废水废物的处理，产物清洁，不需进一步处理，而且在有机物含量低至 2％左右时，反应热也足以补充损失的热量，无需外界供热。

尽管超临界水氧化法具有很多优点，但所需高压高温操作条件，处理的成本仍然很高，通常只是对一些高毒性、小排量的污染物进行治理时考虑采用。

8.1.3 反胶团萃取

反胶团萃取（Reversed micellar extraction）是利用表面活性剂在非极性的有机相中聚集形成反胶团，在有机相内形成分散的亲水微环境，而将其中的物质萃取到有机相的分离技术。

反胶团萃取技术是适应于分离亲水憎油大分子的需要而出现的，如从酿造行业废水中回收氨基酸、蛋白质、酵母等生物大分子，为废弃物资源化的清洁生产工艺。一般情况下，亲水憎油大分子溶于水而仅微溶于有机溶剂，将这些大分子置于表面活性剂的介质中，因其表面聚集了表面活性剂而增大了在有机相中的溶解度。因此，萃取过程中所用的溶剂必须既能溶解被分离物质又能与水分层。

8.1.3.1 反胶团形成过程及其特性

向水溶液中加入表面活性剂，当表面活性剂的浓度超过一定值时就会形成胶体或胶团，它是表面活性剂的聚集体。在这种聚集体中，表面活性剂的极性头向外，即向水溶液，而非极性尾向内。反之，当向非极性溶剂中加入表面活性剂，也会在溶剂内形成表面活性剂的聚集体。在这种聚集体中，表面活性剂的憎水的非极性尾向外，与在水相中所形成的胶团反向。因此，称这种聚集体为反胶团。

如图 8-9 所示为几种可能的表面活性剂聚集体不同构型的胶团。从图中可见，反胶团中有一个极性核心，它包括了表面活性剂的极性头所组成的内表面、抗衡离子和水，被形象地称为"水池"〔如图 8-9（b）〕。由于极性分子可以溶解在"水池"中央，因此通过整个胶团就可溶解在非极性的溶剂中。

(a) 水溶液中的微胶团　　(b) 非极性溶剂中的微胶团，即反胶团　　(c) 气泡型微胶团

〉●表面活性剂分子　● 亲水基　〉 疏水基

图 8-9　表面活性剂在溶液中形成的不同微胶团

对于大多数表面活性剂，要形成胶团，存在一个临界胶团浓度，即要形成胶团所必需的表面活性剂的最低浓度。低于临界胶团浓度则不能形成胶团。临界胶团浓度可随温度、压

力、溶剂和表面活性剂的化学结构而改变，一般为 0.1～1.0 mmol·L^{-1}。

胶团的大小和形状与很多因素有关，既取决于表面活性剂和溶剂的种类和浓度，也与温度、压力、离子强度、表面活性剂和溶剂的浓度等因素有关。典型的水相中胶团内的聚集数是 50～100，其形状通常为球形，也可为椭球形或棒状。反胶团直径一般为 5～20 nm，其聚集数通常小于 50。

如图 8-10 所示为反胶团中溶解的几种可能模型。（a）为水壳模型，对于亲水型的大分子溶质被吸附在胶团的内壁；（b）为疏水部分直接与有机相接触，而亲水部分由胶团包围；（c）为疏水区与被几个反胶团的表面活性剂疏水尾发生作用，并被反胶团所溶解。

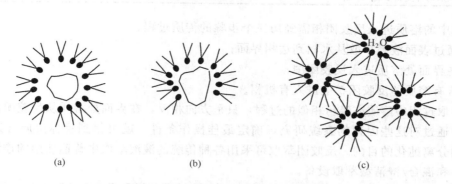

图 8-10　反胶团中溶解的可能模型

由于反胶团内存在微水池这一亲水微环境，氨基酸、肽、蛋白质及细胞等生物分子都可溶解在其中。因此，反胶团萃取可用于氨基酸、肽、蛋白质等生物分子的分离纯化，特别是蛋白质类生物大分子。

8.1.3.2　反胶团萃取过程及其应用

（1）表面活性剂的选择　反胶团萃取时，用以形成反胶团的表面活性剂起着关键作用。对于蛋白质萃取分离，多数采用的是离子型表面活性剂，如：丁二酸二异辛酯磺酸钠，简称AOT，溶剂则为 2,2,4-二甲基戊烷。AOT 能迅速溶于有机物中，也能溶于水中，并形成反胶团。AOT 作为反胶团的表面活性剂所形成反胶团的含水量较大，非极性溶剂中水浓度与表面活性剂浓度之比 ω_0 值可达 50～60，而由季铵盐形成的反胶团，ω_0 常小于 3 或等于 3；此外，AOT 形成反胶团时，不需要助表面活性剂。

选择表面活性剂时，有时在有机相中添加一种离子型或非离子型助表面活性剂，保持表面活性剂总浓度不变情况下提高反胶团相的含水率，扩大萃取操作的 pH 值范围。

（2）影响萃取的因素　由于表面活性剂的种类决定其能否形成反胶团和反胶团的大小。不适宜的表面活性剂或表面活性剂浓度会给相分离带来困难，或者不能使之溶于有机相中。

离子强度也有较大的影响，离子强度增大，反胶团内表面的双电层变薄，减弱了溶质与反胶团内表面之间的静电吸引，从而降低其溶解度；其次是反胶团内表面的双电层变薄后，也减弱了表面活性剂极性头之间的斥力，反胶团变小；三是离子强度的提高，增大了离子向反胶团水池的迁移并取代其中溶质的倾向，使之从反胶团中盐析出来；四是盐与溶质或表面活性剂的相互作用，可改变溶解性能，盐的浓度越高，其影响就越大。

pH 值对萃取率的影响主要在于蛋白质表面电荷的改变。pH 值对蛋白质构象的改变也有影响。用阴离子表面活性剂时，蛋白质的等电点的萃取率几乎为零；当 pH 值小于等电点，萃取率提高；pH 值很低，萃取率又降低，在界面上易发生蛋白质的变性析出。

此外，温度、含水量、阳离子类型、溶剂结构、表面活性剂含量等也有较大影响。如含水量太小，反胶团过小，则蛋白质无法进入，溶解度也就下降。表面活性剂太少，则反胶团难以形成，溶解度也必然下降。表 8-3 列出了其他的影响因素。

表 8-3　反胶团萃取蛋白质的主要影响因素

反胶团相有关的因素	水相有关因素	目标蛋白质有关因素	环境有关因素
表面活性剂的种类	pH 值	蛋白质的等电点	系统的温度
表面活性剂的浓度	离子种类	蛋白质的大小	系统的压力
有机溶剂的种类	离子强度	蛋白质的浓度	
助表面活性剂的种类和浓度		蛋白质表面电荷分布	

水相中的溶质进入反胶团相需经历三个步骤的传质过程：

① 通过表面液膜扩散从水相到达相界面；

② 在界面处溶质进入反胶团中；

③ 含有溶质的反胶团扩散进入有机相。

反萃取过程中溶质亦经历相似的过程，只是方向相反，在界面处溶质从反胶团内释放出来。只要通过对这些因素的系统研究，确定最佳操作条件，就可得到目标溶质合适的萃取率，达到分离纯化的目的。反胶团萃取可采用各种传统的液液萃取中普遍使用的连续接触式萃取设备和混合/澄清型萃取设备。

反胶团萃取法作为一种新型的分离技术在工业上的应用如提取蛋白质已显现出了明显的优越性。典型的工艺如从发酵滤液或浓缩液中提取蛋白质产品，采用反胶团萃取还可从发酵滤液甚至是排放的废液中回收蛋白质等有用物质。不仅是蛋白质和酶都能被提取，还有核酸、氨基酸和多肽也可顺利地溶于反胶团。不管是自然细胞还是基因工程细胞中的产物都能被分离出来。

目前，反胶团分离技术的缺点是工业规模所需的基础数据缺乏，表面活性剂对产品的污染有待解决。尽管如此，用反胶团萃取法具有成本低、溶剂可循环使用、萃取和反萃取率都很高等优点，正越来越多地为科技界和工业界所青睐。

8.1.4　双水相萃取

双水相萃取（Aqueous two-phase extraction）是利用物质在互不相溶的两个水相之间分配系数差异来实现分离的方法。和反胶团萃取一样，双水相技术主要用于细胞颗粒和大分子的分离，如氨基酸、多肽、核酸、各类细胞、病毒等，特别是成功地应用在蛋白质的大规模分离中。

8.1.4.1　双水相体系和双水相萃取

葡聚糖、聚乙二醇水溶液的混合液当聚合物达到一定浓度时，会变浑浊。静置后形成两个液层，上相富集聚乙二醇，下相富集葡聚糖，且两相都是水溶性的，如图 8-11 所示。这两种聚合物获得都是水溶性的两相，看来有点不可思议，然而却是事实。因此，将这些天然的或合成的水溶性聚合物水溶液相混时，在聚合物浓度高于一定值，形成相的分离称为双水相体系。

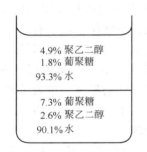

一般认为，只要两种聚合物水溶液的水溶性有所差异，混合时就可发生相的分离，并且水溶性差别越大，相分离倾向也就越大。聚乙二醇/葡聚糖，聚乙二醇/聚乙烯醇，聚乙烯醇/甲基纤维素，聚丙二醇/葡聚糖聚丙二醇/甲氧基聚乙二醇等均为双水相体系。

图 8-11　5％葡聚糖和 3.5％聚乙二醇混合液形成的两相组成

图 8-11 内文字：
4.9% 聚乙二醇
1.8% 葡聚糖
93.3% 水

7.3% 葡聚糖
2.6% 聚乙二醇
90.1% 水

能形成两相的还有一些聚合物的溶液在与一些无机盐低相对分子质量化合物的溶液相混，且浓度达到一定值时形成的双水相体系。最为常见的有：聚乙二醇/磷酸钾、聚乙二醇/磷酸铵、聚乙二醇/硫酸钠、聚乙二醇/葡萄糖等。上相富含聚乙二醇，下相富含无机盐或葡萄糖。

双水相萃取与一般萃取有共同之处：若待分离物质在两相间有分配的差异，就可实现分离、提纯。这种差异的大小，也可用式（8-1）示出的分配系数代表。

8.1.4.2　影响因素

影响双水相体系分配系数的因素有很多，它涉及氢键、电荷相互作用、范德华力、疏水性相互作用以及空间效应等。因此，分配既与构成相聚合物的相对分子质量和化学性质有关，也与要分配的分子或颗粒的大小及化学特性有关。如对于颗粒而言，主要是与相组分接触的外部表面基团有关，或者说颗粒的分配与表面性质有关的现象。因为盐的离子对于两相有不同的亲和力，从而在相间就形成了电位差，这对带电分子或颗粒的分配有很强的影响。

现分别叙述如下。

（1）成相高聚物的类型和浓度　不同高聚物的水相系统具有不同的亲水性，水溶液中高聚物的疏水性按以下顺序：聚丙三醇＞聚乙二醇＞聚乙烯醇＞甲基纤维素＞羟丙基葡萄糖＞葡萄糖＞甲基葡萄糖＞葡萄糖硫酸盐。成相高聚物的类型和浓度直接影响系统的疏水作用和界面张力。一般来说，分相的难易和两相的疏水性差异关联。

高聚物的相对分子质量对分配行为的影响符合一定原则。一般认为，聚合物的相对分子质量越大，所需的分相浓度就越低。对于给定的系统，一种高聚物被低相对分子质量的同种高聚物所取代，被萃取的大分子物质将有利于在低相对分子质量高聚物分配；分配系数变化的大小由被分配物质的相对分子质量决定，这里大分子物质如蛋白质、核酸、细胞粒子等。因此，可改变成相高聚物的相对分子质量以获得所需的分配系数，以获得较好的分离效果。

（2）盐的种类和浓度　盐的种类和浓度对分配系数的影响首先反映在相间电位上。生物大分子的分配主要决定于离子的种类和各种离子之间的比例，而离子强度在此显得并不重要。在双聚合物系统中，无机离子具有各自的分配系数，不同电解质的正、负离子的分配系数不同，当双水相系统中含有这些电解质时，由于两相均应各自保持电中性，从而产生不同的相间电位。因此，盐的种类（离子组成）影响蛋白质、核酸等生物大分子的分配系数。

盐的种类和浓度影响分离物质如蛋白质的表面疏水性，从而影响其分配系数。当盐的浓度很大时，由于强烈的盐析作用，表现出分配系数增大，此时分配系数与被分离物质浓度有关。

此外，盐浓度改变各相中成相物质的组成和相体积比。离子强度对不同蛋白质的影响程度不同，利用这一特点，通过调节双水相系统中的盐浓度，可有效地萃取分离不同的蛋白质。

（3）pH值　体系的pH值对被萃物的分配有很大影响，主要体现在pH值变化能明显地改变两相的电位差。如对于磷酸盐体系，pH值影响其解离，从而影响分配系数。

（4）温度　温度的影响是间接的，主要影响相的高聚物组成。只有当相系统组成位于临界点附近时，温度对分配系数才有较明显的作用。

选择合适的双水相体系，控制一定的条件，通过对以上因素的系统研究，确定最佳的操作条件，可得到合适的分配系数，从而达到分离纯化的目的。

8.1.4.3　双水相萃取的特点及其应用

双水相萃取是一种设备简单、条件温和、操作简单的新型分离技术。成功地利用双水相萃取技术分离提取蛋白质、细胞碎片、酶的纯化等，最近，将其应用于植物药提取等研究和开发工作，如对于多糖的提取。

双水相分配技术的一些不足之处：如，两相密度差别小故易乳化、相分离时间长，成相聚合物成本较高，分离效率不高，一定程度上限制了双水相分配技术的工业化推广和应用。

双水相分配技术与其他相关的生化分离技术进行有效组合以克服上述这些困难。具体的措施有实现不同技术间的相互渗透，双水相分配技术与这些技术的"集成化"，如：与磁场作用、超声波作用、气溶胶技术等结合实现集成化，改善了双水相分配技术中诸如成相聚合物回收困难、易乳化、相分离时间较长等问题。

与其他新型分离技术（如层析、亲和沉淀等）过程集成，既提高了分离效率，又简化了分离流程。

8.2 吸 附 分 离

气体或液体中分子、原子或离子有附着于固体物质表面的趋势，这种现象称为吸附。被附着的物质称为吸附质，固体物质称为吸附剂。

吸附分离的基础与吸收、蒸馏或萃取一样，是相平衡的关系。吸附可分为物理吸附和化学吸附。物理吸附是吸附剂的分子与吸附质间范德华力作用的结果，这种吸附的结合力较弱，容易脱附。化学吸附由吸附质和吸附剂间的化学键作用所致，其结合力较物理吸附大得多。以分离为目的的吸附大多为物理吸附，物理吸附是可逆的。吸附的逆过程是脱附或称再生，其目的是从吸附剂脱除吸附质作为有用物质回收，同时吸附剂恢复原状以便重复用于吸附过程。

依据分离物系中各组分的性质和过程的分离要求，选择合适的吸附剂，并采用相应的工艺过程和设备。常用的吸附分离设备有：固定床吸附器（吸附剂堆积成固定的床层）和流化床吸附塔，对于液体的吸附还有吸附搅拌槽、移动床等。

吸附分离在工业中有着广泛的应用，表 8-4 列举了部分应用的实例和所使用的吸附剂。

表 8-4 吸附分离过程常见的应用

吸 附 过 程	吸 附 剂
气体净化	
室内空气中的挥发性有机物	活性炭、Silicalite
异味气体/空气	Silicalite 等
H_2O/含烯烃的裂解气、天然气、合成气、空气等	硅胶、活性氧化铝、分子筛
CO_2/C_2H_4、天然气等	分子筛
烃、卤代物、溶剂/排放气	活性炭、其他吸附剂
硫化物/天然气、H_2、液化石油气等	分子筛
SO_2/排放气	分子筛
汞蒸气/氯碱槽排放气	分子筛
液体净化	
硫化物/有机物	分子筛，其他吸附剂
石油馏分、糖浆和植物油等的脱色	活性炭
水的净化：有机物、含氧有机物、有机卤化物、异味	活性炭
脱水，水/有机物、含氧有机物、有机卤化物	硅胶、活性氧化铝、分子筛
气体分离	
正构链烷烃/异构链烷烃、芳烃	分子筛
N_2/O_2（O_2 中之 N_2），或 O_2/N_2（N_2 中之 O_2）	分子筛，或碳分子筛
CO，CH_4，CO_2，N_2，Ar，NH_3/H_2	分子筛、活性炭
烃/排放气	活性炭
H_2O/乙醇	分子筛
液体分离	
正构链烷/异构链烷、芳烃	分子筛
对二甲苯/间二甲苯、邻二甲苯	分子筛
果糖/葡萄糖	分子筛

8.2.1 吸附平衡

当流体（气体或液体）与固体吸附剂接触时，流体中的吸附质被吸附，直到吸附质在两相中的浓度达到平衡，此时称吸附平衡。反之，若流体中吸附质的浓度低于平衡浓度，则已吸附在吸附剂上的吸附质将脱附，直到达吸附平衡。由此可见，吸附平衡关系决定了吸附过程的方向和极限。吸附平衡关系通常用等温下吸附剂中吸附质含量与流体相中吸附质分压或浓度间的关系表示，称为吸附等温线。吸附平衡包括气体吸附平衡和液体吸附平衡，本章只对气体吸附平衡作一简介。

纯气体的物理吸附等温线如图 8-12 所示，有五种类型。Ⅰ类常见于微孔吸附剂的吸附，如活性炭、硅胶、分子筛等。Ⅱ类与多分子层吸附相关，第一吸附层的吸附热大于后继吸附层的吸附热。Ⅲ类的等温线在压力（吸附质分压）较低的初始阶段吸附量低，曲线下凹，在高压下变得容易吸附，这种情况相应于多层吸附，第一吸附层的吸附热比后继吸附层低。Ⅳ类和Ⅴ类分别是Ⅱ类和Ⅲ类因毛细管冷凝现象而演变出来的吸附等温线。

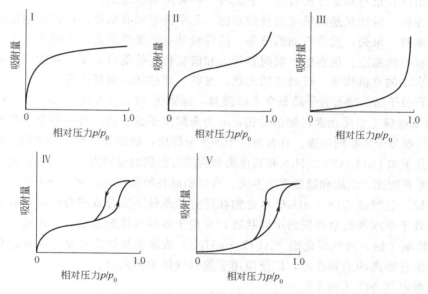

（这里 p_0 为吸附温度下的饱和蒸气压）

图 8-12 吸附等温线的五种类型

不同类型的吸附等温线反映了吸附剂吸附过程的不同机理，因此提出了多种吸附理论和表达吸附平衡关系的吸附等温方程。然而对实际固体吸附剂，由于复杂的表面和孔结构，很难符合理论的吸附平衡关系，因此采用经验的、使用方便的方程。

常用的吸附等温方程有 Langmuir 和 Freundlich。

（1）Langmuir 吸附等温方程

$$q = q_m \frac{K_L p}{1 + K_L p} \tag{8-8}$$

式中　q、q_m——吸附剂的吸附容量和单分子层最大吸附容量；kg（吸附质）·kg^{-1}（吸附剂）；

　　　　p——吸附质在气体混合物中的分压，Pa；

　　　　K_L——Langmuir 常数，与温度有关。

上式中 q_m 和 K_L 可以从关联实验数据得到。

（2）Freundlich 吸附等温方程　Freundlich 方程是用于描述平衡数据的最早的经验关系式之一，其表达式为

$$q = K_F p^{1/n} \tag{8-9}$$

式中　K_F，n——特征常数，与温度有关。

（3）Langmuir-Freundlich 吸附等温方程　即 Langmuir 和 Freundlich 方程的结合

$$\frac{q}{q_s} = \frac{K p^{1/n}}{1 + K p^{1/n}} \tag{8-10}$$

该式包含三个常数 K、q_s 和 n。应该指出，该式纯属经验关系。

8.2.2 吸附剂

吸附剂是吸附分离的关键，种类很多，工业上常用的有活性炭、沸石分子筛、硅胶和活性氧化铝等。由于吸附是在固体表面上发生的过程，因此吸附剂应是多孔结构和具有大的比表面积，通常为 $300 \sim 1\,200$ $m^2 \cdot g^{-1}$。平衡吸附量或吸附容量是用以衡量其吸附能力的指标，也是在此条件下吸附剂对该吸附质的最大吸附能力。不同的吸附剂其吸附性能不同，取决于其化学组成，也与制造方法有关。下面将一些常用的吸附剂作一简介。

（1）活性炭　活性炭是碳质吸附剂的总称，几乎所有的有机物都可作为制造活性炭的原料，如煤、木材、果壳、重质石油馏分等。活性炭具有非极性表面，为疏水和亲有机物的吸附剂。它具有性能稳定、抗腐蚀、吸附容量大和解吸容易等优点；用于回收气体中的有机物质，脱除废水中的有机物等。可制成粉末状、球状、圆柱状或碳纤维等。

（2）沸石分子筛　沸石分子筛是含水硅酸盐，通式为 $M_{x/m}\left[(AlO_2)_x(SiO_2)_y\right] \cdot zH_2O$，其中 M 为碱金属或碱土金属元素，如钠与钙，$m$ 为金属离子的价数。每一种分子筛都有特定的均一孔径，恰在分子大小的范围，具有对分子的筛分作用，故称分子筛。分子筛是强极性吸附剂，对极性分子如 H_2O、CO_2、H_2S 和其他类似物质有很强的亲和力，但与有机物的亲和力较弱。根据其原料配比、组成和制造方法不同，可以制成各种孔径和形状的分子筛。

（3）硅胶　硅胶是 $SiO_2 \cdot nH_2O$ 水合物在适宜的条件下聚合或缩合而成的硅氧四面体多聚物。硅胶处于亲水和疏水性质的中间状态，常用于各种气体的脱水，也可用于分离烃类。

（4）活性氧化铝　活性氧化铝（$Al_2O_3 \cdot nH_2O$）表面的活性中心是羟基和路易斯酸，极性较强，对水有很高的亲和作用，广泛应用于脱除气体中的水分。

典型的吸附剂特性见表 8-5。

表 8-5　典型的吸附剂特性

吸　附　剂	表面积 /$m^2 \cdot g^{-1}$	孔容积 /$cm^3 \cdot g^{-1}$	颗粒密度 /$g \cdot cm^{-3}$	堆积密度 /$g \cdot cm^{-3}$
硅胶				
普通型	$750 \sim 800$	0.43	1.13	$0.72 \sim 0.77$
低密度型	340	1.15	0.62	0.40
分子筛				
5A[1]	—	$0.32 \sim 0.33$	$1.14 \sim 1.16$	0.71
13X[2]	395	0.41	1.13	0.72
活性氧化铝				
无定型	250	0.20	1.40	—
球型	325	0.50	1.60	0.77
活性炭				
煤基	$1\,050 \sim 1\,150$	0.80	0.80	0.48
椰树基	$1\,150 \sim 1\,250$	0.72	0.85	0.44

①孔径 0.5 nm、Ca 型；②孔径 0.8 nm、Na 型。

（5）其他吸附剂　除了前述四种吸附剂之外，还有如聚合物吸附剂、生物吸附剂和反应性吸附剂等。高反应性吸附剂，能在气相或液相中与吸附质进行化学反应，如对烃类中硫化氢的反应脱除。由于吸附质和吸附剂进行的是不可逆反应，因此不能在使用现场再生，需返回生产厂处理。反应性吸附剂适用于脱除微量组分，通常这些组分含有某些反应性的基团，见表 8-6。

表 8-6　反应性吸附剂脱除的杂质

含硫化合物：H_2S，COS，SO_2，有机硫化物	含氮化合物：NO_x，HCN，NH_3，有机氮化物
卤化物：HF，HCl，Cl_2，有机氯	不饱和烃类：烯烃，二烯烃，乙炔
有机金属化合物：AsH_3，$As(CH_3)_3$	供氧体：O_2，H_2O，甲醇，羰基化合物，有机酸
汞和汞化物，金属羰基物	其他：H_2，CO，CO_2

生物吸着剂是另一类反应吸附剂。它首先吸着诸如有机分子等物质，然后将它们氧化成 CO_2、H_2O。实际上，在处理城市和工业废水的生化处理池中，生物质就可认为是生物吸着剂。

高分子聚合物吸附剂，如吸附树脂是一种有机吸附剂。大孔网状结构的吸附树脂，其表面积与无机吸附剂接近。由于其极性较低，可以用于脱除一些非极性的有机组分，如从空气流中脱除含量少的低碳化合物。

8.2.3　吸附分离过程

吸附过程通常在吸附床中进行，有固定床和流化床之分。吸附剂在流化床内处于不断运动的状态；反之，吸附剂在固定床内则为静止状态。固定床最常见，下面讨论其吸附分离过程。

使吸附质浓度为 c_0 的流体，以等速通过装有新鲜吸附剂的固定床。刚开始时（时间 $t=0$），床层全部长度保持新鲜，如图 8-13（a）所示。经过时间 t_1，床层进入处 OM 段的吸附剂已与 c_0 平衡，即为吸附质 A 所饱和，称为饱和区；而 NL_0 段仍保持新鲜，称为未用区；两者之间的 MN 段称为吸附区或吸附段，吸附剂中 A 的吸附量随床层长度的变化呈 S 形曲线，称为吸附波，流体中的 A 在吸附段中全被吸附，流出床层时的浓度 $c=0$；如图（b）所示。随着 t 的延长，吸附波向床层出口 L_0 处推进，当 $t=t_2$（$>t_1$）时如图（c）所示。当 $t=t_b$ 时，波的前端抵达 L_0 处，如图（d）所示；此后，流体中开始有吸附质 A 从床层带出，$c>0$，并随 t 的延长而迅速增大。直到 $t=t_s$ 全部床层为 A 饱和，流体经过床层后浓度没有改变，$c=c_0$，如图（f）所示。

流体流出床层时的浓度 c 随时间 t（或流出量）的变化如图 8-13（g）所示，称为穿透曲线。此曲线上的时间 t 与图（a）～（f）相对应；图（e）示出当 $t=t_e$ 时，图（g）上的面积 A 与 B 相等。当 $t=t_b$ 后，床层出口处的流体浓度上升；通常称出口 c 达到进口 c_0 的 5% 时为穿透点，称 c 达到 c_0 的 95% 时为饱和点。固定床吸附器一般在到达穿透点之前就应当停下来进行再生。可以看出，若吸附段 [即图（b）中吸附波前后端点的距离 MN] 愈短，则固定床吸附剂可利用得愈充分 [参看图（d）中阴影示出的部分]。吸附段的长短或穿透曲线的形状与吸附剂性能、流体流速、吸附平衡等因素有关，如流速减慢、吸附速率加快都能使吸附段变短。从穿透曲线可以判断床层操作的优劣和吸附剂的性能。以活性炭做吸附剂，在吸附结束接近穿透点时的吸附量可达饱和吸附量的 80%～95%，其他吸附剂如硅胶则较低。

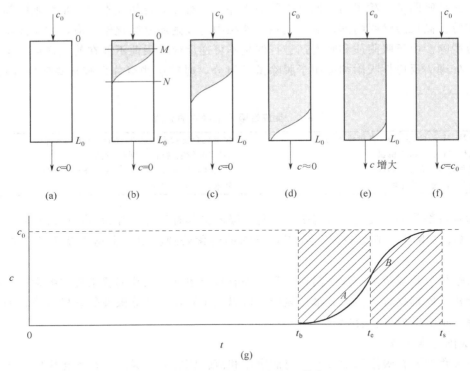

图 8-13 固定床吸附与穿透曲线

8.2.4 变温和变压吸附

吸附剂在单次吸附中的容量有限，因此在实际吸附分离过程中需循环使用：使吸附剂经历吸附、脱附（再生）的循环。近年来开发了不同的循环操作方法和工艺，使间歇的吸附分离过程能连续化。工业上所采用的循环过程有变温吸附、变压吸附和连续逆流吸附等，其中变温和变压吸附分离是近年发展较快的一项技术。

① 变温吸附法（Temperature Swing Adsorption，TSA）是根据待分离组分在不同温度下的吸附容量差异实现循环。采用温度涨落的循环操作，低温下吸附的组分在高温下得以脱附、吸附剂再生，冷却后再次进行吸附。

② 变压吸附法（Pressure Swing Adsorption，PSA）提纯或分离是根据不同压力下组分在吸附剂上的吸附容量的差异而实现的，采用了压力涨落的循环操作，吸附组分在低分压下脱附，吸附剂得以再生。

8.2.4.1 变温吸附

变温吸附循环是借吸附量随温度变化的特性而实现的过程，其原理可用如图 8-14 所示脱除气体中水汽为例来说明。吸附前，床层中吸附剂的含湿量为 q_d，温度为 T_a。其状态以图（a）上点 I 代表；吸附开始后，通入湿度为 H_0、温度为 T_a 的湿气体。吸附过程中靠近固定床的入口处成为饱和区，其气相湿度为 H_0，吸附剂含湿量增加到 q_0，图中用点 A 表示。在前方的未用区内，其状态仍为点 I。饱和区逐渐向前推移，直到穿透前为止。再生阶段用温度 T_d、湿度 H_d 的热气体，其流向一般与吸附流向相反。靠近热气体入口的区域先升温至 T_d，平衡吸附量为 q_d。因 $q_d < q_0$，吸附剂进行脱附，直至达到 q_d，其状态为 D。脱水过程沿热气流的流向推移，至床层全部再生完毕；冷却阶段用自产的干气冷却，其状态为

T_a、H_I，冷却后的床层状态又回到点 I。整个循环在 $I \rightarrow A \rightarrow D$ 三者间运行。

在变温吸附循环过程中，吸附剂的再生可采用惰性气体，或蒸汽、燃料气，甚至有时也用经加热的原料气本身。多数情况下，床层用惰性气体加热再生。在较高温度和再生气体稀释作用下造成吸附质平衡分压的降低而实现脱附。

变温吸附过程的连续运行需通过多个吸附器依靠阀门切换而实现，最简单的两吸附器流程如图 8-14（b）所示。当吸附器 A 在吸附时，吸附器 B 处于再生过程，其后当吸附器 A 需要再生时，已再生好的吸附器 B 开始进入吸附阶段，依此实现循环操作。

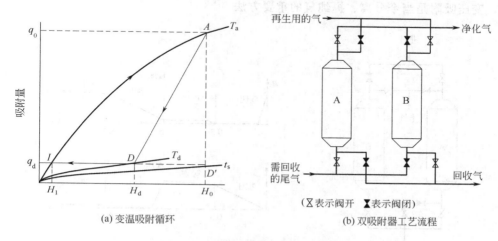

(a) 变温吸附循环   (b) 双吸附器工艺流程

图 8-14　变温吸附循环原理与流程

吸附法在石油、化学、冶金、电力、建筑材料等工业得到广泛应用，可以脱除的污染物有：NO_x、SO_2、CO、卤代烃、挥发性有机物等。如，试用于治理硝酸生产尾气中的 NO_x，脱除率可达 98%；回收气中 NO_x 可以返回系统生产硝酸，不仅控制了对环境的污染，同时可以降低生产成本。

8.2.4.2　变压吸附

在等温条件下，吸附剂对气体混合物中被吸附组分的吸附容量随分压的升高而增加；因此吸附质在加压时被吸附剂所吸附，减压时被脱附，同时吸附剂再生；重复加压-减压就形成变压循环操作。

吸附剂导热系数较小，升温和降温需要较长时间，这是变温吸附的缺点；变压吸附在常温下工作，不需要加热设备，改变压力方便、迅速，流程也大为简化。通常物理吸附的热效应较小，吸附热、脱附热引起的床温变化不大，因此，加压、减压过程可以看成沿常温的吸附等温线进行。如图 8-15 所示，吸附和脱附过程中床层温度保持在 T_1，吸附和脱附时吸附质气体的分压分别为 p_A 和 p_B，则 A、B 两点吸附量之差 $\Delta q = q_A - q_B$ 为经过一次加压、减压循环的理论分离量。

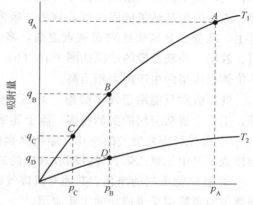

图 8-15　变压吸附循环原理

通常 p_B 近于常压，为了增大循环的分离量，可以进一步减压到真空，如图中点 C 所示；其对应的平衡吸附量进一步减少到 q_C，循环的理论分离量增加到 $q_A - q_C$；但代价是增大了动力消耗。某些工艺，如 CO 或 CO_2 的提纯中就采用这种再生方法。还可以采用减压与升温联合的再生方法来进行脱附，图 8-15 中作出了加热至 T_2 的吸附等温线，若仍减压至 p_B，吸附剂在脱附后的平衡状态用点 D 代表，吸附量为 q_D。

变压吸附流程中最简单的为双塔系统，如图 8-16（a）所示，现用于说明从工业尾气中分离、提纯氢的原理。氢是许多工业的重要原料和热门的清洁新能源，许多工业副产富含氢的气体，如合成氨、合成甲醇、乙烯、焦炉气等，而用氢的行业几乎都要求高的纯度（99％以上），变压吸附是当今分离、提纯氢的重要方法。

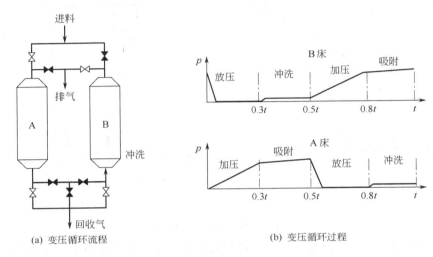

图 8-16　双吸附器变压吸附循环

图 8-16（b）中示出的为加压进料进入 A 床，要从 H_2 中除去的杂质如 Ar、CH_4、N_2、O_2、CO、CO_2、H_2O 等都被吸附，高纯氢从出口流出。图 8-16（b）中所示的是 B 床在放压脱附之后的"冲洗"阶段：将部分高纯氢逆向通过 B 床，使床中的杂质分压进一步降低而较完全地脱附，吸附剂得到更好地再生；此时富含氢的排气加压后再回到 A 床（对多塔系统则直接进入另外的吸附塔）以回收其中的氢。然后脱附再生好的 B 床经切换阀门通入进料气，逐步升压（杂质也被逐渐吸附），称为"充压"阶段；待升到指定压力，开启出口阀，流出的为高纯氢的回收气，称为"吸附"阶段。此时 A 床已放压及冲洗，吸附剂得到再生，准备在 B 床快达到穿透点之前，将进料切换至 A 床。A、B 两床交替进行充压、吸附、放压、冲洗阶段的情况如图 8-16（b）示意，图中 t 为一个周期的时间。由于 t 较短故单位体积床层的生产能力相当高。

变压吸附只能用于气体吸附，可用于空气干燥、气体脱除杂质和污染物以及气体分离等。工业上成功应用的实例很多，除上述回收、提纯氢以外，还有如下几种用途。

① 卤代烃排放废气的净化。净化含卤代烃废气的技术，目前已较为成熟，如可有效控制排放尾气中三氯乙烯含量并回收其中的三氯乙烯。

② 有机物废气的净化。其他有机废气亦可有效脱除污染物又可回收有用组分，如三苯、酮类等的脱除都是很成功的工业应用。

③ 一氧化碳的脱除。采用变压吸附技术脱除 CO 是一种有效的手段，排放气中的 CO 可控制到 $1\ mg \cdot m^{-3}$ 范围。

另外，如二氧化硫的控制、含氟排放废气的净化、甲烷气的浓缩和回收、排放废气中 CO_2 的回收、城市垃圾废气的治理等，也可应用变压吸附。

8.3 膜 分 离

膜分离是以对组分具有选择性透过功能的膜为分离介质，以压力差、化学位差或电位差为推动力，对双组分或多组分体系进行分离、提纯或富集的过程。给膜下一个精确的定义是很困难的；一般的定义是，膜为两相之间的选择性屏障，通过这两个界面分别与分隔于两侧的流体物质互相接触。选择性是膜或膜过程的固有特性。

8.3.1 膜分离概述

8.3.1.1 膜的种类和结构

用于分离过程的膜有很多种，按它们的物理结构和化学特性，一般可分为：对称膜、非对称膜、复合膜、荷电膜、液膜等五大类。

（1）对称膜 对称膜也称均质膜，指的是膜两侧平面结构及形态相同、膜截面各向同性，且孔径与孔径分布也基本一致的膜。对称膜有结构疏松的微孔膜和结构致密的无孔膜两大类。对称膜结构如图 8-17（a）、（b）、（c）所示。

微孔膜膜孔大小的分布范围较宽，平均孔径在 $0.02 \sim 10\ \mu m$ 之间，孔道曲折，膜厚 $10 \sim 200\ \mu m$。对 $10 \sim 15\ \mu m$ 厚的致密聚酯薄膜先用反应堆产生的带电粒子轰击，然后在一定温度下用化学反应试剂侵蚀成所需尺寸的孔，其特点是孔型为圆柱形直孔，膜上孔隙率小，但孔道较短，孔径均匀，称为核孔膜。

均质致密膜通常也是一种对称膜。待分离物质主要依其在膜中的渗透速率不同而分离。由于物质在固态膜中的渗透速率通常很小，为加快渗透速率，其厚度应尽可能薄。

（2）非对称膜 非对称膜通常由致密的表皮层和疏松的多孔支撑层组成，表皮层与多孔支撑层的材料可以不同，如图 8-17（d）所示。表面活性层很薄，厚度在 $0.1 \sim 0.5\ \mu m$；支撑层厚度 $50 \sim 150\ \mu m$，起支撑表面活性层的作用，决定膜的机械强度。

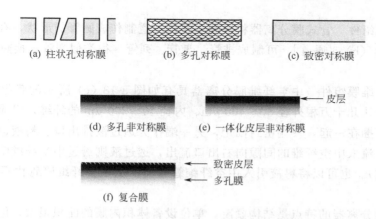

(a) 柱状孔对称膜　　　　(b) 多孔对称膜　　　　(c) 致密对称膜

(d) 多孔非对称膜　　(e) 一体化皮层非对称膜

(f) 复合膜

图 8-17　对称膜、非对称膜和复合膜结构示意

（3）复合膜 复合膜是具有一层表皮层的非对称膜，可选用界面聚合或等离子体引发聚合等法制得。通常，表皮层材料与支撑层材料不同，在机械性能稳定的多孔支撑膜上叠加一层 $0.25 \sim 15\ \mu m$ 厚的具有选择性分离作用的活性皮层。复合膜的结构与非对称膜相似，但普通的非对称膜其表层与支撑层是同一种材料，而复合膜的表面活性层可以选用与支撑层不

同的其他材料，材质的选择余地较宽。商用的复合膜中常用聚砜作为多孔支撑层，其化学性质稳定，机械性能良好。现在也有用聚丙烯腈、偏氟乙烯等高分子化合物的，用无机陶瓷膜则可耐高温。

（4）荷电膜　荷电膜主要指离子交换膜，离子交换膜的种类很多，按膜体结构可分为均相膜、非均相膜，或半均相膜。其中，非均相膜由磨细的离子交换树脂与高分子黏合剂混合后压制而成；而均相膜则是在高分子上直接接上活性基团后成膜制得，其膜性能较为优良。目前工业上用的厚 $200~\mu m$ 左右，主要用于电渗析。

阳离子交换膜上含有带负电的酸性活性基团，其活性基团主要为磺酸基（—SO_3H）、磷酸基（—PO_3H_2）、膦酸基（—OPO_3H）、羧酸基（—$COOH$）、酚基（—C_6H_4OH）等，能选择性透过阳离子；阴离子交换膜上含有带正电的碱性活性基团，其活性基团主要有伯、仲、叔、季四种胺的氨基和芳氨基等，能选择透过阴离子。通常含酸性基团的阳离子交换膜其稳定性比含碱性基团的阴离子交换膜要好。

（5）液膜　液膜分离按其构形和操作方式可分为液滴膜、乳液膜及支撑液膜三类；按液膜渗透过程中有无流动载体可分为无流动载体液膜和有载体液膜二类。无载体液膜仅利用溶质和溶剂在膜内溶解及扩散速度之差进行混合物分离；有载体液膜指的是在液膜中引入能与被分离溶质发生可逆反应的载体，可促进传质的进行，使分离过程的选择性与渗透速率提高。

8.3.1.2　膜分离组件

工业上应用的膜分离设备是将膜、固定膜的支撑材料、管式外套等组成的单元组件，有板框式、卷式、管式等几种。在设计或选用膜分离设备的组件时，从分离效果及经济合理性出发，考虑单位容积中的有效膜面积、组件的制作成本、膜的清洗是否方便等要求。

（1）板框式膜组件　板框式膜分离器类似于第3章中的板框压滤机，由支撑板和框交替重叠组成，支撑板两侧表面开有窄槽，其内腔有供透过液流通的通道；支撑板的表面与膜相贴，对膜起支撑作用，组成一个单元，如图 8-18（a）所示。多个单元之间可并联或串联连接。

（2）管式膜组件　管式膜分离器将膜和支撑体一道制作成圆管的形状，有单通道和多通道两种［图 8-18（b）5 通道］。可制成排管、盘管、列管（很类似列管式换热器）等形式的膜分离器。

（3）中空纤维膜组件　中空纤维膜分离器具有如图 8-18（c）所示的膜组件，它由很多中空纤维（可多达几十万根外径 $80\sim400~\mu m$、内径 $40\sim200~\mu m$ 的纤维）组成，众多中空纤维与中心进料管捆在一起，一端密封固定，另一端作为透过液排出口。料液进入中心管，并透过管壁（膜）流入中空纤维的间隙向右出口流出，透过液则透过中空纤维壁面向下出口流出（由内向外式）。也可以将料液引入中空纤维管管间，从中空纤维管管内得到透过液（由外向内式）。

中空纤维膜分离器的特点是结构紧凑，单位设备体积内膜的面积很大，但因纤维的内径小而流体流动阻力大、易堵塞，膜面去污也比较困难。

（4）卷式膜组件　卷式膜分离器的结构见图 8-18（d），卷式膜组件是采用平板膜制成信封状膜袋，将多孔性支撑材料夹在膜袋之内，半透膜的开口与中心管密封，再在膜袋上下衬上料液隔网，然后连在一起滚压卷绕在空心管上，再将其装入圆柱形压力容器内，制成膜组件。组件内膜袋的数目称为叶数，叶数增多，膜面积可增加，但原料流程变短。

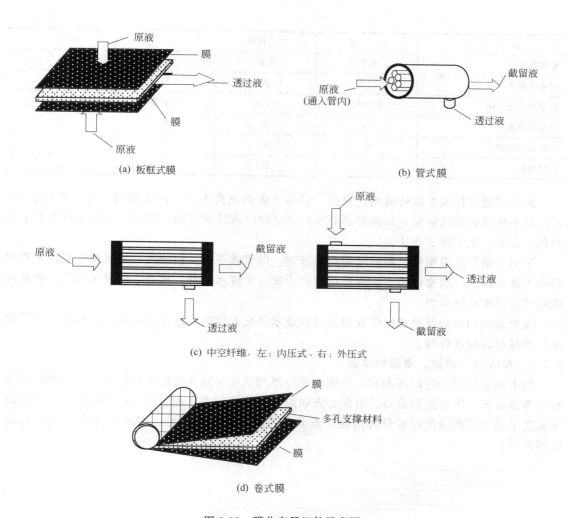

（a）板框式膜

（b）管式膜

（c）中空纤维，左：内压式、右：外压式

（d）卷式膜

图 8-18　膜分离器组件示意图

8.3.1.3　各种膜组件比较

表 8-7 列出了四种膜组件的传质特性参数的比较。一般地说，管式膜组件在投资方面较昂贵，但料液一般不需要预处理，而且清洗方便，从而节省了大量的费用。因此，管式膜组件在化工、环保、生化等领域仍比其他类型膜组件有更广泛的应用。

表 8-7　四种膜组件的特性参数比较

比较项目	卷式	中空纤维	管式	板框式
填充密度/$m^2 \cdot m^{-3}$	200～800	500～30 000	30～328	30～500
料液流速/$m^3 \cdot m^{-2} \cdot s^{-1}$	0.25～0.5	0.005	1～5	0.25～0.5
料液侧压降/MPa	0.3～0.6	0.01～0.03	0.2～0.3	0.3～0.6
抗污染	中等	差	很好	好
易清洗	较好	差	优	好
膜更换方式	组件	组件	膜或组件	膜
组件结构	复杂	复杂	简单	很复杂

比 较 项 目	卷 式	中空纤维	管 式	板框式
膜更换成本	较高	较高	中	低
对水质要求	较高	高	低	低
料液预处理/μm	10~25	5~10	不需要	10~25
配套泵容量	小	小	大	中
工程放大的难易	中	中	易	难
相对价格	低	低	高	高

板框式膜组件虽然投资费用比较高，但由于膜的更换方便、清洗容易，而且操作灵活，尤其是小规模板框式装置，对经常需更换处理对象时就特别有利。因此被较多地应用于生化制药、食品、化工等工业中。

采用毛细管式膜组件，料液虽需经预处理，但要求不高，而该类装置的投资和操作费用都相当低，因此，通常以超滤或微滤过程的形式，在废水处理、地表水的灭菌过滤、酶制剂浓缩等方面很有吸引力。

螺旋卷式和中空纤维式组件在海水或苦咸水淡化方面的应用占统治地位，目前，大量用于水处理和超纯水处理。

8.3.2 反渗透、纳滤、超滤和微滤

当膜两侧施加一定的压差时，可使一部分溶剂及小于膜孔径的组分透过膜，而微粒和大分子等被截流，因而达到分离。根据分离物粒子或分子的大小和所采用膜的结构，可以将以压差为推动力的膜分离过程分为微滤、超滤、纳滤和反渗透四类，如图8-19所示为各自的应用范围。

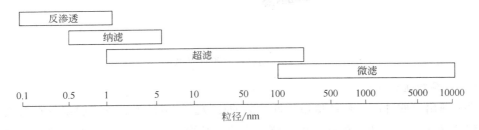

图8-19 微滤、超滤、纳滤和反渗透的应用范围

表8-8列出了不同膜组件适用的膜过程，由此可知，每种形式的组件都有它自己最适用的场合。管式膜组件原则上适用于各种不同膜过程，特别适用于纳滤、超滤以及微滤过程；板框旋转式装置常作为浸没式负压膜微滤装置；中空纤维及卷式膜组件则常用于反渗透和纳滤过程；毛细管式膜组件仅适合于超滤与微滤过程。板框式则最适用于超滤过程。

表8-8 不同膜过程适用的膜组件

膜过程	管式	中空纤维	板框式	卷式
反渗透	+	++	+	++
纳滤	++	++	+	++
超滤	++	−	++	+
微滤	++	−	−	+
负压膜滤	+	+	++	+

注：++很适用，+适用，−不适用。

8.3.2.1 反渗透和纳滤

反渗透（Reverse Osmosis，RO）是以高于溶液渗透压的压差为推动力，使溶剂渗透半透膜的分

离过程。反渗透和纳滤都是借助半透膜对溶液中的小分子溶质起截留作用，因此，实质上非常相似，其差别仅在于溶质粒子的大小。由于反渗透所截留的溶质非常小，其反渗透膜的孔径较纳滤更小。因为膜阻力较大，要使用较高的操作压力才能使同样量的溶剂通过膜。

（1）渗透与反渗透　对于只透过溶剂而不让溶质透过的膜，称为半透膜。当其两侧分别为纯溶剂和溶液时，溶剂将自发地穿过半透膜向溶液一侧流动，这种现象称为渗透。当渗透过程进行到溶液液面高出溶剂液面的压头足以抵消溶剂的渗透趋势时，达到平衡状态，这个压头称为此溶液的渗透压 π。当膜的两边都是同一溶液，但浓度不等时，溶剂也会由稀到浓的方向渗透；正如容器中的溶液（无膜隔开），当浓度不均匀时，有均匀化的自发趋势。溶剂渗透趋势的大小，可定量地以化学位 μ 表示。

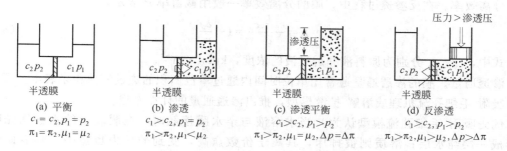

图 8-20　渗透与反渗透现象

图 8-20 的（a）中，浓度 $c_1 = c_2$，膜两侧液位相等而 $p_1 = p_2$，达到了平衡状态：渗透压 $\pi_1 = \pi_2$，化学位 $\mu_1 = \mu_2$。

图 8-20（b），在右侧加入溶质后，$c_1 > c_2$，溶剂透过膜进入右侧，使（$c_1 - c_2$）减小，且液面上升而在膜两侧产生压力差，因而渗透速率逐渐变慢直到等于零，如图 8-20（c）所示。此时又达到了平衡状态：$\mu_1 = \mu_2$，$p_1 - p_2 = \pi_1 - \pi_2$。

图 8-20（d）表示在右侧施加一大于渗透压差的压力，则渗透方向逆转，这就是反渗透。

溶液中溶剂的化学位表示式为

$$\mu = \mu^0(T, p) + RT\ln x \tag{8-11}$$

式中，$\mu^0(T, p)$ 为指定温度 T、压力 p 下纯溶剂的化学位；μ 为 p、T 下溶液中溶剂的化学位；x 为溶液中溶剂的摩尔分数。

理想溶液渗透压的计算方程为

$$\pi = RT\sum c_i \tag{8-12}$$

式中，c_i 为溶液中溶质 i 的摩尔浓度，$kmol \cdot m^{-3}$。

对于实际溶液，可将式（8-12）简化为

$$\pi = B\sum x_i \tag{8-13}$$

式中，x_i 为溶液中溶质 i 的摩尔分数；B 为比例系数。表 8-9 中列出了一些常见溶质的 B 值。

表 8-9　一些溶质的 B 值（25 ℃）

溶 质	B/MPa	溶 质	B/MPa	溶 质	B/MPa
尿素	137	$LiNO_3$	261	$Ca(NO_3)_2$	345
甘油	141	KNO_3	240	$CaCl_2$	373
砂糖	144	KCl	254	$BaCl_2$	358

溶 质	B/MPa	溶 质	B/MPa	溶 质	B/MPa
$CuSO_4$	143	KSO_4	310	$Mg(NO_3)_2$	370
$MgSO_4$	158	$NaNO_3$	250	$MgCl_2$	375
NH_4Cl	251	$NaCl$	258		
$LiCl$	261	Na_2SO_4	311		

(2) 渗透通量与截留率 膜的性能主要有分离透过特性和理化稳定性两个方面。理化稳定性指膜对压力、温度、pH 值以及化学药品的耐受性。膜的分离透过特性包括分离效率和渗透通量。

分离效率。在反渗透过程中,膜的分离效率一般用截留率 R 表示,

$$R = \frac{c_0 - c_p}{c_0} = 1 - \frac{c_p}{c_0} \qquad (8-14)$$

式中,c_0、c_p 分别为原料液和透过液的浓度,$kmol \cdot m^{-3}$。

渗透通量。膜的渗透通量通常用单位时间内通过单位面积的透过液体积来表示。可以由优先吸附-毛细孔流机理或溶解-扩散模型,推出渗透通量的计算方程。

优先吸附-毛细孔流模型认为,当水溶液与亲水膜接触时,在膜表面的水被优先吸附而形成一层纯水层;溶质则被排斥,其离子价数愈高,受到的斥力也愈强。膜表面的纯水层在外加压力的作用下通过膜表面的毛细孔。纯水层的厚度与溶质和膜表面的化学性质有关。当膜表面的毛细孔的有效孔径等于或小于纯水层厚度的 2 倍时,能获得最高的纯水渗透通量,这一孔径称为"临界孔径"。若膜的孔径大于临界孔径则溶质离子也会透过膜。

溶解-扩散机理认为溶剂和溶质透过膜的过程可分为三步:渗透物质在膜与料液接触一侧的表面上吸附和溶解;继而在化学位差的推动下以分子扩散的形式通过膜;然后在膜的另一侧表面脱附。通常渗透物质透过膜的速率主要取决于第二步的分子扩散。

8.3.2.2 超滤

超滤 (Ultrafiltration,UF) 也是以压力差为推动力,通过膜的筛分作用将溶液中大于膜孔的大分子溶质截留而与溶剂及小分子组分分离。超滤过程的对象是分离大分子物质,其溶液的渗透压较小,一般可忽略不计。通常制成各种规格的超滤膜,如同一种膜其截留分子量为 2 万、5 万、10 万以及大于 20 万等多种规格,可供选用。

超滤过程中由浓度引起的渗透压变化对过程影响不大,一般可不考虑;浓差极化对通量的影响则十分明显,严重时足以使操作过程无法进行,是超滤过程中应加以考虑的一个重要问题。

超滤过程中的浓差极化现象及凝胶层形成可用图 8-21 表示。当超滤用于分离不同大小分子的混合物,且这些组分在溶液与膜接触一侧的上游表面的浓度 c_m 达到某一饱和浓度(或称凝胶点)时,就会在膜面上形成凝胶层,使渗透速率显著减小,同时溶质被截留,而使脱除效率提高。图中 c_b 为料液主体浓度,c_m 为膜面浓度,c_g 为凝胶点浓度,c_p 为透过液浓度。

在稳态条件下对如图 8-21 (a) 所示的浓差极化边界层和膜之间进行物料衡算

$$J_v c = D(dc/dz) + J_v c_p \qquad (8-15)$$

式中,J_v 为溶液的渗透通量,$m^3 \cdot m^{-2} \cdot s^{-1}$ 或 $m \cdot s^{-1}$;D 为溶质的扩散系数,$m^2 \cdot s^{-1}$。

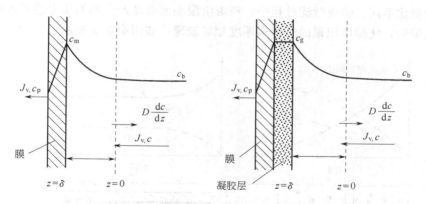

图 8-21　超滤过程中的浓差极化和凝胶层形成

$J_v c$ 对流传质进入边界层的溶质通量，$J_v c_p$ 透过膜的溶质通量，D（$\mathrm{d}c/\mathrm{d}z$）为从边界层朝向主体的扩散通量。

根据边界条件 $z=0$，$c=c_b$；$z=\delta$，$c=c_m$；对式（8-15）积分，得浓差极化式

$$J_v\delta=D\ln[(c_m-c_p)/(c_b-c_p)] \tag{8-16}$$

定义 $k=D/\delta$，$\mathrm{m}\cdot\mathrm{s}^{-1}$；为浓差极化边界层内的传质系数。当膜面浓度 c_m 达到溶质凝胶点浓度 c_g 时，上式可表示为

$$J_v=k\ln[(c_g-c_p)/(c_b-c_p)] \tag{8-17}$$

当 $c_p\ll c_b$ 和 $c_p\ll c_g$ 时，式（8-17）可简化为

$$J_v=k\ln(c_g/c_b) \tag{8-18}$$

式（8-18）称为凝胶极化式。式中凝胶浓度 c_g 决定于溶质性质。当凝胶层控制膜的透过速率时，透过速率与压力无关，即可直接用式（8-18）计算。

8.3.2.3　微滤

微滤是利用微孔膜的适宜孔径，在压差为推动力下，将料液中大于膜孔径的微粒、细菌及悬浮物质等截留下来得以除去，并得到澄清滤液的膜技术。通常，微滤膜孔径在 $0.05\sim 10\ \mu\mathrm{m}$ 范围内，过程的操作压差约 $0.01\sim 0.2\ \mathrm{MPa}$。由于微滤所分离的粒子通常远大于用反渗透和超滤分离溶液中的溶质及大分子，基本上属于第 3 章中的过滤，不必考虑溶液渗透压的影响，渗透通量远大于反渗透和超滤。

微滤与常规过滤有许多相似之处，也可分为滤饼过滤（料液中的微粒直径与膜孔径相近，微粒被膜截留在膜表面）和深层过滤（微孔膜的孔径大于被微滤的粒径，流体中微粒在膜的深层被截留）。可用第 3 章的方法描述滤饼微滤过程。

微滤过程有两种操作方式：终端微滤（Dead-end microfiltration）和错流微滤（Cross-flow microfiltration），如图 8-22（a）所示，在终端微滤中，待澄清的流体在压差推动力下透过膜，而微粒被膜截留，形成滤饼，并随时间增厚，结果使微滤阻力增加。若维持压降不变，会导致膜通量下降；若保持膜通量一定，则压降需增加。因此，终端微滤通常为间歇式，在过程中必须周期性地清除滤饼或更换滤膜。

错流微滤如图 8-22（b）所示，用泵将滤液送入具有微滤膜的管道或薄层流道内，滤液沿着膜表面流动，在压差的推动下，使渗透液错流通过膜，微粒被带到膜表面并沉积成薄

层。与终端微滤不同，错流微滤过程中，料液沿膜表面流动产生的剪切力能将沉积在膜表面的部分微粒带走，使膜面积累的滤饼层厚度相对较薄，如图中虚线所示。

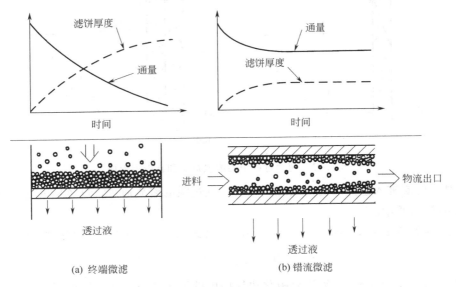

图 8-22　两种微滤过程的通量与滤饼厚度随时间的变化

(a) 终端微滤　　　　　　　　(b) 错流微滤

　　错流操作能有效地控制滤饼形成，可在较长周期内保持相对高的通量，如图 8-22（b）所示，在一定条件下，滤饼层厚度为常数时，操作也达到稳态。

　　在实际情况中，有时在滤饼形成后，仍发现在一段时间内通量缓慢下降，这种现象大多是由滤饼和膜的压实作用或膜的污染所致。

　　近十年来陶瓷微滤膜越来越被人们所接受，因为它们的化学稳定性、强度以及疏水性等特性，可以使用较强的化学清洗剂和可在较高温度下清洗等。跨膜的压差可达到 0.1～2 MPa，但是，目前陶瓷微滤膜在价格上还是比有机物微滤膜贵得多。

8.3.3　电渗析

　　电渗析是在外加直流电场作用下，溶液中的带电离子选择性地通过离子交换膜而进行的分离过程。水溶液中的阳离子趋向阴极定向迁移，阴离子向阳极定向迁移，只要在溶液里配置适当的阳离子交换膜和阴离子交换膜，可实现溶液中电解质的分离。

8.3.3.1　电渗析基本原理

　　如图 8-23 所示，在两电极间交替地放置阴离子交换膜（阴膜）和阳离子交换膜（阳膜），在两隔膜所围成的隔室中引入电解质的水溶液（图中以 NaCl 溶液为例），接上直流电源后，溶液中带正电荷的阳离子在电场力的作用下向阴极方向迁移，这些离子很容易穿过带负电荷的阳膜，但因同性相斥不能穿过带正电荷的阴膜。同理，溶液中带负电荷的阴离子在电场力的作用下向阳极方向迁移，并穿过带正电荷的阴膜，而被带负电荷的阳膜挡住。其结果使得图中第 2 和 4 隔室中离子浓度增加，称为浓缩室；而第 3 隔室的离子浓度则下降，称为脱盐室（或淡化室）。

　　在实际电渗析装置中，通常用 200～400 张阴、阳离子交换膜衬以特制的隔板相间装配，形成具有 100～200 对隔室的电渗析装置，从浓缩室引出浓缩的盐水，而从脱盐室则引出淡水。

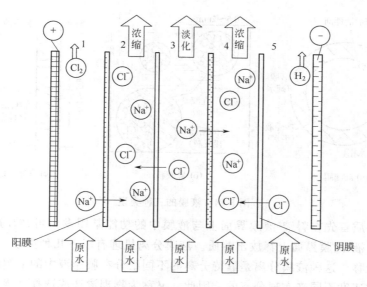

图 8-23　电渗析的工作原理

8.3.3.2　极限电流与浓差极化

电渗析器在直流电场作用下，水溶液中的阴、阳离子分别透过阴膜和阳膜进行定向运动，并各自传递一定的电荷。当操作电流增大到一定程度时，离子迁移被强化。使膜附近界面内带相反电荷的离子浓度趋近于零，从而迫使水分子电离产生 H^+ 和 OH^- 离子分别穿过阳膜和阴膜，于是膜两侧溶液的 pH 值发生很大变化，这种现象称为极化现象。引起极化发生的电流密度称为极限电流密度。电渗析的极限电流密度 i_{lim}，$mA \cdot cm^{-2}$，可用如下经验式计算

$$i_{lim} = ku^n \bar{c}^m \tag{8-19}$$

式中，$\bar{c}$ 为脱盐室进出口溶液浓度的对数平均值 $mg \cdot L^{-1}$；u 为溶液在脱盐室中的流速 $cm \cdot s^{-1}$；k 为溶液性质及操作条件的特性常数；n，m 为体系有关的常数，$n = 0.5 \sim 0.9$，$m = 0.95 \sim 1$。

极限电流密度取决于主体溶液中的阳离子浓度和边界层厚度，为了减少极化效应，需减小边界层厚度。当极化发生时，一部分电流消耗在与脱盐无关的 OH^- 迁移上，电流效率下降，电耗上升。而且，溶液 pH 值的变化使溶液中离子容易在膜面上产生沉淀，增加膜电阻，进一步增加电耗，还会使离子交换膜受腐蚀而缩短使用寿命。因此，在电渗析过程中，需控制电渗析器在极限电流以下运行，同时还应采用加入一些防垢剂、倒换电极等措施。此外还可以采用适当的预处理以改善进水水质。

8.3.4　液膜分离

液膜是一层很薄的液体，这一液体可以是水溶液也可以是有机溶液。它能将两个互溶的但组成不同的溶液分隔开，并通过这一层液膜的选择性渗透作用实现其溶液中组分的分离。液膜可以是油型的，它所分隔的是两个水溶液；也可以是水型的，被分隔的两个溶液则是有机溶液。

8.3.4.1　液膜分离机理

液膜可分为三类：即液滴膜、乳液膜和支撑液膜如图 8-24 中所示。

溶质通过液膜的传递过程可以是一反应-扩散过程。液膜置于料液与接受液之间时，料

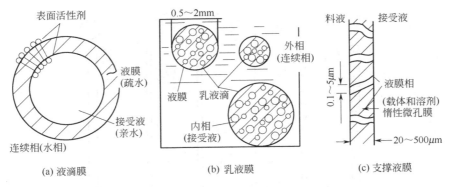

图 8-24　液膜的三种类型

液中被脱除的溶质首先在料液-液膜界面上与液膜中的功能基团发生可逆反应，并扩散通过膜，然后在接受液-液膜界面上释放出溶质。液膜分离机理有以下几种类型。

（1）单纯迁移　这种液膜分离是靠待分离的不同组分在膜相液中的溶解度和扩散系数不同导致透过膜的速度不同来实现分离的，因此，又称为物理渗透或选择性渗透。液膜的单纯迁移如图 8-25（a）所示。

原料液中的有 A、B 两组分，由于 A 在膜相液中的扩散系数大于 B，因此，A 透过膜的速率大于 B，从而实现了 A 和 B 的分离。当单纯迁移液膜分离过程进行到膜两侧的溶质浓度相等时，迁移便停止。因此，内相中 A 组分不会产生浓缩效果。

（2）促进迁移　外相是原料液，内相的接受液含有反应剂 R，它能与原料液中的溶质 C 发生不可逆的化学反应。如图 8-25（b）所示，溶质 C 透过膜进入内相与 R 反应转为产物 P，使溶质在内外相间保持最大的浓度差，因而能维持其较高传质速率，直到 R 耗尽为止。产物 P 不溶于液膜，不会向外相迁移。由于外相中其他溶质不与试剂 R 反应，从而达到分离的目的。

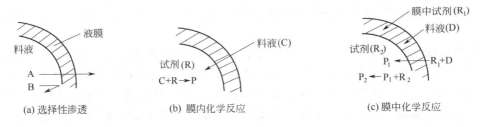

图 8-25　无载体液膜的分离机理

膜内的反应可显著提高膜的选择性和渗透能力，因此这种传递过程又称为促进传递过程。内相化学反应的类型可以是中和反应、配合反应、沉淀反应和氧化还原反应等。

（3）同向迁移　膜相液中含有非离子型载体 R_1，它与料液中的阴离子选择性配合的同时，又与阳离子配合成离子对进行的同时迁移，这种膜中化学反应的迁移称同向迁移，见图 8-25（c）。在膜-料液界面上进行如下反应

$$D + R_1 \Longleftrightarrow P_1$$

生成的中性配合物 P_1 不溶于膜相，因而以浓度差为推动力向内相界面迁移，P_1 进入内相，载体 R_1 留在膜相内并以浓度差为推动力返回外相界面。在内相界面上

$$P_1 + R_2 \Longleftrightarrow P_2$$

由于内相溶液浓度低，迁移一直可以进行下去。

液膜分离中起分离作用的载体 R 也可以分布在接受液中，由膜-接受液一侧进入膜内捕获料液中的物质，再扩散输送到接受液一方。单纯迁移过程则不依靠载体，而仅靠组分透过膜的速率差来达到分离目的。

以上几种液膜分离机理可见，液膜分离与溶液萃取过程相似，也是由萃取和反萃取两个过程构成的，所不同的是液膜分离过程中的萃取与反萃取是同时进行的。

8.3.4.2 液膜分离流程

乳液膜分离过程主要包括液膜制备、液膜萃取、澄清分离、破乳工序等四个阶段，如图8-26所示。制乳过程是将内相液加到配置好的膜相液中，强烈搅拌成分散很细的油包水乳液。将乳液通入萃取塔底部，并与上部进入的原料液相混，在塔内充分接触进行萃取。萃取后，经重力作用澄清、分层除去萃余液。破乳的目的是从内相液中回收富集的组分，膜相液返回制乳循环使用。

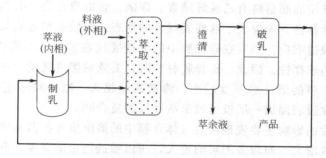

图 8-26　液膜分离流程

液膜分离技术有良好的选择性和定向性，分离效率高，很有应用前景。如含酚废水的处理和铀矿浸出液中提取铀等，也成功地应用于分离苯-正己烷、甲烷-庚烷等混合体系。

8.3.5 气体的膜分离

气体的膜分离是以压力差为推动力，利用气体混合物中各组分透过膜的速率不同而使组分得以分离的过程。通常能用于气体分离的膜有无机膜、有机聚合物膜，以及有机-无机复合膜。

8.3.5.1 膜法气体分离

气体通过膜的传递对于不同类型的膜，情况各不相同，机理也各异。常见的分离机理有两种，即通过多孔膜的微孔扩散机理和通过致密膜的溶解-扩散机理。

多孔介质中气体传递机理包括分子扩散、黏性流动及表面扩散等。一般认为具分离效果的多孔膜须是微孔膜，孔径的大小支配着分子扩散的速率。当气体通过膜孔时，气体分子与介质间发生相互作用，吸附于表面并沿表面运动。由于存在着浓度梯度，气体分子沿浓度递减方向扩散。

溶解-扩散机理是指气体通过致密膜的传递过程。可认为是下述的三步完成：

① 气体在膜上游一侧表面的吸附-溶解或吸着过程；

② 吸附-溶解的气体在浓度差的推动下扩散透过膜——扩散过程；

③ 气体在膜下游一侧表面的脱附过程。

气体在膜表面的吸附-溶解和脱附一般来说是很快就能达到平衡，而在膜内的渗透扩散甚慢，为气体透过膜的速率控制步骤。

气体在膜中的溶解平衡可以用亨利定律的形式来表示，组分在膜中的扩散通量可应用费克定律计算。

目前，工业上大多使用的是非对称性膜和复合膜，制成中空纤维或卷式膜件。气体分离膜应具有选择性高、渗透通量大、机械强度高，能承受较大的压力差。

非对称性膜中起分离作用的活性层是其表面的致密层，应薄且致密，使能获得高选择性和高渗透通量。实际上，常因膜表面存在孔隙等缺陷而使选择性降低。针对此种情况，选用适当的试剂进行处理，可以有效的减少膜表面的孔隙。如用三氟化硼处理聚砜非对称中空纤维膜，可使选择性提高。

气体分离常用的复合膜有阻力复合膜和超薄活性-多孔基复合膜。阻力复合膜是在膜的表面涂上一薄层使气体组分容易渗透的材料，复合层的作用是堵住基膜上的孔隙。阻力复合膜克服了一般非对称性膜表层常存在的孔隙的缺陷。

8.3.5.2 影响气体膜分离的因素

（1）膜材料　常用的膜材料有乙酸纤维素、聚砜、含氟聚合物、有机硅等几种高分子材料，其渗透通量和选择性首先取决于这些膜材料的形态。橡胶态聚合物具有高度的链迁移性和对透过物溶解的快速响应。如氧在硅橡胶中的渗透要比在玻璃态的聚丙烯腈大几百万倍，但玻璃态膜有较好的选择性。因此，选择膜材料时，要兼顾渗透通量和选择性。

（2）膜的厚度　膜的活性层厚度越小，渗透通量越大。减小膜厚度的方法是采用复合膜，也即在非对称性膜表面加一层极薄致密活性层的复合膜。

（3）温度　温度的影响主要表现在对气体在膜中的溶解度和扩散系数。温度升高，溶解度减小，但扩散系数增大。而后者的影响更大，所以渗透通量随温度升高而增大。

（4）压力　气体膜分离的推动力是压力差，压力越大，渗透通量越高。但实际操作的压差受能耗、膜强度以及设备制造费用等诸多因素的限制，需综合考虑确定。

8.3.5.3 气体膜分离的应用

20世纪80年代以来，中国开发了气体膜分离的研究。先是对合成氨尾气的氮氢分离，随后是从空气中富集氧。国家组织了科技攻关，进展很快。开发了改性有机硅、特种聚酰亚胺等多种膜材料，并在膜材料分子设计与其性能的关系方面做了大量研究工作。20世纪80年代中期，中国产的中空纤维氮氢膜分离器开始用于合成氨厂的氢回收；20世纪80年代后期，中国产卷式富氧膜分离器开始用于玻璃窑作助燃；都取得了显著的效益。20世纪90年代以来，用于石油天然气的加工又有重大突破。

气体膜分离因聚合物致密膜的应用得到迅猛发展。另外如化工、制药、油漆、涂料、半导体工业中，都有大量低浓度的有机废气产生。这些挥发性有机物（VOC）排放到大气中造成环境污染。通常采用如催化燃烧等方法处理，采用膜分离法可以回收有机溶剂，比其他方法经济、有效。

膜分离的其他用途还有很多，如从天然气中脱除 CO_2 后可提高天然气中 CH_4 含量；从发酵生产分离 CO_2 加以利用。分离 CO_2 大多用的是乙酸纤维非对称膜，这种膜也可用于从天然气中脱除酸性气体（如 H_2S）和水汽。此外，膜分离器从天然气中提取氦等都已商业化。

8.3.6 渗透汽化与蒸气渗透

8.3.6.1 渗透汽化与蒸气渗透原理

渗透汽化是指液体混合物在膜两侧压差的作用下，利用膜对被分离混合物中某组分有优先选择性透过膜的特点，使它优先渗透通过膜，在膜下游侧汽化去除，从而达到混合物分离提纯的一种新型膜分离技术。

蒸汽渗透与渗透汽化不同之处是：蒸气渗透为气相进料，相变过程通常发生在进装置前，在过程中蒸汽相渗透通过膜，达到混合物的分离与纯化。

渗透汽化过程的传质推动力也为压力差，但与反渗透过程不同。渗透汽化是在膜下游侧减压，以形成膜两侧混合物的分压差，使得优先渗透组分透过膜后汽化除去。料液渗透通过膜时发生相变，相变所需的能量来自料液的温降。在渗透汽化中，只要膜选择得当，可使含量极少的溶质透过膜，与大量的溶剂透过过程相比较，少量溶剂透过的渗透汽化过程能够节能。

渗透汽化膜分离过程的基本原理如图 8-27 所示，渗透汽化膜传递过程可用溶解扩散机理解释，传递过程可分为三步：首先液体混合物中被分离物质在膜上游表面有选择性地被吸附溶解；然后被分离物质在膜内扩散渗透通过膜；最后在膜下游表面被分离物质脱附并汽化。

类似于蒸馏的汽液平衡，渗透汽化过程中定义膜上游溶液中组分 A 与膜下游气体混合物中组分 A 间满足拟相平衡关系，对于乙醇-水混合物的汽液平衡和渗透汽化拟汽液平衡关系如图 8-28 所示，聚乙烯醇膜优先渗透水；而苯乙烯-氟烷基丙烯酸酯共聚物复合膜，则优先渗透乙醇。由此可知，不同的膜具有不同的拟汽液平衡关系。

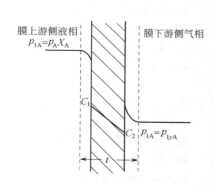

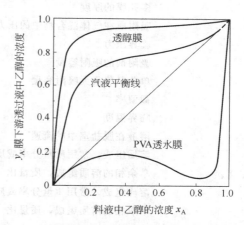

图 8-27　渗透汽化过程的浓度与分压差分布　　图 8-28　乙醇-水混合物渗透汽化拟汽液平衡关系图

8.3.6.2　渗透汽化的分离性能

根据渗透汽化传递过程的基本原理，组分 A 透过膜可由通过膜的渗透通量和分离因子来衡量。前者反映生产能力的大小，后者则反映被分离混合物组分的分离程度。分离因子 α 定义为

$$\alpha = \frac{y_A(1-x_A)}{x_A(1-y_A)} \tag{8-20}$$

分离因子 α 越大，则表示该膜的分离程度越好。当 $\alpha = 1$ 时，渗透组成等于被分离液体混合物的组成，没有分离效果，这种情况类似于精馏过程中的恒沸点，但二者在概念上是不同的，在渗透汽化过程中 $\alpha = 1$ 的组成点可通过改变温度来转移。

对同一张膜，α 的增大，通常会使膜的渗透通量下降，因此在选用渗透汽化膜时，要综合考虑分离因子和渗透通量两个因素。对于一般的渗透汽化过程，当膜的渗透通量大

于 $0.5\,kg\cdot m^{-2}\cdot h^{-1}$、分离因子大于 1 000 时，被认为其性能比较好，可用于工业化生产。

渗透汽化主要在有机物水溶液中水的分离、水中微量有机物的脱除、以及有机-有机混合物的分离等三方面有广泛的应用前景。

本章符号说明

符号	意义	计量单位
c_0	原料液浓度	$kmol\cdot m^{-3}$
c_b	料液主体浓度	$kmol\cdot m^{-3}$
c_m	膜面浓度	$kmol\cdot m^{-3}$
c_p	透过液浓度	$kmol\cdot m^{-3}$
D	溶质的扩散系数	$m^2\cdot s^{-1}$
d_p	膜的孔径	m
H_0	与温度无关的常数	
J_v	溶液渗透通量	$m^3\cdot m^{-2}\cdot s^{-1}$
k_A	分配系数	$kg\cdot m^{-3}$
K_F	Freundlish 常数，与温度有关	
K_L	Langmuir 常数，与温度有关	
l_m	多孔膜的厚度	μm
p	吸附质在气体混合物中的压力	Pa 或 MPa
p_c	临界压力	MPa
q	吸附剂的吸附容量	$kg\cdot kg^{-1}$
q_m	单分子层最大吸附容量	$kg\cdot kg^{-1}$
R	截留率	
T_c	临界温度	K
u	溶液在脱盐室中的流速	
x	溶质组成，常用质量分率或质量浓度	$kg\cdot kg^{-1}$（或 $kg\cdot m^{-3}$）
X_{i-1}、X_N	萃余相的溶质组成，质量比	$kg\cdot kg^{-1}$
y	溶质组成，常用质量分率或质量浓度	$kg\cdot kg^{-1}$ 或（$kg\cdot m^{-3}$）
Y_i	萃取相的溶质组成，质量比	$kg\cdot kg^{-1}$
ΔH_H	溶解热	$kJ\cdot mol^{-1}$
λ	气体分子平均自由程	
$\bar{c}$	溶液浓度的对数平均值	
μ^0	指定温度、压力下纯溶剂的化学位	
μ	指定温度、压力下溶液中溶剂的化学位	
π	溶液的渗透压	MPa
ρ_c	临界密度	$kg\cdot m^{-3}$

 习题

8-1　丙酮和醋酸乙酯的溶液具有恒沸点，不能通过直接蒸馏法进行分离。下表显示了丙酮（A）-醋酸乙酯（B）-水（S）在 30 ℃下的相平衡数据，请据这些数据计算各对平衡数据相应的分配系数及选择性系数，并说明采用水作萃取剂是否可行。

序 号	乙酸乙酯相			水 相		
	%A(x)	%B	%S	%A(x)	%B	%S
1	4.8	91.0	4.2	3.2	8.3	88.5
2	13.5	80.5	6.0	9.5	8.3	82.2
3	20.0	73.0	7.0	14.8	9.8	75.4
4	26.0	65.0	9.0	19.8	12.2	68.0

8-2 含丙酮15%（质量分数）的水溶液，流量 1 000 kg·h^{-1}，按错流萃取流程，以 1,1,2-三氯乙烷萃取其中的丙酮，每一级的三氯乙烷流量为 425 kg·h^{-1}。已知在水中丙酮质量分数＜20%时，其相平衡关系近似有 $Y=1.62X$。试求经过两个理论级后，萃余相的组成。

8-3 试以等温变压萃取分离为例，说明超临界萃取的基本原理。

8-4 简述双水相萃取的主要影响因素。

8-5 物理吸附等温线的类型有哪些？请给出典型图示。

8-6 如何得到吸附穿透曲线？有何用途？

8-7 某废气含有挥发性有机污染物，拟采用吸附法脱除，试述选用什么样的吸附剂比较合理？

8-8 变压吸附有哪些特点？适合哪些用途？

8-9 按分离物颗粒的大小，膜分离方法主要有哪些？适用它们的常用膜组件有哪些？

8-10 电渗析分离的基本原理是什么？

8-11 对于下列几个工业过程，请选择最合适的膜分离方法：
①海水脱盐；②生活用水的软化；③含油废水的回收；④超纯水的制备

8-12 简述液膜分离的基本流程。

主要参考文献

1　谭天恩，麦本熙，丁惠华. 化工原理（上，1990；下，1998）. 第二版，北京：化学工业出版社

2　何潮洪，冯霄. 化工原理. 北京：科学出版社，2001

3　陈敏恒，丛德滋，方图南，齐鸣斋. 化工原理（上，1999；下，2000）. 第二版. 北京：化学工业出版社

4　将维钧等. 化工原理（上，下，2003）. 北京：清华大学出版社

5　大连理工大学编. 化工原理（上，下）. 大连：高等教育出版社，1992

6　McCabe，W L，Smith J C，Harriott P. Unit Operations of Chemical Engineering. 6th ed. New York：McGraw-Hill，2001

7　戴干策，陈敏恒. 化工流体力学. 北京：化学工业出版社，1998

8　管国锋，赵汝溥. 化工原理. 第二版. 北京：化学工业出版社，2003

9　叶世超等. 化工原理. 北京：科学出版社，2002

10　陈敏恒. 化工原理教与学. 北京：化学工业出版社，1996

11　江体乾等编. 基础化学工程（上，下）. 上海：上海科技出版社，1991

12　时钧等编. 化学工程手册（第二版）. 北京：化学工业出版社，2002（重印）

13　袁一主编. 化学工程师手册. 北京：机械工业出版社，1999

14　机械工程手册 电机工程手册编辑委员会. 机械工程手册. （第2版）第1篇. 基础理论卷. 北京：机械工业出版社，1996

15　机械工程手册 电机工程手册编辑委员会. 机械工程手册. （第2版）第12篇. 通用设备卷. 北京：机械工业出版社，1997

16　沈阳水泵研究所. 泵节能产品引进产品新产品样本. 第一版. 北京：机械工业出版社，1994

17　化工部化工设备设计技术中心站机泵技术委员会. 工业泵选用手册. 北京：化学工业出版社，1998

18　王占奎等编. 变频调速应用百例. 北京：科学出版社，1999

19　Geankoplis，C J. Transport Processes and Unit Operations. 3rd ed. Engelwood Cliffs，1993

20　Perry，R H，Green，D W. Chemical Engineers' Handbook. 7th ed. New York：McGraw-Hill，1997

21　Bishop，Paul L. Pollution Prevention. Fundamentals and Practice. McGraw-Hill，Inc. 2000

22　刘家祺主编. 分离过程. 北京：化学工业出版社，2002

23　武汉大学主编. 化学工程基础. 北京：高等教育出版社，2001

24　朱自强，郁士贵，梅乐和等译. P. A. Albertsson 著. 细胞颗粒和大分子的分配. 第三版. 杭州：浙江大学出版社，1995

25　Mulder，M. Basic princeple of membrane technology. Second Ed. Kluwer Academic Publishers Droup，The Netherland，1998

26　Cussler，E L，Diffusion mass transfer in fluid systems（Second Ed），Cambridge University Press，Cambridge，2003

27　Cheryan，M，Utrafiltration and microfiltration handbook，Technomic Publishing Company，Inc.，Pennsylvania，1998

28　朱长乐主编. 膜科学技术. 第二版. 北京：高等教育出版社，2004

29　刘茉娥、陈欢林. 新型分离技术基础. 第二版. 杭州：浙江大学出版社，1999

30　张镜澄主编. 超临界流体萃取. 北京：化学工业出版社，2000

31　冯孝庭主编. 吸附分离技术. 北京：化学工业出版社，2000

32　郭慕孙. 过程工程，过程工程学报. 2001，1（1）：2～7

33　陈家镛. 过程工业与过程工程学，过程工程学报. 2001，1（1）：8～9

34　张懿. 绿色过程工程，过程工程学报. 2001，1（1）：10～15

附　录

附录1　单位换算

说明：下列表格中，各单位名称上的数字标志代表所属的单位制度：①cgs 制，②SI，③工程制。没有标志的是制外单位。有 * 号的是英制单位。

（1）长度

① cm 厘米	② ③ m 米	* ft 英尺	* in 英寸
1	10^{-2}	0.032 81	0.393 7
100	1	3.281	39.37
30.48	0.304 8	1	12
2.54	0.025 4	0.083 33	1

（2）面积

① cm² 厘米²	② ③ m² 米²	* ft² 英尺²	* in² 英寸
1	10^{-4}	0.001 076	0.155 0
10^4	1	10.76	1 550
929.0	0.092 9	1	144.0
6.452	0.000 645 2	0.006 944	1

（3）体积

① cm³ 厘米³	② ③ m³ 米³	1公升	* ft³ 英尺³	* Imperial gal 英加仑	* U. S. gal 美加仑
1	10^{-6}	10^{-3}	3.531×10^{-5}	0.000 220 0	0.000 264 2
10^6	1	10^3	35.31	220.0	264.2
10^3	10^{-3}	1	0.035 31	0.220 0	0.264 2
283 20	0.028 32	28.32	1	6.228	7.481
4 546	0.004 546	4.546	0.160 5	1	1.201
3 785	0.003 785	3.785	0.133 7	0.832 7	1

（4）质量

① g 克	② kg 千克	③ kgf・s²・m⁻¹ 千克(力)・秒²・米⁻¹	ton 吨	* lb 磅
1	10^{-3}	1.020×10^{-4}	10^{-6}	0.002 205
1 000	1	0.102 0	10^{-3}	2.205
9 807	9.807	1		
453.6	0.453 6		4.536×10^{-4}	1

（5）重量或力

① dyn 达因	② N 牛顿	③ kgf 千克(力)	* lbf 磅(力)
1	10^{-5}	1.020×10^{-6}	2.248×12^{-5}
10^5	1	0.102 0	0.224 8
9.807×10^5	9.807	1	2.205
4.448×10^5	4.448	0.453 6	1

（6）密度

① g・m⁻³ 克・厘米⁻³	② kg・cm⁻³ 千克・米⁻³	③ kgf・s²・m⁻⁴ 千克(力)・秒²・米⁻⁴	* lb・ft⁻³ 磅・英尺⁻³
1	1 000	102.0	62.43
10^{-3}	1	0.102 0	0.062 43
0.009 807	9.807	1	
0.016 02	16.02		1

(7) 压力

① bar 巴 =10^6dyn·cm^{-2}	② Pa=N·m^{-2} 帕斯卡=牛顿·米$^{-2}$	③ kgf·m^{-2}=mmH$_2$O 千克(力)·米$^{-2}$	atm 物理大气压	kgf·cm^{-2} 工程大气压	mmHg(0 ℃) 毫米汞柱	* lbf·in^{-2} 磅·英寸$^{-2}$
1	10^5	102 00	0.986 9	1.020	750.0	14.5
10^{-5}	1	0.102 0	9.869×10^{-6}	1.020×10^{-5}	0.007 500	1.45×10^{-4}
9.807×10^{-5}	9.807	1	9.678×10^{-5}	10^{-4}	0.073 55	0.001 422
1.013	1.013×10^5	10 330	1	1.033	760.0	14.70
0.980 7	9.807×10^4	10 000	0.967 8	1	735.5	14.22
0.001 333	133.3	13.60	0.001 316	0.001 360	1	0.019 3
0.068 95	689 5	703.1	0.068 04	0.070 31	51.72	1

(8) 能量，功，热

① erg=dyn·cm 尔 格	② J=Nm 焦 耳	③ kgf·m 千克(力)·米	③ kcal=1 000 cal 千 卡	kW·h 千瓦时	* ft·lbf 英尺磅(力)	* B.t.u. 英热单位
1	10^{-7}					
10^7	1	0.102 0	2.39×10^{-4}	2.778×10^{-7}	0.737 6	9.486×10^{-4}
	9.807	1	2.344×10^{-3}	2.724×10^{-6}	7.233	0.009 296
	418 7	426.8	1	1.162×10^{-3}	3 088	3.968
	3.6×10^6	3.671×10^5	860.0	1	2.655×10^6	3 413
	1.356	0.138 3	3.239×10^{-4}	3.766×10^{-7}	1	0.001 285
	1 055	107.6	0.252 0	2.928×10^{-4}	778.1	1

(9) 功率，传热速率

① erg·s^{-1} 尔格·秒	kW=1 000J·s^{-1} 千 瓦	③ kgf·m·s^{-1} 千克(力)米·秒	③ kcal·s^{-1}=1 000cal·s^{-1} 千卡·秒$^{-1}$	* ft·lbf·s^{-1} 英尺磅(力)·秒$^{-1}$	* B.t.u.·s^{-1} 英热单位·秒$^{-1}$
1	10^{-10}				
10^{10}	1	102	0.238 9	737.6	0.948 6
	0.009 807	1	0.002 344	7.233	0.009 296
	4.187	426.8	1	3 088	3.963
	0.001 356	0.138 3	3.293×10^{-4}	1	0.001 285
	1.055	107.6	0.252 0	778.1	1

(10) 黏度

① P=dyn·s·cm^{-2}=g·cm^{-1}·s^{-1} 泊	② N·s·m^{-2}=Pa·s 牛·秒·米$^{-2}$	③ kgf·s·m^{-2} 千克(力)·秒·米$^{-2}$	cP 厘 泊	* lb·ft^{-1}·s^{-1} 磅·英尺$^{-1}$·秒$^{-1}$
1	10^{-1}	0.010 20	100.0	0.067 19
10	1	0.102 0	1 000	0.674 9
98.07	9.807	1	9 807	6.589
10^{-2}	10^{-3}	1.020×10^{-4}	1	6.719×10^{-4}
14.88	1.488	0.151 7	1 488	1

(11) 运动黏度，扩散系数

① cm^2·s^{-1} 厘米^2·秒$^{-1}$	② ③ m^2·s^{-1} 米^2·秒$^{-1}$	m^2·h^{-1} 米^2·时$^{-1}$	* f^2·h^{-1} 英尺^2·时$^{-1}$
1	10^{-4}	0.36	3.875
10^4	1	360 0	38 750
2.778	2.778×10^{-4}	1	10.76
0.258 1	2.581×10^{-5}	0.092 90	1

(12) 表面张力

① dyn·cm^{-1} 达因·厘米$^{-1}$	② N·m^{-1} 牛顿·米$^{-1}$	③ kgf·m^{-1} 千克(力)·米$^{-1}$	* lbf·ft^{-1} 磅(力)·英尺$^{-1}$
1	0.001	1.020×10^{-4}	6.852×10^{-5}
1 000	1	0.102 0	0.068 52
9 807	9.807	1	0.672
14 590	14.59	1.488	1

（13）导热系数

① cal·cm⁻¹·s⁻¹·℃⁻¹ 卡·厘米⁻¹·秒⁻¹·℃⁻¹	② W·m⁻¹·K⁻¹ 瓦·米⁻¹·开⁻¹	③ kcal·m⁻¹·s⁻¹·℃⁻¹ 千卡·米⁻¹·秒⁻¹·℃⁻¹	kcal·m⁻¹·h⁻¹·℃⁻¹ 千卡·米⁻¹·时⁻¹·℃⁻¹	* B.t.u.·ft⁻¹·h⁻¹·℉⁻¹ 英热单位·英尺⁻¹·时⁻¹·℉⁻¹
1	418.7	10^{-1}	360	241.9
$2.388×10^{-3}$	1	$2.388×10^{-4}$	0.859 8	0.578 8
10	4 187	1	3 600	2 419
$2.778×10^{-3}$	1.163	$2.778×10^{-4}$	1	0.672 0
$4.134×10^{-3}$	1.731	$4.139×1^{-4}$	1.488	1

（14）焓，潜热

① cal·g⁻¹ 卡·克⁻¹	② J·kg⁻¹ 焦耳·千克⁻¹	③ kcal·kgf⁻¹ 千卡·千克(力)⁻¹	* B.t.u·lb⁻¹ 英热单位·磅⁻¹
1	4 187	(1)	1.8
$2.389×10^{-4}$	1	$(2.389×10^{-4})$	$4.299×10^{-4}$
0.555 6	2 326	(0.555 6)	1

（15）比热，熵

① cal·g⁻¹·℃⁻¹ 卡·克⁻¹·℃⁻¹	② J·kg⁻¹·K⁻¹ 焦耳·千克⁻¹·开⁻¹	③ kcal·kgf⁻¹·℃⁻¹ 千卡·千克(力)⁻¹·℃⁻¹	* B.t.u.·lb⁻¹·℉⁻¹ 英热单位·磅⁻¹·℉⁻¹
1	4 187	(1)	1
$2.389×10^{-4}$	1	$(2.389×10^{-4})$	$2.389×10^{-4}$

（16）传热系数

① cal·cm⁻²·s⁻¹·℃⁻¹ 卡·厘米⁻²·秒⁻¹·℃⁻¹	② W·m⁻²·K⁻¹ 瓦·米⁻²·K⁻¹	③ kcal·m⁻²·s⁻¹·℃⁻¹ 千卡·米⁻²·秒⁻¹·℃⁻¹	kcal·m⁻²·h⁻¹·℃⁻¹ 千卡·米⁻²·时⁻¹·℃⁻¹	* B.t.u.·ft⁻²·h⁻¹·℉⁻¹ 英热单位·英尺⁻²·时⁻¹·℉⁻¹
1	$4.187×10^4$	10	$3.6×10^4$	7 376
$2.388×10^{-5}$	1	$2.388×10^{-4}$	8 598	1 761
0.1	4 187	1	3 600	737.6
$2.778×10^{-5}$	1.163	$2.778×10^{-4}$	1	2 049
$1.356×10^{-4}$	5.678	$1.356×10^{-3}$	4.882	1

（17）标准重力加速度

$g = 980.7 \text{ cm·s}^{-2①}$

$= 9.807 \text{ [m·s}^{-2}]^{②③}$

$= 32.17 \text{ [ft·s}^{-2}]^{*}$

（18）通用气体常数

$R = 1.987 \text{ [cal·mol}^{-1}·K^{-1}]^{①}$

$= 8.314 \text{ [kJ·kmol}^{-1}·K^{-1}]^{②}$

$$= 848 \ [\text{kgf} \cdot \text{m} \cdot \text{kmol}^{-1} \cdot \text{K}^{-1}]^{③}$$

$$= 82.06 \ [\text{atm} \cdot \text{cm}^3 \cdot \text{mol}^{-1} \cdot \text{K}^{-1}]$$

$$= 0.082 \ 06 \ [\text{atm} \cdot \text{m}^3 \cdot \text{kmol}^{-1} \cdot \text{K}^{-1}]$$

$$= 0.082 \ 06 \ [\text{atm} \cdot \text{L} \cdot \text{mol}^{-1} \cdot \text{K}^{-1}]$$

$$= 1.987 \ [\text{kcal} \cdot \text{kmol}^{-1} \cdot \text{K}^{-1}]$$

$$= 1.987 \ [\text{B. t. u.} \cdot \text{lbmol}^{-1} \cdot \text{°R}^{-1}]^{*}$$

$$= 1 \ 544 \ [\text{lbf} \cdot \text{ft} \cdot \text{lbmol}^{-1} \cdot \text{°R}^{-1}]^{*}$$

（19）斯蒂芬-波尔茨曼常数

$$\sigma_0 = 5.71 \times 10^{-5} \, \text{erg} \cdot \text{s}^{-1} \cdot \text{cm}^{-2} \cdot \text{K}^{-4 ①}$$

$$= 5.67 \times 10^{-8} \, \text{W} \cdot \text{m}^{-2} \cdot \text{K}^{-4 ②}$$

$$= 4.88 \times 10^{-8} \, \text{kcal} \cdot \text{h}^{-1} \cdot \text{m}^{-2} \cdot \text{K}^{-1 ③}$$

$$= 1.73 \times 10^{-9} \, \text{B. t. u.} \cdot \text{h}^{-1} \cdot \text{ft}^{-2} \cdot \text{°R}^{-1 *}$$

附录 2　某些气体的重要物理性质

名称	分子式	密度 (0 ℃， 101.3 kPa) /kg·m⁻³	比热容(20 ℃，101.3 kPa)/kJ·kg⁻¹·℃⁻¹		黏度 ($\mu \times 10^5$) /Pa·s	沸点 (101.3 kPa) /℃	气化热 (101.3 kPa) /kJ·kg⁻¹	临界点		导热系数[(0 ℃ 101.3 kPa)] /[W·m⁻¹·℃⁻¹]
			c_p	c_V				温度 /℃	压强 /kPa	
空气		1.293	1.009	0.720	1.73	−195	197	−140.7	3768.4	0.0244
氧	O_2	1.429	0.913	0.653	2.03	−132.98	213	−118.82	5036.6	0.0240
氮	N_2	1.251	1.047	0.745	1.70	−195.78	199.2	−147.13	3392.5	0.0228
氢	H_2	0.0899	14.27	10.13	0.842	−252.75	454.2	−239.9	1296.6	0.163
氦	He	0.1785	5.275	3.18	1.88	−268.95	19.5	−267.96	228.94	0.144
氩	Ar	1.7820	0.532	0.322	2.09	−185.87	163	−122.44	4862.4	0.0173
氯	Cl_2	3.217	0.481	0.355	1.29(16 ℃)	−33.8	305	+144.0	7708.9	0.0072
氨	NH_3	0.771	2.22	1.67	0.918	−33.4	1373	+132.4	11295	0.0215
一氧化碳	CO	1.250	1.047	0.754	1.66	−191.48	211	−140.2	3497.9	0.0226
二氧化碳	CO_2	1.976	0.837	0.653	1.37	−78.2	574	+31.1	7384.8	0.0137
二氧化硫	SO_2	2.927	0.632	0.502	1.17	−10.8	394	+157.5	7879.1	0.0077
二氧化氮	NO_2	—	0.804	0.615	—	+21.2	712	+158.2	10130	0.0400
硫化氢	H_2S	1.539	1.059	0.804	1.166	−60.2	548	+100.4	19136	0.0131
甲烷	CH_4	0.717	2.223	1.700	1.03	−161.58	511	−82.15	4619.3	0.0300
乙烷	C_2H_6	1.357	1.729	1.444	0.850	−88.50	486	+32.1	4948.5	0.0180
丙烷	C_3H_8	2.020	1.863	1.650	0.795(18 ℃)	−42.1	427	+95.6	4355.9	0.0148
正丁烷	C_4H_{10}	2.673	1.918	1.733	0.810	−0.5	386	+152	3798.8	0.0135
正戊烷	C_5H_{12}	—	1.72	1.57	0.0874	−36.08	151	+197.1	3342.9	0.0128
乙烯	C_2H_4	1.261	1.528	1.222	0.935	+103.7	481	+9.7	5135.9	0.0164
丙烯	C_3H_6	1.914	1.633	1.436	0.835(20 ℃)	−47.7	440	+91.4	4599.0	—
乙炔	C_2H_2	1.171	1.683	1.352	0.935	−83.66(升华)	829	+35.7	6240.0	0.0184
氯甲烷	CH_3Cl	2.308	0.741	0.582	0.989	−24.1	406	+148	6685.8	0.0085
苯	C_6H_6	—	1.252	1.139	0.72	+80.2	394	+288.5	4832.0	0.0088

附录3 某些液体的重要物理性质

名称	分子式	摩尔质量 /kg· kmol⁻¹	密度 (20 ℃) /kg·m⁻³	沸点 (101.3kPa) /℃	汽化热 /kJ·kg⁻¹	比热 (20 ℃) /kJ·kg⁻¹·℃⁻¹	黏度 (20 ℃) /mPa·s	导热系数 (20 ℃) /W·m⁻¹·℃⁻¹	体积膨胀系数 [β×10⁴ (20 ℃)] /℃⁻¹	表面张力 [σ×10³ (20 ℃)] /N·m⁻¹
水	H_2O	18.02	998	100	2258	4.183	1.005	0.599	1.82	72.8
氯化钠盐水 (25%)	—	—	1186 (25 ℃)	107	—	3.39	2.3	0.57 (30 ℃)	(4.4)	
氯化钙盐水 (25%)	—	—	1228	107	—	2.89	2.5	0.57	(3.4)	
硫酸	H_2SO_4	98.08	1831	340 (分解)	—	1.47 (98%)		0.38	5.7	
硝酸	HNO_3	63.02	1513	86	481.1		1.17 (10 ℃)			
盐酸(30%)	HCl	36.47	1149			2.55	2 (31.5%)	0.42		
二硫化碳	CS_2	76.13	1262	46.3	352	1.005	0.38	0.16	12.1	32
戊烷	C_5H_{12}	72.15	626	36.07	357.4	2.24 (15.6 ℃)	0.229	0.113	15.9	16.2
己烷	C_6H_{14}	86.17	659	68.74	335.1	2.31 (15.6 ℃)	0.313	0.119		18.2
庚烷	C_7H_{16}	100.20	684	98.43	316.5	2.21 (15.6 ℃)	0.411	0.123		20.1
辛烷	C_8H_{18}	114.22	763	125.67	306.4	2.19 (15.6 ℃)	0.540	0.131		21.8
三氯甲烷	$CHCl_3$	119.38	1489	61.2	253.7	0.992	0.58	0.138 (30 ℃)	12.6	28.5 (10 ℃)
四氯化碳	CCl_4	153.82	1594	76.8	195	0.850	1.0	0.12		26.8
1,2-二氯乙烷	$C_2H_4Cl_2$	98.96	1253	83.6	324	1.260	0.83	0.14 (50 ℃)		30.8
苯	C_6H_6	78.11	879	80.10	393.9	1.704	0.737	0.148	12.4	28.6
甲苯	C_7H_8	92.13	867	110.63	363	1.70	0.675	0.138	10.9	27.9
邻二甲苯	C_8H_{10}	106.16	880	144.42	347	1.74	0.811	0.142		30.2
间二甲苯	C_8H_{10}	106.16	864	139.10	343	1.70	0.611	0.167	10.1	29.0
对二甲苯	C_8H_{10}	106.16	861	138.35	340	1.704	0.643	0.129		28.0
苯乙烯	C_8H_9	104.1	911 (15.6 ℃)	145.2	(352)	1.733	0.72			
氯苯	C_6H_5Cl	112.56	1106	131.8	325	1.298	0.85	0.14 (30 ℃)		32
硝基苯	$C_6H_5NO_2$	123.17	1203	210.9	396	396	2.1	0.15		41
苯胺	$C_6H_5NH_2$	93.13	1022	184.4	448	2.07	4.3	0.17	8.5	42.9
酚	C_6H_5OH	94.1	1050 (50 ℃)	181.8 (熔点 40.9)	511		3.4 (50 ℃)			
萘	$C_{10}H_8$	128.17	1145 (固体)	217.9 (熔点 80.2)	314	1.80 (100 ℃)	0.59 (100 ℃)			
甲醇	CH_3OH	32.04	791	64.7	1101	2.48	0.6	0.212	12.2	22.6
乙醇	C_2H_5OH	46.07	789	78.3	846	2.39	1.15	0.172	11.6	22.8
乙醇 (95%)	—		804	78.3			1.4			
乙二醇	$C_2H_4(OH)_2$	62.05	1113	197.6	780	2.35	23			47.7
甘油	$C_3H_5(OH)_3$	92.09	1261	290 (分解)	—		1499	0.59	5.3	63

名称	分子式	摩尔质量 /kg·kmol⁻¹	密度 (20℃) /kg·m⁻³	沸点 (101.3kPa) /℃	汽化热 /kJ·kg⁻¹	比热 (20℃) /kJ·kg⁻¹·℃⁻¹	黏度 (20℃) /mPa·s	导热系数 (20℃) /W·m⁻¹·℃⁻¹	体积膨胀系数 [$\beta\times10^4$ (20℃)] /℃⁻¹	表面张力 [$\sigma\times10^3$ (20℃)] /N·m⁻¹
乙醚	$(C_2H_5)_2O$	74.12	714	34.6	360	2.34	0.24	0.14	16.3	18
乙醛	CH_3CHO	44.05	783 (18℃)	20.2	574	1.9	1.3 (18℃)			21.2
糠醛	$C_5H_4O_2$	96.09	1168	161.7	452	1.6	1.15 (50℃)			43.5
丙酮	CH_3COCH_3	58.08	792	56.2	523	2.35	0.32	0.17		23.7
甲酸	$HCOOH$	46.03	1220	100.7	494	2.17	1.9	0.26		27.8
乙酸	CH_3COOH	60.03	1049	118.1	406	1.99	1.3	0.17	10.7	23.9
乙酸乙酯	$CH_3COOC_2H_5$	88.11	901	77.1	368	1.92	0.48	0.14 (10℃)		
煤油	—		780~820				3	0.15	10.0	
汽油	—		680~800				0.7~0.8	0.19 (30℃)	12.5	

附录4　某些固体材料的重要物理性质

A. 固体材料的密度、导热系数和比热

名称	密度 /kg·m⁻³	导热系数 W·m⁻¹·K⁻¹	导热系数 kcal·m⁻¹·h⁻¹·℃⁻¹	比热容 kJ·kg⁻¹·K⁻¹	比热容 kcal·kgf⁻¹·℃⁻¹
(1)金属					
钢	7850	45.3	39.0	0.46	0.11
不锈钢	7900	17	15	0.50	0.12
铸铁	7220	62.8	54.0	0.50	0.12
铜	8800	383.8	330.0	0.41	0.097
青铜	8000	64.0	55.0	0.38	0.091
黄铜	8600	85.5	73.5	0.38	0.09
铝	2670	203.5	175.0	0.92	0.22
镍	9000	58.2	50.0	0.46	0.11
铅	11400	34.9	30.0	0.13	0.031
(2)塑料					
酚醛	1250~1300	0.13~0.26	0.11~0.22	1.3~1.7	0.3~0.4
脲醛	1400~1500	0.30	0.26	1.3~1.7	0.3~0.4
聚氯乙烯	1380~1400	0.16	0.14	1.8	0.44
聚苯乙烯	1050~1070	0.08	0.07	1.3	0.32
低压聚乙烯	940	0.29	0.25	2.6	0.61
高压聚乙烯	920	0.26	0.22	2.2	0.53
有机玻璃	1180~1190	0.14~0.20	0.12~0.17		
(3)建筑材料、绝热材料、耐酸材料及其他					
干砂	1500~1700	0.45~0.48	0.39~0.50	0.8	0.19
黏土	1600~1800	0.47~0.53	0.4~0.46	0.75(−20~20℃)	0.18(−20~20℃)
锅炉炉渣	700~1100	0.19~0.30	0.16~0.26		
黏土砖	1600~1900	0.47~0.67	0.4~0.58	0.92	0.22
耐火砖	1840	1.05(800~1100℃)	0.9(800~1100℃)	0.88~1.0	0.21~0.24
绝缘砖(多孔)	600~1400	0.16~0.37	0.14~0.32		
混凝土	2000~2400	1.3~1.55	1.1~1.33	0.84	0.20
松木	500~600	0.07~0.10	0.06~0.09	2.7(0~100℃)	0.65(0~100℃)
软土	100~300	0.041~0.064	0.035~0.055	0.96	0.23

名　称	密度	导热系数		比热容	
	/kg·m⁻³	W·m⁻¹·K⁻¹	kcal·m⁻¹·h⁻¹·℃⁻¹	kJ·kg⁻¹·K⁻¹	kcal·kgf⁻¹·℃⁻¹
石棉板	770	0.11	0.10	0.816	0.195
石棉水泥板	1600～1900	0.35	0.3		
玻璃	2500	0.74	0.64	0.67	0.16
耐酸陶瓷制品	2200～2300	0.93～1.0	0.8～0.9	0.75～0.80	0.18～0.19
耐酸砖和板	2100～2400				
耐酸搪瓷	2300～2700	0.99～1.04	0.85～0.9	0.84～1.26	0.2～0.3
橡胶	1200	0.16	0.14	1.38	0.33
冰	900	2.3	2.0	2.11	0.505

B. 固体物料的表观密度

名　称	表观密度 /kg·m⁻³	名　称	表观密度 /kg·m⁻³	名　称	表观密度 /kg·m⁻³
磷灰石	1850	石英	1500	食盐	1020
结晶石膏	1300	焦炭	500	木炭	200
干黏土	1380	黄铁矿	3300	煤	800
炉灰	680	块状白垩	1300	磷灰石	1600
干土	1300	干砂	1200	聚苯乙烯	1020
石灰石	1800	结晶碳酸钠	800		

附录5　水的重要物理性质

温度/℃	外压 10²kPa	密度 /kg·m⁻³	焓 /kJ·kg⁻¹	比热容 /kJ·kg⁻¹·K⁻¹	导热系数 /W·m⁻¹·K⁻¹	黏度 /mPa·s	运动黏度 /10⁻⁵ m²·s⁻¹	体积膨胀系数 /(10⁻³·℃⁻¹)	表面张力 /mN·m⁻¹
0	1.013	999.9	0	4.212	0.551	1.789	0.178 9	−0.063	75.6
10	1.013	999.7	42.04	4.191	0.575	1.305	0.130 6	+0.070	74.1
20	1.013	998.2	83.9	4.183	0.599	1.005	0.100 6	0.182	72.7
30	1.013	995.7	125.8	4.174	0.618	0.801	0.080 5	0.321	71.2
40	1.013	992.2	167.5	4.174	0.634	0.653	0.065 9	0.387	69.6
50	1.013	988.1	209.3	4.174	0.648	0.549	0.055 6	0.449	67.7
60	1.013	983.2	251.1	4.178	0.659	0.470	0.047 8	0.511	66.2
70	1.013	977.8	293.0	4.187	0.668	0.406	0.041 5	0.570	64.3
80	1.013	971.8	334.9	4.195	0.675	0.355	0.036 5	0.632	62.6
90	1.013	965.3	377.0	4.208	0.680	0.315	0.032 6	0.695	60.7
100	1.013	958.4	419.1	4.220	0.683	0.283	0.029 5	0.752	58.8
110	1.433	951.0	461.3	4.233	0.685	0.259	0.027 2	0.808	56.9
120	1.986	943.1	503.7	4.250	0.686	0.237	0.025 2	0.864	54.8
130	2.702	934.8	546.4	4.266	0.686	0.218	0.023 3	0.919	52.8
140	3.624	926.1	589.1	4.287	0.685	0.201	0.021 7	0.927	50.7
150	4.761	917.0	632.2	4.312	0.684	0.186	0.020 3	1.03	48.6
160	6.481	907.4	675.3	4.346	0.683	0.173	0.019 1	1.07	46.6
170	7.924	897.3	719.3	4.386	0.679	0.163	0.018 1	1.13	45.3
180	10.03	886.9	763.3	4.417	0.675	0.153	0.017 3	1.19	42.3
190	12.55	876.0	807.6	4.459	0.670	0.144	0.016 5	1.26	40.0
200	15.54	863.0	852.4	4.505	0.663	0.136	0.015 8	1.33	37.7
210	19.07	852.8	897.6	4.555	0.655	0.130	0.015 3	1.41	35.4
220	23.20	840.3	943.7	4.614	0.645	0.124	0.014 8	1.48	33.1
230	27.98	827.3	990.2	4.681	0.637	0.120	0.014 5	1.59	31.0
240	33.47	813.6	1 038	4.756	0.628	0.115	0.014 1	1.68	28.5

温度/℃	外压 10² kPa	密度 /kg·m⁻³	焓 /kJ·kg⁻¹	比热容 /kJ·kg⁻¹·K⁻¹	导热系数 /W·m⁻¹·K⁻¹	黏度 /mPa·s	运动黏度 /10⁻⁵ m²·s⁻¹	体积膨胀系数 /10⁻³·℃⁻¹	表面张力 /mN·m⁻¹
250	39.77	799.0	1 086	4.844	0.618	0.110	0.013 7	1.81	26.2
260	46.93	784.0	1 135	4.949	0.604	0.106	0.013 5	1.97	23.8
270	55.03	767.9	1 185	5.070	0.590	0.102	0.013 3	2.16	21.5
280	64.16	750.7	1 237	5.229	0.575	0.098	0.013 1	2.37	19.1
290	74.42	732.3	1 290	5.485	0.558	0.094	0.012 9	2.62	16.9
300	85.81	712.5	1 345	5.730	0.540	0.091	0.012 8	2.92	14.4
310	98.76	691.1	1 402	6.071	0.523	0.088	0.012 8	3.29	12.1
320	113.0	667.1	1 462	6.573	0.506	0.085	0.012 8	3.82	9.81
330	128.7	640.2	1 526	7.24	0.484	0.081	0.012 7	4.33	7.67
340	146.1	610.1	1 595	8.16	0.47	0.077	0.012 7	5.34	5.67
350	165.3	574.4	1 671	9.50	0.43	0.073	0.012 6	6.68	3.81
360	189.6	528.0	1 761	13.98	0.40	0.067	0.012 6	10.9	2.02
370	210.4	450.5	1 892	40.32	0.34	0.057	0.012 6	26.4	4.71

附录 6 干空气的物理性质（101.33 kPa 下）

温度 t/℃	密度 ρ/kg·m⁻³	定压比热容 c_p /kJ·kg⁻¹·℃⁻¹	导热系数($\lambda \times 10^2$) /W·m⁻¹·℃⁻¹	黏度($\mu \times 10^5$)/Pa·s	普朗特数 Pr
−50	1.584	1.013	2.035	1.46	0.728
−40	1.515	1.013	2.117	1.52	0.728
−30	1.453	1.013	2.198	1.57	0.723
−20	1.395	1.009	2.279	1.62	0.716
−10	1.342	1.009	2.360	1.67	0.712
0	1.293	1.009	2.442	1.72	0.707
10	1.247	1.009	2.512	1.77	0.705
20	1.205	1.013	2.598	1.81	0.703
30	1.165	1.013	2.675	1.86	0.701
40	1.128	1.013	2.756	1.91	0.699
50	1.093	1.017	2.826	1.96	0.698
60	1.060	1.017	2.896	2.01	0.696
70	1.029	1.017	2.966	2.06	0.694
80	1.000	1.022	3.047	2.11	0.692
90	0.972	1.022	3.128	2.15	0.690
100	0.946	1.022	3.210	2.19	0.688
120	0.898	1.026	3.338	2.29	0.686
140	0.854	1.026	3.489	2.37	0.684
160	0.815	1.026	3.640	2.45	0.682
180	0.779	1.034	3.780	2.53	0.681
200	0.746	1.034	3.931	2.60	0.680
250	0.674	1.043	4.268	2.74	0.677
300	0.615	1.047	4.605	2.97	0.674
350	0.566	1.055	4.908	3.14	0.676
400	0.524	1.068	5.210	3.31	0.678
500	0.456	1.072	5.745	3.62	0.687
600	0.404	1.089	6.222	3.91	0.699
700	0.362	1.102	6.711	4.18	0.706
800	0.329	1.114	7.176	4.43	0.713
900	0.301	1.127	7.630	4.67	0.717
1 000	0.277	1.139	8.071	4.90	0.719
1 100	0.257	1.152	8.502	5.12	0.722
1 200	0.239	1.164	9.153	5.35	0.724

附录7 水的饱和蒸气压（-20～100 ℃）

温度 t/℃	压力 p/Pa	温度 t/℃	压力 p/Pa	温度 t/℃	压力 p/Pa
-20	102.92	20	2 338.43	60	19 910.00
19	113.32	21	2 486.42	61	20 851.25
18	124.65	22	2 646.40	62	21 837.82
17	136.92	23	2 809.05	63	22 851.05
16	150.39	24	2 983.70	64	23 904.28
15	165.05	25	3 167.68	65	24 997.50
14	180.92	26	3 361.00	66	26 144.05
13	198.11	27	3 564.98	67	27 330.60
12	216.91	28	3 779.62	68	28 557.14
11	237.31	29	4 004.93	69	29 823.68
-10	259.44	30	4 242.24	70	31 156.88
9	283.31	31	4 492.88	71	32 516.75
8	309.44	32	4 754.19	72	33 943.27
7	337.57	33	5 030.16	73	35 423.12
6	368.10	34	5 319.47	74	36 956.30
5	401.03	35	5 623.44	75	38 542.81
4	436.76	36	5 940.74	76	40 182.65
3	475.42	37	6 275.37	77	41 875.81
2	516.75	38	6 619.34	78	43 635.64
-1	562.08	39	6 691.30	79	45 462.12
0	610.47	40	7 375.26	80	47 341.93
+1	657.27	41	7 777.89	81	49 288.40
2	705.26	42	8 199.18	82	52 314.87
3	758.59	43	8 639.14	83	53 407.99
4	813.25	44	9 100.42	84	55 567.78
5	871.91	45	9 583.04	85	57 807.55
6	934.57	46	10 085.66	86	60 113.99
7	1 001.23	47	10 612.27	87	62 220.44
8	1 073.23	48	11 160.22	88	64 940.17
9	1 147.89	49	11 734.83	89	67 473.25
10	1 227.88	50	12 333.43	90	70 099.66
11	1 311.87	51	12 958.70	91	72 806.05
12	1 402.53	52	13 611.97	92	75 592.44
13	1 497.18	53	14 291.90	93	78 472.15
14	1 598.51	54	14 998.50	94	81 445.19
15	1 705.16	55	15 731.76	95	84 511.55
16	1 817.15	56	16 505.02	96	87 671.23
17	1 937.14	57	17 304.94	97	90 937.57
18	2 063.79	58	18 144.85	98	94 297.24
19	2 197.11	59	19 011.43	99	97 750.22
				100	101 325.00

附录 8　饱和水蒸气表（按温度排列）

$t/℃$	绝对压强 /kPa	蒸汽的比体积 /m³·kg⁻¹	蒸汽的密度 /kg·m⁻³	焓（液体） /kJ·kg⁻¹	焓（蒸汽） /kJ·kg⁻¹	汽化热 /kJ·kg⁻¹
0	0.608 2	206.5	0.004 84	0	2 491.3	2 491.3
5	0.873 0	147.1	0.006 80	20.94	2 500.9	2 480.0
10	1.226 2	106.4	0.009 40	41.87	2 510.5	2 468.6
15	1.706 8	77.9	0.012 83	62.81	2 520.6	2 457.8
20	2.334 6	57.8	0.017 19	83.74	2 530.1	2 446.3
25	3.168 4	43.40	0.023 04	104.68	2 538.6	2 433.9
30	4.247 4	32.93	0.030 36	125.60	2 549.5	2 423.7
35	5.620 7	25.25	0.039 60	146.55	2 559.1	2 412.6
40	7.376 6	19.55	0.051 14	167.47	2 568.7	2 401.1
45	9.583 7	15.28	0.065 43	188.42	2 577.9	2 389.5
50	12.340	12.054	0.083 0	209.34	2 587.6	2 378.1
55	15.744	9.589	0.104 3	230.29	2 596.8	2 366.5
60	19.923	7.687	0.130 1	251.21	2 606.3	2 355.1
65	25.014	6.209	0.161 1	272.16	2 615.6	2 343.4
70	31.164	5.052	0.197 9	293.08	2 624.4	2 331.2
75	38.551	4.139	0.241 6	314.03	2 629.7	2 315.7
80	47.379	3.414	0.292 9	334.94	2 642.4	230 7.3
85	57.875	2.832	0.353 1	355.90	2 651.2	2 295.3
90	70.136	2.365	0.422 9	376.81	2 660.0	2 283.1
95	84.556	1.985	0.503 9	397.77	2 668.8	2 271.0
100	101.33	1.675	0.597 0	418.68	2 677.2	2 258.4
105	120.85	1.421	0.703 6	439.64	2 685.1	2 245.5
110	143.31	1.212	0.825 4	460.97	2 693.5	2 232.4
115	169.11	1.038	0.963 5	481.51	2 702.5	2 221.0
120	198.64	0.893	1.119 9	503.67	2 708.9	2 205.2
125	232.19	0.771 5	1.296	523.38	2 716.5	2 193.1
130	270.25	0.669 3	1.494	546.38	2 723.9	2 177.6
135	313.11	0.583 1	1.715	565.25	2 731.2	2 166.0
140	361.47	0.509 6	1.962	589.08	2 737.8	2 148.7
145	415.72	0.446 9	2.238	607.12	2 744.6	2 137.5
150	476.24	0.393 3	2.543	632.21	2 750.7	2 118.5
160	618.28	0.307 5	3.252	675.75	2 762.9	2 087.1
170	792.59	0.243 1	4.113	719.29	2 773.3	2 054.0
180	1 003.5	0.194 4	5.145	763.25	2 782.6	2 019.3
190	1 255.6	0.156 8	6.378	807.63	2 790.1	1 982.5
200	1 554.6	0.127 6	7.840	852.01	2 795.5	1 943.5
210	1 917.7	0.104 5	9.567	897.23	2 799.3	1 902.1
220	2 320.9	0.086 2	11.600	942.45	2 801.0	1 858.5
230	2 798.6	0.071 55	13.98	988.50	2 800.1	1 811.6

$t/℃$	绝对压强 /kPa	蒸汽的比体积 /m³·kg⁻¹	蒸汽的密度 /kg·m⁻³	焓（液体） /kJ·kg⁻¹	焓（蒸汽） /kJ·kg⁻¹	汽化热 /kJ·kg⁻¹
240	3 347.9	0.059 67	16.76	1 034.56	2 796.8	1 762.2
250	3 977.7	0.049 98	20.01	1 081.45	2 790.1	1 708.6
260	4 693.7	0.041 99	23.82	1 128.76	2 780.9	1 652.1
270	5 504.0	0.035 38	28.27	1 176.91	2 760.3	1 591.4
280	6 417.2	0.029 88	33.47	1 225.48	2 752.0	1 526.5
290	7 443.3	0.025 25	39.60	1 274.46	2 732.3	1 457.8
300	8 592.9	0.021 31	46.93	1 325.54	2 708.0	1 382.5
310	9 878.0	0.017 99	55.59	1 378.71	2 680.0	1 301.3
320	11 300	0.015 16	65.95	1 436.07	2 648.2	1 212.1
330	12 880	0.012 73	78.53	1 446.78	2 610.5	1 113.7
340	14 616	0.010 64	93.98	1 562.93	2 568.6	1 005.7
350	16 538	0.008 84	113.2	1 632.20	2 516.7	880.5
360	18 667	0.007 16	139.6	1 729.15	2 442.6	713.4
370	21 041	0.005 8	71.0	1 888.25	2 301.9	411.1
374	22 071	0.003 10	322.6	2 098.0	2 098.0	0

附录9　饱和水蒸气表（按压力排列）

绝对压强/kPa	温度/℃	蒸汽的比体积 /m³·kg⁻¹	蒸汽的密度 /kg·m⁻³	焓（液体） /kJ·kg⁻¹	焓（蒸汽） /kJ·kg⁻¹	汽化热 /kJ·kg⁻¹
1.0	6.3	129.37	0.007 73	26.48	2 503.1	2 476.8
1.5	12.5	88.26	0.011 33	52.26	2 515.3	2 463.0
2.0	17.0	67.29	0.014 86	71.21	2 524.2	2 452.9
2.5	20.9	54.47	0.018 36	87.45	2 531.8	2 444.3
3.0	23.5	45.52	0.021 79	98.38	2 536.8	2 438.4
3.5	26.1	39.45	0.025 23	109.30	2 541.8	2 432.5
4.0	28.7	34.88	0.028 67	120.23	2 546.8	2 426.6
4.5	30.8	33.06	0.032 05	129.00	2 550.9	2 421.9
5.0	32.4	28.27	0.035 37	135.69	2 554.0	2 418.3
6.0	35.6	23.81	0.042 00	149.06	2 560.1	2 411.0
7.0	38.8	20.56	0.048 64	162.44	2 566.3	2 403.8
8.0	41.3	18.13	0.055 14	172.73	2 571.0	2 398.2
9.0	43.3	16.24	0.061 56	181.16	2 574.8	2 393.6
10	45.3	14.71	0.067 98	189.59	2 578.5	2 388.9
15	53.5	10.04	0.099 56	224.03	2 594.0	2 370.0
20	60.1	7.65	0.130 68	251.51	2 606.4	2 354.9
30	66.5	5.24	0.190 93	288.77	2 622.4	2 333.7
40	75.0	4.00	0.249 75	315.93	2 634.1	2 312.2
50	81.2	3.25	0.307 99	339.80	2 644.3	2 304.5
60	85.6	2.74	0.365 14	358.21	2 652.1	2 293.9
70	89.9	2.37	0.422 29	376.61	2 659.8	2 283.2
80	93.2	2.09	0.478 07	390.08	2 665.3	2 275.3
90	96.4	1.87	0.533 84	403.49	2 670.8	2 267.4
100	99.6	1.70	0.589 61	416.90	2 676.3	2 259.5
120	104.5	1.43	0.698 68	437.51	2 684.3	2 246.8

绝对压强/kPa	温度/℃	蒸汽的比体积 /m³·kg⁻¹	蒸汽的密度 /kg·m⁻³	焓(液体) /kJ·kg⁻¹	焓(蒸汽) /kJ·kg⁻¹	汽化热 /kJ·kg⁻¹
140	109.2	1.24	0.807 58	457.67	2 692.1	2 234.4
160	113.0	1.21	0.829 81	473.88	2 698.1	2 224.2
180	116.6	0.988	1.020 9	489.32	2 703.7	2 214.3
200	120.2	0.887	1.127 3	493.71	2 709.2	2 204.6
250	127.2	0.719	1.390 4	534.39	2 719.7	2 185.4
300	133.3	0.606	1.650 1	560.38	2 728.5	2 168.1
350	138.8	0.524	1.907 4	583.76	2 736.1	2 152.3
400	143.4	0.463	2.161 8	603.61	2 742.1	2 138.5
450	147.7	0.414	2.415 2	622.42	2 747.8	2 125.4
500	151.7	0.375	2.667 3	639.59	2 752.8	2 113.2
600	158.7	0.316	3.168 6	670.22	2 761.4	2 091.1
700	164.7	0.273	3.665 7	696.27	2 767.8	2 071.5
800	170.4	0.240	4.161 4	720.96	2 773.7	2 052.7
900	175.1	0.215	4.652 5	741.82	2 778.1	2 036.2
1×10^3	179.9	0.194	5.143 2	762.68	2 782.5	2 019.7
1.1×10^3	180.2	0.177	5.633 9	780.34	2 785.5	2 005.1
1.2×10^3	187.8	0.166	6.124 1	797.92	2 788.5	1 990.6
1.3×10^3	191.5	0.155	6.614 1	814.25	2 790.9	1 976.7
1.4×10^3	194.8	0.141	7.103 8	829.06	2 792.4	1 963.7
1.5×10^3	198.2	0.132	7.593 5	843.86	2 794.5	1 950.7
1.6×10^3	201.3	0.124	8.081 4	857.77	2 796.0	1 938.2
1.7×10^3	204.1	0.117	8.567 4	870.58	2 797.1	1 926.5
1.8×10^3	206.9	0.110	9.053 3	883.39	2 798.1	1 914.8
1.9×10^3	209.8	0.105	9.539 2	896.21	2 799.2	1 903.0
2×10^3	212.2	0.099 7	10.033 8	907.32	2 799.7	1 892.4
3×10^3	233.7	0.066 6	15.007 5	1 005.4	2 798.9	1 793.5
4×10^3	250.3	0.049 8	20.096 9	1 082.9	2 789.8	1 706.8
5×10^3	263.8	0.039 4	25.366 3	1 146.9	2 776.2	1 629.2
6×10^3	275.4	0.032 4	30.849 4	1 203.2	2 759.5	1 556.3
7×10^3	285.7	0.027 3	36.574 4	1 253.2	2 740.8	1 487.6
8×10^3	294.8	0.029 5	42.576 8	1 299.2	2 720.5	1 403.7
9×10^3	303.2	0.020 5	48.894 5	1 343.4	2 699.1	1 356.6
1×10^4	310.9	0,018 0	55.540 7	1 384.0	2 677.1	1 293.1
1.2×10^4	324.5	0.014 2	70.307 5	1 463.4	2 631.2	1 167.7
1.4×10^4	336.5	0.011 5	87.302 0	1 567.9	2 583.2	1 043.4
1.6×10^4	347.2	0.009 27	107.801 0	1 615.8	2 531.1	915.4
1.8×10^4	356.9	0.007 44	134.481 3	1 699.8	2 466.0	766.1
2×10^4	365.6	0.005 66	176.596 1	1 817.8	2 364.2	544.9

附录10 水的黏度（0～100 ℃）

温度/℃	黏度/mPa·s	温度/℃	黏度/mPa·s	温度/℃	黏度/mPa·s	温度/℃	黏度/mPa·s
0	1.792 1	25	0.893 7	51	0.540 4	77	0.370 2
1	1.731 3	26	0.873 7	52	0.531 5	78	0.365 5
2	1.672 8	27	0.854 5	53	0.522 9	79	0.361 0
3	1.619 1	28	0.836 0	54	0.514 6	80	0.356 5
4	1.567 4	29	0.818 0	55	0.506 4	81	0.352 1
5	1.518 8	30	0.800 7	56	0.498 5	82	0.347 8
6	1.472 8	31	0.784 0	57	0.490 7	83	0.343 6
7	1.428 4	32	0.767 9	58	0.483 2	84	0.339 5
8	1.386 0	33	0.752 3	59	0.475 9	85	0.335 5
9	1.346 2	34	0.737 1	60	0.468 8	86	0.331 5
10	1.307 7	35	0.722 5	61	0.461 8	87	0.327 6
11	1.271 3	36	0.708 5	62	0.455 0	88	0.323 9
12	1.236 3	37	0.694 7	63	0.448 3	89	0.320 2
13	1.202 8	38	0.681 4	64	0.441 8	90	0.316 5
14	1.170 9	39	0.668 5	65	0.435 5	91	0.313 0
15	1.140 4	40	0.656 0	66	0.429 3	92	0.309 5
16	1.111 1	41	0.643 9	67	0.423 3	93	0.306 0
17	1.082 8	42	0.632 1	68	0.417 4	94	0.302 7
18	1.055 9	43	0.620 7	69	0.411 7	95	0.299 4
19	1.029 9	44	0.609 7	70	0.406 1	96	0.296 2
20	1.005 0	45	0.598 8	71	0.400 6	97	0.293 0
20.2	1.000 0	46	0.588 3	72	0.395 2	98	0.289 9
21	0.981 0	47	0.578 2	73	0.390 0	99	0.286 8
22	0.957 9	48	0.568 3	74	0.384 9	100	0.283 8
23	0.935 9	49	0.558 8	75	0.379 9		
24	0.914 2	50	0.549 4	76	0.375 0		

附录 11　液体黏度共线图

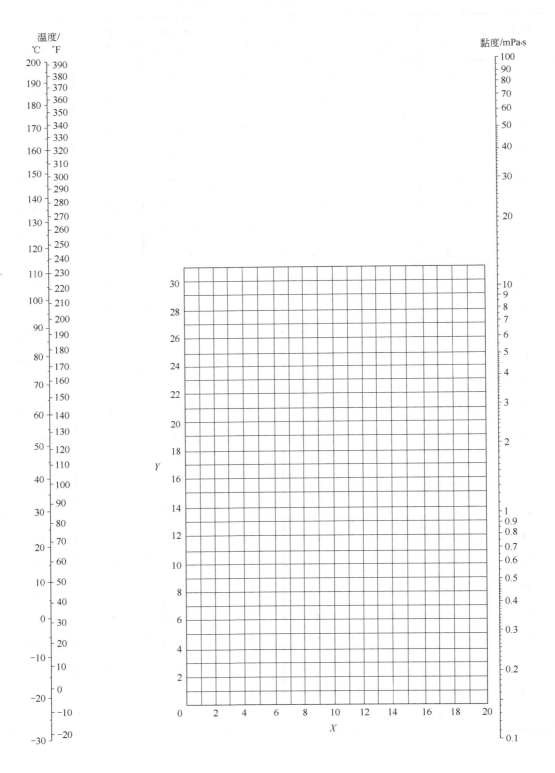

液体黏度共线图坐标值

用法举例：求苯在 50 ℃时的黏度，从本表序号 26 查得苯的 $X=12.5$，$Y=10.9$。把这两个数值标在前页共线图的 Y-X 坐标上得一点，把这点与图中左方温度标尺上 50 ℃的点联成一直线，延长，与右方黏度标尺相交，由此交点定出 50 ℃苯的黏度为 0.44 cP。

序 号	名 称	X	Y	序 号	名 称	X	Y
1	水	10.2	13.0	31	乙苯	13.2	11.5
2	盐水（25%NaCl）	10.2	16.6	32	氯苯	12.3	12.4
3	盐水（25%CaCl₂）	6.6	15.9	33	硝基苯	10.6	16.2
4	氨	12.6	2.0	34	苯胺	8.1	18.7
5	氨水（26%）	10.1	13.9	35	酚	6.9	20.8
6	二氧化碳	11.6	0.3	36	联苯	12.0	18.3
7	二氧化硫	15.2	7.1	37	萘	7.9	18.1
8	二硫化碳	16.1	7.5	38	甲醇（100%）	12.4	10.5
9	溴	14.2	13.2	39	甲醇（90%）	12.3	11.8
10	汞	18.4	16.4	40	甲醇（40%）	7.8	15.5
11	硫酸（110%）	7.2	27.4	41	乙醇（100%）	10.5	13.8
12	硫酸（100%）	8.0	25.1	42	乙醇（95%）	9.8	14.3
13	硫酸（98%）	7.0	24.8	43	乙醇（40%）	6.5	16.6
14	硫酸（60%）	10.2	21.3	44	乙二醇	6.0	23.6
15	硝酸（95%）	12.8	13.8	45	甘油（100%）	2.0	30.0
16	硝酸（60%）	10.8	17.0	46	甘油（50%）	6.9	19.6
17	盐酸（31.5%）	13.0	16.6	47	乙醚	14.5	5.3
18	氢氧化钠（50%）	3.2	25.8	48	乙醛	15.2	14.8
19	戊烷	14.9	5.2	49	丙酮	14.5	7.2
20	乙烷	14.7	7.0	50	甲酸	10.7	15.8
21	庚烷	14.1	8.4	51	乙酸（100%）	12.1	14.2
22	辛烷	13.7	10.0	52	乙酸（70%）	9.5	17.0
23	三氯甲烷	14.4	10.2	53	乙酸酐	12.7	12.8
24	甲氯化碳	12.7	13.1	54	乙酸乙酯	13.7	9.1
25	二氯乙烷	13.2	12.2	55	乙酸戊酯	11.8	12.5
26	苯	12.5	10.9	56	氟里昂-11	14.4	9.0
27	甲苯	13.7	10.4	57	氟里昂-12	16.8	5.6
28	邻二甲苯	13.5	12.1	58	氟里昂-21	15.7	7.5
29	间二甲苯	13.9	10.6	59	氟里昂-22	17.2	4.7
30	对二甲苯	13.9	10.9	60	煤油	10.2	16.9

附录 12 气体黏度共线图（常压下用）

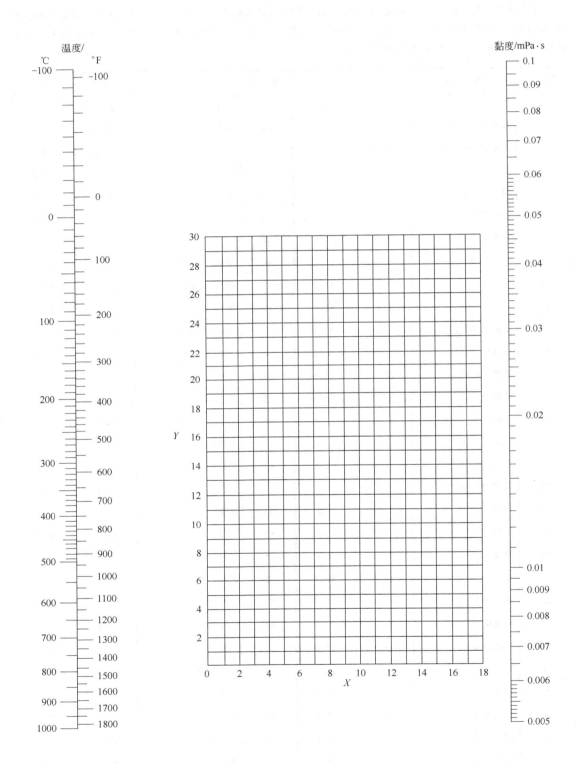

气体黏度共线图坐标值

序　号	名　　称	X	Y	序　号	名　　称	X	Y
1	空气	11.0	20.0	21	乙炔	9.8	14.9
2	氧	11.0	21.3	22	丙烷	9.7	12.9
3	氮	10.6	20.0	23	丙烯	9.0	13.8
4	氢	11.2	12.4	24	丁烯	9.2	13.7
5	$3H_2 + N_2$	11.2	17.2	25	戊烷	7.0	12.8
6	水蒸气	8.0	16.0	26	己烷	8.6	11.8
7	二氧化碳	9.5	18.7	27	三氯甲烷	8.9	15.7
8	一氧化碳	11.0	20.0	28	苯	8.5	13.2
9	氨	8.4	16.0	29	甲苯	8.6	12.4
10	硫化氢	8.6	18.0	30	甲醇	8.5	15.6
11	二氧化硫	9.6	17.0	31	乙醇	9.2	14.2
12	二硫化碳	8.0	16.0	32	丙醇	8.4	13.4
13	一氧化二氮	8.8	19.0	33	乙酸	7.7	14.3
14	一氧化氮	10.9	20.5	34	丙酮	8.9	13.0
15	氟	7.3	23.8	35	乙醚	8.9	13.0
16	氯	9.0	18.4	36	乙酸乙酯	8.5	13.2
17	氯化氢	8.8	18.7	37	氟里昂-11	10.6	15.1
18	甲烷	9.9	15.5	38	氟里昂-12	11.1	16.0
19	乙烷	9.1	14.5	39	氟里昂-21	10.8	15.3
20	乙烯	9.5	15.1	40	氟里昂-22	10.1	17.0

附录 13　液体比热容共线图

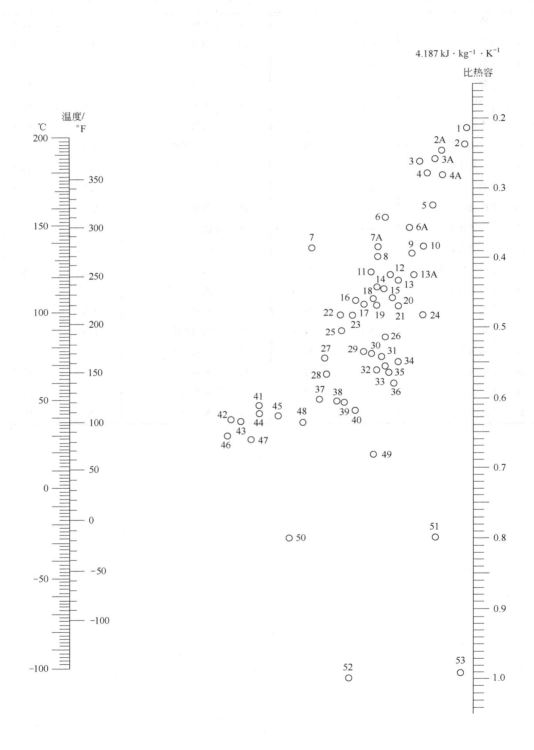

液体比热容共线图中的编号

编号	名　　称	温度范围/℃	编号	名　　称	温度范围/℃	编号	名　　称	温度范围/℃
53	水	10～200	6A	二氯乙烷	−30～60	47	异丙醇	−20～50
51	盐水(25%NaCl)	−40～20	3	过氯乙烯	−30～40	44	丁醇	0～100
49	盐水(25%CaCl₂)	−40～20	23	苯	10～80	43	异丁醇	0～100
52	氨	−70～50	23	甲苯	0～60	37	戊醇	−50～25
11	二氧化硫	−20～100	17	对二甲苯	0～100	41	异戊醇	10～100
2	二硫化碳	−100～25	18	间二甲苯	0～100	39	乙二醇	−40～200
9	硫酸(98%)	10～45	19	邻二甲苯	0～100	38	甘油	−40～20
48	盐酸(30%)	20～100	8	氯苯	0～100	27	苯甲基醇	−20～30
35	己烷	−80～20	12	硝基苯	0～100	36	乙醚	−100～25
28	庚烷	0～60	30	苯胺	0～130	31	异丙醚	−80～200
33	辛烷	−50～25	10	苯甲基氯	−20～30	32	丙酮	20～50
34	壬烷	−50～25	25	乙苯	0～100	29	乙酸	0～80
21	癸烷	−80～25	15	联苯	80～120	24	乙酸乙酯	−50～25
13A	氯甲烷	−80～20	16	联苯醚	0～200	26	乙酸戊酯	0～100
5	二氯甲烷	−40～50	16	联苯-联苯醚	0～200	20	吡啶	−50～25
4	三氯甲烷	0～50	14	萘	90～200	2A	氟里昂-11	−20～70
22	二苯基甲烷	30～100	40	甲醇	−40～20	6	氟里昂-12	−40～15
3	四氯化碳	10～60	42	乙醇(100%)	30～80	4A	氟里昂-21	−20～70
13	氯乙烷	−30～40	46	乙醇(95%)	20～80	7A	氟里昂-22	−20～60
1	溴乙烷	5～25	50	乙醇(50%)	20～80	3A	氟里昂-113	−20～70
7	碘乙烷	0～100	45	丙醇	−20～100			

附录 14 气体比热容共线图（常压下用）

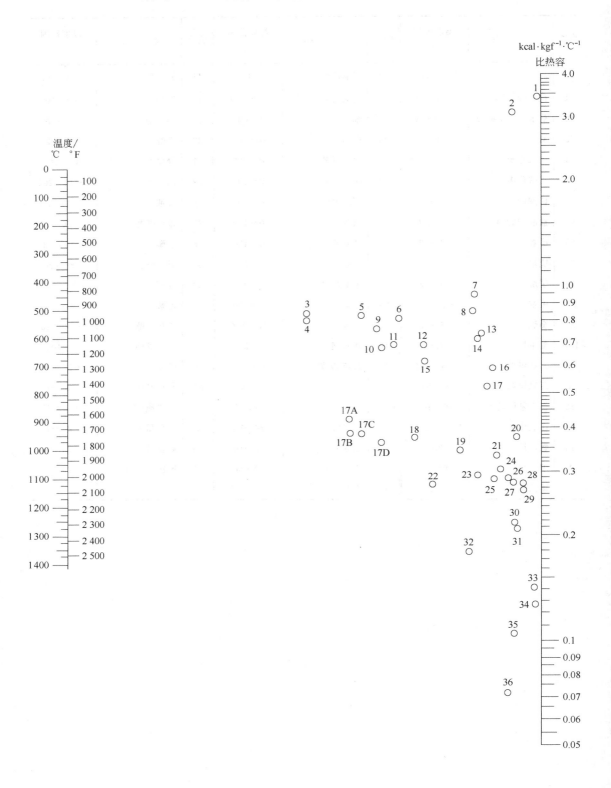

气体比热容共线图中的编号

编号	名称	温度范围/℃	编号	名称	温度范围/℃	编号	名称	温度范围/℃
27	空气	0～1 400	24	二氧化碳	400～1 400	9	乙烷	200～600
23	氧	0～500	22	二氧化硫	0～400	8	乙烷	600～1 400
29	氧	500～1 400	31	二氧化硫	400～1 400	4	乙烯	0～200
26	氮	0～1 400	17	水蒸气	0～1 400	11	乙烯	200～600
1	氢	0～600	19	硫化氢	0～700	13	乙烯	600～1 400
2	氢	600～1 400	21	硫化氢	700～1 400	10	乙炔	0～200
32	氯	0～200	20	氟化氢	0～1 400	15	乙炔	200～400
34	氯	200～1 400	30	氯化氢	0～1 400	16	乙炔	400～1 400
33	硫	300～1 400	35	溴化氢	0～1 400	17B	氟里昂-11	0～500
12	氨	0～600	36	碘化氢	0～1 400	17C	氟里昂-21	0～500
14	氨	600～1 400	5	甲烷	0～300	19A	氟里昂-22	0～500
25	一氧化氮	0～700	6	甲烷	300～700	17D	氟里昂-113	0～500
28	一氧化氮	700～1 400	7	甲烷	700～1 400			
18	二氧化碳	0～400	3	乙烷	0～200			

附录 15 液体汽化潜热共线图

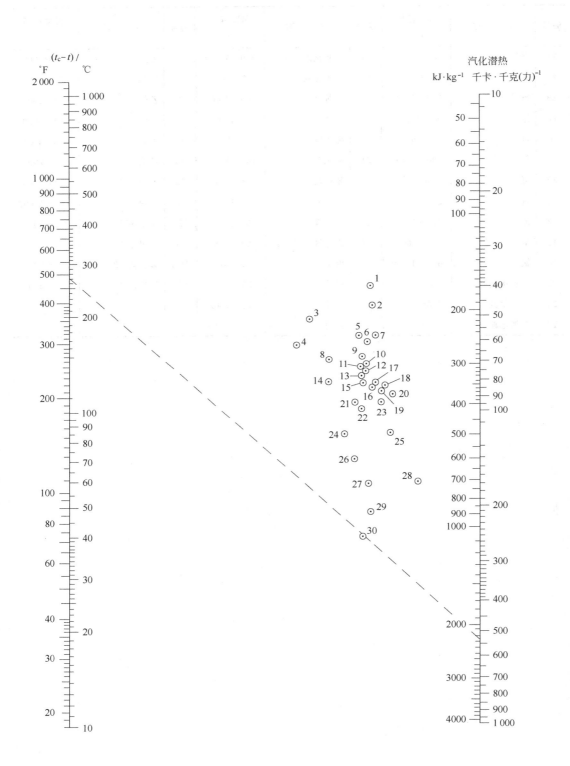

液体汽化潜热共线图中的编号

用法举例：求水在 $t=100$ ℃时的汽化潜热，从下表中查得水的编号为30，又查得水的 $t_c=374$ ℃，故得 $t_c-t=374-100=274$ ℃，在前页共线图的 t_c-t 标尺上定出274 ℃的点，与图中编号为30的圆圈中心点联一直线，延长到汽化潜热的标尺上，读出交点读数为 540 kcal·kgf^{-1} 或 2 260 kJ·kg^{-1}。

编　号	名　称	t_c/℃	(t_c-t)/℃	编　号	名　称	t_c/℃	(t_c-t)/℃
30	水	374	100～500	2	四氯化碳	283	30～250
29	氨	133	50～200	17	氯乙烷	187	100～250
19	一氧化氮	36	25～150	13	苯	289	10～400
21	二氧化碳	31	10～100	3	联苯	527	175～400
4	二硫化碳	273	140～275	27	甲醇	240	40～250
14	二氧化硫	157	90～160	26	乙醇	243	20～140
25	乙烷	32	25～150	24	丙醇	264	20～200
23	丙烷	96	40～200	13	乙醚	194	10～400
16	丁烷	153	90～200	22	丙酮	235	120～210
15	异丁烷	134	80～200	18	乙酸	321	100～225
12	戊烷	197	20～200	2	氟里昂-11	198	70～225
11	己烷	235	50～225	2	氟里昂-12	111	40～200
10	庚烷	267	20～300	5	氟里昂-21	178	70～250
9	辛烷	296	30～300	6	氟里昂-22	96	50～170
20	一氯甲烷	143	70～250	1	氟里昂-113	214	90～250
8	二氯甲烷	216	150～250				
7	三氯甲烷	263	140～270				

附录16　管子规格

（1）水煤气输送钢管（摘自 GB 3091—82，GB 3092—82）

公称直径 DN /mm(in)	外径 /mm	普通管壁厚 /mm	加厚管壁厚 /mm	公称直径 DN /mm(in)	外径 /mm	普通管壁厚 /mm	加厚管壁厚 /mm
8 $\left(\frac{1}{4}\right)$	13.50	2.25	2.75	50(2)	60.00	3.50	4.50
10 $\left(\frac{3}{8}\right)$	17.00	2.25	2.75	65 $\left(2\frac{1}{2}\right)$	75.50	3.75	4.50
15 $\left(\frac{1}{2}\right)$	21.25	2.75	3.25	80(3)	88.50	4.00	4.75
20 $\left(\frac{3}{4}\right)$	26.75	2.75	3.50	100(4)	114.00	4.00	5.00
25(1)	33.50	3.25	4.00	125(5)	140.00	4.50	5.50
32 $\left(1\frac{1}{4}\right)$	42.25	3.25	4.00	150(6)	165.00	4.50	5.50
40 $\left(1\frac{1}{2}\right)$	48.00	3.50	4.25				

（2）无缝钢管规格简表

冷拔无缝钢管（摘自 GB 8163—88）

外径/mm	壁厚/mm 从	壁厚/mm 到	外径/mm	壁厚/mm 从	壁厚/mm 到	外径/mm	壁厚/mm 从	壁厚/mm 到
6	0.25	2.0	20	0.25	6.0	40	0.40	9.0
7	0.25	2.5	22	0.40	6.0	42	1.0	9.0
8	0.25	2.5	25	0.40	7.0	44.5	1.0	9.0
9	0.25	2.8	27	0.40	7.0	45	1.0	10.0
10	0.25	3.5	28	0.40	7.0	48	1.0	10.0
11	0.25	3.5	29	0.40	7.5	50	1.0	12
12	0.25	4.0	30	0.40	8.0	51	1.0	12
14	0.25	4.0	32	0.40	8.0	53	1.0	12
16	0.25	5.0	34	0.40	8.0	54	1.0	12
18	0.25	5.0	36	0.40	8.0	56	1.0	12
19	0.25	6.0	38	0.40	9.0			

壁厚有 0.25 mm，0.30 mm，0.40 mm，0.50 mm，0.60 mm，0.80 mm，1.0 mm，1.2 mm，1.4 mm，1.5 mm，1.6 mm，1.8 mm，2.0 mm，2.2 mm，2.5 mm，2.8 mm，3.0 mm，3.2 mm，3.5 mm，4.0 mm，4.5 mm，5.0 mm，5.5 mm，6.0 mm，6.5 mm，7.0 mm，7.5 mm，8.0 mm，8.5 mm，9 mm，9.5 mm，10 mm，11 mm，12 mm。

热轧无缝钢管（摘自 GB 8163—87）

外径/mm	壁厚/mm 从	壁厚/mm 到	外径/mm	壁厚/mm 从	壁厚/mm 到	外径/mm	壁厚/mm 从	壁厚/mm 到
32	2.5	8.0	63.5	3.0	14	102	3.5	22
38	2.5	8.0	68	3.0	16	108	4.0	28
42	2.5	10	70	3.0	16	114	4.0	28
45	2.5	10	73	3.0	19	121	4.0	28
50	2.5	10	76	3.0	19	127	4.0	30
54	3.0	11	83	3.5	19	133	4.0	32
57	3.0	13	89	3.5	22	140	4.5	36
60	3.0	14	95	3.5	22	146	4.5	36

壁厚有 2.5 mm，3 mm，3.5 mm，4 mm，4.5 mm，5 mm，5.5 mm，6 mm，6.5 mm，7 mm，7.5 mm，8 mm，8.5 mm，9 mm，9.5 mm，10 mm，11 mm，12 mm，13 mm，14 mm，15 mm，16 mm，17 mm，18 mm，19 mm，20 mm，22 mm，25 mm，28 mm，30 mm，32 mm，36 mm。

（3）热交换器用拉制黄铜管（摘自 GB 1529—79）

外 径/mm	壁 厚/mm													
	0.5	0.75	1.0	1.5	2.0	2.5	3.0	3.5	4.0	4.5	5.0	6.0	7.0	8.0	10.0
3,4,5,6,7	○	○	○												
8,9,10,11,12,14,15,16	○	○	○	○	○	○	○	○							

外径/mm	壁厚/mm														
	0.5	0.75	1.0	1.5	2.0	2.5	3.0	3.5	4.0	4.5	5.0	6.0	7.0	8.0	10.0
17,18,19	○	○	○	○	○	○	○	○	○	○					
20,21,22,23			○	○	○	○	○	○	○	○	○	○			
24,25,26,27,28,29,30				○	○	○	○	○	○	○	○	○	○		
31,32,33,34,35,36,37,38,39,40				○	○	○	○		○	○	○	○	○		○
42,44,46,48,50			○		○	○	○	○	○		○	○	○		
52,54,56,58,60			○		○	○	○	○	○	○	○				
62,64			○		○								○		
(65)								○	○	○	○	○	○	○	○
66,68,70				○		○	○						○		
72,74,76,78,80,82,84,86,88,90				○	○		○					○			○
92,94,96				○		○	○							○	
(97)				○											
98,100				○			○	○	○					○	
102,104,106,108,110,112,114,116,118,120,122,124,126,128,130					○	○	○	○	○		○	○	○		○
132,134,136,138,140,142,144,146,148,150					○	○	○	○			○	○	○		○
152,154,156,158,160							○	○	○	○	○				
165,170,175,180							○	○		○					○
185,190,195,200						○	○	○		○			○		○

注：表中"○"表示有产品。

（4）承插式铸铁管规格

内径/mm	壁厚/mm	有效长度/mm	内径/mm	壁厚/mm	有效长度/mm
75	9	3 000	450	13.4	6 000
100	9	3 000	500	14	6 000
150	9.5	4 000	600	15.4	6 000
200	10	4 000	700	16.5	6 000
250	10.8	4 000	800	18	6 000
300	11.4	4 000	900	19.5	4 000
350	12	6 000	1 000	20.5	4 000
400	12.8	6 000			

附录 17 IS 型单级单吸离心泵性能(摘录)

型 号	转速 n /(r·min^{-1})	流 量 /m³·h^{-1}	/L·s^{-1}	扬程 H /m	效率 η	功率/kW 轴功率	电动机 功率	必需汽 蚀余量 /m	质量(泵/ 底座)/kg
IS50-32-125	2 900	7.5	2.08	22	47%	0.96		2.0	
		12.5	3.47	20	60%	1.13	2.2	2.0	32/46
		15	4.17	18.5	60%	1.26		2.5	
	1 450	3.75	1.04	5.4	43%	0.13		2.0	
		6.3	1.74	5	54%	0.16	0.55	2.0	32/38
		7.5	2.08	4.6	55%	0.17		2.5	
IS50-32-160	2 900	7.5	2.08	34.3	44%	1.59		2.0	
		12.5	3.47	32	54%	2.02	3	2.0	50/46
		15	4.17	29.6	56%	2.16		2.5	
	1 450	3.75	1.04	8.5	35%	0.25		2.0	
		6.3	1.74	8	4.8%	0.29	0.55	2.0	50/38
		7.5	2.08	7.5	49%	0.31		2.5	
IS50-32-200	2 900	7.5	2.08	52.5	38%	2.82		2.0	
		12.5	3.47	50	48%	3.54	5.5	2.0	52/66
		15	4.17	48	51%	3.95		2.5	
	1 450	3.75	1.04	13.1	33%	0.41		2.0	
		6.3	1.74	12.5	42%	0.51	0.75	2.0	52/38
		7.5	2.08	12	44%	0.56		2.5	
IS50-32-250	2 900	7.5	2.08	82	23.5%	5.87		2.0	
		12.5	3.47	80	38%	7.16	11	2.0	88/110
		15	4.17	78.5	41%	7.83		2.5	
	1 450	3.75	1.04	20.5	23%	0.91		2.0	
		6.3	1.74	20	32%	1.07	1.5	2.0	88/64
		7.5	2.08	19.5	35%	1.14		3.0	
IS65-50-125	2 900	15	4.17	21.8	58%	1.54		2.0	
		25	6.94	20	69%	1.97	3	2.5	50/41
		30	8.33	18.5	68%	2.22		3.0	
	1 450	7.5	2.08	5.35	53%	0.21		2.0	
		12.5	3.47	5	64%	0.27	0.55	2.0	50/38
		15	4.17	4.7	65%	0.30		2.5	
IS65-50-160	2 900	15	4.17	35	54%	2.65		2.0	
		25	6.94	32	65%	3.35	5.5	2.0	51/66
		30	8.33	30	66%	3.71		2.5	
	1 450	7.5	2.08	8.8	50%	0.36		2.0	
		12.5	3.47	8.0	60%	0.45	0.75	2.0	51/38
		15	4.17	7.2	60%	0.49		2.5	

型 号	转速 n /(r·min⁻¹)	流 量		扬程 H /m	效率 η	功率/kW		必需汽蚀余量 /m	质量(泵/底座)/kg
		/m³·h⁻¹	/L·s⁻¹			轴功率	电动机功率		
IS65-40-200	2 900	15	4.17	53	49%	4.42		2.0	62/66
		25	6.94	50	60%	5.67	7.5	2.0	
		30	8.33	47	61%	6.29		2.5	
	1 450	7.5	2.08	13.2	43%	0.63		2.0	62/46
		12.5	3.47	12.5	55%	0.77	1.1	2.0	
		15	4.17	11.8	57%	0.85		2.5	
IS65-40-250	2 900	15	4.17	82	37%	9.05		2.0	82/110
		25	6.94	80	50%	10.89	15	2.0	
		30	8.33	78	53%	12.02		2.5	
	1 450	7.5	2.08	21	35%	1.23		2.0	82/67
		12.5	3.47	20	46%	1.48	2.2	2.0	
		15	4.17	19.4	48%	1.65		2.5	
IS65-40-315	2 900	15	4.17	127	28%	18.5		2.5	152/110
		25	6.94	125	40%	21.3	30	2.5	
		30	8.33	123	44%	22.8		3.0	
	1 450	7.5	2.08	32.2	25%	6.63		2.5	152/67
		12.5	3.47	32.0	37%	2.94	4	2.5	
		15	4.17	31.7	41%	3.16		3.0	
IS80-65-125	2 900	30	8.33	22.5	64%	2.87		3.0	44/46
		50	13.9	20	75%	3.63	5.5	3.0	
		60	16.7	18	74%	3.98		3.5	
	1 450	15	4.17	5.6	55%	0.42		2.5	44/38
		25	6.94	5	71%	0.48	0.75	2.5	
		30	8.33	4.5	72%	0.51		3.0	
IS80-65-160	2 900	30	8.33	36	61%	4.82		2.5	48/66
		50	13.9	32	73%	5.97	7.5	2.5	
		60	16.7	29	72%	6.59		3.0	
	1 450	15	4.17	9	55%	0.67		2.5	48/46
		25	6.94	8	69%	0.79	1.5	2.5	
		30	8.33	7.2	68%	0.86		3.0	
IS80-50-200	2 900	30	8.33	53	55%	7.87		2.5	64/124
		50	13.9	50	69%	9.87	15	2.5	
		60	16.7	47	71%	10.8		3.0	
	1 450	15	4.17	13.2	51%	1.06		2.5	64/46
		25	6.94	12.5	65%	1.31	2.2	2.5	
		30	8.33	11.8	67%	1.44		3.0	

型　号	转速 n /(r·min⁻¹)	流　量		扬程 H /m	效率 η	功率/kW		必需汽 蚀余量 /m	质量(泵/ 底座)/kg
		/m³·h⁻¹	/L·s⁻¹			轴功率	电动机 功率		
IS80-50-250	2 900	30	8.33	84	52%	13.2		2.5	
		50	13.9	80	63%	17.3	22	2.5	90/110
		60	16.7	75	64%	19.2		3.0	
	1 450	15	4.17	21	49%	1.75		2.5	
		25	6.94	20	60%	2.27	3	2.5	90/64
		30	8.33	18.8	61%	2.52		3.0	
IS80-50-315	2 900	30	8.33	128	41%	25.5		2.5	125/160
		50	13.9	125	54%	31.5	37	2.5	
		60	16.7	123	57%	35.3		3.0	
	1 450	15	4.17	32.5	39%	3.4		2.5	
		25	6.94	32	52%	4.19	5.5	2.5	125/66
		30	8.33	31.5	56%	4.6		3.0	
IS100-80-125	2 900	60	16.7	24	67%	5.86		4.0	
		100	27.8	20	78%	7.00	11	4.5	49/64
		120	33.3	16.5	74%	7.28		5.0	
	1 450	30	8.33	6	64%	0.77		2.5	
		50	13.9	5	75%	0.91	1	2.5	49/46
		60	16.7	4	71%	0.92		3.0	
IS100-80-160	2 900	60	16.7	36	70%	8.42		3.5	
		100	27.8	32	78%	11.2	15	4.0	69/110
		120	33.3	28	75%	12.2		5.0	
	1 450	30	8.33	9.2	67%	1.12		2.0	
		50	13.9	8.0	75%	1.45	2.2	2.5	69/64
		60	16.7	6.8	71%	1.57		3.5	
IS100-65-200	2 900	60	16.7	54	65%	13.6		3.0	
		100	27.8	50	76%	17.9	22	3.6	81/110
		120	33.3	47	77%	19.9		4.8	
	1 450	30	8.33	13.5	60%	1.84		2.0	
		50	13.9	12.5	73%	2.33	4	2.0	81/64
		60	16.7	11.8	74%	2.61		2.5	
IS100-65-250	2 900	60	16.7	87	61%	23.4		3.5	
		100	27.8	80	72%	30.0	37	3.8	90/160
		120	33.3	74.5	73%	33.3		4.8	
	1 450	30	8.33	21.3	55%	3.16		2.0	
		50	13.9	20	68%	4.00	5.5	2.0	90/66
		60	16.7	19	70%	4.44		2.5	
IS100-65-315	2 900	60	16.7	133	55%	39.6		3.0	
		100	27.8	125	66%	51.6	75	3.6	180/295
		120	33.3	118	67%	57.5		4.2	
	1 450	30	8.33	34	51%	5.44		2.0	
		50	13.9	32	63%	6.92	11	2.0	180/112
		60	16.7	30	64%	7.67		2.5	

附录 18 8-18 9-27 离心通风机综合特性曲线图

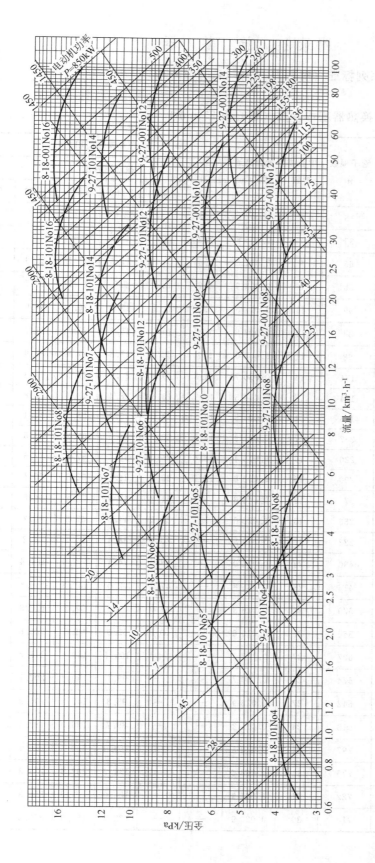

附录 19 换　热　器

1. 管壳式热交换器系列标准（摘自 JB/T 4714、4715—92）

（1）固定管板式

换热管为 $\phi19$ mm 的换热器基本参数（管心距 25 mm）

公称直径 DN/mm	公称压力 PN/MPa	管程数 N	管子根数 n	中心排管数	管程流通面积/m²	计算换热面积/m² 换热管长度/mm					
						1 500	2 000	3 000	4 500	6 000	9 000
159		1	15	5	0.002 7	1.3	1.7	2.6	—	—	—
219			33	7	0.005 8	2.8	3.7	5.7	—	—	—
273	1.60	1	65	9	0.011 5	5.4	7.4	11.3	17.1	22.9	—
	2.50	2	56	8	0.004 9	4.7	6.4	9.7	14.7	19.7	—
325	4.00	1	99	11	0.017 5	8.3	11.2	17.1	26.0	34.9	—
		2	88	10	0.007 8	7.4	10.0	15.2	23.1	31.0	—
	6.40	4	68	11	0.003 0	5.7	7.7	11.8	17.9	23.9	—
400		1	174	14	0.030 7	14.5	19.7	30.1	45.7	61.3	—
		2	164	14	0.014 5	13.7	18.6	28.4	43.1	57.8	—
	0.60	4	146	14	0.006 5	12.2	16.6	25.3	38.3	51.4	—
450		1	237	17	0.041 9	19.8	26.9	41.0	62.2	83.5	—
		2	220	16	0.019 4	18.4	25.0	38.1	57.8	77.5	—
	1.00	4	200	16	0.008 8	16.7	22.7	34.6	52.5	70.4	—
500		1	275	19	0.048 6	—	31.2	47.6	72.2	96.8	—
		2	256	18	0.022 6	—	29.0	44.3	67.2	90.2	—
	1.60	4	222	18	0.009 8	—	25.2	38.4	58.3	78.2	—
600		1	430	22	0.076 0	—	48.8	74.4	112.9	151.4	—
		2	416	23	0.036 8	—	47.2	72.0	109.3	146.5	—
	2.50	4	370	22	0.016 3	—	42.0	64.0	97.2	130.3	—
		6	360	20	0.010 6	—	40.8	62.3	94.5	126.8	—
700	4.00	1	607	27	0.107 3	—	—	105.1	159.4	213.8	—
		2	574	27	0.050 7	—	—	99.4	150.8	202.1	—
		4	542	27	0.023 9	—	—	93.8	142.3	190.9	—
		6	518	24	0.015 3	—	—	89.7	136.0	182.4	—
800	0.60 1.00 1.60 2.50 4.00	1	797	31	0.140 8	—	—	138.0	209.3	280.7	—
		2	776	31	0.068 6	—	—	134.3	203.8	273.3	—
		4	722	31	0.031 9	—	—	125.0	189.8	254.3	—
		6	710	30	0.020 9	—	—	122.9	186.5	250.0	—

公称直径 DN/mm	公称压力 PN/MPa	管程数 N	管子根数 n	中心排管数	管程流通面积/m²	计算换热面积/m² 换热管长度/mm					
						1 500	2 000	3 000	4 500	6 000	9 000
900	0.60	1	1 009	35	0.178 3	—	—	174.7	265.0	355.3	536.0
		2	988	35	0.087 3	—	—	171.0	259.5	347.9	524.9
	1.00	4	938	35	0.041 4	—	—	162.4	246.4	330.3	498.3
		6	914	34	0.026 9	—	—	158.2	240.0	321.9	485.6
1 000	1.60	1	1 267	39	0.223 9	—	—	219.3	332.8	446.2	673.1
		2	1 234	39	0.109 0	—	—	213.6	324.1	434.6	655.6
		4	1 186	39	0.052 4	—	—	205.3	311.5	417.7	630.1
	2.50	6	1 148	38	0.033 8	—	—	198.7	301.5	404.3	609.9
(1 100)		1	1 501	43	0.265 2	—	—	—	394.2	528.6	797.4
		2	1 470	43	0.129 9	—	—	—	386.1	517.7	780.9
	4.00	4	1 450	43	0.064 1	—	—	—	380.8	510.6	770.3
		6	1 380	42	0.040 6	—	—	—	362.4	486.0	733.1

注：表中的管程流通面积为各程平均值。括号内公称直径不推荐使用。管子为正三角形排列。

换热管为 φ25 mm 的换热器基本参数（管心距 32 mm）

公称直径 DN/mm	公称压力 PN/MPa	管程数 N	管子根数 n	中心排管数	管程流通面积 /m²		计算换热面积/m² 换热管长度/mm					
					φ25×2	φ25×2.5	1 500	2 000	3 000	4 500	6 000	9 000
159	1.60	1	11	3	0.003 8	0.003 5	1.2	1.6	2.5			
219			25	5	0.008 7	0.007 9	2.7	3.7	5.7	—	—	
273	2.50	1	38	6	0.013 2	0.011 9	4.2	5.7	8.7	13.1	17.6	—
		2	32	7	0.005 5	0.005 0	3.5	4.8	7.3	11.1	14.8	
325	4.00	1	57	9	0.019 7	0.017 9	6.3	8.5	13.0	19.7	26.4	
		2	56	9	0.009 7	0.008 8	6.2	8.4	12.7	19.3	25.9	
	6.40	4	40	9	0.003 5	0.003 1	4.4	6.0	9.1	13.8	18.5	
400	0.60	1	98	12	0.033 9	0.030 8	10.8	14.6	22.3	33.8	45.4	
	1.00	2	94	11	0.016 3	0.014 8	10.3	14.0	21.4	32.5	43.5	
	1.60	4	76	11	0.006 6	0.006 0	8.4	11.3	17.3	26.3	35.2	—
450	2.50	1	135	13	0.046 8	0.042 4	14.8	20.1	30.7	46.6	62.5	
		2	126	12	0.021 8	0.019 8	13.9	18.8	28.7	43.5	58.4	
	4.00	4	106	13	0.009 2	0.008 3	11.7	15.8	24.7	36.6	49.1	—

公称直径 DN/mm	公称压力 PN/MPa	管程数 N	管子根数 n	中心排管数	管程流通面积 /m²		计算换热面积/m² 换热管长度/mm					
					φ25×2	φ25×2.5	1 500	2 000	3 000	4 500	6 000	9 000
500	0.60	1	174	14	0.060 3	0.054 6	—	26.0	39.6	60.1	80.6	—
		2	164	15	0.028 4	0.025 7		24.5	37.3	56.6	76.0	—
	1.00	4	144	15	0.012 5	0.011 3		21.4	32.8	49.7	66.7	
600	1.60	1	245	17	0.084 9	0.076 9		36.5	55.8	84.6	113.5	—
		2	232	16	0.040 2	0.036 4		34.6	52.8	80.1	107.5	
		4	222	17	0.019 2	0.017 4		33.1	50.5	76.7	102.8	
	2.50	6	216	16	0.012 5	0.011 3		32.2	49.2	74.6	100.0	
700	4.00	1	355	21	0.123 0	0.111 5	—	—	80.0	122.6	164.4	—
		2	342	21	0.059 2	0.053 7			77.9	118.1	158.4	
		4	322	21	0.027 9	0.025 3			73.3	111.2	149.1	
		6	304	20	0.017 5	0.015 9			69.2	105.0	140.8	
800		1	467	23	0.161 8	0.146 6			106.3	161.3	216.3	
		2	450	23	0.077 9	0.070 7			102.4	155.4	208.5	
		4	442	23	0.038 3	0.034 7			100.6	152.7	204.7	
		6	430	24	0.024 8	0.022 5			97.9	148.5	119.2	
900	0.60	1	605	27	0.209 5	0.190 0			137.8	209.0	280.2	422.7
		2	588	27	0.101 8	0.092 3			133.9	203.1	272.3	410.8
		4	554	27	0.048 0	0.043 6			126.1	191.4	256.6	387.1
		6	538	26	0.031 1	0.028 2			122.5	185.8	249.2	375.9
1 000	1.60	1	749	30	0.259 4	0.235 2			170.5	258.7	346.9	523.3
		2	742	29	0.128 5	0.116 5			168.9	256.3	343.7	518.4
		4	710	29	0.061 5	0.055 7			161.6	245.2	328.8	496.0
	2.50	6	698	30	0.040 3	0.036 5			158.9	241.1	323.3	487.7
(1 100)		1	931	33	0.322 5	0.292 3	—	—	—	321.6	431.2	650.4
		2	894	33	0.154 8	0.140 4	—	—	—	308.8	414.1	624.6
	4.00	4	848	33	0.073 4	0.066 6	—	—	—	292.9	392.8	592.5
		6	830	32	0.047 9	0.043 4	—	—	—	286.7	384.4	579.9

注：表中的管程流通面积为各程平均值。括号内公称直径不推荐使用。管子为正三角形排列。

（2）浮头式（内导流）换热器的主要参数

单位：mm

DN	N	n① d		中心排管数 d		管程流通面积/m² d×δ_r			A② /m² L=3 m		L=4.5 m		L=6 m		L=9 m	
		19	25	19	25	19×2	25×2	25×2.5	19	25	19	25	19	25	19	25
325	2	60	32	7	5	0.005 3	0.005 5	0.005 0	10.5	7.4	15.8	11.1	—	—	—	—
	4	52	28	6	4	0.002 3	0.002 4	0.002 2	9.1	6.4	13.7	9.7	—	—	—	—

DN	N	n①		中心排管数		管程流通面积/m²			A②/m²							
		d				$d×\delta_r$			$L=3$ m		$L=4.5$ m		$L=6$ m		$L=9$ m	
		19	25	19	25	19×2	25×2	25×2.5	19	25	19	25	19	25	19	25
426 400	2	120	74	8	7	0.010 6	0.012 6	0.011 6	20.9	16.9	31.6	25.6	42.3	34.4	—	—
	4	108	68	9	6	0.004 8	0.005 9	0.005 3	18.8	15.6	28.4	23.6	38.1	31.6	—	—
500	2	206	124	11	8	0.018 2	0.021 5	0.019 4	35.7	28.3	54.1	42.8	72.5	57.4	—	—
	4	192	116	10	9	0.008 5	0.010 0	0.009 1	33.2	26.4	50.4	40.1	67.6	53.7	—	—
600	2	324	198	14	11	0.028 6	0.034 3	0.031 1	55.8	44.9	84.8	68.2	113.9	91.5	—	—
	4	308	188	14	10	0.013 6	0.016 3	0.014 8	53.1	42.6	80.7	64.8	108.2	86.9	—	—
	6	284	158	14	10	0.008 3	0.009 1	0.008 3	48.9	35.8	74.4	54.4	99.8	73.1	—	—
700	2	468	268	16	13	0.041 4	0.046 4	0.042 1	80.4	60.6	122.2	92.1	164.1	123.7	—	—
	4	448	256	17	12	0.019 8	0.022 2	0.020 1	76.9	57.8	117.0	87.9	157.1	118.1	—	—
	6	382	224	15	10	0.011 2	0.012 9	0.011 6	65.6	50.6	99.8	76.9	133.9	103.4	—	—
800	2	610	366	19	15	0.053 9	0.063 4	0.057 5	—	—	158.9	125.4	213.5	168.5	—	—
	4	588	352	18	14	0.026 0	0.030 5	0.027 6	—	—	153.2	120.6	205.8	162.1	—	—
	6	518	316	16	14	0.015 2	0.018 2	0.016 5	—	—	134.9	108.3	181.3	145.5	—	—
900	2	800	472	22	17	0.070 7	0.081 7	0.074 1	—	—	207.6	161.2	279.2	216.8	—	—
	4	776	456	21	16	0.034 3	0.039 5	0.035 3	—	—	201.4	155.7	270.8	209.4	—	—
	6	720	426	21	16	0.021 2	0.024 6	0.022 3	—	—	186.9	145.5	251.3	195.6	—	—
1 000	2	1 006	606	24	19	0.089 0	0.105	0.095 2	—	—	260.6	206.6	350.6	277.9	—	—
	4	980	588	23	18	0.043 3	0.050 0	0.046 2	—	—	253.9	200.4	341.6	269.7	—	—
	6	892	564	21	18	0.026 2	0.032 6	0.029 5	—	—	231.1	192.2	311.0	258.7	—	—
1 100	2	1 240	736	27	21	0.110	0.127 0	0.116 0	—	—	320.3	250.2	431.3	336.8	—	—
	4	1 212	716	26	21	0.053 6	0.062 0	0.056 2	—	—	313.1	243.4	421.6	327.7	—	—
	6	1 120	692	24	20	0.032 9	0.039 9	0.036 2	—	—	289.3	235.2	389.6	316.7	—	—
1 200	2	1 452	880	28	22	0.129 0	0.152 0	0.138 0	—	—	374.4	298.6	504.3	402.2	764.2	609.4
	4	1 424	860	28	22	0.062 9	0.074 5	0.067 5	—	—	367.2	291.8	494.6	393.1	749.5	595.6
	6	1 348	828	27	21	0.039 6	0.047 8	0.043 4	—	—	347.6	280.9	468.2	378.4	709.5	573.4
1 300	4	1 700	1 024	31	24	0.075 1	0.088 7	0.080 4	—	—	—	—	589.3	467.1	—	—
	6	1 616	972	29	24	0.047 6	0.056 0	0.050 9	—	—	—	—	560.2	443.3	—	—

① 排管数按正方形旋转 45°排列计算。

② 计算换热面积按光管及公称压力 2.5 MPa 的管板厚度确定。

2. 管壳式换热器型号的表示方法

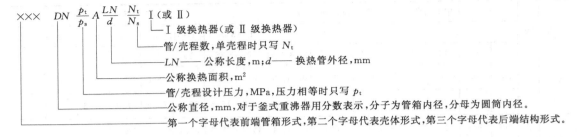

$$\times\times\times \quad DN \dfrac{p_t}{p_s} A \dfrac{LN}{d} \dfrac{N_t}{N_s} \text{ I (或 II)}$$

- I 级换热器(或 II 级换热器)
- 管/壳程数,单壳程时只写 N_t
- LN——公称长度,m;d——换热管外径,mm
- 公称换热面积,m²
- 管/壳程设计压力,MPa,压力相等时只写 p_t
- 公称直径,mm,对于釜式重沸器用分数表示,分子为管箱内径,分母为圆筒内径。
- 第一个字母代表前端管箱形式,第二个字母代表壳体形式,第三个字母代表后端结构形式。

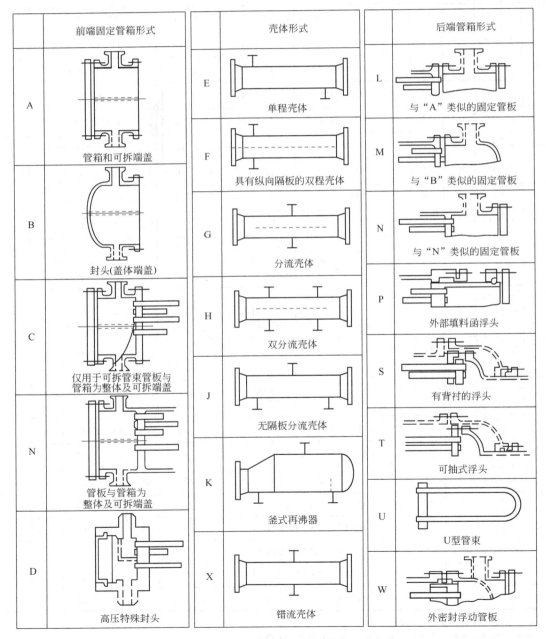

前端固定管箱形式	壳体形式	后端管箱形式
A 管箱和可拆端盖	E 单程壳体	L 与"A"类似的固定管板
B 封头(盖体端盖)	F 具有纵向隔板的双程壳体	M 与"B"类似的固定管板
C 仅用于可拆管束管板与管箱为整体及可拆端盖	G 分流壳体	N 与"N"类似的固定管板
	H 双分流壳体	P 外部填料函浮头
N 管板与管箱为整体及可拆端盖	J 无隔板分流壳体	S 有背衬的浮头
		T 可抽式浮头
	K 釜式再沸器	U U型管束
D 高压特殊封头	X 错流壳体	W 外密封浮动管板

管壳式换热器前端、壳体和后端结构形式分类

附录 20　常用筛子的规格

A. 国内常用筛

目　　数	筛孔尺寸/mm	目　　数	筛孔尺寸/mm
8	2.5	70	0.224
10	2.00	75	0.200
12	1.60	80	0.180
16	1.25	90	0.160
18	1.00	100	0.154
20	0.900	110	0.140
24	0.800	120	0.125
26	0.700	130	0.112
28	0.63	150	0.100
32	0.56	160	0.090
35	0.50	190	0.080
40	0.45	200	0.071
45	0.40	240	0.063
50	0.355	260	0.056
55	0.315	300	0.050
60	0.28	320	0.045
65	0.25	360	0.040

注：目数为每英寸（25.4 mm）长度的筛孔数。

B. 标准筛目

泰勒标准筛			日本 JIS 标准筛		德国标准筛孔		
目数 /in	孔目 /mm	网线径 /mm	孔目 /mm	网线径 /mm	目数 /cm	孔目 /mm	网线径 /mm
$2\frac{1}{2}$	7.925	2.235	7.93	2.0			
3	6.680	1.778	6.73	1.8			
$3\frac{1}{2}$	5.613	1.651	5.66	1.6	—	—	—
4	4.699	1.651	4.76	1.29			
5	3.962	1.118	4.00	1.08			
6	3.327	0.914	3.36	0.87			
7	2.794	0.853	2.83	0.80			
8	2.362	0.813	2.38	0.80	—	—	—
9	1.981	0.738	2.00	0.76			
10	1.651	0.689	1.68	0.74			
12	1.397	0.711	1.41	0.71	4	1.50	1.00
14	1.168	0.635	1.19	0.62	5	1.20	0.80
16	0.991	0.597	1.00	0.59	6	1.02	0.85
20	0.833	0.437	0.84	0.43	—	—	—
24	0.701	0.358	0.71	0.35	8	0.75	0.50
28	0.589	0.318	0.59	0.32	10	0.60	0.40
32	0.495	0.300	0.50	0.29	11	0.54	0.37
35	0.417	0.310	0.42	0.29	12	0.49	0.34
42	0.351	0.254	0.35	0.29	14	0.43	0.28
48	0.295	0.234	0.297	0.232	16	0.385	0.24
60	0.246	0.178	0.250	0.212	20	0.300	0.20

泰勒标准筛			日本 JIS 标准筛		德国标准筛孔		
目数 /in	孔目 /mm	网线径 /mm	孔目 /mm	网线径 /mm	目数 /cm	孔目 /mm	网线径 /mm
65	0.208	0.183	0.210	0.181	24	0.250	0.17
80	0.175	0.142	0.177	0.141	30	0.200	0.13
100	0.147	0.107	0.149	0.105	—	—	—
115	0.124	0.097	0.125	0.037	40	0.150	0.10
150	0.104	0.066	0.105	0.070	50	0.120	0.08
170	0.088	0.061	0.088	0.061	60	0.102	0.065
200	0.074	0.053	0.074	0.053	70	0.088	0.055
250	0.061	0.041	0.062	0.048	80	0.075	0.050
270	0.053	0.041	0.053	0.048	100	0.060	0.40
325	0.043	0.036	0.044	0.034			
400	0.038	0.025					

附录 21 若干气体在水中的亨利系数

气 体	E/MPa												
	0 ℃	5 ℃	10 ℃	15 ℃	20 ℃	25 ℃	30 ℃	35 ℃	40 ℃	50 ℃	60 ℃	80 ℃	100 ℃
氦	13 100		12 800		12 700		12 600		12 300	11 600			
氢	5 870	6 160	6 440	6 700	6 920	7 160	7 390	7 520	7 610	7 750	7 750	7 650	7 550
氮	5 360	6 050	6 770	7 480	8 140	8 760	9 360	9 980	10 500	11 400	12 200	12 800	12 800
空气	4 380	4 940	5 560	6 150	6 730	7 290	7 810	8 340	8 810	9 580	10 230	10 800	10 800
一氧化碳	3 570	4 010	4 480	4 950	5 430	588	6 280	6 680	7 050	7 710	8 320	8 560	8 570
氧	2 580	2 950	3 310	3 690	4 060	4 440	4 810	5 140	5 420	5 960	6 370	6 960	7 100
甲烷	2 270	2 620	3 010	3 410	3 810	4 180	4 550	4 920	5 270	5 850	6 340	6 910	7 100
一氧化氮	1 710	1 530	2 210	2 450	2 670	2 910	3 140	3 350	3 570	3 950	4 230	4 540	4 600
乙烷	1 280	1 570	1 920	2 290	2 660	3 060	3 460	3 880	4 290	5 070	5 720	6 700	7 010
乙烯	560	662	778	907	1 030	1 160	1 290						
臭氧	1 970	221	251	292	381	463	606	829	1 220	2 780			
COS	93.2	119	150	184	222	262	308						
氧化亚氮		119	143	168	201	228	262	306					
二氧化碳	73.7	88.7	105	124	144	166	188	212	236	287	345		
乙炔	72.9	85.1	97.2	109	123	135	148						
硫化氢	27.1	31.9	37.2	42.8	48.9	55.2	61.7	68.5	75.5	89.5	104	137	150
溴	2.16	2.78	3.70	4.72	6.0	7.46	9.16		1.35	19.3	25.4	40.9	

附录22 氨在水中的溶解度

kg:(NH₃)/100 kg(H₂O)	$x \times 10^{-2}$	气相平衡分压 p/kPa							
		0 ℃	10 ℃	20 ℃	25 ℃	30 ℃	40 ℃	50 ℃	60 ℃
100	51.4	127							
80	45.8	84.8	132	193			440		
70	42.5	66.6	104	156			368		
60	38.8	50.7	80	126			284		
50	34.6	36.7	58.6	91.5			203		
40	29.7	25.3	40.1	62.6		95.8	142		
30	24.1	15.9	25.3	39.7		60.5	92.3		
25	20.9	11.9	19.2	30.2		46.9	71.2	9.12	
20	17.5	8.53	13.8	22.1		34.6	52.7	86.6	121
15	13.7	5.69	9.34	15.2		23.9	36.4	58.8	84.7
10	9.57	3.34	5.57	9.28		14.7	22.3	35.9	52.4
7.5	7.35	2.36	3.98	6.67		10.6	16.0	26.1	37.9
5	5.02	1.49	2.54	4.22		6.80	10.2	16.7	24.0
4	4.06		2.15	3.32		5.35	8.1	13.3	18.8
3	3.08		1.51	2.42	3.13	3.94	6.0	9.75	13.7
2.5	2.58			2.00	2.58	3.25	(4.65)①	(8.09)	11.2
2	2.07			1.60	2.04	2.57	(4.00)	(6.47)	8.87
1.6	1.66				1.60	2.04	(3.21)	(5.16)	7.08
1.2	1.25				1.22	1.53	(2.44)	(3.88)	5.28
1.0	1.05				0.987		(2.06)	(3.22)	4.38
0.5	0.526				0.453				

① 括号内为外插值。

习题参考答案

第 1 章

1-1　0.898 kg·m^{-3}

1-2　633 mmHg

1-3　36 200 Pa；271.32 mmHg；3.69H$_2$O

1-4　2.18 m

1-5　1.69×10^4 Pa（绝）

1-6　724.7 mmHg

1-7　1.7×10^3 mmHg

1-8　318 Pa；误差 11.2%

1-9　小管中：4.58 kg·s^{-1}，1.273 m·s^{-1}，2 330 kg·m^{-2}·s^{-1}；大管中：4.58 kg·s^{-1}，0.687 m·s^{-1}，1 260 kg·m^{-2}·s^{-1}

1-10　1.51 h

1-11　6.73 m

1-12　43.3 kW

1-13　(a) 4.35 kW；(b) 25.5 kPa，真空

1-15　水位相差 172 mm

1-16　5.41 m，36.2 kPa

1-17　$d \leqslant 39$ mm

1-18　水 0.032 6 m·s^{-1}；空气 2.21 m·s^{-1}

1-19　37.4 kPa，3.47 m，50%

1-23　0.5 kW

1-24　605 W

1-25　0.068 m^3·min^{-1}

1-26　$u_1 = 7.37$ m·s^{-1}，$u_2 = 10.41$ m·s^{-1}；风机出口（表压）$p = 65$ mmH$_2$O

1-27　11.5 m

1-28　$h_{f2} = 110$ J/kg，$q_{V1} = 0.718$ m^3/s，$q_{V2} = 0.4$ m^3/s，$q_{V3} = 1.882$ m^3/s

1-29　630 kg·h^{-1}

第 2 章

2-7　68.2%

2-8　9.17 m^3·h^{-1}

2-9　9.47 m^3·h^{-1}

2-11　二泵串联

2-12　5.70×10^{-3} m^3·s^{-1}

2-15　222 mmH$_2$O

2-17　在气缸中压缩 110 kJ，在密闭筒中压缩 78.6 kJ

2-18　46.4 kW；433 K

第 3 章

3-6　水中 0.003 1 m·s^{-1}；空气中 0.33 m·s^{-1}

356

3-7　4 740 cP

3-8　34.5%

3-9　$u_r=3.95$ m $\cdot$ s^{-1}；$u_0=0.075$ m $\cdot$ s^{-1}

3-10　(a) 69.1 μm；(b) 33.5%；(c) 47 层

3-11　0.62 m^3

3-12　712.5 s

3-13　2.2 h

3-14　(a) $K=4.27\times10^{-7}$ m^2 $\cdot$ s^{-1}，$q_e=0.004$ m^3 $\cdot$ m^{-2}；(b) 900 s

第 4 章

4-1　$q=194$ W $\cdot$ m^{-2}；$t_A=81$ ℃

4-2　$\lambda=0.923$ W $\cdot$ m^{-1} $\cdot$ K^{-1}；$\lambda_0=0.676$ W $\cdot$ m^{-1} $\cdot$ K^{-1}；$k=2.25\times10^{-3}$℃$^{-1}$

4-3　2 块；37.8 ℃

4-4　$q=57$ W $\cdot$ m^{-1}；$t=65$ ℃

4-5　$q=-52.1$ W $\cdot$ m^{-1}；$q=-38.0$ W $\cdot$ m^{-1}；$q'=-38.8$ W $\cdot$ m^{-1}，$t'_4=12.6$ ℃

4-7　4 600 W $\cdot$ m^{-2} $\cdot$ K^{-1}

4-8　321 W $\cdot$ m^{-2} $\cdot$ K^{-1}

4-9　15%

4-10　140 W $\cdot$ m^{-2} $\cdot$ K^{-1}

4-11　458 W $\cdot$ m^{-2} $\cdot$ K^{-1}

4-12　1 410 W $\cdot$ m^{-2} $\cdot$ K^{-1}

4-13　53 W $\cdot$ m^{-2} $\cdot$ K^{-1}

4-14　46 W $\cdot$ m^{-2} $\cdot$ K^{-1}

4-15　533 W $\cdot$ m^{-2} $\cdot$ K^{-1}

4-16　$\alpha_{垂直}=832$ W $\cdot$ m^{-2} $\cdot$ K^{-1}；$\alpha_{水平}=1\ 756$ W $\cdot$ m^{-2} $\cdot$ K^{-1}

4-17　2 630 W $\cdot$ m^{-2} $\cdot$ K^{-1}

4-18　29.8 kW

4-19　1 630 W；1 610 W

4-20　60 ℃

4-21　93.2%

4-22　$q=742$ W $\cdot$ m^{-1}；保温后 $q'=131$ W $\cdot$ m^{-1}

4-23　管外对流传热热阻占 3.1%；管内对流传热热阻占 38.8%；管内污垢热阻占 58.1%

4-24　$A_{并流}=36.9$ m^2；$A_{逆流}=32.6$ m^2

4-25　$\Delta t_{m逆}=49.15$ ℃；$\Delta t_{m并}=42.5$ ℃

4-27　$l=176$ m；$W_2=0.947$ kg $\cdot$ s^{-1}

4-28　$K=837$ W $\cdot$ m^{-2} $\cdot$ K^{-1}；$K'=646$ W $\cdot$ m^{-2} $\cdot$ K^{-1}；$R'_s=8.82\times10^{-4}$ m^2 $\cdot$ K $\cdot$ W^{-1}

4-30　$K=2\ 035$ W $\cdot$ m^{-2} $\cdot$ K^{-1}；$T=123.9$ ℃

4-31　0.818

4-33　$\varepsilon=0.75$；$t_2=100.4$ ℃

第 5 章

5-2　8.93 mg/100 g（H$_2$O）

5-4　10 ℃下，7.98 L $\cdot$ m^{-3}，11.4 mg $\cdot$ L^{-1} 6.42$\times10^{-6}$；1.675$\times10^{-5}$ kmol $\cdot$ m^{-3} $\cdot$ kPa^{-1}

5-6　6.96 h

5-7　$D_G = 1.71 \times 10^{-5}$ m² · s⁻¹，$D_L = 1.99 \times 10^{-9}$ m² · s⁻¹

5-8　$K_G = 1.49 \times 10^{-6}$ kmol · m⁻² · s⁻¹ · kPa⁻¹；$k_x = 8.83 \times 10^{-3}$ kmol · m⁻² · s⁻¹；$K_x = 4.78 \times 10^{-3}$ kmol · m⁻² · s⁻¹；$K_y = 1.49 \times 10^{-4}$ kmol · m⁻² · s⁻¹

5-10　122.8 kg · h⁻¹，4.1 kg · h⁻¹

5-11　$L = 0.042\,9$ kmol · m⁻² · s⁻¹，$h_0 = 15.5$ m

5-12　$h_1 : h_2 : h_3 = 1 : 2 : 2$

第 6 章

6-1　液：汽＝0.392

6-2　$p_A = 25.1$ kPa，$p_B = 1.55$ kPa，$x = 0.843$，$y = 0.942$，$\alpha = 3.01$

6-3　泡点 87.25 ℃，$y = 0.628$。偏差：本题 0.031 6，上题 0.163

6-5　$x_2 = 0.498$，$x_D = 0.804$

6-6　$x_W = 0.509$，$y_D = 0.783$

6-7　$x_W = 0.509$，$y_D = 0.783$

6-8　$y_2 = 0.898$，$x_2 = 0.758$

6-9　精馏段 $N_1 = 7.7$ 层，提馏段 $N_2 = 6.3$ 层

6-10　进料为：饱和液体、20 ℃ 液体及饱和蒸汽时，再沸器热负荷之比为 1：1.16：0.535

6-12　$E_{mv,n+1} = 0.700$，$E_{mv,n+2} = 0.691$

6-13　精馏段约 14 层，提馏段约 7 层

6-14　$D_{max} = 6.91$ kmol · h⁻¹

第 7 章

7-1　(a) $Hs = 0.067\,5$ kg · kg⁻¹；(b) $Hs = 0.534$ kg · kg⁻¹

7-2　(a) $H = 0.018\,4$ kg · kg⁻¹；(b) $\varphi = 0.236$；(c) $t_d = 23$ ℃；(d) $I = 98.1$ kJ · kg⁻¹；(e) $V_H = 0.941$ m³ · kg⁻¹

7-5　$H_M = 0.048$ kg · kg⁻¹，$I_M = 165$ kJ · kg⁻¹；$H_2 = 0.048$ kg · kg⁻¹，$I_2 = 215$ kJ · kg⁻¹，$\varphi_2 = 0.1$

7-6　绝热冷却至 30 ℃，$H_2 = 0.019$ kg · kg⁻¹，$\varphi_2 = 0.7$，$I_2 = 77$ kJ · kg⁻¹；$Q = 3\,860$ kJ，$W = 1.08$ kg（水）

7-7　$W_1/W_2 = 1.29$

7-8　$W = 37.9$ kg · h⁻¹，$L = 2\,230$ kg · h⁻¹，每天产品量为 9 090 kg

7-9　绝热干燥 $L = 59\,200$ kg · h⁻¹；$Q = 1\,090$ kW；实际干燥 $L = 67\,700$ kg · h⁻¹；$Q = 1\,240$ kW

7-10　$G = 9\,080$ kg · h⁻¹；$L = 15\,000$ kg · h⁻¹；$Q = 1\,061$ kg · h⁻¹

7-11　干燥推动力 (c)＞(a)＞(b)

7-12　$t_{as} = 26.5$ ℃，$t_w = 31$ ℃

7-13　$\theta = 11.5$ h

第 8 章

8-1　分配系数：0.667，0.704，0.740，0.762；
　　　选择性系数：7.31，6.83，5.51，4.06；
　　　用水作萃取剂可行。

8-2　0.0539

8-7　活性炭

8-9　微滤、超滤、纳滤、反渗透

8-11　①反渗透　②纳滤　③超滤　④微滤